田中雅一 編

風響社

序章　軍隊の文化人類学のために

田中雅一

1　はじめに

二〇〇一年九月の同時多発テロとそれに続く米軍のアフガン侵攻、イラク戦争、また横須賀からの米空母の出航、自衛艦のインド洋派遣、そして有事立法の審議、北朝鮮によるミサイル発射、尖閣諸島領有紛争、集団的自衛権の閣議決定、イスラーム国の拡大と続く一連のできごとは、戦争や軍隊を無視して現代社会について語ることはできないことを私たちに教えている。そんな現状で、私たちはいったいどのくらい軍隊について知っていると言えるだろうか。軍隊について知るとは、なにも軍事力や国際情勢、関連政策や法案に通じているということを意味するのではない。軍隊の真の姿とは、なにも武器の数や組織体制図や指導者のプロフィール、あるいは最高機密事項の暴露によって表されるのではない。重要なことは、具体的な形をとって私たちの目に見える平時の軍隊のありかたではないだろうか。軍隊の大半を構成する兵士たちもまたひとりの生活者として私たちとともに一般的な暮らしを営んでいる。このような生活者としての兵士、地域社会に生きる兵士のあり方、かれらと国家やメディアとの関わりこそ、いま理解が求められているのではないだろうか。いたずらに軍隊の存在を無視・非難・疎外し、紋切り型の軍隊像を強化するという状況を克服することにこそ、現代日本の軍隊や戦争をめぐる一面的な議論の閉塞状態を脱する可能性がある。

『軍隊の文化人類学』は、軍隊を主として文化人類学的視点から考察しようとするものである。その際、軍隊とそれを一部とする外部世界との相互関係に注目する。[1] たとえば、軍隊における女性兵士や家族の位置づけは、外部社会のジェンダー規範の影響を受けていると同時に、軍隊での変化が外部社会のジェンダーや家族のあり方に影響を与えるという場合もある。[2] 軍隊は社会の産物であると同時に、そのような社会にも影響を与える力をもつ特殊な集団なのである。

具体的には、主としてアジアの軍隊を対象に、(1)ジェンダーと家族、(2)地域社会との関係、(3)国家との関係、(4)軍隊の表象の四つの領域から軍隊を多角的に考察する。本書で扱う軍隊は、戦前の帝国日本軍（丸山、高嶋、福西、田村）、自衛隊（フリューシュトゥック、福浦、河野、スキャブランド、丸山、ベン＝アリ、福西、エイムズ）、在日米軍（森田、田中、エイムズ）、英国軍（上杉）などであり、国も日本、韓国、中国、フィリピン、英国、アメリカ合衆国が対象となっている。しかし、本書では、あえて軍隊や国家、さらには時代などで各論文をまとめることはしなかった。本書は軍隊の組織論だけを目指したわけではなかったからである。本書の軍隊への視点は、あくまで広い意味での民軍関係にある。このため、ジェンダー・家族から地域社会、国家、展示やマスメディアに関わる表象へと、民軍関係の多様な位相を念頭に本書を組織した。それはミクロからマクロへの展開、軍隊内部から外部へ展開といってもいいかもしれない。もちろん、多面的な性格を有する軍隊という国家暴力装置をこれら四つだけに限って論じるには無理があるかもしれないし、また、論文によってはこのうちのひとつの領域に収まらないものもあるかもしれない。しかし、ジェンダー・家族から地域社会、国家、表象へという視座は、軍隊が社会のどの次元と接合しているのかを考える上で意義があると思われる。以下では、各論文における領域横断的性格を念頭にいくつか主題を選んで吟味することで、軍隊の文化人類学の課題を考えてみたい。

2　文化人類学という視点

まず、本書のタイトルにも採用している文化人類学について、軍隊研究との関係で論じることにする。軍隊の文化人類学的研究は世界的に見てもけっして多くはない。どちらかと言えば実用性の高い社会学的研究と比べると、文化人類学的な研究は意外と少ないのである。(3) いまから一〇年前に出版された論文集『人類学と米軍』[Frese and Harrell eds. 2003] によると、文化人類学者で初めて軍隊を研究対象とする論文を公刊したのはラルフ・リントン [Linton 1924] である。(4) 第二次世界大戦後は一連の軍隊研究が続くが、まえがき [Howkins 2003] に見られる簡単なレビューで紹介されている文献は一〇冊に満たない。(5) この点について編者のひとり [Harrell 2003] が説明している理由のうち、本論に直接関係のあるのは、⑴文化人類学が自分たちと同じ社会の研究をする学問であるとはみなされていないこと、⑵人類学による異文化の報告は在外の軍隊にとっては意味あるかもしれないが、それは部分的に価値があるだけで、軍隊が重宝するのは外国についての政治学や外交関係の研究であること、⑶調査が上司に認可されないかぎり研究対象である軍人や基地にアクセスすることは困難なことの三点である。外国の軍隊を研究対象にする場合、その困難さはさらに増すかもしれない。自国の軍隊調査は（軍隊に限らないが）インタビューに応じてくれた人のプライバシーの問題や、報告書の位置づけが問われることになる。

人類学者側も問題を抱えている。アクセスが保証されている典型的な例は軍隊がスポンサーとなっているような委託調査であろう。しかし、こうした調査は客観性が損なわれるとして、人類学者が引き受けようとしない場合がある。また戦争に賛成することになるのではないかと懸念する人類学者もいる。ハレルは、研究対象としての軍隊が与える学術的な豊かさと人類学者の市民としての立場を分けて軍隊に関わるという可能性を示唆している［Harrell 2003: 9］。

本書では、まず学説史的な視点から文化人類学における軍隊研究の位置づけを試みたい[6]。

人類学の歴史を振り返ると、その対象は地域的な周縁性、つまり「未開」（ヨーロッパ社会を中心とする世界の周辺）や「田舎」（都市を中心とする国家の周辺）から、都市に住む「他者」へと移ってきた[7]。外からはっきり分かる空間的にも隔離された存在からより不可視な存在へと変移してきた。すなわち、地域や生業で他者とされる存在ではなく、よりアイデンティティに関わる、主観によって規定される他者が、近年になって人類学の対象になってきたのである。事実最近では、同性愛、トランスジェンダーや摂食障害など、身近な他者、他者とも言えない他者へと関心が移ってきている。

「未開」から他者への流れは、外的には一六世紀に始まる大航海時代、植民地支配、そしてグローバリゼーションの過程、すなわちヨーロッパ社会が他者を見出し、あるいは内的な他者を見出してゆき、それを改宗し、規格化していく「文明化」の過程のひとつである。それは、一方で周縁に位置する他者を馴化・同化し、他方で、研究対象として周辺に位置する他者を探し求めるという形をとる。この過程を問題視して、克服する可能性はないのだろうか。ひとつは他者ではあるが、弱者ではない、また弱者とは捉えにくい存在を研究対象とすることである。つまり対象を周縁的なものに求めるという人類学の「強迫観念」を断ち切るという発想である。人類学全体のパラダイムの展開を考えながら、なおかつそこにある問題——植民地主義的態度——を批判的に乗りこえていこうとするのであれば、そのさきには、こうした文化的に影響力があるエリートたち、政治的または経済的に力を有する「他者」の研究が位置づけられることになる。

エリートを対象とするとき、私たちは表象をめぐる呪縛から逃れることが可能となる。なぜなら、かれらにはみずから表象する力があるからだ。私たちはかれらに代わって表象する必要はない。そのような代弁を義務として正当化する必要はない。かれらによる自分たちについての表象は、文化人類学者の表象にとって替わられるものというより、人類学者が挑戦すべき対象なのである。そして、軍隊とは、このような対象のひとつとして位置づけることが可能なのである。それは、国家暴力装置として力をもつだけではない。しばしば文化集団としても影響を有する。

もちろん軍隊を構成する多くの兵士は社会において周縁的存在であるが、軍隊そのものは国家に直属するエリート組織であるとみなすことができる。軍隊は、国家に直属するという意味で、文化人類学的な視点からの国家研究となる。また、軍隊は社会の底辺に位置するような人びとをリクルートし、かれらをつねに「主体化＝臣民化」する教育制度でもある。軍隊は、その外部にも内部（兵士たち）にも強大な影響を行使する制度である。以下では、軍隊の影響力を念頭に考察を進めたい。

3　民軍関係

軍隊・軍人と社会との関係は、一般に民軍関係（civil-military relations）と表される。ここでは社会と軍隊との関係を「軍事化」という視点ではなく、「国民化（nationalization）」という視点から考えてみたい。ここでいう国民化とは、軍隊に参加することで国民主体を形成する過程を意味する。そのうえで、ふたつの軍隊観（モデル）を考察したい。それらをここでは縮図モデルと特殊モデルと名づける。前者は軍隊とは社会の縮図だ、たとえば在日米軍基地はアメリカ社会そのものだ、といった言説を支持するモデルである。もうひとつは、軍隊は一般社会に比べてきわめて特殊だ（保守的だとか、貧困層出身者や低学歴の人たちの集まりだなど）という考え方である。この特殊モデルについてはいくつかのヴァリエーションがある。詳しいことは後述するとして、まず縮図モデルから考察を進めたい。

国民国家においては、国民の重要な義務が国家の防衛である。したがって、国民を対象とする徴兵制度（皆兵制度）によって生まれた軍隊は、そのまま国民の総体（厳密には兵士にふさわしくないとされる女性、子ども、病人や障がい者は排除されるが）を意味する。徴兵制度は、国家（領土）の防衛に必要な兵隊を、戦闘訓練や軍事的な知識の学習、鍛錬などを通じてつくるだけでなく、軍隊に入ることで「国民」を生み出す。すなわち、徴兵制度によって新兵たちは、軍隊にふさわしい心身を鍛えられることになる。それだけではない。新兵は、あたらしい共同生活を通じて一人前の大人になり、また共通語（標準語）を学習することで「国民」として規格化されるのである。軍隊は一般に、排外的ナショナリズムの象徴であり、また中核となる組織であるというだけではない。それは同時に人びとの「国民化」を実施する教育機関でもある。

すでに示唆したように、皆兵と言っても、男子ならだれでも兵隊になれるわけではない。試験を受けて合格した健康な男子のみが兵隊に適性とみなされた。つまり障がいがあったり病弱であったりする男子は入隊できなかった。その意味で、軍隊は特殊であるが、同時に理想的な国民の集団（健康な男性たちの集団）でもあった。「国民」もまた、排除と包摂のシステムを通じて成立していたのである。反対に、女性や病弱な男性は、国家を守ることはできないから真の国民とは言えない。今日、フェミニストたちは男女平等という視点から軍隊は女性に門戸を開くべきだと主張する。それは、大型車両の運転など特殊技術の習得が男性に限られているという現実的な不平等問題の克服に留まらず、女性の「国民化」運動とみなすこともできる。国防の義務から排除されていたため、真の国民とみなされなかった女性たちの地位向上を目指す動きのひとつなのである。女性も兵士として直接国防に携わることで、真の国民となり、男性と平等になることができるのである。

特殊モデルの例として国民国家以前の軍隊、たとえば王国の軍隊の場合を考えてみよう。そこでは王に直接雇われる傭兵が一般的であった。その典型は英国帝国下のインドで雇用されていたネパールのグルカ兵であろう。これは本書所収の上杉論文の研究対象である。グルカ兵は、原則として国民が国防を担う国民国家の時代において、帝国（植民地）支配の遺物と位置づけることが可能かもしれない。ネパールの国民が英国軍隊の兵となって英国のために働くというのは、時代錯誤でもある。そして、グルカ兵を擁する連隊は、過去の植民地支配を示唆するとはいえ、英国社会を代表しているとは言えないゆえに特殊な軍隊である。

つぎに徴兵制度が放棄されている場合についても考えておこう。志願制度の場合、軍隊は一般社会の縮図と言えるのだろうか。兵隊を志願する人たちは一般に保守的で貧困層が多い。部隊や職種にもよるが学歴も低い傾向がある。[8] また地域的な偏りや人種・民族的な偏りも存在するであろう。これらは、しばしば経済的な（階級的な）格差と関係する。

軍隊が一般社会を反映していると言えないのは、防衛であれ、（防衛という名の）侵略であれ敵国の軍隊と交戦するための暴力装置であるという性格の特殊性から理解できる。この特殊性ゆえに、それは特定の国民や社会を代表しているとは言い難い。それは、どの国家においても主として健康な若い男子のみからなるからである。[9]

ここで軍隊そのものの特殊性を列挙しておく。(1)国家暴力装置である。軍隊は、警察とならんで暴力の行使が正当化されている集団である。このため、圧倒的に男性中心の集団である。(2)全制的施設（total institution）である［ゴッフマン　一九八四］。軍隊は、家族や刑務所、病院のように、兵士の面倒を二四時間見る。それは、兵士の生活に干渉し、監視し、教育する。兵士は「兵士」になるのである。それゆえまた、外部への影響力も大きい。(3)死を前提とする集団である。戦死は、個人的な死ではなく、国家の犠牲と位置づけられ英雄視される。このような死を引き受ける人間こそが国民国家において真の国民とみなされる。換言すると、死を引き受けることのできない人間は、国民とみなされない。戦死を覚悟している兵士こそ真の国民である［アンダーソン　一九九七］。徴兵制度による「国民化」とは国家のために生命を捧げる人間を育てることにほかならない。世俗的な政治制度である国家と軍隊はこうして聖化されることになる。本書、第８章の丸山論文では、こうした軍隊と死の問題が主題となっている[10]。

日本の自衛隊や、多民族世界において支配民族が占有しているような軍隊もまた特殊と言える。前者は違憲だとみなされ、阪神・淡路大震災での救援活動やＰＫＯとしての海外派兵が報道される前世紀末まで日陰者であった。自衛隊は胸を張れる職業とは言い難かった。本書に収められている自衛隊を扱っている諸論文からは、特殊存在である自衛隊がいかにして主流社会に溶けこむために努力しているのかが理解できる。

民族的対立が存在する国家において、支配的な民族からなる軍隊は、外国だけでなく国内の叛乱分子ににらみを利かしている存在と言えよう。アメリカ合衆国においてアフリカ系アメリカ人が軍隊から排除されていたのは、かれらが白人と対立し、武器をもたせるわけにはいかないとみなされていたからにほかならない[11]。兵士たちは、国家や国民のために死んでもいいと思っているかもしれないが、すべての国民がそのような姿勢を真に歓迎してはいない。軍隊から排除されている人びとから見れば、いつ軍隊は自分たちに敵対し、弾圧するか分からないからである。国軍は、恐怖の対象であっても、信頼に足るものとは言えないのである[12]。

他方で、周縁化されている人びとは、軍隊での功績を認められることで「国民化」を目指そうとする。軍隊は主流になるための有効な手段でもあったのである。それは、太平洋戦争における朝鮮や台湾出身の兵隊たちの強い動機づけであった。同じことは、アメリカ合衆国に忠誠を証明しようと勇敢に戦った日系人部隊についても当てはまるであろう。最近では、市民権と引き換えにイラクでの従軍を移民たちに要請するアメリカ政府の政策も、こうした少数派の心理を巧みに操っている事例と考えることが可能である。同じことは「二流国民」から脱しようとする女性兵士にも当てはまるだろう。

さて、これまで国民化との関係ならびにその任務に由来する特殊性から民軍関係を考察してきた。そのような特殊性が一般社会に影響を与える場合もある。すなわち、軍隊は、効率性を目指すため結果として効率性を損なうさまざまな社会的慣習を改革する前衛的役割を与えられることがある。その典型は、アメリカ社会に根強かった人種隔離政策の変革である。人種隔離政策は軍隊で撤廃され統合政策が導入された。これが、その後一般社会にも普及することになる。(13)

簡単に説明すると、第二次世界大戦後、軍隊の人種隔離政策に大きな変化が生じた。一九四八年にハリー・S・トルーマン大統領による「軍隊における処遇と機会の均等についての大統領委員会の設置」と題する行政命令が発布されたのである。まず前文で次のように述べられている。

合衆国の軍隊においては、私たちの国の防衛に奉仕する人びとすべての処遇と機会の均等とともに、最高度の民主主義を維持することが本質的である。したがって、いまここに合衆国の憲法と法律によって合衆国大統領として、また全軍の司令官としてわたしに授けられた権威によって、以下のことを命じる。

こうして六つの項目が述べられている。(1)人種、肌の色、宗教あるいは出生国に関係なく、軍人すべてに処遇と機会の均等をあたえるという大統領の政策が宣言されている。そして、この政策が速やかに実施されることが強調されている。(2)つぎに、専門委員会の設置が提案されている。(3)その委員会では機会均等政策の実施に当たって、既存の規約や慣習をいかに改良すべきかが論じられる。(4)すべての連邦政府の部局は、この委員会に協力しなければならない。(5)要求された場合、軍や政府の関係者は、委員会に必要な情報を提示しなければならない。

(6)委員会は大統領が命じるまで存続する。

この行政命令が発布されると、陸軍がはげしく抵抗する。同日、大統領による行政命令には陸軍の分離政策を禁じる項目はとくに見あたらないとコメントし、翌日にはこのような統合政策はアメリカ社会においてまず実施され、それが事実となってはじめて陸軍でも受け入れる代物だと指摘している。一般社会が先か、軍隊が先かという議論がここに認められるのは興味深い。

抵抗が続く中、現実が政策の変化を引き起こすことになった。おりしも勃発した朝鮮戦争において、白人部隊がひどい損害を受け、新参の白人兵を吸収できる余力がなくなると、統合部隊の編成を余儀なくされたのである。一九五一年三月に、朝鮮半島で展開していた第八軍団が統合政策を採択し、黒人兵の参加を許した。同年の七月二六日、大統領の行政命令が発布されて三年後に、陸軍は朝鮮、沖縄、日本本土で展開している陸軍に統合政策を採択することを決定する。一九五三年一〇月には、陸軍で働く黒人兵の九五パーセントが統合部隊に配置されていると宣言するに至った。そして一九五四年には最後の分離部隊が解散された。これによって、人種分離政策は実質撤廃されたと言えよう。

同年、アメリカでは最高裁判所が学校での分離政策を不法とする判決を下す。カンザス州トピカの小学生、リンダ・ブラウンは、黒人であるという理由からすぐ近くの小学校に通うことが許されず、八キロも離れた学校にバスで通わなければならなかった。こうした状況を差別とみなし、一九五二年に教育委員会を相手に訴訟する。それまでは分離は差別にあたらないとみなされていたが、分離は平等に反するという判決が出たのである。

その後、一九六三年のワシントンＤＣでの大行進、一九六四年の公民権運動の高まり、そして公民権法の制定と続き、黒人たちの地位は格段に改善されていく。一九九五年の統計では、陸軍における黒人の占める割合は二七・二パーセント、実に四分の一を越える。下士官だけで統計を取ると三〇・三パーセントになる。他の部隊も、総兵士に占める黒人兵の割合は、海軍一六・六パーセント、空軍一五・五パーセント、海兵隊一四・七パーセントと、アメリカ合衆国の総人口に占める黒人の割合であるおよそ一二パーセントを超えている。このことは、黒人の多くがなお最下層を占め、それゆえ軍隊が魅力的な職場とみなされていることを示すと同時に、軍隊における黒人の待遇が改善してきたということを示唆している。

話を効率問題に戻すことにしよう。なにをもって効率的と考えるかは、実際のところそれほど単純ではない。人種隔離政策の方が効率的と考える場合もあろう。人種差別問題に比べ女性の軍隊への統合は、イスラエルをのぞきどの国の軍隊においても遅れている。その理由は、女性が軍隊活動に向いてないという判断からであるのは間違いなかろう。しかし、ジェンダーにこだわらずに個々人の能力が評価されれば、女性兵士の占める率はさらに高くなってもおかしくないであろう。

在日米軍やグルカ兵など、形態は異なるが、外国に長期にわたって駐留する場合、民軍関係は、軍隊と軍が属する市民社会との関係だけでなく、ホスト社会あるいは地域社会との関係を無視するわけにはいかない。在日米軍の場合は日本社会との関係が問われる。ちょうど自衛隊が地域住民への配慮を怠らないように努力を続けているのと同じく、米軍もまた日本社会に受容を促すメッセージをことあるごとに送ろうとしている。その最たる機会が「トモダチ作戦」と名づけられた東日本大震災直後の被災地支援の活動であった（本書第一五章エイムズ論文）。グルカ兵の場合は属する軍隊が外国軍（英国軍）であり、また駐屯地も英国や香港などになる。グルカ兵にとってホスト社会は英国となろう。かれらにとって、同僚でしばしば上司でもある英国兵士、地域住民、そしてマスコミなどを通じて接する英国国民との関係が重要となってくる。それは、たんに法的な問題に留まらない。退役後も英国に住む場合、また家族がともに英国に住み続ける場合、ホスト社会との信頼関係が重要となるからである（詳しくは本書第一二章上杉論文を参照）。

まとめておこう。軍隊は、国家暴力装置としてきわめて特異な集団である。しかし、その集団が、国民国家の体制下で、教育制度とともに国民創出の一翼を担ってきた。その意味で軍隊はけっして特殊ではない。国民と軍隊は相等しいからである。そして相等しくない「国民」は定義から国民ではない。しかし、志願制度が一般化すると、軍隊は国民創出の制度ではなくなり、かならずしも国民を代表するとは言えなくなる。しかし、軍隊の特殊性は、ときに効率を重視することで社会の差別撤廃に貢献する（人種統合政策の導入）と同時に、他方で戦闘に向いていないといった理由から社会に蔓延する差別を反映する（ジェンダー差別や同性愛差別[14]）ということも生じる。さらに、特殊な状況として海外に駐留する軍隊の場合、地域社会は外国（ホスト国）であるという場合が想定できる。

4　本書の構成

本書は、主としてアジアの軍隊（ただし、在日米軍や英国のグルカ兵を含む）を対象に、⑴ジェンダーと家族、⑵地域社会との関係、⑶国家との関係、⑷軍隊の表象の四つの領域から軍隊を多角的に考察することを目的とする。以下、各章の紹介を行いたい。

第Ⅰ部「軍隊とジェンダー・家族」は軍隊におけるジェンダーや家族の位相を扱う。兵隊のイメージは若い独身男性であるが、現代の軍隊には多くの女性兵士も含まれるし、ときに妻であり母である。同じことは男性兵士にも当てはまる。彼もまた父であり、夫でもあるかもしれない。家族の一員としての兵士という視点も重要となる。

第一章「モダン・ガール（モガ）としての女性兵士たち――自衛隊のうちとそと」でサビーネ・フリューシュトゥックは、女性自衛官の自衛隊における立場について、彼女たち自身へのインタビューと、自衛隊が生み出す

（主として広報を通じての）女性自衛官イメージを吟味する。フリューシュトゥックは、自衛隊の内部およびそのまわりにおいて、女性自衛官が自身の経験を語る仕方を考察する。そして、新隊員募集活動や世間一般に向けられた広報活動のための材料を含む自衛隊の視覚的な自己イメージを通じて、いかに自衛隊が女性を利用しているのかについて検討する。さらに、大衆メディアに流通する女性自衛官の表象を分析している。女性たちは、自衛官になることで、これまで以上の自立と自由を獲得できると信じて入隊する。しかし、一方で自衛隊は現実においても広報のイメージにおいても保守的な女性の役割を押し付けるのである。男女平等の自衛隊と伝統的な男性中心の自衛隊のふたつのありかたがせめぎあっていることが明らかとなり、その矛盾に女性自衛官は直面することになる。

つづく**第二章**、福浦厚子論文「逡巡するも、続ける――軍事組織における女性のキャリア形成とライフ・イベント」は、フリューシュトゥックの議論を受ける形で、女性自衛官のキャリア形成と結婚などのライフ・イベントの関係について考察している。いまや、技術の発達により、女性でも武器を容易に操作できるようになったため、戦争や紛争はジェンダー・ニュートラルになった。戦争＝力仕事ではなくなったのである。しかし、女性は職務遂行のうえで男性と並ぶ専門能力をもつように期待されながら、同時に男まさりであることや男っぽい態度を取ることは否定されている。さらに、既婚女性に対しては、従順な妻であることも要請されている。女性自衛官にとってキャリアを継続する推進力となっているのは、身近な親族、同僚、退職した元女性自衛官らとの関係であるが、その関係をうまく支援する力に変えるのは容易なことではない。幹部であれば異動も広域になるため、個人のライフ・イベントが時としてキャリア形成の足かせとなりかねない状態のなか、ぎりぎりの努力が重ねられている。仕事と家事・育児の両立という働く女性がつねに直面する問題が、女性自衛官においてはより差し迫った問題として現れていることが分かろう。

第三章「自衛隊と家族支援——地域支援力の構築にむけて」と題する河野仁の論文は、冷戦後の二〇年間を経て、多様化しつつ拡大してきた自衛隊の国際活動に焦点を当てる。こうした国際活動の増加に加えて、三年前の東日本大震災においては、最大時動員数、十万人超と自衛隊史上類を見ない大規模な災害派遣活動となった。延べ一〇〇〇万人、総計二九〇日を数えた災害派遣活動は、自衛官本人だけでなく残された自衛官家族にも多大な負担を強いることとなり、長期間自宅を不在にする自衛官の家族支援（留守家族支援）の問題の重要性が強く認識されるようになってきた。本章では、まず米国や英国の状況を中心に、社会問題化した軍人家族支援に関する先行研究の成果と問題の所在を確認し、各国の軍人家族支援に対する取り組みの事例を紹介した後に、軍人家族支援に対する基本的な枠組みとして「地域支援力モデル」の考え方を紹介している。つぎに、陸上自衛隊北部方面隊が実施している家族支援の現状と課題を検証する。そして、この地域に特色のある「地域支援力」の構築が進んでいることを明らかにしている。特に、公式あるいは非公式な次元における重層的な社会支援ネットワークの構築は、「家族のレジリエンス」を強化し、国内外の部隊派遣活動に伴うさまざまなストレスに対して、自衛官家族が有効に対処するうえで、非常に重要な役割を果たしていると示唆する。河野論文は、女性兵士のキャリア形成において家族支援に注目する福浦論文や第Ⅱ部のスキャブランド論文、また第Ⅳ部のエイムズ論文とも一部共通するテーマを扱っていると言えよう。

第Ⅱ部「軍隊と地域社会」には、第四章森田真也「占領という名の異文化接合——戦後沖縄における米軍の文化政策と琉米文化会館の活動」、第五章田中雅一「軍隊・性暴力・売春——復帰前後の沖縄を中心に」、第六章アーロン・スキャブランド「『愛される自衛隊』になるために——戦後日本社会への受容に向けて」、第七章小池郁子「アフリカ系アメリカ人の社会運動にみる軍事的性格」の四論文が収められている。

沖縄は一九七二年の日本への施政権返還まで米軍統治下にあった。**第四章**森田論文の目的は、第一に戦後沖縄に米軍支配が与えた社会的影響について、第二に米軍の政策に沖縄の人びとがどのような形で接したのかについて考察することである。具体的に対象とするのは、米国民政府が一九五〇年前後に設置した「琉米文化会館」である。琉米文化会館とは情報・文化センターで、アメリカの政策や活動を住民に周知させることを目的に作られたものである。図書館と公民館が一緒になった施設で、情報提供や様々なイベントや行事等の社会教育活動が行なわれた。これまで琉米文化会館は米軍の宣撫政策のひとつであったとされてきた。たしかに、その活動理念には、親米、反共、日本との切離しといった政治的な意図があった。しかし、これを現場で運営し、利用してきた沖縄の人たちは、そのまま受け入れ、実行していたわけではなく、地域独自の利用もされていた。

琉米文化会館は、アメリカ的な文化や価値と地域住民とが接合する場であり、「自由で豊かなアメリカ」と「圧政を断行するアメリカ」という、相対立するイメージが具体化した場であった。その仲介者(コラボレイター)となったのが、同館の沖縄人職員や軍属の日系人二世である。琉米文化会館では、統治者による一方的プロパガンダではなく、政治的な権力関係の非対称性を前提としつつも、「コラボレイター」を介して、その時代や地域に応じた統治者側と地域住民の相互交渉的なコンタクトが行なわれていたのである。

第五章田中は、主として沖縄の状況を念頭に兵士と性暴力や売春について分析している。沖縄は第二次世界大戦において、唯一内地で地上戦が行われた場所であり、その後一九七二年の本土復帰まで、アメリカ合衆国の支配下に置かれていた。戦争直後は、駐留する米兵の性暴力が多発し、そのせいで結婚できなくなった被害女性や、飢餓や貧困から村を離れたり、親に身売りされたりして売春婦になった女性たちが多数出た。しかし、本土メディアが売春婦たちの実態に注目するのは、沖縄の復帰が実施される直前のことにすぎない。本章では、主として復帰直前の記事を分析することで、復帰をめぐって売春婦たちが抱いていた不安などを考察するとともに、沖縄や沖縄の女性の表象について考察することで、本土の男性中心のメディアのありかたを逆照射しようとしている。そこで明らかになったのは、沖縄についての売春の言説は占領期の日本の売春とはかならずしも同じではないということである。沖縄は距離的にも、時間的にも本土から離れていて、ノスタルジックな枠組みで表象されている。田中は、最後に復帰後強調される豊かな自然の島と平和の島という二つのイメージと売春に携わる女性表象との相違・断絶について考察を進めている。

第六章スキャブランドは、一九五四年以降「自衛隊」として知られる戦後日本の軍事組織が、組織として社会に統合していくために、さまざまな対内的かつ対外的戦略を展開していったこと、そして、地域のエリートたちがそのような戦略を支えてきた過程について考察している。具体的に取り上げるのは、北部方面隊の歴史、そして一九五〇年代、六〇年代の同部隊と地域の関係である。敗戦後厭戦気分が蔓延し、どちらかというと無視あるいは敵視されていた自衛隊は、経済的支援と社会奉仕、広報活動、そして隊員の見た目や振る舞いを磨き上げ、社会からの受容を得るために力を尽くしてきたのである。

第七章小池の目的は、アフリカ系アメリカ人の社会運動にみる軍事的性格に着目し、社会運動が標榜する主義主張、運動の実践形態と軍事的性格の間にどのような関係がみられるのかを考察することである。最初に小池が取り上げるのは、一九五〇年代から七〇年代にかけてのアフリカ系アメリカ人の社会運動における男性と女性の位置づけである。いうまでもなく、多種多様なアフリカ系アメリカ人の社会運動を一括りにして論じることはできない。しかしながら、当時の運動にみられる男女の位置づけに関する論考は、大きく二つにわけることができよう。ひとつは、アフリカ系アメリカ人女性は米国社会の中で抑圧されていただけではなく、その社会の改善を試みた運動においても、従属的な立場におかれていたというものである。いまひとつは、女性は運動のなかで補佐的な役割だけを担っていたわけではないというものである。すなわち、運動が女性を抑圧していたというのは、ある観点からみた運動の表象であるというわけである。 こうした議論を踏まえて、本章は一九五〇年代半ばに、複数のアフリカ系アメリカ人の社会運動の流れを受けて組織化されたオリシャ崇拝運動を取り上げる。とりわけ、運動の変容、つまり、運動が一旦衰退した後の展開に注意を払う。そのうえで、オリシャ崇拝運動にみられる軍事的性格はどのようなものなのか、またその軍事的性格は時代とともにいかに変化したのかを検討する。

第Ⅲ部「軍隊と国家」に収められている五編は場所も時代も異なるが、国家と軍隊あるいはそれに類似する集団との関係や、軍隊から距離をとる市民社会と国家との関係を論じている。

第八章、丸山泰明の「殉職と神社——日本の軍隊および警察における殉職者の慰霊をめぐって」は、日本における軍隊と警察の殉職者の慰霊をめぐり、殉職者を日本の伝統的な宗教である神社の祭神として祀ることについて考察している。これまでの研究では、戦死と比べて平時の死である殉職についてはあまり省みられてこなかった。しかしながら、明治以後の日本の歴史を振り返れば明らかなように、戦時よりも平時の期間の方が長い。殉職者慰霊の考察は、軍隊の中の社会、そして社会の中の軍隊を考える上で有効な視点を与えてくれる。このような観点から、本章では殉職者を祭神として祀る神社として、戦前の陸海軍に設けられていた営内神社に着目し、特に具体的事例として霞ヶ浦海軍航空隊の殉職者を祀った霞ヶ浦神社を取り上げている。また、同じく殉職者が祀られた神社として警視庁の弥生神社を紹介している。これらの神社は敗戦後、GHQ（連合国軍最高司令官総司令部）の占領政策により政教分離が徹底されたため、廃絶や一般の神社への移管、無宗教化がすすめられていった。だが同じくGHQの占領政策の影響により、全国にある護国神社の一部で、戦後警察職員や自衛隊員の殉職者は祭神として新たに祀られていくようになった。丸山は、さらに護国神社で殉職者を祀るようになった経緯をたどりつつ、その祭祀のあり方を戦前のものと比較して検討している。

第九章「日本の自衛隊に見る普通化、社会、政治」の著者はイスラエルの文化人類学者エヤル・ベン＝アリである。彼は、自衛隊が「普通化」する過程を五つの領域に分けて論じている。「普通化」というのは聞き慣れない言葉であるが、これはnormalizationの日本語訳である。社会に正常なものとして受け入れられる過程と考えれば受容化に近いとも言える。しかし、私たちは自衛隊を普通の軍隊にするというような表現を使うのも確かであるので、ここではあえて「普通化」と訳している。自衛隊は、戦争放棄をうたう日本国憲法に違反するか否か意見の分かれるところであり、また戦後の平和思想とも相容れない。こうした日本の状況で、自衛隊は軍隊としてきわめて特殊な状態にあった。これを「普通にする」ことでほかの先進諸国の軍隊と同じく日本社会に受け入れられなければならないという主張がある。これまで指摘されてきた方法は、法律の改変や国家安全保障上必要であるという意識の高揚であった。これらに加え、ベン＝アリは、文化人類学の調査に基づき、旧日本軍との断絶の強調（たとえば女性やマスコットを広報で使用することでソフトなイメージを強調するなど）、儀礼化（さまざまな機会に公的なセレモニーを実施することで、より可視化していくこと）やスペクタクル化（航空ショーや基地祭の実施、観光化）、さらに同盟諸国の軍隊との合同演習などの動きを挙げている。こうした一連の「普通化」を通じて自衛隊は真の軍隊へと変貌しつつある。自衛隊の戦略は、ジェンダーの視点からフリューシュトゥック（第一章）が論じ、また地域社会との関係でスキャブランドが示唆していることでもある。

第一〇章「軍隊と社会のはざまで——日本・朝鮮・中国・フィリピンの学校における軍事訓練」において著者の高嶋航は、近代の東アジアにおける学校教育に認められる軍事訓練に注目する。欧米列強の東アジア進出という状況のもと、国民皆兵や徴兵制によって国家・民族の存続をはかるべく、まず日本で兵式体操が導入され、ついで韓国、中国で日本の兵式体操が採用された。学校における軍事訓練は軍隊と社会の接点として位置づけることで、軍隊と社会、そして民軍関係を明らかにすることができる。日韓中の兵式体操を比較すると、その実態や意図に大きな偏差があることがわかる。逆に言えば、兵式体操の比較考察により、日韓中それぞれの軍隊と社会、そして民軍関係の特徴をあぶりだすことができよう。このような見通しに立ち、高嶋は、ジェンダー、ナショナリティ、植民地主義という視点から各国の学校における軍事訓練を分析している。さらに、補足としてフィリピンの軍事訓練を取り上げている。フィリピンでは、宗主国アメリカの主導によって市民の養成を目的とした軍事訓練が実施されていたが、一九三五年にコモンウェルスが成立し独立が目前に迫ると、国民皆兵や徴兵制の理念がもち出され、学校の軍事訓練が制度化された。フィリピンの事例は、日韓中三国の経験を相対化すると同時に、近代の国民国家形成には共通の問題が存在したことを教えてくれる。本章はジェンダー、ナショナリティ、植民地主義など新しい視点から学校の軍事訓練を再解釈するとともに、日本、韓国、中国、フィリピンの比較を通じて、より広い文脈で理解する試みと評価できる。

朴眞煥による**第一一章**「韓国社会の徴兵拒否運動からみる平和運動の現状」の目的は、韓国社会における徴兵拒否運動団体の活動の事例を分析し、徴兵拒否運動が韓国社会における市民社会と平和運動にどのような影響を及ぼしたのかを探ることである。韓国では民主主義の実現のために活発な民主化運動が起きたが、一九九〇年頃、運動が終わりに近づくと、人権、環境問題、軍事基地問題、労働問題、貧困の格差問題など、これまで潜在していたさまざまな問題が民主化に替って問われることになった。その中でも韓国社会において盛んに議論が行われてきたのが徴兵拒否問題である。

徴兵拒否運動は二〇〇〇年から始まった新しい市民運動で、その活動家の多くは二〇代である。良心と思想の自由に基づいた徴兵拒否権の獲得をめざし始まった徴兵拒否運動は、軍事文化と衝突あるいは挫折しながら、非暴力・反戦平和運動として展開していった。徴兵拒否運動の研究を通じて、朴は国家における兵役の位置づけだけでなく、現代社会における徴兵制と人びとの日常との関係あるいは徴兵制と市民社会との関係、さらに国家権力、日常生活、市民社会の三者関係を考察している。

上杉妙子の**第一二章**「グルカ兵はどのようにして英国市民になったのか？——移民退役軍人による多層的な自己包摂の試みと市民権の再構築」は、移民退役軍人という、市民社会において周縁的な位置を占める人びとによる市民権獲得を論じている。具体的な対象は、英国陸軍を退役したグルカ兵（ネパール人兵士）の団体活動である。

グルカ兵は、約二〇〇年の長きにわたり英国の海外権益と国際的影響力の保持に貢献してきた。今世紀になると、定住権を獲得し英国に定住することになる。その結果、英国市民権を取得する道がグルカ兵にも開けた。この点を踏まえ、本章は退役グルカ兵団体の活動が、英国市民権にどのような影響・意義をもつのかについて検討し、以下の五点を明らかにしている。第一に、退役グルカ兵による定住権取得の過程は、決して容易なものではなかった。グルカ兵の定住権は、関係者の粘り強い交渉と法廷闘争、政争、マスメディアへの積極的な情報提供、地域社会との戦略的な交流などの結果、ようやく獲得されたものであった。第二に、グルカ兵団体の活動と定住権取得の結果、英国社会では軍務と市民権の結びつきが再確認された。第三に、懸念されたのが移民の大量流入であった。第四に、グルカ兵の軍務と市民権の結びつきが多元的であることが明らかになった。第五に、グルカ兵は、英国社会への包摂を模索する過程で、軍務を経験して獲得した有形無形の資源を最大限に利用している。グルカ兵とその家族の英国社会への定着過程は、本書に収められている自衛隊と地域社会との関係（スキャブランド論文）、より一般的には「普通化」の過程（ベン＝アリ論文）とも共通点がある。

第Ⅳ部「**軍隊の表象のポリティクス**」に収められた三つの論文は表象とそのポリティクスを扱っている。

福西加代子は、**第一三章**「日本における軍隊、戦争展示の変遷」で、十五年戦争中に開催された戦意高揚を目的とする二つの博覧会、呉海軍工廠で造船された艦船を展示する大和ミュージアム（呉市海事歴史科学館）、そして立命館大学国際平和ミュージアムの展示のあり方を詳細に分析している。平和に関係する博物館は八〇年代には全国で九館の開館であったが、九〇年代には全国各地に二二館が開館している。戦後に形成された平和観や戦争観をもととした日本の平和博物館が数多く開館する中で、平和博物館のネットワークの中心に位置するのが、立命館大学国際平和ミュージアムである。これに対し、大和ミュージアムは、太平洋戦争中に活躍した多くの艦船（武器）を展示し、それらを建造した海軍工廠の歴史を辿り、また戦前の日本の技術の結集として戦艦大和を位置づけるなど、平和の意義を強調しつつも、海外に見られる戦争ミュージアムとの共通点も多い。

本章の主題は展示を通じての武器・軍隊や戦争あるいは平和の表象であるが、福西はボランティアガイドの語りに注目することで、従来の展示分析とは異なる仕方で博覧会や博物館を論じることに成功している。

軍隊を論じるうえで、戦争と敵を無視するわけにはいかない。**第一四章**「豪従軍カメラマンの見た日本兵像とその変化――デミアン・ペアラーのニューギニア戦線ニュース映画をとおして」で著者の田村恵子は、オーストラリアの従軍カメラマン、ペアラーが撮影した三本のニュース映画『ココダ前線』『ビスマルク船団破壊』『サラモア急襲』の中に現れた日本兵の表象を考察する。この三本は、一九四二年八月から一年の間に制作されたものであるが、そこで描かれている日本兵の映像は敵に対するペアラーのまなざしの変化を反映している。『ココダ前線』では、日本人はまだペアラーにとっては見えてはおらず、彼は「よく訓練され、規律が大変よく、勇敢な」と称賛している。『ビスマルク船団破壊』で彼は飛行機から観察した日本兵の死を冷めた目で観察している。サラモアの激しい戦闘を取材した時期になると、ペアラーと敵の実際の距離は大きく縮まった。距離が短くなるにつれて、敵に対するペアラーの姿勢は硬化していく。戦争が展開するにつれて、ペアラーは日本人の姿をずっと近距離でとらえることができるようになる一方、感情的には離れていく。ペアラーの感覚の変化は、ジャングル戦のきびしい現実とオーストラリア兵捕虜に対する日本軍の扱いに対する憎悪感の生起によるものと考えられる。

クリストファー・エイムズによる**第一五章**「『トモダチ作戦』のオモテとウラ――在日米軍による東日本大震災の災害救助をめぐるポリティクス」は、二〇一一年三月に発生した東日本大震災における在日米軍の救援活動(「トモダチ作戦」)について考察したものである。日本政府が史上初めての在日米軍による救援受け入れを決めた背景、自衛隊との協力関係とその変容、トモダチ作戦が実際面でも広報的な観点からも一定の成果を上げることができた諸要因について、政治的、歴史的および文化的な側面から検討を行っている。しかし、トモダチ作戦の成功にもかかわらず、これについて沖縄で報道されることはほとんどなく、普天間基地の辺野古への移設やオスプレイの配置をめぐって本土と沖縄のあいだに感情的な軋轢が生まれている。日米の軍事的関係が今後直面する変化について、本章は日本の社会事情を視野に入れながら慎重に見守る必要があると結論づけている。

以上、文化人類学を中心とする専門領域で軍隊を論じることの意義について指摘し、各論文について紹介した。本書は、これまで十分に論じられてきたとは言えない軍隊を主として文化人類学的視点から多角的にとらえることで、軍隊と社会との関係に新たな光を当てる試みと位置づけたい。

注

(1) 歴史学の分野ではあるが、類似の問題意識をもつものに、[吉田　二〇〇二]がある。

(2) たとえばアメリカ合衆国の陸軍における人種政策は、一般社会への人種関係に影響を与えた(後述)。同じく、多宗教的な軍隊のあり方[田中　二〇〇四a、二〇〇七]は、従軍牧師を通じてアメリカ社会の宗教に影響を与えてきたと想定することも可能である。吉田は「軍隊それ自身が新たな社会秩序の創出のための推進力となる、あるいは軍隊のあり方が逆に社会のあり方を規定してゆく、という視点も同様に必要不可欠となる」[二〇〇二：一二]と表現している。社会関係以外なら、軍隊は社会の先端的なモダニティを体現してきたと言える。

(3) ただし、軍事社会学(military sociology)という分野に属する文献の中には文化人類学的研究としても通じるものがないわけではない。この点については主要な既刊論文を集めた［Caforio 1998］や文献レビューを含む論文集［Kummel and Prufert eds. 2000］を参照。日本では、女性兵士の問題がフェミニズム社会学の視点から論じられてきたし、最近では『戦争社会学の構想』［福間他編　二〇一三］という論文集も公刊されている。「戦争社会学」の対象には軍隊も含まれているが、この論文集を構成する一五章のうち軍隊を直接考察しているのは、高橋［二〇一三］、佐藤［二〇一三］と河野［二〇一三］である。なお、高橋の論文は一九七四年に出版されたものの再録である。

（4）リントンが書いたものは、論文というよりは研究ノートに近い。彼は軍隊の慣習に言及することで、「未開（トーテミズム）」を相対化しようとしている。こうした視点は、結果として軍隊の特殊性を強調することになるかもしれない。また、ラドクリフ＝ブラウンが晩年に Stanislaw Andrzejewski の *Military Organization and Society* (1954) に序言を寄せている［Radcliffe-Brown 1998 (1954)］が、人類学というよりも比較社会学の観点から書かれた文章である。

（5）ただし、［Hawkins 2001］や［Lutz 2001］など大部のモノグラフが出版されているが、なお数は少ない。

（6）具体的には田中による一連の編集報告書［田中編　二〇〇四、田中・上杉編　二〇一二、田中・福浦編　二〇一二、Tanaka ed. 2008］ならびに論文［田中　二〇〇八］を参照。

（7）詳しくは［田中　二〇〇五］を参照。

（8）空軍は概して学歴が高い兵士からなる。

（9）日本のように戦闘能力が劣る四〇歳以上の兵士が含まれている場合もある。

（10）軍隊内部での宗教実践の調査はまだまだ少ない。この点については、［田中　二〇〇四 a、二〇〇七］や石川［二〇一三］を参照。

（11）さらに、アフリカ系アメリカ人は、白人ほど勇敢ではないという、白人の人種的優越性を正当化する言説も存在していた［田中　二〇〇四 b］。

（12）軍隊が特定の集団によって牛耳られている例は多数想定できる。たとえばスリランカの場合、多数派シンハラ人と少数派タミル人との民族紛争が二〇〇九年までおよそ三〇年続いたが、政府軍はほぼシンハラ人によって占められていた。太平洋戦争末期の沖縄戦における日本兵による地域住民への蛮行は、軍隊は一般民衆を守ろうとしないという一般論に加え、日本社会における沖縄の人びとの周縁性を反映している。兵士に沖縄出身者がいたとしても、日本軍は沖縄の人びとを代表する軍隊ではなかったのである。吉田［二〇〇二：三二］によると、沖縄はほかの県と異なり、「郷土部隊」を有していなかった。

（13）詳しくは［田中　二〇〇四 b］を参照。

（14）米軍での同性愛排除は二〇一〇年に撤廃されている。

参考文献

アンダーソン、ベネディクト

一九九七 『想像の共同体――ナショナリズムの起源と流行』（増補版）白石さや・白石隆訳。

石川明人

二〇一三 『戦場の宗教、軍人の信仰』八千代出版。

河野　仁

二〇一三 「『新しい戦争』をどう考えるか――ハイブリッド安全保障論の視座」福間良明・野上元・蘭信三・石原俊編『戦争社会学の構想――制度・体験・メディア』勉誠社、三八九―四一四頁。

佐藤文香

二〇一三 「ジェンダーの視点から見る戦争・軍隊の社会学」福間良明・野上元・蘭信三・石原俊編『戦争社会学の構想――制度・体験・メディア』勉誠社、二三三―二六九頁。

ゴッフマン、アーヴィング

一九八四 『アサイラム――施設被収容者の日常世界』石黒毅訳、誠信書房。

高橋三郎

二〇一三（一九七四）「戦争研究と軍隊研究――ミリタリー・ソシオロジーの展望と課題」福間良明・野上元・蘭信三・石原俊編『戦争社会学の構想――制度・体験・メディア』勉誠社、四三―七六頁。

田中雅一

二〇〇四ａ 「従軍牧師――あるいは越境する聖職者」青弓社編集部編『従軍のポリティクス』青弓社、一四八―一六七頁。

二〇〇四ｂ 「軍隊の文化人類学的研究への視角――米軍の人種政策とトランスナショナルな性格をめぐって」田中雅一編『人文学報　特集　アジアの軍隊の歴史・人類学的研究　社会・文化的文脈における軍隊』九〇：一―二一頁。

二〇〇五 「ジェンダーとセクシュアリティの人類学」田中雅一・中谷文美編著『ジェンダーで学ぶ文化人類学』世界思想社、一―一九頁。

二〇〇七 「米軍チャプレンの研究――構造分析と主観的視点」『国際安全保障』三五（三）：九五―一一二頁。

二〇〇八 「軍隊を人類学する――ナショナルとトランスナショナル」春日直樹編『人類学で世界をみる――医療・生活・政治・経済』ミネルヴァ書房、一八五―二〇三頁。

田中雅一編
二〇〇四『人文学報　特集　アジアの軍隊の歴史・人類学的研究　社会・文化的文脈における軍隊』九〇。
田中雅一・上杉妙子編
二〇一二『軍隊がつくる社会／社会がつくる軍隊(1)』平成二〇年度～平成二三年度科学研究費補助金（基盤研究(b)）研究成果報告書。
田中雅一・福浦厚子編
二〇一二『軍隊がつくる社会／社会がつくる軍隊(2)　韓国レポート』平成二〇年度～平成二三年度科学研究費補助金（基盤研究(b)）研究成果報告書。
福間良明・野上元・蘭信三・石原俊編
二〇一三『戦争社会学の構想――制度・体験・メディア』勉誠社。
吉田　裕
二〇〇二『日本の軍隊――兵士たちの近代史』岩波新書。

Caforio, Giuseppe ed.
1998 *The Sociology of the Military.* Cheltenham: Edward Elgar.
Frese, Pamela R. and Margaret C. Harrell eds.
2003 *Anthropology and the United State Military: Coming to Age in the Twenty-first Century.* New York: Palgrave.
Harrell, Margaret C.
2003 Introduction: Subject, Audience, and Voice. In Pamela R. Frese, and Margaret C. Harrell eds. *Anthropology and the United State Military: Coming to Age in the Twenty-first Century.* New York: Palgrave, pp.1-14.
Howkins, John P.
2001 *Army of Hope, Army of Alienation: Culture and Contradiction in the American Army Communities of Cold War Germany.* Westport, Connecticut: Praeger.: Praeger.
2003 Preface In Pamela R. Frese, and Margaret C. Harrell eds. *Anthropology and the United State Military: Coming to Age in the Twenty-first Century.* New York: Palgrave, pp.ix-xiv.
Kummel, Gerhard and Andreas D. Pruhert eds.

2000 *Military Sociology: The Richness of a Discipline.* Baden-Baden: Nomos Verlagsgesellschaft.

Linton, Ralph

1924 Totemism and the A.E.F. *American Anthropologist* 26: 296-300.

Lutz, Catherine

2001 *Homefront: A Military City and the American Twentieth Century.* Boston: Beacon Press.

Radcliffe-Brown, A.R.

1998 (1954) Preface to Stanislaw Andrzejewski *Military Organization and Society.* London: Routledge.

Tanaka, Masakazu ed.

2008 *Armed Forces in East and South-East Asia: Studies in Anthropology and History.* The Institute for Research in Humanities, Kyoto University.

●目次　軍隊の文化人類学

装丁＝佐藤一典・オーバードライブ

●第Ⅰ部　軍隊とジェンダー・家族

第一章　モダン・ガール（モガ）としての女性兵士たち

――自衛隊のうちとそと

サビーネ・フリューシュトゥック（萩原卓也訳）

1　はじめに

「闘士としてのモダン・ガール」という影響力の強い論文でミリアム・シルヴァーバーグ［Silverberg 1991］は、モダン・ガールを、服装や喫煙、また飲酒をとおして、一九二〇年代後半の都会の繁華街で伝統を嘲る、きらびやかで贅沢な中産階級の消費者として描写した。シルヴァーバーグは、モダン・ガールのアイデンティティが、この都会的で洗練された流行のなかで自らを作り出したという彼女たちの自覚に基づいていることを見出した。資本主義に基づく近代性の目印として、モダン・ガールは、物事が陳腐になるやいなや強烈なオーラでそれらを覆い、広告のなかで得た地位をとおして新たな社会思想を占める、消費文化の象徴であった。彼女たちが表現したことがらは、ときに歴史的に抑制されていた、あるいは異なるイデオロギー上の目的に使われたかもしれないとシルヴァーバーグは書いている。「世界中のモダン・ガール研究会Modern Girls around the World Research Group」によって二〇〇八年に出版された本の結びの解説において、シルヴァーバーグ［2008: 354-355］は、これらの女性はいったい誰なのか、という問いをあらためて取り上げ、そして世界中の学者の研究結果を踏まえ、彼女の初期の見解を修正している。その彼女の答えとは、日本のモダン・ガールはさまざまな価値を有していた、というものである。一方でモダン・ガールは、彼らのまわりで起きる社会・文化的な変化によって次第に不安にさせられた男性批評家たちによって、社会の風景に投射された幻影であった。他方で、文化・社会的な革命に関与したいと望んでいた、力強く生き生きとしたモダン・ガールもまた存在した。さらに、一九二〇年代と三〇年代の勤労女性たちの労働力と流動性が両世界大戦間における日本の近代性の輪郭を明確にするのを促したのであった。したがって、シルヴァーバーグのモダン・ガールに対する修正された見解によると、変化への関与が服装の変化などに限られていた者や政治活動家であった者、日常的なふるまいが社会政治的な秩序に対する真の挑戦と考えていた者がいたということである［Silverberg 2008: 356-357］。

シルヴァーバーグが描写した二〇世紀初頭のモダン・ガールのように、自衛隊の女性自衛官は、今日の日本におけるジェンダー、労働、流動性についてのもっとも要を得た社会・政治的な問題を具現化している。私は、モダン・ガールが単にフラッパー・ドレスから軍服に着替えたと主張しているのではない。そうではなくて、今日の女性自衛官の文脈に二〇世紀初頭のモダン・ガール像を重ねあわせることが有意義であると私が確信する理由は、以下による。多くの女性自衛官は、彼女たちの大半が生まれ育った農村社会におけるジェンダーや身分階級の制約から自身を解放しようと一大決心をしている。そうすることによって、彼女たちは、現代日本においてもっとも根強い社会的因習を遠ざけ、少なくとも一時的にではあれ、自衛隊(1)に入隊しようという娘の職業選択に対し家族が見せる著しい消極的な態度に打ち勝っている。自衛官になるということは、移動が多いことを意味し、二年または三年ごとに日本各地に点在する基地へ移動することをいとわない、ということである。このような地理的な流動性は、しばしば階級的流動性を伴う。自衛官になることが、社会的地位の向上のための唯一の賭けであると考えている女性もいる。いったん自衛隊に入隊すると、自衛隊が憲法上あいまいな立場のせいで、世間に対するジェンダー・イメージ構築に非常に力を注いでいる軍事組織に自分たちが置かれていることに気がつく。女性自衛官たちは、自衛隊内部で直面する敵意を忠実に描写し、それどころかこれを増幅し悪化させているメディアや大衆文化環境のなかで、自らのキャリアを追求して仕事を続けているのである。

私は本章を、女性自衛官が自衛隊内外での自身の経験をどう語るのかということについて記述することから始めたいと思う。次に、新隊員募集活動や世間一般に向けられた広報活動のための材料を含む自衛隊の視覚的な自己提示において、いかに自衛隊は女性を利用しているのかという問いに焦点を当てる。そして、最後の節において、自衛隊の公式な広報活動範囲を越えて大衆メディアに流通する女性自衛官の多数の表象を考察する。「実際に生きて、呼吸する」自衛隊員の姿を表象からきれいに分離し、固定化するより、「兵士」としてのモダン・ガールの共同生産に関与している要素として以上の三つの領域を考えたほうが、分析的に有用であるということを私は提案する。後に明らかになるように、彼女たちのエージェンシーは前々からすでに損なわれており、彼女たちの自己の真正性はゆらぎ、不確かなままの状態が続いている。(2) 彼女たちの軍国主義は、自衛隊が行動する法的な枠組みや、彼女たちが関わる任務における共有経験や作戦行動により、極めて明瞭に形作られている（例えば、写真1を参照）。

写真１　東日本大震災の救援作業に携わる女性自衛官（『別冊　宝島　自衛隊 vs. 東日本大震災』1780 号、pp.8-9、2011 年より）

本章の目的にとってもっとも重要なことは、彼女たちのあいまいな状態が、――二〇世紀初頭のモダン・ガールのように――自分たちは女性である（そして自衛官である）というはっきりした理解をむしろ彼女たちに与えているということである。他の論文で私は、自衛隊での彼女たちの経験は、人類学者ヒュー・ガスターソン［Gusterson 1999］のいうところの「フェミニスト兵士」へと彼女たちを形成している、つまり、排除されるという慣行を経験することが彼女たちの意識を高めるように働き、またその経験が差別と格闘し、自衛隊へのより完全な編入のために奮闘しようと決意させる、と論じたことがある［Frühstück 2007b: 86-114］。本章では、女性の自衛隊員、自衛隊の広報活動組織、また大衆メディアが、能力主義社会であるという自衛隊の理念と、ジェンダーによって左右される実際の自衛隊の慣行との隔たりに対し、いかに巧みに対処しているのかを掘り下げる。緩やかで限られてはいるが、女性自衛隊への統合は、近代の流れに「後れを取っている」と位置づけられる日本の組織に対し、自衛隊は「近代的」であるというレトリックに基づいて進行していくことを示す。それと同時に、多くの女性自衛官は、社会的および職業的な「流動性」の向上の結果、自分たちのキャリアを追求している。言い換えれば、非常に特異な国家機関で働く女性自衛官は、多くの点において「活発」に行動してきたのである。彼女たちは、自衛隊という職業と職場を選択することによって、社会的地位の向上や経済的自立をずっと追求してきた。また、軍隊を男性で男らしいものと特徴づける主流社会のジェンダー化された秩序につねに挑戦してきた。そして、職業での成功を追い求めることによって、現代的な女性らしさの最前線であり続けている。

ポスト産業社会におけるたいていの軍事体制に見受けられるように、自衛隊への女性の統合は厳密に規制された過程を踏んでおり、女性の統合は女性のために平等な職業機会を設ける試みというよりむしろ、「軍」の必要性に一方的に駆られたものであった(3)［Enloe 2000; Miller 1998］。

二〇〇〇年になると、女性に対するすべての規制が法律上は取り除かれた。二〇〇二年には、複数名の女性自衛官が東ティモールでの平和維持活動に参加し、そして二〇〇三年には、一九五四年の設立以来初の戦闘地域への出動となったイラクにおける人道復興支援活動に加わった。彼女たちはまた、自衛隊の今までで最大規模の任務である、二〇一一年三月一一日に起きた東日本大震災後の災害救援活動の一員でもある。[4] このような緩やかな変化により自衛隊は、反女性差別政策を設けた他の政府機関に、先んじてはいないまでも歩調を合わせていると主張できるようになった。そして自衛隊は、適応と変異を組み合わせた戦略を取ることにより、明らかな欠陥（圧倒的に男性的な軍隊文化の衰え）を利用する形で日本株式会社のある部分よりも高度なジェンダーの平等性を提供する組織へと、さらなる近代化を進めた。対照的に、新隊員募集ポスターから政府の白書におよぶ広報材料における女性自衛官の執拗で過度な表象は、広報活動において二つの目的を持っている。それは、日本国民に「自衛隊の理解と認識を深めること」と、その他の職場のように「自衛隊を普通化すること」である［Frühstück 2007b］。のちに論じるように、少なくとも、全自衛官の約五％を占める女性自衛官にとって、一般の目に近代的に見せようという自衛隊の目論みは、社会的地位とジェンダーの点において流動性と近代性を体現したいという彼女たちの願望と継ぎ目なくかみ合わさっている。

2　「自分の道は、自分で選ぶ」——女性自衛官の視点

同級生が高い技術を要さない仕事に就く一方で、いったい何が高卒の若い女性を自衛隊へと魅きつけるのか。彼女たちの多くが大学教育を受ける経済的な余裕がなかったと語ったりしていて、最初に自衛隊に入ろうと思い立った広範囲にわたる動機を提供してくれる。[5] ごく一般的な言い方をすると、女性自衛官はこれらの動機をフェミニスト的言葉を用い、性差別的な企業世界に対して能力主義である自衛隊への期待や、また、決まりきっていて目新しいものはない外での仕事と比べ挑戦に満ちた自衛隊での生活と出世への希望をあげている。言い換えると、彼女たちの動機というのは、階級的流動性とジェンダーの境界の超越に関するものであり、国防に関するも

のではない。特に、曹士階級の女性自衛官は、男性と同等な仕方で自分たちの能力を試したいという、民間の仕事では満たされないであろう強い願望を持っている。サラリーマン人生を送るという考えに嫌気がさした士階級の男性と同じように[Frühstück 2007b]、士階級の女性は自衛隊を、労働者階層家庭の出身で高卒でしかない女性でも、企業のオフィスでの退屈な事務仕事とは大きく異なる何かをすることができ、かつある一定の出世を達成できる職場であると認識している。「特に何かを任されるわけでもなく、コピーを取り男性の同僚や上司にお茶を入れ(中略)、さらに結婚と妊娠、あるいはそのどちらかをするやいなや退職の圧力にさらされる」[6]、そんな「ＯＬ」としての従属的な人生の悲観的な見通しが、多くの女性にとって自衛隊に入隊する顕著なきっかけとなっている。男性の同僚と同様に、彼女たちも自衛隊に入隊した理由として強い愛国心をあげることはない。

多少異なりはするが幹部自衛官の視点も同じように、国防という考えよりはむしろ、職業的かつ社会的な流動性を入隊した動機の中心に置いている。曹士階級の女性たちと同じように、社会的流動性が依然彼女たちの職業生活を定義づける主題なのである。例えば、退官間近の黒柳裕子二佐は、一九七〇年代において大卒の女性が良い就職口を見つけることがどれほど大変であったかを覚えている。彼女が一九七七年に入隊したとき、公共部門における雇用の不安定さも彼女を自衛隊に魅きつけた一因であった[三根生　一九九八：二三二]。同様に、「何か人と違うことをしたい」と決断する前に貿易会社で二年間勤めた神奈川県出身の大卒女性は、自衛隊の閉ざされた世界に入ることによって、「自分自身の強さを見つけられるかもしれない」と思っていたという[坂東　一九九〇：二八四]。

女性幹部自衛官は、自衛隊の階級制度のなかで、幹部としての進路が民間においては到達できそうもない地位まで彼女たちを昇進させてくれることを望んでいる。例えば、松原幸恵三佐は外交官になりたかったが、外務省の試験に落ちてしまった。落胆した彼女は、大学の先生に相談し、そして最終的に、幹部自衛官として外交官的な仕事に就けるかもしれないという希望を胸に、自衛隊に入隊することを決意した[7]。同様に、関崎陽子が防衛大学校の入学試験を受けようと考えていたとき、彼女もまた、「一種の外交官」になれるという思いに魅了され、理想の大学を見つけたと感じたのだった。

私にとって理想的な大学を見つけたと思った。志望校調査に「防衛大学校」と書いて担任を驚かせた私は、夏休み明けに、ある私立大学の推薦も辞退した。「外交官になるという夢はどうするんだ」と担任は聞いた。「卒業後、自衛官という身分のまま外務省に出向し、駐在武官として勤務する道もあります。大使にはなれないけれど、それを狙います」［関崎　一九九五：一七三頁］。

自衛隊を、他の職業に就くための一つのステップとして自衛隊という職業を捉える女性自衛官もいる。他の職業とは例えば、もしそうでもしなければ相当な金銭的投資を余儀なくされる医療の分野、あるいは相当の訓練と競技時間を要求されるスポーツの分野がほとんどである。照岡逸子士長は、自衛隊員として働くことが、多くの練習や週末にたびたび行われる試合をともなう彼女のアマチュア・サッカー選手としての生活に非常に適していると指摘している。エリス・エドワーズ［Edwards 2013］が明らかにしているように、彼女たちの職業選択に関するそのような現実的な考え方は、他の職業における女性のそれと類似している。長期的な職業上の大望を持たない士階級の女性自衛官でさえ、自衛隊での数年間は、中途半端な仕事に就いて時間を浪費することなく、人生で本当にやりたいことは何なのかについて考える機会になるだろうと信じている。例えば、東京都出身の二七歳の女性は、彼女が自衛隊で働き給料をもらいながら、一方であらゆる種類の資格を取得し国家試験を受けようとしているものだと、母親が思い込んでいたと話してくれた。

若い女性が自衛官という職業に期待し求めているやりがいに加えて、職場におけるジェンダー平等性への期待もまた自衛隊の魅力に多大なる貢献をしている。自衛隊の新隊員募集ポスターは、ジェンダー平等性と、熟練労働や功績に基づく昇進システムとを伴った「本物の職業」を持てるという女性の期待に積極的に訴えている。自衛隊に入隊する女性は、企業世界において間違いなく直面するであろうジェンダーによる階層制度を、自衛隊の制度が乗り越えてくれるであろうと考えている。自衛隊はその他の職場に比べてより厳密な規則によって管理されているという理由で、若く低い階級の女性自衛官は、そのことを真実であると思い込んでいる。彼女たちは、民間の仕事に比べ、自衛隊においてジェンダーはそれほど問題にならないと信じている。というのも、階級は表向きは客観的に与えられ、上位や下位といった概念は自衛隊の規律に不可欠だからである。要するに、彼女たちは、その他の職場では与えられていない、能力主義による流動性の可能性を自衛隊に見出しているのである。

曹士階級の自衛官が自衛隊での時間を現実的に考える傾向があるのに対して、幹部職のキャリア追求は相当な自立心を必要とする。この自立心は、自分たちと敵対する可能性を持つ男性優位の世界で、男性の同僚に遅れまいと奮闘する開拓者であり、たいていの場合一匹狼であるという感覚を女性幹部自衛官の間に生じさせる。いったん自衛隊に入ると、女性自衛官の流動の可能性は、周囲の期待、割り当てられた仕事、そして力関係との組み合わせのなかで、因習的なジェンダー役割に屈せよというすさまじい重圧の前に萎んでしまう。彼女たちは、自衛隊員であることと、女性であることの間にある矛盾をさまざまな方法によってうまく克服することで、こういった圧力をうまく乗り切ろうとしている。例えば、女性であるという事実はさして問題にすべきことではなく、男性と同じ任務を果たす決意があることを同僚に認識させる必要がある。ジェンダーによる差別や性的な嫌がらせを矮小化する動きを容認するか、もしくはそれと闘う。また、女らしさという因習的なものさしを選択的に、拒絶したり受け入れたりする、といった方法を採用する。

女性自衛官は、日常生活において何よりもまず自分を特定の連隊や部隊に属する、ある階級の隊員であるとみなしている、と主張する傾向にある。ジェンダーの違いや差別的な待遇を受けた事例について尋ねられたとき、例えば大倉一佐は、自衛隊はジェンダー条件によって序列づけられてはいないという信念をしっかりと持っていた。彼女は、ジェンダーによる差別と性的な嫌がらせを矮小化する女性隊員が共通して経験している板ばさみ状態に、自分自身もはまっていることに気づいている。もし彼女が、自身が受けている扱いに傷ついた、あるいは苦しめられたことを認め、それに対して何か反応を起こしたとするならば、女性である彼女が弱くて脆いと同定するまさにその言説をみずから承認することになってしまうだろう。ゆえに、そのような出来事を矮小化することは、ジェンダーによる差別と性的な嫌がらせを通じて、女性を攻撃的なまでに周縁に追いやろうとする効果が全面的に広がるのを防ぐための一種の戦略なのである。さらに、彼女のような女性自衛官が、自分たちは性的な攻撃の被害者であるというはっきりとした見解を持つと、彼女たちは自分たちを被害者という言説に位置づけてしまうことになるだろう。彼女たちの目には被害者は無力で脆く、弱い者を守る立場にある自衛隊に居場所がない存在だと映っている。よく考えた末に大倉は、「まさに男性がそうするのと同じように」キャリアを追求する女性をフェミニストであると定義するならば、おそらく私がその一人なのだということを認めたのだった。しかしここで、被害に遭ったと振る舞う女性は自衛隊において対等には受け入れられないであろうということが、大倉と同僚の女性にとって明らかであるということに注意する必要がある。

このように、女性は被害者であるという言説と、完全な隊員として自衛隊に参加することとの間には、本質的な矛盾が存在する。ジェンダーによる差別と性的な嫌がらせを矮小化することは、その被害者を沈黙させる装置として機能している［Sasson-Levy 2003: 93］。たしかにその装置はこのところますます穴だらけになってきて、男性の加害者を早期退職に追い込むか解雇に至らしめてはいる。性的な嫌がらせは、自衛隊を経験した後、また自衛隊内部で女性が昇進を追求するための、もっともわかりやすい踏み台であるにすぎない。女性自衛官はまた、女性は肉体的に男性より劣っており、部隊の全体としての任務遂行能力に打撃を与えかねないという強固に制度化された信条によって、いかに彼女たちの日課が頻繁に妨げられるかを語る。この広く行き渡った信条とは対照的に、田村里珠は、自衛隊の多くの専門分野おいて、肉体的にすぐれた能力を持つことの重要性が低くなってきていることを強調している。田村は海上自衛隊の水中保守専門家であり、このことは内々に女性を排除することで悪名高いこの部局において偉業である。その彼女の見解とは、以下の通りである。

全員男性で構成されるグループに女性が加わると、男性はそれを一大事だと思いますが、でも、そんなことはないです。いったん水の中に入れば、男性と女性のあいだに違いはありません。潜るやいなや、あたりは暗くなり、たいして見えなくなります。恐ろしくもありますが、それに慣れなければなりません［野岸二〇〇二：三七―三九］。

初めのうち、田村は肉体的な強さが自分に欠けていることに失望し、男性の同僚よりもさらに一層努力しなければならないと悟っていた。それでもある時点で、成功してやるぞという決意を固めたことを彼女は思い出して語ってくれた。彼女の職種においては、肉体的な強さだけでなく、精神的な強さも必要とされるのだという。

女性自衛官のなかには、男性と同等に、もしくは男性よりもよい扱いを受けたとさえ感じている女性も存在する。指揮官がときに彼女たちにより親切なのは、彼女たちを「ただの女の子」とみなしており、それゆえに完全な自衛隊員よりもいくらか劣る存在だと考えているためであると、彼女たちは思っている。このように、給料は男女同じであっても、以上のような因習と結びついた障害物が、自衛隊内部における女性自衛官の職業上の流動性にブレーキをかけているのである。しかし、自衛隊で長く勤務するつもりがない女性は、この差別的な扱いを概して肯定的に受け止めている。一方、砲兵部隊で訓練を積んできた川崎瑞恵士は、女性であるという理由で特別な待遇を受けることについて、複雑な気持ちを抱いている。

「……仕事をきちんとしようとしても、女の子なんだからこの程度でいいんだよ、という空気が上官の間から漂ってきて、悔しい思いをすることもいっぱいでした。」入隊してから二年弱［朝日新聞社編　一九九七：一六三］。

自衛隊内部で周縁化されることに加えて、妻となり母となることを女性の主な目標として奨励する社会的因習によって彼女たちの職業的かつ社会的な流動性は妨げられ、また彼女たちの職業進路はそういった因習を物差しに評価されている、と女性自衛官は感じている。このことは、自衛隊に入隊する娘について両親が述べた感想から明らかである。一般的に、女性幹部自衛官の家族は、自衛隊で長く仕事を続けようとする娘の決断をめったに支持することはない。両親の頭のなかは、二点の心配事に支配されている。一部の親は、「娘が自衛隊によって完全に奪われ、まったく異なる人間になってしまうのではないか」と懸念している[8]。けれども多くの親は、自衛隊のトレーニングや重い武器や機械を扱う際の危険性を何よりもまず心配している。女性幹部候補生および女性幹部自衛官の母親は、娘の職業が、娘が家族をつくる機会を妨げてしまうであろうこと、娘を結婚しづらくさせてしまうであろうこと、もしくは少なくとも何らかの理由で娘が子供をもうけないことの一因になってしまうであろうことを特に気にしている。自衛隊以外のところで働いている女性たちは、多くの場合配偶者からのたいした手助けもない状態で、思いやりのある母親であると同時に有能な家政婦であることを期待されている。日本全体における初婚年齢の平均が継続的に高まり、また、より多くの男性と女性が子どもを持たないという選択肢を選んでいるにもかかわらず、松原瑞恵三佐の経験が物語るように、多くの女性幹部自衛官の両親は、中産階級の核家族こそが女性の人生の中心であるといまだに思い込んでいる。

実に厳しい基礎トレーニングとその後の幹部訓練の上に、食堂においても、隊においても、教室においても、現場においても、常にたった一人の女性幹部であるという私の存在のせいで生じたすべての居心地の悪い状態に加えて――これらすべてのほかに、私は母親の否定的な姿勢に付き合わなければならなかったんです。私の母親は、自衛隊という職業に反対していたし、一年間休職し、ふたたび外務省の試験を受けるようにとうるさく言うことを止めませんでした。私の出世を見た今でさえ、いまだに彼女（母親）は幹部の仕事に反対していることを私は知っています。そういうふうに言うことはなくなりましたが。これが私の今の仕事であるという事実に、母は甘んじて従ったのだと思います。でも最近、少なくとも一般人と結婚してくれと頼んできたのです。（一九九九年、筆者インタビューによる）

自衛隊の男性と結婚するのがよいか、それとも自衛隊以外の民間人と結婚するのがよいかについて女性自衛官は異なる意見を持っていたが、いったん自衛隊に入ると、もはや外部の男性とのデートはいうまでもなく、出会う機会さえも多くはないということに全員が同意していた。なかには、民間人とまったく付き合ったことのない人もいた。ほとんどの曹士階級の女性自衛官はいつか結婚するつもりであり、彼女たちの計画は、彼女たちが今後どういった類の生活を送りたいのかについての実利的な考えによってまた特徴づけられている。彼女たちは、結婚は安定感と安心感に加え、基地での寮生活から脱出できる機会であり、いくらかの個人の自由を与えてくれるだろうと考えている。彼女たちは、ときに五人の女性と部屋を共有しなければならない基地での集団生活よりも、アパートでの他人から干渉されない自由な私生活を好む。ある女性自衛官は、結婚後も働き続けたいので、彼女の仕事に対する向上心を認めてくれる男性を見つけるまでは独身で居続けるだろうと語っていた。逆に、将来結婚したり、専業主婦になったりするための手段として考えている人もいた。地域の女性と結婚する傾向のある男性自衛官と異なり、女性自衛官、とくに幹部自衛官は男性自衛官と交際する傾向にあるという事実から、女性自衛官は民間人の友人や地域社会とのつながりを完全に断つことが理解できる。

例えば、梶本雅子三佐は、両親が彼女に結婚して子供を持つように絶え間なく強要していたことを思い出しつつ語ってくれた。その当時、彼女は家庭を持つつもりなどなかったが、ついには諦め、同僚の幹部自衛官と結婚し二人の子どもを産んだ。結婚すると決めた彼女のその判断は、恋愛感情で動いたというよりも、女性自衛官に典型的に見受けられるようにむしろ実利的な理由によるものであった。

彼は申し分のない男性です。でも、もし私の両親が、「私たちはもうすぐ死ぬかもしれないし、あの世に行く前に孫の顔が見たい」と言い張らなかったら、彼とは結婚していなかったでしょう。両親はいまだに健在です。両親は私から仕事を奪ったのだと、私はそう感じています。（一九九九年、筆者インタビューによる）

梶本の心のなかでは、両親はわがままに振る舞っていた。孫の顔が見たいという両親のこだわりと、ことによると既婚女性としてまた母親としてふさわしい娘の体裁への両親の執着により、少なくとも彼女の推察においては、本物の仕事に対する挑戦として彼女が心に描いていたことと、それにともなうであろうと想像していた社会的かつ階級的な上昇とに終止符を打たれたのであった。このように上司と同僚からの重圧に加え、キャリアを追求することと、成熟した女性が母親になることへの世間の期待との葛藤に対する両親や社会の懸念が存在する。幹部自衛官が昇任するには、社会の主流に見られる女性らしさや母性の獲得を阻む要素が存在している。すなわち、二年もしくは三年ごとに、幹部自衛官は日本中のどこへでも、ときには日本が大使館を保持する外国へも転勤を命じられるのである。

次節では、個々の女性自衛官の現代的な流動性と、組織の画一的な体制順応主義とによって自衛隊が構成されているというまさにその矛盾に、自衛隊の広報活動と新隊員募集の組織がうまく入り込んでいることを明らかにする。

3　「大きな夢をひとつ持ってきてください」——自衛隊の新隊員募集と広報活動における材料

自衛隊における広報活動と新隊員募集の組織は、その宣伝材料のなかで女性を劇的なまでに過剰描写することで、職業的かつ社会的流動性を高めたいという女性自衛官の願望をうまく活用している。別の論考において私はこの特徴を、男性的かつ潜在的に暴力的である自衛隊の性質を強調しないように意図されたものであると説明したことがある［Frühstück 2007b: 86-114］。ここでは、それとは異なった点を指摘したいと思う。飛行機の客室乗務員［Yano 2013］、バスの添乗員［Freedman 2013］、新幹線の車内販売従業員［Hood 2013］、そしてエレベーターガール［Miller 2013］のいずれもが、極めて女性らしい容貌と装いと、働く乗り物の機械的な性質による影響の両方によって、飛行機や観光バス、デパートのエレベーターといった新しく近代的なテクノロジーに対する利用者の不安を軽減させていると論じている。それとは対照的に、自衛隊の広報材料に使用される女性は、めったに（戦争の）テクノロジーと共に登場することはない。そこでは彼女たちの身体自体が、ポスターでは見せられないもの、すなわち兵器を表しているのである。自衛隊は、女性と銃との組み合わせで官能的なイメージを作り上げたり、そうしたイメージを利用したりするのを控えている。

自衛隊のポスター、チラシ、その他の宣伝媒体の中身を具体的にあげるとすると、例えば、小さくて可愛らしい犬が「僕だって、平和が大好き！」と言っている。[9] モデルが英語で「Peace People Japan, Come On!」と呼びかけている。制服姿の事務官が「大きな夢をひとつ持ってきてください」と語りかけている。制服姿の整備士が「誇れる職場で、輝く人」になるために「Step by Step」と訴えている。ポスターの半分を占める航空自衛隊員の写真のとなりには、「Believe. 変わらぬ夢に向かって」という標語がある。制服に身を包んだ女性の身体は、二重の仕方でその官能的な可能性が喚起されている。それは、自衛隊員ではない女性に制服を着せ、自衛隊員である女性から制服を脱がすやり方である。ポスターに描かれているほぼすべての女性は、プロのモデルか芸能人（タレント）である。例えば、「Peace People Japan, Come On!」と呼びかけている女性は、アニメの主題歌の作曲家として知られる、とても個性的で快活な外見の菅野よう子である（標語の「come on」という言い回しは、彼女の名字にかけた言葉遊びである）。入隊する可能性もないとは言えないが、その他の大衆文化の象徴にも認められるように、単に自衛隊のフィギュアや装備に憧れるだけの可能性のほうが高い、流行に敏感な若年層に対し、白いTシャツを着て髪をポニーテールにした菅野は大方の賛同を得られるであろう。着せては脱がせる、というように制服をもてあそぶことにより、女性の身体は打ち延ばされ、その表面には「標準的な、普通の人」を魅きつけたいという自衛隊の願望が刻み込まれる。[10] 女性自衛官であるということは、しかしまた一方で、制服に身を包んだ女の子にすぎないということも意味しているのである。

自衛隊内部において女性自衛官があまり成熟した大人として扱われていないという状況は、海上自衛隊のために製作されたビデオクリップを含む新隊員募集や広報活動の材料において、さらに悪化している。このビデオは、水兵服を着用した男性の集団が、船上で『Y.M.C.A』[11]の曲に合わせて踊るシーンから始まる。歌詞は以下のとおりである。

We have seamanship, seamanship, seamanship for love!
We have seamanship, seamanship, seamanship for peace!
平和がきれい、日本がきれい

海上自衛隊（防衛庁の自衛官募集ビデオ『seamanship』二〇〇七年より）

「日本がきれい」と歌う瞬間、カメラは制服を着て踊る男性から離れ、典型的な女子高生のようにセーラー服をまとった、おそらく一六歳くらいの少女の顔を捉え拡大する。画面いっぱいの日本国旗を背景に、彼女は微笑み、そして敬礼する（これは、自衛隊における正式な行為規則に反した連係動作である）。クリスティン・ヤノ［2013］が扱っている現象、すなわち日本が女性として、および女性らしい存在としてたびたび描写されることと類似して、この映像においても日本は女性として描かれている。ただし、成人女性ではなく、少女なのである。つまり、この海上自衛隊のビデオクリップにおいて、日本は女性化されてもいるし、幼児化されてもいるのである[12]。自衛隊の広報活動組織が、女性を支持する自衛隊というイメージを少なくとも部分的であれ普及させるために、女性自衛官を広報材料として広範囲かつ頻繁に登場させる一方で、大衆メディアにおける女性自衛官の描写は明らかにそれ以上に矛盾した状態にあることを次にみていく。

4　「鉄腕美女」——大衆メディアにおける女性自衛官

自衛隊のあやふやな憲法上の立場がある程度影響し、女性自衛官は雑誌やそのほかの大衆メディアによって広く取り上げられることはなかった。看護師以外の仕事に女性を組み込もうという一九七〇年代初期の試み以降、女性隊員の描写がまれに見受けられるようになった。だが、そういった描写の美的感覚やストーリーは、ほとんどの場合日本のマスメディアのさまざまな分野にあふれる、女性の身体の性差別的で扇情的な何気ない描写を想起させる。女性自衛官、婦人警官、そして同じく伝統的に男性が支配してきた職業に就く女性に関する記事は、彼女たちが普通とは違った職業を選んだ点を強調している。しかし同時に、これらの記事は挑発的なポーズで彼女たちを視覚的に提示することによって、まったく文字通りに彼女たちの例外性を剥ぎ取っている。このように、因習に従うという尺度をストーリーに再導入し、職業選択において慣習に逆らおうとする女性たちの特性を封じ込めているのである。

具体例をあげると、「自衛隊女性隊員8人」と題された一九九〇年一一月二四日付けの『週刊現代』の記事には、水着を着た曹士階級の女性隊員がヒョウ柄のスカーフの上を挑発的にはっている複数の写真が掲載されている。例えば、佐藤映美士は、物欲しそうに読者を上目遣いで見ている。彼女のプロフィールは、彼女が二〇歳であり、身長は一五三cmであり、そしてウエストは五七cmであるという数字を具体的にあげている。その記事の筆者は、まるで安心したかのように、彼女も渋谷や東京ディズニーランドに彼氏と一緒に行くことが好きな「普通の」女の子であると認めている。自衛隊では、「自分の限界を試す」のにふさわしい環境を見つけることができたと感じているが、「自分の時間があまりないこと」に彼女は悩んでいるという。何をすることが一番好きですか、という質問に対して彼女は、「何もしないでいることと温泉に行くこと」と答えている。この記事では、佐藤の独特な仕事について何も知ることはできない。その記事はまた、「この水着を着た体が、戦闘服を纏う同じ女性に属しているなんて誰も信じないでしょう」ということを例証するために、制服姿の女性の小さい写真も載せている。まるで両世界大戦間のモダン・ガールを連想させるように、モダン・ガールには平凡な服装、軍国主義女性には軍服というわけだ。

男性読者を対象とした、スポーツやスキャンダル記事を扱うそのほかの週刊や月刊の人気雑誌もまた、女性隊員を彼女たちの身長、体重、ウエスト、年齢といった単なる身体的特徴へと、あるいは社会的身分へと単純化し、彼女たちの職業の特質よりも、性の対象となり得るかどうかを強調している。具体的なタイトルは以下のようなものがある。「空のヒロインに会いたい」〔『Flash』二〇〇三年五月三日号〕、「『トップ・ガン』日本初女性教官はこんなに美人」〔『Flash』二〇〇三年六月一〇日号〕、「美人自衛官9人の争いと平和、私の場合」〔『SAPIO』一九九六年九月四日号〕、「女房にするなら『鉄腕美女』！」〔『スコラ』二〇〇二年一一月号〕。

例えば、「元婦人自衛官がヘア・ヌードで語る、自衛隊の性」と題された、一九九九年九月二日に発行された『週刊現代』において、佐藤友華士は二枚の写真で紹介されている。一つは、ポーカーフェイスの彼女が制服姿で敬礼している写真で、もう一つは、着物を着飾り髪も芸術的に仕上げた状態で色っぽい顔で微笑んでいる写真である。プロフィールによれば、陸上自衛隊に所属し熊本の基地で働く彼女は、身長一五九cm、体重五二kgであるという。また彼女は、音楽、生け花、剣道、そして書道を趣味にあげている。彼女の恋人もまた自衛隊員であるという。彼女が自衛隊に入隊した理由とは、ありきたりな事務職をこなす仕事に就く代わりに、「困難な状況下で自分自身に挑戦したかった」からであるという。「日本の安全に貢献すること」を目的とする職業を代表していることをあなたは誇りに思うか、と尋ねられて彼女は、その意味するところがあまりよくわからないと答えている。しかし、自衛隊の部隊が災害救援活動中および活動後に出会った感謝の声にはありがたく思っているという。救援活動は明らかに彼女にとって唯一の経験であり、おそらく活動する自衛隊について彼女が思い描く唯一の姿であった。どの武器を使ってみたいかという『週刊現代』の記者の質問に対して彼女は、戦車を操縦することに一番興味があると答えている。しかしながら、彼女は自衛隊内で模範と仰ぐ人をあげることができなかった。そのほか一二枚すべての小さな写真は、一九歳から三四歳の女性自衛官のポートレートである。すべての女性は二枚の写真で紹介されている。小さいほうの写真で彼女たちは、迷彩服を着用し、敬礼するか機関銃を読者に向けて構えている。大きいほうの写真では、ビキニ姿か体操着、もしくは流行のカジュアルな服を着てポーズを決めている。

女性隊員は、その他の印刷媒体においても同じように描かれてきた。具体例をあげると、小規模の出版会社であるイカロス出版は、アニメやマンガのファンに訴えようとする取り組みを開始した。同社は二〇一一年に、女性自衛官についてより積極的に性的特色を付与したメッセージを含んだ写真集に加え、通例であれば「タレント」や女性芸能人にあてられるカレンダーという媒体において、史上初めて『女性自衛官2012カレンダー』を発売した。イカロス出版は、『萌えよ!』という本のシリーズとともに、『ハイパー美少女系ミリタリーマガジン』という月刊誌を発行している。これは、上述した部類の雑誌記事ではもはや掴むことのできない若い読者を引きつけるために、アニメやデジタル世界の言葉を利用するという積極的な試みである。同様に、この新たな市場への進出は、近ごろの災害救援活動との関連でメディアの露出が増加したことによる、女性隊員の社会におけるさらなる主流化を示す指標なのかもしれない。同社出版の書籍タイトルは、『萌えよ! 陸自学校』、『萌えよ! 戦車学校』、『萌えよ! 戦車学校Ⅱ型』、『ドキッ! 乙女だらけの帝國陸軍入門』、『はつ恋連合艦隊』、『戦車ガールズ将棋　独ソ戦編』などである。それぞれの本は異なる著者とイラストレーターによって描かれている。この本

写真２『萌えよ！　陸自学校』（2008年）の表紙より。

のシリーズはきわめて詳細な軍事についての解説を、白黒の挿絵、および銃や戦車ならびにほかの装備とともに思わせぶりなポーズをとる少女のきらきらした画像と組み合わせている。

描写されている女性自衛官は可愛らしくそして不気味でもあり、胸が大きくほとんど服を着せられていない。彼女たちは唇を突き出し、大胆に読者を見つめている。さらに、スカートの中の下着をのぞき見することを読者に促す女性も描かれている（写真２）。女性の身体の性化とポルノ化は、日本の大衆文化の至る所に偏在している［Allison 2000; Napier 2005］。ディック・ヘブディッジ［Hebdige 2008: 40］が「サド・キュート」と名づけたものは、「〔特に過去への〕タイムトラベル、ソフトポルノ、ＳＦ、魔法系のアニメや漫画やテレビゲーム、などへの思春期前の子どもの熱狂、また、小児性愛のロリコン・ファッション、模型キット、絵文字など」によく示されている。この性化とポルノ化が、女性自衛官の身体についてもごく最近になって起き始めた点を強調することが重要である。

本のシリーズのタイトルにもある「萌え」という用語は、二次元のキャラクターに対する愛着のこもったあこがれ、より正確にいうと感情に基づく互恵的な応答の望みがない何かに対する、内面化された情動的な反応を指している。日本における「アニメ」の文化的意義に関する議論において、「萌え」という概念は、ファンの仮想キャラクターや世界との関係の持ち方、また同様に消費者に対するメディア制作者の力についての、より大きな問いにもまた関連づけられている［Condry 2011］。それは誰の、何に対するあこがれなのか。女性自衛官の、銃の力に対するあこがれなのだろうか。男性読者の、描かれた少女たちに対するあこがれなのだろうか。自衛隊の、より多くの新入隊員を魅きつけることに対するあこがれなのだろうか。これらすべてが含まれているのだろうか。それとも、女性自衛官の主流化をとおしての、自衛隊の「標準化」に対するあこがれなのだろうか。あこがれの対象は何かという問い以上に留意すべき重要な点は、男女の読者を想定した『萌えよ！』や同類の出版物が、かつて大衆文化の生産者が抱いていた自衛隊と自衛隊員へのいささか冷淡な態度からの脱却をしるしづけたことである。ごくわずかな例外を除いて（その例外のもっとも顕著なものは『ゴジラ』映画シリーズである）、また戦時中の日本における対応とはまったく対照的に［Frühstück 2007a］、戦後の大衆文化の生産者たちは自衛隊を描くことはめったになかった。描いたとしても、それは肯定的な視点においてのものでは到底なかった。したがって、『萌えよ！』は、自衛隊に対する日本の大衆文化産業の最近の興味関心を象徴している。それはまるで、少なくともアン・アリソン［二〇〇六］が「ミレニアム・モンスターズ」と呼ぶ形態で現れる限りにおいて、日本の大衆文化と日本における「軍隊」とが一緒になった威力を大衆メディア制作者が突然発見したかのようである。はたしてこの新たな美的創作がさらに多くの若い女性の入隊につながるのか、それとも単に、社会的かつ地位的流動性を追求し、ジェンダーの境界を越えようとし、労働市場の新たな領域を模索しようと志向する女性たちを矮小化する古い勢力に勢いを与えるだけなのかは、今後の展開を見ていかなければわからない。

5　おわりに――活発な自衛隊

女性自衛官、特に女性幹部自衛官は、二〇世紀初頭に若い女性たちによって試みられてきたのと同じように、女らしさという因習的な概念に対する挑戦を体現している。結婚して家庭に身を捧げるべきであるという重圧から、専門的なキャリアを追求する際に能力が過小評価されることに至るまで、彼女たちは二〇世紀のモダン・ガールに似て社会的な障害物を自覚的に経験している。しかしながら、シルヴァーバーグのいうモダン・ガール闘士とはまったく対照的に、女性自衛官は女性らしさという因習的な概念に対するまさにその挑戦を単に具現化しているだけではない。自衛隊という、選択できうるなかでもっとも保守的であると思われている組織環境の内部において挑戦しているのである。彼女たちの闘志は、国家の目的と一体関係にあることを示している。

現代日本におけるもっとも根強い社会的因習を嫌って、職業選択に際し家族から浴びせられるあからさまな疑問の声を克服し、階級的および職業的流動性や個性、さらにジェンダーの平等性を追求するために、伝統的にそのような大志を否定し抑圧してきた国の機関で働く、そういった女性はいったい何者なのであろうか。「活動的な」若い女性自衛官は、決然とし、社会規範を逸脱する選択をしたことを自覚している。彼女たちは娘である、女性である、また（潜在的に、もしくは実際に）母親であるという自分たちの主観的立場と、軍隊の一員であるという立場との間の緊張関係に絶えず折り合いをつけようとしている。「脱女性化」を恐れる両親の言葉や、自衛隊の「女性化」を案ずる男性同僚、また、彼女たちをいまだ成長過程の若い女性として再構築する一般に流布した自衛隊のイメージ、さらに、大衆メディアにおいて不用意に性的特色を付与され幼児化された彼女たちの表象、これらと彼女たちがどう関わるのかというその仕方において、この緊張関係は絶え間なく生じていく。

彼女たちの職業や私生活の多くの面に浸透している「闘志」が、二〇世紀初頭の決然としたモダン・ガールのそれと重なる一方で、彼女たちが「軍事化」したという事実は女性隊員たちをかつてのモダン・ガールとは著しく異なった存在にしている。結局のところ、自衛隊は「日本を守る」仕事に従事しているのであり、地域社会の構築や災害救助、もしくは平和維持に関連する国内か海外での任務を遂行する存在である。したがって、女性隊員をこうした任務の下に均一化することは、彼女たちを自衛官へと成形するだけではなく、地理的な出身地や、階級、ジェンダー、さらに自衛隊のうちとそとにおける、ときに矛盾するさまざまな声と力によって生み出された主観的立場という点に関して、多面的な流動性をもまた彼女たちにもたらしているのである。

［追記］本章は、*Modern Girls on the Go: Gender, Labor and Mobility in Japan*（Alisa Freedman, Laura Miller, Christine Yano eds., 2013）に収録された論文〝The Modern Girls as Militarist : Female Soldiers in and beyond Japan's Self-Defense Forces〟の翻訳である。

注

（1）日本における戦後の「軍隊」は、朝鮮戦争へのアメリカの関与を受けて、一九五〇年八月一〇日に警察予備隊として設立された。保安隊を経て、一九五四年七月一日にそれは改編され自衛隊として発足した。二〇〇四年に、自衛隊は五〇周年記念観閲式を執り行っている。自衛隊において、日本は三つの部隊（陸上、海上、航空）、最新の軍事技術（核兵器は保持していないが、さまざまな最先端の兵器だけでなく、戦車、艦船、航空機を含む）、そして、軍隊に共通している組織的な付随物のすべて（師団編制、旅団編制、訓練方法など）が完備された本格的な軍事体制を持つ。構成は、陸上自衛隊（Japan Ground Self-Defence Force: JSDF）が約一四万八千人、航空自衛隊（Japan Air Self-Defense Force: JASDF）が約四万六千人、そして海上自衛隊（Japan Maritime Self-Defense Force: JMSDF）が約四万四千人である。この章において私が参考にしたり、インタビューを実施したりしている自衛隊員のほとんどは、陸上自衛隊員である［防衛庁編　二〇〇五：一二二］。

（2）この章は、文献、大衆向けのテキスト、映像資料の分析だけでなく、集中的なインタビューや参与観察も含む、文化人類学とカルチュラル・スタディーズの方法論によって書かれている。私は、一九九八年夏から二〇〇四年春の間に約一九ヶ月のフィールドワークを日本で行い、そして二〇一〇年夏にさらなるインタビューのために日本を再訪した。すべてを含めると、自衛隊に所属する人々と自衛隊を取り巻く人々、約一九五人にインタビューを実施した。その内の一〇パーセントは女性であり、この数字は自衛隊全体で働く女性の割合の約二倍に相当する。私がインタビューを実施した人々のなかには、すべての階級の、主として一八歳から五二歳までの、ほぼすべての専門分野の隊員が含まれている。私は文献と映像資料の収集と分析を現在に至るまで継続している。

（3）日本において、太平洋戦争後の新たな国の「軍隊」に入隊可能になった最初の女性たちは看護師であった。彼女たちは、一九六七年に陸上自衛隊、一九七四年に海上自衛隊、航空自衛隊の両方において事務職を与えられた。看護師以外への最初の突破口は、男性の新隊員不足によって一九七四年に開かれた。続く一九七八年には、女性たちが医師と歯科医になる訓練を受ける権利を与えられた。ますます深刻になる男性の新隊員不足に加えて、一九八六年に制定された男女雇用機会均等法が、次なる大規模な統合への弾みとなった。日本政府の機関として、自衛隊は雇用や仕事の進行といったすべての領域において、女性への平等な機会を考慮した法律を遵守しなければならなかった。結果として、一九八六年（陸上自衛隊）と一九九三年（海上自衛隊と航空自衛隊）との間に、ほぼすべての自衛隊の部局が女性隊員への扉を開いた。一九九二年には、防衛大学校が三九名の女性幹部候補生に初めてその門戸を開いた。自衛隊が一九九六年一月にゴラン高原にて長期の平和維持活動に加わり始めたとき、陸上自衛隊の女性自衛官が初めて四五人編成のゴラン高原派遣輸送団の一員になった。

（4）自衛隊は、岩手、宮城、福島を含む被災した一道六県に一〇万七千人にもおよぶ人員を配置した。隊員らは捜索活動や救助活動に従事し、避難所において炊き出しを行った。また、自衛隊は、空と地上からの放水活動を行うことによって、福島第一原子力発電所の破損した原子炉を冷却する試みに尽力した［*Japan Times* Aug 18, 2012］。

（5）私がインタビューをした曹士階級の自衛官の全員が、性別を問わず、自衛隊に入隊した大きな理由として、貧しさ、安定した職に就きたいという願望、そして訓練にお金を払うことなく技術を習得する機会があることをあげた。

（6）筆者が二〇〇一年に実施した複数のインタビューからの合成物。

（7）二〇〇三年六月に実施した筆者とのインタビュー。

（8）二〇〇三年六月に実施した筆者とのインタビュー。

（9）防衛省の公式ホームページには、一九六〇年代から製作された多数の新隊員募集ポスターを含む「イメージ・ギャラリー」なるものがかつて公開されていた。現在はもう閲覧できなくなっている。この章で取り上げたポスターの一部は、拙著［Frühstück 2007b］に掲載されている。その他のポスターは、佐藤文香［2000］にいくらか収められている。

（10）自衛隊員の世評や法的な身分を考慮し、新隊員募集を任された日本全土の幹部自衛官たちは、政治的な過激論者たちとは対照的な「標準的な、普通の人」を明示的に求めている。

（11）『ＹＭＣＡ』は、一九七九年一月にヒットを記録した、ヴィレッジ・ピープルというグループによる歌である。文字通りに受けとると、その歌詞はキリスト教青年会の美徳を激賞している。しかし、このグループの出身である同性愛文化においてこの歌は、ＹＭＣＡはこの歌が向けられた特に若い世代の男性同性愛者にとって相手を探し性交する人気スポットである、というＹＭＣＡの世評を称賛するものとして、暗示的に理解されている。

（12）「子どもとしての日本」という比喩は、マッカーサー陸軍元帥からポップ・アーティストで今や億万長者である村上隆に至るまで、長年にわたり広範囲の評論家たちによって引き合いに出されてきた［Frühstück 2011］。

参考文献

朝日新聞社編
　一九九七　「戦闘集団『自衛隊』――女が望むすべてがここにはある」『uno!』二月号：一六一―一六五頁。

佐藤文香
　二〇〇〇　「自衛隊におけるジェンダー――『防衛白書』と自衛官募集ポスターの表層分析から」『Sociology Today』一〇：六〇―七一頁。

関崎陽子
　一九九五　「女だてらの防大一期生始末書」『新潮45』四五：一七二―一八四頁。

野岸泰之
　二〇〇三　「自分の道は、自分で拓く」『Securitarian』二：三七―三九頁。

阪東刀水子
　一九九〇　「女性自衛官ってどんな生活？」『婦人公論』五：二八四―二八九頁。

防衛庁編
　二〇〇五　『防衛白書二〇〇五年』防衛庁。

三根生久大
　一九九八　『自衛官は語る、その抱負と苦悩』文教出版。

Allison, Anne
　2000　*Permited and Prohibited Desires: Mothers, Comics and Censorship in Japan.* Berkeley: University of California Press.

Allison, Anne
　2006　*Millennial Monsters: Japanese Toys and the Global Imagination.* Berkeley: University of California Press.

Condry, Ian
　2011　Love Revolution: Anime, Masculinity, and the Future, In Sabine Frühstück and Anne Walthall eds. *Recreating Japanese Men. Berkeley*: University of California Press, pp.262-283.

Edwards, Elise
　2013　The Promises and Possibilities of the Pitch: 1990s Ladies League Soccer Players as Fin-de-siècle Modern Girls. In Alisa

Freedman, Laura Miller, and Christine R. Yano eds. *Modern Girls on the Go: Gender, Mobility, and Labor in Japan.* Stanford, Calif.: Stanford University Press, pp. 149-165.

Enloe, Cynthia H.

2000　*Maneuvers: The International Politics of Militarizing Women's Lives.* Berkeley: University of California Press.（シンシア・エンロー『策略――女性を軍事化する国際政治』上野千鶴子監訳、佐藤文香訳、岩波書店、二〇〇六）。

Frühstück, Sabine

2007a　"De la militarisation de la culture impériale du Japon (Militarizing Visual Culture in Imperial Japan)." Jean-Jacques Tschudin and Claude Hammon (eds.): *La société japonaise devant la montée du militarisme.* Arles: Editions Picquier.

2007b　*Uneasy Warriors: Gender, Memory and Popular Culture in the Japanese Army.* Berkeley: University of California Press.（サビーネ・フリューシュトゥック『不安な兵士たち――ニッポン自衛隊研究』花田知恵訳、原書房、二〇〇八）。

2011　After Heroism: Must Real Soldiers Die? In Sabine Frühstück and Anne Walthall eds. *Recreating Japanese Men.* Berkeley: University of California Press, pp.91-111.

Gusterson, Hugh

1999　Feminist Militarism, *PoLAR* 22(2): 17-26.

Hebdige, Dick

2008　The Protocols of Sado-cute. In Paul Schimmel ed. Takashi Murakami. Los Angeles: Museum of Contemporary Art, pp.40-51.

Miller, Laura L.

1998　Feminism and the Exclusion on Army Women from Combat, *Gender Issues* 16: 3-36.

Napier, Susan

2005　*Anime from Akira to Howl's Moving Castle.* New York: Palgrave Macmillan.

Sasson-Levy, Orna

2003　Frauen als Grenzgängerinnen im israelischen Militär: Identitätsstrategien und -praktiken weiblicher Soldaten in "männlichen" Rollen. In *Gender und Militär: Internationale Erfahrungen mit Frauen und Männern in Streitkräften,* ed. Christine Eifler and Ruth Seifert. Königstein: Ulrike Helmer Verlag and Heinrich Böll Stiftung, 74–100.

Silverberg, Miriam

1991　The Modern Girl as Militant, In Gail Lee Bernstein ed. *Recreating Japanese Women, 1600-1945.* Berkley: University of

California Press, pp.239-266.

2008　After the Grand Tour: The Modern Girl, the New Women, and the Colonial Maiden, In *The Modern Girl around the World Research Group ed. The Modern Girl around the World: Consumption, Modernity, and Globalization.* Durham, NC: Duke University Press, pp.354-361.

Yano, Christine R.

2013　"Flying Geisha" : Japanese Stewardesses with Pan American World Airways. In Alisa Freedman, Laura Miller, and Christine R. Yano eds. *Modern Girls on the Go : Gender, Mobility, and Labor in Japan.* Stanford, Calif. : Stanford University Press, pp. 85-106.

資料

『SAPIO』

一九九六　「美人自衛官9人の争いと平和――私の場合」九月四日号：一二八―一三一頁。

『週刊現代』

一九九〇　「自衛隊女性隊員8人」一一月二四日号：二二一―二二八頁。

『週刊現代』

一九九九　「元婦人自衛官がヘアヌードで語る――自衛隊の性」九月一一日号：二三八―二四一頁。

『週刊宝石』

一九九五　「95年各界注目の女性―実力の美女、かわうえひとみ」二月二三日号：二二三―二二五頁。

『スコラ』

二〇〇二　「女房にするなら『鉄腕美女！』」一一月号：四〇―四五頁。

『Flash』

二〇〇三　「空のヒロインに逢いたい」五月一三日号：二五―三二頁。

『Flash』

二〇〇三　「『トップガン』……日本初女性教官はこんなに美人」六月一〇日号：四〇―四一頁。

Japan Times, The

2011　Only SDF Nuke Responders to Stay on in Zone, August 18（http://www.japantimes.co.jp/text/nn20110818b1.html 二〇一一年一一月二七日閲覧）。

第二章　逡巡するも、続ける
――軍事組織における女性のキャリア形成とライフ・イベント

福浦厚子

1　はじめに

本章の目的は、女性自衛官へのインタビューをもとに、彼女たちが軍事組織という男性中心的な組織のなかで、どのようにキャリア[1]を形成してきたのか、結婚や出産などといったライフ・イベントを一つの視座に考えることにある。そのことによって、女性が自衛官としての職務を男性自衛官と同様に遂行することと、組織において、時に女性として期待される役割を遂行するという、相反する価値に基づく役割を実行することの複雑さや困難さを明らかにし、どう対処したのか、逡巡しつつも、職務を続けることを選んだ過程を明らかにすることで、問題点を議論したい。

2　軍事組織の女性に関する先行研究

軍事組織の女性とは、つまりここでは軍人妻ならびに女性兵士を指す。そこで、本題である女性兵士についての先行研究を明らかにする前に、まずアメリカ合衆国の軍隊と女性との関わりについて少し歴史を遡って紹介したい。

軍隊が女性を公的に認識するのは、家族や配偶者の存在としてであった。米軍による女性への認識を研究したアルバノによれば、一七七五年からのアメリカ独立戦争の頃、軍は若い独身男性が組織の基盤になると考えていたため、たとえ兵士が死亡しても、兵士の配偶者には何ら補償をしなかった。そして、家族を作戦遂行の妨げとみなしていた［Albano 1994: 283］。一七七六年になると、志願兵への報奨として、三年ごとに一〇ドルが支払われることになり、入隊者を支援した指導者には、一〇〇エーカーの土地が渡されることになった。そして、ついに一七九四年、陸軍は正式に家族への財政的な責任を認め、戦闘で亡くなった士官の寡婦と子どもに現金を支給することにした。

軍隊と女性との関わりの発端は、このように一八世紀に遡る。その後、女性兵士が出現するまでに、大きくは三つの転機があったと考えられる。それまでの経緯について、ヴィニングらの論文に沿って紹介する［Vining and Hacker 2001］。

まず、最初の転機は、一八世紀後期である。当時は、アメリカだけでなく、ヨーロッパでも、女性が民主的な議会への参加を求めるようになった。そのため、軍隊への入隊を主張することが、市民権獲得の助けになると考えられていた。しかし、実際に組織的な参加が行われたわけではなかった。

次の転機は、一九世紀であった。それまで、陸軍兵士の妻と子どもは、キャンプ・フォロワーとして、夫が戦場へ赴く際に付き添い、前線の駐屯地で支援し、物品の調達、調理、洗濯、看護などを行っていたが、この頃になると、その役目は看護師に代わられるようになった。

一八五三年からのクリミア戦争の際、ナイチンゲールは看護や病気に携わる者と、キャンプ・フォロワーを区別するために、制服の着用を訴えた。そして、軍に協力する看護師の集まりがこの頃から形成される。一九〇九年アメリカ赤十字は、アメリカ看護師協会（American Nurses Association）と連携し、海軍、陸軍に看護師を派遣した。

女性兵士が生まれたのは、第一次世界大戦時であった[2]。アメリカ、イギリスでは、その頃までに、民間人が自主的に国家を支援する軍事団体を作っており、アメリカでは数万人の女性がボランティアで、軍に準じた制服を着用し、義勇兵として参加していた。そして、男性を戦闘に専念させるため、男性軍人が担っていた仕事の一部を、女性が担うことになり、一九一七年、アメリカ海軍は事務系下士官に女性を雇用し始めた。終戦直前の頃には、アメリカ陸軍でも、通信部隊の電話交換手や医療部隊の外科医師に女性を雇用した。

第二次世界大戦より以前、米軍は一貫して、軍人の結婚を否定的にとらえており、独身男性兵士を中心に軍を組織した。そのことは、公的には一八四七年、既婚男性の入隊を禁じる法を制定して以来のことであった。しかし、実際には既婚者も入隊しており、その法的拘束性は厳しくはなかったと考えられる。第二次世界大戦後、一九四五年になって、米軍は志願兵を維持するため、軍人家族を認め、手当の支払いを義務化した。

軍隊にとって、家族への責任を改めた背景は二つあるとスタンレーらが指摘する。第一に、それまでの平時には小規模で、有事には規模を拡大する軍隊から、平時でも大規模な軍隊へと変えたことであり[3]、もう一つは、一九七三年に徴兵制を廃止したことであった。それまで徴兵制を実施することによって、定期的に若い男性が入隊していたが、それが少なくなり、志願兵制を採ることによって、入隊した兵士らをより継続して軍務に就かせるよう考慮する必要性が出てきた。その結果として、結婚する隊員の増加が見込まれることになり、これまでの独身者の軍隊から家族持ちの軍隊へと変わっていった［Stanley, Segal, and Laughton 1990: 208］。

家族を持つ兵士が増えたことと、志願制の兵力を維持する必要性から、軍隊は家族に関心を振り向け、家族支援や生活の質に関わる研究をランド研究所（RAND Corporation）や米陸軍研究所（U.S. Army Research Institute）で行うようになった。一九六五年には最初の家族支援組織である、陸軍コミュニティ・サービス（Army Community Service）が設立された。一九五一年から一九七五年までの間の女性兵士は、妊娠、出産を理由に解雇できることになっており[Albano 1994: 289-290]、軍隊の関心は女性兵士よりも、家族に向かっていたことがわかる。一九六九年になると、退役軍人の配偶者グループが、軍人妻の福祉向上を目指して、軍人妻協会（National Military Wives Association）を設立し、立法活動を始めた。

一九七八年までに、全軍人の六〇％が既婚者となり、度重なる異動、別居、危険な業務、作戦最優先の生活といった軍隊特有の生活を維持するためには、家族を検討対象とすることが重要視されるようになった。

このように、軍隊はその関心の先を、女性兵士よりも、軍人妻や軍人家族の方に向けていたため、研究も軍人妻に関するものの方が多い。軍人妻の性質を端的に表した研究には、パパネクが挙げられる。彼女は、夫のキャリア形成のために、妻にまで、組織が「二人で一つのキャリア〝two-person single career〟」に貢献することを求め、軍人家族が軍隊の制度に巻き込まれていくと指摘した［Papanek 1973: 852,858］。同様に、軍人だけでなく、その家族にも膨大な要求がのしかかり、家族生活にも浸透するといった研究が行われた［Moskos 1977, Segal 1986］。

この要求が内面化され、軍人妻からも、自己の行動に規制が掛かる点について、宮西が沖縄米軍人妻を例に「妻が軍規に違反する行動をした場合、その責任はスポンサーの夫にあり、夫の階級や昇進に影響を及ぼす。妻はこの点で夫に依存している」と指摘した［宮西　二〇一二：四三―四四］。

軍務に就くことに伴う、負傷や死の可能性、広範囲な異動、一定期間家族から離れて任務に就くこと、長時間やシフト制の労働、海外勤務といったことが、軍人本人だけでなく家族にも影響するという研究も行われるようになり、軍隊にとっては、隊員の士気を維持するために、いかに家族を動員するのかという点に目を向けるようになっていった［Stanley, Segal and Laughton 1990］。

米軍人の配偶者の研究を行ったハレルによれば、一九七〇年代は確かに士官の妻には、夫への献身が求められ、妻が仕事を持っていた場合には、それを辞めさせる圧力まであった。そのため、職業上夫が成功するには、それにふさわしい妻を持つことが鍵と考えられた。しかしそのような、士官の昇進と妻の活動が結びつくような発想は、一九八八年に発表されたワインバーガー国防長官メモにより否定された。実際に、妻も有職者が増え、家族の形態も多様になり、それまでのような軍への貢献を家族に求めることはできなくなっていた。陸軍では、女性兵士が増え、彼女たち夫婦が二人とも軍のキャリアをもつ場合や、一人親になる場合、民間人と結婚した場合などさまざまな背景をもつようになった。民間企業でも女性を多く雇用するようになり、軍隊内にも女性兵士が増えた結果、逆に再度、士官の妻として期待される役割が軍によって評価されるようになっていると指摘した [Harrell 2001: 55-56]。

これらはいずれも、隊員の離職と家族の不満が深く結びついており、それを防ぎ、人員を確保するためには、軍人家族に不満を抱かせないことが重要という視点から研究が行われている [Hogan and Seifert 2011]。しかし、それらは妻として、夫のキャリアをどう支えるのか、あるいは妻同士のコミュニティに参加して、時には夫に代わって部下の抱える家族問題に対処するといった、男性将兵らの軍への帰属維持に主眼を置いた研究であった。

民間での職業を持つ軍人妻が増えることを米軍は肯定的に捉えているが、妻は夫が軍人であることと、妻自らが職を持つことについてどう考えているのか、それを研究したのは、カスタネダらの研究である。軍人の妻で、民間の職を持っている場合、当初、本人は軍の影響など考えてもいないが、働く経歴を積むうちに、軍人妻は夫の転任に伴って転居をするため、雇用側から長期での就労を期待できない人というスティグマを負わされると感じるなど、ネガティブな影響があると捉えている場合が多いとまとめている [Castaneda and Harrell 2008]。

　このように、民間人妻の行動が軍人夫のキャリアを後押しする、あるいは逆に軍人夫のキャリアによって、民間人妻がネガティブな影響を受けるという研究は行われているが、軍人同士の夫婦にとって、軍人夫のキャリアに軍人妻がどう影響しているのかについて言及した研究は見られない。そのため、夫に従順な、夫のキャリアを支援する役割というのが、自衛官同士の夫婦の場合にも考えられるのか、この点について検討する。

　さらに、女性兵士の研究についてこれまでを振り返ると、兵士であることと、女性であることという両義的な経験に関する研究が行われてきた。

　当初どこの軍でも、女性兵士のあるべき姿を制服のデザインに反映させようとしたと指摘したのはエンローであった。「大半の政府の政策決定者は、軍隊そのものの作戦上の目的にかなうとともに、軍事化された男らしさの文化を維持するようなやり方でのみ、兵士としての女性を使いたかったのである。その政策は、きちんとした女らしさを保つようなしかたで女性たちを利用する、ということを意味していた」とし［Enloe 2000: 266］、要するに、性的に魅力的であることを抑制させる一方で、そういった面をすべて切り捨てるのではない、言い換えるなら全く男性と区別がつかなくなること、全く同等になることには否定的である点に言及した[4]。この例は、軍隊で期待される女性の、両義的な性質を示している。

　ウィリアムズも軍隊における女性兵士の経験について「女性兵士は、力づけ、また同時に力を奪う軍隊の男性的な職業文化を経験する」［Williams 2005: 13-14］と表現している。女性兵士は専門職業人として男性と等しい能力を発揮することが期待される一方で、同時に女性的な面を維持するようにと、力を奪う働きかけが行われている。

　この全く方向性の違う価値を体現する要求については、バーズらによる近年のコンゴの女性兵士についての研究でも明らかにされている。バーズらはコンゴ民主共和国の国軍において、女性将兵が怖さ知らずの戦士として、公的には男性と同等の戦闘に参加し、男性的な領域に挑んでいる一方で、軍隊の内外においては魅力的な誘惑する女として、また家庭という私的な領域においては従順な妻としてのアイデンティティを同時に保持している点を明らかにした。さらにコンゴの男性兵士らが軍に入隊したのは、無理矢理リクルートされたからであり、そのなかで不相応な扱いを受けているといった、自らのポジションを被害者として、否定的に捉えている語りが多かったのに対して、女性兵士らの場合は強いエージェンシーの感覚を持っていると評価した［Baaz and Stern 2012: 721-722］。

またアメリカ海兵隊の男女隊員を対象に、ジェンダーのステレオ・タイプがキャリアにどのように影響しているのか研究したアーチャーは、海兵隊下士官より、士官の方が男女平等を理解しているにもかかわらず、どの女性士官も一度はダブル・スタンダードに直面した経験を持っていると述べる。そしてリーダーシップをめぐるダブル・スタンダードが女性にとって一番のフラストレーションになり、それがネガティブな影響を女性に与え得る、つまり、ジェンダー・ロールのステレオ・タイプが女性海兵隊員の成功を蝕んできたと指摘した［Archer 2013: 376-379］。

このように、兵士としての役割と、女性としての役割、あるいは軍人妻にあっては妻としての従順さなど、両義的な役割期待が女性兵士には向けられ、それが彼女たちの職務遂行によい影響を与えないことがわかった。

また、後方支援職と戦闘職で、組織に女性を需要する感覚は同じなのかについてオーストリア軍を対象に調べた、キェゼキらの研究によると、支援部隊のメンバーは女性を男性と同じように職務を達成していると考えたのに対し、戦闘部隊では、女性は軍隊の文化や伝統的規範にふさわしくないとみなす人が多かった。このように職種も考慮する必要があると考えられている［Koeszegi, Zedlacher and Hudribusch 2014: 238-239］。それでは、日本ではどうであろうか。

2　逡巡するも、続ける

自衛隊における女性へのまなざしは、米軍やコンゴ国軍、オーストリア軍の状況と同じということができるのであろうか。この点について、フリューシュトゥックとベン＝アリの研究を視野に入れておく必要があるだろう。つまり、日本における自衛隊の位置づけは専守防衛を目的とし、戦闘に関わる攻撃的なイメージをなるべく払拭し、普通の組織として日本社会になじませるような方策をとってきた。例えば、編成の呼称も、軍隊を直接的に想像させる歩兵科は普通科に改め、戦車科は機甲科に変えるといった点が特徴的であると指摘している［Frühstück and Ben-Ari 2002: 2-3］。

つまり、自衛隊は軍事組織でありながら、戦闘のイメージ、それはまた男性的な価値を帯びたイメージとも言い換えることができるであろうが、それを全面的に示すことには制限がある。フリューシュトゥックはその点に関して、男性自衛官の視点に立って表現している。「戦争のために訓練をしながら、武力行使を禁じた非戦闘任務に限定する軍事組織の中にあって、どのようにして兵士らしさを貫いていくべきか、（……）そこには不安や葛藤によるためらいが生じる」と述べ［フリューシュトゥック　二〇〇八：二二三―二二四］、そのことがそのまま自衛隊の性格としても解釈することができるのではないだろうか。

このような組織にあって女性自衛官は、どのような役割を期待されるのであろうか。他国の女性兵士と同じく、戦闘に備えた自衛官として、そして女性としての役割も、といった両義的な立場に立たされる点について、女性自衛官のジェンダー研究を行っている佐藤が次のように述べている。「（独身女性が）既婚女性に対する厳しい職場環境を目の当たりにすることで、組織の男性中心的な視線は内面化され、自ら退職の道を『自発的』に選択しようとする女性が出てくるのだ。さらに、こうした環境におかれることで彼女たち（独身女性）が子どもを持つ既婚女性に向けるまなざしは男性同様に冷たくなることがあり、結局、女性は男性よりも効用が低い存在なのだという結論にいたることもある」［佐藤　二〇〇四：二五四］。ここでは、組織内の視線にのみ言及がなされているが、ひとたび組織を外から眺めれば、必ずしもその価値観は組織内外で貫徹されているわけではない。こういった点も考慮しながら、夫のキャリアを支える妻という考えが存在するのか、兵士として、また女性としてという両義的な経験はあるのか、後方支援職と戦闘職の職種の差は、ジェンダー規範に影響するのか、といった問いを検討する。

3　自衛隊概略

ここでは、自衛隊の成立とその後の経緯について概略する。自衛隊の前身は、一九五〇年に創設された警察予備隊（National Police Reserve）にさかのぼる。当時七万五千人の男性隊員から始まった。また隊員のほかに、一般職員として一〇名の女性看護師が採用された。

一九五二年に保安庁が設置され、警察予備隊は保安隊（National Safety Forces）に改組された。この年、女性看護師を女性保安官として六二名採用し、病院や医務室に勤務させた。一九五四年になると防衛庁が設置され、自衛隊（Self Defense Forces）が発足した。陸上自衛隊が一般職域で女性の採用を始めるのは一九六七年であった。海上自衛隊と航空自衛隊で女性自衛官を採用したのは、一九七四年になってからであり、この差はそのまま組織として女性を受け容れることに要した時間とされている。佐藤によると、人材不足を埋めるために、陸上自衛隊では一九六三年頃から女性を自衛官として採用するための検討が始まったが、反対意見が多く、制度創設に際しての焦点は、後方部隊に従事する男性自衛官を第一線戦闘部隊に転用し、その穴埋めを女性に担わせるという、いわば「二流の戦力」とすることにあった［佐藤　二〇〇四：一二二］。

さらに、既婚女性自衛官が結婚や出産について佐藤が指摘した通り、独身女性自衛官が男性同様のまなざしを既婚女性に向け、結局、女性は男性よりも効用が低い存在だという結論に至り、早々に退職を選ぶ場合がある。

表1　2014年3月現在　自衛隊現員数

陸上自衛隊	海上自衛隊	航空自衛隊	統合幕僚監部	計
137,850人	41,907人	42,751人	3,204人	225,712人
61.0%	18.6%	19.0%	1.4%	100.0%

（『平成26年版　防衛白書』に基づいて筆者作成）

表2　2014年3月現在　非任期制と任期制の区分による自衛隊現員数

	非任期制				非任期制小計	任期制	総計
	幹部	准尉	曹	士		士	
男+女（人）	42,784	4,502	137,697	20,350	205,333	20,379	225,712
女（人）	1,974	28	6,905	1,294	10,201	2,398	12,599
女/男+女（%）	4.6	0.6	5.0	6.4	5.0	11.8	5.6

（『平成26年版　防衛白書』に基づいて筆者作成）

実際には独身女性や子どもを持たない女性がたくさんいて、彼女たちの高い能力を利用しているにもかかわらず、その点については言及することなく既婚女性の効用の低下を女性一般の評価にすりかえていくことで、女性を取り込みつつ周縁化している。このことと、女性の平均勤続年数の短さ（一九九九年度末で男性一五・三年に対し、女性が六・八年）とは関連するのではと指摘している［佐藤　二〇〇四：二五四―二五六］。

二〇一四年三月末現在、自衛官は約二二万六千人おり（表1参照）、そのうち、女性自衛官は約一万三千人いる（表2参照）。自衛官は二年から五年で満期退任となる任期制[5]と、停年まで就労する非任期制に分かれており、任期制（士の階級のみ）は二万人、非任期制は幹部、准尉、曹、士の階級を合わせて約二一万人いる。一対一〇の割合で圧倒的に非任期制の方が多いが、女性自衛官の占める割合は、任期制が一一・八％であるのに対して、非任期制では五・〇％にすぎない（表2参照）。つまり、女性自衛官の多くは任期制に就いており、短い期間で退職していく場合が多い。

4　キャリア形成

自衛隊ではどの自衛官もキャリアを重ねていくうえで、各自の専門となる特技の職種を段階的に特化させる制度を持っている。例えばある女性が高校を卒業したのち、陸上自衛隊に一般曹候補生として入隊した場合、最初の三ヶ月は女性自衛官教育隊に入隊して基礎的知識を習得し、その後、新隊員前期教育を三ヶ月受ける。その間に本人の希望と適性に基づいて、会計、通信、人事といった特技の職種が決定される。この職種に基づいて、各部隊に設置されている教育隊で陸士特技課程を六週から一三週受け、その後実際の駐屯地の隊に配属されて、専門の職種に関わる現場の業務を担当する。入隊後二年九ヶ月が経過した段階で、今度は陸曹になるための教育を受けるべく陸曹候補生課程に入る。所属している部隊において履修前教育を受けたうえで、各方面混成団の女性自衛官教育隊で専門職種に関わる教育を受け、三等陸曹昇任試験の選考により三曹に昇任する。その後、初・上級陸曹特技課程である職種学校へ入校し（4週間以上）、特技の職種をさらに習得し、再び駐屯地において特技職種に関わる勤務をする。その後、再び陸曹上級課程として職種学校へ入校し（8週）曹長となり、駐屯地での業務を経て、幹部候補生課程へと続く。これをまとめると図1の通りになる。

このように、職種学校へ入校して専門的な知識と技能の習得をする期間と、駐屯地にある部隊に配属され、現場でそれら技能を実践する期間がローテーションによって順に回るよう制度設計されている。もちろん、その間、訓練と検閲があり、なんらかの支障がきたせば、別の職種へと転換を図る必要がでてくる[6]。

自衛隊の位階は兵卒に匹敵する二士、一士、士長と、下士官に匹敵する三曹、二曹、一曹、それから幹部に匹敵する士官の大きく三つに分かれる。士官はさらに、尉官（三尉、二尉、一尉）と佐官（三佐、二佐、一佐）と将官（将

図1　一般曹候補生として入って3曹になるまでのキャリアの過程(筆者作成)

3曹になり、部隊での実務経験4年で一般幹部候補生部内選抜試験受験資格

陸曹教育隊(陸曹候補生課程)所属部隊で2～4週履修前教育を受けた後、各方面混成団の女性自衛官教育隊で教育

駐屯地や基地で職種の業務を担当　選考により3曹へ

各駐屯地や基地(陸士特技課程)6-13週

女性自衛官教育隊(新隊員前期教育課程)3ヶ月　終了時に職種決定

高校卒業後、一般曹候補生として入る　2士

表3　自衛隊の位階(筆者作成)

士官	将官	将
		将補
	佐官	1佐
		2佐
		3佐
	尉官	1尉
		2尉
		3尉
下士官		1曹
		2曹
		3曹
兵卒		士長
		1士
		2士

写真1　北関東にある駐屯地の様子

補、将）に分かれる（表3のとおり）。

5　逡巡するも、続ける

本章で紹介する女性自衛官五名は、陸上、海上、航空に所属する下士官レベルの三名と士官レベルの二名で、年齢は三〇歳代から四〇歳代である。下士官の二名は、高校を卒業後に入隊し、士官の三名は防衛大、一般大、短大を卒業後に自衛隊に入隊し、幹部となった。そのなかに、義父が元自衛官である人が一名いたが、その他の人たちは、みな親は民間人であった。五名とも結婚の経験がある。

女性自衛官のキャリア形成のうえで、大きなライフ・イベントとしては、結婚、離婚、出産、育児、転居などが考えられる。なかでも結婚に関して、女性自衛官は、二〇〇六年度末の資料によれば、四五％が既婚で、そのうち約八〇％が配偶者も自衛官とされる〔自衛隊愛知地方協力本部　二〇一三〕。自衛官同士で結婚した場合、同じ方面隊や地方隊で勤務できるとはかぎらない。また士官以上になると広範囲な異動も行われる。キャリアの継続に関わって、ライフ・イベントがどのように作用したのか、AさんからEさんまで五名の女性自衛官の語りを中心に紹介する。

写真2　ある駐屯地記念祭の光景

1　下士官の事例

（1）Aさん：夫がPKOに

写真３　ある連隊の訓練における女性自衛官

Ａさんは四〇代。高校生の頃、偶然婦人自衛官と話す機会があり、よい印象を持ったので、進路の先生とも相談のうえ、入隊を志望した。他の兄弟は大学へ進学していたので、親はＡさんが自衛隊受験を志望したことに少し驚いていたが、容認してくれた。

自衛官〔下士官〕の夫と結婚後、子どもが小さい頃は、当時働いていた義母が仕事を辞めて、毎朝Ａさん夫婦が住むアパートまで電車で通い、子育てを引き受けてくれた。通勤ラッシュ時に通ってくれる義母を大変だと思い、平日は子どもを義母宅に預けっぱなしにし、毎日Ａさん夫婦が仕事の後、子どもに会いに行くことにした。それも体力的に負担となり、子どもたちの通う学校を決める時期でもあったので、夫の実家近くに住むことにした。

Ａさんが仕事を継続している背景に、この義母の協力がある。しかも、夫の実家に近いため、育児の負担も軽減されている。

妻の仕事について夫は、理解はしているようだが、家事は手伝わない。「全部一人でやります。きついですね。協力してほしいなと思います。同い年なのです。ただ、主人を弁護するわけではないですが、母もいて、私もいるから。〔同じ家ではないが、近くて〕行き交うことができるので。何かあったらおばあちゃんに手伝ってもらえる、また子どもたちも娘なので、手伝わせればいいという気持ちが主人にありますから」と理由を説明した。

自衛官の妻として意識したのは、夫がＰＫＯに出た時であった。政情が不安定な地で、議論が起こっていた先へ行くことになったためである。

さすがにあの時は緊張しました。妻として、母として、どうやって送りだすかなというところはありました。私が現職自衛官で、自衛官の夫を送りだすのに、あまり躊躇してもいけないだろうなということがありました。がんばらないと、と思いました。（……）気をもみましたね。まだ子どもも小さかったので。（……）〔義母は〕たぶん、昔の戦争当時のことを思い出して、どうしよう、どうしようと言ってましたね。

Aさんが一番困ったのは、行く前であった。

あの時ですかね。自分が現職隊員で、自衛官の妻だからという立場でも考えたのは。そうは言っても、誰かを、と言われた時に、部下を選んで仕事を形あるものにしてくる人を連れて行くとなると、そうよね、お父さんが行くしかないよね、というのが自分でも見えてくるので。（……）〔業務内容を知っているだけに〕人を選ぶといったら、そうね、お父さんに声がかかってもしょうがないなというのがありました。

かつて筆者は、自衛官の民間人配偶者に、海外派遣にまつわる話を聞いたが、その場合と比べて妻が現職自衛官として、ある程度具体的に夫の任務内容を把握している点が際立っている［Fukuura 2012、福浦　二〇〇七］。そのためAさんは、派遣の要請を、組織の必然として、また妻としての立場からは苦悩をもって、両方の立場からジレンマを抱えている。

（2）Bさん：育児は官舎の人や元女性自衛官にも助けてもらう、夫は家事を半分負担

つぎに三〇代既婚の女性自衛官Bさんの経験を取り上げる。自衛官〔下士官〕の夫と結婚し官舎に住んでいる。

お互いに後方支援の職種で、妻が帰宅時間の不規則な現在の職場に異動してからは、夫が家事に積極的に取り組んでいる。夫婦二人とも帰宅が深夜になることもあり、官舎内の友人や退職した元女性自衛官の先輩を頼ることもある。

Bさんは、自衛官の妻として意識したことはなく、二人とも同じくらいの負担をしようと考えている。「お互いがお互いを思うように、できるようにカバーする。調整しあって。ここの時、調整してほしいと言われれば調整し、私の仕事の時は向こうに調整してもらって。お互いパートナーとして。（……）他の人で、あんなの考えられないと言う人もいますが。うちはそういうことはありません。全く一緒です」と述べる。

かつて、夫が希望する職務に就くには、妻側が異動で譲歩する必要があり、その場合に夫に家事、育児を負担してもらう必要が出てきた。その時、夫は了承し、以後、「約束した以上のことをやってくれる」とBさんは話した。しかしそれは結婚して十数年のうちの、ここ数年のことであり「もともと（……）なんでも自分でするように育ってきた人なので、できるのです。結婚してこのかた、その能力を収めていた〔夫が家事の腕前も確かなこと〕のですが」と付け加えた。

そんなBさんも、子どもが小さい時にあまりの忙しさから育児ノイローゼになりかけて、仕事を辞めようとしたことがある。夫婦で話し合い、仕事は辞めなかったが、その後、ついにぶつかった。「一度大喧嘩をしました。子どもに手が掛かったので、生まれてから四ヶ月は悲惨でした。お互いにお互いを遠慮して。（……）宴会に行っても、子どもが小さいということで我慢して帰ってきて（……）それはおかしいのではないかと言って、一回喧嘩したのがきっかけですね。それからお互いの関係が変わりました。遠慮無く言おうというように。そうでないとやっていけないなと話し合い、仕事でも遊びでも、お互いがやりたいようにやれるようにフォローし合っていこうというように変わったのです。それをやっていないと『お父さんに聞いてみないとわからない』になっていたかもしれません。お互いに感謝し合わないと、できないですね。いつもお父さんには感謝しているし、お父さんも私に対して感謝していると言ってくれるし」と言う。

Bさんの場合、夫が協力的である点が特徴的であるが、それもお互いに意見をぶつけ合ったのちに築いた関係であることがわかる。またそうすることで、従属的な関係ではない夫婦の関係をBさんが意識していることが「お父さんに聞いてみないとわからない」にはならなかったという発言から窺える。

2　士官の事例

（3）Cさん：夫が幹部になったのち、義父から妻に期待が掛けられた

Cさんはいとこの勧めで自衛隊を受験。親は民間企業を希望していたので、数年の予定で入隊した。のちに同じ職種の自衛官と結婚した。二人とも下士官からキャリアを始め、現在は士官。実家の近くに住み、両親に育児を手伝ってもらうことが多い。

自衛官の妻を意識することについては「二人でいた頃も、子どもが生まれてからも、自衛官と自衛官という感じで過ごしていたので、自衛官の妻だからというのはないですが。〔夫が昇任したので〕ちょっとは意識しないといけないのかなという面もありますよね」「〔夫はいずれ、ある程度責任ある職務に就くと思われるので〕ゆくゆくは、就いた時は、私はなんとなく家にいたほうがいいのかなと思ったりします。何でと聞かれたら、理由は答えられないですが。何かあった時に、今の立場なら、子どもが熱を出しても、私の方が〔業務の都合上休めなくて、子の迎えに〕行けないみたいなことで、〔夫に〕お願いしたりしますが、そういうのも無理になってくるので。それを考えると、そろそろ家に入らないといけないのかなと思ったりしますね。（……）夫の父も自衛官だったのですが。〔軍種は異なるが〕何かの話をした時も〔義父から〕『まあ、もうちょっと階級が上がったら、辞めてサポートしてあげてね』

と言われて」考えていると言う。

夫からそう言われたわけではないが、自分が辞めて夫を支援すると考えたことについて「（そのことは）夫の父から話を聞く前から考えていて。その前から（Cさんの上司から）『＊＊（夫がいずれ昇任する予定のポスト名）になって、奥さん働かせているようじゃなあ』と言われ、それが気になっているのかもしれませんが」と理由を述べた。

Cさんの場合、育児は実家の両親の支援により、不規則な勤務でも対応している。夫も、妻の仕事継続を賛成しているが、義父や上司がCさんに辞めることを期待する発言をすることによって、Cさんの仕事継続への決断が揺れているのがわかる。

（4）Dさん：妻同士のつながりが強い

Dさんは将来人の役に立つ仕事を、と考えて進学、その後自衛官に。同じ軍種ではあるが、他の職種の自衛官と知り合い、結婚。妻は後方支援に関わる職種であるが、夫は戦闘職。異動が広範囲なため、子どもが小さいうちから夫婦は離れて住むことになった。妻が子どもの面倒を見て、夫は単身赴任先から週末に戻るようにしていたが、仕事で疲れると戻らないこともあった。そのうち年に四回くらいしか戻らなくなり、離婚に至った。

夫の職務の性質上、妻同士のつながりが強かった。「＊＊（夫の職種に関わる隊）は結構奥さんのつながりが強いです。ですから、奥さんだけの宴会などもあります。それはたぶん、業務が危ないというのがあるので、奥さん同士知り合っておくと安心というのがあって、繋がりがあるのだと思います。制度的にはありません。インフォーマルなものです。家族でクリスマスパーティをやったり、（……）年に二回くらいはあったように思います」。また、夫も職場での横の繋がりが強かったという。

家族同士のあつまりにDさんが出かけた場合、Dさんにとっては単に妻としてだけ振る舞うということができず、そこに自衛隊内の階級を意識せざるを得なかったと言う。「一般の奥さんのようには振る舞えないというか。その頃は私の方が〔夫より〕階級が下でしたので、周りの先輩にも気を遣いました。普通の奥さんならレディ・ファースト等をされても平気かもしれませんが。私の場合はやはり階級が下なので、そういうものも素直には受け容れられないというか、そういうところはありました。」

　このように夫の仕事関係のあつまりで、自衛官として振る舞うのであれば、階級が重要視され、妻として振る舞うのであれば、レディ・ファーストといったジェンダー規範が重要視されるので、どちらで判断するべきか、戸惑ったという経験を話してくれた。また、夫を支える妻としての役割について、先輩の妻から「どんなに夫婦喧嘩をしていても、にこやかに送りだしなさい」とアドバイスをされ、最初の頃は守っていたという。夫のキャリアを支える妻という役割が期待されていたことがわかる。

　しかし、子どもが病気になり、代わりに休みを取るように夫に頼んだことについて、夫の〔男性〕上司が怒ったことを知る。「うち〔の子〕は病気が多くて、入院したこともありました。＊＊〔夫の職種〕は部下をあまりもたないのですが、私の場合すでに部下をもっていたので、部下がいる手前、休みを取りづらく、でも子どもが入院したので休みは取らないといけないことがあり、そこで何日かは〔夫に〕『ちょっと休んで』とお願いしました。夫としては快く引き受けてくれるのですが、夫の上司は『おまえの奥さんは＊＊の仕事を全然理解していない』みたいな説教があったという話を聞きました。」

　そのような意見があったことについてDさんは「〔休みを取ること自体は〕大変ではないと思うのですが。〔……〕子どもを理由に休むということが簡単に受け容れられない組織なのかもしれません。そういうのは奥さんがやる仕事だろうという受け止め方をされていたのではないかと思います。精神論としては。〔夫の〕業務上は支障が生じないことでしたから。当時、育児休暇も自分が取っていいという理解のある夫でしたが。周りが認めない職場であった」と当時を述懐した。

Dさん夫婦は互いに仕事の内容を理解し、夫も子どもが生まれて間もない頃は、協力的であったとされる。しかし、自衛官の夫を支える、妻としての心得を先輩夫人から説かれたことや、夫の上司からのDさんを非難するような言動により、従順な妻としての役割を引き受けることと、自衛官としての自分の職責を全うすることとの両義性の間で葛藤が生じている。

Dさん自身も異動が広範囲で、その都度ベビーシッターや二四時間保育を探して育児をしたが、ある勤務地だけは、勤務内容の都合上どうしても難しく、そのため実家に子どもを預け、週末に訪ねる生活を一年間続けた。「夫とも、単身赴任で離れて住むことがなければ、離婚にもならなかったのではと思います。（……）結構、同期も離婚が多いです。幹部は離婚率が高いと思います」と話してくれた。

（5）Eさん：夫の両親から、夫を支えるよう期待された

Eさんは三〇代、大学卒業後入隊し、のちに競技会で同じ職種の自衛官と知り合い、結婚。お互いにシフト勤務で生活時間が異なるうえに、価値観の相違等もあり離婚した。その価値観とは、二人が任務に就いている職種の作戦上の主力についてのことであり、Eさんは＊＊〔職種〕が主力だと理解していたが、夫は自分の職種だと理解しており、二人の意見は対立した。また、シフト勤務のうえ、職務上、長時間残って仕事をすることがよくあり、そのため家族としての時間を作ることができなかったことも離婚の要因に挙げている。

その他に、外的なもの、離婚しようと決心したものの一つに、向こうの親御さんに「いつかは仕事を辞めるよね」と言われたのがありました。私のほうはその辺をごまかしていましたので。子どもができたら、仕事

を辞めて家庭に入るのは当然のような考えを。（……）直接も言われましたね。こうするべきだと言われたわけではありません。こうするんだよねと、期待として、です。それはちょっと私には違和感がありました。

Eさんとしては、ずっと仕事を続けていく意志を強く持っていたため、仕事を辞めて夫の仕事を支えるという期待には応えられないことに対して、どう夫の親に理解してもらうのか、それを説得する機会は離婚によってなくなった。しかし、その当時は妻としてと、自衛官としての狭間に立たされていたことがわかる。

ここまでみたように、それぞれの女性自衛官は、キャリアを継続する意志を持っていても、それを実現していくためにいくつもの父権的な語りという難関をくぐり抜けてきたことがわかる。妻としては、夫のキャリアを支え、二人で一つのキャリアを作っていく姿勢を求められ、また女性自衛官としては、任務を遂行することと、女性として振る舞うことの間に立たされていることがわかった。

下士官の場合、妻として支えるという要請がとくに働きかけられたことはなく、むしろ互いに支え合っているようにみえた。しかし、夫がPKOに派遣されたAさんの場合、妻としては素直に送り出せないが、自衛官としては夫の職務を知っているだけに、派遣の必然性は理解できたので、その狭間にいた。士官の場合、三人ともキャリアを継続して行くうえで、父権的な語りにぶつかり、それにどう応えるべきか悩んでいたことがわかった。

夫のキャリアを支える妻としての役目を、五人とも要請されていたと考えることができる。Aさんの場合、夫がPKOに派遣されることになり、妻として不安を抱く一方で、理解しようと努めた。Bさんの場合、夫と同等に支えるよう意識しているが、実際には最近までBさんが育児も家事も引き受けていた。Cさんの場合、夫が幹部になり、義父からいずれ支えるようにとの期待が寄せられていただけでなく、上司からも働き続けることについての否定的な意見があったように、夫のキャリアを支えるようにとの外からの要請が本人を戸惑わせている。Dさんの場合、喧嘩していてもにこやかに送り出すようにと、夫の先輩妻から勧められていたように、支える妻としての役割を求められていたことがわかった。Eさんの場合、誰かから夫を支えるようにと言われたわけではなかったが、二人の意見が対立する要因となった、主力戦力に関する話は、夫が自ら務める職種を主力と認めることを否定したことにもなり、それは言い換えれば、夫の意見に従わない態度と誤解をされた可能性もある。

つぎに、自衛官としての役割と、女性としての役割の両義性について、すでに指摘したように、Dさんの場合、任務のために子どもが病院に入院しても、連日は休めない事情があったため、夫に休暇を取得することを頼んだが、夫の上司が納得しなかった。妻として、子どもの面倒をみるのは当然とみなされるこのようなジェンダー規範によって、Dさんは仕事と育児の間に立たされて悩むことになる。

Eさんの場合、勤務時間の都合で、家族としての時間を作るのが難しかったと述べていたが、自衛官としての任務を全うすると、妻としての時間がなくなるジレンマに陥っていたとも考えられる。

戦闘職か、後方支援職かの違いについては、事例が少なく、夫のインタビューも欠けているので、確かなことはわからない。自衛官である妻が休みを取ることに理解を示さなかったDさんの夫の上司は、戦闘職ではあったが、後方支援職のCさんの上司も父権的な発言をしている。そのため、必ずしもそれだけを尺度にして影響を検討することはできない。また、冒頭で記したとおり、自衛隊は性質上、他国軍と単純に比較することができない点についても、さらに精査する必要がある。

ここではむしろ、義父や上司といった夫婦以外の関係者から父権的な発言があったことに注目したい。この発言は、妻が仕事を辞めるかどうかという個人的、私的な決断が、夫の仕事という公的な領域の位置に影響することに言及したものである。二人で一つのキャリアを歩むという考えが、夫婦とも自衛官であっても同様に作用している例として見ることができよう。しかし、軍人の妻で、民間での職をもっている人に関するカスタネダらの研究でも、夫の転勤に伴うことで、継続的な就労ができない不自由さについては言及されていたが、夫の上司や義父が妻の就労に意見をすることはなかった〔Castaneda and Harrell 2008〕。その意味で、夫婦という私的、個人的な関係のなかに、第三者が影響力をもって介入するような、日本の事例は非常に珍しいと考えることができるだろう。また、アーチャーが米海兵隊員に対する研究で、ジェンダー・ロールについてのステレオ・タイプが、女性隊員の成功を蝕むと指摘したように、人材育成の観点からも、こういった言動は広く検討されるべきである。

女性自衛官がキャリアを継続するなか、子育てに関しては、親族や職務に理解のある身近な人の支援が得られることが重要な鍵になることがわかった。また、妻としての立場について、親族や上司から父権的な語りが行われることで、困惑する姿が明らかになった。

女性自衛官が自分の職務に専念し、キャリアを継続させることが、夫のキャリアになんらかの否定的は影響をあたえかねないという気持ちにさせる語り、つまり「子どもを産んだら辞めるよね」「＊＊〔夫の地位〕になっても妻を働かせているとは」といった語りがあったが、これらの語りはいずれも、女性が持つ再生産の役割に関して、不均衡であり、父権イデオロギーのもとに女性を置こうとしているとみなすことができる。しかしそれらの語りには、彼女たちが自衛官として取り組んでいる職務、つまりそのプロフェッショナリズムを無視し、ただ「子を産む性」「従順に支える妻」としてだけに矮小化した価値判断が込められている。その際、女性が違和感を抱いたことでわかるとおり、こういった意向に対して同調できないという自覚が、その場のやりとりの関係性のなかから生まれている。

また、それは言葉によるものだけとは限らない。例えば、子どもを産んでも辞職しないという態度により、語りかけた側には返されている。

彼女たちは、父権的な語りに対して、応答を拒否したわけではない。むしろ、違和感を覚えつつも、なんらかの答えを返そうと考え、その返答を探しているところだと考えることができる。その現れとして、彼女たちは、逡巡はするものの、だれも仕事を辞めず続けているのである。

キャリア継続を最大に後押ししてくれているのは、育児に関しては身近な親族であり、保育園であり、元女性自衛官だった人たちである。なかでも利潤や採算性を度外視して、手を差し伸べて支援しているのは親と元女性自衛官であった。このような自衛隊の働き方に関する独自性を理解しうる立場の人たちと、うまく連携できると、女性自衛官は結婚、出産、育児などといったライフ・イベントに際しても、乗り越え、より容易にキャリアを継続することができるであろうし、逆に民間の支援組織では対応できない部分がそこに残されているからと言うこともできよう。

4　おわりに

自衛官の妻には、自衛官以外に民間企業に勤める妻や専業主婦などもいる。また一人親として育児している人もいる。そういった人たちも含め、自衛官の女性配偶者は、夫の軍種や階級、職種によって細分化されているが、妻同士としてインフォーマルに繋がり、力を貸し合う関係ができると、もう少し女性自衛官は働きやすくなるかもしれない。実際に、元女性自衛官が育児を個人的に支援しているように、それらがもう少し広がることを期待したい。

注

（1）　ここで指すキャリアとは、職業の経験、いわゆる経歴を意味する。

（2）　それまでも女性は軍属として参加していただけでなく、男装して入隊していた［Holm 1992: 15］。

（3）この変更の理由は、核兵器が開発されたことと、米ソ対立、小規模な対立が世界中に起こっていたことがあるとされる［Segal and Segal 1983］。

（4）「同等 equivalency」か「平等 equality」かの議論は、米海兵隊女性隊員に関する研究に詳しい。女性が身体的に劣っていることを不可避として、同等の扱いを求めるよりも、適性があり、男性海兵隊員と何ら劣ることのない業績を上げられる女性の存在を指して、平等を求める必要性を指摘している。その際、兵士がそもそも性的関心を持たない女性に対して、定義する文化的カテゴリーを持たないため、名誉ある男として分類することが可能だと主張する［King 2014: 4-5］。

（5）若年定年制とも呼ばれる。陸上は一任期二年ないし三年。海上、航空は一任期三年。いずれも一任期目が修了したところで退任でき、また二任期目を更新することも可能で、二任期目はすべて二年となる。

（6）二〇一三年三月には、これまで機関銃などで、前線において近接戦闘を行う普通科中隊や戦車中隊には男性自衛官だけが配置されてきたが、少子化による隊員不足を補うため見直しに向けた検討が始まった（『毎日新聞』二〇一三年三月一日付）。

参考文献

佐藤文香
　二〇〇四『軍事組織とジェンダー――自衛隊の女性たち』慶応義塾大学出版会。
フリューシュトゥック、サビーネ
　二〇〇八『不安な兵士たち――ニッポン自衛隊研究』花田知恵訳、原書房。
福浦厚子
　二〇〇七「配偶者の語り――暴力をめぐる想像と記憶」『国際安全保障』三五（三）：四九―七二頁。
宮西香穂
　二〇一二『沖縄軍人妻の研究』京都大学学術出版会。
自衛隊愛知地方協力本部
　二〇一三「おしえて自衛隊」(http://www.mod.go.jp/pco/aichi/oshiete/onna.html　二〇一四年八月三一日閲覧)。
防衛省
　二〇一四「『平成二六年版　防衛白書』(http://www.mod.go.jp/j/publication/wp/wp2014/pc/2014/w2014_00.html　二〇一四年八月三一日閲覧)。

Albano, Sondora
1994　Military Recognition of Family Concerns: Revolutionary War to 1993. *Armed Forces and Society* 20 (2): 283-302.

Archer, M.Emerald
2013　The Power of Gendered Stereotypes in the US Marine Corps. *Armed Forces and Society* 39 (2): 359-391.

Baaz, Maria.E. and Maria Stern
2012　Fearless Fighters and Submissive Wives: Negotiating Identity among Women Soldiers in the Congo (DRC). *Armed and Society* 39 (4): 711-739.

Castaneda, L. Werber and Margaret C. Harrell
2008　Military Spouse Employment: A Grounded Theory Approach to Experiences and Perceptions. *Armed Forces and Society* 34 (3), pp. 384-412.

Enloe, Cynthia
2000　*Maneuvers: The International Politics of Militarizing Women's Lives.* California: University of California Press（『策略――女性を軍事化する国際政治』上野千鶴子監訳、佐藤文香訳、岩波書店、二〇〇六年）。

Frühstück, Sabine and Eyal Ben-Ari
2002　Now We Show It All! Normalization and the Management of Violence in Japan's Armed Forces. *Journal of Japanese Studies,* 28 (1): 1-39.

Fukuura, Atsuko
2012　Getting Involved: Relocation, Overseas Deployment and Spouse Clubs for Japan Self Defense Officers, *Working Paper* No.173, Faculty of Economics, Shiga University.

Harrell, Margaret C.
2001　Army Officers' Spouses: Have the White Globes Been Mothballed? *Armed Forces and Society* 28 (1): 55-75.

Hogan, Paul F. and Rita F. Seifert
2011　Marriage and the Military: Evidence that Those Who Serve Marry Earlier and Divorce Earlier, *Armed Forces and Society* 36 (3): 420-438.

Holm, Jeanne

1992　*Women in the Military: An Unfinished Revolution.* Novato, CA: Presidio Press.

King, Anthony

2014　Women Warriors: Female Accession to Ground Combat. *Armed Forces and Society* (First Published May 21 2014): 1-9.（http://afs.sagepub.com/content/early/2014/05/18/0095327X14532913.full.pdf+html　二〇一四年一二月二四日閲覧)。

Koeszegi, Sabine T., Eva Zedlacher and René Hudribusch

2014　The War against the Female Soldier? The Effects of Masculine Culture on Workplace Aggression. *Armed Forces and Society* 40(4): 226-251.

Moskos, Charles C.

1977　From Institution to Occupation. *Armed Forces and Society* 4(1): 41-50.

Papanek, Hanna

1973　Men, Women, and Work: reflections on the Two-Person Career, *American Journal of Sociology* 78 (4): 852-872.

Segal, Mady

1986　The Military and the Family as Greedy Institutions. *Armed Forces and Society* 13 (1): 9-38.

Segal, Mady.W. and David. R. Segal

1983　Social Change and the Participation of Women in the American Military. In L.Kriesberg ed., *Research in Social Movements, Conflicts and Change,* vol.5, Greenwich: JAI Press, pp. 235-258.

Stanley, Jay, Mady W. Segal and Chariotte J. Laughton

1990　Grass Roots Family Action and Military Policy Responses. *Marriage and Family Review* 15 (3-4): 207-223.

Vining, Margaret and Barton. C. Hacker

2001　From Camp Follower to Lady in Uniform: Women, Social Class and Military Institutions before 1920. *Contemporary European History* 10 (3): 353-373.

Williams, Kayla

2005　*Love My Rifle More than You: Young and Female in the U.S. Army*. New York: W. W. Norton.

第三章　自衛隊と家族支援——地域支援力の構築にむけて

河野　仁

1　はじめに

自衛隊の国際活動は、冷戦後の二〇年間を経て、多様化しつつ拡大してきた。一九九一年に海上自衛隊の掃海部隊がペルシャ湾へ派遣されて以来、一九九二年には国際平和協力法に基づいてカンボジアに陸上自衛隊部隊が戦後初めて派遣され国連平和維持活動（ＰＫＯ）に従事した。これまでに自衛隊が参加した国際平和協力活動の地理的範囲は、モザンビーク（ＰＫＯ）、ルワンダ（人道支援）、ゴラン高原（ＰＫＯ）、東ティモール（人道支援、ＰＫＯ）、アフガニスタン（人道支援）、ネパール（ＰＫＯ）、ハイチ（ＰＫＯ）などに及ぶ。また、国際緊急援助隊法に基づく国際緊急援助活動としては、一九九八年のホンジュラス（ハリケーン災害）をはじめとして、トルコ（地震）、インド（地震）、イラン（地震）、タイ（地震・津波）、インドネシア（地震）、ロシア連邦カムチャッカ半島（潜水艇救助）、パキスタン（地震・水害）、ニュージーランド（地震）などへの派遣実績がある［防衛白書　二〇一三：三八六―三八八］。さらに、九・一一同時多発テロ事件以後、二〇〇一年のテロ対策特措法、二〇〇三年のイラク人道復興支援特措法、二〇〇八年の補給支援特措法、二〇〇九年の海賊対処法等に基づいて、さまざまな国際活動に自衛官を派遣してきた。二〇〇七年一月には、防衛庁の防衛省移行とともに、自衛隊の国際平和協力活動が本来任務化され、二〇〇九年には国連待機制度への登録もしている。[1]二〇一三年八月現在、南スーダンでのＰＫＯ活動、ソマリア沖・アデン湾での海賊対処活動、ジブチに昨年設立された自衛隊の活動拠点などにおいて常時約一千名の隊員が国際活動に従事していることになる。

こうした国際活動の増加に加えて、二〇一一年三月の東日本大震災においては、最大時の動員数が一〇万人を超える自衛隊史上類を見ない大規模な災害派遣活動となった。長期間にわたった災害派遣活動は、自衛官本人だけでなく残された自衛官家族にも多大な負担を強いることとなった。こうした自衛隊の活動の頻度と地理的範囲の拡大は、長期にわたって自宅を不在にする自衛官の家族に対する支援、すなわち留守家族支援の問題の重要性を浮かびあがらせることにつながった。

本章では、国際比較の観点をふまえ、自衛隊における家族支援の問題を陸上自衛隊の北部方面隊の事例を中心に考察し、今後どのような施策が必要となるのかを検討してみたい。

2　軍人家族支援と地域支援力（community capacity）モデル

本節では、まず米国や英国の状況を中心に、社会問題化した軍人家族支援に関する先行研究の成果と問題の所在を確認し、つぎに、各国の軍人家族支援に対する取り組みの事例を紹介する。最後に、本章での軍人家族支援に対する基本的な枠組みとして「地域支援力モデル」の考え方を提示する。

1　社会問題としての軍人家族支援

軍人家族の支援に関する研究は、米国ではすでに第二次世界大戦期から始まっていたものの、本格化するのは一九六〇年代以降のことである［Hill 1949; Little 1971; Albano 1994］。戦争による家族の別離と家族成員の喪失、復員後の再会と再統合の問題は、軍人家族に特有の古典的な問題である。今日では、総力戦時代のような数年間という長期間にわたる別離や数百万にのぼる大量の戦死・戦傷者が発生するような「戦争」への動員はまずなくなった。しかしながら二〇〇一年の九・一一同時多発テロ事件以後、イラクやアフガニスタンでの軍事進攻作戦とそれに続く安定化・反乱鎮圧作戦が長期化し、米国では数次にわたる海外派遣を経験する軍人家族も珍しくない。二〇〇七年一一月の時点では、一六万人の米国軍人がイラクに派遣されており、二〇〇三年からの累計では一五〇万人に上っていた。そのうち、二回の海外派遣を経験した者は五〇万人、三回が七万人、五回以上の派遣経験者も二万人あり、一回の派遣で一五か月間海外にいたとすると、自宅にいるより海外派遣期間のほうが長い者も多いという［Heubner et al. 2009: 217］。第二次世界大戦時の総動員兵力千六百万、戦死者数合計四〇万以上、戦傷者数六七万と比べれば、イラクでの作戦動員兵力は限定的ではあるが、徴兵制によって動員兵力を確保できた時代と違って、全志願制の軍隊で継戦能力を維持するためには、志願者の確保が重要な問題となる[2]。

イラクやアフガニスタンでの軍事作戦による戦死者数は、二〇一三年九月五日の時点で、イラクの戦死者数約四千四百、戦傷者数約三万二千、アフガニスタンの戦死者数約二千二百、戦傷者数約一万九千であり、ベトナム戦争の戦死者数約六万、朝鮮戦争の戦死者数約五万四千と比べても一桁少ない数にとどまっている[3]。しかしながら、その一方で、二〇一二年には現役軍人の自殺者数が戦死者数を上回るなど、自殺や麻薬・アルコール中毒、薬剤依存、家庭内外での暴力行為、抑うつ・ＰＴＳＤ・ＴＢＩ（外傷性脳損傷）等の精神疾患の増加に伴う問題が顕在化している[4]。イラクやアフガニスタンへの派遣経験は、一般的には自殺のリスクを高める傾向があり、別居や離婚を経験した兵士の自殺リスクも高くなる傾向がみられる［Hyman et al. 2012］。ただし、海外派遣や戦闘経験の有無と凶悪犯罪行為との関連性については未確定な要素が多く、一部の報道でセンセーショナルに取り上げられているのとは裏腹に、暴力犯罪率は一般市民のほうが退役軍人よりもはるかに高い(5)。

海外派遣を経験した軍人とその家族の間では、メンタルヘルス面での問題も増えることが明らかにされている。たとえば、イラク派遣を経験した米陸軍軍人の配偶者（妻）の場合、派遣期間が長いほど抑うつ傾向、不眠症状、不安傾向が高まることや、イラク・アフガニスタン派遣軍人の配偶者は、軍人たちと同程度の精神保健上の問題を経験していたが、メンタルヘルスケアを受けることに対するスティグマ意識は軍人ほど強くないため、積極的にケアを受ける傾向にあること、子供たちにも精神保健面や情動面の問題がみられることなどが指摘されている［Faulk et al. 2012; Levy and Sidel 2013; Eaton et al. 2008］。しかしながら、最近の軍民の配偶者比較調査では、抑うつ傾向や不安傾向については軍人の配偶者と文民の配偶者の間に統計的な有意差はなく、軍人の配偶者のほうが結婚生活上の問題を統計的に有意に多く経験しているものの、ストレス対処（stress coping）に重要な「ソーシャル・サポート（社会的支援）」の認知度は軍人の配偶者のほうがむしろ高く、これらの傾向は、軍人の海外派遣期間の長短や頻度とはあまり関係がなかったことが明らかにされている［Asbury and Martin 2011］。

派遣ストレス（deployment stress）の問題は、派遣前の段階から軍人とその家族に影響を及ぼすが、同時に、派遣されない残留組の軍人とその家族にも影響が及ぶことはあまり知られていない。海外派遣準備の段階から、通常業務を普段よりも少ない人員でこなさなければならないことに加えて、派遣準備に伴う非通常業務の負荷も加わり、勤務時間が長時間になる分だけ、家族と一緒に過ごす時間は当然少なくなる。増大した仕事からくるストレスは、軍人本人だけでなく、その家族にも間接的な影響をおよぼすことがこれまでの研究で明らかにされている［Hosek, Cavanagh and Miller 2006］。

とはいえ、海外派遣に起因する別離（separation）の経験は、常にネガティヴな影響を軍人家族にもたらすわけではない。むしろ、夫婦や家族がそうした派遣ストレスと「家族の危機」を乗り越えることで、夫婦間や家族間の絆を深め、「家族のレジリエンス（family resilience/resiliency）」を向上させ、家族を成長させるというポジティブな影響もあることが、第二次世界大戦時の家族ストレスに関する古典的な研究においても指摘されているし、近年の軍人家族研究においても繰り返し確認されている［Hill 1949; Albano 1994; Hosek, Cavanagh and Miller 2006; Wiens and Boss 2006; Weiss et al. 2010］。事実、近年の実証研究によって、現役の空軍軍人を除いた現役陸海軍・海兵隊および陸空軍州兵部隊の軍人家族の離婚率は、海外派遣期間が長いほど低くなる傾向があるという意外な結果が明らかにされている［Karney and Crown 2011］。

以上、主として米国における軍人家族研究の成果と社会問題化した海外派遣兵とその家族に関わるさまざまな社会病理現象について簡単に振り返ってみた。次項では、米国と英国の事例を取り上げて、軍人家族に対する「家族支援」施策がどのように実際に行われているのかを、類型化しつつ、もう少し詳しく検討することにしたい。

2　軍人家族支援と「地域支援力」モデル

イラクやアフガニスタンでの軍事作戦には、ＮＡＴＯ諸国や日本など、国連の枠から離れた有志連合という形で、多数の国の軍隊が参加した。それぞれの国で、長引く海外派遣を経験する軍人家族に対する支援策が工夫されてきた。ここでは、家族支援施策をとらえる一般的枠組みとして、軍人家族を支援する公式・非公式のソーシャル・サポートのネットワークを含む幅広い支援の提供を重視する「地域支援力（community capacity）」モデルを用いて整理してみたい。

3　地域支援力モデル

一般的に、個人レベルのストレス対処においては、「ソーシャル・サポート」の有無が重要であることはよく知られている［坂本他　二〇〇七、小杉　二〇〇六］。ラザルスによるストレスの認知的評価の理論によれば、問題解決に積極的に取り組む「認知的対処法（問題志向）」をとるにせよ、情動的な興奮状態を緩和することを主眼とした「情動的対処法（情動志向）」をとるにせよ、他者から情動的支援、情報的支援、実質的支援をどれだけ得られるか、すなわち「ソーシャル・サポート」獲得の度合いがストレス対処（stress coping）の有効性に影響すると考えられている[6]［ラザルス&フォルクマン　一九九一、河野　二〇〇四、Dimiceli et al. 2010］。

軍人家族のストレス対処に関する古典的モデルは、「ＡＢＣＸモデル」と呼ばれるものである［Hill 1949; Burrell 2006、野々山　二〇〇九］。ストレッサー（Ａ）に晒された家族が、ストレス対処に利用しうる資源がどれだけあるか（Ｂ）、どの程度の脅威であると認知しているか（Ｃ）に応じて、家族のストレスの程度が左右される（Ｘ）というのが、このモデルの基本的な因果的説明図式である。その後、「二重ＡＢＣＸモデル（連続したＡＢＣＸ過程）」「家族ストレス文脈モデル（ＡＢＣＸと社会文化的文脈を考慮）」など、いくつかの派生モデルが考案されているものの、今日まで基本的な有効性を失っていないモデルである［Adams et al. 2006; Wiens and Boss 2006、野々山　二〇〇九］。

このＡＢＣＸモデルに含まれる「（Ｂ）利用可能な資源」とは、上述の「ソーシャル・サポート」とほぼ同義である。この「ソーシャル・サポート」には、さまざまな次元と形態があり、非常に多様であるが、大きく区分すれば「公式支援」と「非公式支援」に分けられる。「公式な支援」には、政府や地方自治体、軍、所属部隊、医療機関などによる「制度化された」家族支援施策が含まれる。「非公式支援」には、親族、友人、近隣からの支援が含まれる。これら二つに加えて、近年言及されるようになった「地域支援力（community capacity）」という概念を「準公式な支援」レベルとして考えることもできよう［Heubner et al. 2009］。この「地域支援力」には、退役軍人団体や

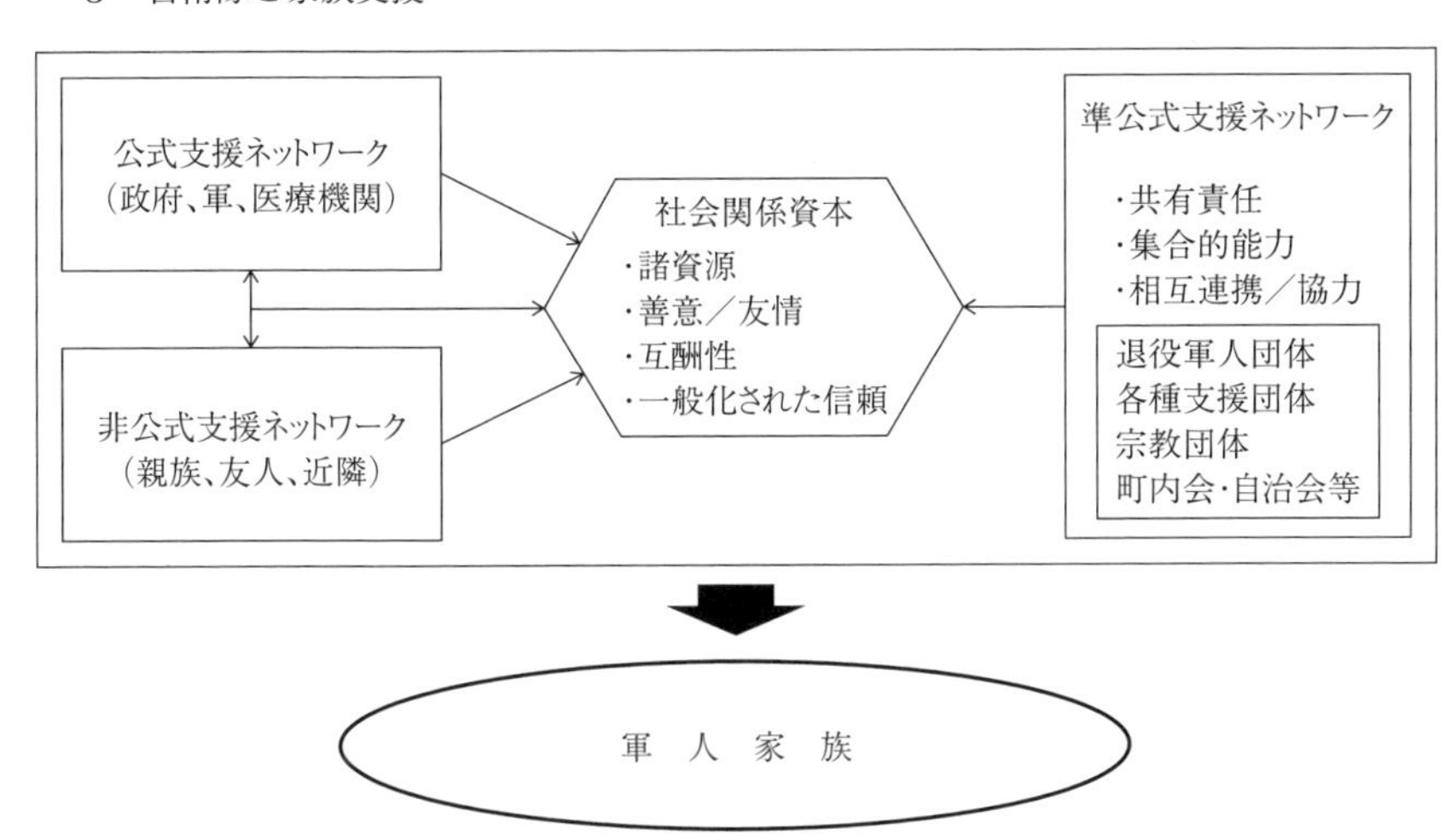

図1　地域支援力モデル

NPO・NGOを含む各種支援団体、宗教団体、などからの支援が含まれる。これらの関係を図示したものが、図1である。(7)

公式・準公式・非公式の人間関係のネットワークによって紡ぎだされるソーシャル・サポートの総体を示す「地域支援力」とは、いわば「ソーシャル・キャピタル（社会関係資本）」にほかならない。パットナムによれば、「社会関係資本（social capital）」の定義は、「個人間のつながり、すなわち社会的ネットワーク、およびそこから生じる互酬性と信頼性の規範」である［パットナム　二〇〇六：一四］。それが軍人家族にとって利用可能な資源であることは、社会関係資本を、経済資本と文化資本と並ぶ資本と考え、「個人が権力や資源配分の決定権へのアクセスのために持っている家族・血縁関係や人的ネットワーク、コネクションといった資源の総体」であるとするブルデューの定義によっても明らかであろう［Bourdieu and Wacquant 1992: 119］。また、コールマンも社会関係資本の概念が、社会構造の機能的側面を明確にし、「社会構造には行為者の利害関心を実現するために使用できる資源という側面があり、その意味で行為者にとって価値があるということ」を示すうえで有用だと指摘している［コールマン　二〇〇六：二一三］。

パットナムはさらに、「社会関係資本は、心理学的、生物学的プロセスを通じて、個人の生活を改善する」と述べ、「社会関係資本に富んだ生活を送っている者は、トラウマにうまく立ち向かい、より効果的に病と闘っている」と述べる［パットナム　二〇〇六：三五四］。社会関係資本は、社会的ネットワークを通じて金銭、病後の介護、移動といった実体的なサポートを供給し、精神的・身体的ストレスを低減し、セーフティネットの役割を果たす。また、実際に社会的に孤立している人ほど免疫力が低下して病気になりやすく、死亡率も高い傾向があるとの公衆衛生学的研究成果を参照しつつ、社会関係資本は実際に生理学的トリガー機構として働いている可能性があることを強調している［パットナム　二〇〇六：四〇二］。ちなみに、公衆衛生学においては、住民間の相互援助の連帯感が住民の健康維持に寄与するという米国ペンシルバニア州ロゼト地区の例をもとに、社会関係資本の豊かさが地域住民の健康に与えるポジティブな影響力は「ロゼト効果」としてよく知られている［稲葉・藤原　二〇一三：一二三］。

かつてデュルケムが『自殺論』（一九八五）において指摘したように、「社会的凝集性」（社会的つながり＝社会関係資本）は身体的・精神的健康と密接につながっているがゆえに、「地域支援力」の構築は、公衆衛生上の観点からも重要なのである。(8)

4　米国の事例

この地域支援力モデルを生み出したアメリカでは、軍人家族支援が重要な政策課題となっている。二〇一〇年の「四年ごとの兵力見直し（ＱＤＲ）」では、初めて明確に軍人とその家族に対する支援を強化することが謳われた［DoD,USA 2010］。その後政府レベルでは、二〇一一年一月に「軍人家族の強化にむけて（Strengthening Our Military Families）」という報告書が刊行され、(1)軍人家族の福祉と心理的健康の増進、(2)軍人家族の子弟に対する卓越した教育と成長の確保、(3)軍人の配偶者に対する就職・教育機会の促進、(4)児童保育施設の増強、が政府全体として取り組む重要課題とされた［The White House 2011］。

また、それについで、ホワイトハウス（ミシェル・オバマ大統領夫人とジル・バイデン副大統領夫人）主導の軍人家族支援プログラム「Joining Forces」が二〇一一年四月から始動した。統合参謀本部には「軍人家族支援局（Office of Warrior and Family Support）」が設置され、国防総省・他省庁や州政府レベルとの調整を図りながら軍人とその家族を支援している。二〇一二年三月の時点では、全米で約四万のＮＰＯが現役・退役軍人と家族を支援しているという。米国赤十字、American Legion, ＡＭＶＥＴＳ（American Veterans）、ＶＦＷ（Veterans of Foreign War）などの退役軍人団体、ＵＳＯ（United Service Organization）、商工会議所、全国軍人家族協会などがその代表的な組織である［Weber et al. 2013: 93］。国防省が二〇〇八年に設けた「黄色いリボン再統合プログラム（Yellow Ribbon Reintegration Program: YRRP）」は、州兵と予備役軍人、およびその家族に対する支援を目的としており、退役軍人省や労働省と連携して海外派遣期間とその前後を通じた家族支援に必要なコミュニティレベルの情報や資源の提供をしている。「militaryonesource.mil」は、そうしたさまざまな家族支援に関する総合的な情報提供サイトとして国防省が運営しているサイトである。各軍の部隊レベルでは、主要な軍事拠点には家族支援センターが整備され、制度化された「ファミリー・レディネス・グループ（Family Readiness Group）」が部隊長夫人らを中心とする軍人の配偶者のネットワークを組織し、家族支援のネットワークの中核を担っている［田中　二〇一二］。他国軍と比べて、これほど手厚い家族支援の制度化が進んでいる国も珍しいだろうが、米軍では家族支援は部隊の即応性（readiness）維持に不可欠であると考えられている点に特徴があり、兵力運用に直結するものとして重視されている［Moore and Koelder 2010; DoA, US 2008］。

しかしながら、「善意の海（Sea of Goodwill）」（デンプシー統合参謀本部議長）に囲まれ万全ともいえるほどの家族支援のネットワークが用意された米国の軍人家族であっても、問題がないわけではない。特に問題なのは、メンタルヘルス疾患に関する根強い「スティグマ」意識の問題である。自覚症状があり、専門医療機関の受診が必要だと思われる者のうち、半数程度しか実際には受診せず、いかに軍の組織文化を変えるかが依然として深刻な問題となっている。そのためもあって、軍人家族支援にとって最も重要なのは、公式な支援のネットワークではなく、非公式な支援のネットワークであるといわれている。実際、「地域支援力」の構築を提唱している研究者でさえ、軍人やその家族が最も頼りにしているのは「非公式な支援のネットワーク」であり、公式な支援制度の主要な機能は、あくまでも非公式な支援のネットワークを支えることであると指摘している[9]［Heubner et al. 2009; Martin et al. 2000; Werber at al. 2013］。この点は、公的支援の制度化が未整備な日本においても、重要な指摘である。あくまでも「地域支援力」の中核には「非公式な支援力」があるという点に注意する必要があろう。

5　英国の事例

一方、英国では、米国ほど海外派遣を経験した軍人やその家族のメンタルヘルスの問題が深刻ではないとはいうものの、「軍人との誓約（military covenant）」がきちんと守られていないとして社会問題化している[10]。英国では、永らく不文律とされてきた陸軍軍人の国家への献身と、その自己犠牲的献身に国家や社会が敬意と感謝をもって報いる義務を、二〇〇〇年に陸軍が明文化した。その後、イラクやアフガニスタンへの派兵が長期化し、戦死傷した軍人と家族・遺族に対する政府の補償が不十分だとして、マス・メディアや、退役軍人による集団訴訟、二〇〇七年に始まった退役軍人団体による「誓約を守れ（Honour the Covenant）」キャンペーン、労働党政権を攻撃しようとする野党による政治運動などに利用され、軍人の使命と価値観の特殊性を強調しようとした陸軍の本来の意図とは異なる形で「軍人との誓約」が解釈されるようになり、二〇〇〇年代後半に社会的な広がりを持つ議論となっていった［Forster 2012; McCartney 2010; Mumford 2012，河野　二〇一三］。

二〇一〇年五月に誕生したキャメロン政権は、野党時代に「軍人との誓約」を遵守することを求めていたこともあり、二〇一一年五月には「軍隊との誓約（Armed Forces Covenant）」を制定した。同年一一月には「軍隊法（Armed Forces Act）」の改定により、毎年、「軍隊との誓約」の実行状況に関する報告書［MoD, UK 2012］を作成し英国議会に報告することが義務付けられた(11)。二〇一二年末には、さらに、こうした「軍隊との誓約」を地域社会レベルで実践するスキームとして「地域社会の誓約（community covenant）」が掲げられ、全英各地で創意工夫を凝らした「地域支援力」の強化が図られている。これまでに、約二〇〇の地域社会で「誓約書」が締結され、地域ごとに、行政・軍コミュニティ（部隊、家族、遺族、退役軍人）・国民（慈善団体、市民団体、企業、個人）の間でどのような支援活動を行うかが地域の特性に応じて取り決められている。また、大規模な予算支出を伴う活動には、政府予算の支給も認められる(12)。英国の場合、米国よりもややソフトな形での「軍官民融合」を強調している点に特徴がある。

このように、イラクやアフガニスタンへの派兵により、現役と予備役軍人を動員した英米両国では、軍人の死者数や傷病者数の絶対数に大きな隔たりはあるとはいえ、九・一一以降の継続的な軍隊の海外派遣を背景に、身体障害やメンタルヘルス疾患をはじめ、さまざまな日常生活上の問題に悩む兵士やその家族のケアを政府が重視し、地域社会レベルで軍人家族を支援する方策を強化することによって「地域支援力」の向上を図っているのが現状である。さらに、こうした軍人家族の支援を強化する必要に迫られている状況は、英米両国に限らず、継続的に軍部隊を国際活動に派遣している国では、ある程度共通にみられる課題である［Andres et al. 2013］。そこで、以下では、自衛隊における家族支援の現状と課題を、陸上自衛隊のイラク派遣の事例に焦点をあてて、検討してみたい。

3　自衛隊における家族支援の現状と課題――陸上自衛隊北部方面隊の事例を中心に

筆者は、これまで自衛隊のPKO活動や国際活動に関する研究の一環として、陸上自衛隊第二師団司令部が所在する北海道旭川市内の陸上自衛隊旭川駐屯地を中心に、札幌市内の北部方面総監部、札幌病院・メンタルサポートセンター（豊平駐屯地）、第一一旅団（真駒内駐屯地）、第二五普通科連隊（遠軽町）などでフィールドワークを重ねてきた［cf. 河野　二〇一三］。ゴラン高原派遣輸送隊、東ティモール派遣施設群、イラク派遣復興支援群の壮行会や帰国歓迎行事にも出席し、派遣隊員に対する公式・非公式のインタビュー調査や各種行事等の参与観察も行ってきた。以下では、そうした調査経験を踏まえたうえで、陸上自衛隊が実施している家族支援の現状と課題を、主として北部方面隊の家族支援の実情に即して検証してみたい。

1　家族支援に関するフォーマルな支援体制の整備

二〇〇三年七月に成立したイラク人道復興支援特措法に基づいて、同年一二月以降、航空自衛隊および陸上自衛隊が順次イラクに派遣され、人道復興支援活動に従事した。陸上自衛隊は、人道復興支援群（約五〇〇名・三カ月交代）を編成し、一〇次にわたって支援群部隊を現地に派遣し、医療・給水・公共施設等の復旧整備を行った。また、イラク復興業務支援隊（約一〇〇名・六カ月交代）を五次にわたって派遣し、支援群の任務遂行を支援した。二〇〇六年七月の撤収までに、のべ約五六〇〇名の陸自隊員がイラクに派遣されたことになる［防衛省二〇〇七：二八四］。また、航空自衛隊は、C―一三〇H輸送機三機、人員約二〇〇名の派遣輸送航空隊を約四カ月交代で派遣し、陸自部隊への補給物資、医療器材、人道復興関連物資の輸送を行い、陸自部隊撤収後は、国連や多国籍軍への空輸支援を行った。陸自の撤収から二年後の二〇〇八年一二月に、約五年間の空自イラク派遣任務は終了した［防衛省　二〇〇九：二四〇］。

一九九二年以降の国際活動の増大により、「留守家族支援」という形でこれまで陸上自衛隊を中心に自衛隊の家族支援活動が行われてきたが、全体として自衛隊の家族支援体制は「手探り状態」であったと、イラク復興支援活動当時に航空幕僚監部厚生課で留守家族支援本部の一員として勤務していた太田久雄一等空佐はいう［太田　二〇〇七：二六］。海上自衛隊では、洋上活動が常態化しているため、そもそも陸自のような特別な家族支援活動は行っておらず、航空自衛隊が本格的な家族支援態勢をとったのはイラク派遣が初めてであった。イラク派遣当時は、自衛隊として家族支援に関する統一的な見解や基準はなく、陸海空自がそれぞれに異なった対応をしていたのが実情である［太田　二〇〇七：二七］。

航空自衛隊がイラク派遣当初に派遣隊員の家族を対象として行った家族支援に対するアンケート調査では、約八割の家族が「家族支援に満足」と回答し、「不満」は約一割であったという。家族支援窓口に対する要望事項は、「現地隊員に関する情報提供（六〇％）」「緊急時等の連絡窓口（三〇％）」「給与、共済、厚生手続きの相談窓口（一〇％）」であり、家族説明会の実施に「賛成」が六割、出国・帰国行事への参加率も約六割であった。特に、家族間相互における支援組織確立の必要性については、「感じる」と「感じない」がそれぞれ三五％であったことから、家族間相互の支援については、米軍人家族とは異なって、航空自衛隊の家族には抵抗感があるらしいことが示唆されている点が興味深い［太田　二〇〇七：三一―三二］。

一方、国連平和維持活動や国際緊急援助活動等において長い実績のある陸上自衛隊では、隊員が海外に派遣されている間の「留守家族支援」体制を着実に整えてきた。二〇〇七（平成一九）年には、防衛庁の省移行とともに、国際平和協力活動が本来任務となったこともあり、イラク派遣の教訓を踏まえて陸上幕僚監部に家族支援班が創

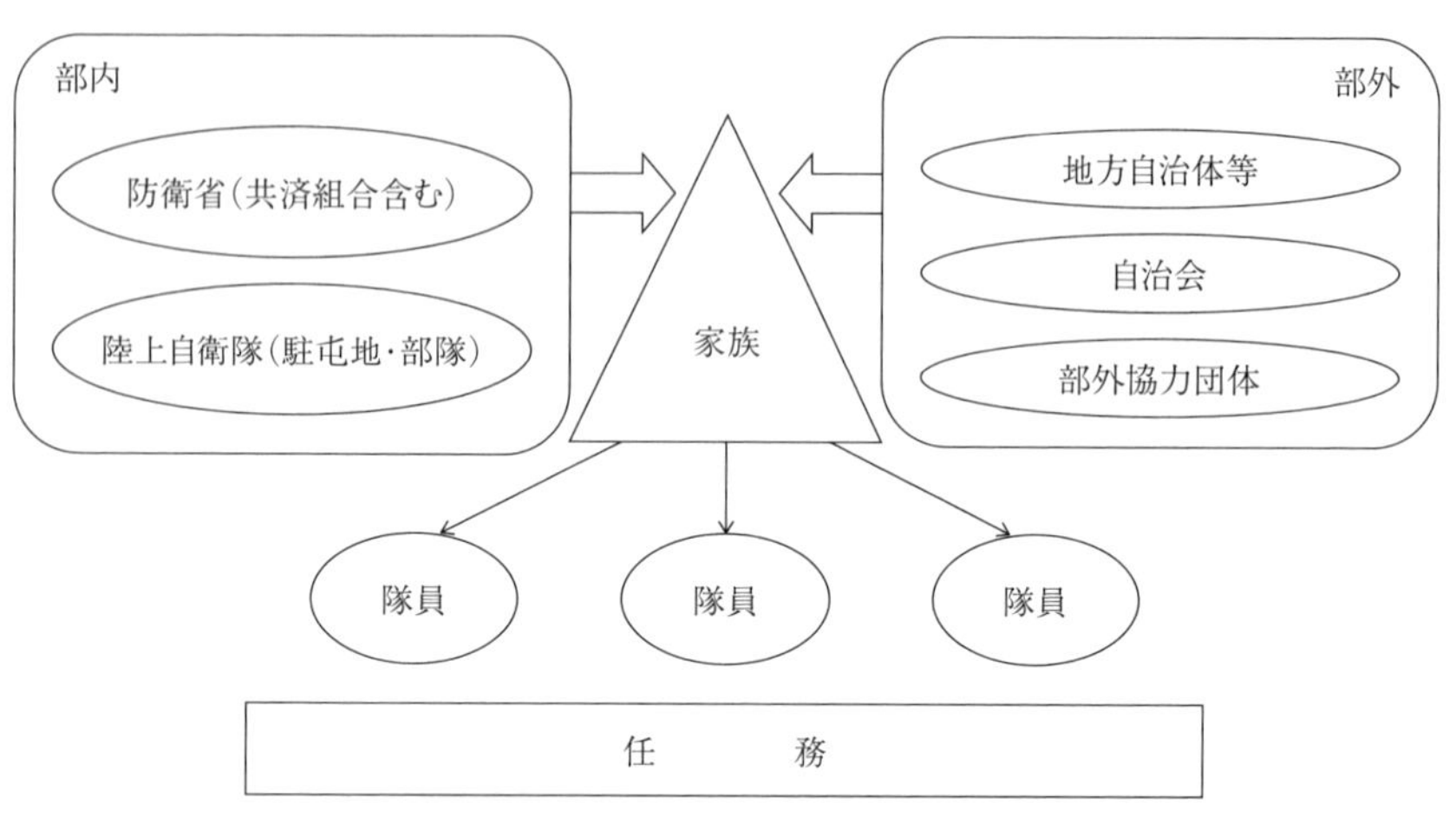

図2　家族支援のあるべき姿（陸幕説明資料より作成）

設され、海外派遣時だけでなく平素からの家族支援体制が重視されるようになった[13]。二〇一三年の時点で、陸上自衛隊が考える「家族支援のあるべき姿」は上図のようなものである（図２）。

この図からも、各隊員をサポートする家族を部内の防衛省・自衛隊、および部外の協力団体・自治会・地方自治体などが「重層的」にサポートする「家族支援のネットワーク」を構築すべきであるとの考え方が読み取れる。上述した「地域支援力」モデルに近い発想である。

現在では、東日本大震災における家族支援の教訓をふまえて、自衛隊の家族支援は「自助」「共助」「公助」の三つに区分されている。まず、「自助」とは、隊員・家族の自助努力を意味し、大規模災害等の発生時における避難・安否確認要領を明記した隊員家族連絡カードを全隊員に配布したり、隊員に対する教育の実施や家族支援参考資料としてのＤＶＤ『自衛隊員の家族として』（視聴時間一三分、防衛省ＨＰより動画配信あり）を作成するなどして自助意識を高めようとしている。ついで、「共助」とは、「家族間の互助態勢、自衛隊の活動に理解ある部外団体等からの支援の確保」を意味し、自衛隊父兄会や隊友会等の部外関係団体との連携、部隊家族間コミュニティ支援、などが含まれる。前述の「地域支援力」モデルでは、「非公式支援」と「地域支援力」の一部が該当する。さらに、「公助」は「国、自治体、陸自等による支援」を意味し、「地域支援力」モデルの「公的支援」とほぼ重なる。

「地域支援力」の構築に関しては、最近になって各地域レベルで地方自治体との連携を強化しようとする動きが活発になってきている。特に、東日本大震災後の自衛隊による災害派遣活動は、最大動員時一〇万名、延べ一千万名を超える隊員が従事した「史上最大」の災害派遣活動であったが、その教訓事項として「家族支援組織や継続的支援実施の体制の整備」が不十分であったことが指摘された。それをふまえて、陸上自衛隊の各駐屯地に家族支援等の連絡調整業務を行う「活動支援専門官」を新設配置、家族支援のためのネットワーク基盤等を整備し、関係部外協力団体、自治体等と連携した家族支援体制の構築を推進するなど、さらなる家族支援態勢の整備と充実が図られることとなった〔防衛省　二〇一二〕。震災発生直後の二〇一一年三月、静岡県の富士地区四個駐屯地と近隣二市一町（御殿場市、裾野市、小山町）が「大規模震災時等の自衛隊派遣における留守家族支援に関する協定」を正式に調印したのを皮切りに、教訓事項をふまえて、自治体と自衛隊との間で支援協定が北海道内の地域でも締結されてきている。[14] 特に、北海道では、二〇一二年一一月九日に、千歳市と東千歳・北千歳駐屯地が同様の協定を結び、臨時託児所開設・運営支援のほか、要介護家族（高齢者・障がい者）への支援、留守家族への健康相談等も実施することとなったのに続き、登別市と幌別駐屯地（二〇一三年四月）、留萌市と留萌駐屯地（二〇一三年五月）、恵庭市と市内の陸上自衛隊三駐屯地（二〇一三年六月）、美幌町と美幌駐屯地（二〇一三年六月）が相次いで同様の協定を締結した。[15] これらの自治体の中には、これまでにも自衛隊部隊の海外派遣にあたり、市役所内に留守家族支援のための窓口や支援チームを設置していたところもある（登別市、恵庭市）。二〇一四年三月の時点で、二五カ所の陸上自衛隊駐屯地、一カ所の航空自衛隊基地が地方自治体と協定を締結しているが、そのうち一七カ所の陸上自衛隊駐屯地、一カ所の航空自衛隊基地が北海道内に所在している。

一方、部外協力団体である隊友会や自衛隊父兄会も、近年の公益法人化に伴い、家族支援事業に力を入れ始めている。隊友会では、二〇一三（平成二五）年度の事業計画に、「自衛隊業務に対する支援・協力」の一環として、「自衛隊員家族相談窓口支援、託児支援・家族支援施策協力」を掲げ、二〇一二年度の『政策提言書』では、部隊が推進する家族支援態勢強化に対して積極的に協力する旨を謳っているが、まだ具体的な支援活動の実績はほとんどない［隊友会　二〇一二＝二〇一三］。

自衛隊父兄会は、公益法人となった二〇一二（平成二四）年四月から家族支援協力事業にかなり積極的に取り組んできている。二〇一二年度は、まず大宮市と福岡市において「平素の家族支援に対する協力」、「派遣時の留守家族支援に対する協力」に区分して試行を実施した。[16] 陸上自衛隊では、二〇一三年八月から二〇一四年度末までを「父兄会と連携した家族支援施策」の試行期間と定め、二〇一三年度は父兄会との連携を全国規模に拡大しようとしている。この試行は「自衛隊が『家族支援』の一部を部外団体に初めて協力依頼するという画期的なもの」であり、家族支援施策は自衛隊の「戦力発揮のための必要不可欠の基盤の一部」「我が子を思う気持ちをベースにした『隊員家族との強い絆』こそが『家族支援』の原動力」［全自父　二〇一三b］と父兄会は積極的に捉えている。[17] とはいえ、自衛隊が部外協力団体と連携して「地域支援力」を向上させる取り組みは、まだまだ手探りの状態が続いている［河野　二〇一三］。ソーシャル・キャピタル（社会関係資本）のカギを握る「人間関係、信頼関係の構築が重要なポイント」（陸幕人事部厚生課）であり、どのように隊員の家族と父兄会会員との信頼関係を醸成してゆくのかが今後の課題となっている［全自父　二〇一三a］。ちなみに、父兄会では二〇一二年一〇月に陸上自衛隊多賀城駐屯地（宮城県）で第二二普通科連隊の全隊員と家族に対するアンケート調査を実施した。その結果、東日本大震災時に隊員家族が「夫に関して最も心配だったこと」は、「夫の状況がわからなかった（四二％）」「夫と連絡が取れなかった（三五％）」「家族の状況を教えられなかった（一九％）」ことであることがわかり、「夫の留守間、一番助かったこと」は「官舎や近所の友人等の助け（四三％）」「自治体・ボランティア等の助け（二五％）」「自衛隊の助け（一七％）」「兄弟・親戚の支援など（一五％）」だと家族は答えている。また、「家族支援の制度化」については、「自衛隊の家族支援の制度化」を望む家族が二六％、「父兄会等の家族支援の制度化」を望む家族は一〇％であったのに対し、「どちらも早く制度化してほしい」という回答が最も多く五二％にのぼったという。「制度化の必要なし」という意見は九％にとどまっている［全自父　二〇一三b］。

なお、徳島県では、二〇一二年九月、徳島地方協力本部と徳島県自衛隊協力三団体（防衛協会、隊友会、父兄会）との間で、全国初となる「徳島県自衛隊協力三団体援助協定」を締結した。災害派遣出動隊員の家族が被災した場合、三団体が家族の安否確認、行方不明家族の捜索、自宅復旧援助、一時避難や仮設住宅への引っ越し援助等を実施することとされている［防衛ホーム　二〇一二年一一月一日］。

このように、自衛隊と部外団体や自治体との家族支援に関する連携や協力関係の構築は、全国各地で徐々にではあるが進展してきているのが現状である。

2　部隊家族間コミュニティの育成

英国モデルにおける「軍隊コミュニティ（Armed Forces Community）」の概念には、「部隊、家族、遺族、退役軍人」が含まれることは前述したとおりであるが、かなり広範で社会的凝集性はそれほど高いとは言えない。一方、米軍のファミリー・レディネス・グループは、軍組織と密接に連携し、高度に制度化された公式の家族支援ネットワークであり、グループの境界も明確で、凝集性も高い。陸上自衛隊における家族支援には「派遣時の家族支援」と「平素からの家族支援」があり、「平素からの家族支援」には「部隊家族間コミュニティ」「転入・新婚家族向けオリエンテーション」などがある。「部隊家族間コミュニティ」は基本的には部隊に所属する隊員とその家族から構成されるが、上述の父兄会会員との人間関係を構築する目的で一部の父兄会会員も参加するなど、最近は少しずつ境界を広めつつある。部隊行事等への参加率という指標によって凝集性を推測した場合には、それほど高い凝集性を持つわけではないが、イベントの性質や時期により参加率には変動がある[18]。また、部隊が所在する地域によっても変動がある。一方、「派遣時の家族支援」には、「国際派遣」と「国内派遣」の場合に分けられており、国際派遣時には、各部隊に家族支援センターが設置され、家族説明会の開催、派遣部隊に関する情報提供、出国・帰国行事の案内、追送サポート（追走・慰問品送付の窓口）、電話・メールによる連絡支援などの支援業務に従事する体制をとっている。

写真1　家族オリエンテーション（第2師団司令部付隊：2009年5月9日実施）

写真2　転入・新婚家族オリエンテーション（旭川駐屯地：2009年4月18日実施）

写真3　家族スキー講習（遠軽駐屯地：2009年1月13～15日実施）

3　旭川市（陸上自衛隊第二師団）の事例

二〇〇四年に第一次イラク復興支援群を送り出した陸上自衛隊北部方面隊第二師団（司令部：旭川市）では、師団隷下の部隊[19]において、平素からの「部隊家族間コミュニティ」の形成をめざして、転入家族へのオリエンテーション、部隊・演習場見学、スキー講習会、音楽演奏会、焼肉パーティー、観桜会、動物園見学、健康管理教育、等の趣向を凝らした各種行事を開催している（写真1～5参照）。北海道では自衛隊駐屯地の存続が地域経済にとって死活的な問題となる地域も多く、自衛隊駐屯地と地域協定を締結する地方自治体の大半が道内に存在する事実に象徴的に示されているように、自衛官やその家族を取り巻く社会文化的文脈は一般に良好である。とはいえ、イラク派遣時には、国内世論が二分する中で、旭川市では自衛隊のイラク派遣に反対する市民団体のデモ行進など地域社会との軋轢があったり、マスコミの取材攻勢から家族を守るために「家族の会」が結成されるなどした歴史的経緯がある。イラク派遣当時の留守家族説明会への第二師団家族の参加数は「二七四家族」で、約六〇〇人の隊員家族の約半数が参加したことになる［産経新聞イラク取材班　二〇〇四：一九八］。一部の市民団体による反対運動もある中で、旭川市長は「留守家族支援チーム」を市役所内に発足させ（写真6）、旭川商工会議所の有志は「イエロープロジェクト」という任意団体を結成して、自衛官家族の支援を象徴する「黄色いハンカチ運動」を主導した［産経新聞イラク取材班　二〇〇四：二〇〇］。部隊や隊員家族間の相互支援と、商工会議所や市役所などによる準公式・公式の家族支援のあり方に示されるように、旭川市の事例は、日本における「地域支援力」構築の一例としても大変興味深い事例である。ちなみに、旭川市は戦前期から日本陸軍第七師団が所在する「軍都」として知られており、一九六四年に開設された北鎮記念館は、第二師団司令部のある旭川駐屯地や旭川護国神社に隣接し、年間来場者数も約三万人にのぼり、旭川市内の観光名所にもなっている。

一方、二〇一二年、陸上自衛隊北部方面隊[20]では、南スーダンＰＫＯ（一・二次隊：三―一〇月）、ゴラン高原ＰＫ

O（三三次隊：二―八月）、ハイチPKO（六次隊：二―八月）とアフリカ・中東・中南米の三カ所に同時にPKO部隊を合計六九〇名派遣するという陸上自衛隊史上初めての経験をした（『北海道新聞』二〇一二年七月一五日）。カンボジアPKO派遣以来の国際活動の実績も多い北部方面隊の中でも第二師団は、カンボジアPKO派遣第二次隊、東ティモールPKO派遣一次隊、ゴラン高原PKOには過去四回派遣するなど最も活動実績が多く、これまでも家族支援策の強化に取り組んできた。隊員の中には、これまで複数回にわたって国際活動に参加した経験を持つものも少なくない[21]。ちなみに、ゴラン高原PKO三三次隊は第二師団隷下の第三普通科連隊（名寄）、ハイチPKO六次隊は第二五普通科連隊（遠軽）が基幹部隊である。通常、国際活動に従事する部隊の壮行・帰国歓迎行事は、師団司令部のある旭川駐屯地で家族、防衛省・自衛隊関係者、政治家、防衛関連団体や地元の有志などを招待し

写真4　部隊家族間コミュニティ関連行事（遠軽駐屯地：2009年11月実施）

写真5　部会家族間コミュニティ関連行事（上富良野演習場：2009年8月29日実施）

写真6　旭川市イラク派遣自衛隊員留守家族支援チーム発足（2004年1月）

て開催されるのが通例である。これらの行事への参加者は、「部隊家族間コミュニティ」の境界を越えて、「防衛コミュニティ（Defense Community）」とでも呼ぶべき自衛隊支援者のネットワークを構築し、「地域支援力」の主要な構成要素となっている。

4　札幌市（陸上自衛隊第一一旅団）の事例

南スーダンPKO派遣第二次隊の主力部隊を派遣した第一一旅団（司令部：札幌市）では、二〇一二年五月からの派遣に先立って、同年四月二二日（日）に真駒内・函館駐屯地で家族説明会を実施した（参加率はほぼ一〇〇％）。約二時間から二時間半におよぶ説明会では、スーダン派遣の意義や風土・現地情勢から派遣部隊の編成・活動内容、勤務・生活環境、家族支援、共済支援、その他（報道対応、手当・税金等）に関する部隊側の説明と家族支援担当者との質疑応答がなされた。家族支援に関する説明では、家族支援窓口（各部隊もしくは遠方居住の家族の場合は最寄りの地本・駐屯地業務隊）、支援窓口の対応要領、現地部隊に関する情報提供の内容（部隊全般・隊員の病気・けが・事故に関する連絡）、慰問品の追送支援要領（月一回一〇キロ以内）、隊員との連絡手段（衛星携帯電話・固定電話：週一〇分基準、現地→家族のみ。家族から隊員への連絡依頼は家族支援担当者経由）、および「家族のメンタルヘルス」に関する注意事項や相談窓口に関する情報が含まれている［陸自第一一旅団　二〇一二］。真駒内駐屯地では、二〇一一年に、三宿（二〇〇七年）、熊本（二〇〇九年）に続く、陸自三番目の庁内託児所を開設している。さらに、第一一旅団では、年二回の「家族の日」を制定しているが、部隊側担当者の話によると、各種行事への家族の参加率が必ずしも高くないため、今後、どのように参加率を向上させていくかが課題であるという[22]。

ところで、「家族のメンタルヘルス」に関する説明事項は、近年重視されてきている「家族のレジリエンス」の強化に関連する情報として重要であるため、以下で改めて詳しく取り上げることにしたい。

5 「家族のレジリエンス」強化とインフォーマルな支援の重要性

これまで精神科医療の世界でおもに使われていた「家族のレジリエンス（family resilience/resiliency）」という用語が、軍人家族のメンタルヘルスに関する研究においても近年使われるようになってきたことはすでに述べた。もともと個人レベルの自己回復力を意味する「レジリエンス」が家族にも適用された用語で、「家族の自己回復力」あるいは「家族のしなやかさ」を意味し、家族生活における困難に際して「ばねのようにしなやかに打ち勝ち、ときにはさらに創造的な力も発揮する」という含意が「家族のレジリエンス」という概念にはある［奥村 二〇〇五：一八九］。

ここ十年来、防衛省・自衛隊では隊員の自殺防止対策に積極的に取り組んできた。近年、陸上自衛隊では、隊員の「しなやかで折れにくい心」を涵養すべく、メンタルヘルスに関する啓発教育やメンタルヘルスチェック、あるいは精神疾患により休職中の隊員の復職支援等のメンタルヘルス関連施策を強化してきており、東日本大震災においても災害派遣活動に従事した隊員のメンタルヘルス管理には細心の注意が払われてきた。

家族説明会においても、「家族のメンタルヘルス」に関する説明にはかなり重点が置かれていることが配布資料に割かれたページ数（全体の約三五％）からも伺える［第一一旅団 二〇一三］。まず、「悩み事、困りごと」があった場合の相談対応窓口が詳しく紹介され、駐屯地カウンセラー（部内・部外）、臨床心理士、札幌病院や豊平駐屯地内のメンタルサポートセンター（心の悩み・復職サポート）、「ＮＥＴ（ネット）九九」の連絡先が示されている。ここで少し説明が必要なのは「ネット九九」という北海道地区特有のソーシャル・サポート制度である。別名「機動カウンセリング」とも呼ばれるこの制度は、退職自衛官が設立主体となって創設されたＮＰＯ法人「危機管理支援協会[23]」が「アクティブ・メンタルケア」の理念のもとで、電話・メール相談だけでなく職場への巡回訪問・

派遣など、隊員の立場に立って時間と場所を限定せず能動的にメンタルケアを実施する点に特徴がある。いわゆる「アウトリーチ」の発想であり、相談者を待つのではなく、相談を受けに出かけていくのである。同様の試みとしては、例えば英国での退役軍人を対象とした「コミュニティ・アウトリーチ」と呼ばれるプログラムがある。国防省と保健省および退役軍人団体や慈善団体「コンバット・ストレス」の協力により、メンタルヘルス上の問題を抱えていながら専門医療機関を受診しようとしない退役軍人の支援をする点に特徴がある［河野　二〇一三］。

この「ネット九九」制度のもうひとつの特徴は、自衛官ＯＢによる「服務指導」の延長としてのカウンセリングだという点である。部外委託の駐屯地カウンセラーについては、自衛隊組織の実情や自衛隊独自の用語の理解不足、傾聴重視、などへの隊員からの不満があり、自衛隊組織の内情に詳しい自衛官ＯＢのほうが、豊富な服務指導経験を生かしたより実践的な問題解決への示唆も含めた対応が可能だという［河野　二〇一三］。一般に、「ソーシャル・サポート」には、系統的知識をもとに客観的な立場（アウトサイダー志向）から治療重視の実践を行う「専門的サポート」（フォーマルなサポート）と、自然発生的あるいは意図的に形成されたインフォーマルな「非専門的サポート」の区分がある［野村他　二〇〇〇：一五五］。「ネット九九」は、共感的な立場から系統的専門知識というよりは自己の「経験や常識的直感」をもとに、「インサイダー志向とケア重視」の「非専門的サポート」を提供する側面が強い。いろんな意味で革新的な試みであるとはいえ、この制度は北海道地区に限定されており、全国に拡大しているわけではない。

一方、メンタルヘルス疾患に関する「スティグマ」意識の問題は依然として残っている。英米軍の兵士が、このスティグマを回避するために、専門家のカウンセリングや治療が必要な状態であってもなかなか精神医療機関を受診しない傾向があることは前述したとおりである。自衛官やその家族の場合も例外ではない［福浦　二〇〇七、河野　二〇一三］。そこで重要になるのが「インフォーマルな支援」である。身近な同僚であったり、友人や親族など日常生活において対面的な相互作用のある範囲の他者からのインフォーマルな「ソーシャル・サポート」がどの程度得られるのかが、隊員や家族のストレス対処の成否を左右する。逆に、自己の持つ社会関係資本を有効に活用しながら必要な「資源」を入手することがうまく達成できれば、「家族のレジリエンス」を強化することができる。隊員の海外派遣前、中、後に適切な啓発教育や情報提供が行われれば、家族のストレス対処における「エンパワーメント」につながり、ひいては「家族のレジリエンス」強化につながることになる。ちなみに、第一一旅団の場合、部隊の南スーダンPKO派遣中、家族支援センターが「南スーダン派遣施設便り軌跡」を月一回発行し、隊員の現地での活動状況を家族に知らせるとともに、「家族のメンタルヘルス」というコラムも設けて、毎回、ストレス軽減法（リラクゼーション・呼吸法）、ストレス状況概説、ライフイベントストレスチェック、帰国後に予想されるメンタルヘルス上の諸問題、クールダウン要領、帰国後の再適応に関する啓発などを行っていた。ただし、これらのメンタルヘルス施策が、「家族のレジリエンス」強化や、ストレス対処にどの程度、実際に有効だったのかについては、別途、隊員家族を対象とした実証的な調査がなされなければなるまい。

さらに、「家族のレジリエンス」と派遣隊員個人のレジリエンスを考えるうえで、家族間の「情緒的サポート（emotional support）」も無視できない。「評価的サポート」「情報的サポート」「道具的サポート」とあわせて「機能的サポート」に分類されるソーシャル・サポートの一形態である［小杉　二〇〇六：四三］。海外派遣中に、「陰膳」を用意する家族や護国神社にお百度参りをする母親は少なくない。たとえば、ある母親は、息子がイラクに派遣されていた三ヶ月の間、一日も欠かさず自宅から数キロ離れた旭川護国神社へ早朝五時に起きて参拝し続けたという［産経新聞イラク取材班　二〇〇四＝二〇〇六］。もちろん、現地へ慰問品を送ったり、手紙やメール、電話による連絡といった直接的なサポートも重要である。かつて国連PKO任務に派遣された隊員に対して行ったアンケート調査では、「PKO活動中最も励みになった要因」の第一位は「家族・友人からの激励や期待」（二四・九％）であった［河野　二〇〇四］。最近は、IT技術の革新により、携帯電話やパソコンによるメールや無料テレビ電話（Skype等）による交信が容易となっており、衛星電話回線でのひと月の通話料が一〇万円を超えた隊員もいた二〇年前のカンボジアPKO派遣の時代と比べると、大きく通信環境が改善されている。しかしながら、献身的な家族の「情緒的サポート」が得られた場合でも、そうした隊員へのサポートを提供した家族成員の苦労が公式に報われることはまずない。家事労働と同じく、あくまでも「シャドウ・ワーク」としての扱いしかされないのが現状である［イリイチ　一九八二］。ある官舎住まいの自衛官の妻は、夫が約七ヶ月間PKO派遣で不在であった際に、当時六歳と四歳の二人の男児をかかえて、(1)毎日の雪かき、(2)次男の入院、(3)夫が無事に帰るかどうかの心配・気苦労、(4)夫の帰国後、気持ちを整理できなかったこと、の四つが主な悩みであったが、最もつらかったのは、実は四番目の気持ちの整理であったことを吐露する。「半年以上、家族を守りきったという自信、誇り、達成感を形にできたら素敵だ」として、家族にもなにがしかの「頑張りの証」がほしいと訴えている。[24]

ところで、インフォーマルなソーシャル・サポートには、家族・友人だけでなく、防衛協力団体や地元有志団体などからの支援も含まれる。二〇〇四年のイラク派遣に際しては、北海道旭川市ではじまった「黄色いハンカチ」運動は北海道各地に広がり、その後、九州地域にも拡大した。熊本県では防衛協力団体主導の「イラク派遣激励パレード」も実施され、一般市民も多数参加した（計二回、総計一七〇〇名参加）。宮城県や熊本県では、防衛協会女性部会の有志が隊員の無事帰還を祈って緑色のフェルトに綿を詰めた「カエル」の縫込み人形（全長六・五センチ）を手作りし、隊員に配布した。カエルには、「まるまる元気で帰ってきて」という思いを込めて「まるちゃん」という名称がつけられた［産経新聞イラク取材班　二〇〇六：二六八―二七二］。これらは、いずれも「防衛コミュニティ」の構成メンバーによる「地域支援力」形成の事例として理解できよう。

また、二〇一二年三月には、遠軽商工会議所によって町内の自衛隊歓迎広告塔に八八枚の「黄色いハンカチ」が掲げられた。ゴラン高原PKOとハイチPKOに派遣されている陸上自衛隊第二師団第二五普通科連隊（遠軽駐屯地）の隊員の安全を祈願してのことである。[25] JR北海道石北本線の遠軽駅からまっすぐ東に延びる道道二四四号線は、通称「連隊通り」と呼ばれ、湧別川と生田原川を越えて二キロも行けば、遠軽駐屯地の正門前に到着する。明治三〇年代にキリスト教徒の移民団が入植して開拓がはじまったという歴史を持つ遠軽町には、旧軍時代の歴史はないが、一九五一年の警察予備隊発足時に、町議会や商業協同組合、商工会議所などの有力者が中心となって駐屯地を誘致したという歴史的経緯がある。また、一九六九年から一九七九年まで、第二五普通科連隊が北部方面冬季戦技競技会で一一連覇を達成した際には、遠軽町民あげての応援があり、遠軽町と遠軽駐屯地の深い絆が築かれたという。[26]

現在の遠軽町長は、二〇一二年四月、地方自治体の首長として初めてハイチまでPKO部隊の激励に出向いている。町長、町議会議長、商工会議所会頭の現地訪問費用は同町の公費から支出され、もう一人の同行者である地元建設会社社長は自費で渡航した。遠軽町は遠軽駐屯地存置期成会を設置しており、上記四名はこの期成会の会長・副会長といった中心的メンバーである。遠軽駅前大通りの交差点に立つ建物の壁には「遠軽駐屯地　みんなでめざそう日本一（遠軽駐屯地存置期成会）」との大きな看板が掲げられるなど、もともと自衛隊を積極的に支援する社会風土がある。遠軽町の全人口二万二千人のうち、約一割が自衛隊員とその家族であり、隊員たちの給与の総額六〇億円は町全体の予算の二分の一近くとなり、その経済効果を考えると「連隊なしで遠軽はやっていけない」（佐々木町長）ほどである。[27] ハイチ派遣から帰国後の二〇一二年一〇月一三日、遠軽駐屯地創立六一周年記念行事の一環として、一六年ぶりに自衛隊員の市中パレードも行われた［防衛ホーム　二〇一二年一一月一日］。こうした「儀礼密度（ritual density）」の高さは、ソーシャル・サポートの度合い（支援密度）を示すひとつの指標でもある。[28] 遠軽町での市中パレードをうけて、二〇一三年六月には名寄市でも一九五四年以来五九年ぶりに名寄駐屯地創立六〇周年記念行事の一環として、戦車を含む約一二〇両の自衛隊車両が市中パレードを実施した。名寄駐屯地創立六〇周年記念行事協賛会の会長を務める名寄市長の要請によるものであったが、労組幹部などの市民団体からは中止要請もなされていたという（『北海道新聞』二〇一三年五月二三日朝刊）。

4　おわりに――地域支援力の構築にむけて

上述した遠軽町の事例はかなり特殊な事例かもしれないが、北海道内の市町村部に所在する自衛隊部隊とその家族を支援する「防衛コミュニティ」とでも呼ぶべき支援のネットワークの形成の態様は、日本における「地域支援力」構築のひとつの典型でもある。もちろん、今後の家族支援の問題を考えていくうえでは、地域特性の違いも考慮に入れる必要があろう。同じ北海道内でも、遠軽のような町村部と、札幌市のような都市部では事情が異なる。北部方面隊総監部の家族支援担当者の話では、町村部では「隊友会支部長が町内会長を務めている」地域もあるという。北海道に限らず、日本国内では元自衛官が首長や議員を務める地方自治体もある。その一方で、旭川や名寄のみならず、遠軽町内においても、自衛隊の市中パレードや国際活動への参加に反対する市民団体は存在する。自衛隊家族と家族支援関係者の間で「顔の見える関係」が維持されている地域と、むしろ自衛官家族であること自体を周囲に知られたくない、私生活上のプライバシーを尊重したいと考える都市部の一般住宅居住者の多い地域とでは、「地域支援力」構築の戦略も異なってくるであろう。しかしながら、地域特性の違いを考慮に入れながらも、部隊家族間コミュニティを含む「防衛コミュニティ」がそれぞれの地域でどのように形成され、どのように境界を拡大したり縮小したり、あるいは質的に変容しているのかを、もっとミクロな地域社会レベルでのコミュニティの成員相互のインフォーマルな相互作用まで含めた実態解明がまず必要となろう。地域社会レベルでの政治文化的文脈を無視した形で官製の地域支援力構築事業を展開したところで、政策的な有効性が高まるとは思えない。

さらに、米国や英国の事例と比較してみた場合、日本における自衛隊と地域社会との関係性が複雑な様相を帯びていることにも留意する必要があろう。特に、自衛隊部隊の国際活動をめぐる世論の動向は、戦後初の自衛隊部隊の国連平和維持活動参加の際や、世論を二分したイラク人道復興支援活動の際などに明らかとなったように、地域社会との関係にも直接的な影響を及ぼす。変動する政治状況の中にあって、日常生活を送る自衛官の家族は、近隣社会の人々との対面的相互作用の中で、激励や支援もあれば、批判や中傷にも遭遇しつつ、配偶者や親・子供・兄弟姉妹との別離・喪失の不安・摩擦・不在間の適応・再統合などの問題に適切に対処しなければならない。対処に失敗すれば、精神疾患や離婚など深刻な事態が生じる可能性もある。これまで、国際活動の規模が限られ、かつ、活動の危険度も米英軍と比較すれば高くない状況であったため、こうした家族支援の課題について広く社会的に認知されることはなかった。国際活動や東日本大震災時の災害派遣活動を経験した自衛官自身の惨事ストレス対処やメンタルヘルスの問題については、近年、少しずつ理解も広がってきてはいるが、家族支援についてはまだまだ認知不足だといえよう。

その一方で、東日本大震災の教訓や、今後も増大することが見込まれる海外派遣の頻度増加に備えて、家族支援の態勢を整備することは重要な政策課題となってきている。二〇一三年一二月一五日に閣議決定された『平成二六年度以降に係る防衛計画の大綱について』では、「任務に従事する隊員や留守家族の不安を軽減するよう、各種家族支援施策を実施する」との文言が戦後初めて盛り込まれ、「家族支援」が重要な政策課題として公式に認知された。前述したように、陸上自衛隊も「公助」の必要性を認識し、家族支援策を強化しつつあるが、その限界も認識しており、「自助」「公助」を補完する方策としての「共助」の促進を、父兄会をはじめとする防衛関連団体との連携を強めることにより図っているところである。

ここで、米英での先行研究や、国際比較の結果にもとづいて強調したいことは、この「共助」すなわち「非公式・準公式な支援」の重要性である。世界的に見ても最も公的な家族支援制度が整っている米国においてさえ、支援を必要とする軍人家族が最も頼りにする支援は同僚、隣人、友人などの「非公式な支援」のネットワークであることはすでに紹介したとおりである［Heubner et al. 2009; Martin et al. 2000］。公式な家族支援制度の整備が遅れている日本においても、東日本大震災後に自衛隊に対する世論の支持が戦後最高となったとはいえ、まず自衛官家族が頼りにするのは非公式な友人・同僚・親族などの支援のネットワークであろう[29]。さらに、日本社会一般においてスティグマ意識が強い精神疾患やメンタルヘルス上の問題や、家庭内暴力や児童虐待、夫婦関係のもつれなどの個人的プライバシーに関わる問題も含まれている場合には、なおさら、「厚い信頼関係」もしくは「強い紐帯」に裏打ちされた非公式な支援のネットワーク内での問題解決が志向されるケースが多いことは予想に難くない[30]。個人的な問題の解決に、準公式・公式な支援を求めることに対して心理的抵抗感を持つ自衛官家族の存在も、これまでの調査や先行研究の結果から示唆されている。重層的な支援のネットワークを構築して「地域支援力」の形成を促進するとともに、いかに家族が所属する集団の「外部への信頼」（普遍化信頼／一般化された信頼／一般的信頼）を高めていくかが、今後の課題となろう[31]。また、いかなる社会過程（social process）を経てそのような信頼関係が構築されるのかについて、家族内の成員間の信頼関係、家族が所属する集団内部の信頼関係、そして所属集団と非所属集団との間の信頼関係にまで視野を拡大して、「社会関係資本」の生成・維持・拡大・衰退・消滅のプロセスを検証することも必要になるのではなかろうか。その際には、ミクロ人類学的な「エイジェンシー」分析の視点を援用することも有益かもしれない［田中・松田編 二〇〇六］。さらに、「集団主義社会は安心を生み出すが、信頼を破壊する」という山岸の警句にも耳を傾ける必要があろう[32]。

自衛隊の家族支援に焦点をあてた学術的研究はまだ端緒についたばかりである［福浦　二〇〇七＝二〇一二、河野　二〇〇四＝二〇一三、Kawano and Fukuura 2013］。この問題に関連する学問分野は、直接的には軍事社会学や軍事人類学であるが、関連分野は社会学や文化人類学だけでなく、臨床心理学、精神医学、公衆衛生学、社会福祉学（ソーシャルワーク）、社会経済学など幅広い。今後の研究進展には学際的アプローチが必要である。さらに、現実の社会生活に生じている問題の解決をめざす実践的な研究という意味で、筆者は「臨床社会学」的なアプローチも必要ではないかと考えている［河野　二〇一三、野口・大村　二〇〇一］。引き続き国際比較の観点から理論レベルの研究を進めると同時に、フィールドワークを含めた日本国内各地における事例研究と実証研究の推進を、筆者自身の今後の課題としたい。

注

（1）二〇一三年三月現在、医療、輸送、保管、通信、建設、機械器具の据え付け、検査・修理の後方支援能力を有する自衛隊部隊、軍事監視要員、司令部要員、の提供の用意がある旨登録している［防衛省　二〇一三：二四八―二四九］。

（2）イラク戦争開始以前の一九九〇年代後半から二〇〇〇年代半ばにかけて、米陸軍は有能な若い将校の早期退職問題や、下士官兵の募集難・高退職率の問題を抱えていた［Lewis 2004; Kapp 2013］。

（3）イラクとアフガニスタンの戦死・戦傷者数については、米国防省HPの発表資料「戦死者状況（casualty status）」［U.S. DoD 2013］参照。朝鮮戦争、ベトナム戦争の戦死者数については、戦闘行為による死者数とそれ以外の死者数を合算した死亡・行方不明者の総数を示す［Leland and Oboroceanu 2010: 10-11］。

（4）二〇一二年の米軍人の自殺者数は三四九名（うち一八二名が現役陸軍軍人）で、同年のアフガニスタンでの死者数二九五名を超えた［NPR 2013］。米陸軍の自殺率は二〇〇一年の一〇万人当たり八・七人から二〇一一年には二一・五人／一〇万人へと倍増し、二〇〇八年には米国の一般人口からの年齢・性別の偏りを考慮したうえで、陸軍軍人の自殺率が初めて一般市民の自殺率を上回った。さらに、二〇一〇年の陸軍州兵の自殺率（三一人／一〇万人）は、現役陸軍軍人の自殺率（二五人／

一〇万人）よりも高かった［Lineberry and O'Connor 2012］。親密なパートナーに対する暴力行為（男性→女性）も、一般に軍人のほうが一般市民よりも発生頻度が高いとされている［Clark and Messer 2006］。

（5）イラク・アフガニスタン派遣を経験した退役軍人の暴力犯罪率（服役率）は二〇〇四年時点で一〇万人あたり三三八人、同年齢層の男性市民は五九五人／一〇万人と、約一・七五倍の開きがある［Sreenivasan et al. 2013: 264］。ただし、一部年齢層では白人男性市民と白人退役軍人の服役率が逆転しているという指摘もある［Greenberg and Rosenheck 2012］。

（6）米国陸軍軍人の配偶者（妻）を対象とした研究では、派遣ストレスを経験した配偶者は、認知的対処法をとる場合が多く、情動的対処法をとった者と比べて、認知的対処法をとった者のほうがストレス反応（身体的・抑うつ）も少なかったという［Dimiceli et al. 2010］。

（7）［Heubner et al. 2009］の community capacity model の図を一部修正して筆者作成。

（8）ちなみに、社会関係資本の測定指標のひとつである「一般的な他者に対する信頼」（道徳的信頼）の面では、日本は米国よりも信頼度は高く、英国とほぼ同水準である［アスレイナー　二〇〇四］。

（9）州兵と予備役家族に対する小規模インタビュー調査によれば、海外派遣終了後に八割以上が政府の用意した資源を利用（多くは militaryonesource.mil のインターネット上にある情報資源と黄色いリボン再統合プログラムへの参加やネット情報の入手）、ついで多かったのが「非公式な情動的・社会的支援」（約半数）である［Werber et al. 2013: 108-110］。

（10）たとえば、米陸軍と海兵隊のイラク帰還兵におけるＰＴＳＤ発症率は一八～二〇％、米陸軍のアフガニスタン帰還兵では一一％という数字が報告されているのに対し、英軍兵士では四～七％という数字となっている［Frappell-Cooke et al. 2010;Maguen et al. 2006］。

（11）英国防省のＨＰ参照（https://www.gov.uk/the-armed-forces-covenant　二〇一三年九月一〇日閲覧）。「軍隊との誓約（Armed Forces Covenant）」については、〈https://www.gov.uk/government/uploads/system/uploads/attachment_data/file/49469/the_armed_forces_covenant.pdf〉、「地域社会との誓約（Community Covenant）」に関しては同ＨＰの関連ページ（https://www.gov.uk/armed-forces-community-covenant）を参照のこと。

（12）たとえば、オックスフォードシャー州では、英空軍をテーマにした子供の遊び場整備、一般市民と軍人家族の交流促進を目的とした子供向けの遊戯イベント（サーカス、ゴーカート、壁のぼりなど軍事基地内外で開催）、小学校への自然庭園兼野外活動施設整備、放課後に鍵っ子の子供たちが集まって交流できる子供センターでの「ティー・タイム・クラブ」活動、空軍軍人の家族も通う地元教会施設補修、コミュニティ・カレッジによる軍関係者への教育・情報提供活動費補助、などに対して、これまでで総額三〇万ポンドが政府から支給されている。同州ＨＰ（http://www.oxfordshire.gov.uk/cms/content/community-covenant-grant-scheme　二〇一三年九月一〇日閲覧）参照。

(13)　しかしながら、二〇一二年に中央即応集団司令官に就任した山本洋陸将は、家族支援に関して「陸幕には家族支援班があるが、陸自として真剣に取り組まないといけない重要なこと。本来とても大事なことだが、まだ目が向いていない、見ていなかった、体力をさけなかった、さいてこなかった部分もある」と、東日本大震災時の災害派遣活動においては、十分な家族支援体制をとれなかったことも含めて、いまだに不十分な点があることを認めている（『防衛ホーム』二〇一二年二月一五日、二面）。

(14)　二〇一一年三月一七日に御殿場市、同月三〇日に裾野市と小山町が協定を結び、富士・滝ヶ原・板妻・駒門の各陸上自衛隊駐屯地隊内で、災害派遣時に隊員子弟の児童一時預かり所を開設運営するにあたり、市・町から託児所への保育士や職員の派遣、隊員家族への情報提供などの支援が行われることとなった（『防衛ホーム』二〇一一年七月一日）。

(15)　美幌町では、駐屯地対策担当職員がコンシェルジュ（総合世話係）になり、町内の協力団体による支援や、慰問の機会などを企画したり、一時預かり保育や宅配・便利サービスの仲介、留守家族対象の行事の際にバスなど交通手段を提供するなどきめの細かい支援が提供されることになっている。また、同年七月一五日には、隊区内の二市一〇町（北見・網走市と訓子府・置戸・津別・大空・美幌・斜里・清里・小清水町）との包括的協定が締結され、大空町では独自の取り組みとして、派遣隊員のお年寄り家族の定期的訪問や安否確認も実施するという［伝書鳩　二〇一三］。

(16)　公益社団法人全国自衛隊父兄会「平成二四年度事業計画」『平成二四年九月月報』参照。

(17)　二〇一三（平成二五）年度の事業計画には、「家族支援検討施策の試行・普及を通じて、関係部隊及び隊員を激励」、本部は「家族支援検討委員会」の活動を継続しつつ、各幕僚監部と連携して都道府県父兄会の家族支援施策の推進を支援すべく「平成二五年度　家族支援協力構想」に基づいて検討を具体化することや、「家族支援の参考」の普及・活用に努めることが盛り込まれている（公益社団法人全国自衛隊父兄会「平成二五年度事業計画」参照）。

(18)　たとえば、北海道遠軽駐屯地でハイチ派遣時の家族支援を担当した幹部自衛官によると、部隊家族間コミュニティ活動への家族側の関心が低く、参加率は「二〇～五〇％」程度だという。「人間関係の希薄化」がその背景にあるのではないかと感じているが、その一方で、曹友会がポットラックパーティーを主催するなど「平素から付き合いを深める」活動に力を入れているという。

(19)　第二師団隷下の部隊には、第三普通科連隊（名寄市）、第二五普通科連隊（紋別郡遠軽町）、第二六普通科連隊（留萌市）、第二戦車連隊（空知郡上富良野町）、第二特科連隊・第二後方支援連隊（旭川市）が含まれる。師団司令部は旭川駐屯地に所在する。

(20)　陸上自衛隊北部方面隊隷下部隊には、第二師団（旭川市）、第五旅団（帯広市）、第七師団（千歳市）、第一一旅団（札幌市）、第一戦車群（恵庭市）、第一特科団・第一高射特科団（千歳市）などの部隊が含まれ、方面総監部は札幌市に所在する。
(21)　北部方面隊は全国五個方面隊の中でも最大規模の定員（三万七千）をもち、二〇一二年七月までに一一カ国・地域に延べ四千名以上の要員を派遣しており、陸自全体のPKO派遣延べ人数の半数近くを占め、「PKOは北海道の隊員たちが支えている」といわれている（『北海道新聞』二〇一二年七月一五日）。
(22)　北部方面隊の家族支援担当者によれば、家族の間には、参加に積極的な家族と、まったく関心のない家族との「二分化」傾向がみられるという。
(23)　札幌市内に所在するNPO法人。二〇〇六（平成一六）年設立。総合危機管理士、危機管理アシスタント、防衛士などの資格認定機関（[http://www.cris-ma-su.com/　二〇一三年九月一三日閲覧）。
(24)　雪かきは、自衛隊から援助の申し出もあったが官舎内の支援で対処でき、次男の入院も官舎内の友人と妹の支援で乗り切り、派遣期間中の夫の動向に関しても部隊からの配慮で特に心配はなかったという。夫の帰国後、すぐに青森から埼玉に夫の移動とともに転居したことも、帰国後の再統合にともなうストレス対処を困難にしたのであろう［全自父　二〇一四］。
(25)　当時の写真が遠軽町のホームページ（平成二四年三月二九日 e-ISM ニュース）に掲載されている（http://engaru.jp/e-ism/2012/337.html　二〇一三年九月一二日閲覧）。
(26)　遠軽駐屯地ホームページ参照（http://www.mod.go.jp/gsdf/nae/2d/unit/butai/engaru/　二〇一四年八月三〇日閲覧）。
(27)　『北海道新聞』連載「北部方面隊の今」第五回記事（二〇一二年七月二一日）、同新聞二〇一二年四月二〇日朝刊、四月二三日夕刊、参照。
(28)　ベン＝アリは、自衛隊の「儀礼密度(ritual density)」を、自衛隊の「普通化（normalization）」の社会過程の一側面として重視している（[ベン＝アリ　二〇〇七]、本書所収論文）。
(29)　二〇一二年一月に内閣府が実施した「自衛隊・防衛問題に関する調査」では、自衛隊に対して「良い印象を持っている」「どちらかといえば良い印象を持っている」との回答が約九二％に達し、東日本大震災発生前の二〇〇九年に実施された前回調査から一〇ポイント以上も増加して、過去最高となった［防衛省　二〇一三、資料九五］。
(30)　山岸によれば、「強い紐帯」からなる「コミットメント関係」（特に、相互の行動を統制することが可能な物質・経済・心理的資源交換のためのコミットメント関係は、「やくざ型コミットメント関係」と呼ばれる）が張り巡らされているのが、アメリカ社会と比較した場合の日本社会の特徴であるという［山岸　一九九八］。
(31)　アスレイナーによれば、信頼は「戦略的信頼」（相手を信用できるかどうか見極めたうえで信頼する）と「道徳的信頼」（人は信用できるとみなす)、「特定化信頼(particularized trust)」(自分と似た人に対する信頼)と「普遍化信頼(generalized trust)」(自分と異質な人に対する信頼)に区分することが可能だという。「一般にたいていの人は信頼できる」と考えるのは、「道徳的信頼」や「普遍化信頼(一般化された信頼)」を持つことの表れである。日本人はアメリカ人と比べて「特定化信頼度」が高く、「普遍化信頼度」は低いという[アスレイナー　二〇〇四]。山岸も独自の日米比較調査結果に基づいて、アメリカ人は日本人よりも「一般的信頼(=普遍化信頼)」のレベルが高いことを指摘している[山岸　一九九八]。

(32)　集団内部での相互協力の度合いが特に強い社会と定義される伝統的村落社会のような集団主義社会では、信頼関係の成立が自明であるがゆえに安心ではあるが、集団外部の者に対する不信感を持つことにもなり、かえって他者に対する「一般的信頼」が育ちにくい。この点の指摘が「集団主義社会は安心を生み出すが信頼を破壊する」という命題の真意である。ただし、日本人がおしなべて「集団主義的」であるわけではなく、対面的な相互作用がなく相互監視・相互規制が働かない状況においては、日本人はアメリカ人よりも「個人主義的」行動をとる傾向が強く、「集団主義」的行動はあくまでも日本社会の構造的特質(相互監視・相互規制)に由来するのであって、個人レベルの「心の性質」にあるのではないとの山岸の指摘も重要である[山岸　一九九九]。山岸はさらに、「信頼の解き放ち理論」を提唱し、一般的信頼が高まれば、人々の人間関係の「強化」ではなく「拡張」につながり、「閉ざされた関係」から解放されるのだという[山岸　一九九八]。安定した社会関係の脆弱化が進み、「安心社会」が崩壊しつつある日本においては、「一般的信頼」の醸成が不可欠だと山岸は主張する[山岸　一九九九]。

参考文献

アスレイナー、エリック
　二〇〇四「知識社会における信頼」宮川公男・大守隆編『ソーシャル・キャピタル』東洋経済新報社、一二三—一五四頁。
稲葉陽二・藤原佳典編
　二〇一三『ソーシャル・キャピタルで解く社会的孤立』ミネルヴァ書房。
イリイチ、イヴァン
　一九八二『シャドウ・ワーク』玉野井芳郎・栗原彬訳、岩波書店。
太田久雄
　二〇〇七「家族支援態勢のあり方について」『陸戦研究』平成一九年二月号、一一五—一三七頁。

奥村幸夫
　二〇〇五「精神科医療におけるかぞくへのまなざし」『現代のエスプリ　家族療法の現在』四五一：一八七―一九八頁。
河野　仁
　二〇〇四「自衛隊ＰＫＯの社会学」中久郎編『戦後日本の中の「戦争」』世界思想社、二一三―二五八頁。
　二〇一三「自衛隊の国際活動に関する臨床社会学的研究・序説」『防衛大学校紀要（社会科学分冊）』一〇七：一―二一頁。
小杉正太郎編
　二〇〇六『ストレスと健康の心理学』朝倉書店。
コールマン、ジェームズ
　二〇〇六「人的資本の形成における社会関係資本」野沢慎司監訳『リーディングス　ネットワーク論――家族・コミュニティ・社会関係資本』勁草書房、二〇五―二四二頁。
坂本真士・丹野義彦・安藤清志編
　二〇〇七『臨床社会心理学』東京大学出版会。
産経新聞イラク取材班
　二〇〇六『誰も書かなかったイラク自衛隊の真実――人道復興支援2年半の軌跡』産経新聞社。
　二〇〇四『武士道の国から来た自衛隊――イラク人道復興支援の真実』産経新聞社。
鈴木　滋
　二〇〇九「メンタル・ヘルスをめぐる米軍の現状と課題――戦闘ストレス障害の問題を中心に」『レファレンス』国立国会図書館、平成二一年八月号、一―五三頁。
全自父（全国自衛隊父兄会）
　二〇一三ａ『おやばと』二〇一三年九月一五日号。
　二〇一三ｂ『おやばと』二〇一三年八月一五日号。
　二〇一四『おやばと』二〇一四年八月一五日号。
隊友会
　二〇一二『平成二四年度　政策提言書』公益社団法人隊友会発行（http://www.taiyukai.or.jp/seisakuteigenh24.pdf　二〇一三年九月五日閲覧）。
　二〇一三「平成二五年度事業計画」公益社団法人隊友会発行。

田中顕悟
　二〇一一「Military Social Work における家族支援活動に関する一考察――陸上自衛隊の家族支援活動」『九州社会福祉学年報』
　　二：三〇―三四頁。
田中雅一・松田素二編
　二〇〇六『ミクロ人類学の実践　エイジェンシー／ネットワーク／身体』世界思想社。
デュルケーム、エミール
　一九八五『自殺論』宮島喬訳、中公文庫。
伝書鳩
　二〇一三『経済の伝書鳩』七月一三日号記事（http://denshobato.com /BD/N/page.php?id=71433　二〇一三年九月一一日閲覧）。
野口裕二・大村英昭
　二〇〇一『臨床社会学の実践』有斐閣選書。
野々山久也編
　二〇〇九『論点ハンドブック　家族社会学』世界思想社。
野村豊子他
　二〇〇〇『ソーシャルワーク・入門』有斐閣アルマ。
パットナム、ロバート
　二〇〇六『孤独なボウリング――米国コミュニティの崩壊と再生』柴内康文訳、柏書房。
福浦厚子
　二〇〇七「配偶者の語り――暴力をめぐる想像と記憶」『国際安全保障』三五（三）：四九―七二頁。
　二〇一二「コンバット・ストレスと軍隊」『滋賀大学経済学部研究年報』一九：七五―九〇頁。
ベン＝アリ、エヤル
　二〇〇七「日本の自衛隊――普通化、社会、政治」『国際安全保障』三五（三）：七三―九四頁。
防衛研究所
　二〇一四『大規模災害派遣隊員に対するメンタルヘルス施策の現状分析――米軍の例を中心に』。
防衛省
　二〇一二『東日本大震災への対応に関する教訓事項（最終取りまとめ）』平成二四年一一月（http://www.mod.go.jp/j/approach/

defense/saigai/pdf/kyoukun.pdf　二〇一三年九月二日閲覧）。
二〇一三　『平成二五年度　日本の防衛：防衛白書』防衛省発行。
防衛省北海道防衛局
二〇一三　『防衛北海道』二九号、広報誌等編集委員会発行。
『防衛ホーム』
二〇一一　「災害派遣員留守家族を支援　自治体と協定結ぶ」（七月一日号）。
二〇一二　「南海地震に備える」（一一月一日号）。
『北海道新聞』
二〇一二　「北部方面隊の今——ＰＫＯ三カ所に六九〇人」七月一五日付朝刊。
二〇一三　「60周年パレード　戦車など参加へ　名寄駐屯地」五月二三日付朝刊。
宮川公男・大守隆編
二〇〇四　『ソーシャル・キャピタル』東洋経済新報社。
山岸俊男
一九九八　『信頼の構造』東京大学出版会。
一九九九　『安心社会から信頼社会へ』中央公論新社。
ラザルス、リチャード／スーザン・フォルクマン
一九九一　『ストレスの心理学』本明寛他訳、実務教育出版。
陸上自衛隊第一一旅団
二〇一三　『家族説明会資料』旅団司令部説明資料。

Adams, Gary, Steve Jex, and Christopher Cunningham
2006　Work-Family Conflict Among Military Personnel. In Carl Castro, Thomas Britt, Amy Adler, eds. *Military Life: The Psychology of Serving in Peace and Combat, Vol.3 The Military Family,* Praeger Security International, pp.169-192.
Albano, Sondra
1994　Military Recognition of Family Concerns: Revolutionary War to 1993, *Armed Forces and Society* 20(2): 283-302.
Asbury, E. Trey, and Danica Martin

2011　Military Deployment and the Spouse Left Behind. *The Family Journal* 20(1):45-50.

Bourdieu, Pierre, and L.J.D. Wacquant

1992　*An Introduction to Reflexive Sociology,* Polity Press.

Clark, Julie and Stephen Messer

2006　Intimate Partner Violence in the U.S. Military: Rates, Risks, and Responses. In Carl Castro et al. eds. *Military Life: The Psychology of Serving in Peace and Combat, Vol.3 The Military Family,* Praeger Security International, pp.193-219.

Department of the Army(DoA), USA

2008　Army Command Policy, Army Regulation 600-20（*www.apd.army.mil/pdffiles/r600_20.pdf* 二〇一三年九月一一日閲覧）。

Department of the Defense(DoD), USA

2010　*Quadrennial Defense Review Report.*

Dimiceli, Erin, Mary Steinhardt, and Shanna Smith

2010　Stressful Experiences, Coping Strategies, and Predictors of Health-related Outcomes among Wives of Deployed Military Servicemen. *Armed Forces and Society* 36(2): 351-373.

Eaton, Karen et al.

2008　Prevalence of Mental Health Problems, Treatment Need, and Barriers to Care among Primary Care-Seeking Spouses of Military Service Members Involved in Iraq and Afghanistan Deployments. *Military Medicine* 73(11): 1051-1056.

Faulk, Kathryn E., Christian T. Gloria, Jessica D. Cance, and Mary A. Steinhardt

2012　Depressive Symptoms among US Military Spouses during Deployment: The Positive Effect of Positive Emotions. *Armed Forces and Society* 38(3): 373-390.

Frappell-Cooke, W., M. Gulina, K. Green, J. Hacker Hughes, and N. Greenberg

2010　Does Trauma Risk Management Reduce Psychological Distress in Deployed Troops? *Occupational Medicine* 60(8): 645-650.

Forster, Anthony

2012　The Military Covenant and the British Civil-Military Relations: Letting the Genie out of the Bottle. *Armed Forces and Society* 38(2): 273-290

Greenberg, Greg and Robert Rosenheck

2012　Incarceration Among Male Veterans: Relative Risk of Imprisonment and Differences Between Veteran and Nonveteran

Inmates. *International Journal of Offender Therapy and Comparative Criminology* 56(4): 646-667.

Heubner, Angela, Jay Mancini, Gary Bowen, and Dennis Orthner
2009　Shadowed by War: Building Community Capacity to Support Military Families. *Family Relations* 58(2): 216-228.

Hill, Reuben
1949　*Families Under Stress: Adjustment to the Crisis of War Separation and Reunion,* Greenwood Press.

Hosek, James, Jannifer Cavanagh, and Laura Miller
2006　*How Deployments Affect Service Members,* RAND Corporation.

Hyman, Jeffrey, Robert Ireland, Lucinda Frost, and Linda Cottrell
2012　Suicide Incidence and Risk Factors in an Active Duty US Military Population. *American Journal of Public Health* 102(S1): S138-S146.

Kapp, Lawrence
2013　Recruiting and Retention: An Overview of FY2011 and FY2012 Results for Active and Reserve Component Enlisted Personnel, CRS Report for Congress（http://www.fas.org/sgp/crs/natsec/RL32965.pdf 二〇一三年九月五日閲覧）。

Karney, Benjamin and John Crown
2011　Does Deployment Keep Military Marriages Together or Break them Apart? Evidence from Afghanistan and Iraq. In S. M. Wadsworth and D. Riggs, eds. *Risk and Resilience in U.S. Military Families,* Springer, pp.23-46.

Kawano, Hitoshi and Atsuko Fukuura
2014　Family Support and the Japan Self-Defense Forces: Challenges and Developing New Programs. In Moelker et al. eds. *Military Families and War in the 21st Century: Comparative Perspectives.* Routledge, forthcoming.

Leland, Anne and Mari-Jana Oboroceanu
2010　American War and Military Operations Casualties: Lists and Statistics, Congressional Research Service, Report to Congress（http://www.fas.org/sgp/crs/natsec/RL32492.pdf 二〇一三年九月二日閲覧）。

Levy, Barry and Victor Sidel
2013　Adverse Health Consequences of the Iraq War, *The Lancet* 381(9870): 949-958.

Lewis, Mark
2004　Army Transformation and the Junior Officer Exodus. *Armed Forces and Society* 31(1): 63-93.

Lineberry, Timothy and Stephen O'Connor

2012　Suicide in the US Army. *Mayo Clinic Proceedings* 87(9):871-878.

Maguen, Shira, Michael Suvak, and Brett Litz

2006　Predictors and Prevalence of Posttraumatic Stress Disorder among Military Veterans. In Army Adler, et al. eds., *Military Life: The Psychology of Serving in Peace and Conflict, Vol.2: Operational Stress,* Praeger, pp.141-169.

Martin, James, Leora Rosen, and Linette Sparacino

2000　*The Military Family: A Practice Guide for Human Services Providers,* Praeger.

McCartney, Helen

2010　The Military Covenant and the Civil-Military Contract in Britain. *International Affairs* 86(2): 411-428.

Ministry of Defense, United Kingdom

2012　*The Armed Forces Covenant Annual Report 2012.*

Moelker, René, Manon Andres, Gary Bowen, and Philippe Manigart eds.

2014　*Military Families and War in the 21st Century: Comparative Perspectives,* Routledge, forthcoming.

Moore, Kyle and Erica Koelder

2010　Family Readiness in the ARFORGEN Cycle, *Engineer,* May-August, 2010, pp.61-63.

Mumford, Andrew

2012　Veteran Care in the United Kingdom and the sustainability of the `Military Covenant,' *The Political Quarterly* 83(4): 820-826.

NPR

2013　U.S. Military's Suicide Rate Surpassed Combat Deaths in 2012, *The Two Way, NPR*（http://www.npr.org/blogs/thetwo-way/2013/01/14/169364733/u-s-militarys-suicide-rate-surpassed-combat-deaths-in-2012　二〇一三年九月六日閲覧）。

QDR 2010

Segal, David and Mady Segal

1993　*Peacekeeprs and Their Wives,* Greenwood Press.

Sreenivasan, Shoba, et al.

2013　Critical Concerns in Iraq/Afghanistan War Veteran-Forensic Interface: Combat-Related Postdeployment Violence. *The Journal of American Academy of Psychiatry and the Law* 4(2): 263-273.

The White House
2011 *Strengthening Our Military Families: Meeting America's Commitment*（http://www.whitehouse.gov/sites/default/files/rss_viewer/strengthening_our_military_families_meeting_americas_commitment_january_2011.pdf 二〇一三年九月八日閲覧）。

Werber, Laura et al.
2013 *Support for the 21st Century Reserve Force,* RAND Corporation.

Weiss, Eugenia, Jose Coll, Jennifer Gerbauer, Kate Smiley, and Ed Carillo
2010 The Military Genogram: A Solution-Focused Approach for Resiliency Building in Service Members and Their Families, *The Family Journal* 18(4): 395-406.

Wiens, Tina and Pauline Boss
2006 Maitaining Family Resiliency Before, During, and After Separation. In Carl Castro et al. eds. *Military Life: The Psychology of Serving in Peace and Combat, Vol.3 The Military Family,* Praeger Security International, pp.13-38.

U.S. Department of Defense（DoD）
2013 News: Casualty Status（http://www.defense.gov/news/ casualty.pdf 二〇一三年九月七日閲覧）。

●第Ⅱ部　軍隊と地域社会

第四章　占領という名の異文化接合
――戦後沖縄における米軍の文化政策と琉米文化会館の活動

森田真也

1　研究の目的と視点

戦後沖縄は、一九七二年の日本への施政権返還（本土復帰）までの二七年間、実質的には米軍統治下にあった。行政組織としては、琉球政府（Government of the Ryukyu Islands）の上部に琉球列島米国民政府（United States Civil Administration of the Ryukyu Islands: USCAR）が置かれていた。米国民政府は琉球政府を指揮監督し、その決定を破棄出来た。そのため実際の行政上の決定権は、琉球政府の行政主席ではなく、米国民政府のトップで現役の米軍将官でもある高等弁務官（High Commissioner）が握っていた[1]。つまり戦後沖縄において政治的な覇権を持っていたのは米軍であった。そして、米軍の支配は、そこで生活する人々に大きな影響を与えてきた。

これまで日本の文化人類学や民俗学において紛争が取り上げられても、軍隊や基地、その影響が直接的な研究対象とされたことは多くない。通常、国家の政治と直結した軍隊や基地は我々の日々の暮らしからかけ離れた存在である（と認識されがちである）。軍隊はまとまりを持った集団として、他者ではあるが、弱者ではない、また弱者としてはとらえにくい存在［田中　二〇〇四：五］で、可変的であり、内部組織に流動性を持ち、時において国家と直結した巨大な権力装置として作用する。それはある種の「暴力」や「福音」であるかもしれない。

在日米軍の研究を進めている田中雅一［二〇〇四：二―三］は、軍隊や基地を研究対象とする意義について、(1)国家と直結する暴力装置として当該社会に与える影響、(2)軍隊や基地のトランスナショナルな展開からみるグローバリゼーション及びトランスナショナル研究への可能性、の二点を指摘している。

沖縄の人々は、戦後六〇年以上に渡って米軍と関わってきた。沖縄の軍隊や基地の問題は、幾度となく政治、経済、思想史、近現代史等の文脈で、批判的な見地から取り上げられてきた。それは、このことが過去の記憶ではなく、危険と経済振興という現在進行形の問題であるからである。[2] なお、これまでの沖縄研究は、地域社会における宗教的世界、さらには親族組織等において豊富な蓄積を行なってきた。しかしながら、軍隊や基地、戦争といった課題については、必ずしも積極的に向かい合ってきたとはいい難い。[3] 井上雅道［一九九八］は、これまでの文化人類学や民俗学が、沖縄の基地問題に向き合ってこなかったことを批判している。井上［二〇〇四、Inoue 2007］は、名護市辺野古の基地建設反対問題を市民運動としてとらえ、考察の対象としている。井上は、これまでの沖縄研究には、「極めて古い沖縄」や「沖縄という極めて古い日本」とそれを解釈する「極めて新しい諸理論」しかなかったのではないかとしている。そして、それを沖縄研究における、「歴史」と「現代」の欠如であると批判する［一九九八：二三二］。井上は、文化人類学が同時代に対する批判の学であるなら、沖縄に決定的な影響を与えてきたアメリカという他者を研究の射程に入れる必要性をいう［一九九八：二三二］。これまでの文化人類学や民俗学の沖縄研究には、日本やアメリカが政治的、経済的に与えた影響を考慮した視点が欠落しているのである［森田　二〇〇二：三〇五］。

以上のようなことを前提として、本論では、第一に戦後沖縄に米軍の支配が与えた社会的影響について、第二に米軍の政策に沖縄の人々がどのような形で接し、それをどう捉えたのかについて、考察することを目的とする。

そして、戦後沖縄において米軍がいかに人々の生活に関わったのかを、その文化・社会教育政策（以下、文化政策）の面からみていく。このような視点は、軍隊とその駐留先社会の関係、さらには軍隊や基地を通して政治と文化の関係を問い直す試みである。具体的には、米国民政府が社会教育施設として一九五一年と一九五二年に設置した「琉米文化会館（Ryukyuan-American Cultural Center）」の活動を取り上げていく。そして、米国民政府の意図と各琉米文化会館の活動内容とその社会的影響について、それに関わっていた人々、利用した人々（利用しなかった人々）の実践、意識の在り方を検証していくことにする。

2　戦後沖縄における米軍の統治と文化政策

アメリカの沖縄統治は、一九四五年四月一日、米軍が沖縄島に上陸した同日に琉球列島米国軍政府（United States Military Government of the Ryukyu Islands）を設立したことに始まる。その後、米国軍政府の権限は、海軍から陸軍に委譲され、沖縄の長期統治のために、一九五〇年一二月、米国軍政府は米国民政府となる。米国民政府は、一九七二年五月一四日の本土復帰の前日まで存続し、沖縄の行政権を掌握していた。

戦後沖縄において米軍は厳しい統治を行なった。そのことが、米軍による沖縄統治が「占領」といわれる所以である。土地を強制的に接収し、急速に基地化を推し進める軍事優先の政策を実行し、住民運動や労働運動の弾圧、言論、映像、出版の規制といった様々な締め付けを行なった。それだけでなく、基地があるが故の事件や事故は、現在もなお続いている。その反面、経済振興、産業の育成、保健・医療整備を行なっただけでなく、伝統文化や工芸の復興、大学や博物館の設置、教育や留学制度の整備、芸術の振興、文化財の保護等の文化政策を実施した。なお、ここでいう文化政策とは、文化（芸術・教育・言語・宗教等を含む）を用いた、もしくは対象とした公共政策を指す。米軍が行なった文化政策の背景として、琉球政府の資金繰りが苦しかったこともあげられる。米国民政府は、高等弁務官資金やガリオア資金（占領地域救済政府資金）等の潤沢な予算を使うことが出来た。

このような文化政策は、統治初期から見受けられる。一九四五年八月、米国軍政府は沖縄諮詢会を組織し、志喜屋孝信委員長と一五人の委員を選出した。この組織のなかに文化部が設置されている。文化部の職務は、一九四六年五月の「沖縄民政府官制」の第一八条によると、社会教育、宗教、体育運動、芸術、図書館、博物館、生活改善に関する事項となっている。(4) 内部は、文化事業課、芸術課、総務課に分かれ、米国軍政府文化文教将校には、文化財に対して理解のあったウィラード・A・ハンナ少佐、文化部長には前県会議員の当山正堅が配置された。(5)

芸術課の二代目の課長であった川平朝申［一九九七：五二］によると、芸術課の職務は以下のようなものであった。一、演劇、舞踊、音楽の指導奨励と公演、興行の監督に関する事項。一、絵画、彫刻、工芸美術の奨励と展示、展覧会の開催に関する事項。一、映画館、劇場、移動映画館の指導監督に関する事項。一、博物館、図書館の整備陳列に関する事項。一、文化財の蒐集及び調査に関する事項。一、遺跡の調査記録に関する事項。このような活動は、沖縄の芸能や工芸の復興、文化財保護のきっかけとなるとともに、戦時中大きなダメージを受けた沖縄の人々の心を癒すことにもなった。その後、沖縄諮詢会は、沖縄民政府、沖縄群島政府を経て、琉球政府として統合されるが、琉球政府の文化政策は、米国民政府と連携を保ちながら、日本政府の文化財保護政策の影響を受け、独自の歩みをしていくことになる。(6) 興味深いのは、統治初期の文化政策の内容の一部が、後述するような琉米文化会館の活動に近い点である。

琉米文化会館とは、米国民政府広報局（Public Affairs Department: PAD）が直轄したアメリカ式の情報・文化センターで、図書館と公民館が一緒になったような施設であり、米軍の広報、社会教育活動だけでなく、多くの蔵書を持ち、図書の貸出等が行なわれた。名護、石川（現うるま市）、那覇、宮古（現宮古島市）、八重山（現石垣市）と奄美（現鹿児島県奄美市）に設置された[7]。なお、類似の施設として、琉米親善センター（Ryukyuan-American Friendship Center）というものが、コザ市（現沖縄市）、糸満市、座間味村に設置された[8]。

琉米文化会館は当初、米国民政府の民間情報教育部（Civil Information & Education Department: CIE）の管轄下にあり、一九四七年以降、情報センター（Information Center）として設置された。民間情報教育部の当初の役割は、マスメディアの管理、政教分離、教育制度の整備、図書館制度の導入、文化財の保全、婦人運動、社会教育活動の普及等であった。しかしながら、当時は「情報」という言葉が、軍事色が強く、諜報活動をイメージさせるものであった。そのため、一九五一年、及び一九五二年から琉米文化会館という呼び名となった。そして、一九五七年に広報部（渉外報道局）（Office of Public Information）の管轄下に置かれ、一九六〇年に広報局に移った。広報局は、情報部（Information Division）、調査研究部（Research and Evaluation Division）、文化事業部（Cultural Affairs Division）で構成されており、各地域の琉米文化会館は文化事業部に統括されていた。この施設は、直接的には米軍直轄の施設ではないが、米国民政府、つまり米軍の意思を明確に反映したものであった。

各館の正規職員は、一九六七年現在、一二～一五人であった。その構成は、館長、副館長、文化事業担当者、図書館担当者、書記やタイピスト等であった[9]。当初のみ米国民政府の陸軍省軍属のアメリカ人が館長や監督官となったが、一九五二、三年頃、沖縄人が館長に就任している。構成員の職務内容は、通常時は文化事業（行事）担当、図書館担当と二つに分かれていた。

次にその目的についてみていこう。一九六〇年の『那覇琉米文化会館要覧』によると、琉米文化会館の設立の主旨は、「琉米文化の交流と沖縄住民の教養を高め、調査研究やレクリエーションの場として設立されたもので、図書や雑誌及び視聴覚資料を備え、各種の行事を催」［那覇琉米文化会館編　一九六九：二］すとある。これは一般の沖縄の人々に向けての説明である。

米国民政府側のものとして、一九五〇年代の名護琉米文化会館の「沿革と目的」という英文の内部資料が残っている［琉球政府文教局教育研究課編　一九八八：一五］。ここでは、⑴沖縄人の自立と自治能力の向上、⑵アメリカ人とアメリカ、米国民政府の主旨と事業活動への理解と敬意の増進、⑶共産主義宣伝への対抗、⑷米軍及び米国民政府の使命と成果の説明、合わせて⑸沖縄人とアメリカ人の親善活動、といった五つの目的が掲げられている。なお、広報局の一九五三年の「年次報告書」［戦後沖縄社会教育研究会編　一九八五：一〇］にもほぼ同様の記述がみられる。ただし、沖縄の人々の表記に違いがある。名護琉米文化会館の資料は「Okinawans（沖縄人）」、広報局の報告書には「Ryukyuans（琉球人）」と記載されている。

このように一九五〇年代には一部記述の揺れがみられるが、沖縄を「琉球」とし、沖縄の人々を「琉球人」とすることは、その後の米軍の沖縄統治政策において一貫している。沖縄を日本の一部、一県としてではなく、異なる歴史的、文化的独立性を持つ琉球とすることは、沖縄と日本とを切離す、いわゆる「離日政策」によるものである[10]。ここでは、日本と連続する沖縄ではなく、独立した琉球という自意識を生むような働きかけがなされている。

一九六〇年代後半のものとして、広報局文化課の英文の内部資料がある［戦後沖縄社会教育研究会編　一九八五：四］。ここでは、以下の八つの活動計画の目標があげられている。⑴米国民政府の情報プログラムのすべての側面を援助する。⑵琉球人への米国民政府と高等弁務官の目的に対する知識と理解の増進。⑶青年育成に向けた貢献と支援。⑷琉球人たちへのアメリカ文化の理解の促進。⑸琉球人とアメリカ人の親善活動の促進。⑹アメリカ人たちが琉球人と琉球文化に対する知識を持ち、敬意を生み出すようにする。⑺文化交流の促進。⑻琉球人たちが琉球文化に誇りを持つようにしていく。

目標の順番に注目すると米軍の意図がみえてくる。まず優先されるのは、米国民政府の活動の補佐、そして沖縄の人々への政策の周知である。次に沖縄の人々のアメリカ文化の理解、親善交流、アメリカ人の沖縄文化の理解となる。最後に沖縄の人々の自意識の強化である。米国民政府の政策の周知に包括されているのであろうか、ここには共産主義に抗するという目的が抜けている。なお、小林文人・小林平造［一九八八］によると、一九六〇年代、本土復帰運動の高まりにつれて、沖縄において青年運動が盛んになった背景のもと、米国民政府が青年層への働きかけを強化したことがうかがわれるという。

本土復帰直前の一九七〇年代のものとして、八重山琉米文化会館の和文・手書きの内部メモがある。[11] このメモには、(1)琉球人の能力を啓培して自治、自立に資すること、(2)琉米相互の文化に対する理解と親善を創造すること、(3)共産主義特有の破壊、侵略、残忍性など周知せしめること、(4)図書館・プログラム活動を通じて郷土の文化、社会、産業、経済の向上と育成につとめること、労働者の擁護を図ること、(5)米国の国策並びに米国の琉球政府への協力を示す活動、その役割などを周知せしめること、といった五つの目的があげられている。一九六〇年代以降、琉米親善や地域貢献といった点が重視されている。これらは米軍の統治政策の移行を表わしている。強権的統治から、懐柔を目的とした、親善、交流、相互理解の強調である。これは、その活動の時代的な変化にも反映されている。

以上が琉米文化会館の目的であるが、いくつかの文献、資料、為政者の発言には時代ごとによって微妙に相違がある。しかし、共通しているのは、米軍の政策的枠組みに沿っていることを前提とした上で、(1)米軍、米国民政府、アメリカの政策の周知、その活動の補佐、(2)反共産主義、(3)親米意識の形成のための琉米親善交流と相互理解の促進、(4)琉球人の自治と自意識の形成、であろう。

これまで琉米文化会館が何らかの形で言及される場合、以下の三点に限定的であったと思われる。それは、第

写真1　移転後落成したばかりの八重山琉米文化会館と職員（1962年）

一に米軍統治と社会教育、第二に図書館史、第三に米軍統治下における地域史の一側面として、である。第一の視点は教育学の立場から（主なものとして、［小林・小林　一九八八、前田　二〇一〇］）、第二の視点は図書館学の立場から（主なものとして、［伊藤　二〇〇〇、山根　二〇〇四］）、第三のものは行政が発刊した市町村史や新聞紙上等における記録や回顧録である。

現状としては、琉米文化会館を監督していた側、また運営していた側の者は高齢化している。そして、利用した人、しなかった人にとって、その記憶はまだ鮮明なものであるが故にその歴史的評価や価値付けがなされにくい状況にある。さらにいえば、本土復帰の際に、地方自治体へ建物、図書の移管が行なわれたが、再雇用者は各館で一、二人と少なく、その多くが転職し、また書類も散逸したことがあげられる。そして、沖縄の統治、親米・反共を目的とした米軍の宣撫工作機関というイメージから、肯定的に語ることが控えられてきたという面を持つ。つまり、琉米文化会館は沖縄の戦後史の中で、その存在は知られていても、活動の全般が捉えられることが少なかったのである。[12]

3　琉米文化会館の社会教育活動

琉米文化会館の社会教育活動、行事やイベント等は各館の文化事業担当者が行なっていた。モダンな鉄筋コンクリート作りの建物は、地域や時代によって違いがあるが、舞台付きの大ホール、クラスルーム、展示の出来るロビー、図書室、水洗トイレがあった。ロビーには、写真ニュース、国際ニュース、米国民政府のプレスリリース等が張り出された。琉米文化会館は、米国民政府の広報、最新のニュースや情報を提供するだけでなく、教育や娯楽とも関わる行事やイベントといった、今日でいうところの公民館や市民会館的役割も持っていた。各種団体の会合や発表会には、会場や備品が無料で貸し出された。当時、多くの人が集まれる施設は少なかったため、様々な利用があった。

時代によって違いがあるが、開館は週七日、月曜から土曜日までは午前一〇時から午後九時半まで、日曜日は午前一〇時から午後五時までであった（那覇琉米文化会館：一九六九年当時）。閉館日は年間、正月（一月一〜二日）、ワシントンデー（二月二二日）、憲法記念日（五月三日）、子どもの日（五月五日）、戦没者慰霊の日（五月三〇日）、独立記念日（七月四日）、旧盆（七月一五日）、労働の日（九月第一月曜日）、休戦記念日（一一月一一日）、感謝祭（一一月第四木曜日）、クリスマス（一二月二五日）だけであった（同上）。

活動は昼夜を問わず、毎週曜日ごとに日程が組まれており、月二回、毎月のイベント、あわせて不定期のイベントが行なわれた。各館では独自に英文併記のプログラムが作成され、印刷されたものが定期的に配布された。利用は沖縄の人々を念頭においたものであるが、琉米親善の一環として、アメリカ人参加の交流形式のもの、日本語や墨絵のクラスのようにアメリカ人を対象としたものもあった。その他、米国民政府の活動を現場において支援するという目的に関わる活動もあった。軍関係者が現地を視察したり、訪問する際の案内や通訳に関わる仕事である。なお、行事やイベントは広報局だけでなく、講習会、セミナー、映画の上映等、プログラムの内容によっては、米国民政府内の他の部課からの指示や連携があった。

琉米文化会館の公民館や市民会館的な利用としては、講演会、会合、討論会、映写会、スライドの上映会、音楽会、のど自慢大会といったもの、写真展、美術展等の展覧会をあげることが出来る。そして、各種のクラス（教

表1　琉米文化会館の概要

名称（所在地）	設立（括弧内は情報センターとしての設立年）	施設の改築・移動等	本土復帰後の状況
名護琉米文化会館（名護市）	1951.9（1947.11）		施設は市教育委員会が利用。蔵書は市立崎山図書館を経て、市立中央図書館へ移管。現在、一部のみ利用可。
石川琉米文化会館（石川市・現うるま市）	1951.9（1947.4）		施設は石川市庁舎として利用。蔵書は旧石川市立中央公民館を経て、石川市立図書館（現うるま市石川図書館）へ移管。現在、一部のみ利用可。
那覇琉米文化会館（那覇市）	1951.2（1950.12）	泊の崇元寺跡から寄宮へ移転（1961.5）、さらに東側へ移転（1969.7）	施設は那覇市立文化センター（現中央公民館）として利用。蔵書は同センター移管後、市立中央図書館、小禄南図書館を経て、沖縄県立図書館書庫へ。現在、整理中。
宮古琉米文化会館（平良市・現宮古島市）	1952.8（1951）	建替え（1961）	施設は平良市立文化センターとして利用。蔵書は平良市立図書館へ移管。近年、処分。
八重山琉米文化会館（石垣市）	1952.12（1951）	大川から南の市街地へ移転・建替え（1962）	施設は石垣市立文化会館として利用。蔵書は同館を経て、石垣市立図書館へ移管。現在、書庫にて保存。一部のみ利用可。
奄美琉米文化会館（鹿児島県名瀬市・現奄美市）	1951.9（1951.4）		1954 年の奄美の本土復帰後、奄美日米文化会館として利用。後に鹿児島県立図書館奄美分館へ。

〔小林・小林 1988：174〕改編

室）やサークル活動も活発に行なわれた。例えば、絵画、生け花、書道、洋裁、和裁、園芸等の各種クラスが行なわれた。また、サークルとしては、オーケストラ、コーラス、讃美歌、演劇、ダンス、切手収集、短歌、随筆、カメラ、卓球等、趣味に関わるクラブがあった。特に力を入れ、人気があったのがアメリカ人を講師とした英語・英会話クラスである。那覇琉米文化会館では、小学生英語クラス、中学生英語クラス、一般英会話、婦人英会話と、子どもから大人までの各年齢層対象、レベル別のクラスが開講され、英語スピーチコンテストも開催されている。この英語クラスを経て、アメリカ留学を果たした者もいる。これらの講師は、基地内の関係者、地元の専門家をボランティアで依頼した。基地や基地内の図書館・博物館の見学、軍楽隊の演奏はもとより、軍関係者や基地内の学校の美術展も開催されている。特に那覇琉米文化会館においては、基地関係のアメリカ人との交流が多くなされ、そのようなプログラムが目立つ。

琉米文化会館五館の利用者総数は、一九五五年で六八万二七三〇人、ピークは一九六六年の三一四万四四〇四人、一九七〇年では一七七万二六七九人となっている〔戦後沖縄社会教育研究会編　一九八五：二二〕。それではどのような行事やイベントが人気であったのだろうか。那覇琉米文化会館の一九六三年一一月、一ヶ月間の行事とイベントの参加者の「統計レポート（Statistical Report Month of November 1963）」が残されている[13]。このレポートでは、行事とイベントが、Ⅰ子どもと少年少女を対象とした活動（Youth Activities）、Ⅱ成人一般を対象とした活動（Adult Activities）、Ⅲ特別イベント（Special Events）、Ⅳ図書館活動（Library Activities）、Ⅴ音楽映像活動（Audio-Visual Activities）に分けられ、それぞれのプログラムの参加者の人数が記されている。ⅠとⅡの活動は、毎週や毎月のものが主であるが、特に人気が高かったのが、Ⅰの映写会（四八〇人）、Ⅱのスクエアダンス（五三〇人）、英語クラス（三六六人）、主婦の生活大学（家庭生活講座）（三五九人）、讃美歌（メサイア）リハーサル（三四三人）であった。Ⅲの特別イベントでは、総数約二万人が集まっている。基地内の中学校の美術展（五一三〇人）、八重山観光の写真展（四一六六人）、読書週間ポスター展（三八九五人）に多くの人が参加したことがわかる。

一九六〇年代後半の行事やイベントについては、『那覇琉米文化会館要覧』〔那覇琉米文化会館編　一九六九〕にその内容と年間参加者数が記載されている。一九六八年一年間で、特に人気が高かったのが、Ⅰのサッカークラブ（一九一〇人：五二回）、那覇ティーンクラブ（一五五九人：四一回）、子ども映写会（一四八七人：二一回）、幼児教室（一四七二人：四二回）、Ⅱの那覇混声合唱団（三四五五人：四八回）、主婦の生活大学（二五八八人：一九回）、和裁教室（一七五五人：

六〇回）であった。Ⅲの特別イベントでは、展示会（一五万八七一九人：二八五回）、琉米親善スポーツ（三万八三四人：一八〇回）の参加者が目立つ。

このような行事やイベントにおいて特徴的なのは、女性を対象としたものが少なくなかった点である。そこには、米軍将校夫人たちの積極的な協力がある。主婦の生活大学、働く女性のマナー教室、コーラス、生花、手芸、琉球料理教室、アメリカ・沖縄相互の家庭訪問やピクニック、基地内の託児所、保育所、幼稚園等の施設見学等があった。料理教室は特に人気であったという。米軍将校夫人たちによる洋裁の指導とファッションショー、西洋料理や菓子作り教室等も行なわれている。米軍将校夫人との交流は、特に石川や那覇といった基地と隣接する地域で盛んに行なわれた。那覇琉米文化会館では、家庭を明朗にする座談会、母と子の座談会、家政講座、婦人学級等の教養講座、琉米婦人相互の家庭訪問による学習会、沖縄家庭での伝統や文化の紹介等があった。これらを推進したのは、教職経験者である沖縄婦人連合会の指導的立場の沖縄女性たちであった。戦後民主主義のもと、男女平等、婦人の地位向上をモットーにした婦人会活動は、一九五四年の国際婦人クラブ結成後、琉米文化会館との合同企画を実施した［比嘉・新里・平田・宮城　二〇〇一：三七二―三七三］。女性を対象としたプログラムは、当時、米国民政府、琉球政府によって設置された琉球大学家政学科がタイアップして進めていた生活改善普及事業との関わりが指摘できる[14]。これらは米国民政府が、アメリカ的な生活への改善、婦人の教養向上と権利意識の啓蒙、そして何より女性の親米意識の形成のため、意識的に行なったものと推察出来る。

子どもたちを対象としたプログラムも活発であった。各種クラスやサークルとしては、図画教室、工作教室、科学玩具教室、少年少女合唱団等があった。行事やイベントとしては、映写会、幻灯機（スライド映写）、紙芝居、人形劇、童話会、手品、クイズ、クリスマス会等があり、娯楽の少ない時代であったために、屋外での映写会には多くの子どもたちが集まってきた。さらに幼児や低年齢層の子どもたちを対象とした幼児教室、子どもクラブもあった。これらの特徴としてあげられるのが、対女性同様に米軍将校夫人たちがしばしばボランティアの指導者として参加している点である。そこでは、知識を得る、アメリカ文化を学ぶだけでなく、アメリカ的な習慣やマナーを身につけることが重視されている。なかでもガールスカウトとボーイスカウトは憧れの対象であったという。もともとガールスカウトは、一九五二年、米軍軍曹夫人の指導により、中部の中学校を中心として普及した。その後、那覇の琉米文化会館、各地の館と連携を強め、活動を広げていった。本土復帰前、会員は一千人を超えていた［比嘉・新里・平田・宮城　二〇〇一：三七四―三七五］。制服も無料で支給され、年間何度か基地内でのイベント参加があった。スマートなアメリカ文化の象徴として、多くの少女（少年）たちがその制服姿に憧れをいだいたという。このように女性や子どもを対象としたものが多くあっても、成人男性に対してのプログラムの参加者は意外と少ない。那覇琉米文化会館においては八重山琉米文化会館に比べ、利用は主に中・高校生までで、大人、特に成人男性は利用しにくい雰囲気があったという。

青年層向けのプログラムが、本土復帰運動、青年の社会運動の活発化に連動して、一九六〇年代以降増加する。その代表が、スクエアダンスのイベントやクラブ、ファッションショーの開催、ギタークラブ、ダンスクラブ等である。特にスクエアダンスは、若者に人気で男女の出会いの場にもなった。また、レコードコンサートも盛んに行なわれている。ジャズも人気があったが、中心はクラッシック音楽であった。那覇琉米文化会館においては各種の音楽会、毎週行なわれていたクラッシクのレコードコンサートが、通算約七〇〇回開催されている。アメリカ人と交流しながら沖縄の文化や歴史を学ぶ、石門クラブ（Stone Gate Club）というものもあり、琉米大学生のディスカッション、スピーチ大会、交歓会、ボランティア活動等がなされた。また沖縄島においては琉米親善イベントとしてのスポーツ交流も盛んに行なわれた。基地内のアメリカ人としては対戦相手がほしい、沖縄の人々からすればボールやグローブ等の物が貰えたこともあり、サッカー、バスケット、野球、陸上、水泳、体操等のスポーツ交流のプログラムが組まれた。

なお、各琉米文化会館の活動の地域的偏差も指摘出来る。沖縄島、特に那覇琉米文化会館では、多種多様なプログラム、特に米軍関係者の参加による琉米親善イベントが組まれていることが注目される。都市部でコンテンツや人材が豊富にあり、それにより各種クラスやサークルが充実していた。その反面、基地被害等が多く、反米意識も強かったことから、利用は限定的であった。革新派の強い地盤である那覇、糸満では特に反発が強かったという。しかしその反面、これらのイベントは戦後沖縄のオーケストラ、合唱団、美術展覧会の基礎を作ったという面も持っている。興味深いのは、沖縄独自の地域的な利用も積極的になされた点である。これは、米国民政府の琉球の独自の文化の奨励、地域貢献という文化政策と地元のニーズが比較的合致したものである。

名護琉米文化会館では、戦後いち早く、各字の青年会を集めてのエイサー大会が開催されている。那覇琉米文化会館では、琉球舞踊のコンテストやエイサー大会、琉球舞踊研究所による琉球音楽と舞踊の会が開催されている。八重山諸島は芸能の盛んな地域であるが、当時、舞台があり、多くの人が収容出来る場所は、八重山琉米文化会館しかなかった。そのため同館は、琉球舞踊の各教室の発表会の場として利用された。そして、英語スピーチ大会やダンスパーティー等に混じって、民謡、わらべ歌、アンガマー等の民俗芸能、狂言（キョンギン）、組踊（クミウドィ）も演じられている。沖縄八重山独自の民謡であるトゥバラーマ大会も観光協会との共催で開催されている。八重山琉米文化会館は「文館（ブンカン）」の名称で親しまれていた。特に八重山琉米文化会館では、琉球舞踊、民謡や民俗芸能の発表の場として積極的に利用され、その活動は多くの一般の人々に比較的好意的にとらえられていた。八重山諸島では、通常軍隊の駐留が無い、多数の軍人がいない、基地被害が無い、土地の強制的接収が無い、つまり占領者の武力集団としての軍隊、危険性を含む基地に触れる機会が少ないことから反米感情が少なかった。また、同様の施設が無い、娯楽が少ない、情報が限定されていることも影響している。しかし、このようなことは八重山諸島全体、石垣島全体ではなく、地方都市を形成し始めていた、石垣市街地に限定的なものであったといえよう。

また、琉米文化会館は、移動文化会館と称し、地域内の学校や公民館に出向いての活動も行なっている。さらに、地域の婦人会や青年会等各種団体の会合や行事、イベントの会場として利用されている。また、地域との連携も積極的に行なわれており、各種共催イベントも行なわれ、各地の公民館活動との協力も推進していた。郷土史教室、郷土舞踊教室、民謡を学ぶ会、方言を学ぶ会、凧揚げ大会等、地域に根差したクラスやサークル活動もあった。八重山（石垣）の人々が、戦前に比べ自分たちの文化を自己確認出来る場を提供した［古波蔵　二〇〇二］、という評価も間違いではないだろう。

なお、琉米文化会館の一般的な活動のイメージとして、「反共」つまり反共産主義的思想を住民に周知させるということがよくいわれる。これは先にあげた琉米文化会館の活動目的としても連続して明記されている。極端な場合、共産主義者や政治団体の活動を監視する米軍の情報収集機関とも思われていたという。おそらくそれは、「共産主義批判講演会（ソ連帰還者を囲んで話を聞く会）」（八重山琉米文化会館：一九五三年八月一九日）やスライド映画の上映会が開催されたことからもうかがえる。しかしながら、関係者、また利用者から話を聞くと、そのような活動は極めて稀なものであったようである。琉米文化会館の機能として、出版物の検閲や言論統制、そのための情報収集といった職務はなかったという。また館職員や家族に関する思想調査やそれに準じるようなエピソード、書簡の検閲の経験はあったようだが、職務として共産主義者や反米思想を持った者の調査、別途諜報関係者の常駐もなかったという。

琉米文化会館を当初管轄していた民間情報教育部は、表立ってメディア、社会教育活動、文化交流等を通して米軍の意思を伝える、いわゆる「ホワイト・プロパガンダ」を担うセクションとして位置付けられていた。情報管理や統制、世論操作を先導するといった「ブラック・プロパガンダ」や諜報活動は別途、一九四二年に発足した対敵諜報部（Counter Intelligence Crops: CIC）によって行なわれたことが知られている。[15] 対敵諜報部は高等弁務官直属で、主に占領政策への批判、共産主義思想、労働運動、復帰運動について目を光らせ、情報収集、盗聴、思想調査、個人・団体や政党の監視、ウォッチ・リスト（ブラック・リスト）の作成、拉致や拷問等をしていた。両者は沖縄統治上、相関的であったと思われるが、琉米文化会館との関連、メディア統制や検閲等の具体的活動については不明な点が多い。しかし当時としては、琉米文化会館は諜報活動の拠点という厳しいイメージから、同職員は批判を受けることも少なくなかったという。

琉米文化会館の活動は、米国民政府の布告、布令等による明確な規定があり、それに準拠した活動方針内であれば、各館の自由裁量に任され、強い締め付けは無かったという。しかし、米国民政府の沖縄統治において反米思想、復帰運動、日の丸掲揚、労働争議等を未然に防ぐことが基本理念としてあり、広報局、琉米文化会館の活動もそれに従う義務があった。[16] ある館の関係者によると、特にイベントや演劇の内容等で規制がかかることはなかったが、表立った政治と宗教に関する活動はなかばタブーであったという。それは逆にいうと、反米、反基地、本土復帰といった社会運動、基地被害、人権侵害といった社会問題に距離を置かざるを得ないという同館の限界を示すもので、沖縄の人々の自主的な政治活動の制約という政治性を帯びたものであった。

なお、上記したような行事やイベントの発案、企画の多くは、各館の担当者による手作りであった。元職員たちは、米国民政府側からの行事やイベントの禁止や強制は無かったと振り返る。当時の職員に話を聞くと、企画は米国民政府の側からのトップダウンではなく、各館の自由裁量の部分が多かったという。琉米親善イベントの開催、米軍との親善活動の実施、特定のフィルムの上映が促されることはあったが、同館から出された企画そのものが不許可となることや制約はなかったという。その代り、どのような企画が行なわれ、何人が集まったかは、逐一英文タイプでの報告がなされた。沖縄側の元職員たちには、米国民政府の意思を受け、その広報活動に従事していたという意識は希薄である。むしろ、社会教育活動、図書館活動を通じて地域に貢献し、戦後沖縄の文化的な向上に努力してきたという自負、窮屈さもあったが充実した活動を行なってきたという感想を持っている。各館の方針として、米国民政府の政策を後押しする、沖縄の人々に親米意識を持ってもらうということは共通してあるが、具体的な活動の場において、彼ら彼女らに反共産主義や思想統一といった積極的かつ明確な意図は少なかったといえる。利用者、もしくは利用しなかった人々の同館の評価として、アメリカの宣撫工作と情報収集の拠点として断罪する言説がある一方、行事やイベントの参加、施設利用、図書・雑誌やレコードの利用から、地域文化の復興の足がかりになったと肯定的に語る声も少なくない。

写真2　「琉球舞踊の発表会」(八重山琉米文化会館：1966年)

写真3　「共産主義批判講演会(ソ連帰還者を囲んで話を聞く会)」(八重山琉米文化会館：1953年8月19日)

以上みてみると、琉米文化会館の行事やイベントは、沖縄の人々がアメリカの具体的な文化に触れる機会、アメリカ人と交流する場となったといえる。そこでは政治的な色彩は極力抑えられている。英会話、映画、音楽、ファッション、食事、住居・家具等のアメリカ的生活様式は豊かさと結び付けられ、行事やイベント、クラスやサークルといった形で、沖縄の人々に伝えられた。親米意識の形成にどこまで寄与したかは不明である。誰もが利用したわけではない。しかし、直接的、間接的に当事者たちは何らかの形でアメリカを感じたのであろう。

このように沖縄の人々は、その活動の意図を知りながらも琉米文化会館を通してアメリカ文化を経験した。そして、単に受容するだけでなく、自分たちの利害関心の枠組みにもとづいて利用することも行なってきたといえる。

4　琉米文化会館の図書館機能

琉米文化会館の図書館活動は、図書館担当者（司書等）によって行なわれていた。各館には、一万冊以上の蔵書（和書、洋書、和雑誌、洋雑誌）、新聞やパンフレット、スクラップファイル（ヴァティカルファイル）が置かれ、図書室、視聴覚機材と視聴覚ライブラリー、移動図書館車が完備されていた。[17]

『那覇琉米文化会館要覧』によると、座席数一〇〇席、同館の蔵書は、和書一万一〇〇〇冊、洋書五〇〇〇冊、和雑誌五八種、洋雑誌三〇種、レコード一三〇〇枚、16ミリフィルム一一九〇種、一六五〇本、幻灯フィルムとスライド六八〇本、紙芝居一六〇冊とある［那覇琉米文化会館編　一九六九：二二］。ちなみに本土復帰に際し、那覇琉米文化会館から那覇市に譲渡されたのは、和書六三〇〇冊、洋書七五〇〇冊、児童書一三〇〇冊、郷土資料五六九冊、幻灯フィルム七〇〇本、16ミリ映画フィルム一七二本、レコード五〇〇枚、紙芝居五〇冊、郷土資料マイクロフィルム一〇九本、絵画及び写真四〇〇点、その他に幻灯機、映写機、マイクロリーダー、コピー機である［那覇市立図書館編　一九八一：一五］。

一九七〇年当時の同館の和書の分野別蔵書をみると、社会科学、文学が群を抜いて多く、歴史、児童図書がつづく。閲覧状況は、文学、児童図書の利用が最も多く、社会科学、語学がそれにつづく。開館日数は二八〇日で、利用者は児童・生徒・学生が半分以上を占めていた[18]。関係者によると、利用者は、報告上、行事やイベントの際の入場者も加え、少し多めに数えていたというが、子どもから青少年層の利用が多かったことがわかる。当時、沖縄の各自治体の公立図書館はまだ未整備段階にあり、図書が不足していた。そこで、このような豊富な蔵書は、非常に魅力的なものであったようである。貸出期間は、一九五六年で、一人一冊、一〇日間であったものが、一九六七年には、貸出冊数無制限、二週間に拡大している〔伊藤 二〇〇〇：四二〕。申し込めば在沖縄米軍の図書館からも借り出しが出来た。

米国民政府からの指示で基本的には開架であり、日本語・英語の図書の種類は様々な分野にわたるものがあった。また雑誌（週刊、月刊、旬刊）も日本本土で発行されたもの、最新のアメリカからのものが届けられた[19]。日本本土からの新しい和雑誌は、日本の社会状況を把握するための情報に飢えていた沖縄の人々にとって貴重なものであった。また洋雑誌の写真や記事は、豊かで強いアメリカをイメージさせるに十分であった。

なお、蔵書の特色として、アメリカの政治、経済、思想、歴史、文学、科学等、反共産主義に関する図書が多い点があげられる[20]。そして、英語の学習に必要なテキスト、辞書類が多くあり、留学を促すような図書もある。なかには衛生的で便利なアメリカ人の家庭生活を紹介し、啓蒙を促すようなものもある。開示して資本主義との比較を促す目的だろうか、これらの蔵書に少なからず、共産主義関連の図書、ソビエト、中国、ベトナムの政治、経済、思想に関する図書があり、利用された[21]。

また、洋書の絵本や児童文学書も豊富にあった。軍図書館の入れ替えの際に不要となった本の受け入れ、数としては少ないが軍関係者からの個人的寄贈本もあった。選書は中央で行なっており、五冊一括して購入され、カードが作られ、五館に配された。そのため各琉米文化会館とも基本的にはほぼ同様の蔵書となっている。後年、各館から独自にリクエストをかけることが出来たが、許可制であり、閲覧可能な図書の掌握がなされていた[22]。

残された図書の奥付裏の貸出票から利用状況をみると、よく借り出されているのは、小学校中高学年から中学生くらいが読む文学書である。これは先の利用統計を裏付けるものである。当時、図書館の部分は、とくに高校生の学習の場所ともなっていた。これは宮古、八重山の琉米文化会館に顕著なようである。閉館時間が遅かったため、放課後、家で食事をしてから夜勉強をするために来館する学生が多かったという。特にアメリカ留学、日本本土への進学を考えている成績の良い高校生が受験勉強のためよく通ったという。辞書もよく利用されており、紛失もあったが、その後の配給は円滑であったという。残念ながら、洋書の貸し出しは少なかったようである。

つづいてその活動である。活動の中心は、館内閲覧と貸出業務、レファレンス・サービス、読書指導、読書会、館外活動としての巡回文庫、移動図書、図書館相談であった。読書会や読書クラブは、社会教育活動同様に婦人や子どもを対象としたものもあった。巡回文庫というのは、月一回、琉米文化会館から各集落の公民館等に図書を届け、貸出を行ない、それを回収するというものである。これは日ごろ図書に触れる機会の少ない移動に時間がかかる集落や離島に対しても積極的に行なわれた。巡回先には、ハンセン病療養所、刑務所や少年院も入っていた。娯楽が少なかったこともあり、館外活動として映写機と発電機、レコード、紙芝居等を持って巡回した同職員は各地で歓迎されたという。移動図書館は、毎週車に本を積んで、各地の学校等をまわる活動である。子どもたちだけでなく保護者たちにも読書を促した。図書館相談とは、各館の司書が専門の司書のいない学校図書館や公民館図書館をまわり、図書の分類や整理、製本等の相談を受けるというものであった。[23] いずれも琉米文化会館と地域社会をつなぐ活動であり、同館の地域社会への貢献という目標に沿ったものである。また、力をいれた活動に、読書週間、図書館週間の開催、読書感想文の奨励があげられる。毎回、このような企画の際にはパンフレットや栞が作成され配布された。図書館担当者たちは、学校図書館とも協力しながら、特に子どもたちの読書環境を整えることに尽力した。

以上みてみると、図書館部分でいうと、小学生から高校生の利用が盛んであったことがうかがえる。青年層では、蔵書の偏向性に疑問を持つ者もいたが、小中学生はその図書を活用した。また、特に離島や交通の不便な地域では、図書の巡回や映写会を好意的な思い出として語ることが多いようである。

琉米文化会館の図書館機能は、住民サービスだけでなく、その根底にアメリカに関する情報センター、米国民政府の広報を通して、アメリカの政策の支持者や理解者の獲得にあった。図書館活動においてアメリカに対する理解を促すという目的がどの程度効果を上げたかは不明である。また、上から与えられた施設に依存したことより、沖縄独自の公共図書館の発展が阻害されたという評価もある〔伊藤 二〇〇〇：四五〕。しかし、そこに置かれた豊富な図書は、何らかの意図で制約がかかったものであったかもしれないが、子どもから青少年層の読書や学習に寄与した面は大きいと思われる。特に離島の青少年に与えた影響は少なくないものがあった。そして開架の図書は、そのような青少年たちに、アメリカの恩恵を感じさせるに十分なものであったことが推察される。

なお、琉米文化会館の蔵書は、本土復帰の際に市立図書館や公民館、文化会館、文化センターにその多くが移管され、人々に利用された。その後、これらの図書をベースに随時買い足しがなされ、本土復帰直後の学校教育、社会教育に寄与した。現在は、一部沖縄関係の本等が利用されているが、その多くが痛みが激しく図書としての役割を失っている。破棄や流出、混入もあるが、現在、琉米文化会館時代の図書が一定量まとまった形で残っているのは、那覇市と石垣市のみである[24]。

写真4 「第12回国際図書館週間行事表」（名護琉米文化会館：1970年4月）

中野好夫・新崎盛暉〔一九七六〕によると、沖縄の米軍の統治は、沖縄の人々からみると大きく三期に分けられるという。第一期は、一九四五年六月から一九五六年六月までで、軍事政策を中心にほぼ一方的にその意思が貫徹された時期。第二期は、その後、一九六七年二月までで、いわゆる島ぐるみ闘争に代表されるような、米軍支配と沖縄の人々の社会運動の綱引きが行なわれた時期。第三期は、一九七二年五月の本土復帰までで、日本政府の沖縄返還政策と社会運動が高揚した時期となる。

5　異文化の接合の場としての琉米文化会館

米軍の文化政策、情報・広報活動は、首尾一貫していた部分と時代状況や国際情勢の変化、沖縄の変容と安定に基づいた移り変わりがある[25]。特に一九五〇年代は、その後二〇年の文化政策の方向付けがなされた時期である。それまでの軍事中心でトップダウンの一方的政策の遂行から、アメリカ、米国民政府への理解を促す、アメリカ人の琉球（沖縄）文化の理解、琉球人アイデンティティの育成といったことが目的として掲げられるようになる。そして、政策の一環として各種メディアの活用が活発になる。琉米文会館の開館、米軍の広報誌である『今日の琉球』と『守礼の光』が発刊されたのも同時期である[26]。一九六〇年代後半になると、ベトナム戦争による軍事費の増加、沖縄の施政権の日本への返還が決定されたことにより、その活動や予算が急速に縮小されていくことになる。この時期、自治体による施設整備、娯楽の増加等もあり、琉米文化会館利用者の減少が顕著になっていく。

それでは琉米文化会館はこれまでどのような評価を受けてきたのだろうか。米軍の沖縄統治を表現する際、「太平洋の要石（Keystone of the Pacific）」と「民主主義のショーケース（Showcase of the Democracy）」ということがよくいわれる。つまり沖縄は、米軍の極東軍事戦略の重要基地として、その機能強化と存続が重視されたという面と、近代化、民主化の実行された場所とされているのだ。文化政策は、前者の目的をおびながら、表向き後者の具体的展開として実施された。米軍の文化政策は、文化施設の設置、行事の開催、組織の助長、宗教の利用、人的交流計画の推進、教育施設や教育方針の設置、視聴覚メディアの開発、印刷物の配布、公衆衛生活動、そして言語統制等が行なわれた［鹿野　一九八七：一六二］。これらの文化政策は、琉米親善事業等とともに統治における懐柔策として行なわれた[27]。琉米文化会館の活動は、これらの複数の内容と重なる。宮城悦二郎［一九九二：五二―五五］は、米軍の文化政策の実施方法を、⑴支持・奨励、⑵規制・禁止、⑶積極的説得、⑷長期的・助成プロジェクト、に分類している。上記した、琉米文化会館の活動や広報誌は、琉米親善行事や奉仕作業、ラジオ放送とともに、⑶積極的説得に位置するとしている。

このような米軍の文化政策については、一部評価もされているが、概して批判的な言説が多い。教育学の立場に立つ小林文人は、戦後沖縄の米軍統治下の社会教育（文化）政策について、単に政治的、統制的であるだけでなく、啓蒙、普及、保存といった奨励的な側面を併せ持っており、矛盾するような性格を有していたとする。そして、米国民政府の直接的、琉球政府の間接的政策実施は、いずれも中央集権的であり、地域分権的、自治的な社会教育活動は未熟で、むしろ自律的発展を阻害するような要因の一つであったとする［一九八八：一四―一七］。さらに、沖縄の人々の側の視点に立つと、琉米文化会館も『今日の琉球』と『守礼の光』同様に、「基本的にアメリカの対沖縄占領政策に強く規定され、宣撫的文化政策の拠点としての役割を果たしてきた」［小林・小林　一九八八：一八五］ものであり、沖縄民衆の生活と意識の深部には、浸透・定着することはなかった［小林・小林　一九八八：一八六］、とされるのである。琉米文化会館は、沖縄の人々が自主的に作ったものではなく、あくまで米軍統治下、軍事的目的の施設として継続されてきたものである。そのため、その活動は本土復帰の際にストップし、施設と蔵書、その機能の一部が図書館や教育委員会等に受け継がれることになった。これまでの米軍の文化政策の評価は、厳しい統治と基地被害といった問題と表裏一体のものであり、一部の貢献は認めるが、継続性を欠いたもので、かつ地域振興や福利厚生の増進を目的とするような人々の為のものではなく、全体としての占領地の統治政策の一側面であったと批判的に理解されてきたのである。

それでは琉米文化会館は単なる米軍のプロパガンダであったのであろうか。確かにその活動には、反米的なものや実際に沖縄の人々が抱えていた政治的・社会的問題には触れないという制約があった。しかしながら、琉米文化会館では、アメリカ文化の一方的紹介、親善という名目の交流会だけでなく、地域的特徴を含む独自の活動がなされている。その代表的例が、八重山琉米文化会館のトゥバラーマ大会や琉球舞踊や民俗芸能、名護琉米文化会館のエイサー大会等の開催である。ボーイスカウト及びガールスカウト活動においても琉球舞踊の「谷茶前」を踊る等、地域的独自の活動がなされている。また、一方アメリカ的な要素を独自に進展させたものとして、那覇琉米文化会館の沖縄交響楽団や合唱団、宮古琉米文化会館の美術展、園芸活動もあげられる。

米軍の文化政策には、アメリカ的な要素と沖縄的な要素のパラレルな混在、日本的要素の排除という特徴が見出される。ここで重要なのが、沖縄側の職員たちと日系人二世の軍属の存在である。(28)沖縄側の職員は、米軍の雇用となるが、米軍がではなく、琉米文化会館が地域の人々にいかに受け入れてもらえるかを考え、様々な企画を立てて実行してきた、そこにはアメリカ的なコンテンツの利用から地域の要望を実現したものもある。彼ら彼女らは、米軍と地域の間に入り、その両者の意図や要望に応えようとしたのである。

利用者（非利用者）に目を向けてみると、人々の捉え方は一様ではない。また沖縄島と宮古、八重山諸島では、その評価が異なる。その活動の理念や図書の選定には、米軍による親米、反共、日本との切離しといった政治的な明確な意図がある。しかし、これを現場で運営してきた沖縄の人たちや利用してきた人たちは、米軍の政策から自由ではないが、それをそのまま受け入れ、実行していたわけではない。占領者アメリカの抑圧的なイメージは、地域によって、さらには人によって相違がある。

当時、経済的な格差もあり、米軍そのものは憎むべくものであるが、アメリカ的な文化は羨望の対象でもあった。琉米文化会館でスクエアダンスを踊り、その後コーラを飲むことは、占領者の模倣であるが、一種の憧れでもあったのである。また、ボランティア、レクリエーション、公共的な社会教育といった、戦前の沖縄には無かったアメリカ的な考え方に触れる機会にもなった。琉米文化会館の運営に関して、米国民政府側にも、アメリカの強権的政策と一部民主主義的自由の尊重の両者の側面があったのも事実である。

戦後、沖縄の人々は、米軍との接触のなかで、終始、軍事基地優先の強権統治という暴力を経験し、それを拒否しようとしてきた。しかしそれだけでなく、その後、沖縄社会の安定化とともに戦前の日本とは違う、大衆消費を前提とした豊かで便利なアメリカ的生活様式を憧憬し、一部受容した。もちろんこのようなことは、構造的には一方向からのものであるが、拒否・受容する側の人々から考えると、そこには何らかの交渉が見出されるのである。

以上のように本論では、戦後沖縄の米軍の統治政策と地域住民の関係を捉え直すことで、軍隊と社会の相互規定的な関係について検討してきた。当時、琉米文化会館は、アメリカ的な文化と沖縄の地域住民の生活世界とが接合する場、グローバルな世界システムの流れとローカルな価値観がせめぎ合う場であり、「コンタクト・ゾーン」としての役割を果たしていた。ここでいうコンタクト・ゾーンとは、地理的にも歴史的にも、分離していた人々が接触し、継続的（非継続的）関係を確立する場であり、融合、混成、影響、強要、不平等、非対称性、葛藤等を含んだものである。そこでは親米感情と反米感情が交錯し、「プラス＝自由で豊かなアメリカ」、「マイナス＝圧政を断行する占領者アメリカ」という、相反するイメージが具体化した場でもあった。同館は、時には外部からもたらされた疎遠で嫌悪するもの、時には自らが利用する便利で有益なものとして、異なる二つの次元の身近

写真５　ボーイスカウトとガールスカウトの活動発表会に出演するユニフォーム姿の少年たち（八重山琉米文化会館：撮影年不明）

写真６「谷茶前」を踊るガールスカウトのメンバー（同上）

なコンタクト・ゾーンであった。

人々は戦前の日本の統治とは異なったアメリカによる「異民族統治」という強いプレッシャーを、それに対する反発を含め体験した。しかし、それだけでなく、豊かなアメリカ的な要素も享受するようになった。その享受は、一種いびつで部分的、限定的なものであった(29)。その矛盾を併せ持っていたのが、琉米文化会館という統治システムの末端であり、その矛盾を緩和し、楽しみ、時に苦悩しながら、沖縄の人々とアメリカを結びつけ、同館をコンタクト・ゾーンたらしめたのが沖縄側の職員たちの存在であったといえよう。このような職員たちは「コラボレイター」、もしくは「中間者」という存在であるだろう。ここでいう「コラボレイター」とは、文化的・歴史的背景を考慮するなら支配されている側に属するが、植民地支配の維持に深く関与してきた『現地人』のことを意味する」〔田中二〇一一：一八七〕。そして、ある種の矛盾や葛藤を内在した位置にあり、支配する側とされる側の媒介者でもある。彼ら彼女らは、支配者側に雇用されながらも権力者ではなかった。また支配者の目論見を間接的に実現することにおいて従属者ではなかった。彼ら彼女らは、支配者の統治政策を遂行しながらも、現地の利益や振興を目指し、自らの枠組みでその利用を推進した、受動的で積極的、かつ良心的なコラボレイターであったといえるだろう。

そして、そこにいたアメリカ側の中間者としての日系人二世の軍属の存在も忘れてはならないだろう。もしも琉米文化会館が一般の人々に肯定的に語られるとしたら、彼ら彼女らの働きによるところが大きいといえる。

戦後沖縄は、日本から分離され、米軍の直轄統治によって軍事基地化、近代化、民主化が進められた。琉米文化会館は、米軍統治下、つまり軍事的占領という特殊な状況における一種の異文化接合の場であった。それは双方的で対等なものではなく、政治的な権力関係を内在した極めて不均衡な接合であった。米軍の文化政策には、占領下の統治者と被統治者という大前提があり、指導、教化、保護、統制といった、植民地主義的まなざしと不平等な異文化間の交流があった。しかし、琉米文化会館では、統治者による一方的プロパガンダではなく、力関係の非対称性を前提としつつも、コラボレイターを介して、その時代や地域に応じた統治者側と地域住民の相互交渉的なコンタクトが行なわれていたのである。

［付記］本論は、平成二〇―二三年度科学研究費補助金（基盤研究(B)）、研究課題：「アジアの軍隊にみるトランスナショナルな性格に関する歴史・人類学的研究」（研究課題番号：二〇三二〇一三四）、研究代表者：田中雅一（京都大学人文科学研究所教授）の研究成果の一部である。米国民政府、琉米文化会館については、関係者の方々にインタビューを行なった。サムエル・H・キタムラ氏（元米国民政府広報局職員、元宮古・八重山琉米文化会館監督官：在カルフォルニア州）には、メールにて当時の状況について貴重な証言をいただいた。八重山琉米文化会館元職員の與儀玄一氏からは、所蔵する同館関連の写真の掲載許可をいただいた。名護琉米文化会館元職員の比嘉義次氏からは、図書館活動に関する行事表の提供をいただいた。東京学芸大学名誉教授の小林文人先生からは、入手困難な書籍をご提供いただいた。石垣市立図書館では、八重山琉米文化会館から移管された蔵書の閲覧をさせていただいた。その他、本調査にご協力いただいた方々、及び共同研究のメンバーに感謝いたします。

注

（1）　沖縄戦において沖縄県庁が消滅した後、一九四五年八月、米軍の命令で行政機関編成の第一歩として沖縄諮詢会が結成された。その後、沖縄民政府を経て、一九五〇年八月、沖縄群島政府が成立した。そして、一九五二年四月、米国民政府はより指揮監督を強化する目的で琉球政府を作った。琉球政府は行政府、立法院、琉球上訴判所の三機関を備えた沖縄の人々による独自の自治機構であったが、米国民政府の布告、布令、及び指令に従うという条件があり、行政主席は米国民政府の指名であった。しかし、立法院議員は公選であったため、しばしば立法院の決定と米国民政府との対立があった。歴代高等弁務官の対沖縄政策の流れについては、大田昌秀［一九八四］、宮城悦二郎［一九八二］に詳しい。

（2）沖縄県総務部知事公室基地対策課編［二〇一〇］によると、沖縄県には三四の米軍関連施設があり、日本の米軍専属基地の約七四％が集中しており、軍人、軍属、家族を入れて約四万五千人が駐留している。軍関係受取（軍用借地料、軍雇用者所得、軍人・軍属の消費支出等）の総額は、二〇一〇年度には約二千億円になっている。米軍基地の実態については、沖縄県総務部知事公室基地対策課編［二〇〇八］に詳しい。

（3）基地を扱ったものとして、集落や基地内の墓地の強制移転、軍用借地料による村落祭祀の変化や位牌祭祀への影響等の研究がいくつか散見できる。このような研究は軍隊や基地が地域社会にもたらした影響について考察したものである。一方、城田愛［二〇〇一］は、アメリカ兵士と出会い国境を越えた、踊りによってつながる沖縄女性たちの生活誌を捉えている。宮西香穂里［二〇一二］は、米軍兵士と沖縄女性の結婚、離婚、ネットワークについての分析を行なっている。このような研究は、軍隊と地域住民の相互の人的接触についての考察である。その他、沖縄戦の記憶、基地反対運動、アメラジアン等の社会問題に触れた先行研究があるが、稿を改めて論じたい。

（4）沖縄県文化振興会公文書管理部編［二〇〇〇：九三—九六］を参照。なお、一九四八年に文化部は、機構改革で成人教育課として文教部に統合された。

（5）米国軍政府、米国民政府による文化政策については、宮城悦二郎［一九九二、一九九五］、川平朝申［一九六五、一九九七］を参照。初期のものについては、平良研一［一九八二］、玉城嗣久［一九八七］を参照。アメリカ統治時代の初期の文化政策には、ハンナ少佐をはじめ、ジェームズ・T・ワトキンス（Ⅳ）少佐、のちのイェール大学人類学部長ジョージ・P・マードック中佐等、後年大学に戻ったインテリ将校が関わっている。

（6）琉球政府の文化財保護政策の流れは、拙稿、森田真也［二〇〇七］において触れた。

（7）各琉米文化会館は、本土復帰にあたり、日本政府に買い上げられ、各自治体に無償で譲渡された。建物は行政他、蔵書は図書館に移管され利用された。（表1）参照。各館の概要については、小林文人・小林平造［一九八八：一七四］を参照。なお、奄美琉米文化会館は、一九五一年四月、奄美大島の名瀬市に情報センターとして設置。一九五一年九月に同名称となった。一九五四年の本土復帰の際に閉館し、奄美日米文化会館となった。奄美琉米文化会館は、今回考察の対象には入れない。

（8）琉米親善センターは、自治体の要請により、米軍の援助、自治体予算、寄付によって建設された行政財産で、米軍と地元住民の親善交流活動の場となった。内部にホール、集会所、図書室等があり、今日でいう公民館的施設として利用された。背後に琉米親善委員会（Ryukyuan-American Friendship Committee）、米国民政府広報局の援助があった。同委員会は、沖縄の人々と米軍人の親善と相互理解をはかることを目的とした任意団体で、各自治体の役員、政治・経済・教育界の長、警察関係者等によって構成されていた。自治体側においては様々な物資や施設整備等の要望・要請を行なう機会として、米軍側からは円滑な統治を遂行するための住民緩和策の一つとして利用された。

（9）機構図と職員配置については、小林文人・小林平造［一九八八：一八九―一九〇］の図を参照。

（10）沖縄の人々に対して、琉球人としてのアイデンティティを育成する政策については、岡野宣勝［二〇〇八］を参照。戦中、ハワイにおける日系人に対する人類学的調査によることが知られている。統治下の住民管理、同政策を先導したとされる「民事ハンドブック」は沖縄県立図書館史料編集室編［一九九五］において、「琉球列島の沖縄人・他」は沖縄県立図書館史料編集室編［一九九六］に所収されている。同書では、沖縄と日本の歴史的関係、沖縄の人々を日本人とは異なる者として性格付けしており、独自の文化を持ったマイノリティと位置付けている。米軍統治下の沖縄における、政治的利用を目的とした学術調査研究、いわゆる「サイライ・プロジェクト」については、泉水英計［二〇〇八］を参照。

（11）このメモは手書きで、一九七〇年九月、琉米文会館や職員の処遇が、本土復帰後、まだ未確定の時期のものである。石垣市長へ同館の存続と職員の再雇用を訴えた際、これまでの活動を総括したものと想像される。おそらく当時の館長代行の田代秀子によるものだと思われる。同館元職員であった與儀玄一氏所蔵。

（12）小林文人・小林平造［一九八八］の論考、戦後沖縄社会教育研究会編［一九八五］、那覇市市民文化部歴史資料室編［二〇〇二］、琉球政府文教局教育研究課編［一九八八］が比較的まとまった資料として注目出来る。沖縄県図書館協会編［一九八四］は、当時の関係者の座談会で、活動の片鱗がうかがえる。なお、「占領と社会教育」をテーマに戦後沖縄社会教育研究会を取りまとめていた小林文人によると、一九八〇年代当時、関係者は多くを語らず、資料調査、聞き取り調査は容易なものではなかったという。

（13）沖縄県立図書館に琉米文化会館のイベントに関する写真や新聞記事を集めた「琉米文化会館スクラップブック」（伊芸弘編：作成年不明）がある。このスクラップブックに、一九六三年一一月のみの「統計レポート」（英文）が一枚残されている。来歴や作成者は不明であるが、同館職員が米国民政府に提出していた報告のための「統計レポート」ではないかと思われる。他にも断片的な統計資料が残されていることから、米国民政府が統計的な数値を政策に反映させるべく、厳しく報告させていたことが想像出来る。

（14）女性を対象とした、家政学、衛生・医療、育児等に関するプログラムには、米軍将校夫人だけでなく、琉球大学家政学科他の教員等が関わっている。米国民政府と生活改善、家電製品の浸透の関係については、屋嘉比収［二〇〇九］を参照。

（15）対敵諜報部そのものは連合国軍総司令部（ＧＨＱ）の日本占領政策の初期から存在している。沖縄での正式名称は、米陸軍琉球軍司令部第五二六諜報部隊（526th Counter Intelligence Crops Detachment, Ryukyu Command, U.S.Army）である。国場幸太郎［二〇〇三］を参照。ＧＨＱの日本の統治においては、表でゆるやかに啓蒙、指導をする民間情報教育部、裏で直接的な諜報活動をする対敵諜報部、検閲を行なう民間検閲部（Civil Censorship Detachment: CCD）というように役割が分かれていた。沖縄における統治もこれに準ずる形で行なわれたと思われる。ＧＨＱの検閲、諜報、宣伝工作については、山本武利［二〇一三］を参照。沖縄での言論統制、検閲の実態は、門奈直樹［一九九六］を参照。アメリカの国際文化戦略の変遷については、渡辺靖［二〇〇八］を参照。

（16）米国民政府の元広報局職員であり、同館を監督・指導する立場にあったサムエル・Ｈ・キタムラ氏による。

（17）琉米文化会館の図書館としての機能は、戦後、ＧＨＱにより日本の都市に設置されたＣＩＥ図書館（Civil Information and Education Library）に類似している。しかし、ＣＩＥ図書館の活動が五〜七年であったのに比べ、同館の活動は約二〇年と長い。ＣＩＥ図書館とは、民間情報教育部によって、一九四〇年代を中心に、日本本土の人口二〇万人以上の都市二三か所に設置されたレファレンス機能を持った開架式の図書館である。目的は、アメリカの政策とアメリカ人の生活を知らしめること、日本の民主化遂行に協力することにあった。一九五二年に国務省に移管され、アメリカ文化センター（American Cultural Center）と名称を変え、改めて一三都市で展開された。図書館機能以外にも英会話クラス、映写会、レコードコンサート等が開催された［山口　二〇〇四：一五一―一五二］。詳しくは渡辺靖［二〇〇八］を参照。

（18）那覇市立図書館編［一九八一：一五―一七］による。那覇琉米文化会館編［一九六九：二四―二五］には、一九六八年の年間利用者数が記載されている。開館日数は、三〇三日で、年間入館者数は、学生約一三万五千人、一般約六万八千人で、三分の二が学生の利用となっている。特に高校生と大学生の利用が多い。館内閲覧状況で多いのは、文学、児童図書、社会科学系の図書である。一九七〇年の統計と比べて入館者の全体数に大きな違いがある。数値だけをみると、利用者が半減しているようだが、学生の利用が多いこと、利用図書の傾向はほぼ同じである。

（19）アメリカの最新雑誌 *TIME* 誌、*LIFE* 誌、*Newsweek* 誌等が届けられていた。英文はあまり読めなくても、このようなグラフ誌を楽しみにしていた人も多かったという。なお、一般書の蔵書数の記録については、各種資料によって相違がある。

（20）漢那憲治［二〇〇四］において石垣市立図書館の書庫に残る八重山琉米文化会館時代の和書の一部が目録化されている。漢那は和書を概観して、教養書、娯楽書、児童書等が多いと結論付けている［二〇〇四：二一八］。この目録をみると、アメリカの経済、社会、歴史、文学、思想、政治に関する書籍が、かなり多かったことがわかる。同館の書庫を閲覧した際の筆者の感想も同じである。

(21) どのような意図で共産主義関係の図書が配架されたのかは不明である。少なくとも関係者から、これをもとにした利用者の思想調査、諜報活動が行なわれたという証言は聞かなかった。漢那憲治［二〇〇四］は、共産主義に関する図書を、「アメリカの政策」に分類して目録化している。筆者の閲覧、同目録をみてもこのような図書が少なからずあったことがわかる。共産主義関係の図書の存在は、戦前の日本とは異なるリベラリズム、アメリカの懐の深さや寛容さをイメージさせる役割をしたと思われる。

(22) 図書の大半は、米国文化情報局（米国広報文化庁）（United States Information Agency: USIA）の海外出先機関である東京の広報文化部（United States Information Service: USIS）で選書され、送られてきた。なお、八重山琉米文化会館において一九六〇年に米国民政府から、日本の古典文学書を書架から取り除くよう指令があったという［戦後沖縄社会教育研究会編 一九八五：三七］。このような事例は少ないようであるが、何らかの政治的意図で選書と蔵書管理がなされていたことがわかる。

(23) 当時、図書館担当者は司書の資格を取りに日本本土で図書館学の研修を受けている。またこれとは別に、軍の図書館、ハワイの東西文化センターでの研修も受けている。アメリカ式の分類と日本式の分類の違いに戸惑いを持ったという。留学や招聘プログラムとともにこのような研修や人的交流も積極的に行なわれた。特に地方では、図書の整理や分類、図書館活動に関する専門的知識を有していた人が少なかったため司書のニーズがあった。また、米国民政府側も職員のこのような地域貢献的な館外活動を奨励したという。

(24) 那覇琉米文化会館の図書は、市立中央図書館、小禄南図書館を経て、沖縄県立図書館へ移管されている。二〇一一年四月現在、沖縄の戦後史資料として整理中で、目録作成が計画されている。フィルム資料は、一部アメリカ本国に持って行かれたというが散逸している。八重山琉米文化会館の図書は、石垣市文化会館に移管された後、随時買い足しが行なわれ、一九九〇年、石垣市立図書館が完成する際に移動された。現在、沖縄関係の書籍が開架・閉架で一部利用されるが、その多くは書庫に保存されたままである。レコードも一部残るが、その後の寄贈レコードの混在、また一部散逸したこともいわれており、全体として保存はされていない。（表1）参照。なお、閉館に伴い、自治体に再雇用されたのは、主に図書館担当者であった。このことから当時、同館の蔵書と司書という職種の専門性が重視されたことがわかる。

(25) 同時期、アメリカの対極東戦略変更の要因として、中華人民共和国の成立、ソビエト連邦の核実験、朝鮮戦争、対日講和交渉等に伴う国際情勢の変化があげられる。その後のベトナム戦争、本土復帰の社会運動の高まりも影響を与えた。

(26)『今日の琉球』は、米国民政府が一九五七年一〇月から一九七〇年一月まで発行した月刊誌であり、通巻一四六号まで刊行された。編集は米国民政府渉外報道局、発刊部数は一万五千部であった。『守礼の光』は、一九五九年一月から一九七二年四月まで発刊された月刊誌で、通巻一六〇号まで刊行された。一九五九年一月から六月まで高等弁務官事務局の発行、同年七月から一九六二年一二月まで高等弁務官室の発行、一九六三年一月から一九七二年四月まで琉球列島米国高等弁務官府の発行となっている。同誌は共に米国民政府の政策や活動を肯定的に知らしめるための広報誌であり、主として琉米文化会館を通じて、各市町村や学校、企業、一般の人々に無償で配布された。米軍の広報誌については別途稿を改めたい。

(27)琉米親善とは、米国民政府の沖縄統治における住民緩和策の一つである。一九五〇年代以降、米国民政府は、その統治と米軍の駐留に対する住民の支持と理解を得るため、琉米親善という名目で様々な組織的活動を行なった。学校の子どもたちへのプレゼント、物品の贈与、イベントの開催、スポーツ大会、バザー、自治体や学校に対してのボランティア、それだけでなく本来政府や自治体が行なうべき公共施設の建設、施設整備等がなされた。詳しい内容は、那覇市市民文化部歴史資料室編［二〇〇二］を参照。

(28)このような琉米文化会館の活動に関する沖縄の実情に合わせた指導には、アメリカ生まれの日系人二世の役割が大きい。一九五七年、米国民政府広報局の琉米文化会館課の課長をしていたサムエル・N・ムカイダ、一九五九年から宮古、八重山琉米文化会館の監督官をして、広報局に戻ったサムエル・H・キタムラ等があげられる。彼ら彼女らは、米軍軍属という位置付けにあり、その政策の遂行の任を負っていたが、時にはアメリカ側の意向に従い厳しく、時には現地に理解ある対応をしてくれたという。

(29)一般の人々が、沖縄の生活文化とアメリカ文化を混成して異種混淆的なものを創造した例として、オキナワン・ハード・ロックがあげられる。エスノグラフィーとして、沖縄国際大学文学部社会学科石原昌家ゼミナール編［一九九四］が注目出来る。また、ファッション、食文化、建築についても影響がみられる。照屋善彦・山里勝己・琉球大学アメリカ研究会編［一九九五］を参照。

参考文献

安倍陽子
　二〇〇三「琉米文化会館」「沖縄を知る事典」編集委員会編『沖縄を深く知る事典』日外アソシエーツ、二二四—二二五頁。

伊藤松彦

二〇〇〇　「琉米文化会館の光と影」「沖縄の図書館」編集委員会編『沖縄の図書館』教育史料出版会、三九—五六頁。
井上雅道
一九九八　「海上ヘリ基地問題と日本人類学——沖縄県名護市辺野古でのフィールドワークの覚え書き」『現代思想』二六(七)：二二八—二四四頁。
二〇〇四　「当事者の共同体、権力、市民の公共空間——流用論の新しい階梯と沖縄基地問題」『民族学研究』六八（四）：五三四—五五四頁。
大田昌秀
一九八四　『沖縄の帝王高等弁務官』久米書房。
岡野宣勝
二〇〇八　「戦時下ハワイにおける米軍の沖縄移民研究——米国文化人類学者が紡ぎ出す民族論と心理作戦」『常民文化』三一：一—二三頁。
沖縄県総務部知事公室基地対策課編
二〇〇八　『沖縄の米軍基地』沖縄県。
二〇一〇　『沖縄の米軍及び自衛隊基地（統計資料集）』沖縄県。
沖縄県図書館協会編
一九八四　「〈座談会〉琉米文化会館時代を語る——その沿革と諸活動」『沖縄県図書館協会誌』一一：七—一九頁。
沖縄県文化振興会公文書管理部編
二〇〇〇　『米国の沖縄統治下における琉球政府以前の行政組織変遷関連資料（一九四五—一九五二）』沖縄県公文書館。
沖縄県立図書館史料編集室編
一九九五　『沖縄県史 資料編一——民事ハンドブック（沖縄戦一：和訳編）』沖縄県教育委員会。
一九九六　『沖縄県史 資料編二——琉球列島の沖縄人・他（沖縄戦二：和訳編）』沖縄県教育委員会。
沖縄国際大学文学部社会学科石原昌家ゼミナール編
一九九四　『戦後コザにおける民衆生活と音楽文化』榕樹社。
川平朝申
一九六五　「琉球文化財はかく保護された——失われた琉球古文化財の中から」『守礼の光』九月号（通巻八〇号）、二〇—二五頁。
一九九七　『終戦後の沖縄文化行政史』月刊沖縄社。

漢那憲治
　二〇〇四　「〈資料〉米軍占領下の沖縄における図書館についての総合的研究――八重山琉米文化会館の残存蔵書の書誌データ」『梅花女子大文化表現学部紀要』一：一七五―二一八頁。
国場幸太郎
　二〇〇三　「米軍統治下におけるＣＩＣと世論操作／人民党と非合法共産党」「沖縄を知る事典」編集委員会編『沖縄を深く知る事典』日外アソシエーツ、七二―七九頁。
古波蔵剛
　二〇〇一　「回想の中の八重山文化会館」『八重山毎日新聞』二〇〇一年三月二四日付。
小林文人
　一九八八　「戦後沖縄社会教育のあゆみ――その特質」小林文人・平良研一編『民衆と社会教育――戦後沖縄社会教育史研究』エイデル研究所、一―二二頁。
小林文人・小林平造
　一九八八　「琉米文化会館の展開過程」小林文人・平良研一編『民衆と社会教育――戦後沖縄社会教育史研究』エイデル研究所、一六五―一九四頁。
小林文人・平良研一編
　一九八八　『民衆と社会教育――戦後沖縄社会教育史研究』エイデル研究所。
城田　愛
　二〇〇一　「越境する女性たちの生活誌――戦後の沖縄、ハワイ、米軍基地における踊りの舞台から」『移民研究年報』七：一四五―一六一頁。
戦後沖縄社会教育研究会編
　一九八五　『沖縄社会教育史料』五（占領下の教育・文化政策）東京学芸大学社会教育研究室。
泉水英計
　二〇〇八　「サイライ・プロジェクト――米軍統治下の琉球列島における地誌研究」『米国統治下の沖縄における学術調査研究』*Project Paper* 一六：三一―一二一頁、神奈川大学国際経営研究所。
平良研一
　一九八二　「占領初期の沖縄における社会教育政策――『文化部』の政策と活動を中心に」『沖縄大学紀要』二（通巻二二号）：

三一―六三頁。
田中雅一
二〇〇四「軍隊の文化人類学的研究への視角――米軍の人種政策とトランスナショナルな性格をめぐって」『人文学報』九〇：一―二二頁。
二〇〇七「コンタクト・ゾーンの文化人類学へ――『帝国のまなざし』を読む」『Contact Zone』一：三一―四三頁。
二〇一一「コンタクト・ゾーンとしての占領期ニッポン――「基地の女たち」をめぐって」田中雅一・船山徹編『コンタクト・ゾーンの人文学 第I巻（Problematique／問題系）』晃洋書房、一八七―二一〇頁。
玉城嗣久
一九八七『沖縄占領教育政策とアメリカの公教育』東信堂。
照屋善彦・山里勝己・琉球大学アメリカ研究会編
一九九五『戦後沖縄とアメリカ――異文化接触の五〇年』沖縄タイムス社。
中野好夫・新崎盛暉
一九七六『沖縄戦後史』岩波書店。
名護市史編さん委員会編
二〇〇三『名護市史 本編六――教育』名護市役所。
那覇市市民文化部歴史資料室編
二〇〇二『那覇市史 資料篇第三巻二――戦後の社会・文化一』那覇市。
那覇市立図書館編
一九八一『那覇市立図書館館報一九八〇』那覇市立図書館。
那覇琉米文化会館編
一九六九『那覇琉米文化会館要覧』那覇琉米文化会館。
比嘉悦子・新里スエ・平田正代・宮城晴美
二〇〇一「〝アメリカ〟との交流」那覇市総務部女性室編『なは・女のあしあと――那覇女性史（戦後編）』琉球新報社、三六七―三七六頁。
前田　稔
二〇一〇「占領期沖縄における八重山琉米文化会館と図書館の自由」『東京学芸大学紀要――総合教育科学系I』六一：

七三―九〇頁。
宮城悦二郎
　一九八二　『占領者の眼』那覇出版社。
　一九九二　『沖縄占領の二七年間――アメリカ軍政と文化の変容』岩波書店。
　一九九四　『沖縄・戦後放送史』ひるぎ社。
　一九九五　「アメリカ文化と戦後沖縄」照屋善彦・山里勝己・琉球大学アメリカ研究会編『戦後沖縄とアメリカ――異文化接触の五〇年』沖縄タイムス社、一七―三二頁。
宮城悦二郎編
　一九九三　『復帰二〇周年記念シンポジュウム 沖縄占領――未来へ向けて』ひるぎ社。
宮西香穂里
　二〇一二　『沖縄軍人妻の研究』京都大学学術出版会。
森田真也
　二〇〇二　「南島とアジア」小松和彦・関一敏編『新しい民俗学へ』せりか書房、二九八―三一〇頁。
　二〇〇七　「『文化』を指定するもの、実践するもの――生活の場における『無形民俗文化財』」岩本通弥編『ふるさと資源化と民俗学』吉川弘文館、一二九―一六〇頁。
門奈直樹
　一九九六　『アメリカ占領時代 沖縄言論統制史』雄山閣。
屋嘉比収
　二〇〇九　『沖縄戦、米軍占領史を学びなおす――記憶をいかに継承するか』世織書房。
山口隆子
　二〇〇四　「ホームステイにおける異文化のまなざし――金沢の事例から」遠藤英樹・堀野正人編『「観光のまなざし」の転回――越境する観光学』春風社、一四七―一六七頁。
山根頼子
　二〇〇四　「琉米文化会館とその時代」中田龍介編『八重山歴史読本』南山舎、二二四―二三一頁。
山本武利
　二〇一三　『GHQの検閲・諜報・宣伝工作』岩波書店。

琉球政府文教局教育研究課編
　一九八八『琉球史料 第一〇集――文化編二〈復刻〉』琉球政府（那覇出版社）。
渡辺　靖
　二〇〇八『アメリカン・センター――アメリカの国際文化戦略』岩波書店。
Inoue, Masamichi S.
　2007　*Okinawa and the U.S. Military: Identity Making in the Age of Globalization.* New York: Columbia University Press.

第五章　軍隊・性暴力・売春——復帰前後の沖縄を中心に

田中雅一

1　はじめに

1　二種類の女性

二〇一三年五月の連休明けに橋下徹大阪市長の発言が大きな社会問題になったのは記憶に新しい。問題になった発言は大きく二つに分かれる。ひとつは慰安婦問題について、日本の軍隊だけ非難するのはおかしい、歴史を見れば軍隊に売春婦はつきものだという発言、もうひとつは在沖米軍の司令官に性犯罪軽減のため、性産業で合法的に働く女性の活用を勧めた発言である。前者には、事実誤認や慰安婦の正当化につながるとして内外からの批判が起こった。後者は主として沖縄から、沖縄の女性をモノ扱いしているとして批判された。

橋下は、米軍の最高責任者の一人に、おたくのお子さんたちが、本来守らなければならない一般市民に悪さをしたら、おたくも責任を取らなければなりません。それでは困るでしょう。幸い、基地の周りには責任を取らなくて済む、都合のいい娘たちがいますから、彼女らを使ってください。わたしもそういうふうにしていますと、ポン引きのようにわけしり顔で声をかけたわけだ。国家安全保障の視点に立てば、兵隊も売春婦（風俗嬢）も利用できる「資源」でしかない。国防に米兵（そして自衛隊、過去には日本軍）が必要であり、かれらの攻撃性を正しい方向に向かわせるには慰安婦や売春婦が必要だということになる。また、売春は兵隊の一般女性への性暴力を軽減する制度として意味をもつという考え方には、売春婦にたいしてなされる兵士たちの行為は暴力的ではない、あるいは暴力的であっても問題視されないという前提が認められる。金銭と引き換えに身体を売るからにはなにをされても我慢しろ、と言っているように聞こえる。このような兵士と売春婦と一般女性との三角関係は、アメリカ合衆国と沖縄と本土との関係に類似している。沖縄は、日本国家（本土）死守のため、政府によって戦前は捨て石となり、そして戦後は軍事拠点、「太平洋の要石」と位置づけられ、犠牲を強いられてきた。そこには公に認めることのできない不平等関係が存在し、それを正当化する圧倒的な暴力が作用している。このような関係が、橋下の発言には無批判的に認められるのである。

本章の目的は、主として雑誌記事の内容を検討することで在沖米軍基地と性暴力ならびに売買春との関係を分析することである。以前筆者は、終戦直後からおよそ七年間続いた占領期における売春婦（パンパン）の言説をめぐって分析を行った［田中　二〇一二］。そこでの日本人男性の視点をまとめると以下のようになる。

日本人男性の視点とは、戦争に破れ、日本を占領された結果、自分たちの国土を守ることができず、女性を寝取られたという屈辱に由来する視点である。しかし、占領軍の兵士たちと性関係をもつ日本人女性は一方で蔑視される。彼女たちは犠牲者であると同時に裏切り者でもあった。とくにパンパンと呼ばれた米兵相手の売春婦は身を落とした者として蔑まれた。それにたいし、すくなくとも自分たちの妻や娘たちはマトモなのだと認識する。彼女たちは、汚されずにすんだ、堕落せずにすんだ女性なのである。つまり、占領下の日本には二種類の日本人女性が存在したことになる。ひとつは、敗戦後も貞操を守り日本人男性（父や夫、兄弟）の庇護下に留まった女性たち。もうひとつはこうした庇護を受けることなく、昼間から敵の男たちと手をつなぎ嬌声をあげ、ときに痴態をさらす恥知らずの女性たちである。しかし、妻や娘たちが守られたのはパンパンたちが、米兵の性欲の「防波堤」となったためであって、自分たちの力のせいではないことを男たちは十分に知っていた。それゆえなおさら、パンパンたちは日本人男性中心の性的秩序を脅かす危険な存在として「他者化」され、さらに馴化あるいは排除されなければならなかった。

もちろん当の女性は、こうした他者化に甘んじていたわけではない。露骨に米兵を賞賛する場合もあるし、日本人男性の魅力のなさをあげつらう者もでてきた。また、男性も女性も、当時珍しかったスカートをはいて颯爽と歩くパンパンにあこがれを抱くこともあった。[1] パンパンたちが米兵になびいていたのは、お金をもっていたからだとは一概に言えない。それ以上の魅力が米兵たちにあったのである。ここに、パンパン（売春婦）という政治・経済的にも、また社会的にも最底辺に位置する女性たちの革命性が積極的に認められる。本章で筆者が試みたいのは、売春に携わる女性たちの語りを吟味することで、その背後にある言説の力を検討し、売春婦たちによる社会批判のモメントをとらえることである。

2　本土での展開

一九五二年四月のサンフランシスコ講和条約発効後、日本は連合軍による占領という状態をやっと脱し、主権を回復する。朝鮮戦争（一九五〇年六月二五日―一九五三年七月二七日）の後、一九五七年には米軍の地上部隊の多くが撤退し、それにともない日本各地にあった基地の数も減る。[2] こうした状況の変化によってはじめて米軍の性犯罪や売春が公に書かれるようになる。[3] 講和条約締結から五年後、一九五七年に売春防止法が制定される。同年七月から浄化運動が開始され、警察の街娼への取り締りも強化されている。

しかしながら、売春がこれによって全面的に禁止されたわけではないし、米軍基地では規模こそ年々縮小されているが、米兵相手の日本人女性についてのスキャンダルに事欠かない。もはや米兵と関係する女性たちを、強姦の犠牲になった者や処女喪失で「堕落」した女性たちの成れの果てと決めつけることはできない。女性たちの中には、恋愛相手として、あるいはセックスでの快楽を求めて米兵とつきあい始める者も出てきたからだ。

占領期には考えられなかったことだが、一九七一年には円高などの影響から基地に住むアメリカ人の女性たち（女性兵士や妻）が高い円欲しさに、日本人相手に売春をするということさえ起こるのである（「小遣いほしさに肉体を売る白人婦人兵たちの夜」『週刊ポスト』一九七八年一二月二二日、「横田基地アメリカ軍人妻〝金髪売春〟」『週刊大衆』一九七九年五月一〇日）。日本は、一九七〇年代において経済戦争に勝利し、それにともない男女関係でも「勝者」側に立つ者が出てくるようになったということになろう。[4]

一九八〇年代になると、恋愛相手に米兵、とくに黒人兵とのセックスを好む日本人女性がマスコミを騒がす。食事代やホテル代を支払うのは彼女たちだ。「恋愛」においても事情は大きく変わったのである。そんな女性たちのなまなましい生態を描いた山田詠美の『ベッド・タイム・アイズ』が出版されたのは一九八五年である。彼女たちは、「ぶらさがり族」とか「ブラパン」と呼ばれる。前者は背の高い黒人と手を組んで歩くとぶら下がっているように見えるからで、後者はブラックあるいはブラザーのブラとパンパンの合成語である。この名称は彼女たちがみずから使い始めたと言われている。彼女たちにとってパンパンはもはや蔑称ではなく、自己主張の核となる言葉なのだ。その変化に戦後のジェンダーやエスニシティ観の様変わりを認めることができる。

つぎに、こうした本土での日本人女性と米兵との関係の変貌を念頭に置きつつ、現在も多くの米軍基地が集中する沖縄における米兵と売春婦との関係を、新聞や雑誌資料を通じて吟味することにしたい。沖縄については、一九七二年の復帰直前に売買春の記事が急増している。それは、こうしたメディアが、あくまで本土を拠点とし、復帰する沖縄を好奇な目で他者化しようとしているからに他ならない。一九七〇年代初頭、本土の都市部では学生運動の余波はまだ残っていたが、経済的には高度成長が続いていた（第一次オイルショックは一九七三年一二月に始まる）。亜熱帯地域に位置する沖縄は、本土資本による開発の対象であったが、なによりも沖縄にはまだ敗戦直後の「戦後」が色濃く残っていた。その典型が米兵相手に性的サービスをする女性たちであった。安い値段で体をひらくおびただしい数のエキゾティックな女たち。沖縄は、亜熱帯に位置する多くの地域が、そうであったように性的他者として、本土の日本人の眼前に出現したのである。

2　在日米軍

日本に米軍基地が存在するのは、日米地位協定による。これは、アメリカがその軍隊を外国に駐留させるために、米軍基地や軍人の地位を確保するように同盟国と終結する協定である。日米地位協定の正式名称は、「日本国とアメリカ合衆国との間の相互協力及び安全保障条約第六条に基づく施設及び区域並びに日本国における合衆国軍隊の地位に関する協定」である。非常に長いため、通常は日米地位協定や地位協定と呼ばれる。英語では、(U.S.-Japan) **Status of Forces Agreement**[5]のそれぞれの頭文字を取りＳＯＦＡ（ソーファー）という。類似の協定を、米国は自国の軍隊が駐屯するさまざまな国と結んでいるが、その内容はまったく同一とは言えない。日米地位協定によって、米軍関係者には、日本国内にいながら日本の法令は適用されず、いくつかの特権が与えられている。旅券（パスポート）やビザなしで日本への入国が許可され、日本で生活する外国人には義務づけられているビザや外国人登録の取得の必要もない。基地内発行の運転免許証によって国内を走行することが許可され、米軍基地内で登録されたＹナンバーの車両であれば、日本での重量税が課されないなどの特権がある。また、大きな基地内では米国内と同じ生活ができるように生活必需品はすべて揃っている。

図2　沖縄本島の軍事基地
（出典　［石川・國吉・長元　1996：口絵］から作成）

在日米軍の規模は、現在およそ五万二千人、内訳は陸軍が二千人、海軍一万九千人、海兵隊一万八千人、空軍一万三千人である。家族などの関係者を含めると、およそ九万人が基地内あるいはその周辺に住んでいる。基地で働く日本人は二万三〇〇〇人いる。参考までに述べると、陸上自衛隊員は一五万人、海上自衛隊四万三〇〇〇人、航空自衛隊四万五〇〇〇人である。

日本にある主要な基地は全部で八箇所、北から三沢、横田、座間、厚木、横須賀、岩国、佐世保、沖縄である。三沢と横田が空軍、座間が陸軍、厚木と横須賀、佐世保が海軍、岩国が海兵隊である。沖縄にはこれらすべての部隊が駐留している。

沖縄には、在日米軍基地全体の約七五％に及ぶ広大な面積の米軍基地が集中している（図1参照）。米軍基地は沖縄県の面積の約一一％を占める。沖縄に駐留する米軍関係者は、家族を含め四万五〇〇〇人である。

3　沖縄の売買春

戦中、米軍の上陸に備えて駐留していた旧日本軍の将校相手には伝統的な遊郭街であった辻の遊女が、兵卒相手には朝鮮半島出身の慰安婦が存在していた。しかし、一九四四年一〇月一〇日の空襲（「十・十空襲」）で那覇は焼き尽くされ、辻はその歴史に幕を下ろすこととなった。

1　米兵による性暴力

敗戦直後の沖縄はどんな様子だったのか。女性たちがもっとも恐れたのは、収容所周辺で多発する米兵による強姦であった。煤を顔に塗り、家畜小屋の屋根裏に隠れる。しかし、ずっと潜んでいるわけにもいかない。食料確保のために芋を掘りに行ったり、薪とりに行ったりして米兵に見つかって強姦される。一九四五年六月に沖縄戦が終結する前からすでに米軍の統制下に入った北部では、日本兵相手に慰安所を経営していた男が米兵相手に店を開いたり、また海兵隊主導で売春宿が設置されたりした［外間・由井　二〇〇一：六〇］。多くの報告を読むかぎり、米兵たちはやりたい放題だったようだ。

数人で民家（といってもまともな家屋は残っていないから掘建て小屋のようなところだったのだろう）に押し入り、力づくで女を奪い去り、どこかに連れて行く。女を守ることのできる成人男性の数もすくなかったであろうし、いても武器を携行している米兵に太刀打ちすることはほぼ不可能であったであろう。数時間すると女が戻ってくる。こうした米兵の行動にたいし、被害者はもちろん家族の者の苦悩はいかほどのものであったろうか。当時は、米兵の性暴力を軍部に訴えるということも思いつかなかったであろうし、性暴力の被害者にたいする社会の冷たい視線を思えばどんな形であれ公にするのを避けたかったに違いない。まだ家族がいればましだったのかもしれないが、家族と離散していた女たちは米兵の性暴力の脅威にさらされながら、生きる糧を探さなければならなかった。そして、加害者である米軍の経済力に頼らざるを得ないという現実を受け入れるしかなかった。[6]

沖縄における性暴力は構造的暴力であり、その背後にあるのは、捨て石とされた沖縄での、非戦闘員を巻き込んだ地上戦の惨敗、その後の占領と基地建設による米兵の集中化と常駐化である。そして、米軍基地拡張の動きや沖縄の戦略的位置づけは、中華人民共和国の成立（一九四九年）や朝鮮戦争の勃発（一九五〇年）などの国際情勢と密接に関係していた。

さて、すこしでも幸運な女性たちは、基地に住む兵隊のメイドとして、また食堂などの炊事係として雇われた。だが、彼女たちが性暴力の被害に遭わないという保証はなかった。それほど幸運ではない女性たちは、基地の周りに建ち始めた歓楽街のバーなどで働き、売春に携わることで生きなければならなかった。親の借金の形に少女が「身売り」されることもあった[7]。そこに、戦争による沖縄経済の破綻、深刻な食料不足という一般的な背景に加え、家族の病気など個人的な事情が複雑に絡んできた。

売春婦の六割が幼子を抱える女性（母子家庭）であった。その中には米兵との間に生まれた子どもも多かった。性暴力被害によって望まれぬ妊娠が発覚したが中絶できなかった場合や、夫あるいは婚約をしていた米兵とのあいだに子どもができたにもかかわらずかれらが祖国帰還やベトナム派兵などで音信不通になったり、結婚して渡米したが、破綻し母子家庭になったりした場合がある。米兵とのつきあいや結婚は両親や親戚の反対にあうため、関係を続けようとする段階で自分の親との縁が切れることが多く、そのうえ夫や恋人とも別れると、彼女は完全に孤立してしまい、「混血」の子どもを抱えたまま自活せざるを得ないということになる。ちなみに両親のどちらかが外国籍の子どもは、一九五九年当時一三一三人、父親の国籍は一一にも及んでいた［大田 一九七二：一〇七─一〇八］。かれらは地域社会で不当な差別を受けることになるが、これについてはあとで再び取り上げることにしたい。理解のある親や親戚が子どもの世話をするために引き取るという例もある。それでも母親が売春以外の職に就ける可能性は低い。

島マス売春対策推進委員が紹介する状況を紹介しておく。

一九四八年、終戦まもないころの住民生活は実にみじめなものであった。とくに子どもを七、八人もかかえて母子世帯においては、住民といえば天幕小屋で、鍋釜もなく、鉄かぶとで煮炊きして缶詰の空缶を食器がわりにするという悲惨さであった。それでも女手一つでやっていくには昼夜を通して働かなければならないといったありさまで、更生員がその母親を訪ねていっても、昼中はもちろん、夜でも早い時間にはなかなか会えない。やむなく深夜の訪問となるわけだが、ある晩、A母子世帯を訪問すると、暗い天幕小屋で七人の子どもたちがひしめきあって寝転んでいる。母親の姿がみえないので、尋ねると、薪とりに行ったとの返事、びっくりして帰宅時間をきくと、明朝の五時頃とのこと。おどろきと、怒りと悲しみで胸一杯になり、子どもたちが寝つくのを待って、ひとまずこの家を去り、翌朝五時半ごろ再び訪問すると、まさしく薪とりの母親が薪を頭にのせて帰ってきた。みると、その中には米製の煙草三ボール〔一ボールはタバコ一〇箱を意味し、カートンと同じ〕が入っていた。一九四八年、中部の某黒人部隊裏での悲しい生活の一コマである（一四九―一五〇頁）[8]。

この事例に出てくる子どもの数にも驚かされる。父親が同じとは限らず、性暴力の加害者や結婚を約束した恋人、あるいはもと夫、さらには買春客との間にできた子どもであるかもしれない。売春の場合もコンドームなどが使われることはほとんどなく、また堕胎も合法化されていなかった。

沖縄が地上戦の舞台となり、占領下で軍事基地が拡張する中、多数の米兵が駐留することになる。一九五〇年には朝鮮戦争が勃発し、一九六〇年代にはベトナム戦争が激化する。湾岸戦争やイラク戦争に沖縄の部隊は派兵されている。沖縄は、「戦後」も米国による戦争の前線であり続けた。米兵たちはつねに戦闘状態にあったといっていいだろう。そういう状況で沖縄の女性たちは米兵による性暴力の脅威にさらされ、被害者となった。ひとたび被害に遭うと被害者を取り巻く無理解な状況が、彼女らをして売春へと追いつめる。性風俗業に従事する者を一般市民の枠組みに位置づける視点からは、冒頭に挙げた橋下の発言に見られるように、米兵による一般女性への性暴力は、売春婦たちによって軽減されていると見えるかもしれない。実際、次節に紹介するように、そのような目的で売春街が設置される。しかし、彼女たち自身が多くの場合性暴力の被害者であったことを忘れるべきではないし、また売春に携わっている中でもつねに米兵たちの（そして日本人の）性暴力に身をさらし続けているのだということを忘れてはならない。被害の実態は、殺害されるのでもしないかぎりほとんど記録には残っていない。

2 基地周辺の売春街

米兵の性暴力から一般の女性を守るために売春街が生まれる。[9] これは、敗戦直後の本土を思わせる動きである。一九四八年頃から五〇年にかけて基地周辺では米兵相手の歓楽街が生まれていた。たとえば、池宮城［一九七一：一一一一五］によると、一九五〇年に空軍中佐が越来村（後にコザ市となる）を訪れて、兵士の遊び場を設置したいとの申し込みがあった。[10] 当時米兵の性犯罪に頭を抱えていた村長が、この話に飛びつき、レクリエーション・ホールが建設された。このホールには売春婦を抱える多くのバーが入っていた。戦前に栄えた辻に料亭松の下ができたのは一九五二年一二月のことであった。

一九五三年には、蔓延する性病対策として米軍は、女性と接触する機会を提供する店について許可制度を導入した。すなわち米軍が認可する場所以外の店に、米兵が出入りするのを禁止する布令が発布されたのである。営業許可が下りた店にはAサイン（Aは Approved for U.S. Forces の頭文字）を掲示しなければならず、そこで働く女性には週一度の性感染病の検査が義務づけられていた。

一九六九年三月の時点で、[11] 売春に携わる女性（特殊婦人）は、全体で七三六二人。そのうち那覇に三〇九六人、コザ二五七五人、石川市九六四人などとなっている。しかし、売春に関わる店舗がおよそ三一〇〇軒、それ以外の飲食店が三〇〇〇軒あることから推察すると、一万人を超していたのではないかと考えられる（図2参照）。

彼女たちがどのくらいの「外貨」を稼いでいたのか。沖縄の戦後は、拡大する米軍基地に経済的に依存していたが、その柱のひとつが「股間経済」［島袋 一九七二：一一九］と揶揄される性産業であった。島袋の計算による

図1　沖縄の米軍基地と売春地帯（法務省資料による）

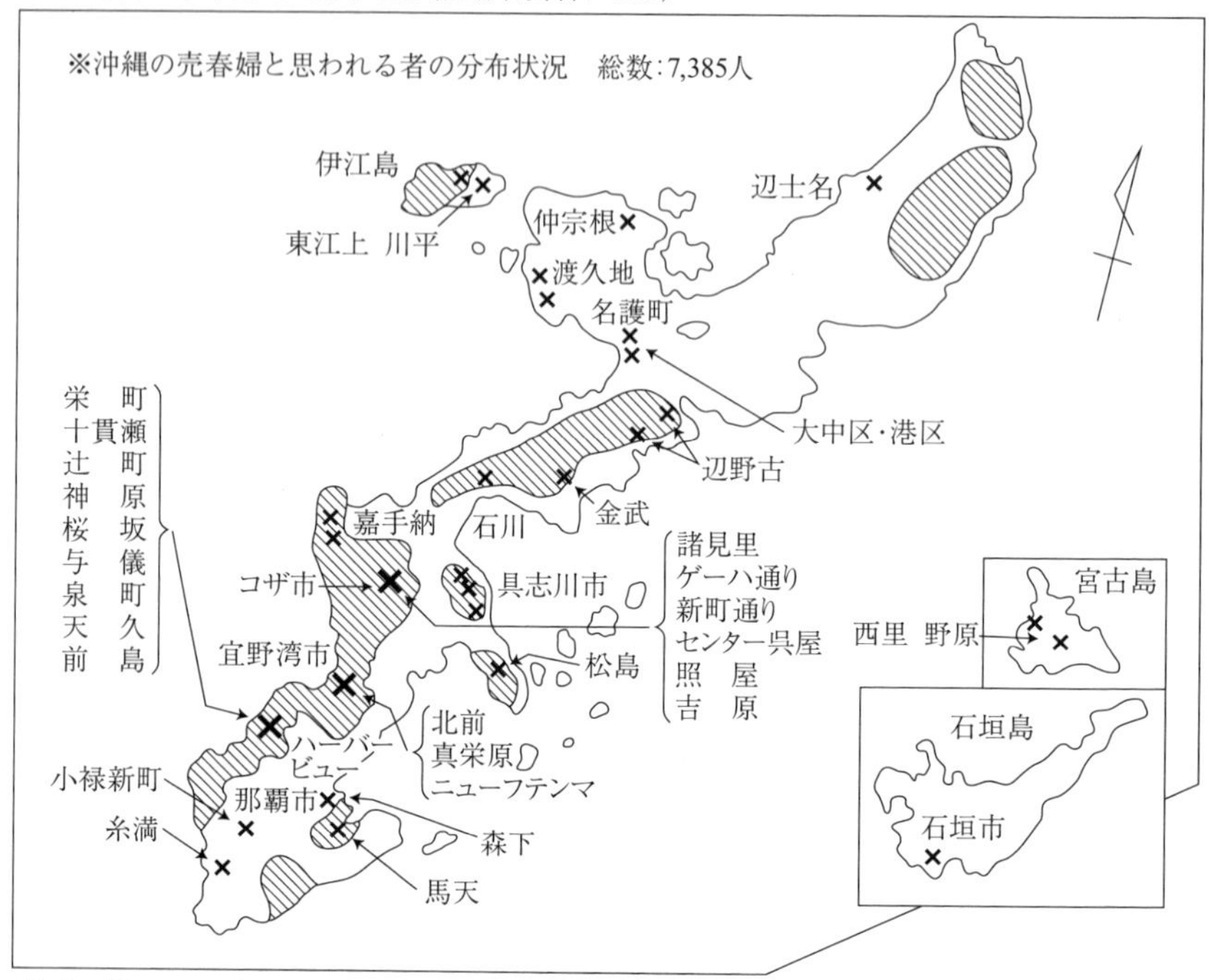

（出典　「どこへゆくモトシンカカランヌー」『サンデー毎日』1972年1月2日、127頁から作成）

と、沖縄全体に一九七〇年に七三〇〇人の女性が毎日二〇ドル稼いでいるとしたら、年に五〇〇〇万強となり、基幹産業のサトウキビによる分蜜糖輸出高（四三〇〇万ドル）やパイナップル缶詰（一七〇〇万ドル）を超えている。

3　売春の形態

さて、沖縄の売春は大きく三つに分かれる。一つは、前借金に縛られ多女性たちによるもの。「置き屋」や米兵専用のAサインバーなどに住み込んで客を取ったり、ホテルの部屋で客を待つもの（ホテル売春）もいる。米兵専用のホテルもある。つぎに、前借金のしばりのない女性たちによるもので、Aサインバーや高級ホステスクラブで働き、ドリンク代やチップに頼り、閉店後、あるいは中座して自分の借りている部屋で売春をするというもの。最後に、不特定多数を相手にせず米兵たちの愛人（オンリーあるいはハニー）になるというもの。これら三者に加え少数だが、街娼などの形態も存在する。また、年をとると、米兵でなく、沖縄や本土の人間を客に取る場合もある。

復帰直前のことであるが、売春以外でのAサインバーの稼ぎは時給（六時間、時給八〇セント前後）とドリンクのキャッシュバックである。一般的にコザでは時給八五セント、また一ドル分飲めば二〇セントが収入になる。時給がゼロで、キャッシュバックが五〇セントの場合もある（個別事例は後述）。

売春をやっていないAサインバーのホステスもいないわけではないが、ほとんどは、ホステスをやりながらそこで客をみつけて売春をする。場所はホテルの場合もあれば、近くに借りている自分の部屋の場合もある。売春で得たお金も半分は店に払う[12]。

たとえば、三四歳のAサインバーのホステス前田やす代は、バーで知り合った米兵と「自由恋愛」する。バーで話をまとめ、近くの宿でセックスをする。月に四〇〇ドルを稼いでいるが、半分を店にバックする。彼女は借金があるわけではないようだ（一五二頁）。

以下に島袋［一九七二：一二三］による売春婦たちのプロフィールを紹介する。

　琉球政府の調査によると、九割が中学しか出ていない。六割が離婚した婦人であり、独身は三割。四割は子持ち。前借金は平均八百ドル（三十万円程度）、前借のない人はわずか一・五パーセント程度にすぎない。年齢は十三歳から五十歳代におよび、平均二十六、七歳。不しあわせな生き方をとらざるをえなかった理由は離婚、生活苦、だまされたことなどである。

店を休むと罰金を支払わなければならない。平日五ドル、週末一〇ドル、一五日と三〇日の米兵の給料日に休むと二〇ドルで、前借金に加算されていく。さらに部屋代や食事代などを支払う必要がある。こうして月に四〇〇ドルほどの稼ぎがあっても、離島に住む父母や小さな兄弟姉妹に仕送りすると、ほとんど手元に残らず、月一割前後の利子がつく借金はなかなか返すことができない。中絶代なども借金となる。米兵の給料日に三〇人もの客を取り一〇〇ドル稼ぐような女性もいた。ところが借金がなくなりそうになると、親がまた雇用者からお金を借りにくる［佐木　一九七〇：四八］。「あるところまで登りつめたつもりでも、また底に落ちている」［島袋　一九七二：一二三］のである。

借金地獄に耐えかねて逃亡すると、業者はヤクザを使って女性を追いつめ、リンチする。もっとひどい場合は、はるか東の孤島、南大東島に売り払う。そこで女性は昼はサトウキビ畑で働き、夜はそこで働く台湾からの労働者に体を売る。雇用者がヤクザに払った連れ戻し料も女性の借金に加えられてますます身動きが取れなくなるのである。[13]

米兵相手の女性を雇うAサインバーは、一九七〇年五月現在で七六三軒、従業員はおよそ七〇〇〇人［佐木　一九七〇：六］。Aサインの意味するところは表向きは食品衛生上問題がないということであるが、毎週の性感染症検査に合格しているということである。性病に感染した米兵から原因となった店が特定されると、その店のAサインは一時的に剥奪される（オフ・リミッツ、営業停止となる）。これは、店にとっては死活問題だから、女性への管理は厳しいものとなる。[14] また、設備の整備なども強いられるので、バーの主人自身はまとまったお金を必要とする。『潮』に紹介されているAサインバーのオーナー、嶋袋兼徳（四一歳）の発言を引用する。「Aサイン証の基準が変わるたびに、業者は台所を改造したり、水洗トイレを設備したり、鉄筋コンクリートに改造したりしなきゃならない。同一場所に三回もの設備投資を強要されたのだから、いかに金がかかったか」（一五一頁）。こうしてますますきびしく女性の売り上げを搾取しようとすることになるのである。

4　売春防止への取り組み

売春防止法は本土では一九五六年に立法化、翌年四月一日に実施され、罰則規定は一九五八年四月一日から施行されている。

沖縄では、一九七〇年六月に売春防止法が成立し、一九七二年七月から施行予定であったが、五月一五日に復帰となるので、その後は本土の売春防止法が適用されることになった。こうした法律の制定は、ある程度の効果（たとえば相談員の設置や矯正施設の建設など）をもたらした。しかし、沖縄に基地の存続が当然視され、売春婦の存在が米兵による性暴力を抑止しているという考えが受け入れられるかぎり、売春は容認され続ける。女性たちの貧窮は戦後から大きく変わっていないという事実を考慮するなら、非合法化されたからといって簡単に売春がなくなるわけではない。

復帰直前の売春婦（モトシンカカランヌー、「資金不要の仕事」）は、沖縄就労女性総数一五万九〇〇〇人のうち一万人（ただし公式な調査では、前述したように八〇〇〇人に満たない）といわれている［大田　一九七二：一〇六］。本土では「沖縄の売春問題と取り組む会」が結成され、売春婦問題が問われることになった。そして、複数の党の女性議員や売春対策国民協会、日本婦人会議、沖縄県人会などの関連団体が会議を開き、(1)仕事のあっせんや母子寮の設置など総合的な対策を政府に要求する、(2)売春婦たちの前借金は無効であるということを周知徹底させる、(3)売春婦たちを救う運動を盛り上げるとともに、売春そのものの悪について宣伝活動を強化することなどを決めているが、このような取り組みが成功したとは言えない［大田　一九七二：一〇六］。

4　それぞれの経験

復帰前に売春に携わっていた女性たちの語りは数少ない。本節では、復帰前後に発行された三誌の特集記事から具体的な事例を紹介していきたい。

最初に注目したいのが、『潮』（一九七二年六月号）の特別企画「娼婦にされた日本人の体」である。本特集の副題は「売春と混血児の実態、関係者100人の証言」というもので、一〇〇人の短い証言（売春婦以外に、バーの営業者や防犯協会役員なども含まれている）と六人の識者の報告が掲載されている。特集自体は沖縄だけではないが、沖縄の本土復帰の時期にあわせて出版されたことから、沖縄が主題であると考えられる。

ここで取り上げるのは、主として売春を始めるきっかけについての証言である。

三〇歳の売春婦外間久子（一三八―一三九頁）は、もともと地味な性格で、外人家庭で長い間メイドを務めていた。掃除、洗濯、炊事で月四〇ドル、中卒で一五歳から二三歳まで働いていた。しかし、両親が強度の「ノイローゼ」になり、妹も結核で倒れた。復帰前の沖縄には国民健康保険もないし、治療費も高いため、昼はメイド、夜は普天間のサロンで働き始める。しかし、それでは体がもたないので、稼ぎのいい売春を始めた。一人一〇ドルで店と折半している。

家族のために、売春を始めるというパターンは多数見られた。この事例のように、病気やけがの治療費、それ以外だと葬式代、墓の建立費などの負担の大きさは沖縄に特徴的である。

那覇の波之上で働く比嘉明子（四二歳）はつぎのように語っている。

沖縄では、うちに病人ができるとたいへんです。国民健康保険がないから、医療費がものすごくかさみます。うちのように長期療養の病人をかかえていると、それこそ我が身を〝もとで〟に稼ぐよりすべがなくなってしまうのです。事実、病人がいるために、Aサインバーに出たり、売春する女のひとがたくさんいます。病人が死んでも、また金がいる。……オキナワンチュー（沖縄人）は、死んだひとを、ほんとに手厚く葬る習慣をもっています。この墓ひとつ建てるにも、少なくとも千ドル（約三十万円）はかかります（一四二頁）。

比嘉明子には、中風の父親と三人の子どもがいる。早朝六時から午後三時まで基地の食堂で、夜は八時くらいから深夜まで米兵相手のAサインバーで働く。食堂の賃金は月一〇八ドル、琉球大学や高校、中学の子どもがいるため、夜も稼ぐ必要が出てくる。

借金について述べると、家族のために本人が金を借りる場合だけでなく、親にまとまったお金が必要になって、その娘を売春業者に売り飛ばすといったパターンがある。一度借金をすると、すでに指摘したようになかなか全額返済するのはむずかしい。たとえ完済が近づいても、再び親が借金をしにやってきて、娘が売春の世界から離れることを妨げている場合もある。そうなると、家族のつながりは互いに助け合う関係ではなく、縛りつける鎖となる。家族だけではない。恋人に知らないうちに売られてしまうということも起こった。

城間初江三一歳はAサインバーのホステスである（一三九―一四〇頁）。離島から出稼ぎに来て那覇の桜坂にあるバーで勤めていた。そこで知り合った客の男と親しい関係になったが、売り飛ばされていたことが分かる。かれはヤクザで、コザのAサインバーの主人に三〇〇〇ドルで売っていたのだ。

二一歳の売春婦仲地ヨシ子（一三六―一三七頁）は、一七歳のとき、那覇の国際通りにある洋品店で働いていた。仕事で帰りが遅くなったある日、公園で不良たちに襲われ、処女を奪われる。「一週間はこわくて、部屋に閉じこもったままだった。死ぬほどショックだったさ。」これをきっかけに彼女自身がグレてしまう。不良たちの間に混じって、頭角を現す。自分を犯した四人の不良に復讐を、と考えていたが、結局果たせなかった。その後コザや金武のAサインバーを転々とする。

この事例に出てくるのは、同じ沖縄の男たちによる性暴力である。仲地は沖縄の男たちに今でも恨みをもっているという。

占領期の本土では、米兵の性暴力による被害、処女喪失、家族との離縁、米兵相手の売春へという過程がしばしば語られていたが、日本人男性による性暴力が公言されることは皆無に近かった。しかし、仲地は米兵よりもむしろ沖縄の男性を強く告発している。彼女はこのように述べている。

沖縄には、まともな就職口は少ないし、子供のときから兵隊と女とのこと見て育つから、不良やゴロが多いんさ。でも、真面目にやってこうっていう人間まで巻き込むことないんだ（一三六頁）。

一時はさまざまなドラッグにも手を出したが、いまはもう必要としない。兵隊（米兵）への言及はわずかだが、むしろ好意的である。いま仲地は米兵相手の売春を行っている。

初め、外人の客うけするのがこわかった。ぜんぜんカラダが違うからね。とくに黒人が。けど慣れてみると、黒人がイチバンさ（一三七頁）。

この発言には、沖縄の男だけでなく、日本人男性への批判を見て取ることも可能である。(15)

高良百合子は二一歳、米兵との間に生まれたハーフだ（一四〇頁）。彼女の兄は別の米兵との間でできた子供で、その後、母は子どもたちをオバに預けて、別の海兵隊の男性と結婚して渡米したという。友達に誘われてレストランでウエートレスを始め、レジでお金をごまかしたり、Aサインバーで働いたりして、中学も行かなくなった。そのころ海兵隊の男に夢中になってお金を貢いだが、逃げられた。やけ酒を飲んでまわっているうちに借金ができ、その返済のために売春を始めた。借金は五〇〇ドル。一八歳から同じ店で働いている。

前出の仲地のいう、米兵と女の関係を見て育った不良、ということになるだろう。義務教育も児童福祉の手も差しのべられず、適切な保護を受けずに育ち、そのまま売春に流れていった例である。

つぎに女性誌から、復帰前後の売春婦の生活の一端を垣間みることができる二つ事例を紹介しておきたい。『ヤングレディ』（一九七二年八月二八日号）には「沖縄元娼婦〈20〉の戦慄の『憎しみノート』」というタイトルの記事が掲載されている。この記事によると、金城アキ子という名の二〇歳の女性は、両親の死後に預けられていたオバとけんかをして、借金の返済を迫られた。二〇〇ドルだと言われたが、そんな大金を返せるはずがない。そんなときにコザから来た男性にバーで働くよう誘われることになる。一日五ドルは稼げるという言葉に抗うことができず、一九七一年五月から働き始めた。七人の女性がそれぞれ個室をもつ米兵相手のバーである。到着した翌日から若い米兵相手に売春を始める。客は一〇ドル払って、個室に入る。そのうち三ドルが女性の取り分である。そこから部屋代や布団代を引かれ、生理のときも、休むと五ドル罰金をとられるため、つらくても働くことになる。しかし、アキ子は五ヶ月後に借金を返し、さらに七〇ドルを貯金することができたという。

『週刊女性』は、一九七〇年一月から一五週にわたって売春婦、田鶴子の事例を連載している。彼女は、一九三七年生まれ、一五歳のときからコザで働いている。基地建設で土地を奪われ、身売りされた。当時の彼女の部屋は、バーの裏に廊下を挟んで設けられていた一〇ほどの個室のひとつであった。個室に住む売春婦たちはバーで客を見つけ、部屋でセックスをするのである。部屋は四畳半、窓には逃亡を防ぐための頑丈な格子がうってあった。部屋を占めているのが大きなダブルベッドである。ここで田鶴子は一晩に五人から一〇人の客を取る。バーでビールを飲ませると、ビール代一ドルの半分を得ることができる。買春する男性一人につき三ドルから五ドルとり、これを雇用主と折半するが、部屋代や月二分の利子がつく借金の返済、両親への仕送りなどをするとほとんど手元に残らない。

記事のインタビュー当時は日本人相手の商売だが、かつては米兵相手のバーで働いていた。一五歳で働き始めたころは白人兵相手の女性を抱えるバーで女中として、女性たちの洗濯や掃除、買い物など、朝六時から真夜中まで働きづめだった。一七歳のとき、お金を受け取ったママの手引きで白人男性に強姦される。その後バーで働き、二二歳のときに小料理屋、さらに料亭に移る。料亭では日本人や米軍の将校の相手をした。

売春には妊娠や性病のリスクが伴う。田鶴子も一〇回以上中絶している。中絶代が一〇ドル、その日休んだ罰金が一〇ドル。翌日から歯を食いしばって男を取っていた。休めば借金が増えていくからだ。

二二歳の時に料亭の客だったタクシー運転手と結婚し、仕事を辞め、サロンの雇われマダムとなった。借金は二人ですこしずつ返すことになる。しかし、この幸せな生活は一年しか続かなかった。タクシーに乗せた三人の米兵に夫が暴行を受けたのである。これをきっかけに夫は仕事を休みがちになり、家にも帰らなくなる。サロンも経営が軌道に乗らず、田鶴子は再び売春婦として働くことになる。今回は、黒人相手のバーがならぶコザの照屋に移り住んだ。ここで二年間働いていた後、日本人相手の吉原に移った。しばらく、女性が仕事をしている間その子供たちの面倒を見ることで生活をしていたが、義父が事故にあって、その治療費五〇〇ドルを払う必要が出てきた。こうして田鶴子は再び売春を始める。

田鶴子の語りを支配するのはあきらめといってもいいかもしれない。沖縄戦と基地の存在が自分たちの生活を大きく変えた。幸せなはずの結婚生活も、米兵の気まぐれによって大きく変わってしまった。せっかく前借金が返せたのに、義父の事故がきっかけで売春を始める。そこには、社会保障が脆弱な沖縄の現実が見えてくる。

5　交錯する売春婦イメージ

1　売春の島

本章で取り扱ったのは、本土のメディアであり、復帰直後の報道が中心であった。ここには、沖縄との距離感が、たんに空間的な性格に留まらない形で認められる。それは時間的な距離感である。沖縄は日本だが、すこし前の日本である。なぜなら日本は一九五二年に占領状態を脱したが、沖縄はその後二〇年にわたって米軍の占領下にあったからだ。こうした過去の日本としての沖縄というイメージは「特別企画沖縄　いま還る美しき南国‥那覇の売春地帯をゆく」［『週刊読売』一九七二年四月二二日、五二―五五頁］に典型的に現れている。

女が自由に買える沖縄、という言い方をすると、反論があるかもしれない。（中略）でも、やっぱり沖縄は違うのだ。本土からの〝線中派〟旅行者なら、いきなり十四年前の〝われらが日々〟に逆戻りしたように錯覚するだろう（五二頁）。

「線中派」というのは戦中派と赤線の線とをかけている言葉だ。赤線とは、GHQ[16]による一九四六年の公娼廃止指令から、一九五八年の売春防止法の施行までの間に、半ば公認で売春が行われていた区域を指す。一四年前というのは本土で売春防止法が導入される一九五八年以前の赤線健在の時期を指す。つまり、沖縄にはまだそんな世界が存在する、一四年前の日本がまだありますよと、この雑誌記事のリードは語っているのである。[17]
日本の過去と沖縄の現在を重ねるような同様の視点は、「特集「日本占領」記録：鉄条網ごしの売春」〔『サンデー毎日』一九七一年六月二七日、二二一―二五頁〕にも見いだされる。そこで基地売春を告発してきた神崎清は「占領当初の原始形態の売春が、ひきつづき行われているのが沖縄」と述べている（二五頁）。
占領期の日本を想起させる沖縄の現実は、しかしながら「国家的な恥辱」と位置づけられる。[18]
沖縄の場合、子女の防波堤として、ごく一部にそのような秘所があるのではない。島に骨がらみの基地にまつわりついて、いたるところに白昼の虚業が未公認の公認として広がっている。そして経済的な効果が、道徳の規範を上まわっている〔島袋　一九七二：一二〇〕。

売春に携わる女性たちのやむにやまれぬ状況はなかなか理解されない。結婚相手に米兵を選ぶことさえ、両親や親戚の猛反対を受ける社会である。かれら相手に売春をしているということがばれたらいったいどうなるのか。一方で娘を売る両親がいて、他方でこうした仕事をする女性たちを裏切り者として非難する人びとがいる。「国家的な恥辱」は同時に女性たちへの非難や差別をも助長することになる。自分たちの女を守ることのできない国家または沖縄の男たち以上に、女たちのほうが「恥知らず」な存在とされるのだ。そして、米兵と女との間に生まれた混血児は、こうした恥辱の――屈辱と裏切り――の具体例であり、わかりやすい差別（いじめ）の対象となっていくのは明々白々であった。

2 最底辺からの批判

米兵を本土の日本人や沖縄の人より好ましく思う態度もしばしば売春婦の間では認められた。また買春客の中では、沖縄の人は最低で、黒人が優しくて、すばらしいという意見もある。あるいはたんに外国に興味があってAサインバーで働くことにしたというホステスもいる。ふたたび『潮』の資料に戻ることにしたい。以下は、当間広江（二七歳、彼女は売春をしていない）の発言である。

〝Aサイン〟にきたのは、外人に関心があったし、ホステス勤めがおもしろそうだったからです。外人はとっつきやすく、フランクだから大好きです（一四六頁）。

神島［一九七二］が注目するのは、「私は今この仕事〔売春〕を、はっきり職業だと思っています。一生やれるものなら一生やるつもりです」という二一歳の売春婦の決意表明と、「ボクは自信ができた。そして日本人でも外人でもない混血児をニュー・ピープルだと思っている」という混血児の自己（再）定義である。これらは、沖縄の管理売春の実態や混血児差別の現実を考慮するなら、現実味のない開き直りにも聞こえる。しかし、神島はそこに沖縄という日本社会の周縁のさらにずっと奥に押しやられた少女や少年の「意思」を見てとろうとする。「ニュー・ピープル」という自覚をもつのは、ほんの少数で、それも白人を父にもつ子どもではなく、よりひどい差別を受けて来た黒人（アフリカ系アメリカ人）を父にもつ子どもである。父親が白人か黒人かによって世間の態度が異なるからだ。たとえば先に言及した二一歳の女性は、みかけのせいで白人系のアメリカ人と間違えられるため、日本人相手に生粋の白人と偽って売春をしていたという。そうすると時間給が三〇ドルになった。しかし、英語がまったくできないので、ばれるのを恐れて本当のことを告げると二〇ドルになったという（一四四頁）。

また、ニュー・ピープルと自称する男性は、同情も嫌だが、「恥さらし」と罵られるよりはましだと述べている。母が黒人兵に強姦されて、彼が生まれた。定時制の高校まで行けた分ましな方だが、小学校の先生からは「あいの子」と怒鳴られ、同級生らからは石を投げられたり、登校・下校に待ち伏せされていて殴られたりしたという。彼によると、自分たちの親兄弟を殺した米兵が憎いが、かれらは基地の中にいる。それで、顔かたちの似ている混血児が憎しみの対象になる。そして「ボクは思うんだが、沖縄でいちばん憎まれていたのが、われわれ混血児だったんじゃないか」（一五九頁）と結論している。[19]

3　比較

本章では主として復帰前の沖縄における米兵との売春についての雑誌メディアでの描写を取り上げたが、それはどのようなイメージを本土の読者たち（主として男性）に生み出しているのだろうか。ここには、一九五二年の独立を契機に多数出版された女性たちのエロティックな告白はほとんど見ることはなかった。当時の「告白もの」の中には露骨な性的描写が認められ、パンパンたちへの同情を喚起するというより、ポルノとして消費されていたと思われるものも多かった〔田中　二〇一二〕。本章が対象とした一九七〇年代の日本において「ポルノトピア」は独自の発達を遂げていて、沖縄の売春婦たちの告白をもはや必要としなかった。また、売春婦たちに寄り添い窮状から救い出そうとするような英雄的な男性も見当たらなかった。[20] あるのは、これでもかこれでもかと繰り返される本土のレポーターによる売春婦たちの「零落」の人生であり、救いのない状況。そして、ときどき見られる享楽的な性の「実態」である。それは、沖縄を過去の惨めな占領国日本（本土）の状況に重ねて理解し、固定する以上のものではなかった。

沖縄ではどうだったのかと言えば、復帰後、日本政府が売春婦たちの救出者となるというコロニアルなストーリーは積極的に受け入れられてはいなかった。むしろ、女性たちは復帰後売春が非合法化され職を失うことを恐れていた。また前借金が無効になるという点についても「借りたものは返すのが当然」という意見もしばしば聞かれていて、肯定的にとらえられているわけではなかった[21]。

繰り返すが、彼女たちの描写に認められるのは、ノスタルジックな語りである[22]。未来に向けられたものではない、こうした語りこそが、女性たちの窮状を固定化することに貢献しているのである。ただし、貧窮と結びつく売春のイメージは、復帰後急速に消えて行く。反対に強調されるのが米兵とのセックスを求める女性たちである（後述）。

他方で、米兵に媚を売る沖縄人女性に接して、屈辱感を感じる佐木隆三のような男性もいる。これは占領期直後の日本人（たとえば高見順）と共通の感情である。この屈辱感は、佐木が沖縄の売春婦を自分たち（日本人）の女性だと感じているからにほかならない。

「あら、もう催したのね……」と、女が落ち着きを失ったわたしを、露骨な言葉でからかう。「いや……」いつもなら、そうだ、あっちのテーブルの若いアメリカ兵のように、踊り子に口笛を吹き、卑猥な野次をとばすことだってやりかねないわたしだが、むしろ目を伏せてしまった。まぎれもない同胞が、アメリカ人の前であられもない姿勢を演じていることの屈辱。わたしの感情は、おそらくそういうものであったろう。そして女給たちは、刺激を受けたアメリカ兵たちの性欲のはけ口として、やがていそいそとついて行くというわけか――［佐木　一九七〇：七〇］。

この文章の直後に、佐木は「いつのまに、自分は滑稽な民族主義になったのだろうか」と自問するが、「この屈辱感だけは、どうしようもない」と付け加える。ただ、こうした語りは例外に近い。これは本章の資料の多くが本土出身の書き手であるせいかもしれないが、沖縄の売春婦について男性たちの側に「同胞の女性」という意識は弱い。ノスタルジーの対象となる女性はすでに他者化されているといってもいいかもしれない。

しかし、沖縄女性の表象にはエロティック・エキゾティックな要素もほとんど認められない。そのような状況は現在まで変わらないようだ（たとえば［花村　二〇〇七］）。そのような要素を引き受けているのは、復帰前後から現れてきた外国人の売春婦や秘密クラブでレズビアンのセックスを半裸で演じる外国人女性で、米軍関係者とみなされている（「『海洋博』直前の夜に体当たり！　外人女性のピンクビジネス」『アサヒ芸能』一九七五年七月一七日、「月給三八〇ドルのレディーたち　沖縄『米軍女性兵士売春』」『FOCUS』一九八二年三月一九日、「アメリカ女性『チャンプルー』円高ドル安で夜の街に出た沖縄米軍女兵士」『FOCUS』一九八六年六月二〇日）。そこには、女性のセミヌードの写真も掲載されている。

すでに指摘していることだが、本土のパンパンの発言にも見られたように、米兵との関係を積極的に評価することで、本土出身の男性や沖縄男性を批判する言説もしばしば認められる。それは、米兵の方が女性の扱い方がうまい、紳士的だといった評価である。このような言説は、売春という文脈を離れて米兵とのセックスに憧れる日本人女性一般の主張にも繋がっている。[23]

6　沖縄をめぐる言説と女性像

沖縄は、その歴史を反映して複数の顔をもつ。ここでは、沖縄に関わる主要な言説を二つ取り上げることにする。[24]ひとつは亜熱帯の島、青い海と珊瑚礁、さらには手つかずの豊かな自然、癒しというイメージである［多田二〇〇四、二〇〇〇八a、b]。これこそが沖縄の観光政策が推進し、観光客に消費してもらおうと画策してきたものである。これに対比されるのが日本の領土（内地）で唯一地上戦が行われた場所、多くの一般民衆の犠牲を出した場所、戦争を批判し、敵味方なく戦死者たちを追悼し平和を考える場所、広島や長崎に次いで平和を祈るにふさわしい場所という言説である。これは、観光というより（平和）学習の対象となる。これら二つと密接に関係するのがいまなお米軍基地を抱え、性犯罪が絶えず、騒音問題、土壌汚染に苦しむ土地という否定的な言説である。

平和を祈るのにふさわしいその場所が、戦後一貫して米軍が関わってきた戦争の攻撃拠点になっていたという矛盾。豊かな自然を讃えるその場所に最悪の汚染源を抱えているという矛盾。こうした矛盾を抱えているのが現代の沖縄なのである。

青い空、青い海のイメージから連想されるのは、開放的で挑発する水着姿の若い女性たちである［多田二〇〇四：一五七―一五九、二〇〇八a：一四六―一四九］。他方、平和というイメージに結びつくのは、若くして多くの死者を出したひめゆり学徒隊の少女たちだろうか。一九九五年九月に小学生が三人の海兵隊に集団強姦されるという痛ましい事件が生じたが、この事件に抗議する県民総決起大会のスピーカーでもっとも印象深かったのは女子高生だった。彼女はさながらひめゆり学徒隊の末裔のようだ。そして、基地に絡む否定的な言説の中心に位置するのが、本章で吟味してきた売春婦であろう。

自然と結びつく健康的な女性のイメージは、潤滑剤としてのオロナインの瓶とトイレットペーパーを傍らに毎日数十人もの男性を相手にし、中絶を繰り返して子どもが産めない身体になってしまう売春婦の身体と対極にある。両者はともにエロティックな要素と結びついているはずだが、沖縄の売春婦に燦々と輝く太陽も真っ青な海も似合わない。豊かな自然もまた復帰後の開発によって喪われつつある――さらに言えばすでに話者（現在ある

い は本土）から断絶している——という意味でノスタルジックな要素を含んでいるのだが、海洋博や観光政策によって提示される豊かな自然の島というイメージは、現在の、そしてこれからも永遠であることが強調されている。それにたいし、売春と結びつく沖縄のイメージは、たんに過去の本土を喚起するだけでなく、復帰後売春防止法の適用によって急速に消えてしまう世界、消えてしまわなければならない世界とみなされていた。

エロティックな要素は一九八〇年代前半、日本人の売春婦ではなく、売春やレズビアン・ショーに出演する米軍の関係者に認められることはすでに指摘した。これよりすこし遅れて、米兵を漁る本土出身の女たち（アメ女）がメディアに登場する。本土から沖縄にやってくる若い女性である彼女たちは、青い海と空をバックに水着姿で微笑む観光ポスターの女性モデルとともに、沖縄の観光ブームを盛り上げる主役となれるのか。否、彼女たちも、売春婦と同じく道義的には到底受け入れることのできない存在であった。しかも、美しくもないし、エロティックでもない[25]。アメ女たちの否定的な表象は、性犯罪の被害者となったときの世間の態度に認められる。地元の小学校や中学校の少女と深夜米兵たちが集る場所を徘徊していた成人女性とでは、同じ性暴力被害者でも態度がまったく違うのである。後者については女性側の「落ち度」が問題視される[26]。これに対比されるのが、すでに述べた、平和を象徴する清楚な、しかし決して非力ではない女子高校生なのだ[27]。このように、観光リゾート沖縄を表す女性と平和を表す高校生は、ともに本章の主題となった売春婦を過去の存在として否定する。他方で、観光客として沖縄にやってきたアメ女たちは同時代的存在として、否定的に語られる。彼女たちが求めているのは、金銭ではなく、自己承認だという点で売春婦とは異なる。しかし、理由がどうであれ、求めているものが外国男性との一時的な性関係を媒介としている点で非難の対象となるのである。

以上、本章では沖縄における基地売春の実態とその言説について検討を試みた。それは、占領期の日本における売春についての言説とも微妙に異なるものであった。二〇一〇年夏に始まる宜野湾市真栄原社交街（新町）などの売春街の浄化運動は、売春にまつわる沖縄の否定的なイメージを払拭することに成功したかもしれない[28]。冒頭で触れた橋下発言について、浄化運動を押し進めた二人の宜野湾市議はつぎのように述べている。

> 県連の諸見里宏美沖縄市議と屋良千枝美宜野湾市議は、沖縄市の「吉原」と宜野湾市の旧「新町」の両地域で、市と市民、警察の連携で売春地帯を一掃した経緯を指摘。橋下氏が在沖米軍幹部に風俗業者の活用を提案したことに「私たちの運動はなんだと思っているのか」と失望感をあらわにした（「橋本氏発言　怒る県内」『沖縄タイムス』二〇一三年五月一六日）。

ここで初めて沖縄は、本土の女性運動家に頼ることなく、自ら英雄的にふるまい復帰前から存続していたその否定的な女性像の痕跡を物理的に取り除いたと言える。しかし、これによって売春がこの島からなくなったわけではない。兵士による性暴力も根絶にはほど遠い。基地や社交街がなくなればすべて解決するというわけではない[29]。売春をめぐるさまざまな暴力を排除することの意義を認めた上で、本章で最後に指摘しておきたいのは、女性についての対立的な言説――貞淑な女性と売春婦、主婦と売春婦、解放されていない沖縄女性と解放された本土の女性、貧困から売春する女性と健康な本土からの観光客、あるいは清楚な女子高生とふしだらな女性といった女性たちをめぐる対立的な言説の存続こそ、それらがより普遍的とみなされがちな対立――たとえば若さと老い、生と死、生殖と性的快楽、未来と過去――と結びつくゆえに批判的に吟味しなければならない、ということである。このような言説こそが、売春に携わる女性への暴力や成人女性への性暴力を正当化する根拠となっているからである。しかし、このような対立を克服する処方は「万国の女性よ団結せよ」ではないということにも留意すべきであろう。「団結」にはつねに束縛や排除が伴うからである。安易な二項対立も団結も拒否するという困難な道を選ぶ必要があるのである。

注

(1) たとえば、男性について石井［二〇一四：一〇五］は、当時九歳の少年による「初めは彼女たちのあまりに派手で美しい衣装を見て、映画の女優さんかと思ったほどでした」という証言を記録している。女性については茶園［二〇一四：一二一一四］を参照。
(2) 一九五二年当時一四一七あった米軍施設は一九五七年になると四五五に、土地は四億坪が三億坪に、建物は四〇〇万坪余が二八五万坪に減少している（「米地上軍の撤退」『週刊朝日』一九五七年七月七日）。
(3) 占領期に出版されたカストリ雑誌にはまったくと言っていいほど米兵は登場しない。ただし、当時パンパンを主題とするコミックが出版されていた［笠間　二〇一二］。
(4) 統計上、国際結婚における男女比が逆転するのは一九七五年のことである［竹下　二〇〇〇］。それまでは、日本人女性が外国人男性、とくに欧米出身の男性と結婚する数が、日本人男性が外国人女性と結婚する数を上回っていた。この数字が逆転する理由は、アジアからの女性が日本人男性と結婚する件数が増加したからである。アジアとの関係で、日本は、かつての日本にとってのアメリカの位置に達したと言えよう。
(5) 正式な英語名称は以下の通り。Agreement under Article VI of the Treaty of Mutual Cooperation and Security between Japan and the United States of America, Regarding Facilities and Areas and the Status of United States Armed Forces in Japan.
(6) 戦後沖縄の米軍の性犯罪については高里［一九九六］や林［二〇〇六、二〇〇九］を参照。一九四九年には生後九ヶ月の乳児が強姦されている。一九五四年には六歳の女児が強姦殺害された。一九五五年には九歳の女児が強姦されるという事件が二件生じている（一人は殺害）。また、強姦については、より抽象的な議論を目指している森川［二〇〇六］がある。
(7) 藤崎［一九七二：一七四］は、香港から小学三年生の少女を買いにきた事例を紹介している。
(8) 頁数のみの引用は、主として後述する『潮』（一九七二年六月号）に掲載されている証言集からのものである。
(9) 概説は［高里　二〇〇一a、b］を参照。那覇については［加藤　二〇一一］が詳しい。
(10) 琉球政府法務局調査［佐木　一九七〇：二］による。佐木は、当時本土の売春婦が一〇万人、総人口は沖縄の一〇〇倍だから、単純に比較すると、沖縄の売春婦は本土の七倍に昇ると指摘している。越来村（コザ）における複数の歓楽街設置の経過については、ほかに神崎［一九七二：一二五―一二六］や菊地［二〇一〇：一一二―一一五］も参照。復帰以前の一九五〇年代―六〇年代のコザの実態について、また地元沖縄のメディアがどのようなまなざしを向けていたのかについては［吉田二〇〇六］を参照。そこで吉田は、売春婦たちが汚らしいものとして排他的に見られていたと論じている［吉田　二〇〇六：一一八］。

(11) 一九六九年に琉球政府警察局が行った調査である。

(12) 佐木［一九七〇：一〇〇―一〇一、一四五―一四六］によると、一〇分から一五分のショート三～五ドル、三〇分のロング五～七ドル、泊まりは部屋代を含めて八～一〇ドルである。街娼はラーメン付きで一ドルとも書かれている。ほかに小野沢［二〇〇五、二〇〇六］などを参照。

(13) 具体的な体験例として「ママ、もう逃げなくていいんだね」（『女性自身』一九七二年七月八日）が詳しい。ここから明らかなのは、管理者は、暴力団だけでなく警察とも癒着していることである。

(14) Aサインバーをめぐる管理については［菊地　二〇一〇、山崎　二〇〇八］が詳しい。

(15) 黒人についての類似の証言に「沖縄地元の男たちの間では、黒い兵隊は白い兵隊よりも女に親切で、一度黒い男と交わったら離れられなくなる、沖縄の女の黄色い肌も、黒い兵隊たちには「こよない」ものになるのだと語られていた」［池宮城一九七一：四］がある。

(16) General Headquarters, the Supreme Commander for the Allied Powers（GHQ/SCAP）は、「連合国最高司令官総司令部」あるいは「連合国総司令部」と訳される。

(17) 菊地は、類似の他者像が、女性解放を唱える本土の女性政治家や知識人と、解放されていない沖縄人女性という対比にも認められると指摘している［二〇一〇：一九〇］。

(18) 池田清自民党沖縄問題特別委員会委員長の発言「沖縄の実情は、国家的な恥辱なので、党としても抜本的な対策を立てる必要がある」（『琉球新報』一九七二年四月七日、［大田　一九七二：一〇六］の引用による）

(19) ちなみに、ほかの証言にも「憎しみ」という言葉が目についた。四〇歳のホテル経営者は、復帰すると、米軍による支援がなくなって、地元の反米感情が募る。そして憎しみが混血児に向けられるのではないか、と予想している（一六〇―一六一頁）。また歌手デビューする混血児は、米兵がものすごく憎らしいと思えた時期があり、いまも話をする気にもなれないと述べている（一六二頁）。

(20) 注17で指摘したように、売春婦を救い出そうとしていたのは男性ではなく女性たちであった。

(21) この点については離島の例だが、［水野　一九七二］を参照。

(22) ノスタルジアという点で忘れてはならないのは、沖縄と古代との結びつきであろう。民俗学における沖縄の特権的地位は、柳田国男や折口信夫の「発見」と密接に結びついている。沖縄は、本土にはすでに喪われた古代の慣習がまだ色濃く残っている、という主張もまた、その真偽はともかく、私たちと沖縄との距離の維持に貢献していたであろう。この点については[多田　二〇〇八a：六〇―六九、村井　一九九二]を参照。

(23) たとえば、「それでも復帰できないコザ〝売春地帯〟の女たち」(『週刊文春』一九七二年四月一七日)、最近では「沖縄「アメ女」のちょっぴり切ない胸の内」(『SPA!』二〇〇二年八月二七日)が詳しい。

(24) さらに細かく分けると、沖縄は伝統、長寿、健康食、芸能人・芸人、ポップなアメリカ文化などに結びつけられて語られてきた。

(25) 米兵を追いかける日本人女性は一般にアメ女と呼ばれる。アメ女は「アメリカじょーぐー」(アメリカ大好物)に由来する。類似の言葉に「こく女」(黒人大好物)がある。沖縄でのアメ女現象は一九九〇年代前半に始まる。二〇〇〇年代前半までは本土出身の女性が多かったが、いまは沖縄出身の女性が多い(以上、[圓田　二〇一四]による)。「沖縄「アメ女」のちょっぴり切ない胸の内」(『SPA!』二〇〇二年八月二七日)によると、デブで、ブスで、ネクラがアメ女の典型。自己承認のために米兵を求めにやってくるという。「もてない」「あまりきれいでない」といった証言もある[圓田　二〇一四：二四六]。黒人兵を追いかける「ぶらさがり族」について、「発情期のメス」というステレオタイプが強調される傾向があるが(「黒人兵四人が六本木ハントを現場報告」『朝日芸能』一九八五年四月四日)工藤[一九九九]は女性を巧みに操る米兵のずるさを強調している。

(26) 一九九五年に起こった三人の海兵隊による小学生少女への強姦事件と異なり、二〇〇一年六月に起こった嘉手納基地の米兵による強姦事件は、週刊誌などでの被害者への中傷が絶えなかった。この事件については『創』に掲載された一連の記事[国吉・石井　二〇〇一、浅野　二〇〇一a・b、浅野・被害女性　二〇〇二]が詳しい。もちろん、こうした態度の相違を理解するにあたっては、前者が未成年で性的な存在にはまだ至っていないという点も考慮しなければならない。

(27) 藤目[二〇一〇：二二〇―二二三]は、岩国米海兵隊航空基地に勤務する米兵による性暴力を論じている書物で、最後に二〇一〇年五月に開催された米軍再編に反対する集会における女子高校生の発言を聞いて、自身の涙腺が切れたと告白している。しかし、若さ、清楚、無垢、女性、未来を表象する発言者の背後に見え隠れする「JKポリティクス」こそ、だれの心にも響きかつ納得するゆえに、抗い批判しなければならないのではないだろうか。藤目が同じことを自著で繰り返す限り、たとえ自覚がなくてもこのポリティクスの片棒を担いでいると思われる。「良家の子女」の末裔とも言える女子高生の登壇で、どんな女性が、女子高生に対比され、また否定されているのかということこそを問うべきであろう。女子高生をもって自分たちの主張を表象／代表しようとするアイデンティティ・ポリティクスこそ批判しなければならない。

(28) その後の新町については［神里 二〇一三：五〇―五四］を参照。ほかに［八木澤 二〇一四：二四三―三〇一］が詳しい。

(29) 米軍海兵隊の航空基地がある岩国における類似の問題について、藤目［二〇一〇：五二、八二］が論じている。

参考文献

浅野健一
　二〇〇一ａ「沖縄米兵強かん事件でメディアは何をしたか」（『創』二〇〇一年一〇月号）六六―七八頁。
　二〇〇一ｂ「沖縄米兵強かん事件で被害者の匿名守る取り組み」（『創』二〇〇一年一一月号）八四―九五頁。
　二〇〇一ｃ「『早く普通の生活に戻りたい』と被害女性は語った」（『創』二〇〇一年一二月号）五二―五九頁。
浅野健一・被害女性
　二〇〇二「沖縄米兵強かん事件で遂に実刑判決が！」（『創』二〇〇二年五月号）一一〇―一一七頁。
池宮城秀意
　一九七一『沖縄のアメリカ人――沖縄ジャーナリストの記録』サイマル出版会。
石井光太
　二〇一四『浮浪児一九四五――戦争が生んだ子供たち』新潮社。
石川真生・國吉和夫・長元朝浩
　一九九六『これが沖縄の米軍だ――基地の島に生きる人びと』高文研。
大田昌秀
　一九七二「残された問題」『潮』（一九七二年六月号）一〇二―一〇九頁。
小野沢あかね
　二〇〇五「米軍統治下Aサインバーの変遷に関する一考察――女性従業員の待遇を中心として」『琉球大学法文学部紀要　日本東洋文化論集』一一：一―四六頁。
　二〇〇六「戦後沖縄におけるAサインバー・ホステスのライフ・ヒストリー」『琉球大学法文学部紀要　日本東洋文化論集』一二：二〇七―二三八頁。
笠間千浪
　二〇一二「占領期日本の娼婦表象　『ベビサン』と『パンパン』――男性主体を構築する身体」笠間千浪編『〝悪女〟と〝良女〟

の身体表象』青弓社。
加藤政洋
　二〇一一『那覇――戦後の都市復興と歓楽街』フォレスト出版。
神里純平
　二〇一三『沖縄裏の歩き方』彩図社。
神島二郎
　一九七二「沖縄の抵抗文化――娼婦と混血児」『潮』（一九七二年六月号）九四―一〇一頁。
神崎　清
　一九七二「現地ルポ　どこへゆくモトシンカカランヌー」『サンデー毎日』（一九七二年一月二日号）一二四―一二九頁。
菊地夏野
　二〇一〇『ポストコロニアリズムとジェンダー』青弓社。
工藤明子
　一九九九「『日本の女はこんなにちょろい』――GIにかもられる女たち」『新潮45』（一九九九年二月号）一八〇―一八八頁。
国吉美千代・石井恭子
　二〇〇一「私たちは事件をどう報道したか」『創』（二〇〇一年一二月号）六〇―六七頁。
佐木隆三
　一九七〇『沖縄と私と娼婦』合同出版。
島袋　浩
　一九七二「最大の産業〝股間経済〟の実態」『潮』（一九七二年六月号）一一八―一二六頁。
高里鈴代
　一九九六『沖縄の女たち 女性の人権と基地・軍隊』明石書店。
　二〇〇一ａ「特飲街の形成」那覇市総務部女性室編『なは・女のあしあと　那覇女性史（戦後編）』琉球新報社、二六八―二七四頁。
　二〇〇一ｂ「復帰後の売買春」那覇市総務部女性室編『なは・女のあしあと　那覇女性史（戦後編）』琉球新報社、四九〇―五〇二頁。
竹下修子

二〇〇〇　『国際結婚の社会学』学文社。
多田　治
二〇〇四　『沖縄イメージの誕生─青い海のカルチュラル・スタディーズ』東洋経済新報社。
二〇〇八ａ　『沖縄イメージを旅する──柳田國男から移住ブームまで』中公新書ラクレ。
二〇〇八ｂ　「観光リゾートとしての沖縄イメージの誕生──沖縄海洋博と開発の知」『一橋大学スポーツ研究』二七：六一─六六頁。
田中雅一
二〇一二　「コンタクト・ゾーンとしての占領期ニッポン──『基地の女たち』をめぐって」『コンタクト・ゾーンの人文学　一　Problematique／問題系』晃洋書房、一八七─二一〇頁。
茶園敏美
二〇一四　『パンパンとは誰なのか──キャッチという占領期の性暴力とＧＩとの親密性』インパクト出版会。
花村萬月
二〇〇七　『沖縄を撃つ！』集英社新書。
林　博史
二〇〇六　「東アジアの米軍基地と性売買・性犯罪」『アメリカ史研究』二九：一─一八頁。
二〇〇九　「日本軍『慰安婦制度』と米軍の性暴力」林博史・中村桃子・細谷実編『暴力とジェンダー』白澤社。
藤崎寿美
一九七二　「現地ルポ　沖縄女性たちのほんとうの声」『婦人公論』（一九七二年五月号）一七二─一七九頁。
藤目ゆき
二〇一〇　『女性史からみた岩国米軍基地──広島湾の軍事化と性暴力』ひろしま女性学研究所。
外間久子・由井晶子
二〇〇一　「米兵によるレイプ多発」那覇市総務部女性室編『なは・女のあしあと　那覇女性史（戦後編）』琉球新報社、五八─六三頁。
圓田浩司
二〇一四　「『アメ女』のセクシュアリティ──沖縄米軍基地問題と資源としての『女性』性」難波功士編『戦争が生みだす社会三　米軍基地文化』新曜社、二一七─二五〇頁。

水野四季子
　一九七二「沖縄離島の売春」『婦人問題懇話会会報』一六：一四―一九、二六頁。
宮西香穂里
　二〇一二『沖縄軍人妻の研究』京都大学学術出版会。
村井紀著
　一九九二『南島イデオロギーの発生――柳田国男と植民地主義』福武書店。
森川恭剛
　二〇〇八「戦後沖縄と強姦罪」新城郁夫編『沖縄・問を立てる３　攪乱する島――ジェンダー的視点』社会評論社。
八木澤高明
　二〇一四『娼婦たちから見た日本』角川書店。
山崎孝史
　二〇〇八「ＵＳＣＡＲ文書からみたＡサイン制度と売春・性病規制――一九七〇年前後の米軍風紀取締委員会議事録の検討から」『沖縄県公文書館研究紀要』一〇：三九―五一頁。
吉田容子
　二〇〇六「沖縄米軍基地周辺の特飲街における諸権力の様相――とくにジェンダーの視点から」吉田容子編『空間・場所をめぐる諸権力の解明――沖縄を事例としたフェミニスト分析から』（科学研究費補助金報告書）奈良女子大学、一―三三頁。

資料
「娼婦にされた日本人の体験――売春と混血児の実態、関係者１００人の証言」『潮』（一九七二年六月号）一一八―一九六頁。

第六章　「愛される自衛隊」になるために
——戦後日本社会への受容に向けて

アーロン・スキャブランド（田中雅一・康陽球訳）

1　はじめに

札幌は雪まつりで有名だ。一九六〇年代初頭より始まり、最近ではおおよそ二百万にのぼる人々が毎年雪まつりに訪れた。自衛隊として知られている戦後日本の軍隊は、六〇年間近く雪まつりの成功のために重要な役割を果たしてきた。一九五三年北部方面隊の音楽隊が雪まつりで演奏した。その二年後自衛隊は、雪まつりでただ音楽を演奏するだけでなく、巨大な雪像をつくるというもっとも重要な役割を果たすようになる。雪まつりが始まった一九五〇年、中学生と高校生が雪像をつくっていたが、数年のうちに、運営者が北部方面隊の隊長に自衛隊の援助を求めた。なぜなら、学生たちが勉強を疎かにすることを懸念したからであり、なかには女性の裸体の作品もあったため学生たち自身がそのような作品をつくって裸体に接することをよく思わない人々がいたからである。その結果、半世紀もの間自衛隊員たちは、トラック何千台分もの雪を毎年運び、何十もの雪像を市街地の大通公園と真駒内駐屯地の近くにつくった。北部方面隊の隊員が一丸となり多くの時間を費やして働いたのだが、自衛隊の会計課は、雪まつりの運営側に雪を運ぶためのガソリン代しか請求しなかった。

なぜ自衛隊はこのようなことをしたのだろうか。二〇世紀後半、軍国主義に対して不満を抱く人々が世界中に増えてきたが、その風潮が日本ほど厳しく長引いた国はなかった。悲惨な戦争と苦い敗北に続いて多くの国民が軍部と兵士を信頼できないものとみなすようになった。憲法と教育改革は平和主義的な感情をより強固にし、軍隊への援助を衰退させた。退役隊員が私に語ったたとえを使うのなら、多くの人が自衛隊を父親のいない私生児のようにみなしたという。[1]人々は、二つの理由から自衛隊を非合法的であると考えた。ひとつ目は、設立当初から反発があったのだが、合憲性が疑わしいこと、二つ目は、生まれるのが分かったそのときから米軍の非嫡子と見えたからであった。ほぼ完全に旧日本軍を解体し、アメリカによる一九四七年の憲法草稿を通じて「陸・海・空軍、その他、軍事力となりえるものすべてを永久に保持してはならない」と指示されてわずか三年後、朝鮮戦争が勃発して数週間のうちに連合国軍最高司令官ダグラス・マッカーサーは、日本政府に警察予備隊をつくってもいいと伝えた（すなわち命令した）。初期の自衛隊は、日本がまだ占領期の検閲下にあり、朝鮮戦争についての不安や国内の共産主義者たちによる争議が国を揺り動かしていた頃に設立されたものであるから、合法性について議論をする余地がなかった。

疑わしい合法性と、自衛隊がもつ米軍との、生まれながらに従属的で継続的な近親関係は、軍事力を拡張させるのか制限するのかという問題で、何度も日本の権力者を困らせてきた。GHQとその後継者である日本政府は、非武装・非軍備の国、平和な国、日本という幻想をつくりあげてきた。「警察予備隊（一九五〇―一九五二）」、「保安隊（一九五二―一九五四）」、「自衛隊（一九五四以降）」と組織が変わるたびにつけられた呼び名は、それが常備軍ではないという正式に認定された虚像をつくりだすことに意図的に貢献した。その間、日本の政治家は曖昧な言い回しを習得したといえる。たとえば一九五三年、当時の首相、吉田茂は「保安隊は戦闘の可能性をもたない軍隊である」と主張した。着実な再軍備、最先端の兵器、そして組織のもつ紛れもない軍事的な特徴にもかかわらず、政府の役人は強力な軍事力の創出と戦前の旧日本軍との一切の連続性を、さまざまな方法をもって曖昧にさせることを幾度となく繰り返してきた。この状況において、多くの人は、政治的に左翼だけでなく右翼も自衛隊を完全に受け入れることも公けに話すこともできない異母兄弟のように扱った。自衛隊の内部と外部、その両方で、自衛隊は「中途半端」なものとしてしばしば描写された。自衛隊のもつ曖昧な性質が、隊員の位置付けを不明瞭なものにした。つまり、自衛隊が完全な軍隊でないとするなら当然その隊員は完全な兵士ではないということになる。この結果、彼らは社会から完全に受け入れられることなく孤立することになる。

再編された自衛隊とその隊員たちは何十年もの間、世間の敵対心と無関心に直面してきたため、最近まで敬意を払われることはほとんどなかった。そのような敵意は自衛隊ができた当初の数十年、根強く続いた。日本の多くの人々によって数十年にわたって共有されてきた戦中の記憶は、戦後の軍隊に対する嫌悪感を刺激した。一九五〇年代新入りの隊員たちは税金泥棒と呼ばれた。一九六〇年代後半から一九七〇年代初頭にかけて自衛隊に向けられた否定的な態度は、日本政府が間接的にベトナム戦争に関わることでさらに強まった。自衛隊員は、社会の一部から向けられる侮辱や差別に継続的に直面してきた。たとえばそれは、野次や、配偶者を見つけるのが難しいこと、公立・私立問わず大学から排除されるというような形をとって行われた。

社会からの疑念や孤立を乗り越えるため、自衛隊は受容と援助と敬意を手にいれようと世間に向けて、一途に絶え間なく、熱心な求愛を続けてきた。ベン＝アリとフリューシュトゥックが描写したように、このような広報活動は二一世紀に入ってもかなり洗練された形で続けられた［Frühstück and Ben-Ari 2002: 1-39］。世界各地の軍隊と同じく、自衛隊は組織のアウトリーチ活動を公共サービスと名付けることで正当化したが、部隊の指導者たちが認めるように、このような活動は軍隊内の連帯感や親近感を醸成するとともに、一般の人々から理解と関心を得たいという願いによっても動機付けられていた。自衛隊の前身が設置された一九五〇年代と、それに続く一九六〇年代の自衛隊の司令官たちがよく使っていた言葉を借りると、彼らは「愛される自衛隊」になることを望んでいた。

　本章は、戦後まもなくつくられた自衛隊とある地域社会との関係を、一九五〇年代から一九七〇年代初頭までの期間を中心に考察するものである。研究者たちは、比較的近年まで自衛隊にまったく関心を示してこなかった[2]。いくつかの時期を通じて両者の関係の展開を追うことが重要である。なぜなら、戦後の日本社会は一枚岩ではなく変化しているからである。自衛隊、その隊員たち、そして彼らを取り囲む社会の環境はとても複雑で多面的で、時間をかけて進化していった。社会と自衛隊が変化するにつれ、互いの関係も変化し、地域と地域社会に応じて異なる性質のものとなっていった。

　本章は、日本全体における広範囲の経済的、文化的相互関係に言及する一方で、北海道の特定の歴史的事例に焦点をあてる。北海道を選んだのは、北海道が日本全体の潮流を象徴的に表すからではない。北海道は、むしろさまざまな点で特殊である。まず、北海道は、ロシア東部と近接しているため戦略的価値が特別に高い場所であるとみなされてきた。つぎに、北海道は、自衛隊の駐屯地や自衛隊員を、他の地域に比べ多く擁する場所である。マッカーサーが、朝鮮半島に米軍を派遣したあと、新たに任命された六万人の日本人部隊が北海道に送りこまれた。一九六〇年代の半ばまで、陸上自衛隊の三〇パーセント以上が、駐屯地の四〇パーセントを占める北海道に配置されていた。三番目に、他の地域に比べて北海道は二〇世紀後半左翼が強く、その本拠地であった[3]。そして、日本社会党は、一九九〇年代後半に分裂するまで最大野党であったが、そこに結集していたリベラルな人々が一九九五年まで自衛隊は違憲であると主張し続けた。たしかに、北海道は戦略的に重要で駐屯地が集中し、比較的にリベラルな地域であるが、そこで起こった交渉は、国内の軍事組織とその隊員が社会にいかに溶けこんだのか、そして地域社会のもつ要素が自衛隊の受容をいかに手助けし促進させたのかという過程に注目しさえすれば、他の地域の自衛隊と社会との関係を理解する手助けにもなろう。

政府は自衛隊に相当な権力と資源を与えたが、新たに配置された組織は社会との関係を築くことに苦心した。ある領域においては、自衛隊は旧日本軍が社会と築いた関係をうまく活用することができた。しかし、自衛隊は社会に浸透することができず、以前と同じような政治・経済的な力を発揮することはできなかった。世論と同様、占領軍による改革は法的に制限あるいは禁止されていた。防衛費が議会で上限を一パーセントと定められていたため、戦前や冷戦下のアメリカのような軍産複合体を形成することが妨げられていた。おそらく、旧日本軍の軍人たちは、自分たちが起した向こうみずな戦争や、その敗戦によって非難されてきたため、旧日本軍の否定的な特徴との関連を無視して、自衛隊が旧日本軍の実践や立場を継承することはできない。このため、自衛隊は草の根レベルの新しい支援のあり方を自分たちで打ち立てねばならなかった。

2　甘えの構造——自衛隊駐屯地をもつ地域の経済学

一九六〇年一一月、自衛隊一〇年記念の式典で、前北部方面隊の隊長、岸本重一は、自衛隊は「北海道の開発の先駆者」であると誇らしげに語った。その先駆者的な役割の証拠として、北海道の人口増加は、自衛隊の隊員とその家族の流入によるところが大きいと指摘し、その結果、産業、公共交通、そして文化は、それまでにないほど繁栄したという〔岸本　一九六〇：三〕。これは、やや自画自賛のように聞こえるが、たしかに自衛隊は地域の社会経済的発展にとても重要な貢献をそれまで果たしており、それ以降も果たそうとしていた。

基地のある地域においても、北海道全般においても、自衛隊がもたらす貢献には否定的な側面があった。自衛隊の貢献は、地域の中央政府への依存を高めたからである。開発と防衛の前線であり辺境であるという北海道の位置付けは、遅くとも一八世紀に始まる長く複雑な歴史があった。この島の手つかずの自然資源にへの強欲さと、ロシアの侵入に対する恐怖から、徳川幕府と明治政府は北海道を国内植民地に変容させた。明治政府の役人たちは、一八六九年に開拓使を設置し、屯田兵という農業兵士の集団を任命し、入植を奨励することで、この島の資源を利用しようと努めた。一八八二年に開拓使が廃止され、アメリカ占領下の一九四七年に地方自治法が制定されるまで、中央政府の行政官たちは、他の都府県とは異なる方法、すなわち北海道庁を通して直接植民地統制を実施した。一九四七年に始まる地方自治は長く続かなかった。一九五〇年に再び、占領軍からの初期の異議を受けて、日本の指導者たちは、ソ連の脅威に対する防衛と戦後の経済復興の必須事項である開発という名目のもとに北海道開発庁という形で直接的な支配を再構築した。北海道の資源を活用し、防衛力を強化し、本州、四国、九州などの内地における人口圧迫を緩和するため、戦後北海道庁の官僚たちは大日本帝国の植民地化を継続した。

一九五〇年代後半、北海道に駐屯すると、再構成された軍隊はその開発と防衛の担い手となった。最初に到着した部隊は米軍が撤退した土地に移り住んだが、そのような土地だけでは、警察予備隊の隊長たちが北方に送りこむように計画した多くの隊員を留めておくには不十分だった。地域の政治エリートやビジネスエリートたちの多くは、経済への刺激に期待を抱き自分たちの地元に駐屯地を誘致しようと、東京の官僚たちにロビー活動を始めた。

駐屯地がもたらす即時的な（そして持続的な）利益のために、再軍備に批判的な人々も、反対意見を言いにくくなった。北海道北部にある名寄町では、そのようなジレンマはすぐにはっきりと現れた。一九五一年、政府が警察予備隊の駐屯地を新しく探しているということを町の役人が知ったとき、地域の商工会議所の要職に就いている人たちは、それまで旧日本軍の拠点にもなったことがない名寄町に対して、警察予備隊を迎えいれ、そのために二〇〇〇万円の資金を使うことを促した。当時の名寄町商工会議所副会頭に就任し後に名寄市の市長となった池田幸太郎は、警察予備隊の幹部と会うために東京に出発する前夜、誘致反対のビラを市街地で配っていた社会党員であった佐々木鉄雄に出くわしたことを振り返りこう述べている。池田が警察予備隊の招致計画についてどう思っているのかと質問すると、佐々木は、「俺だって名寄の町民だ。町の発展に繋がることに反対するわけがないじゃないか。何と書いてあるかよく見てくれ。予備隊誘致反対とは書いてないだろう。再軍備反対と書いてあるんだよ」と言った［池田 一九九〇：一一〇―一一二］。こうしたジレンマのもと、一九八六年に名寄市民が初の社会党所属の桜庭康喜を市長に選出したことは驚くべきことではないだろう。桜庭は、社会党としての立場を破り、自衛隊を容認したことで選出された。選挙後桜庭は、さらにその先に進もうとした。桜庭は、地域の保守的な政敵の批判をかわそうと賢明な態度をとった。冷戦が終わりを迎えつつあることで、北海道の戦略的な価値が低くなり、これ以上部隊が増強されることがないと知りながらも、防衛庁には名寄にこれまで通り部隊を駐屯するだけでなく、派遣する自衛隊員の人数を増やすように要請したのである(4)。

駐屯地がもたらす経済的な利益にもかかわらず、多くの住民は諸手を挙げて部隊を歓迎していたわけではなかった。戦前、軍隊との強いつながりで知られ「軍都」と呼ばれていた旭川でさえも、市民は警察予備隊を複雑な心境をもって迎え入れた［大小田 二〇〇五：一四三］。多くの人は、再軍備、基地、そして兵士は必要悪とみていた。名寄に駐屯する士官や協力者たちは、警察予備隊がすぐに経済的影響をもたらしたにもかかわらず、住民が市の数キロほど離れたところにある駐屯地をしぶしぶ受けいれていることに気付いていた。敵意を表立って示す人もいた。そのなかでも若い人々はとくに声を上げた。一九五二年、学校の敷地の近くに警察予備隊のビルを建てたり、兵士のための歓楽街をつくることに反対する署名を、町の高校生の半分以上が行った［名寄市史編纂委員会編 二〇〇〇ａ：八一七］。それでも徐々に不平は収まっていった。一九六〇年代に政治の世界に登場した労働組合の若き指導者、桜庭のように、左翼的な政治思想をもった人は、原則的には自衛隊に反対し、また一九七〇年代に地対空ミサイルホークを駐屯地に導入することに反対し続けた。しかし、左翼が、名寄やその他の地域の社会的経済的な構造の一部に完全になってしまった駐屯地や隊員を直接批判することは不可能に近いことであった。現役あるいは退役の自衛隊家族が、駐屯地がある町、とくに都会から離れた地域では増え続け、人口の大部分を占めていったということもあり、自衛隊への批判は、近隣住民への批判に見えるかもしれなかったからである。自衛隊員が兵士でありかつ住民であるという二面性をもつという事実によって、とくに小さくて住民の親密度が高い地域社会やそれに隣接する地域においては、隊員の家族や、所属する組織に対する反対意見は取り除かれていった。

古典的な植民地での関係のように、北海道の地域社会における相互関係は、ある程度のギブ・アンド・テイクを要求したが、権力は国家の側にあった。軍隊が、駐屯地や専用の飛行場、港を設けるには、地方自治体からの土地の供給に頼らなければならなかった。しかし、名寄のような地方自治体はしばしば、駐屯地から経済的な利益を得ようと強く望んでいたため、私有地を買収しインフラを整え自衛隊に無料で提供した。願いを叶えるため、自治体の指導者たちは「貢物」をするために東京を訪れた。防衛庁の高級官僚は、戦略的な利益からだけでなく、北海道に多くの人を住まわせ発展させることを望む北海道開発局との私的な協議を通じて要請を受け入れた。一九五〇年代初期に初めて駐屯地が設置されて以来駐屯地の配置は、このような関心に基づくものが大半であった。このような理解を支持する事例として、一九八八年につくられた美唄駐屯地の事例がある。美唄は北海道の中部に位置する市で、そこは、まったく戦略的価値がなく、一九七〇年代以降から石炭産業の衰退によって経済的な打撃を受けた場所であった［美唄市百年史編さん委員会編　一九九一：一四二六―一四二八］。

防衛庁と北海道開発局の官僚たちは、地元の政治エリートたちと協働し、北海道外部の出身者が多い隊員に戦後の国内植民地化の積極的な推進者となるように説得した。そのための方法のひとつは、北部方面隊の士官たちが男性の部下たちに文字通り道民たちとの交際、すくなくとも女性たちとの交際を促すことだった。こうして、現役の隊員と地元の女性との結婚が推進されることになった。一九四七年の選挙から続いていた社会党の知事に替って、一九五九年に自民党員の町村金五が知事として選出されたことにより、このような努力が真剣に始められた（自民党の知事は一九八三年まで続いた）。自衛隊や道レベルあるいはその下位に位置する自治体レベルの結婚相談所は協同で、紹介や私的な集まりを通して自衛隊員と女性が出会う場を設けた。一九五〇年代と六〇年代、陸上自衛隊は、通常隊員を本土などから北海道にすくなくとも三年間配属した。地元の女性たちと結婚することで、自衛隊員は北海道で永住することになり、北海道の常住人口の増大に貢献した。また北部方面隊にとって同様に大切だったのは、隊員と地元の女性との夫婦関係やその家族との親族関係が、地域社会と自衛隊組織を結びつけ、地域の自衛隊批判を取り除く可能性であった。[5] 自衛隊が主導権をもって進めた北海道の発展支援の働きかけには退役隊員たちも含まれていた。一九五〇年代中盤、自衛隊は、北海道開発局と協力し、二五人の元隊員とその家族を北海道の北と東に派遣し、新しい農村の開発に従事させた。しかし、数年のうちにこれらの村落は財政上の失敗により消滅した［北海道新聞社編　一九五七：一二二］。ただ、雇用協議会のような地元の産業に隊員を送りこむという自衛隊のアウトリーチ活動は、成功したようだった。

全国的に地域からの援助を強化するため、自衛隊と政治・経済的に協力関係にあった人々は、一九五〇年代からさまざまな支援団体を組織し始めた。そのひとつが、自衛隊協力会である。一九五四年に自衛隊法が制定され、すべての地方自治体に自衛隊員募集の協力が定められた。すなわち、この法律のもとで、地方自治体は募集機関を告知し、志願者の応募資格を調査する義務が課せられたのである。さらに、多くの地方自治体は、協力会に行政支援を行うことを選択した。一九六八年まで、自衛隊の支援者は九一五の市、町、村に協力会をつくり、そのメンバーは五〇万人近くに達した［朝日新聞社　一九六八：五九］。協力会には、しばしば女性部会やときには青年部会もあった。自衛隊の士官と地域の協力者たちは、全国的な退役隊員の団体である隊友会と家族を支援する組織である父兄会を組織した。このような団体の実践のヒントは、歴史学者のスメサーストの書物の名前にもなっている「戦前の日本の軍国主義的な社会基盤」を形成した諸団体と類似するが、その本質や影響はまったく異なっていた［Smethurst 1971］。団体の中核となったのは、自衛隊に加え、地域の自民党政治家と町内会のメンバー、そして経営者、スポーツ団体の指導者など、自衛隊の支援に頼っていたり設備を利用したりする機会が多い人々であった。政治学者のカッツエンスタインが考察したように、戦後の支援団体は、きっちりと組織化されていたが、自衛隊への支援は限られていた［Katzenstein 1996: 109］。

一九七〇年代初期まで続く高度成長期時代になって多くの自治体が自衛隊に経済的依存をする必要がなくなると、防衛庁は駐屯地をもつ町に委任あるいは裁量による補償金の分配をした。この支払い理由は、騒音とその他、自衛隊が駐屯することでもたらされる被害に対する補償であった。しかし、保証金が支払われた時期から察すると、防衛庁が地域からの支援を強化することを望んでいたことが分かる。自衛隊の飛行場がある千歳や、火力演習が行われる別海は、巨額の補償金を手にした。名寄の駐屯地は、小さい規模の射撃場をもっていただけだったので、被害の代償として割り当てられた額は、過去十年にわたる市の年間予算の一パーセントにも満たなかった。しかし、消費活動や人口に基づいて中央からおりてくる補助金など、駐屯地が間接的にもたらす地域への経済的影響は、名寄の予算の二〇パーセントに近いものだった。このような財政的な利益は、駐屯地をもつ他の町についてもまた同様であった。防衛庁が補償金を分配する前も、補償を実施した間も、駐屯地を抱える町のほとんどの住民は駐屯地がもたらす財政的な利益にはっきりとは気付いてはいなかった。自衛隊にもっとも好意をもっていたのは自衛隊の存在によって実際に利潤を得ていた人々であった。このため、それ以外の社会層にアウトリーチするためには、より柔軟な戦略が必要であった。

3　百聞は一見に如かず――自衛隊のアウトリーチ

一九六〇年代の自衛隊のハンドブックには、「広報は、自衛隊の戦術行動の一つであり、心理戦の理論技術が適用される」と書かれている［朝日新聞社　一九六八：二三二］。このような宣言から、どれほど真剣に自衛隊の士官たちが、一般市民から慕われることを重要な責務として認識していたのかが分かる。司令官たちは、もし日本が新たな紛争に巻きこまれることになれば、軍隊は一般市民からの支援と協力に頼らなければいけないと考えていたため、脆弱な支援体制に満足していなかった。とくに一九六〇年代、好景気のため新入隊員を目標数獲得できないことが繰り返し続いたことも、懸念理由であった。さらに、左翼は、一九五〇年代と一九六〇年代を通して、自衛隊の違憲性を主張する裁判を何度も起こした。このような裁判の多くは、自衛隊がすぐ近くにあることをよく思わず、その存在についてイデオロギー上の恨みを抱いている一握りの市民によってもたらされたものであったが、報道機関を通じて自衛隊の合法性が疑わしいことを人々に喚起させるには十分であった。このような国内の敵と戦うために、自衛隊は戦力的に「防衛基盤育成」と呼ばれる数々のアウトリーチ・プログラムを展開した。

自衛隊とその隊員たちは、選挙以外の政治的な活動に従事することは法によって禁止されていたため、自衛隊が世の中の理解を得、興味を誘いだすために、政治的議論とは異なる方法に頼らなくてはならなかった。ある程度は、自衛隊士官も戦略的な観点から意見を述べることが許されたが、戦後の日本では政治と安全保障の境目がとても曖昧だったため、そのような意見を述べるのは隊員たちにとって危険なことであった。そのためそのような役割は、市民の協力者、とくに自民党の政治家に委ねるのが一番の方法だった。その代わり、自衛隊の士官は肯定的な視覚的イメージをつくりだし、世の中に直接関わるためできるだけ多くの方法をとった。自衛隊の広報活動は主に二つのカテゴリーに分けることができる。第一に、人々に自衛隊は、防衛以外の領域においても社会にとって不可欠であるという考えを浸透させるため、国家安全保障とはあまり、あるいはまったく関係のないたくさんの活動に乗り出した。第二に、人々に、自衛隊は専守防衛のための集団であることを知らしめるためにできるだけ表立って目立つように努めた。

もっとも突出した非軍事活動は、自衛隊の災害救援活動だった。もちろん自衛隊は、世の中から喝采を得るために災害救援活動を始めたわけではなかったし、広報活動の一環として救援活動を一般に広く知らしめることが適切とは考えなかったが、このような災害と自衛隊の救援活動が、報道機関から注目され大々的に報道されたことは自衛隊にとって幸いとなった。警察予備隊と保安隊は最初の四年間の間、台風や洪水が襲ったときに住民を助けるため何度も召集された。一九五四年に保安隊が自衛隊になるとき、自衛隊法第八八条によって公務員が自衛隊に出動を要請する規則が規定された。自衛隊を災害救援に派遣することは、戦後、軍隊のあり方としての新しい出発となった。旧日本軍も、自然災害に対応はしていたが、それは一九二三年の関東大震災のようなきわめて深刻なものに限られていたうえ、組織的に関わっていたものではなかった。旧日本軍の各部隊は、同じ地域から召集された人々で構成されており、農業などの面で緊急事態に見舞われると、出身地に数日帰って支援活動を行うことが許されていたにすぎなかった。しかし、戦後の自衛隊は、それよりもっと活動的であった。自衛隊の士官たちは第八八条をできるだけ自由に解釈し、風害や水害だけでなく、火事や疫病、野生動物による獣害と戦うことも可能にした。今まで災害を担当する行政当局は、登山客の捜索救助活動や、遠隔地から病院に患者を緊急護送するなどの状況に対応するため自衛隊に頼ってきた。一九五一年から一九六〇年まで、自衛隊は四七六の火災に関連した緊急事態、二二一九の水害、三五三三のその他の問題に対応してきた。そのなかでも、北海道は二〇八件にのぼり、二番目に多い県の四倍の件数となっている［防衛庁自衛隊十年史編纂委員会編　一九六一：

三五六〕。一九五五年、名寄郊外駐屯地の自衛隊は、自分たちの基地も冠水していたにもかかわらず、洪水から市民を救出した。また、一九六〇年六月にも同自衛隊は、ポリオに感染した子供を旭川の病院までヘリコプターで運ぶ一方で、別のところに駐留していた部隊が炭鉱の町、夕張でポリオの流行を止めるためDDT（殺虫剤）を散布した〔名寄市史編纂委員会編 二〇〇〇a：六八四、北海道新聞社編 一九六一a：一六二〕。

災害への対応で自衛隊に頼ることが増えるにつれ、世論調査は、自衛隊の指導者にとってはあまり喜ばしくないことではあるが、人々が自衛隊の防衛能力よりも、災害救助の能力に価値を置き始めていることを明らかにした。たぶん、人々はアメリカの核の傘が防衛を主として保証していると考えていたのであろう。ほとんどの道民がソビエトの侵略を脅威として真剣に考えていなかったことは明らかである。とはいえ、自衛隊の司令官たちは、彼らの専門知識や技術力をもって手助けするような機会を歓迎し、賞讃されることを喜んだ。しかし時々自衛隊は、災害援助への要請があまりにも頻繁な場合には断らなければならなかった。たとえば一九六四年の二月、帯広に本部をもつ第五旅団は、異例の事態にならない限り出動しないという声明をだした。地元の病院は交通事故が起こると、繰り返し第五旅団に献血をするために隊員を派遣するように要請していたようである。自衛隊に助けを求めるのは電話でラーメンを頼むほど簡単なものとして考えられていたと、ある士官は不平を述べ、市は血液バンクを設立するべきであったと述べている〔「隊員の献血お断り」『朝日新聞』一九六四年二月一八日〕。

災害援助が復興支援に移りゆくこともあった。そのことが、自衛隊を一般的な建設分野に関与させるようになったのだろう。一九五三年から一九五九年にかけて、保安隊、のちに自衛隊は道路や橋の建設から学校の運動場をならす作業にまで、全国で一六三九のプロジェクトを担当していた〔防衛庁自衛隊十年史編纂委員会編 一九六一：三五六〕。このようなプロジェクトによって、自衛隊は、地区施設隊を一九五八年に正式に設立し、地域の自治体や世間のお気に入りになっていった。ある新聞の見積もりによれば、自衛隊の行った事業の建設費用は、一九五九年の民間企業に発注した場合にかかるであろう費用のおよそ二〇分の一に相当したという。さっぽろ雪まつりで、自衛隊の会計課は、資材と燃料にかかった実費以外の労賃を一円も請求しなかった〔北海道新聞社編　一九六〇：一五五〕。真駒内に当時駐屯していた第一一戦車大隊の元隊長、久保井正行（一九二四年生まれ）は、一九六〇年代過大な要求に参っていたことや、仕事がひっきりなしに続いていたことを振り返る[6]。自衛隊は、一九五〇年代当時官民含めて、クレーンやブルドーザーなどの重機を兼ね備えていた数少ない組織のひとつだったため、自衛隊が行う建設事業は、民間の建設業者には対応できないものであった。これは、北海道のような周辺に位置する田園地域ではとくに顕著であった。自衛隊は、一九七〇年初頭まで札幌周辺で活動を続け、名寄のような地域では、二〇〇〇年代まで民間の建設業者なら一切の関心を払わない仕事を受け持っていた。

北海道で北部方面隊は、開発事業団体や道庁、それ以外の地方自治体と非公式ながら協働して事業を展開した。部隊は、一九五七年度、七四の主要な道路建設のプロジェクトのうち三四を担った〔北海道新聞社編　一九五九：一四六〕。北海道の人々は、自衛隊がもたらした除雪の機械化に感謝した。保安隊が一九五三年に初めてブルドーザーを手にいれたとき、名寄市の役人や多くの住民は喜んだ〔「ブルドーザー運行の朗報」『名寄新聞』一九五三年二月二日〕。その後の約三〇年間、自衛隊と開発局は、名寄の除雪を分担するようになった。

その他さまざまな自衛隊のアウトリーチ活動によって、地方には利益がもたらされた。自衛隊は、診察やその他の医療サービスを受けるのに制限があった遠隔地の村々に、医者を定期的に送りこんだのである。一九六六年には、自衛隊の医師たちは北海道の二六の町村の二三〇〇人の人々の診療にあたった〔北海道新聞社編　一九六七：一六二〕。高度経済成長によって北海道と東北地方の農業の担い手が少なくなったとき、自衛隊は数千人もの隊員を派遣し、田植えや米、ビートなどの収穫を手伝わせた。一九六五年には五万人以上の隊員が送りこまれていたが、当初、そのような活動は、自ら志願するものに限られていた。しかし、翌年から、要請が激増し、個人の意志に関係なく、部隊全員を派遣せざるを得なかった［北海道新聞社編　一九六七：一六二］。自衛隊員は、実際のところ、就職のために都会に出て行った若者に代わって、彼らの役割を担うようになった。無償の支援は、農村で人手不足に悩む人々だけでなく、その娘たちの心をつかみ、彼女たちの多くが村で働いていた隊員たちと結婚した。このような副産物は、自衛隊の司令官たちを喜ばせ、北部方面隊の出版物では隊員と地域の女性たちが一緒になっている写真が掲載された。

農業より魅力的な仕事だったのが国体やオリンピックのようなスポーツ・イベントの支援であった。一九六四年の東京オリンピックは、多くの批評家たちによって、もっともよく組織されたオリンピックのひとつであると評価されており、自衛隊は、このイベントを支援するため全国から隊員を送りこんだ。七五〇〇人の隊員、七隻の船、一二機の飛行機、七四〇台の車両、そして約八二〇基の通信機器と三つの礼砲が使われたとオリンピックの公式資料に記されている(7)［オリンピック東京大会組織委員会　一九六六：四九五］。自衛隊の隊員たちは、そのほとんどが裏方で働いたにもかかわらず、自分たちが果たした支援という役割と、日本選手団として実際に競技に加わった、三人のメダリストを含む二〇人の隊員たちのことを誇りに感じた。一九七二年に札幌で開かれた冬季五輪はより小規模であったが、自衛隊はこの成功にかなり大きな貢献をした［財団法人札幌オリンピック冬季大会組織委員会編　一九七二：三六六］。北部方面隊は、かねてから北海道で行われる地区大会や全国大会のためにスキー・スロープやその他の施設を定期的に準備しており、そのような協力体制に慣れていたといえる。こうして、スポーツ団体の幹部と強固な友情関係を確立できた。

自衛隊とその盟友たちがなによりも強く願ったのが、軍隊なしには何もできないという考えを一般の人々に植えつけることであった。その戦略は、後に名寄の市長となる桜庭の事例に見ることができる。札幌と、それ以外の多くの北海道の市や町――基地をもつ、もたないに限らず――でそうだったように、名寄の雪まつりでも自衛隊は重要な役割を果たした。実際、名寄の自衛隊の部隊は、一九五九年に駐屯地の公開イベントとして雪まつりを始めた。しかし一九七〇年に自衛隊は、訓練で隊員が駐屯地を離れるためイベントを中止した。そこで、桜庭とその周囲の人々は、市民による手作りの小さな雪まつりを開催した。大きな雪像を作る代わりに、子どもたちにアピールするスライダーや迷路をつくり、一万五〇〇〇人の集客を果たし、目覚ましい成功に終わった。すると、商工会議所の代表が桜庭を呼びつけ、自衛隊なしにはいかに名寄の冬がつまらないものになるかを住民たちに気付かせるチャンスだったのに、それを台無しにしたと言って叱りつけたという（「見事な盛り上がり」『名寄新聞』一九七〇年三月三日、［名寄市史編纂委員会編　二〇〇〇b］）。少々皮肉なことだが、この時の桜庭の努力はその後、スライダーや迷路がまつりで常設されたのを見れば分かるように、子供たちに対してもより魅力的なイベントにしようとする考えは、自衛隊の活動に影響を与えたようだ。

自衛隊が災害救援、建設事業、村落部の援助、そして雪まつりのようなイベントやスポーツ・イベントでの後方支援などに集中的に従事していたことから、自衛隊は世界でもっとも経済にも社会的にも生産的な軍隊であるということができる。自衛隊が引き受けた活動の幅広さ、そして、活動に関わる際の密度の高さは、旧日本軍には考えられないことだった。自衛隊によって行われたさまざまなサービスは、自衛隊への支持を確実にもたらしたが、批判ももたらした。さまざまな立場の政治評論家たちが、自衛隊を税収を盗み取る、あるいは浪費しているとしばしば責め、他にすることがないからアウトリーチ活動に従事しているのではないかと疑い、労働組合の指導者たちは労働者から仕事を奪っているとときに糾弾し、左翼のなかには、非軍事的な任務に長けているのなら刀を鋤にもちかえイベント・マネジメントや農業、建設、災害支援だけに従事する集団になればいいのではないかと提案する者もいた。このような批判や提案に自衛隊の指導者たちは、アウトリーチは日本の防衛に必要な訓練であると主張した。農業に従事することは、国家的な反乱に直面したときに備えて隊員がどのように食材を育てるかを学んでおくためであり、雪像をつくるのは温暖な地方出身の隊員にとって価値ある冬の訓練であると正当化した。このような、声明は少々皮肉がきいている。なぜなら、このときも自衛隊は、自衛隊がもつ軍事的な特徴を曖昧に表現していたからである。

国民から支持を得るために自衛隊をできるだけ可視的にするという初期の第二の戦略は、自衛隊が軍隊であるという事実、あるいは政府の指導者たちが主張したように、きわめて真っ当な軍備をなす自衛部隊であるということに光をあてることであった。自衛隊がリアリズムとして人々に伝えたかったメッセージは、強力な防衛能力が平和をもっとも保障するというものだった。自衛隊の指導者たちは、自衛隊の強力な防衛能力を知らしめると同時に、自衛隊とのよりよい交流を行うことが、自衛隊の隊員は過去に日本を悲惨な目に遭わせた軍人とは違うということを一般の人々に説得力をもって伝えるだろうと信じていた。自衛隊は、旧日本軍についての記憶だけでなく、一方で占領軍と日本の政府が「警察予備隊」と呼びつつ、軍隊を創出するという不信感を招く手法とも戦っていた。警察予備隊の新入隊員でさえ、自衛隊のもつ性質について訓練が始まるまで知らないでいた。このような理由から、自衛隊は「隠れ軍」や「日陰の軍」とよばれ、その隊員たちは「日陰者」であるというような表現に取りつかれていた。さまざまな好意的な状況で自衛隊に光をあてることで、広報担当者たちはまず人々に注目され、つぎに心をつかむことを願った。

おそらく、目立たないが、もっとも効果的に人々のまなざしを魅了するには、まず音楽を通して注目されることである。警察予備隊は、内部の行事のために音楽隊をすぐに組織したが、一九五三年のさっぽろ雪まつりにみられるように、広報活動のツールとして音楽を利用した。当時、自衛隊の楽団のような技能を有し充分な練習時間を確保できる音楽隊は存在しなかった。音楽隊によるパレードは、自衛隊の他の活動に比べて物議を醸しにくいし、衝突を招くようなものではなかった。自衛隊の音楽隊のメンバーは他の音楽隊がそうであるように、制服を着て、人気のナンバーを演奏しつつも、一～二曲、なじみ深い（つまり戦前の行進曲）と新しい軍隊行進曲を最後に演奏した。自衛隊のコンサートはいつも無料だった。音楽隊は、移動しやすいという利点があり、コンサートが開催されることがあまりない辺境に位置する町や村を訪れコンサートを行った。防衛庁は、一九五九年、延べ三二〇万人を超える人が、陸上自衛隊中央音楽隊の演奏を聴いたと試算した［防衛庁自衛隊十年史編纂委員会編一九六一：三六六］。音楽隊に地元部隊の楽団が含まれていた場合は、この人数はおそらく数倍になったであろう。また同年には、北部方面隊の音楽隊は、内部の行事以外のイベントでなんと二〇三回の公演を行ったとされる。[8]

この音楽隊に伴われて、というより正確には、文字通りかつ比喩的に音楽隊に導かれて、一九五〇年代と六〇年代、初期の自衛隊は、頻繁にパレードを開催したりパレードに参加したりしていた。自衛隊は毎年、創立記念日の一一月一日にパレードを行った。東京では、通常、明治神宮外苑の青山通りを行進し、札幌では町を南北に二分する大通公園に沿う道が好まれた。自衛隊は、自分たちがどのような武器を装備し、どのような武器を装備していないかということを、より広い社会に証明するかのように、最新の武器を披露することをためらわなかった。また、村落部に行くことも怠らなかった。北海道東部の別海町のような訓練場に演習に赴く途中も、自衛隊の列は、できるだけ多くの人に見てもらおうと、道をそれて田舎の町を通った。[9] しかし、自衛隊のパレードの頻度は、七〇年代になると革新派の知事たちによる反対もあって著しく減っていった。おそらく司令官たちは、十分な支持をすでに確保しており、これ以上のパレードは逆に反対する者たちが、観客たちに彼らの抗議を聞かせる絶好の機会になってしまうと感じたのであろう。

そのような状況のなかで、一般市民と自衛隊とが交流するイベントは、より受け入れられやすい印象操作の方法となった。このようなイベントは、主に三種類に区分できる。第一に、一九五〇年代と一九六〇年代の初期、自衛隊は国内の多数の博覧会を組織したり、参加したりした。このような博覧会は、部分的にあるいは全体的に防衛関係の展示であった。たとえば、真駒内駐屯地は、一九五八年夏に開催された北海道大博覧会の点在する展示場のひとつとなった。北部方面隊の士官たちは、できるかぎり多くの人々の興味を引こうと努めた。彼らは、スペクタクルの力を理解していた。駐屯地を一般に公開した真駒内のイベントに対する批評では、陸上自衛隊北方旅団の機関誌で匿名のコメンテーターが、「百聞は一見に如かず、自衛隊の現状認識に絶好の会場である」と書き記した(「一味涼風——百聞は一見にしかず」『あかしや』一九五八年七月二五日)。幸運にも、自衛隊は年齢を問わず人々の興味を引き、目を楽しませるような、設備をたくさん所有していた。隊員たちは、自衛隊の軍事力に関するパネルを用意し、ジェット機やヘリコプター、戦車、大砲を展示し、パラシュートで落下し、美しい女性ダンサーたちを用意した。数々のイベントはとくに、家族連れや子どもをターゲットにしており、来場者は一晩、駐屯地のテントに無料で泊まり、兵士と同じくアウトドア生活を体験した。子どもの日には、子どもたちが無料でジープに乗って楽しむこともできた。イベントの写真をみると、数人の子どもたちが、一人の隊員に見守られながら、キャプションでは「特車」と表現されているM24タンクに立っているのが分かる。一人の子どもは、ゴーグルとヘルメットを装着し、一二㎜の重いマシンガンで狙いを定めており、他の子どもは順番待ちをしている(「道博の子等と睦みの夏涼し」『あかしや』一九五八年七月二五日)。展示の担当者は、真駒内のこのイベントやその他のイベントも含めて、およそ一九万人の来場者があったと報告している[札幌市経済部編 一九五九:九六]。四年後、部隊は北海道防衛博覧会を中島公園で開催した[10]。一九五八年に奈良で開かれた博覧会に「平和のための防衛大博覧会」と名付けたり、北海道防衛博覧会の開会式に平和の象徴である鳩が放たれるような象徴的ふるまいは、「強力な防衛方針は日本の平和と安全を守るということを国民に知らしめる」という自衛隊が直面している課題を強調するものとなった。

第二に、一般の人々との交流のために、より頻繁に行われたのは駐屯地の公開だった。そこでの主な活動は、運動会と伝統的なダンスだった。一九六三年に函館で行われたイベントでは、一二周年記念として、土曜日に参加者に向けて第一一部隊による「市民にたいする感謝の夕べ」という音楽隊の演奏が行われ、日曜の朝には、地域の自衛隊支援組織による音楽とダンス、午後には、特殊部隊によるドリルの実演などが行われる運動会が開催された［陸上自衛隊函館駐屯地　一九六三］。過去数十年は、これらの集会は火力演習や航空ショーなどのより大きなイベントにとってかわった。しかし、規模は異なっても動機は同じだった。地方の司令官たちは、一緒に踊り酒を飲むという非公式な交流を通じて、自衛隊や隊員への親しみが増すことを望んだ。一九五九年に、自衛隊の士官たちは、それまで四〇〇万人を超える人々が、このようなイベントに参加したと誇りをもって公表した。また、彼らは、女性や子どもの参加者が増えていることを強調し、参加者のほぼ半分は一〇代から四〇代の女性であると報告した［防衛庁自衛隊十年史編纂委員会編　一九六一：三六六］。このような年齢・性別の分布に、自衛隊がとくに関心をはらった。なぜなら、多くの過激な平和主義者は女性であったからだった。

第三に分類できる駐屯地で行われるイベントは、「一日入隊体験」プログラムである。このようなプログラムは、小中学生から大学生、主婦から会社員まで、異なる背景をもつ人々が一日あるいはすくなくとも数時間を兵士として過ごす体験をする機会を与えた。一九六〇年代後半には毎年一〇万人の人が参加した［朝日新聞社編　一九六八：二三三］。そのなかには人類学者トーマス・ローレンもいた。彼は、一九六九年に一流銀行の三ヵ月にわたる精神教育プログラムの一環として、日本の大銀行の男性行員とともに二つの異なる駐屯地を訪れた。駐屯地を精神教育の場として使うことで行員は、強い防衛戦力が必要であるという主張の重要性に関する講義を受けた。ローレンは、若き男性行員たちのなかには、そこで出会う常備兵のふるまいの精確さに対し敬意が芽生えた者がいたと記している［Rohlen 1973: 1548］。まさにこれが、自衛隊の指導者たちがこのプログラムを通して達成しようとしたことであった。

音楽隊のコンサートやパレード、博覧会などのイベントに参加しなかった人々については、自衛隊のメッセージを伝達しようとして広報担当者はマスメディアを利用した。一九六〇年代後半から一九七〇年代初頭にかけて、自衛隊は全国ネットや地方局と協力し、劇場やテレビを通して放送される多くの番組を制作した[11]。自衛隊の部隊は、映画スタジオを準備して劇場用映画の製作に協力した。自衛隊は、レポーターに協力するために陸・空の輸送機を提供し、メディアの現場とも関係を構築した。戦闘の可能性をもたない軍隊、自衛隊の協力は終わりがないということを彼ら自身が知っているかのようであった。

4 「昭和の屯田兵」――北部方面隊における男性性の構築

脅威が軍事的であれ、自然災害によるものであれ、経済的なものであれ、自衛隊が日本の防衛に従事する組織として存在意義をもつことを対外的に正当化する努力に加えて、自衛隊の指導者たちは社会に対し、代表としてふるまえるような自衛隊員を作り出すことに力を注いだ。訓練や、身だしなみに基準を設けたり、自衛隊の広報専門担当者と民間のパートナーが共同で映像作品を製作して、自衛隊の指導者たちは隊員たちを身体的にも理念的にも日本を防衛することのできる民主的で平和的な兵士に仕立て、表象しようと試みた。このような努力は、自衛隊の多くを占める男性の隊員に向けられたものだった。社会学者の佐藤文香が一九六〇年代後半から一九九〇年代までの自衛隊の隊員募集ポスターを注意深く分析しているが、それによると自衛隊のイメージ作りをした人々は、男性隊員たちを、ポスターに頻繁に登場する子どもや女性を守る頼もしい存在として描こうとした［佐藤 二〇〇四：一八三―二〇三］。一九六〇年代初期には自衛隊で高い地位を占め始めていた旧日本軍の軍人たちの影響によって一九四五年以前の考え方が継続することになったとしても、激変した戦後日本の政治状況は、愛国心と軍事的アイデンティティの再構成を余儀なくされた。

軍隊の再構築とそれに付随して徐々に進行した再軍備とは、結成当初の自衛隊員たちの国家的、個人的な誇りが復権することを意味したかもしれないが、それは多く見積もっても、部分的な復権としか言えないであろう。そう解釈できる背景のひとつに、警察予備隊は、米軍によって創設され制服を着せられ訓練され軍備がなされたという事実がある。第一次の大量入隊時となった一九五〇年八月に一八歳で警察予備隊に入隊した入倉昭三（一九三二年―）は、初めてアメリカ製のライフルを手渡され、類似のものが五年前までは日本兵に向けられていたものだと知ったときにもった違和感をはっきりと覚えているという。[12] 加えて、兵士の地位は、敗戦の波にのまれて急落し、数十年の間憂鬱な状況に陥ってしまった。二〇世紀後半にかけて、「企業戦士」として知られるホワイトカラーのサラリーマンが、男性性を理想的に体現したものとして、兵士をしのいでしまった。戦前、若い男性にとって入隊は、階層上昇を果たしたり男性性を獲得するための道であったが、戦後になると軍隊はそのような期待にそえなくなった。[13] 一九五〇年代とその後の経済低迷期にあっては、入隊による収入の安定と仕事の保証は、民間企業をしのぐほどであったが、自衛隊と隊員たちのもたらす社会関係資本は、長い間価値のないものとみなされた。

このように劇的に変化した環境のなかで、自衛隊は新しい類の防衛を担う組織のあり方を模索した。このような動きのもっとも分かりやすい証拠として、一九五二年に設立された保安大学校のカリキュラムを挙げることができる。当時首相だった吉田茂による肝煎りの同校は、一九五四年に防衛大学校となり、四年の教養教育と科学教育によって新入隊員を「紳士的な兵士」という士官集団に育てるための試みが行われた。もし、初期のメンバーたちが、自衛隊が「あまりに民主的すぎる」というような不平をもらしたとしたら、それは、吉田茂とその盟友たちによってなされた大学校とその組織の改革の成功が証明されたということである。

自衛隊の指導者たちは、初期の基礎的な訓練と情報共有の体制を継続することを通じて、一般人であった新入隊員たちに、「民主的」な日本に向けられるものと同じような誇りを隊員たちにももってもらおうとした。司令官たちは、隊員一人ひとりが自衛隊の代表として良き振る舞いをすることに責任があることを、心に刻んでほしいと願った。陸上自衛隊の士官たちが、一般の隊員と交流をはかる、初歩的なしかしもっとも巧妙な方法は、五つの地域で公刊されていた月間機関誌を通じてであった。もっとも古いものは、北部方面隊の『あかしや』で、一九五四年に創刊された[14]。北部方面隊の広報局に勤め、一九五八年から一九七七年まで『あかしや』の編集と執筆を担当していた入倉によると、『あかしや』は二つの目的をもっていた。対外的な自衛隊組織の統合を促進することと、『あかしや』の内容を厳しく取り締まっていた上級の隊員が個々の隊員に向けて情報を伝達することであった。『あかしや』の記事は多様であった。たとえば、司令官からのメッセージや、訓練や成果に関する報告書、隊員の結婚や子どもの誕生などへのお祝い、一般隊員によって書かれたうっぷん晴らしのコメントや手紙などがあった[15]。形式にかかわらず、部隊の士官たちは、新聞記事が隊員たちの考えや行動に影響を与えることをのぞんだ。すなわち、『あかしや』を、部下たちを導きたしなめるために使ったのだ。

自衛隊が全体として日本と新しい形の愛国的一体感をつくりだそうとしていたのとちょうど同じ形で、北部方面隊の士官たちは、北海道への愛着を部隊に生み出そうと模索していた。一九五〇年代と六〇年代、北海道に駐屯する隊員の七〇パーセントは道外の出身であったので、自衛隊は、北海道と隊員たちとの一体感をつくりだそうとしていた。この時期、最上位の士官たちは、一九世紀後半に北海道の植民地化のために明治政府が派遣した屯田兵たちとのつながりをつくることに苦心した。部隊の司令官たちは、部下たちに「昭和の屯田兵」であることを、何度も繰り返し伝えた。新入隊員たちは、訓練の一部として彼らと近似しているとされる屯田兵のことを、勇敢な自己犠牲についての講義や地元の博物館を訪れることで学習した。そして、農業支援事業は、このような屯田兵とのつながりを強調し、自衛隊の隊員たちに、兵士というよりも農民であるように感じさせた。このように北部方面隊によってつくりだされたメディアや訓練、教育プログラムが与える効果としてはっきりと期待されていたのは、屯田兵たちがかつてそうであったように、北海道の外部からやってきた隊員が地元の女性と結婚し北海道に永住することであった。部隊ではこのような過程を「土着化」と呼んできた。

広報部や民間の出版社によってつくられた写真集は、このような戦略の視覚的証拠であるといえる。一九六三年版の写真集には、北海道の自然の美しさのなかで防衛任務を行う北部方面隊の姿を映した写真が数枚掲載されている。たとえば、大雪山の頂上を戦闘機が飛んでいる写真や、北海道大学のキャンパスにある有名なポプラ並木の下を制服姿の隊員と一般の女性が歩いている写真などがある。北海道の景観の美しさを褒めたたえたあと、本の紹介文には、「こうした数限りない観光資源をもった北海道の守りを固めている自衛隊の存在もまた忘却できないものの一つではないでしょうか」と書かれている［北部方面総監部第一部広報班編　一九六三］。イメージと文章によって、北部方面隊の指導者たちは、自衛隊のおかげで北海道の自然とそこに生きる人々の安全が保たれていることを描きだそうとしたのである。

自衛隊内に結束を高めるため、組織の指導者たちは、自衛隊に対する誇りを作り出そうとした。他の状況においてもよく見られることだが、団結を高めるための好まれる技法のひとつは、自分たちが他とは異なる集団であると主張して同一化を図ることであった。政治への介入が禁止されていたため、自衛隊の士官たちは、細心の注意を払ってこの戦略を推し進めた。冷戦下、自衛隊のもっとも分かりやすい敵は、ソ連と、その延長線上にいる、日本社会党や日本共産党などによってそれぞれ国内で代表されている社会主義あるいは共産主義勢力であった。北部方面隊の士官たちは、ときどき公的にこのような政党、とくに日本社会党を批判したが、それには大きなリスクが伴った。一九六六年二月の『あかしや』の全紙面を使っての社会党批判は国会でも論議の的となり、広報部の編集担当の士官の更迭に至った[16]（「議会否認政党」『あかしや』一九六六年二月一日）。

より安全な方法は、民間の自衛隊支援団体がはっきりと政治的な議論を展開するためにどこかに発表した記事を掲載することであった。[17]『あかしや』が使った遠まわしではあるが頻繁に使われた方法は、「一般」市民に話をさせるというものであった。こうすることで自衛隊は責任を回避することができた。たとえば、一九六六年一一月、共産党員が拡声器を使って自衛隊の六〇周年記念のパレードを反対したあとに、入倉は、数人の「市民の声」を紹介した。そのひとつは札幌の「K生」が、『あかしや』に送ったおせっかいな手紙であった。そこには、不愉快きわまりない共産主義への不快感が認められ、「自衛隊に限りない愛情と支援を惜しまない市民が多数いることを、若い隊員に是非伝えていただきたい」と二回も訴えていた（「私の見たパレード――市民は発展を期待」『あかしや』一九六六年一一月二五日）。同じような趣旨のものとして、一九六一年に掲載された旭川の匿名の市民から自衛隊全隊員に向けられた激励の手紙がある。そこには「自衛隊よ、弱音を吐くな。共産党員ではないが、愛される自衛隊に市民はもっとたくましいものを求めているのだ」と書いてあった（「市民の声――青年よ独慎の誇りを」『あかしや』一九六一年三月一五日）。

政治的な領域外のことでは、隊員のなかにはホワイトカラーのサラリーマンと比較して、自分たちの地位に不安を抱く者もいた。しかし、自衛隊による防衛対象で、自衛隊の現状維持を支持している国家の一員であるサラリーマンたちを中傷することは不適切にあたるとして、『あかしや』の編集者たちは、ゲストライターにそのような気持ちを代弁してもらうようにした。たとえば、一九六四年の東京オリンピックの選手村でスペイン語の通訳として働いた早稲田大学の学生、宮田由文は、自衛隊の隊員たちは「生活の規則正しさ、責任感といったものがはっきり感じられる」、「一般社会の壮年サラリーマンとは雲泥の差である」と書いた。彼の手紙が士官への信頼を高めている間に、同じ年に掲載された札幌市内に住む高校二年生への、匿名であるが写真つきインタビュー記事は論点がより明確になっていた。彼は自衛隊員に向けて、「隊員の方々は高い誇りをもってサラリーマン根性は捨ててほしいと思います」、「武器なども早く国産にしてもらいたいです。アメリカ製を見ると隷属的に見え悲しくなります」「そうしたことが国民から尊敬され、理解される近道だと思います」などと述べた〔宮田　一九六四：二〕。自衛隊の司令官たちはもちろん、それまでも自衛隊員に正しい振る舞いを直接促してきたが、このような一般市民からの手紙は、異なる効果があったことだろう。

自衛隊の指導者たちが隊員たちを導くためにとった他の方法は、身だしなみを取り締まることだった。他の軍隊のように、自衛隊も厳しい服装や身だしなみの手入れに関する決まりがあった。このような決まりを伝え、それを内的に強化することは、分かりやすいやり方であった。しかし、一九六〇年代中盤から、隊員たちが通勤の間にも制服を着用するかどうかが微妙な問題となった。市街地では嘲笑の的になるという理由や、制服を着た隊員が電車の席に座るのはふさわしくないという理由で、通勤時に制服を着ることを嫌がる隊員もいた[18]。一九六六年に新しく就任した防衛庁長官は、防衛庁本部から出張するときは、制服を身につけるようにという命令を下した。

札幌では、『あかしや』の編集委員たちはより賢い方法を使っていた。彼らは、魅力的な若い独身女性を紙面に登場させ、語らせたのである。一九六五年の記事では、二二歳の旭川大学の学生、慶松瑠美子が自衛隊員制服姿はかっこいいし、鍛えられた男らしさと精神に感銘を受けたと述べている（「道民の広場　この人に聞く――自衛隊を知りたい」『あかしや』一九六五年二月一日）。二年後、他の記事に登場した若いバスガイドの壁野洋子、二二歳は、より率直だった。「外出などで私服を着ている人がいますが、やっぱり隊員さんですから制服を着る方が、自分の行動に責任をもつのでいいではないでしょうか。私たちがそうですから……（笑）」。バスガイドの制服を着て写真に写る壁野は、「恋人や結婚相手としても、別に制服を着ている隊員さんに抵抗を感じることはありません」とつけ加えている（「私の一言――外出は制服を着て」『あかしや』一九六七年四月二八日）。制服を着た自衛隊員が望ましいという、壁野のメッセージには、『あかしや』が何度も繰り返した他のメッセージも含まれていた。それは、モラルを高めるというものであった。『あかしや』で一度以上認めていることだが、隊員たちは配偶者を見つけるのに苦労していた。『あかしや』は、それを自衛隊員という仕事の性質のせいとした。北海道に駐屯する隊員の三分の二が、一九五〇年代から六〇年代に北海道の外からやってきていたため、結婚のチャンスを減らしていた。さらに、二ケタ成長を続ける経済状況に伴い、民間企業の高給職が増え、多くの人が自衛隊に入る人を社会の落ちこぼれとみなすようになった。そのうえ、軍人男性という疑わしい性質に向けられたスティグマもなお継続していて、女性やその家族をわずらわせ続けた。このような懸念に答えるかのように、ポートレート写真とともに一般女性の意見が、『あかしや』やその他の北部方面隊の機関誌の紙面に掲載された。その写真は、読者にそれを買わせるためのものではなかった。すべて無料であったからである。しかし、このような写真があることで、機関誌を読むようになった人々がいたかもしれない。もし読んだのなら、彼らは多くの記事の最後に、女性たちが頻繁に自衛隊員たちについての意見を語っているのを見つけたことだろう。北海道の女性を代表する人々として企図されたこの女性たちは、自衛隊員と交際したり結婚する意思を表明していただけでなく、熱く語っていた。

また、札幌自衛隊地方協力本部によって開催された、一九歳から二六歳の六人の独身女性の「外から見た自衛隊」という趣旨の座談会の様子をレポートした記事もあった。お決まりのように、会話は結婚の話題に移り、座談会の参加者は、制服を着た隊員と一緒にいることや、北海道の外から来た人と一緒になることに、充分な心構えがあるという、元気付けるような発言をさまざまな形で行っている。この記事に掲載されたある意見はつぎのようなものであった。「ビートルズのようなスタイルをしている人は大嫌い。やはり、男らしいピリッとした人に魅力を感じる。だから、隊員では隊員らしい人、男性らしい服装をしている人が大好き」(「隊員は隊員らしく――BGの座談会から」『あかしや』一九六六年一一月二五日)。このような言及を視覚的に証明するかのように、『あかしや』には、頻繁に表紙に大通公園などのデートスポットで、きれいな女性を連れた制服を着た男性隊員の写真を掲載してきた。ただし、これらの写真は、入倉の明かすところによるとほとんどいつもやらせであった。

北海道に駐屯する自衛隊員たちに、「昭和の屯田兵」であり、男らしく魅力的であると説得的に唱えることは、新入隊員を募り、隊員が長い間自衛隊に留まり、隊員のモラルを維持するための戦略であった。『あかしや』とその他の方法を使って、北部方面隊の司令官たちは、このようなメッセージを隊員たちの心にしみこませるように努め、結婚相談所のような事業を通して、隊員たちを結婚に導くと同時に、より広い社会に愛されるように導いていこうとしたのである。

5　おわりに

自衛隊の広範囲にわたる広報プログラムと対内的な戦略は、ある程度、彼らが望んだ影響を及ぼしたかもしれない。一九七〇年代になると、防衛庁の職員たちは、自衛隊の実力と予想される対外的な脅威を書き記した年次報告書や白書を出版しても、一般の人々はうろたえないという充分な自信をもつにいたった。当時の、そしてそれ以後の世論調査などの指標は、国民は徐々に自衛隊に協力的になっていることを示していた。これが、国際情勢の変化によるものなのか、広報活動によるものなのかを決定することはできない。冷戦体制の崩壊以降自衛隊は、より広い社会に受容されるようになった。ここ二十年、北朝鮮や中国との緊張の高まりや、テロの脅威というより多元的な世界で、日本国民は、国と自衛隊がはっきりとした主張をもつことを支持するようになっている。近年、日本国内は改憲をめぐって二分されている。反軍事主義は、日本の社会に深く根付いている。しかし、二〇一一年の地震、津波、原発事故という三つの災害に対する自衛隊の対応が、広報的に大きな成功であったことが示すように、自衛隊の数年に及ぶ災害援助やその他の公共サービス事業は、自衛隊のイメージを改善し、自衛隊をより広く社会に再統合させることを促した。戦争の悲惨さをよく覚えている高齢の人々は亡くなり、自衛隊とほとんど交流がなかった都会の人も含めて、自衛隊が非合法であり中途半端であるとみなしたり、隊員を警戒するような人は以前と比べ減少してきている。地方の駐屯地の周辺に住む人々はもちろん、自衛隊やその隊員をより肯定的にみている。彼らの視点に従うと、自衛隊はその出生や性質自体に何の間違いもない子どもである。自衛隊の存在は、対外的な脅威に対してよりも、予測不可能な自然災害に対してではあるが、重要な財政的利益と安心感をもたらした。つまり、「普通の」の軍隊となるためには、憲法によって再定義されなくてはいけないのか、そうでないのかということで世論は二分されてはいるが、ほとんどすべての人が自衛隊をありのままで受け入れているのである。

北海道には伝統的に左翼への共感が存在するが、それにもかかわらず、多くの人々は自衛隊に親近感をもつ場所として北海道全体、また主要都市としては札幌に勝るものはないと考えている。雪まつりにおける自衛隊の中心的な役割によって、北海道には他の地域に比べて都市部と村落部における自衛隊に対する態度の差があまり大きくない。第一一戦車大隊の前隊長久保井は、この部隊ほど、地域に根付き、地域の人々に頼りにされた部隊はないだろうと、振り返る［久保井 二〇〇四：一一八］。実際に北部方面隊は、北海道の村落部と、都市部である札幌の社会経済的な組織の一部になることに成功したように見える。

より広く社会に受容されたいと願う自衛隊の努力は、社会だけでなく自衛隊自体にも影響を与えた。二〇〇五年は、真駒内駐屯地がさっぽろ雪まつりを開催する最後の年だった。この決断は、真駒内に駐屯する隊員の計画的な削減のためだと説明されていた。第一一師団は、近代化を推進するとともに北朝鮮と中国という新たな脅威に備えるための防衛庁の計画に従い旅団となった。ロシアは、それほどの脅威としてはみなされなくなり、多くの隊員は西日本と沖縄に移され、北海道のいくつかの駐屯地は閉鎖された。他の削減理由には、二〇〇四年から二〇〇六年にかけて南イラクに自衛隊員を配備するため、真駒内、旭川、名寄から隊員たちが多く送りこまれたということもあった。

しかし、いくら隊員の数が減り戦略が変化しても、自衛隊にとって雪まつりを離れることは難しいことであった。第一一旅団は、いまだに雪まつり大通会場において雪を運搬し雪像をつくる労を担っている。そして自衛隊は、真駒内駐屯地の代用の雪まつり開催地となった、市の反対側の公園でも支援を続けている。五〇年に及ぶ協力は、途絶えさせることがほぼ不可能な関係をつくりだした。北海道の社会経済的な他分野においても認められることだが、雪まつりも、自衛隊なしでは成し得ないほど自衛隊に依存していた。同じように重要なのは、五〇年に及んで関与し続け、雪まつりを手伝ったことが自衛隊の伝統と誇りの源泉になっていったことであり、支援を打ち切ることに自衛隊内部からの反発があったことである。保守主義者たちは、新たな世界の力関係に対応して自衛隊を名実ともに軍隊に変化させていくという望みを実現したのかもしれない。しかし、今後何が起こっても、自衛隊による救済、復興、社会奉仕は、当人にそのような意図はなくても戦後の日本の軍隊の伝統として存続することだろう。

［追記］本章は未発表の英語論文（原題 To Become a "Beloved Self-Defense Force": The Early Postwar Japanese Military's Efforts to Woo Wider Society）の日本語訳である。日本人の読者を想定して、一部を修正していることをことわっておく。

注

（1）佐藤守男氏へのインタビュー、二〇〇三年九月一七日。
（2）［Frühstück and Ben-Ari 2000］以外に、最近の英文の研究として［Frühstück 2007; Hertrich 2008; Sasaki 2009］がある。
（3）北海道は自衛隊基地が集中しているため、日本にある米軍基地の七五％がある沖縄と比べられる。もちろん面積がかなり違うため、沖縄の方が基地に伴う負担はずっと大きい。対照的に、北海道では米軍の存在は小さい。一九五〇年代初頭以降、米軍は主に千歳市南部にのみ残り、一九七〇年代に空軍基地が航空自衛隊に引き渡された。北海道と沖縄では、どちらも歴史的に軍隊に経済的に依存してきたという点では似ているが、沖縄の方がより依存度が高いことを繰り返しておく。

(4) 桜庭泰喜氏へのインタビュー、二〇〇五年一二月一九日［名寄市史編纂委員会編　二〇〇〇b：六八八―六八九］。

(5) 入倉正造氏へのインタビュー、二〇〇六年二月八日。

(6) 久保井正造氏へのインタビュー、二〇〇五年一一月七日。

(7) 自衛隊による東京オリンピック支援についてより詳細な研究としては［Skabelund 2011: 63-76］を参照。

(8) ［北海道新聞社編　一九六一b］

(9) 入倉正造氏へのインタビュー、二〇〇六年二月八日。

(10) 同じ年、自衛隊は豊平川の両岸で、伝えられるところによると推定六万人の観客をあつめて守備演習を実施した［山藤印刷編　二〇〇三：六〇］。

(11) 森道夫氏へのインタビュー、二〇〇六年三月二三日。森氏は北海道放送の前プロデューサーで北部方面隊や陸上自衛隊全体の映像をいくつか手がけている。残念ながら、その映像および関連する映像は残っていないようである。

(12) 入倉正造氏へのインタビュー、二〇〇六年二月八日。

(13) 兵役が戦前、男性にもたらしていた好機については、［吉田裕二〇〇二：八二―一〇二］を参照。

(14) 『あかしや』は北海道に自生する黄色や白の花をつける木、アカシアを指す。

(15) 入倉正造氏へのインタビュー、二〇〇六年二月八日。

(16) この論争の結果として、『あかしや』の発行元がもはや自衛隊ではなく民間の出版社に変更されたが、なお、内部では（それまでと同様に）すべての執筆や編集が継続されていた。この出来事以降、匿名の記事も増加した。

(17) 特筆すべき例として『蝦夷ざくら』がある。一九六七年四月一〇日に自衛隊父兄会によって発行された特集で、強い防衛軍こそが安全保障のもっともよい方法だと主張している。

(18) 久保井正行氏へのインタビュー、二〇〇五年一一月七日。久保井は敗戦数か月前に帝国軍士官学校を卒業し、自衛隊に勤めていたことをとくに誇りに思っていたが、一九六〇年代初め、座ることがふさわしくないため電車通勤中に制服を着用するのをあきらめた。

参考文献

朝日新聞社編
　一九六八　『自衛隊』朝日新聞社。
池田幸太郎
　一九九〇　『私の回想録』名寄市。
大小田八尋
　二〇〇五　『北の大地を守りて五〇年――戦後日本の北方重視戦略』かや書房。
オリンピック東京大会組織委員会
　一九六六　『第一八回オリンピック競技大会公式報告書：上』オリンピック東京大会組織委員会。
岸本重一
　一九六〇　「道開発の先駆者たれ」『あかしや』一九六〇年一一月二五日。
久保井正行
　二〇〇四　『八〇年の回顧――東広島から北広島まで』久保井正行（自費出版）。
財団法人札幌オリンピック冬季大会組織委員会編
　一九七二　『第一一回オリンピック冬季大会公式報告書』財団法人札幌オリンピック冬季大会組織委員会。
佐藤文香
　二〇〇四　『軍事組織とジェンダー――自衛隊の女性たち』慶應義塾大学出版会。
札幌市経済部編
　一九五九　『北海道大博覧会誌――HOKKAIDO GRAND FAIR』札幌市。
名寄市史編纂委員会編
　二〇〇〇ａ　『新名寄市史二巻』名寄市。
　二〇〇〇ｂ　「桜庭康喜氏インタビュー（インタビュアー：アーロン・スキャブランド）二〇〇五年一二月一九日」名寄市史編纂委員会編『新名寄市史二巻』名寄市、六八八―六八九頁。
美唄市百年史編さん委員会編
　一九九一　『美唄市百年史　通史編』美唄市。
北海道新聞社編

一九五七 「屯田兵問題」『北海道年鑑』北海道新聞社、一三一頁。
一九五九 「地元への協力」『北海道年鑑』北海道新聞社、一四六頁。
一九六〇 「地元への協力」『北海道年鑑』北海道新聞社、一五五頁。
一九六一ａ 「災害発見」『北海道年鑑』北海道新聞社、一六二頁。
一九六一ｂ 「部外協力」『北海道年鑑』北海道新聞社、一六二頁。
一九六七 「本道の防衛」『北海道年鑑』北海道新聞社、一六一頁。

北部方面総監部第一部広報班編
一九六三 『北海道と自衛隊――一九六三年版』北部方面総監部第一部広報班。

防衛庁自衛隊十年史編纂委員会編
一九六一 『自衛隊十年史』大蔵省。

宮田由文
一九六四 「隊員の態度に学ぶ」『あかしや』一九六四年一二月一〇日。

山藤印刷編
二〇〇三 『北部方面隊五〇年のあゆみ――歩みつづけるつわものたちのきらめく記憶』山藤印刷。

吉田　裕
二〇〇二 『日本の軍隊――兵士たちの近代史』岩波新書。

陸上自衛隊函館駐とん地
一九六三 『陸上自衛隊函館駐とん地開設一一周年記念行事』函館市中央図書館。

Ben-Ari, Eyal and Sabine Frühstück
2002 Now We Show It All!' Normalization and the Management of Violence in Japan's Armed Forces, *Journal of Japanese Studies* 28(1): 1-39.

Frühstück, Sabine
2007 *Uneasy Warriors: Gender, Memory, and Popular Culture in the Japanese Army*. Berkeley: University of California Press（サビーネ・フリューシュトゥック『不安な兵士たち――ニッポン自衛隊研究』花田知恵訳、原書房、二〇〇八）。

Hertrich, André

2008　A Usable Past? Historical Memory of the Self-Defense Force and the Construction of Continuities,. In Sven Saaler and Wolfgang Schwentker eds. *The Power of Memory in Modern Japan.* Folkestone: Global Oriental, pp. 171-181.

Katzenstein, Peter

1996　*Cultural Norms and National Security: Police and Military in Postwar Japan*. Ithaca: Cornell University Press.

Rohlen, Thomas

1973　Spiritual Education' in a Japanese Bank. *American Anthropologist* 75 (5): 1542-1562.

Smethurst, Richard J.

1971　*A Social Basis for Prewar Japanese Militarism: The Army and the Rural Community.* Berkeley: University of California Press.

Sasaki, Tomoyuki

2009　*An Army for the People: The Self-Defense Forces and Society in Postwar Japan.* Ph.D Dissertation submitted to the University of California, San Diego.

Skabelund, Aaron

2011　Public Service/Public Relations: The Mobilization of the Self-Defense Force for the Tokyo Olympic Games, In Michael Baskett and William M. Tsutsui, *The East Asian Olympiads,* 1934-2008: Building Bodies and Nations in Japan, Korea, and China. Folkestone: Global Oriental, pp. 63-76.

第七章　アフリカ系アメリカ人の社会運動にみる軍事的性格
――暴力、男らしさ、黒人性

小池郁子

1　問題の所在

本章の目的は、アフリカ系アメリカ人（アメリカ黒人）の社会運動の一つであるオリシャ崇拝運動を取り上げ、社会運動と男らしさがどのように交錯しているのかを考察することである。具体的には、オリシャ崇拝運動の初期において、軍事結社を兼ねていた男性結社に注目する。そして、運動が、排他性を帯びた集合的な運動から、外部に開かれた運動へと変化していくなかで、男性結社の役割がどのように変わっていくのかを検討する。

暴力、男らしさ、黒人性

アフリカ系アメリカ人の社会運動を考える際に、人種[1]はいうまでもなく、暴力、男らしさ、黒人性（blackness）という主題を避けて通ることはできない。アメリカ合衆国におけるアフリカ系アメリカ人の歴史は、奴隷制度、人種主義的差別制度（institutional racism）のもとでの、白人による黒人への制度的、組織的な暴力と、黒人がその暴力へ対峙するなかで生み出した黒人性を抜きにして語ることはできないからである。

そのなかに、黒人の男らしさ（manhood, manliness, masculinity）の主題も潜んでいる。黒人の男らしさは、社会的、経済的、性的領域をはじめいくつもの領域で考えられる。一例として、性的な領域を取り上げた場合、黒人の男らしさは次のような局面で問題として浮上する。白人による黒人への暴力を正当化する理由の一つとして、「性的に野蛮な」黒人男性から白人女性を保護するという言説がある。と同時に、「性的に奔放な」黒人女性が（誘惑することで）、白人男性の性的暴力を導くという言説がある。[2]

こうした場合、とりわけ家父長制、男性覇権主義の観点から呼応するとすれば、以下のような黒人の男らしさが期待される。黒人男性は、白人男性から黒人女性を保護する、もしくは表象的であれ、身体的であれ、性的に過剰になることで白人男性に対抗する。このような人種と性が交錯した男らしさの図式こそが、奴隷制度、人種主義的差別制度の時代をはじめとして、その後の時代も黒人に強要されている男らしさの問題なのである。この章で、アフリカ系アメリカ人の社会運動における男らしさを吟味する理由もここにある。

ベンツは、公民権運動時代を中心に、一九世紀末から二〇世紀後半にかけてのアフリカ系アメリカ人の社会運動（活動）を暴力、非暴力、男らしさという側面から分析し、次のように論じている。米国南部では、黒人の男らしさの主張は、概して、白人の人種主義者からの黒人にたいする襲撃、すなわち暴行、殺人、家屋への放火などに身体的に対峙しなければならないという状況から生まれた。一方、とりわけ一九六五年以降の社会運動では、武装抵抗は、身体的な必要性というよりは、闘争的なレトリックにとどまる傾向にあり、おもに闘争的な黒人の男らしさの象徴（反抗の象徴的形態）として機能した［Wendt 2007］。

このように、一九世紀末から二〇世紀後半にかけて実践されたアフリカ系アメリカ人の社会運動には、暴力の役割や意味に違いがみられるが、労働者階級の男たちが、自分たちの家族と女たちを白人の暴力から守るという図式のもとで黒人男性としての誇りを手にしたという点ではおおよそ共通している。[3] そこには、白人の人種主義的暴力にたいして、素知らぬふりをするのは臆病であり、暴力でもって対峙することこそが勇敢であるという男らしさが認められる。ベンツの論考は、少ないながらも女性が暴力を用いた事例を分析し、くわえて運動において女性が主導的役割を担った事例についても言及している。ただし、先に述べた男らしさが、身体的もしくは象徴的に行使されたかどうかにかかわらず、男の支配と女の従属を招くことにつながると論じる［Wendt 2007］。

ここで二つのことを考えてみたい。一つは、こうした男らしさは、その後の社会運動においても引き続きみられるのか。そこに何らかの変化はみられないのだろうか、ということである。いうまでもなく、当時の社会運動の担い手たちは、指導者層を筆頭に、アフリカ系アメリカ人の社会運動のみならず様々な運動から影響を受け、自身が従事する運動を選択し（他者から強制され）、実践していた。また、複数の運動に同時に携わったり、ある運動を離れ、別の運動へ参加したりしていた。つまり、上でみてきた家父長制の礎となるような男らしさは、おおよそ、当時のアフリカ系アメリカ人の社会運動（もしくはアフリカ系アメリカ人にかぎらない社会運動）に共通の副産物であったかもしれないのである[4]。

いま一つは、当時のアフリカ系アメリカ人の社会運動を暴力という視点を中心に理解しようとすることに潜む問題である。たとえば、ブラック・パンサー・パーティ（Black Panther Party for Self Defense）は暴力という概念を軸に、他方、南部キリスト教指導者会議（Southern Christian Leadership Conference）は非暴力という概念を軸に運動を展開した。それゆえ、前者は女性に抑圧的、かつ社会的に危険な活動であり、後者は女性に非抑圧的で社会的に危険性の少ない活動であるというような二元論的、二項対立的な捉え方である。

ベンツ自身やジョセフが今後の研究の必要性として指摘するように、アフリカ系アメリカ人が二〇世紀半ばから後半にかけて実践した社会運動を、暴力とそこから導かれる女性への抑圧、危険性、違法性という枠組みのみからでなく、そのほかの枠組みを交えて理解することは、運動にみられた思想哲学、手法、活動が、その後の運動に与えた影響や、運動をグローバルな文脈で分析するうえで重要である［Wendt 2007; Joseph 2009］。

二〇世紀半ばから後半に展開されたアフリカ系アメリカ人の複数の社会運動は、ドゥラブルが具体的な事例とともに分析しているように、当時の米国連邦捜査局が関与したカウンター・インテリジェンス・プログラム（COINTELPRO: Counter Intelligence Program）の実施対象の一部であった(5)［Drabble 2008］。そのため、一例として、メディアをはじめとした様々な手段を用いて、対象となるアフリカ系アメリカ人の社会運動に関する暴力（自衛、武装）の側面を強調し、暴力と黒人性、性（ジェンダー、セクシュアリティ）を巧みに結びつけて問題化し、否定的な表象を喚起させるという情報管理がなされた［Drabble 2008］。つまり、暴力を軸に社会運動を捉えようとすることは、プログラムが用いた方法と同様に、運動の実像を歪め、運動の政治的、文化的、歴史的意義を矮小化、単純化してしまいかねない(6)。

そこで、一九五〇年代半ばに、複数のアフリカ系アメリカ人の社会運動の流れを受けて形成され、本章のもとになる調査の時点においても展開されている運動（オリシャ崇拝運動）を事例に、二〇世紀半ば以降の男らしさに着目する。オリシャ崇拝運動では、どのような男らしさが求められたのか。運動は大きく変容を遂げるが、そのなかで男らしさはいかに変化したのかを、暴力とそこから導かれる女性への抑圧、危険性、違法性だけにとどまらない文脈で捉える。

家族——人種、階級、性の交錯

米国における家族とは、人種、階級、性が複雑に交錯する社会空間である。家族という側面からアフリカ系アメリカ人を捉えると、二つの型が浮かんでくる。一つは、ひとり（single）にまつわる現象である。独身、未婚（未婚の母）、非婚（婚姻関係は不要）、別居（父の不在）（invisible/absent father）、離別などがその例としてあげられる。いま一つは、過剰な家族形成とも形容できる現象である。例としては、多数の子、父の異なる複数の子（複数の異父キョウダイ）の同居、複数ある母と子の住まいを不定期に訪ねる父、複数の婚外子を有する未婚者の組み合わせなどである。ここで用いた型や個々の例は、それぞれ排他的な関係になく、また特定の社会集団にのみ認められる現象ではない。にもかかわらず、しばしばアフリカ系アメリカ人のステレオタイプ化に貢献してきたということを強調しておかねばならない。

こうした型と対照をなすものとして、婚姻関係にもとづいた男／父と女／母（とその子）からなる家族構成があげられる。たとえば、一九六五年の通称『モイニハン・レポート（*The Moynihan Report*）』（社会学者、労働省次官補〈当時〉ダニエル・P・モイニハンによる調査報告書）は、アフリカ系アメリカ人の家族は病理のもつれによって特徴づけられていると評し、彼らの地域社会にみられる問題は不安定な家族に起因すると分析した［Allen 1995］。つまり、アフリカ系アメリカ人の家族のあり方を規範的家族からの逸脱と捉え、社会問題が生じる要因の一つとみなすのである。

その際、社会問題として議論されてきたのは、家族構造と貧困（社会福祉）、家族構造と子の低学力・心理的発達・性活動の関係などの領域である[(7)]。パタソンは、米国では、アフリカ系アメリカ人だけではなく、ほかの民族についても婚外子が増加していることを指摘しながらも、現在もなお彼らの家族の規模と構造が貧困の一要因とするかのような立場から議論を展開している［Patterson 2010］。

こうした議論に従うと、規範的家族からの逸脱は貧困を招き、社会保障の拡大を引き起こす。そのため、国民の権利はさておき、国家として規範的家族を構成することを国民に要請することになる。ところが、米国の場合、例として奴隷制度や、人種隔離政策（institutionalized racial segregation）を基盤にした人種主義的差別制度という歴史をふまえるだけで、家族という制度に人種的、階級的差異が生じるのは自明である。したがって、そのような社会的背景を無視して、主流（覇権）の規範的家族の構造を踏襲するようアフリカ系アメリカ人に求めることは問題の取り違えともいえる。

このような米国における規範的家族のあり方について二つ指摘できよう。一つは、家族をめぐる人種と階級の交錯である。ファステンバーグは、アフリカ系アメリカ人の家族にまつわる特徴は、彼らの属する人種ではなく、往々にして、階級（劣位な集団に共通の経済的、文化的要素の組み合わせ）が引き金となって生じていると論じる[8]［Furstenberg 2007］。しかしながら、アレンが問題視するように、米国では、アフリカ系アメリカ人の家族を社会的逸脱と結びつけて表象、議論する傾向がある［Allen 1995］。そうした表象や議論は、社会、制度、時勢に起因する問題でさえも、彼らの家族の問題かのように提示し、結果として、彼らの家族をとりまく諸現象を人種という枠組みでのみ捉える視点を再生産してしまう。

いま一つは、家族をめぐる人種と性（ジェンダー、セクシュアリティ）の交錯である。米国の規範的家族を構成するには、特定の性規範がともなう。そこには、男らしさ、より具体的には、白人中産階級男性の男らしさという要素が欠かせない。白人男性は、奴隷制度時代をはじめ、人種主義的差別制度時代、それ以降現在に至るまで、「性的に野蛮な」黒人男性から白人女性を表象的、身体的に保護することで、男らしさ、ひいては規範的な家族を形成しようとしてきた側面がある［Wendt 2007］。

このことは、実際に、白人男性が規範的家族を形成してきたということを必ずしも意味するのではない。換言すれば、白人男性は規範としての自己を確立するために、野蛮な他者を必要としたのである。つまり、米国の規範的家族を構成する基準の一つは、男性（人種／民族、階級を問わず）が、白人中産階級男性の男らしさを表象的、身体的に獲得することであるといっても過言ではないだろう。これは、黒人男性を表象的、身体的に他者化することである。このため、アフリカ系アメリカ人男性がこうした男らしさを体現するには矛盾をはらむ。彼が獲得すべき男らしさには、彼自身の野蛮性が欠かせないからである。

本章の構成は次のとおりである。[9] まず、オリシャ崇拝運動が排他性を帯びた集合的な運動から、外部に開かれた運動（宗教的家組織を軸にした運動）へと変化していく様相を概観する（第二節）。次に、宗教的家組織に属する男性結社の活動を取り上げる。その際、成員が地域社会（community）との関係をいかに築こうとしているのか、また、彼らが実際に経験してきた家族のあり方を語りとともにみていく（第三節）。つづいて、「地域社会の父」構想に着目する。成員の地域社会や家族にまつわる経験をもとに、男性結社の活動としてどのような構想が練られているのかを示す（第四節）。最後に、規範的な家族を形成することに執着しないという観点から、男性結社の活動を、（一）男らしさからの解放、（二）「ひとり」に認められる価値、（三）男性本位の視点という三つの側面から検討する（第五節）。

2　オリシャ崇拝運動

1　集合的な運動実践の基盤——アフリカ、ヨルバの神々を求めて

オリシャ崇拝運動の基盤となる動きは、一九五〇年代半ば、公民権運動の潮流が高まるなかニューヨークで形成された。運動の指導者たちは、二〇世紀初頭から前半にかけて、すなわち、アフリカ帰還運動（UNIA主導）やハーレム・ルネサンス（黒人文芸運動）の時代に少年期を過ごしている。その後、一九六〇年代末から七〇年代初頭にかけて、オリシャ崇拝運動は米国南東部にコミューン（生活実践共同体）を形成するようになる。同時代の運動（活動）として、結成時期は異なるが、ネイション・オブ・イスラム（Nation of Islam）、ブラック・パワー運動（Black Power Movement）、ブラック・パンサー・パーティなどがあげられる。[10]

写真１　オヨトゥンジ村の正面玄関（調査時）。オリシャ崇拝運動初期の特徴を残す。看板には、「米国を発ち、ヨルバ王国に入る」とヨルバ語と英語で併記されている（筆者撮影）。

今日のオリシャ崇拝運動の中心地は、米国南東部サウスカロライナ州のシェルドンにある「アフリカン・オヨトゥンジ・ビレッジ（African Oyotunji Village）」（以下、オヨトゥンジ村と略記）である（二五八頁の地図参照）。オヨトゥンジ村は、運動の成員が西アフリカのヨルバ[11]の宗教・文化実践を拠り所とし、集団で生活を営んだ空間である。ここを出生地として公的に登録している成員もいる。[12]オヨトゥンジという名称には、オリシャ崇拝運動を興したアフリカ系アメリカ人たちの願望（使命）と歴史観が込められている。その願望とは、アフリカの偉大な王国の一つであるオヨ王国を米国で蘇らせるというものである。これにしたがって、運動の指導者はオヨトゥンジ村の「王」となり、成員とともにその実現を呼びかけた。また、彼らの歴史観とは、彼らが「オドゥドゥワの子孫（Omo Oduduwa）」である、すなわち、この世に人類を誕生させた偉大なヨルバ人の子孫であるというものである（写真1参照）。

ここで肝要なのは、オリシャ崇拝運動は、その初期において、米国で「反白人・反キリスト教」主義を標榜する集合的な運動のあり方を模索したものの、運動理念は時代とともに変容し、オヨトゥンジ村（コミューン）を中心とした一極集中型の運動形態から、米国の各地に点在する成員個人の宗教的家組織を軸にしたものへと移行しているということである［Koike 2005、小池　二〇一二］。かつてのオヨトゥンジ村は、運動の象徴であるとともに、年中行事など諸儀礼を執行する際に成員が集う「聖地」的な機能をもつ空間へと変容している［小池　二〇一一］（写真2参照）。

そのため、一九八〇年代末以降、運動が一時衰退した後の運動の理念としてあげられるのは、「反白人・反キリスト教」主義や、「国家内国家の建設」に代表されるような実体としての分離主義ではない。一九八〇年代末以降の運動に通底している思想哲学は、端的に述べるならば次の二つである。一つは、大西洋奴隷貿易とキリスト教には密接な関係があるということ、いま一つは、米国の白人覇権体制（system of White hegemony）は過去から現在にわたり形式を変えながらも維持されているということである。

2　「反白人・反キリスト教」主義を具現化する男性結社

一九七〇年代前半、軍事結社を兼ねた男性結社が、オリシャ崇拝運動の拠点であるオヨトゥンジ村に組織された。一九五〇年代半ばのニューヨークを起点に、その後米国南部へ移動し、場所を転々としていた運動が恒常的なコミューンを構え、排他性を帯びた集合的な運動を実践するようになったころのことである。

写真2　オヨトゥンジ村で開催された即位儀礼。二代目の王（オリシャ崇拝運動の指導者）に順次表敬する成員たち（筆者撮影）。

男性結社が軍事結社を兼ねていたため、当然のことながら、軍事結社の成員はみな男性（男性結社の成員）である。[13] オリシャ崇拝運動に携わっている男性の成員は、一定の入社儀礼を経ることで、男性結社の成員となることを認められた。毎年三月には、運動の指導者（王）をはじめとするほかの成員たちに、入社を報告するための年中行事が、男性結社と後述のオリシャ（神）を崇める司祭結社との共催で開催される。

この年中行事では、オグン（Ogun）と呼ばれる鉄の神が、エシュ（Esu：境界を司る神）、オショシ（Ososi：狩猟の神）とともに祀られている。オヨトゥンジ村では、これらのオリシャはウォリアーズ（warriors）と呼ばれ、崇拝されている。なかでも、オグンは、ヨルバの神話で力強く、獰猛な武人として表象され、戦、力、戦士の象徴であり、守護神として崇められている。また、原料としての鉄にちなみ、鍛冶や、自動車、飛行機などと関連づけて語られる。崇拝者はオグンに呼びかけ、日々の平穏、計画遂行に際する困難の除去、移動（交通、旅）の安全などを祈願する。

オヨトゥンジ村に軍事結社が設けられた理由は、運動の拠点を外部の社会、すなわち米国社会から自衛（自己防衛）するためであった。成員にとって、米国社会は人種主義的な暴力に溢れる社会である。成員は、権力という国家の暴力だけでなく、白人個人からの身体的、言語的な暴力の危険に晒されていると認識している。[14]だからこそ、オリシャ崇拝運動は、アフリカ系アメリカ人だけの社会空間を築き、そこに独自の司法、立法、議会の制度をつくり、さらに軍事結社を導入することを計画した。それによって、運動の拠点を米国社会から切り離し、独立した国家（オヨトゥンジ村）を建設しようとしたのである。[15]

つまり、オリシャ崇拝運動にみる軍事結社は、運動のナショナリズムのあり方と密接に関連している。軍事結社は、理念上、運動の拠点と米国社会との境界を警備し、暴力が内部におよばないように防衛するために組織された。そこには、米国社会を一枚岩的に抑圧者（支配者）、悪としてみなし、同様に、運動そのものを被抑圧者（従属者）、善としてみなす価値観がみられる。実際のところ、こうした二元論的、二項対立的な理念が様々な矛盾を生み出し、運動の混乱を招いたが、少なくとも初期の運動が目指したのは、米国から独立した自己完結的な運動の拠点を創設することであった。

さらに、オヨトゥンジ村の軍事結社をジェンダーとの関連で考えると、大きく分けて二つの問題がみうけられる。一つは、男性結社に属する成員のみで構成される軍事結社が運動の拠点を米国社会から防衛するという形式をとるかぎり、女性成員は防衛（庇護）されるべき対象として管理監督の対象におかれ、従属化、矮小化させられてしまう問題である。いま一つは、女性成員は軍事結社に入社することができないゆえに、男性成員と同等の能力を有さないという価値観をもたらす問題である。こうして、オヨトゥンジ村では、家父長的、男性覇権主義的な価値観が無批判に増長する社会的、文化的環境が創りだされ、強権的な男性成員による女性成員（位階の低い男性成員も含む）への抑圧が目に余るようになった。例として、女性成員は運動とは無縁の私的な労働を課されるだけで宗教的、文化的に学ぶ機会を与えられない、男性成員に性的な関係を強要される、と語られるような事態が生じた。

このような状況のなか、一九七〇年代半ばになると、位階の高い女性成員は男性覇権主義的な価値観がオヨトゥンジ村に蔓延っていることに異議を唱えた。位階の高い成員とは、年寄結社（オリシャ崇拝運動の運営を担う結社）に属する成員や、司祭として活動する成員のことである。この意義申し立てを受けて、オヨトゥンジ村の年寄結社は、男女成員を対象に種々の能力試験を企画、実施した［Hunt 1979］。その結果、女性は宗教的、政治的に重要な地位を通じて権力を行使することが可能となった。男性成員の相当数は、こうした変化を否定的に受け止め、運動をあとにした(16)。

以上でみてきたように、ナショナリズムとジェンダーのあり方をめぐって、オヨトゥンジ村を中心としたオリシャ崇拝運動は混乱に陥った。これを契機にほかの理由も相まって、多数の成員がコミューンとして機能していた運動の拠点から流出し、一九八〇年代前半から半ばを境に運動の規模はしばらく縮小の一途をたどる［小池二〇一二］。その後、オリシャ崇拝運動は大きく変容を遂げる。運動は、初期の実践に顕著であった異なる人種、宗教にたいする排他的態度を変化させ、一定の制限はあるものの「他者」を許容するようになった。同時に、運動の実践形態が、すでに述べたように、オヨトゥンジ村を中心とした排他性を帯びた一極集中型の集合的な運動から、米国の各地に点在する成員個人の宗教的家組織を軸にしたものへと移行している。こうして、運動は、次

地図1　アメリカ合衆国および西アフリカ

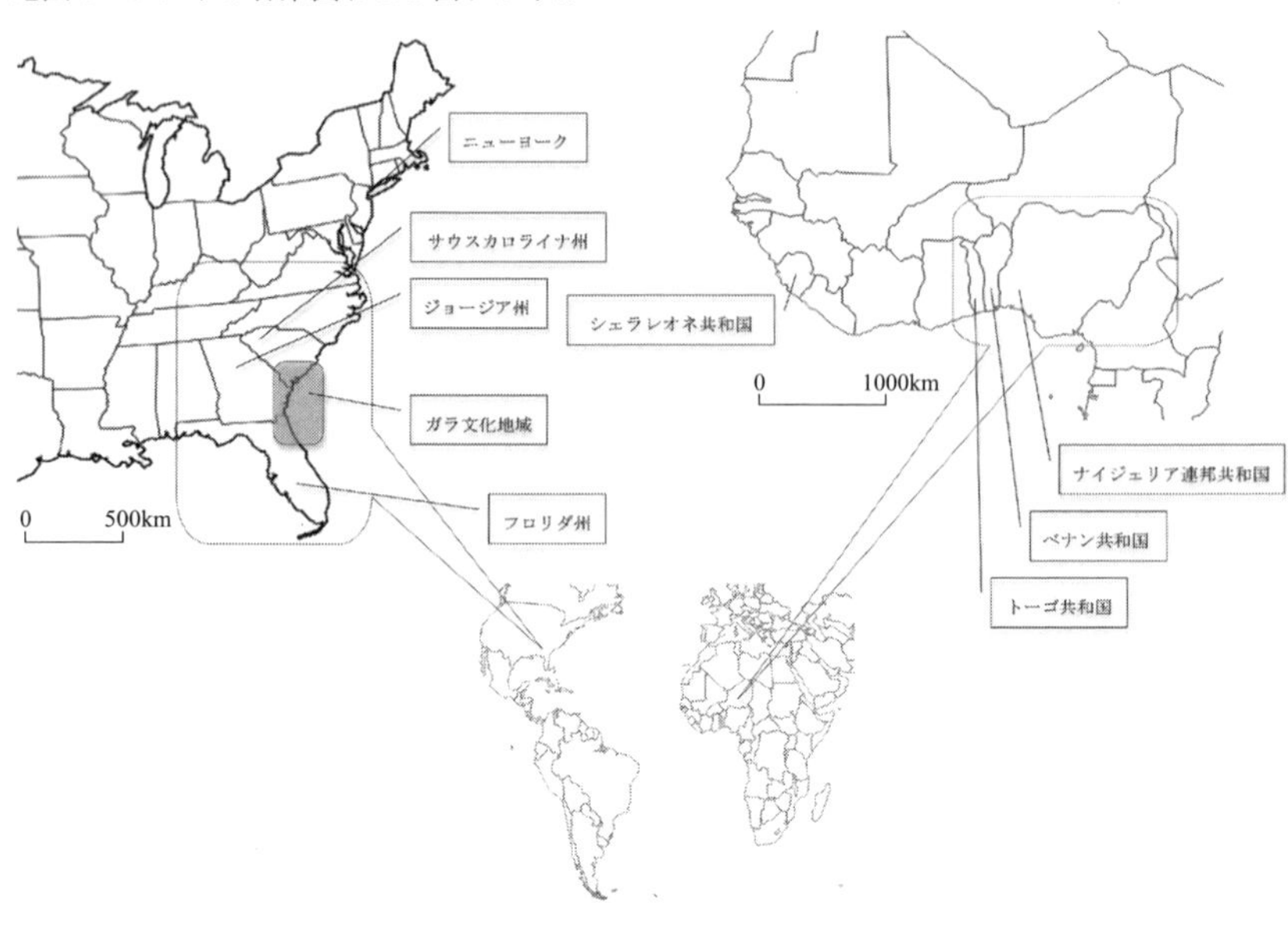

にみていくように、成員個人が属する地域社会との接触の機会を増やすことになる。

非集合的な運動実践の萌し——宗教的家組織（イレ）

変容しつつあるオリシャ崇拝運動のあらたな基盤となっているのが、イレと呼ばれる成員個人の宗教的家組織である。まず、イレを理解するためにも、ヨルバの神々と崇拝者の関係について簡潔に述べておこう。

ヨルバランドではオロドゥマレ（Olodumare）と（あるいは）オロルン（Olorun）と呼ばれる至高神がみられる。オロドゥマレ／オロルンは宇宙の万象を司る神で、大地や人類を創造する能力を備えている［Awolalu 1979］。ただしこれらの至高神は崇拝の対象ではない。

崇拝の対象となるのは、オリシャと呼ばれる人格化された神々で、至高神と人間とのあいだを媒介する。オリシャは、大地や人類が創造される前から至高神と関わっていた神、歴史上の人物が神格化された神、自然現象が人格化された神の総称であり、その数は四〇一とも、それ以上ともいわれる［Awolalu 1979］。オリシャ崇拝では、すべての人は数あるオリシャのうちのいずれかと親密なつながりがあり、そのオリシャから精神的、身体的に影響を受けると理解されている。このことは、人の頭にはオリシャが宿っていると考えられ、そのオリシャを頭頂部に授かるという儀礼（以下、イニシエーションと略記）を執行することで、「オリシャを授かった人」（received Orisa, Olorisa）、つまるところオリシャの司祭となる［Koike 2005］。

オリシャ崇拝運動では、イニシエーションを執行する司祭と、その司祭によってイニシエーションを受けた人は、宗教上の親子（師弟）関係を結ぶ。この関係がイレを構成する基本単位となる。オリシャ崇拝運動の組織は、基本的には宗教上の親とその子から構成されている。この子には、潜在的な子、つまり将来的にイニシエーションを受けようとしている人も含まれる。オヨトゥンジ村を軸にした集合的な運動形態が変化した以降、イレは、成員個人（司祭）が自主自立的に組織でき、集合的な運動実践との関係はイレごとに異なる［小池　二〇一二］。

留意しておきたいのは、イレ[17]（ile）という単語は、ヨルバ語で家を意味するが、本章で批判的に検討しようとしている「規範的な家族」の要素を前提、必要としているわけではないということである。イレの長には、男性司祭と女性司祭のいずれもがなることができる[18]。同様に、イレの長の性別によって、子の性別は限定されない。また、多くのイレは下部組織として、祖先結社、男性結社、女性結社、若者結社などを有する。

3　宗教的家組織（イレ）における男性結社の取り組み

この章で取り上げるイレの男性結社は、名称をローカントリー・カルチュラル・ヴァイブレーション・ソサエティ（Lowcountry Cultural Vibration Society）といい、米国南東部のサウスカロライナ州沿岸部で活動している（地図1参照）。この名称には、後述するローカントリー地域の文化を、アフリカの太鼓の音（リズミカルな振動）のように地域社会に響かせよう、そして、その文化の振動とともに、自分たちも響き、躍動しようという意味が込められている。

イレの長は、サウスカロライナ州出身の五〇代の男性で、運動歴約三〇年、司祭歴約二〇年をもつアデミワである。アデミワは、二〇〇九年の初秋、転職による移転にともない、移転後の土地でイレを新しく組織した。彼は、自身の人生経験から、男性結社の役割や可能性を重要視し、本格的な活動に向けて、約半年の準備期間を設けることにした。

イレの非司祭を中心とした成員約一〇人が、この準備作業に従事し、成員の一人が経営する雑貨店に週に一回から二回の頻度で集まり、打ち合わせ、試験的な活動をおこなう。この定期的な会合に並行して、男性結社と地域社会との交流の場として新規に購入したスタジオを成員たちの手で改築するとともに、そこで実験的な集会を開催している。作業は男性成員が中心となって進めたが、準備の段階ということもあり女性成員が参加することもあった。この準備作業は、イレにあらたな成員を勧誘する機会を兼ねていた。

男性結社の活動は、将来的には「若者結社」として運営したいという希望とともに、性別を問わず地域社会に開かれた活動を目指している。二〇一〇年二月には、地域社会のあらゆる人々に開かれた実験的な集会に、約五〇人の参加がみられた。男性結社の活動は、必ずしもオリシャ崇拝の実践と関わりがあるわけではないが、あらゆる活動は、祖先[19]への詠唱歌から始まり、献水や献酒がつづくという形式で始められる。

イレの成員と地域社会——奴隷、叛乱、わたしたち

新しく組織されたイレで男性結社を始動させた目的の一つは、結社の英語名にみられるように、ローカントリーの地域社会におけるアフリカ系アメリカ人の歴史文化を学ぶことである。ローカントリー地域には、大西洋奴隷貿易の入港地がみられ、ガラあるいはジーチーと称される地域特有の文化が培われてきたとされている[20]（地図参

照）。以下に示す事例は、この歴史的背景が不可欠な鍵となっている。

イレの長であるアデミワは、男性結社の旗揚げとして、市の公共施設に展示されている絵画（油絵、カラー、制作者・制作年不詳）の修復計画と、絵画の文化的背景の調査を成員に提案した。アデミワによれば、その絵画は奴隷制度時代を描いたものである。アフリカ系アメリカ人の司祭が室内で説教しており、三〇人程の聴衆が長椅子に腰掛けている。

アデミワは、次に示す点を強調して成員に語り聞かせた。聴衆の服装（様式、彩り）に、アフリカ文化の影響がみられる、また、その絵画は、奴隷制度時代に白人のいないアフリカ系アメリカ人の自治的な社会空間が存在した一例として理解できる。さらに特筆すべきことは、この司祭がデンマーク・ヴィージー（Denmark Vesey：一七六七～一八二二）と考えられうるのではないか、ということであった。デンマーク・ヴィージーは、奴隷の叛乱を企てたとされ、絞首刑に処された人物である。そのため、アフリカ系の、とりわけ米国のアフリカ系アメリカ人の社会運動（黒人運動）において極めて重視される人物である。彼は奴隷叛乱の立役者、つまり抵抗の象徴とみなされている。

こうした点をふまえて、アデミワは、市にたいして、額縁の修復、制作者（不詳）の調査、説明文の掲示を申し出ると述べ、以下の言葉で締めくくった。「市長から修復の許可を得るのではなく、〈寄付〉するのだ。こちらが修復してあげるのだ」（二〇〇九年一〇月）。彼の弁舌が示唆するのは、市長は奴隷プランテーションの経営者の末裔であり、米国の白人覇権体制の象徴であるということである。

まとめよう。男性結社を始動させるために吟味して選ばれた活動の目的は、大きくわけて五つある。一つに、自己（成員）と地域社会との結びつきを築くこと。二つに、個人が公としての地域社会に関わり、変化させられることを身を以て学ぶこと。三つに、公共の場にある、アフリカ系アメリカ人の表象に日頃から注目し、議論、

写真3　男性結社の打ち合わせのために集う成員（筆者撮影）。

是正すること。四つに、奴隷としての過去と抑圧された現在をつなげること。最後に、サウスカロライナ州の地域社会の特性（奴隷入港地、ガラ文化など）を理解することである。

第四と第五の点について補足説明するために、アデミワの議論をみてみよう。それによれば、当時、デンマーク・ヴィージーの叛乱によって、駐屯部隊が配備されることになった。時代を経て、その駐屯部隊が士官養成学校（The Citadel：一八四二〜）となり、現在に至るというのである。こうして、それぞれの時代を制する権力とその権力による抑圧のもとで、「奴隷」と「わたしたち」がつながっていることを知る。男性結社を始動させる活動として、「絵画の修復計画と文化的背景の調査」が選定された理由はここにある。すなわち、奴隷を含む地域社会の歴史文化を学ぶことによって、奴隷とわたしたちのつながりを、権力による抑圧だけではなく、権力への「叛乱」（抵抗）の必要性や可能性へと変化させていくような「気づき」の社会空間、さらには自己認識や思考の変容を促す社会空間を創造するためである。

家族を互いに語る——イレの男性結社での交流

ここでは、男性結社の打ち合わせで語られた二つの事例をもとに、イレの男性結社の成員が、「家族」をどのように経験し、語り、また「家族」といかに向き合おうとしているのかに注目する（写真3参照）。

一つ目の事例は、イレの長、アデミワ（五〇代男性）である。彼は離婚を二回経験し、六人の子（婚外子一人、妻の子二人を含む）がいる。彼は、一〇代半ばの未婚の母のもとで生まれ、幼少期を母方の祖父母とサウスカロライナ州で過ごした。就学前に、彼は母のいるニューヨークへ移る。

アデミワは生まれて以来、実父とは疎遠であったが、二〇〇五年夏、縁者伝いで突然、父の葬儀日程を知ることとなった。形式上参列した葬儀にて、彼は父への想いを変える出来事に巡りあう。棺を埋葬する際に、埋葬用のクレーンで支えている棺が定められた空間に収まらなかった。そのため、葬儀業者の幾人かが棺の位置を手で調整するということを何度も、何度も繰り返していた。それでも埋葬はうまくいかなかった。すると、参列者の中列にいたアデミワが前へ飛び出して、一人膝を折って、素手で赤土を堀崩して、掻き出すという作業を始めた。しばらくして、棺を埋葬することができ、固唾を呑んで見守っていた筆者を含む参列者一同が安堵した。アデミワは、このときのことを男性結社の成員に語り聞かせた。

父が死んだと聞いたっても、なんの感情もわかなかった。一緒に暮らしたこともないし、何の関係もなかったに等しいからね。私には祖父がいたから、今日までやってこられたけど、無責任なもんだよ。知ってるだろ、ありとあらゆることにおいて、僕の師はおじいちゃんだってことをね。（……）自分がいなければ、父は埋葬されなかった。父は私を必要としたんだ。最後の最後にはね。長年、自分は不要な子と思われていたんだろうなと思ってたんだけど。今日考えを改めたよ。葬儀に参列してよかった。（二〇〇九年一〇月）

ここで留意しておきたいことがある。アデミワの祖父は著名な伝統工芸家である。彼の祖父は、アフリカ系アメリカ人の伝統技能、芸術、文化の継承者であり、アデミワに伝統（アフリカ）への気づきをもたらした人物である。ただし、語りにみられる「祖父」は、母方の祖父という血のつながりの尊さや重要性を示唆しているのではない。端的には、年長男性や人生の師を意味している。

二つ目の事例は、三〇代の既婚男性、テランスである。彼は、オリシャ崇拝の司祭であり、同じく司祭である妻とのあいだに子が一人いる。彼は、米国北東部ペンシルバニア州出身で、ドイツ系アメリカ人の母とアフリカ系アメリカ人の父のあいだに生まれた。母方の親族は、テランスの母が「黒人の男」と性的関係をもち、妊娠したことをこのうえなく否定的に捉えた。親族の大反対により、テランスの母は、黒人男性（父）と引き裂かれ、未婚の母となった。そのため、テランスは、父親を知らず「白人」として育てられてきた。こうした家庭環境によって、彼は人種的な苦悩や屈折した感情と常に向き合ってこなければならなかった。

〔オリシャ崇拝の根幹をなす〕祖先崇拝の手解きをうけたとき、やっと父の存在を受け入れることができた。父とつながったんだ。僕の家では、父は存在しなかったからね。言葉にするのは難しいけど、これまでの重苦しい気持ちが薄れ、わだかまりがなくなった（……）。そして自分のなかの黒人性を、というか、ありのままの自分を受け入れることができるようになったんだ。（二〇〇九年一〇月）

前述した事例にかぎっては、男性成員は、生物学的な父との関係が稀薄であるといえよう。とりわけ青少年期までのあいだに限定すると、男性成員は生物学的な父の存在なしに人生を歩み始めているといっても過言ではない。それゆえに、生物学的な父との接点は、「葬儀」、すなわち父の死として語られることもあながち極端な例とはいえない。このように、男性結社は、自身をとりまく家族の環境について語り、家族をめぐる経験や価値観、意見を互いに述べ合う場を提供する。そこでは、自己と家族の関係をめぐる語りが、逸脱した家族か否かという二元論的な価値観や、規範的な家族を形成するための方法論の伝授とは距離をおくかたちで展開されている。

4 「地域社会の父」構想

ここからは、イレの男性結社の成員が、彼らアフリカ系アメリカ人の地域社会や家族に関して、どのようなことを問題として意識しているのか、また、そうした問題をいかに改善し、乗り越えていくことができると考えているのかを、彼らの会合での議論をもとにみていきたい。以下で取り上げる語りは、「地域社会の父」構想（Community Father Project）に関する議論の場で語られたものである（二〇〇九年一〇月）。「地域社会の父」構想は、イレの男性結社が将来的に展開しようとしている企画の一つである。

ロール・モデルの不在

はじめに指摘されたのは、「家族」の問題である。なかでも、男性にとって年長男性（男親的存在）が不在であることが議論の的となった。男性結社の成員は、不安定な青少年期に、アフリカ系アメリカ人男性が抱える特有の問題を共有したり、相談したりする相手がいないことを問題視している。タイロウ（三〇代男性、非司祭）は、サウスカロライナ州出身で、一、二歳の頃に、母と共にニューヨークへ移った。そこで、彼は母と、母の同居人である男性と過ごしていた。ただし、その男性はあくまで母の同居人であり、彼とは関係がなく、接点は乏しかった。実父とは、二、三年前に、サウスカロライナ州のスーパーで偶然出会ったと語る。タイロウは、このような生い立ちを踏まえ、次のように述べる。

彼ら〔薬（違法ドラッグ）の密売人〕は、ピッカピカの車に乗って、綺麗な女の子たちをいつも引き連れている。

写真４　課外学校など、男性結社と地域社会との交流の場として新規に購入したスタジオ。結社の活動のため、成員が出揃うのを待つひととき（筆者撮影）。

学校には、おしゃれな靴をはいてくるのさ。小さな子供が憧れてしまうのも不思議じゃないよね。

タイロウによれば、子供たちは、貧しく、常に空腹を感じている。家に帰ったとしても、食べるものが用意されているわけではない。だからといって、子供たちにはそのほかに何かすることがあるわけでもなく、結局ブラブラすることになってしまう。ところが、周囲を見渡すと、薬の密売人が暗躍している。彼らは週に二〇〇〇～三〇〇〇米ドル（二四～三六万円、一米ドル＝一二〇円で換算）稼ぐこともめずらしいことではないという。

男性結社の成員は、このような状況では、悪事に手を染めることが、子供の憧れとなってしまいかねないと指摘する。彼らは、こうした状況を変えていくために、地域社会にロール・モデルが必要だと説く。くわえて、子供には、学校教育とは別に、「教育」を受け、対話や交流をする機会を創るために、地域社会に課外学校（Saturday School）を創設する必要があると述べる（写真４参照）。なぜ、学校教育ではなく、自前の教育を施す機会が必要とされるのだろうか。この点をつづいてみていきたい。

学校教育にみる問題

男性結社の「地域社会の父」構想に関する会合で、成員のクワシは次のように学校教育の問題を指摘する（五〇代男性、非司祭）。クワシは、サウスカロライナ州の郡の教育委員会に属する下部組織の職に就いている。彼によれば、米国の公教育には、「アフリカ系アメリカ人＝奴隷」という図式が埋め込まれている。そのため、アフリカ系アメリカ人の子供にとって、公教育は目を背けたくなる内容ばかりであるという。アフリカ系アメリカ人の子供が学校教育から得るのは、彼らの細かく縮れた髪が「（白人と違って）汚い」ということだけだとさえ、クワシは落ち着いた語り口ながらも、はっきりと言い放つ。こうした指摘は、少なくとも学校教育の一面を語っており、あながち不条理な批判だとは言い切れないだろう。[21] 学校教育にこのような問題がみられる原因を、クワシは次のように認識している。「アフリカ系アメリカ人がほぼ一〇〇％を占める学区であるにもかかわらず、教員の約九五％が白人である」。つまり、学校教育では、誤った価値観でもって教育されてしまうというのである。

同様の問題を、トラヴィスは別の観点から指摘する（三〇代男性、非司祭）。トラヴィスは、高校生になるまで、マーカス・ガーヴェイ（Marcus Garvey：黒人運動における主要人物の一人、アフリカ帰還運動などで著名）について何も知らなかったと、みずからが受けてきた教育を振り返った。学校でこのような教育をしているため、落第者が絶えないとトラヴィスは持論を述べる。さらに、地域社会の教会が受け皿としての役割を果たしていないことを次のように説明する。

アフリカ系アメリカ人の子供は、（学校で居場所がなく、）教会に行ったとしても、白人だらけなわけ。そこで、「なに、この変なヤツ」という視線に晒される。そんな視線に耐え切れず、行き場がなくなるのさ。

教会は、アフリカ系アメリカ人の歴史において、宗教的側面だけでなく、社会的、政治的、経済的、文化的に重要な役割を担ってきたことは周知の事実である。ここでは包括的に言及できないが、比較的新しくは、公民権運動が高まる時代、キング牧師たちは、南部キリスト教指導者会議を基盤に後世に残る数々の活動を展開した。

また、歴史的には、組織としての教会設立に先立つニグロ・スピリチュアル（Negro Spirituals）や、それとともに培われてきた呼応様式（call and response）を通じて、祖先とともに海を渡らざるをえなかったアフリカのソウル（魂）と文化を伝承、変容させながら、創造的に発展させてきた。

ただし、二一世紀を迎えた今日、地域社会における教会の役割に変化がみられることは想像に難くない［Evans 2008］。たとえば、若者は教会で執り行われる葬儀や結婚式に参列するために、思い思いのおしゃれな服に身を包んで出向くことはあっても、彼らのすべてが毎週教会に通うわけではない。また、州に占めるアフリカ系アメリカ人の人口率が相対的に高くても、地域社会に根づいたアフリカ系アメリカ人教会に「めぐり逢う」とはかぎらない。(22) 上述したような理由から、男性結社の成員は、現在の社会環境にみあった、換言すれば、彼らが生活する地域社会の状況にみあった方法（組織）と内容（教育）でもって、子供に対話や交流の機会を提供したいと考えている。

「地域社会の父」構想が目指す教育

それでは、男性結社の成員は、地域社会にどのような教育が必要と考えているのか、それは学校教育とはいかに異なるのであろうか。

まず、クレイグ（三〇代男性、非司祭）は、意見を求められると、自身には学がないためみんなに聞いてもらえるようなことは言えないと恥ずかしそうに述べた。ただ、ほかの成員から、一人一人の経験から生まれる意見が大切なのだと説得されると、以下のように発言した。

「教育」という言葉がそもそもよくない。アフリカ系アメリカ人の若者は、教育がすでにコワイのに、そんな言葉を使ったら誰もがビビってしまう。逃げ出したくなるよ。教育なんていうと、この活動〔男性結社の活動〕もシステム〔米国の白人覇権体制〕の一部かと思われてしまう。

クレイグは一旦話し出すと、勇気が出たのか説明を続けた。

たとえばね、自動車について知りたければ、実際に車の内部を見て技術を学ぶんだよね。だから、車の内部を見てみようと呼びかけるべきじゃないかと思うんだ〔車両整備士の教育を施すと呼びかけるのではない〕。あと「教育」じゃなくて、カッコよくしなきゃダメだよ。

クレイグの率直な意見は、ある種的を射ているようである。男性結社のある地域社会には、アフリカ系アメリカ人研究で著名な研究所がある。この研究所では、「アフリカ系アメリカ人の歴史と文化」に関する講座特集を定期的に組み、地域社会に公開している。毎回の受講者はおおよそ二〇〜二五人であるが、アフリカ系アメリカ人は少なく、男性〔青少年〕は多くても数人であると、主催者側は、親しい間柄にあるアデミワが訪れるたびに一種の嘆きをもらしている[23]。

いま一つの事例は、地域社会を経済的、かつ精神的に潤わすような日々の行動についての喚起である。オシュンラデ〔三〇代女性、司祭、イレの成員〕は、アフリカ系アメリカ人は世界のマイノリティを搾取することで成り立つ現代のグローバル資本主義経済の構造について学ぶべきであると持説を明快に説く。具体的には、彼女は、大量生産、消費の枠組みで物欲を満たすことを人生の目的とし、それによって充足感を得ていることの虚しさに気づくべきだと主張する。のみならず、彼女は、農薬、添加剤まみれの食品の摂取量を減少させることで、特定の疾病にたいするアフリカ系アメリカ人の高い罹患率を改善できると考えている。

「無知では社会は変わらない」とオシュンラデは断言する。オシュンラデの辛辣な批判は、とりわけアフリカ系アメリカ人の男性に向けられている。下層階級の男性は、虚無主義と刹那主義というなかば相反する価値観に埋もれて人生を送ることに終始している、と。また、生活に少し余裕がでてくる層になってくると、体裁ばかりを気にして、車高の高い大型の自動車（sport utility vehicle など）を乗りまわし、それで充足感を得てしまうという例をあげる。

アフリカ系アメリカ人の男性にたいする典型的かつ手厳しい批判ではあるが、オシュンラデの真意はそこにはない。すなわち、地域社会を変化させようとしない、というよりその必要性すら自覚させないという社会的、制度的な闇を覆す教育の必要性を訴えている。と同時に、所有欲、顕示欲によって他者と男らしさを競うだけでは、地域社会になんら変化をもたらさないという社会の仕組みについて教育すべきだというのである。

警察権力への対処法

最後に、アフリカ系アメリカ人の地域社会が抱える問題にいっそう寄り添った実践についてみていきたい。警察権力（不当逮捕）への対処法である。フレッチャ（五〇代男性、非司祭）は、自身に降りかかった経験を次のように語った。フレッチャは、夜にスーパーの駐車場で友人と会話中に、突如現れた警官に「違法ドラッグをやっている」と手錠をかけられた。フレッチャは振り返り、静かに憤る。

ジャマイカ〔出身地〕ではこんな扱いはまず受けないね。それで、結局ね、公衆で薬物〔違法ドラッグ〕のにおいをさせていた嫌疑で取り締まった、なんてふざけた理由を警察は言いやがるんだ。

つづけて、彼は警察権力の不当な行使から身を守ることができた理由を説明した。

わたしはもう若くないし、ここで生まれ育ったわけじゃないから〔米国の価値観を身につけていないから〕、対処できるけど。若い子があああいう扱いを受けると、まずダメだろうね〔何らかの理由で逮捕される〕。

地域社会において、警察権力への対処法が問題となることはめずらしいことではない。なかでも、アフリカ系アメリカ人の青少年は、警察権力の問題を避けて通ることは難しい[24]。そのため、所持品検査や職務質問から生じる不当な逮捕からいかに身を守るかについて、先の世代の経験をもって伝授することが肝心となる。

警察権力への対処法は、警察権力の不当な行使から身を守ること、すなわち、地域社会の成員を守ることを意味する。ただし、これは、一九六〇年代半ばから七〇年代に、ブラック・パンサー・パーティが実践していたような権力にたいする「自衛（自己防衛）」とは、次の二つの意味で異なる。一つは、銃やライフルを象徴とした心理的、身体的自衛をともなわないこと。いま一つは、地域社会の「女を守れ（Protect Your Women）」という男らしさを助長するような価値観が込められていないことである[25]。

5　アフリカ系アメリカ人の社会運動にみる男らしさの変化
——男らしさからの解放と「ひとり」に認められる価値

以下では、男性結社の活動について、規範的な家族を形成することに執着しないという観点から、（一）男らしさからの解放、(二)「ひとり」に認められる価値、(三) 男性本位の視点という三つの側面にわけて検討したい。

まず、男らしさについてみていく。本章で取り上げたイレの男性結社では、その活動をみるかぎり、規範的な家族の形成を指標として掲げていない。それゆえに、男性結社では、家族の構成に、生物学的、社会的側面からみた「父」が不在であったとしても、規範から逸脱した家族とは認識されない。換言すれば、家族との同居や、家族内で父が経済的責任を果たし、家族を養うという役割は想定されていない。

つまり、男性結社では、米国の主流社会にみられる禁欲主義的価値観でもってアフリカ系アメリカ人男性を束縛することはない。禁欲主義的価値観は、米国の「自由労働イデオロギー (free labor ideology)」と密接な関係があるので、それとの関連から考えると理解しやすい。

自由労働イデオロギーとは、一例をあげれば、生産者的な男らしさを有する階層と、生産者的な男らしさが欠如し、消費の快楽におぼれる階層への階級分化を促すものとして作用する［兼子 二〇〇八：二三三―二三七］。そして、生産者的な男らしさを有するもののみが、白人中産階級へ合流できるということになる。この自由労働イデオロギーに従えば、社会的、経済的機会は平等であるため、アフリカ系アメリカ人男性が白人中産階級に仲間入りすることができないのは、快楽に抗し、労働に価値を見いだす禁欲主義的価値観が欠如しているからだということになる。つまるところ、社会の不均衡は、己の努力不足が原因というわけである。

男性結社の活動では、成員は、このような禁欲主義的価値観と結びつけられた経済的能力にとらわれることはない。それゆえに、彼らは白人中産階級男性の男らしさを身につけて成功するか、快楽に溺れ脱落するかという二元論的な価値観の選択に身を委ねることからいったん留保される。(26)

ただしこれには問題もみうけられる。男性結社の活動が、アフリカ系アメリカ人男性を規範的な家族（白人中産階級男性の男らしさ）から解放するだけでは、たとえば、男性の周囲にいる女性が現状で抱えている経済的負担、あるいは子がある場合は、子の母や、母方の祖父母の経済的、養育的負担を軽減させることはないに等しい。すなわち、白人中産階級男性の男らしさから解放するだけでは、過去から現在に至るまでの社会制度の帰結として、社会的、経済的領域にみられる人種主義的不平等を、社会の構造問題として問うことは難しい。だからこそ、男性結社の「地域社会の父」構想が目指す教育が相互補完的に必要とされているのである。

次に、「ひとり」に認められる価値に注目する。先述の点と密接に関わるが、男性結社の活動では、婚姻歴、子の有無、年齢、性別を問わず、「ひとりもの」を規範的な家族からの逸脱とは捉えていない。そこには、既成のカテゴリーに束縛されることのない「ひとり」が存在可能となる。換言すれば、ひとりが集まることで、同世代、異世代を問わず、他者と関われる枠組みを提供しているのが、男性結社の活動の場という社会空間である。くわえて、結社の活動は、ひとりのまま、他者と連携することで、地域社会を変化させられる枠組みへと発展する可能性を秘めている。

このように、男性結社の活動は、ひとりでいることに価値を認め、ひとりのまま他者との関係を築く場を提供する。それゆえに、ほかの時代のアフリカ系アメリカ人の社会運動（黒人運動）に認められた家族形成や性をめぐる規範（ジェンダー規範）から、女性だけでなく、男性をも解放するのではないだろうか。つまり、女性は男性に保護されるべきではなく、服従する必要もない。同様に、男性は女性を保護するべきではなく、管理監督する（服従させる）必要もない。したがって、ほかの時代の社会運動と異なり、男性は奴隷制度や人種主義的差別制度で失われたとされる権威、とりわけ社会的、性的な権威を回復することに努めたり、誇示したりする必要に迫られないのである。

そのうえ、オリシャ崇拝運動のイレの男性結社でみられるジェンダー規範は、かつてコミューンを拠点とした集合的な運動のジェンダー規範とも異なる様相を呈している。とりわけ、運動が一九七〇年代半ばから八〇年代半ばにかけて興隆し、その後いったん衰退するまでは、運動はヨルバの伝統的な実践と価値観を再現することに主眼をおいていた。よって、ひとりは一人前と見なされなかった。端的に述べるならば、未婚の男性成員は、納税や土地取得の面で不利益を被った。また、一定の年齢以上の女性成員は、ひとりでいることは許されず、必然的に運動の指導者（王）の妻とならねばならなかった。[27] このような集合的な運動と異なり、この章で取り上げたイレの男性結社では、婚姻歴、子の有無、年齢、性別によって、人の価値を定めることはなく、ひとりでいることを咎められたり、異なる性への従属を求められたりすることはない。

最後に、男性本位の視点について取り上げる。男性結社の活動の目的は、地域社会にアフリカ系アメリカ人の社会空間を創造することである。ただし、男性結社であるゆえに当然かもしれないが、どちらかというと、女性の空間というよりは、男性の空間を創ることに主眼がおかれている。同じく、中産階級というよりは、下層階級の空間を創造することが重視されている。

「地域社会の父」構想で取り上げた警察への対処法は、まさにその典型に映る。地域社会の父構想の目的の一つは、「逮捕、収監」、「地域社会からの離脱」、「酒・薬物依存」という人生の悪循環から、男性が脱出できるよう支援することである。そのために、不当に行使される警察権力から身を守るフッド（アフリカ系アメリカ人の集住地区）の知恵を他者と共有し、次の世代に伝授する必要性を強調する。むろん、女性や下層階級に属さない人々も、不当な理由を契機とした逮捕、収監を経験し、結果として地域社会から離脱することもある。[28] また、男性が先に述べたような悪循環から逃れることで、地域社会という社会空間を共有する人々への影響も変わってくるであろう。したがって、地域社会の父構想は、その表層的理解から想像してしまうような男性や下層階級のみを対象とした活動とはいえない。

ただし、地域社会の父構想には、米国の主流社会との境界を強調しかねないという側面もある。すなわち、米国社会を支配と従属の二元論で捉える傾向である。また、あえて言うならば、男性同士の関係構築に重きがおかれている。このようなことからは、地域社会の父構想に、家父長的、男性覇権主義的な価値観が培われるようになったり、あるいは、男性結社の活動が、「地域社会の父」という概念を巧妙に利用して、規範的家族の拡大版として機能したりするおそれもあろう。

しかしながら、次の理由から、かつての均質的、集合的な運動の実践やほかの時代の社会運動にみられた家父長的、男性覇権主義的な価値観は影を潜めている。その理由とは、男性結社は、将来的には男女の成員を迎える「若者結社」として運営したいという希望とともに、性別を問わず地域社会に開かれた活動を目指しているということ。また、男性結社の活動の準備作業に、少ないながらも女性成員が関与しているということである。そしてなによりも、イレには宗教的位階の高い（司祭として活動している）女性成員がおり、彼女たちの存在が一定の抑止力として機能しているからである。

以上、オリシャ崇拝運動の非集合的な運動実践の基盤として形成されているイレの男性結社に着目し、結社の活動がアフリカ系アメリカ人の地域社会や家族のあり方とどのような関係にあるのかをみてきた。

イレの男性結社の活動が求めているのは、国家権力の下部に位置し、個人を国家へと吸収する地域社会への参加を促すことやその再生産ではない[29]。彼らの活動は、主流の地域社会に重なりつつも、そこから距離をおくアフリカ系アメリカ人の地域社会を築き、同時に、主流の地域社会に異議申し立てをしようとする試みである。

こうした男性結社の諸活動には、意図する目的を実現できるかどうかという評価とは別に、準備作業の活動プロセスそのものに、他者との関係構築（世代間の橋渡し）が埋め込まれている。そのため、結社の活動は、人と人のつながりを編み出し、共通の知を蓄積し、それによって、地域社会を変化させていくとともに、従来の米国の規範的家族にとらわれない「生」のあり方を生み出す原動力となりうるであろう。

この章では、オリシャ崇拝運動を事例に、アフリカ系アメリカ人の社会運動をめぐる男らしさについて考察した。オリシャ崇拝運動における男性結社の変容からは、次のことが導かれる。運動の初期にみられた排他性を帯びた集合的な運動実践においては、米国社会（「白人、キリスト教」主義）から黒人の女を保護することで得られる黒人の男らしさが強調されていた。この男らしさには、男性覇権主義を助長し、オリシャ崇拝運動を一時的に衰退させる一因となったように、女を従属化させる価値観が潜んでいる。これは冒頭で取り上げたアフリカ系アメリカ人の社会運動に関するベンツ［2007］の論考と共通する点である。

一方、オリシャ崇拝運動が変化を遂げた後の非集合的な運動実践では、家族と地域社会との関係からみるにおいて、米国社会から黒人の女を守るという価値観は重視されていない。黒人の女を保護、管理監督することで、黒人の男としての誇りや自尊心を得るのではない。それよりも、ひとりで参加することが可能な運動の空間、より具体的には、ひとりとひとりがつながることで、みずからが属する地域社会を変化させうるのだという可能性に気づく空間を創り出すことに主眼がおかれている。

［追記］本章は、以下の拙稿をもとに資料などを追加し、あらたな検討を試みたものである。「アフリカ系アメリカ人の地域社会と家族——宗教的家組織の形成からみるオリシャ崇拝運動」椎野若菜編『シングルのつなぐ縁——シングルの人類学』（人文書院、二〇一四年三月）所収。

注

（1）民族の分類基準や呼称は、米国の国勢調査［United States Census Bureau 2011］をみてもわかるように、それぞれの社会的文脈において名付けや名乗りを通じて社会政治学的に構築される［Omi and Winant 1994: 3, 53–76］。米国では、大西洋奴隷貿易の時代から現在に至るまで、生物学的決定論は「人種」概念の構築と再生産に重要な役割を果たしてきた。本章では、生物学的決定論にもとづく名付けや、名乗り（戦略的本質主義にもとづく名乗り）の文脈において、人種（race）、黒人（black）、白人（white）という用語を用いる。

（2）人種と性の交錯については、本章第一節で後述する議論も参照。こうした言説が創出される過程については、アンチオープ［二〇〇二］、古谷［二〇〇二］が詳しい。

（3）こうした男らしさは、ベンツによれば、ブラック・パワー運動に先立つネイション・オブ・イスラムにも認められたし、米国南部を中心に非暴力という概念を軸に南部キリスト教指導者会議が率いた運動の担い手たちにも潜在的な意識としてみられた［Wendt 2007］。男らしさの獲得と自衛、暴力、非暴力との関係については、hooks［1981］の議論も参照。

（4）このことは、社会運動のトランスナショナルやグローバルな側面を考えれば極めて当然のことであろう。当時のアフリカ系アメリカ人の社会運動のいくつかは、他地域の運動の思想哲学や手法を大きく取り入れて組織されていた。また、運動は、国家の境界を越境して実践されていたとともに、米国での運動に呼応して他地域で運動が結成されたり、既存の運動が共鳴的な実践を展開したりした。たとえば、イギリスにおけるブラック・パンサー運動の事例［Angelo 2009］を参照。

（5）連邦捜査局によるプログラムの目的は、諸運動、諸活動の統合を避け、各組織を分裂させるなどして、脆弱化させることであった［Drabble 2008］。

（6）たとえば、カービィは、地域社会を重視した諸取り組みを提供することに活動の大部分を費やしたという視点からブラック・パンサー・パーティを論じている［Kirkby 2011］。また、語りの分析という手法を通じて、アフリカ系アメリカ人の女性が、補佐的、従属的な役割だけを担ってきたわけではないということを改めて示し、二〇世紀半ばから後半にみられたアフリカ系アメリカ人の社会運動を再考する空間が形成されている［Holsaert et al. eds. 2010, Gibson and Karim 2014］。なお、暴力に関する表象（暴徒化の語り）と社会排除の仕組みについては、松田［一九九八］の論考を参照。

（7）なかには、家族の構造と社会問題のあいだには必ずしも相関関係は認められないという分析がなされていることを確認しておきたい［Wu and Thomson 2001］。

（8）ただし、アフリカ系アメリカ人のひとりにまつわる現象（規範的な家族を構成しないという現象）は必ずしも下層階級だけの特徴とはかぎらない。たとえば、二〇世紀末からの傾向として、とりわけ大都会では、高学歴を有し経済力のある男性が「非黒人女性」（non-Black women）を選択することによって、従来彼らを婚姻対象としていた社会階層の女性の未婚率が上昇しているという検証もある［Crowder and Tolnay 2000］。

（9）本章は、二〇〇一年から二〇〇九年にかけておこなった文化人類学的調査にもとづいている。文中で示す名前はすべて仮名であり、言及する年齢や経歴などは調査時のものである。紙幅の都合上、参考文献は最小限の構成であり、詳細については拙稿を参照されたい。

(10)　オリシャ崇拝運動の初期から興隆期の成員の多く、なかでも指導者層の成員のほぼ全員は、ネイション・オブ・イスラムをはじめ、同時代の運動に参与した経験がある。

(11)　ヨルバとは、ナイジェリア連邦共和国の主要三大民族の一つである。ヨルバ語を母語とするヨルバ人が分布する地域は、現在のナイジェリア南西部を中心に、その西側に隣接するベナン共和国東部、さらにその西側に隣接するトーゴ共和国の一部にまたがる（地図1参照）。オリシャ崇拝運動におけるヨルバの時間的、地域的な重層性、複合性については、小池［二〇一一：三〇五―三〇八］を参照。

(12)　オリシャ崇拝運動の正確な規模を知ることは難しいが、米国でヨルバの神々を崇拝する宗教実践（おもにサンテリア）の規模については、小池［二〇一一］を参照。なお、オリシャ崇拝とサンテリア（キューバ共和国でみられるアフリカ系宗教の一つ）との関係に関しては、小池［二〇一二］の議論を参照。

(13)　男性結社が兼ねていたほかの組織的活動には、ドクプェ（dokpwe）と呼ばれる互助結社がある。四〇歳以下のすべての男性成員がドクプェの成員となり、運動の公的領域に関わる土木作業に従事した。

(14)　権力による暴力とは、巡視という名目の身体的、言語的圧力と、それに起因する不当逮捕などである。二〇〇〇年代でも認められる暴力として、成員は次のような事例をあげる（本章第四節も参照）。軽微な交通違反の疑いにたいして、後ろ手に縛る、頭部を地面に押さえつけるなど、必要以上の身体的拘束をもって尋問する。警察車両で昼夜問わず、アフリカ系アメリカ人の集住地区を重点的に監視する。その際、遊びに興じている児童たちがいると、警察車両の速度を急に上げ、事故が起こりそうなほど異常接近し、児童の側を通過する。

(15)　いうまでもなく、独立した国家の建設は理念上のことであり、実際のところ、オヨトゥンジ村は米国の権力から免れるわけではない。ただし、ある程度の自治的な社会空間が認められた事例として、一九七〇年代半ばから八〇年代前半にかけて、警察の追求を逃れてコミューンに逃げ込んだ非成員が少なからずいたことや、取り締まりの対象になるような行為を繰り返す成員に注意を促すよう、運動の指導者層に警察から穏便な警告があったことなどが逸話として語られている。

(16)　男性成員の流出を促したほかの理由として、オヨトゥンジ村のホモセクシュアルな性実践に関する語りがある。運動のホモセクシュアルな側面と男らしさの関係については、崇拝者とオリシャとの関係がホモセクシュアルに解釈できることから、一部の成員にエンパワーメントの場を提供しているという語りを含めて、稿を改めて論じたい。

(17)　イレという用語の代わりに、英語の house、temple、スペイン語の casa（サンテリアの影響が大きくみられる組織の場合）が使われることもある。

(18) イレの長の性別やヨルバの神々から導かれるオリシャ崇拝のジェンダー規範は、米国社会だけではなく、ネイション・オブ・イスラムのジェンダー規範との差異としても位置づけられている。これは、運動を変容させながらも発展的に持続させている特徴の一つとして無視することはできない［小池　二〇一一］。

(19) ここでいう祖先とは、集合的祖先を意味し、現在を生きるアフリカ系アメリカ人と「アフリカ」、中間航路、奴隷を結びつける意義がある。くわしくは、小池［二〇一一］の議論を参照。

(20) アフリカ系アメリカ人の多くは出自を辿ることが極めて難しいとされる。そうしたなか、一部の例外として、ガラ（Gullah）、またはジーチー（Geechee）と呼ばれる民族文化が、シーアイランド（Sea Islands）と呼ばれる島々とその周辺地域にみられる。この島々は、サウスカロライナ州から、ジョージア州、フロリダ州北部にかけての沿岸部にみられ、奴隷制度の時代、亜熱帯域の疫病を理由に白人の出入りが他地域と比べて極端に限られていたため、なかば隔離された状況にあった。こうした地政学的な理由から、ガラ文化の基盤の一つは、現在の西アフリカシェラレオネ共和国の地域に辿ることができると分析されている［Holloway ed. 1990: ix–18］（地図1参照）。ガラの人々の自治性や文化の明示性は、二〇世紀のアフリカ系アメリカ人研究の潮流と、ガラ文化を継承する人々によるアイデンティティ政治の高まり（ガラ運動）との相互作用の現れとしても理解できる。

(21) 実際、筆者の友人の一人は、彼女の髪の形質について心を悩ませている。「わたしの髪の毛、醜い？汚い？でも、どうしようもないんだ。汚いでしょ」（一〇代女性、二〇〇九年）。こうした悩みは思春期特有のものともいえよう。ただし、公教育の問題を回避するために、オリシャ崇拝運動の拠点で独自の教育［小池　二〇一一］を受けて育った成員（友人）からは、類似の嘆きは聞こえてこない。

(22) 国勢調査［United States Census Bureau 2011］によれば、サウスカロライナ州の黒人人口率は二八・八％（Black or African American alone or in combination）、米国全体では一三・六％である。ただし、そのような地域においても、人口率に圧倒的に不釣り合いな人種構成の社会空間（学校、職場、社交界、公共の場など）は時と場所に応じて生じ、人種主義的差別や人種にもとづく苦痛に晒される。さらに、観光地として賑わう街や住宅街の一角に、奴隷制度時代の奴隷市場（現在のOld Slave Mart Museum）、奴隷が幽閉されたとされる牢獄などが保存され、現存している。こうした地域特有の歴史、文化とどのように向き合うかによって、自己にたいする認識、人生観、人種意識などが左右されることはいうまでもない。

(23) クレイグのような見解については、後述の女性成員をはじめ、アフリカ系アメリカ人の女性から、そのような甘い考えでは、現実の過酷な社会では生き抜けないとして痛烈に批判されることがある。このような考え方の違いは、性だけでなく、階級、地域、学歴、職歴などの差異によっても生じる。それでもなお、イレの長は、男性成員が、女性成員に気兼ねすることなく、自由に意見を交わすために、男性結社のような男性だけの空間が必要であると考えている。

(24)　全国都市同盟（NUL）によれば、米国の全収容者（prison inmates）の三七％は黒人であり、人種別人口にたいする収容率は白人の六倍以上である（二〇〇六年の資料）。また、収容率（incarceration）が最も高いのは、二五〜二九歳の黒人男性で、その七％以上が収容されている。同年齢層の白人男性の値は一％にすぎない［National Urban League 2008: 63–64］。犯罪に関する資料を人種の枠組みから捉えることで生じる問題については、Covington［2002］を参照。

(25)　その一方で、ブラック・パンサー・パーティの自衛と共通するような側面もある。その側面とは、警察権力への対処法を教育することで、「警察権力（米国、白人）による支配」、「従属させられるアフリカ系アメリカ人（黒人）」という二元論的な構図にもとづく自己認識や人種意識を植えつけてしまう可能性を否定できないということである。

(26)　オリシャ崇拝運動には、性、嗜好品、散財などをめぐる快楽を禁欲主義的価値観とは異なる視点から捉える傾向がある。それが、男性結社の活動や、男らしさとどのような関係にあるのかについては稿を改めて検証したい。

(27)　当時の運動が核としていた伝統的な実践と価値観は、アメリカ人である彼らの非西洋文化にたいする一方的な眼差しによって構成されていたが、その後変容しつつある［小池　二〇一一］。その一方で、調査時においても、古参の主要な成員の子供同士が、成員の義務として（儀礼的に）婚姻関係を結ぶ事例もみられる。集合的な運動における家族のあり方については、稿を改めて論じたい。

(28)　フロリダ州中部では、たとえば、薬の密売人の疑いがあるとして、夕刻に西アフリカ出身の大学教授（五〇代）が所持する鞄の検査を求められている（二〇〇五年一〇月）。警察権力をめぐる問題は下層階級や青少年だけの問題にとどまらない。

(29)　米国の個人と国家のあいだに存在する「中間的団体や存在」の特徴、二大政党制における政治的役割については、久保［二〇〇七：二九四—三〇三］が詳しい。

参考文献

アンチオープ、ガブリエル
　二〇〇一　『ニグロ、ダンス、抵抗——一七〜一九世紀カリブ海地域奴隷制史』石塚道子訳、人文書院。
兼子　歩
　二〇〇八　「セルフ・メイドの男と女——全国黒人実業連盟における人種・ジェンダーおよび階級」樋口映美・中條献編『歴史のなかの「アメリカ」——国民化をめぐる語りと創造』彩流社、二二五—二四五頁。

久保文明
　二〇〇七　「個人と国家のあいだからアメリカを考える」久保文明・有賀夏紀編『個人と国家のあいだ〈家族・団体・運動〉』ミネルヴァ書房、二九一―三〇五頁。
小池郁子
　二〇一一　「想像／創造されたアフリカ性の時間――アフリカ系アメリカ人のオリシャ崇拝運動の初期から衰退期をめぐって」西井凉子編『時間の人類学――情動・自然・社会空間』世界思想社、三〇一―三三二頁。
　二〇一二　「コンタクト・ゾーンとしてのオリシャ崇拝運動――アフリカ系アメリカ人の社会運動とキューバのアフリカ系宗教との境界をめぐって」田中雅一・小池郁子編『コンタクト・ゾーンの人文学３―― *Religious Practices* ／宗教実践』晃洋書房、一七六―二一二頁。
古谷嘉章
　二〇〇一　『異種混淆の近代と人類学――ラテンアメリカのコンタクト・ゾーンから』人文書院。
松田素二
　一九九八　「実践暴力の行方――ケニアと西成の暴動現場から」田中雅一編『暴力の人類学』京都大学学術出版会、二五一―二七六頁。

Allen, Walter R.
　1995　African American Family Life in Societal Context: Crisis and Hope. *Sociological Forum* 10 (4): 569-592.
Angelo, Anne-Marie
　2009　The Black Panthers in London, 1967-72: A Diasporic Struggle Navigates the Black Atlantic. *Radical History Review* 103:17-35.
Awolalu, J. Omosade
　1979　*Yoruba Beliefs and Sacrificial Rites*. London: Longman.
Covington, Jeanette
　2002　Racial Classification in Criminology: The Reproduction of Racialized Crime. In Bruce R. Hare ed. *Race Odyssey: African Americans and Sociology*. NY: Syracuse University Press, pp. 178-200.
Crowder, Kyle D., and Stewart E. Tolnay

2000　A New Marriage Squeeze for Black Women: The Role of Racial Intermarriage by Black Men. *Journal of Marriage and Family* 62 (3): 792-807.

Drabble, John
2008　Fighting Black Power-New Left Coalitions: Covert FBI media Campaigns and American Cultural Discourse, 1967-1971. *European Journal of American Culture* 27 (2): 65-91.

Evans, Curtis J.
2008　*The Burden of Black Religion.* NY: Oxford University Press.

Furstenberg, Frank F.
2007　The Making of the Black Family: Race and Class in Qualitative Studies in the Twentieth Century. *Annual Review of Sociology* 33: 429-448.

Gibson, Dawn-Marie and Jamillah Karim
2014　*Women of the Nation: Between Black Protest and Sunni Islam.* NY: New York University Press.

Holloway, Joseph ed.
1990　*Africanisms in American Culture.* Bloomington: Indiana University Press.

Holsaert, Faith S. et al. eds.
2010　*Hands on the Freedom Plow: Personal Accounts by Women in SNCC.* Chicago: University of Illinois Press.

hooks, bell
1981　Ain't I a Woman?: Black Women and Feminism. Boston: South End Press.

Hunt, Curl M.
1979　Oyotunji Village: Yoruba Movement in America. Washington, DC: University Press of America.

Joseph, Peniel E..
2009　The Black Power Movement: A State of the Field. *The Journal of American History,* December 2009:751-776.

Kirkby, Ryan J.
2011　“The Revolution Will Not Be Televised”: Community Activism and the Black Panther Party, 1966-1971. *Canadian Review of American Studies* 41 (1): 25-62.

Koike, Ikuko

2005 Embodied Orisa Worship: The Importance of Physicality in the Yoruba American Socio-Religious Movement, In Toyin Falola and Ann Genova eds. *Orisa: Yoruba Gods and Spiritual Identity in Africa and the Diaspora.* Trenton, NJ: Africa World Press, pp. 335-353.

National Urban League

2008 *The State of Black America 2008: In the Black Woman's Voice.* New York: National Urban League.

Omi, Michael and Howard Winant

1994(1986) *Racial Formation in the United States: From the 1960s to the 1980s.* New York: Routledge.

Patterson, James T.

2010 *Freedom is Not Enough: The Moynihan Report and American's Struggle over Black Family Life---from LBJ to Obama.* NY: Basic Books.

United States Census Bureau

2011 *The Black Population: 2010.*

Wendt, Simon

2007 "They Finally Found Out that We Really Are Men": Violence, Non-Violence and Black Manhood in the Civil Rights Era. *Gender & History.* 19 (3): 543–564.

Wu, Lawrence L. and Elizabeth Thomson

2001 Race Differences in Family Experience and Early Sexual Initiation: Dynamic Models of Family Structure and Family Change. *Journal of Marriage and Family* 63 (3): 682-696.

●第Ⅲ部　軍隊と国家

第八章　殉職と神社——日本の軍隊および警察における殉職者の慰霊をめぐって

丸山泰明

1　はじめに

今日、世界の国々において軍隊は、近代のヨーロッパで形成された組織や階級・編制を用いている。いわば軍隊とは世界各国でほぼ共通するグローバルなシステムである。しかし、他方でそれぞれの国ではその国の歴史や社会を背景にして、軍隊の内部、および軍隊と外部の社会とのかかわりのなかでローカルな文化がかたちづくられている。

日本において、ヨーロッパの軍隊のシステムが取り入れられたのは江戸時代末期である。江戸時代には徳川家を中心として各大名が統治する封建制度のもと、武士という一部の階級が軍事を担う戦国時代のままの兵制がとられていたが、一八五三年に開国すると幕府および有力な藩を中心に西洋式の軍隊が取り入れられるようになる。明治維新をへて廃藩置県が行なわれ中央集権的な明治政府が成立すると、学校で養成された士官と徴兵された兵士による国民軍が創設される。陸軍はフランス、そしてのちにドイツをモデルに、海軍ではイギリスをモデルにといったように、日本の軍隊は近代化の過程において西洋の軍隊をモデルとしていたが、やがて日本に根づくことにより独自の文化が生まれていくことになった。

本章は、軍隊に関する日本独自の文化のひとつである、殉職者を神として神社に祀る宗教文化について考察するものである。人を神に祀る人神信仰について文化人類学者の小松和彦は『神になった人びと』において、怨みをもち天変地異や疫病などの災いをもたらす死者を鎮めるために祀られた「祟り神」系の人神と、生前の偉業を顕彰し記念・記憶するための「顕彰系」の人神に整理し、歴史的には「祟り神」系の人神があり、そこから「顕彰系」の人神が派生してきたことを論じている［小松　二〇〇六］。小松の整理に従うならば、殉職者の祭神は「顕彰系」の人神である。また、早くから人神信仰を論じてきた民俗学者の柳田国男は一九二六年に発表した「人を神に祀る風習」のなかで、「永い年月の間にきわめて徐々として、いわゆる人格崇敬の思想は養われて来たのであるが、いかに熱心なる捜索を尽したとしても、千年以前はさておき、近き豊国大明神または東照大権現の時代にすらも、大正の今日と一貫した日本人気質というべきもの見出すことは困難であろう」と述べ、同じように人を神に祀るといっても安易に通時代的な伝統として短絡させてしまう姿勢を批判し、具体的な事例に寄り添いながら論述を展開している［柳田　一九九〇：六四七］。人を神に祀ることは古来より行なわれているが、それを近代の殉職者合祀の先例としてしまうことは、それ自体がホブズボウムのいう「創られた伝統」を再生産する言説になってしまうだろう。本章においても、殉職者を神社に祀るようになった歴史的・社会的状況に留意しながら論述を進めていくことにしたい。

軍隊の死者を神に祀る宗教文化としては、これまで戦死者を祀る靖国神社や護国神社について民俗学や文化人類学、宗教学の立場から数多く論じられてきたが、殉職者を祀る神社についてはこれまで目を向けられることが少なかった。神社での祭祀に限定せず、広く軍人の死者慰霊について視野を広げてみても、戦死者についての論考と比べると平時における殉職者の慰霊はいまだ不十分にしか論じられていない。

戦争は確かに人間の生命や国家の政治・経済・文化に大きな影響を与える出来事であり、その戦死者をどのように慰霊するのかは家族、地域、国家にとって大きな関心事となる。だが長期的なスパンで見れば、軍隊は、戦争を行なっている期間よりも、平時において訓練・教育に費やす期間のほうが長い。特に戦後生まれた自衛隊は、日本国憲法により戦争を禁じられた軍隊であり、それゆえ戦死がなく殉職だけの軍隊である。殉職者の慰霊について考えることは、共同で生活を営み独自の文化をかたちづくる軍隊という社会と、軍隊外部の社会とのかかわりについて考えるにあたって有効なひとつの論点となるであろう。

以上述べたように、殉職者の神社への合祀の歴史について本章で考察し整理する背景には、日本の軍隊をめぐる宗教文化の一面を明らかにしたいという意図があるが、このほかのもうひとつの意図がある。それは、現在の日本国内における戦死者の慰霊に関する議論にひとつの視点を提起するためである。

現在の日本社会では、死亡した軍人をいかに慰霊するについて激しく議論されており、国民の大多数が同意するような世論が形成されていない。この議論の中核には、いわゆる「靖国神社問題」がある。第二次世界大戦で敗戦を迎えるまでは、幕末維新の志士とともに戦死した軍人を祀る靖国神社が国家の慰霊施設として機能していた。靖国神社は一八六九年に東京招魂社として創建され、一八七九年に改称した神社であり、戦前は国家のもとで管理運営されてきた。一般の神社に関しては内務省が管轄していたこととは異なり、靖国神社は陸軍省および海軍省が管轄していた。政府のもとにあった靖国神社は、第二次世界大戦後の占領期における政教分離政策のため、単立の宗教法人となって政府から切り離されることになる。一九六〇年代はふたたび靖国神社を国のもとに戻そうとする「国家護持」が自由民主党や靖国神社、民間の団体によってすすめられるが、それに対して日本国憲法が定める政教分離および信教の自由の観点から反対運動も起こる。国会では靖国神社を再国営化する法案が数度にわたって審議されたが、最終的には廃案となった。その後、一九七五年に三木武夫首相（当時）が戦後はじめて八月一五日に参拝すると（それ以前にも歴代の首相が参拝することはあったが、主に春秋の例大祭になされていた）、靖国神社という特定の宗教法人を憲法に反して支援するものだとする反対する議論がわき起こり、それに対する反論もまたなされ、議論は紛糾していく。首相の参拝をめぐって論争が勃発するのは、参拝を肯定する側にとっても否定する側にとっても、参拝が靖国神社を国家的および国民的な戦死者の慰霊施設であることを認めることになるためだ。一九八五年に中曽根康弘首相（当時）が参拝すると、韓国・中国の政府も批判するようになった。今日、首相の靖国神社参拝をめぐっては国内外の注目を集める出来事となっている。

現在のところ、靖国神社は殉職自衛官を合祀していない。戦前においても、旧陸海軍の軍人の殉職者を合祀することはなかった。しかしながら、一九九一年の湾岸戦争でのペルシャ湾派遣、一九九二年に制定された国際連合平和維持活動等に対する協力に関する法律（ＰＫＯ協力法）にもとづく世界各国の紛争地への派遣、二〇〇三年から二〇〇九年に実施されたイラク戦争への派遣は、靖国神社に関する議論に、新しい潜在的な問いを加えた。それは、もし自衛官が戦闘により死亡して殉職した場合、すなわち事実上戦死した場合、靖国神社に合祀されるのかという問いである。「潜在的」と断ったのは、現在のところまだ戦闘による死者は生じていないためである。二〇一四年七月になされた集団的自衛権の行使を容認する憲法解釈変更の閣議決定は、海外における戦闘での殉職のリアリティをさらに高めた。

今日、殉職自衛官の慰霊施設として機能しているのは、市ヶ谷の防衛省内にある自衛隊殉職者慰霊碑である。慰霊碑は最初一九六二年に建てられたが、風化・老朽化が進んだことにより一九八〇年に建て替えられ、一九八八年に防衛庁（当時）本庁舎の移転にともない他の旧軍関連の記念碑とともに現在地に移設されメモリアルゾーンとして整備された。二〇〇三年にはこの地ではじめて小泉純一郎首相（当時）が参列する追悼式典が催され、その後外国要人も訪れる場となっている。ただし、一般公開はされておらず、誰でも自由に訪れることができる慰霊施設とはなっていない。

靖国神社に殉職自衛官は合祀されるのかという問いが生じるのは、全国各地にある護国神社の一部で殉職した自衛官を合祀する事例がすでにあるためだと考えられる。護国神社における殉職者の合祀についてこれまで主に論じられてきたのが、山口県護国神社への殉職自衛官の合祀を遺族が拒否した裁判についてである。一九六八年に職務中の交通事故により殉職した自衛官が、自衛隊山口地方連絡部の事務的な協力と、自衛隊のOB組織である隊友会の山口県支部連合会の申請により一九七二年に山口県護国神社へ合祀された。この合祀をめぐって、遺族であるキリスト教徒の妻が信教の自由の侵害と政教分離の原則に対する違反として国と隊友会を訴えたものである。判決は、一審二審ともに原告勝訴の判決が出たが、一九八八年の最高裁判決で原告が敗訴し、国の関与は政教分離に違反せず、神社の側が独自に合祀することは被告の信教の自由を侵害するものではないとする判決が確定している。

この裁判をめぐっては学界のみならずジャーナリズムにおいて判決に対する肯定・批判が、それぞれの立場から積み重ねられてきたが、ここではこれまでの護国神社への殉職者合祀をめぐる論争において言及されてこなかった問いを立ててみたい。それは、そもそもなぜ護国神社が殉職者を合祀するのかという問いである。戦前の護国神社が祭神としていたのは、靖国神社と同じく幕末維新の志士と戦死者であり、殉職者は祀っていなかった。つまり、護国神社が殉職者を祀るようになったのは、戦後に新しく起こった祭祀のあり方なのである。また、すべての護国神社が殉職者を合祀しているのではなく、合祀しているのは一部の護国神社だけである。どのような経緯で一部の護国神社が殉職者を合祀するようになったのかを、本章では論じることにしたい。

靖国神社も全国の護国神社も、戦前においては殉職者を合祀していなかったが、それらとは別に殉職者を祭神として祀る神社が戦前には存在した。それは戦前の旧陸海軍に設けられていた営内神社である。戦前の旧陸海軍では、部隊、学校および艦艇などの軍人が共同生活をいとなむ共同体のなかに神社を設けることが行なわれていた。その中には、所在地や艦名に関連する祭神や兵科に関する祭神の他に、殉職者を神として祀る神社も存在した。靖国神社や護国神社への殉職者合祀の問題を考えるためには、戦前の営内神社での殉職者合祀にまでさかのぼって比較検討する必要がある。

以上の問題意識に従って、本章では次の構成により叙述を展開する。まず、戦前における神社での殉職者合祀について考察する。次に、敗戦・占領期による宗教政策により官庁が宗教施設を管理運営できなくなった際に、それらの神社はどのような命運をたどったのかを論じる。そのうえで、戦後新たに護国神社が殉職者を祀るようになった経緯について述べることにしたい。

なお、本章では殉職者の神社での祭祀を論じるにあたって、軍隊のほかに警察についても取りあげる。警察についても取りあげる理由は、第一に、両者とも国家が暴力を行使する実力組織であるためである。社会学者のアンソニー・ギデンズによれば、近代国家は暴力を占有することによって成り立つものであり、「軍事力は『国外に』、警察力は『国内に』向っていった」のである〔ギデンズ　一九九九：二五〕。第二に、このような国家の暴力を行使する装置という面とは別に、災害をめぐる避難支援と復旧活動、伝染病に対する防疫活動、事故や遭難にともなう人命救助活動といった人道的な活動を行う点においても軍隊と警察は共通するからである。なお、日本の場合、戦前の警察機構は消防も管轄していたため、警察の殉職者には消防活動による死者もふくまれることを付記しておきたい。第三に、詳しくは本章で論じるが、戦後の護国神社における殉職自衛官の合祀を論じるためには、警察の殉職者の合祀が先行してなされていたことを踏まえる必要があるためである。

さて、ここであらためて殉職とは何かについて考えておきたい。辞書的な意味では、殉職は職務中に死亡すること、あるいは職務をはたそうとして死亡すること、となる。しかしながら、自営業の死者が殉職とは呼ばれないように、すべての職業について仕事を行なっている際に死亡したことが殉職と呼ばれるわけではない。殉職という言葉はより限定した職業について用いられている。日本を代表する新聞社である朝日新聞や読売新聞などの新聞記事データベースなどで検索してみると、軍人（自衛官）や警察職員、消防職員、学校教員、土木・建設作業員、赤十字救護員、鉄道やバスなどの交通機関の職員について主に用いられている。公共のためにはたらく職業に関して、その職務中の死が殉職と呼ばれる。殉職という言葉は、国に身を捧げる「殉国」や、宗教的な教えのために命を投げ出す「殉教」、主君の死に際して自らも命を絶つ「殉死」と同じように、個人を超えたものに献身する死として意義づけるものである。その意義づけは、死者を慰霊し、語り、表象する文脈においてさまざまである。その職業の崇高さや職能意識を高めるものとして意義づけられることもあれば、より広い「正義」「平和」「産業の発展」といった社会的な文脈のなかで意義づけられていくこともある。

また、軍隊と警察の殉職者の神社での祭祀を包括して扱うが、両者では殉職という言葉の内実が異なり、軍隊においても戦前の旧陸海軍と戦後の自衛隊では異なることに留意する必要があるだろう。警察では、犯人逮捕や災害救助活動などの危難に向き合った結果による死も、訓練中などの平常勤務の際の死も等しく殉職と表現される。それに対して戦前の旧陸海軍の場合は、戦時の戦死と平時の殉職が明確に区別され、殉職よりも戦死のほうがより重く扱われてきた。他方で自衛隊は戦死がない殉職だけの軍隊である。

死者を神に祀るというのは、その死を名誉の死として意義づける、ある意味で究極的な方法であろう。いうまでもなく、人間は誰しもが死ねば神になることはできるわけではない。他者に祀られることによって神になる。では殉職者はどのようにして神社に祀られたのか。その実態を探っていくことにしよう。

2　戦前における殉職者の神社

すでに述べたように、靖国神社は平時の殉職者を祀っていない。戦前において靖国神社は陸軍省と海軍省が管理する神社であり、軍隊にかかわりの深い神社であったが、祭神は幕末維新の志士と戦時における軍人および軍属の戦死者である。戦死者も、官軍・日本軍の戦死者だけであり、戊辰戦争において敵対した旧幕府軍側の戦死者や西郷隆盛をはじめとする西南戦争の反政府軍側の戦死者、また対外戦争における敵国の戦死者は祀っていない。

殉職者について靖国神社への合祀が提起されたことはあったが、合祀されることはなかった。たとえば、一九〇二年一月に青森歩兵第五聯隊の将兵二一〇人が八甲田山で雪中行軍の演習をした際に遭難し一九九人が死亡した事件が起こったとき、当時の陸軍大臣であった児玉源太郎は行軍演習中の死者を戦死者同様にみなして靖国神社へ合祀する方針を打ち出す。靖国神社合祀の方針が打ち出された背景には、大量遭難死を引き起こした陸軍に対する批判と不安、そして陸軍への入営を拒む徴兵忌避を防ぐ意図があった。しかしながら最終的には陸軍省内に設けられた歩兵第五聯隊に関する取調委員会において合祀は否決され、靖国神社に祀られることはなかった。戦後、民間の有志によって合祀が申請されたこともあったが、靖国神社の側は合祀を拒否している［丸山　二〇一〇］。旧陸海軍の殉職者慰霊に関しては、靖国神社とは別の全国的な慰霊施設が設けられることはなく、それぞれの部隊や学校などを単位として行なわれていた。

戦前の旧陸海軍には、その施設内に神社を設けている例が数多くあり、これらの神社に殉職者が祀られることがあった。これらの陸海軍の施設内の神社については坂井久能が、部隊の衛戍地に設けられた営内神社・隊内神社、軍設立の学校に設けられた校内神社、艦艇内に設けられた艦内神社などについて営内神社等と総称して包括的にとらえるとともに、個別の神社についても具体的かつ実証的に研究している［坂井　二〇〇八］。また、本康宏史は、石川県金沢市の事例を中心に営内神社の歴史の紹介と考察を行なっている［本康　二〇〇八］。春日恒男は陸軍所沢飛行学校に設けられていた航空神社について文献と聞き取り調査から考察している［春日　二〇〇八］。海軍の艦艇に設けられていた艦内神社については、久野潤の網羅的な調査がある［久野　二〇一四］。本章ではこれらの先行研究を踏まえつつ、軍隊内の神社を便宜的に「営内神社」と総称し、そこでの殉職者の祭祀について見ていくことにしたい。

まず、坂井久能の論考［坂井　二〇〇八］を参照しつつ、営内神社の概要について見ていくことにしよう。旧軍施設内に設けられた神社で最も古いのは、東京の赤羽にあった工兵第一大隊に設けられた赤羽招魂社である。一八九八年に鎮座式が催され、「御歴代の皇霊天地神祇」と西南戦争および日清戦争の戦死者を祀ったのがはじまりである。これらの神社は昭和天皇の即位大礼が行なわれた一九二八年以降増加の傾向を示し、創建年が確認できる九割以上が同年以降のものである。そして一九三五年以降に急増し、紀元二千六百年を記念する各種のイベントが催された一九四〇年前後にピークを迎える。

祭神について坂井は、①神祇を祀る場合、②戦死者（戦病死者を含む）・殉職者の霊を祀る場合、そして③として①②をあわせて祀る場合があったと整理している。①の場合は、地主神・屋敷神としての性格をもつ稲荷神、武神である香取神宮の経津主神や鹿島神宮の武甕槌神、兵科にちなんだ神、皇祖神である天照大神（軍神としても）が祀られた。③の戦死者を祀る場合は靖国神社に祭神として祀られたことを確認し鏡などの霊代を授与されたうえで創建された。なお、霊代は靖国神社から下付されたものであるものの、靖国神社側は「分霊」とは位置づけていなかった。そして靖国神社が祀らない殉職者を祀る場合もあり、これが営内神社の特色のひとつである。

ところで、近代においては一般の営利企業でも神社を設けて組織の結束をはかるとともに、経済活動の繁栄や災厄の回避、社員の健康と安全を祈願している。文化人類学者の中牧弘允はこれらの神社を「企業神」と総称し、①業者ないし創業家の信仰する神、②会社や工場の立地する地元の神、③業種に関係の深い祭神、④国家の祭祀と結びついた神、⑤明治天皇の霊や、創業の功労者や物故社員を祀る場合の五つのタイプに分類している［中牧二〇〇六：四三］。また、同じく中牧によれば、物故社員の供養塔や慰霊碑を建てることも昭和初期から行なわれはじめており、これまでの調査で最古のものは、高野山の奥の院墓地に一九二七年に北尾新聞舗が家墓とともに物故店員之墓を建立している例であるという［中牧　二〇〇六：七四］。軍隊と営利企業のあいだの違いに留意する必要はあるものの、近代になると従来の伝統的な血縁関係や地縁関係による神社のほかに、社縁関係による神社が建立されるようになり、勤務中の死者の慰霊をするようになるのである。

ここで軍隊内に設けられた殉職者を祭神として祀る神社の具体的な事例として、霞ヶ浦神社をとりあげることにしたい。霞ヶ浦神社は、横須賀、佐世保につづいて一九二二年に茨城県稲敷郡阿見村（現阿見町）に創設された霞ヶ浦海軍航空隊の敷地内にあった神社である。霞ヶ浦海軍航空隊に限らず海軍すべての航空隊の殉職者を祀る神社であり、一九二六年に創建された。霞ヶ浦神社のほかにも、横須賀海軍航空隊内に設けられていた同隊の殉職者を祀る追浜神社（建立年不明）をはじめとして、敗戦までに設置された八五隊の航空隊では所在地に縁故の深い神社を勧請してその霊代を祀っていた。また開隊の歴史の古い航空隊は隊内神社として社殿を建立して殉職者を合祀していた。これらの隊内神社のなかで霞ヶ浦神社と追浜神社だけは殉職者のみを祀る神社だった［薗川一九七四：七二］。

殉職者を祀る霞ヶ浦神社の創建を発案したのは、霞ヶ浦海軍航空隊教頭兼副長であった山本五十六である。海軍兵学校を卒業した海軍士官であった薗川亀郎が戦後にまとめたところによれば、山本は創建前年の一九二五年四月に次のような案を抱いたという。

海軍航空創設以来二十余名の殉職者を出し毎年招魂の祭壇を設けて英霊を迎える所以のものは尊い犠牲者に対する当然の儀礼であるのみならず亡き戦友の英志を永遠に偲び倍々吾人の雄心を奮起して我航空界の躍進を図り以て先輩僚友の神霊に応ふるに在ると思う。この趣旨を更に徹底せしめんが為隊内に神社を創設して諸霊を合祀し日夜神殿に拝詣して常に志心を清新に維持することを得ば以て故友の霊を慰むるに足るものありと信ずる。過日露国海軍武官等が来隊の際先づこれ等名誉ある戦友の墳墓に詣でんことを申し出たが未だ何等の設備なきを聞いて不審の面持ちであつた。仍てこの際霞ヶ浦神社を建立しては如何［薗川　一九七四：七三］。

表1　1915〜1930年までのあいだに霞ヶ浦神社に合祀された殉職者数（『霞空十年史』（航空界写真ニュース部広岡写真館　1931）をもとに作成

西暦（和暦）	死者数
1915（大正4）	4
1916（大正5）	2
1917（大正6）	1
1918（大正7）	3
1919（大正8）	4
1920（大正9）	2
1921（大正10）	2
1922（大正11）	4
1923（大正12）	8
1924（大正13）	17
1925（大正14）	16
1926（大正15・昭和1）	14
1927（昭和2）	8
1928（昭和3）	11
1929（昭和4）	16
1930（昭和5）	6

これによれば、毎年祭壇を設け殉職者を英霊として祀っていたが、さらに常設し日夜参拝できるようにするために隊内に神社を発案したという。また、神社創建を発案したきっかけは、ロシアの軍人が航空隊を訪れた際に死者の墳墓を慰霊することを申し出たところ、そのような設備がなかったため不審がったことだった。

山本はこのような案を隊員にはかったところ賛同が得られた。同隊司令の安東昌喬海軍少将に具申し認められたので山本を委員長とする建設調査委員会が発足する。発案者である山本は、一九二五年一一月にアメリカ大使館附武官として転任したが、後任の佐藤三郎大佐が引き継ぎ造営はすすめられた。この委員会において社名を霞ヶ浦神社とすること、霞ヶ浦海軍航空隊だけでなく海軍におけるすべての航空殉職者を祭神とすること、第一次計画として社殿、玉垣、鳥居を建設し第二次計画として拝殿、記念館その他を建設すること、春秋の靖国神社の大祭日（四月三〇日と一〇月二三日）に例祭を催すことが決まった［薗川　一九七四：七三―七四］。

霞ヶ浦神社の造営のために隊内の敷地利用を財部彪陸軍大臣に申請し裁可された文書「霞ケ浦海軍航空隊殉職者招魂祠建立に関する敷地の件」[1]が、防衛省防衛研究所に所蔵されている。一九二五年一二月一日付で申請され、翌年一月一七日付で大臣による裁可を得ている。

この文書に添付されている「招魂祠建設趣意書」は創建の趣旨を次のように述べている。

霞ヶ浦海軍飛行場創始以来殉職者ヲ出スコト既ニ弐拾余名毎年招魂ノ祭壇ヲ設ケテ英霊ヲ祀ルモ未タ常時之ヲ祭祀スルノ設無之ニ付霞ケ浦海軍航空隊敷地内ニ概ネ左記ニ依リ招魂祠ヲ建立英霊ヲ合祀シテ雄魂ヲ慰メ又同隊員ヲシテ日夕参拝シ尊キ犠牲者ノ勲業ヲ仰キ以テ其志ヲ振興セシメントス

この趣意書の文章では、殉職者の霊は「英霊」「雄魂」と讃えられ、その事故死は「尊キ犠牲者ノ勲業」となっている。

霞ヶ浦神社が創建された背景には、飛行練習や偵察訓練などによる多くの殉職者の存在があった。地元阿見にあった広岡写真館から出版された『霞空十年史』に掲載されている「霞ヶ浦神社合祀者一覧」によれば、一九一五年に試験飛行の際に事故死した安達東三郎大尉、武部鷹雄中尉、柳瀬久之丞一等水兵以来、毎年少なからぬ数の殉職者が生じていることがわかる（表1）。

訓練や練習における事故死とは、天寿をまっとうすることなく死亡した異常死であり非業の死である。日本の民俗において人を神に祀る信仰としては、天災や災厄が起こった際に、異常死をとげた死者の霊の祟りとしてとらえて神に祀りあげる御霊信仰がある。御霊信仰の例としては太宰府に左遷されて憤死した菅原道真の祟りを恐れてつくられた北野天満宮が著名である。

しかしながら霞ヶ浦神社には、祟りをおこす霊を慰める御霊信仰の要素は全くない。神社の由来などを語る文章などには、事故が生じたことについての反省や後悔、天寿を全うせずに亡くなった死者への恐れなどがあらわれでていない。死者ははじめから、讃えられるべき英霊となっている。また、近世において徳川家康や各藩の藩祖を祀る神社が創建されたように、祟りをおそれるのではなく、単に顕彰するために祭神となることがあった。とはいえ、人の命の重さは言うまでもなく同等であるものの、生前の社会的地位や名声を比較する観点からすれば、近代の殉職者の神社の創建・合祀は人を神に祀る基準が、かなり一般化・簡略化している。

所在地である霞ヶ浦海軍航空隊に限らず、すべての海軍航空隊の殉職者を合祀するということは、海軍航空隊というメンバーシップを高めるとともに、航空という特殊な兵科に関する職能意識を高めることを意識した神社だったことを示している。加えて注意したいのは靖国神社の春秋の例大祭日にあわせて霞ヶ浦神社の例祭日を設定していることである。このことは靖国神社の祭神とはならない死者でありながらも、同列に祀るという意味が込められていたと考えられる。

霞ヶ浦神社の造営はどのように進められたのだろうか。『霞空十年史』には「霞ヶ浦神社建設の由来」として次のように記されている。

霞ヶ浦海軍航空隊に於ては毎年春秋二季霞ヶ浦飛行場創設以来の殉職者招魂祭を挙げ来りしも未だ当時之れを祭祀するの設無かりしを以て隊内に一招魂祠を建立し之れに海軍航空隊創設以来の殉職英霊を合祀して雄魂を慰め一は以て朝夕之に□尺し尽忠報国の至誠を養ふ資ともなさんとの議起り挙隊之が実現を冀望するに至りしを以て大正十四年秋以来準備委員会を設け諸般の計画並に実施に当らしめ大正十五年三月末遂ひに第一次計画たる古式純神明造（建坪一坪）の社殿並に六百余坪の神苑を完成するに至れり、而して之に要したる労力は特に専門技術を要するの外は悉く隊員の奉仕にして経費千八百余円亦全く隊員の醵出に依れり［航空界写真ニュース部広岡写真館　一九三二：四］

これによれば、霞ヶ浦神社は、殉職者を英霊として顕彰し慰霊するとともに、尽忠報国を養う精神教育の場としても位置づけられており、社殿は一坪であり神苑は六〇〇坪あまりであったこと、建設にかかわる労力と経費はほぼすべて航空隊員の協力によりまかなわれていたことがわかる。

霞ヶ浦神社の鎮座祭が執行され創建されたのは一九二六年四月三〇日のことである（写真1）。鎮座祭の写真を見ると、写真右端にある社殿の前に祭壇がしつらえられ、社殿に向かって左に幹部級の人たちが座り、水兵服を来た兵士が周囲をぎっしりと取り囲んでいる。

霞ヶ浦神社は霞ヶ浦海軍航空隊の最高指揮官を奉賛会総裁として、毎年の年度末にその年度内における殉職者の官氏名を巻物の霊名録に記した。霊名録の巻物は一九四五年の敗戦までに一六巻にもなり、五五七三柱におよんだ。春と秋に例祭が執り行なわれ、その際に殉職者が合祀された。一九三四年からは、春の例祭のときだけ合祀され、秋の例祭には隊員のみ参列することになった。[2] 特に春の例祭は隊員とその家族の安息日であり、仮装行列や軍楽隊なども出てにぎわい、のちには一般の人びとにも参拝が許された。このように基本的には霞ヶ浦海軍航空隊という一般社会からは閉ざされた軍隊の内部にある神社であったが、春の例祭のときには一般にも開放されていた。

次に軍隊のほかに殉職者を祀った神社として警察の神社に目をむけよう。国立公文書館所蔵の「殉職警察官吏消防官吏招魂碑等に関する調」[3]には、調査した一九三三年当時、殉職した警察職員（消防も含む）を祀る各地の記念碑の他に、一八八五年に創建された東京の警視庁の弥生神社、一九〇九年に創建された警察協会山形県支部が管理運営する警察招魂社、一九三二年に創建された警察協会香川県支部および香川県消防義会が管理運営する警察招魂社、そして一八九五年にコレラの防疫活動中に自らも罹患して病死した増田敬太郎巡査を祀る増田神社が記載されている。このうち、これまで研究者が注目してきたのが増田神社だ。増田神社は、増田敬太郎が自分が病気を背負って死んでいきますと言って死亡した後にコレラの流行がおさまったことから、地元高串の人々がこれを増田敬太郎の霊威として祀りはじめたのがはじまりである。もともとは地域の人びとによって創建された神社であったが、昭和初年頃から佐賀県の警察関係者が参拝するようになり、一九三一年からは佐賀県警察部から『嗚呼警神増田神社─増田神社の由来』が出版され、「警神」すなわち警察精神の権化として警察職員にあがめられていくようになる［田中丸・重信　一九九八］。つまり、一九三〇年前後から地元の人びと以外に、警察職員という祀り手を得て、警察という特殊な職業に関する神として再発見されていったのである。西村明は、佐賀県警によって増田敬太郎が警察精神の発露として特別視されていくようになる時代に、全国の警察界でも殉職警察官を合祀する動きがあったこ

写真１　霞ヶ浦神社の鎮座祭（『霞空十年史』［航空界写真ニュース部広岡写真館　1931］より）

とを指摘している。一九三五年に建立された警察講習所の青葉神社、一九三六年に建立された鳥取の城南神社、一九三七年に建立された徳島県の徳島神社などである［西村　二〇一三：一一五］。先に参照した「殉職警察官吏消防官吏招魂碑等に関する調」自体も、殉職者を顕彰する気運が盛り上がるなかでなされた調査報告書だといえるだろう。すなわち、一八八五年に創建された警視庁の弥生神社や、一九〇九年に創建された山形県の警察招魂社といった先駆的な事例はあるものの、殉職警察官を祀る神社が各地で創建されるようになるのは一九三〇年代になってからのことなのである。

ここで、警視庁の弥生神社を取りあげて、その具体像に迫ってみることにしたい。弥生神社は、警察の殉職者を祀る神社のなかでももっとも早く創建されているものである。先に紹介した最古の営内神社である赤羽の工兵第一大隊の神社が一八九八年創建であるであるから、さらに一〇年以上も歴史をさかのぼる。弥生神社の創建が明治期になされたのは、他の府県の警察とは異なり警視庁が首都警察として特別な存在であったためだった。

警視庁の歴史は一八七四年一月一五日に東京警視庁が創設されたことにはじまる。創設者の川路利良は薩摩藩士として戊辰戦争を戦った人物であり、戦後、西郷隆盛にひきたてられて邏卒総長となった。欧米の警察制度を視察した後にフランスの警察制度をモデルにして東京警視庁を創設し、自らそのトップである大警視（後の警視総監の地位）に就任した。しかし創設からわずか三年後の一八七七年一月一一日に廃止され内務省警視局のもとに東京警視本署が設置される。一八八一年一月一四日にふたたび独立の警視庁が設置され、敗戦までつづく。

一時的にではあるが独立した官庁である警視庁が廃され内務省のもとにおかれたのは、廃止から約一ヶ月後に勃発した西南戦争に出動するためであった。鹿児島で不穏な空気が高まり政府への叛乱が予測されるなかで、地方官庁である警視庁をそのまま出動させるわけにはいかなかったため廃止したのである。大警視の川路利良は陸軍少将を兼任して、東京警視本署から派遣された警視隊をもって別動第三旅団を編成し、旅団長として指揮をとった。警視隊の派遣に際しては兵力不足をおぎなうために会津藩や長岡藩などをはじめとする戊辰戦争で敗れた東北・越後諸藩の旧藩士が徴募されている。西南戦争に出陣した警視隊員は九五〇〇人におよび、そのうち八七八人が戦死し、戦死者は靖国神社の前身である東京招魂社に合祀された。

警視隊の戦死者が東京招魂社に合祀される一方で、職務中に死亡した殉職者も慰霊し顕彰する気運が警視庁の内部で起こった。『警視庁史　明治編』［警視庁史編さん委員会編　一九七一］によれば、一八八四年六月に、方面監督の津川顕蔵、近藤篤、川路利行、長尾影直、宮内護高、加藤清明などが連名で警視総監の大迫貞清に次のような建議書を具申した。

従来警察官吏ニシテ職務上往々死亡スル者アリ、之即チ社会公衆ノ安寧ヲ保護スル為メ死ヲ以テ職ヲ尽シタルモノニシテ其ノ功名ハ永ク竹帛ニ存シ、且ツ当庁員ノ常ニ欽慕スル処ナリ。然ルニ、該死亡者ノ為メ未タ曽テ其ノ霊魂ヲ追祭スルノ典ナキハ、小官等深ク遺憾ノ至リニ絶ヘス、仍チ自今殉死者ノ霊魂ヲ弔慰スルタメ、向ヶ丘弥生町弥生社ニ一ノ招魂碑ヲ建設シ、一年ニ一回日ヲトシテ之ヲ追祭セラレムコトヲ。是レ小官等ノ渇望シテ措ク能ハサル所ナリ。希クハ碑見ノ採択ヲ長官閣下ニ御稟議アラレンコトヲ。

ここに出てくる「弥生社」とは、明治期にあった警察職員のクラブのことである。今日の東京大学本郷キャンパスの一画である東京都文京区弥生町に設けられたためこの名称がつけられた。「社会公衆ノ安寧」を保つために「死ヲ以テ職ヲ尽シタルモノ」を祀ることを建議するものである。この建議の際には「招魂碑」というモニュメントで建てるつもりであったが、後に神社が創建されることになった。

国立国会図書館所蔵の三島通庸関係文書の中にある資料によれば、弥生神社は一八八五年一〇月七日に竣工し、一〇月一三日に、警視総監の大迫貞清を祭主として祭典が催された。参列者は警察と消防にたずさわる警視庁の職員計二四七四人と殉職者の遺族である。祭典の後に、神酒と赤飯が振る舞われ、剣術、柔術、槍術、射的、角力といった武術が奉納されている。翌一四日も、副総監を祭主として祭典が催された。

このときに合祀されたのは、警視庁の創設者である川路利良と警察の顧問であったフランス人のガンベッタ・グロース、そして警察職員七五人、消防職員一三人のあわせて八八人の職員である。[4] 一〇月一三日は、警視庁を創設した川路利良の命日（一八七九年死去）であり、これにあわせて例祭日が定められた。フランス人のグロースを祀っているのは、神道の歴史においてもきわめて珍しいことだろう。靖国神社では、日本が植民地としていた朝鮮半島や台湾の人びとやアイヌ民族といった「日本人」であった他民族の霊も戦死者として祀っているが、弥生神社のようにいわゆる白人を祭神として祀っているのは、長い歴史をもつ神道史においてもきわめて希少な例だと思われる。

弥生神社はその後次々と遷座し所在地を変えていく。創建からわずか二年後の一八八七年には芝公園内に遷座し、その三年後の一八九〇年には鍛冶橋にあった警視庁の構内に遷座する。一九一一年に庁舎が有楽町に新設されると敷地が狭く遷座の余地がないため青山霊園にあった警視庁の用地に移した。一九三一年に桜田門外に庁舎が新設されると麹町に新築された［警視庁総務部企画課　一九八〇：一九八一―一九九］。以後、同地にて敗戦を迎えることになる。管見の限りでは、弥生神社を広く一般国民の崇敬を集める神社として宣伝・広報したり、あるいは一〇月一三日の例祭に一般国民を呼び込むなどの活動を行なったりしていたことを示す資料は見つかっていない。あくまでも警視庁の職員たちにとっての神社という性格のものだった。

3　占領政策と神社

一九四五年に日本がアメリカをはじめとする連合国に敗れると、殉職者を神として祀っていた神社は他の神社と同様に大きな転機を迎えることになる。第一に、GHQの指示により神社を管理してきた陸軍と海軍が解体されることになり、それまでの神々の祀り手を失うことになった。一九四五年一二月一日に陸軍省と海軍省は廃止され、それぞれ第一復員省と第二復員省に改組された。第二に、一九四五年一二月一五日にGHQから発せられた「国家神道、神社神道ニ対スル政府ノ保証、支援、保全、監督並ニ弘布ノ廃止ニ関スル件」いわゆる「神道指令」により、神道にかぎらずあらゆる宗教と国家を切り離す政教分離が指示されたためである。一九四六年二月二日には内務省の外局である神祇院が廃止され、神社は国家の管理のもとからはなれ宗教法人となる。一九四六年一一月三日に公布され翌年五月三日に施行された日本国憲法においても第二〇条により政教分離と信教の自由が規定され、また第八九条により宗教団体への公金の支出が禁止されている。

このような占領政策により、営内神社がどのようにあつかわれていったのかは、それぞれの事例ごとに異なる。坂井久能は、社地・社殿の現況について三つに分類している。第一は更地となり跡形もなくなっている場合であり、おそらくこのケースが最も多いと思われるという。第二に基礎などの社殿の一部が残存している場合、第三に社殿が現存している場合、これは当時の社地に残存しているものと移設しているものがあり、また社殿も神社として祭神が祀られている場合と、建築物として残っているだけの場合がある［坂井　二〇〇八：三四二―三四三］。

一般の神社に移管された例もあった。現在の東京農業大学の敷地にあった陸軍機甲整備学校内に設けられていた自動車神社は、敗戦後、御神体を世田谷八幡宮にうつした。今日、世田谷八幡宮では交通安全のお守りとして

写真２　旧霞ヶ浦神社の社殿

自動車神社御守を頒布しその由来を伝えている。横須賀海軍航空隊に設けられていた追浜神社は鶴岡八幡宮の祖霊社に依託された。また一九六六年に奈良にある航空自衛隊幹部候補生学校に慰霊塔が建設されるに際し、御神体とともに霊名録が塔内に納められた〔薗川　一九七四：七二〕。春日恒男が考察している陸軍航空士官学校内にあった航空神社は、戦後一定期間まで存続している。航空神社は降伏文書調印の翌日である九月三日に学校校内から北野天神社境内へと遷宮した。一時期、学校職員と近郊在住関係者によって支えられ、講和条約発効後は旧陸軍の将官クラスを中心に結成された航空同人会および同会と表裏一体の関係にあった航空神社奉賛会が支えた。一九五七年には自衛隊殉職者も合祀されたが、一九六二年に市ヶ谷駐屯地に自衛隊殉職者慰霊碑が完成すると二〇〇人あまりの自衛隊殉職者は分祀された。一九六五年には廃社し、社殿は地元北野上新井地区の戦死者を祀る小手指神社となり、霊名簿と霊位牌は奈良にある航空自衛隊幹部候補生学校へと引き渡され、一九八八年に航空自衛隊入間基地に移された〔春日　二〇〇八：六七―七二〕。

それでは、先に取りあげた霞ヶ浦海軍航空隊の霞ヶ浦神社と、警視庁の弥生神社は敗戦により従来通りの管理運営ができなくなるなかでどうなったのだろうか。まず霞ヶ浦神社について見ていくことにしよう。結果を先に述べるならば、霞ヶ浦神社の社殿が近隣の阿彌神社に移された。移設したのは、いつの日にか霞ヶ浦神社をもう一度再建する思惑があってのことだろう。ただし、現在に至るまで再建はなされていない。この社殿は現在も残っているが、実地にて確認したところ風雨にさらされかなり傷みがすすんでいた（写真２）。霊名録の巻物一六巻は、阿見町の民家に分散して秘匿された。その後正確な時期やたずさわった関係者などは不明だが、第一海軍航空廠の敷地に設けられた陸上自衛隊武器補給処（現・陸上自衛隊関東補給処）に保管された。

日本が独立してからまもなく海軍の航空殉職者慰霊の復活に向けた活動が動き出す。一九五五年に、海軍大将だった豊田貞次郎や及川古志郎などのかつての海軍軍人や土浦市長、阿見町長を発起人とする海軍航空殉職者慰霊塔建設期成会が発足する。その建設趣意書には「そもそも海軍航空は支那事変以来引続く大東亜戦争に赫々たる戦果を挙げその武威を中外に示しましたが、これは一重に平時において生死を越えて伝統の猛特訓に精進されたこれ等の祭神がその基礎を築かれたものであります。従ってその精神においては、平時の殉職者といえども少しも戦死者と変わらないものであります」［壱岐　一九九七a：三二］とあり、戦前の価値観そのままに、「戦果」をあげ「武威」を示した海軍の航空隊の発展に殉じたものとして死者を讃え、戦死者と同列にならべるものとなっている。また神社を再建するのではなく慰霊塔を建設することにしたのは「将来の経営維持祭祀の継続等に確たる見通しもなく、むしろこの際は永久的な慰霊塔を建設して、その基底に殉難者名簿を収納安置することが最良の策ではないか」［壱岐　一九九七a：三二］と考えてのことだった。

建設場所としては、当初、もともとあった霞ヶ浦神社の跡地に建てようとしていた。戦後、霞ヶ浦海軍航空隊の跡地は茨城大学農学部のキャンパスとなっていたが、霞ヶ浦神社の敷地約六〇〇坪は全く使用されずに残っていたためである。そこで大学当局の諒承を得て国に払い下げ申請をしたところ、「農学部学生等がこの建設は再軍備に結びつくとの理由で激しい反対運動を起し」たためあきらめざるをえなかった。そこで阿見町の配慮により、民有地になっていたかつての航空隊の敷地約一〇〇坪を購入し、建設用地とした［壱岐　一九九七a：三二］。なお茨城大学のキャンパスにはいまでも社殿の台座や方向盤、掲揚塔の基部などが残っている。

一九五五年一二月一九日に慰霊塔の除幕式と慰霊祭が行われた。慰霊塔は、彫刻家で武蔵野美術大学教授もつとめた清水多嘉示がデザインしたもので、マントをまとった子どもの像が立っているものである（写真3）。基部

写真3　海軍航空殉職者慰霊塔

には「彰往察来」とある。この四字は、発起人のひとりである及川古志郎が易経から選び、霞ヶ浦神社創建時の司令であった安東昌喬が揮毫したもので、意味は「過去の事実を明らかにし、将来の予測を立てる」というものである。この基部に霞ヶ浦神社の霊名録一六巻が収められた。慰霊塔とあわせて、霞ヶ浦神社の創建を発案した山本五十六の歌碑も建てられた。慰霊塔および敷地などは、海軍殉職者慰霊塔奉賛会を組織して維持管理を行っていたが、将来のことを考慮して、一九七一年に阿見町に寄贈され現在に至っている。

海軍航空隊の殉職者の霊は、敗戦により霞ヶ浦神社に祀られることをやめたが、その後ふたたび祭神となった。場所は、東京にある東郷神社においてである。東郷神社とは日露戦争時の聯合艦隊司令長官である東郷平八郎を顕彰するために一九四〇年に創建された神社である。その敷地のなかに旧海軍や海事関係者を祀るために「海の宮」が一九七二年に創建された。一九七二年の九月二八日には海の宮に、海軍中将だった寺岡謹平が新たに殉職者の氏名を揮毫した五冊の霊名録を収納して奉安し、合祀された。また一九七二年頃、同じく寺岡謹平の揮毫による霊名録が航空自衛隊幹部候補生学校に届けられ、同校に納められた［壱岐　一九九七b：二八］。霞ヶ浦神社は旧海軍関係者によって慰霊と顕彰活動が行われ、そして霊名録を通じて自衛隊へと海軍航空隊およびその殉職者の歴史の引き渡しがなされていった。旧海軍関係者の介在と、霊名録といったものを通じて、戦前の海軍航空隊と戦後の航空自衛隊が結びついていくのである。

軍隊とは異なり、組織としては継続した警察の場合についてはどうだったのだろうか。警察は、軍隊とは違い占領軍によって解体されることはなかったが、大きな機構改革が行われた。敗戦後、GHQの占領政策により、それまでのヨーロッパ的な国家による中央集権型の警察から、アメリカ的な民主的で地方分権化された市民警察に変革することをめざして警察制度が改革される。一九四八年三月七日に施行された警察法では人口五〇〇〇人以上の地方自治体が設置できる自治体警察と国家地方警察の二本立ての制度に改まる。消防行政も警察とは独立することになった。警視庁は特別区公安委員のもとで自治体警察となって再発足する。同時に東京消防本部が新設され、同年五月には東京消防庁と改称した。このような変革も結局は一九五二年に日本が独立すると見直しがすすめられていくことになる。一九五四年七月一日に全面改正された警察法では、自治体警察が廃止され、東京都全域を管轄する警視庁がふたたび設置された。

写真４　弥生慰霊堂

このようにして警視庁は組織としては継続したが、弥生神社もまた「神道指令」により警視庁が直接管理運営することができなくなった。そのため警視庁に勤めていた前職者や有志により奉賛会が設立され、会員の供出による一五万円をもって北の丸の近衛歩兵第二聯隊の跡地に設置された警視庁警察学校の構内に一九四七年一〇月初旬に弥生廟が竣工した。同月一三日に戦時中の殉職者と警視庁に安置していた霊位を合祀した［警視庁史編さん委員会編　一九五八：一九九］。このようにして弥生廟は警視庁と東京消防庁の殉職者を祀る慰霊施設となった。警視庁警察学校は一九六四年の東京オリンピックの開催にあわせて建てられた日本武道館の敷地とするために移転したが、弥生廟だけは同地に残りつづけた。一九八三年に弥生慰霊堂および弥生奉賛会と改称して現在に至っている。

今日弥生慰霊堂は日本武道館の裏側にひっそりとたたずんでいる（写真４）。

入口には狛犬があり、敷地内の社殿と拝殿は神社的な建築だが、鳥居などはない。敷地内には灯籠が三基据えられており、そのうちの二基には「明治十八年十月十三日」の文字が刻まれているのがはっきりと読み取ることができる。この日付は、弥生神社が創建された日であり、百年以上の歳月と何度にもわたる移転をへて創建時に建てられた灯籠が今に伝えられたものである。

4　護国神社における殉職者の合祀

戦前、軍隊や警察が管理運営してきた殉職者を祭神として祀る神社は、ＧＨＱによる陸海軍の解体と「神道指令」、そして日本国憲法により、後継組織の自衛隊の部隊や警察組織がそのまま神社として維持することはできなくなった。そのいっぽうで、戦後新たに軍隊や警察の殉職者を祭神として祀るようになった神社がある。それは護国神社である。

護国神社のはじまりは幕末の志士や戊辰戦争、西南戦争等の戦死者を祀ったことなど神社によってさまざまである。もともとは招魂社という名称だったが、一九三九年に発せられた内務省令によって護国神社に改称し、府県において代表的な護国神社を内務大臣が指定した。これらを指定護国神社といい、原則には一府県一社だが、面積が広い北海道は三社が指定され、岐阜県、兵庫県、島根県、広島県は県内に複数の聯隊区が存在し地元意識が高かったことから二社が指定された。神奈川県、宮崎県、熊本県については建設の準備が進められたが、一九四五年の敗戦までに完成しなかった。三県のうち、宮崎県、熊本県については戦後造営されたが、神奈川県は造営されず現在に至っている。これらの護国神社が祀る戦死者の範囲も靖国神社と同様であり、戦前には殉職者が祀られることはなかった。

護国神社が戦後になって殉職者を祀るようになった背景には、敗戦後における占領政策がある。つまり占領政策は殉職者を神と祀る神社を廃したと同時に、他方では神と祀る神社も生み出したのである。その経緯を、全国の主要な護国神社で組織する全国護国神社会がまとめた『全国護国神社会二十五年史』〔一九七二〕を主に参照しながら描き出すことにしよう。

神道指令を受けて発足した神社本庁は、一九四六年八月に護国神社を含めた全国の神社を護持するために講師をたてて各地区ごとの講習会を開催した。このときの講師のひとりが東京大学助教授である宗教学者の岸本英夫であった。ハーバード大学への留学経験もある岸本は、一九四五年一〇月一二日にGHQの民間情報局の顧問に就任して宗教政策にアドバイスするとともに、日本の宗教界の事情を占領軍に伝える仲介役もはたしていた。つまり、GHQの側と日本の神社界の間に立ち、双方の窓口となっていたのが岸本である。この講習会において岸本は、護国神社に関してその存続のためには軍国主義的な傾向を少しでも除去する必要があることを述べ、①護国神社の名称は戦時中に附されたものであるからなるべく早く適当の社名に改めること、②祭神についても、戦死者だけでなく郷土の公共福祉のために倒れた方々なども広く増祀すること、③護国神社においても、日曜学校などを設け社会の福祉につとめることをあげ、これらのことを総司令部は求めているのではないかと暗示した。このうちの②がのちに殉職者を合祀することにつながっていくことになる。

これを受けて全国の護国神社のなかに、社号を変更し祭神を加えていく神社が多数あらわれた。神社本庁が実施した「護国神社に関する調」では、一九四六年九月二六日現在で回答のあった指定護国神社三二社、指定外護国神社三二社のうち、社号を変更する見込みのものが五一社であり、祭神を増祀する計画については、公共殉職者が三九社となっており、その他に文化的功労者が七社となっている。また新たに天照大神を主神とする神社も六社となっている。

このように護国神社側がGHQの意向を汲み取りながら改革していこうとしたのは、占領政策のなかで靖国神社とともに廃絶させられるかもしれないという危機意識があったためである。GHQの靖国神社と護国神社に対する対応は非常に厳しかった。具体的には、神社を運営していく基盤となる境内地を入手する見込みがたたなかったのである。一九四六年一一月一三日にGHQから発せられた指令「宗教団体使用中の国有地処分に関する件」では神社や寺院が使用している境内地を無償もしくは有償で譲渡することが定められていた。しかしながら、第三項F号において、Military shrineとして規定された靖国神社と護国神社に関しては適用されないとの付帯条件がついていた。適用を受けることができるようになったのは、ようやく占領も終わり近くなった、一九五一年九月二八日のことである。

GHQから「宗教団体使用中の国有地処分に関する件」が発せられた直後の一九四六年一一月二八・二九日に神社本庁において指定護国神社の宮司が招集された。このときGHQに提出する「護国神社の存続に関する陳情書」とともに「護国神社改正要項」がまとめられた。この「改正要項」では、社号を変更し「護国」と名乗ることを取りやめることや、元軍人を宮司や役職からはずすこととともに、祭神について「招魂社創設当初ノ趣旨ニ従ヒ社会公共ノ為ニ殉難殉職セル人々其ノ他先哲ノ霊ヲ祀ル」とした。殉職は、「社会公共」に尽くしたものとして、幕末の国難に奔走して死んだ志士たちの系譜につらなる存在として見出され位置づけられたのである。なお言うまでもないが、旧陸海軍は解体されたばかりであり再軍備化されていないので、ここでの殉職者とは、警察をはじめとする殉職者のことを指している。

このように護国神社における殉職者の合祀は、「戦争」や「軍国主義」を覆い隠すための社号の変更や元軍人の宮司の退任とともに行われた。それは、占領下において生き残るためのやむをえない方便であったが、別の見方をすれば戦後における郷土に根ざし、「公共」や「福祉」を兼ね備えた新しい護国神社の姿を切り開こうとするものだった。

もっともこのような護国神社の改革は、全国の各神社が一斉に横並びで実施したのではない。個々の神社とその宮司によってそれぞれ対応の仕方は違った。たとえば、北海道にある札幌護国神社は、改革方針を積極的に取り入れた神社である。札幌護国神社は、早くも一九四六年四月三〇日に「彰徳神社」と社号をあらためている。この改称について『札幌護国神社創祀百拾年史』では「まことに不本意ながら」と表現している［百拾年史編集委員会編　一九八九：四一］。さらに戦後における大きな変化として、伊邪那岐命と伊邪那美命を祀る滋賀県多賀町にある多賀神社から分霊を迎えて多賀殿をあらたに造営した。これは、戦争中は出征軍人の壮行と武運長久に明け暮れ日々殷賑を極めた社頭も敗戦を境に賽銭を投ずる人もいなくなり突然無収入に近い状態になってしまったなかで、役員が連日連夜会議をした結果うまれた「『日本国開拓の祖神、延寿と縁結びの神と仰ぐ多賀大社の御分霊をお迎えして、英霊をお慰めしては――』という驚くべき発想」によるものだった［百拾年史編集委員会編　一九八九：一六七―一六九］。今井昭彦が札幌護国神社の歴史をたどりながら「大きな矛盾を孕みながらも、護国神社が存続していくためには（中略）英霊祭祀の色彩を弱め、地域社会の人々の信仰や指示を取り込んでいくことが、不可欠であった。まさに苦肉の策がもたらした、祭祀の新形態と見ることができる」と指摘しているように［今井　二〇〇五：二五二］、死者を祀る空間であった札幌護国神社は、敗戦後、縁結びと延命長寿というハレの性格を神社に取り入れて甦生した。そしてまた、遺族からの申し出により殉職した警察職員および消防職員の霊を「公共殉職祭神」と称して祀り［百拾年史編集委員会編　一九八九：五〇］、新しい公共性を獲得しようとしたのである。

他方、占領期の改革における祭神の増祀を受入れなかった神社の例としては、岩手県護国神社がある。宮司の北田喜七郎は一九四六年一一月に催された全国の指定護国神社の宮司の会合に出席し、中央で議論されていた改革に関する情報を得た。また護国神社存続のためのＧＨＱへの陳情などについては承知したが、増祀については

「自分は聊か考える所もあり、敢えて静観の態度を持し、神社関係者へ別に相談しなかった」という。一九四九年二月一四日に護国神社総代会をひらき、中央における全国護国神社の情報を知らせ、神社の名称をはかり「岩手神社」と変更することにしたが、「祭神の範囲に付ては、『靖国神社に準ずるのが妥当である』との意見が多数であった。よってその後社会公共の為に殉じた御霊を、ひろく合祀することは避けたのであった」と回想している〔全国護国神社会二十五年史編集委員会編　一九七二：二八二〕。

護国神社が占領中に行った改革は一九五二年に日本が独立するともとに戻されていく。社号にも「護国」が復活し、たとえば岩手神社も岩手護国神社に再改称している。しかしながら殉職者をはじめとする祭神は、一度すでに祀ってしまったものであるためか廃絶されることはなかった。

殉職者を祀る護国神社としては、先にあげた札幌護国神社の他にも、飛騨護国神社や富山県護国神社、福井県護国神社、山口県護国神社、宮崎県護国神社、鹿児島県護国神社がある。殉職者を祀った具体例をさらに見ていくために、福井県護国神社と鹿児島県護国神社の実態に迫ってみることにしよう。まず福井県護国神社について目を向けることにしたい。福井県護国神社は、一九三九年の内務省令により護国神社制度が成立したことを受けて、一九四一年に創建した神社である。敗戦後の一九四六年九月二〇日に「福井御霊宮」と改称し（一九五一年一〇月一日に復称）、殉職した警察官や消防官、のちには自衛官も祭神として祀るようになる。新しく祭神に殉職者を加えたことについて、福井県護国神社は、「終戦になつて進駐軍が駐留することになり、占領行政が行われるのに従って、神社行政にも影響を及ぼし、国家神道廃止の指令と相俟って、靖国神社、護国神社に対しても圧力を加へて参り、（中略）又合祀祭神についても軍隊軍人関係にとどめず、広く一般公共公安関係殉職者も含めるべきとの要望をしめしてきた」として、殉職者の合祀をGHQが「圧力」を加えてくるなかでの「要望」としている。折しも、一九四八年の福井地震によって社殿や附属建物などがすべて倒壊する。そこで復興において本殿のほかに別殿として公安霊社が建てられ、一九五一年四月一一日に本殿の遷座祭が行なわれたことにつづいて同年九月二六日に公安霊社奉安鎮座祭が行なわれた。このときに、福井県退職公務員連盟の事務局に依頼し明らかとなった、国、地方の公務員、警察、学校、鉄道などの公共公安のために殉職した二〇三人が祀られた。その後、合祀者がある場合にはその都度例祭にあわせて合祀祭が行なわれ、一九六一年に行なわれた合祀までで二四四人が祭神となっている。また、殉職した自衛官については隊友会の要請により一九六三年に第一回の合祀が行なわれ、その後、一九八四年に行なわれた合祀まででであわせて一四人が祀られた。公安霊社にはまた、満洲開拓にかかわり敗戦による引き揚げで命を失った一二七九人が祀られている［五十年史編集委員会編　一九九二：四一一―四一八］。これらの人数は、一九九二年に出版された『福井県護国神社五十年史』によっているが、二〇一三年現在の同社のホームページでも人数は変わっていない[5]。これはその後殉職者が生じていないことを意味するのではなく、前記の合祀が行なわれた年以降、新たに合祀をしてないことを意味すると推察できる。

次に、鹿児島県護国神社に目をむけることにしたい。鹿児島県護国神社は、一八六八年に明治天皇から戊辰戦争の戦死者を祀るために下賜された金五〇〇両により創建された靖献霊社がはじまりである。敗戦後の一九四七年四月二四日に「薩隅頌徳神社」と改称する（一九五三年一二月二四日に復称）。鹿児島県護国神社では、警察職員と消防職員、自衛官の殉職者を祀っているが、このうち前二者については、戦前からあった旭桜神社を引き継いだものだった。旭桜神社は警察職員と消防職員で職に殉じた人びとの霊を祀る神社であり、創建年は不詳だが、戦前県議会議事堂構内の東南隅に存在していた。戦後、神道指令により構内から除かなければならないことになり、鹿児島県護国神社の隣接地に移転する。鹿児島県護国神社は新たな移転地に遷座することになったが、その際に旭桜神社の荒廃が危惧された。そこで「国事に殉じたということには当らないが、然し乍らこれらの人々は社会の治安維持人名財産の保護その他の為一身を捧げた尊い殉難者であって、当然全県民の感謝と崇敬を受けるにふさわしい人々であることは論を俟たない」という見地から県警本部長と折衝したうえで、護国神社の主神とは異なる相殿神として別座を設けて奉斎することになった。旭桜神社の受入れが決定された理由として、「社会公共」のために倒れ殉職した人も合祀する改革の方針があったことは疑いのないところだろう。一九四八年一一月一三日に遷座祭が行われた際に、あわせて遷座し本殿内陣の左側に神璽が奉安された。遷座のときの祭神は三二柱だった［護国神社鎮座百年祭事務局　一九六八：二五―二六］。

自衛官については、一九六五年春に隊友会鹿児島県支部から鹿児島県に関係する四七人の霊を合祀する請願があり、他府県において同様の動きもあり、また「当護国神社の場合上述の如く既に殉職警察官並消防員の霊を相殿に奉斎した事実もある」とのことから、一九六五年一〇月五日に招魂の儀を執り行ない、本殿内陣の右側に神璽を奉安した［護国神社鎮座百年祭事務局　一九六八：二六］。つまり前段階として警察職員・消防職員の霊を祭神としていたことを踏まえて、殉職した自衛官も合祀したのである。合祀者数はその後増え、二〇一三年現在ホームページではでは警察官殉職者五二柱、消防士殉職者九四柱、自衛官殉職者一〇五柱を合祀していると公表している。(6)

以上、戦後の護国神社における殉職者合祀の実態を見てきた。ここでふたつの点を指摘しておくことにしたい。一点目は殉職者の合祀をめぐっては、それぞれの護国神社ごと個々に事情が異なるという点である。福井県護国神社は、占領下において神社として生き残っていくために、ＧＨＱの「要望」を受け止めるかたちで殉職者を祀っていった。鹿児島県護国神社は、戦後「神道指令」により県議事堂構内から除かれることになった旭桜神社を受入れ警察官や消防職員などの殉職者を祭神とした延長線上に、殉職した自衛官の合祀も行なわれていった。他方では、岩手護国神社のように独自の考えをもち、祭神をあくまでも靖国神社に祀られている戦死者の範囲に限定し、祭神を増やしていかない護国神社の例もあった。全国の護国神社に祀られている自衛隊の殉職者は、二〇〇二年度末で一六府県の五五三柱であり、全体の三分の一近くだという。(7)

二点目は、福井県護国神社も鹿児島県護国神社も、主神である戦死者とわけて別座の祭神としているということである。さらに事例を集め考察を深めていく必要があるが、このことは殉職者が、敗戦までの戦死者とは異なる性格の神として護国神社では認識され、あつかわれていることを示すものである。

5　おわりに

本章は軍隊と警察の殉職者を神として神社に祀る日本の宗教文化について歴史的にたどってきた。最後に、本章で考察してきた内容についてまとめておくことにした。

まず第一に、殉職者を神に祀る神社の創建の時期についてである。いくつかの先行事例はあるものの、殉職者を祀る神社に限らず宮内神社自体が、一九二八年から増加し始める。警察においても、一八八五年創建の警視庁の弥生神社や一九〇九年創建の山形県警の警察招魂社の事例はあるものの、各県で神社が創建されるようになるのは一九三〇年代に入ってからのことである。明治なって近代的な軍隊が持ち込まれてから時間をおかずに創建されたわけではない。このことは、殉職者を神として祀ることは日本人一般の普遍的な心性に還元されるものではなく、個々の事情や時代状況のなかでなされてきたのであり、一九三〇年前後から急速に活発化したことを物語っている。

第二に、同じように殉職者を神として祀る神社でありながらも、戦前の軍隊や警察の施設内に設けられた神社における殉職者の祭祀のあり方と、戦後における護国神社における祭祀のあり方を比較すると、その祭祀の意図や祀り手が大きく異なる。軍隊や警察の施設内に設けられた殉職者を祀る神社では、祭祀は原則的に構成員で行なわれ、お祭りのときなどを除いて一般公開されたものではなかった。その共同体としてのメンバーシップを強化し、また本章で取りあげた神社の例でいえば航空や警察などの職業意識を涵養するために創建されたものである。いわば、軍隊の各部隊や各警察組織といった共同体において生じた死者を、一種の「先祖」として祀ったのが、戦前の殉職者合祀だといえるだろう。

その一方、護国神社は、所在地の一般の住民、さらには国民を崇敬者とする神社である。そして護国神社での殉職者の合祀の問題を論じるにあたっては、そもそも占領政策の産物として殉職者を合祀するようになったことを省みる必要がある。殉職者の神社での合祀は「社会公共」のための死者を慰霊・顕彰するという、維新の志士や戦死者が体現するナショナルな枠組みとは重なりつつもより広いパブリックな神社のすがたを目ざして実施された。それは建前に過ぎず、占領下において存続することが本音としてあったとしても、護国神社の新たな姿をつくりだそうとする葛藤のなかで選ばれた新しい神社の可能性であったことも、また確かなのだ。とはいえ、結局のところ殉職者の合祀は拡大せず、またいくつかの護国神社では別座に祀られているように、祭神としては副次的な地位にとどめおかれ、護国神社の祭神の中心は戦前の戦死者であるというのが、終戦後七〇年近くを経た今日の実態である。

本章では殉職者の慰霊について、神社への合祀に着目していくつかの事例ついて焦点をあわせながら戦前と戦後の祭祀にあり方についてその概要を論じてきたが、殉職をめぐる問題はより広く複雑である。神社での祭祀についてより具体的に論じるとともに、宗教的な建造物としては、招魂碑や記念碑、追悼碑といったモニュメント、墳墓などに視野を広げて検討することが課題となるだろう。また、文学や歌謡、映画、演劇、テレビ番組などで殉職がどのように語られ表象されるのかも考える必要がある。葬儀や慰霊祭、記念式典などの死者を宗教的に意義づける儀礼も重要である。

二〇〇一年九月一一日にアメリカで起こった同時多発テロ以降、日本のみならず世界的に、戦争と犯罪、戦時と平時の区別はあいまいになり、戦死と殉職の区別もあいまい化しつつある。他方で、軍隊は単に対外戦争に備えるだけではなく、国際平和維持活動が主要な任務になってきている。二〇一一年の東日本大震災の際に見られたように、災害にともなう避難支援・救助活動や復興活動も自衛隊の主要な任務となり、警察や消防と連携し実施している。二一世紀は戦死より殉職が死者慰霊の中心になる世紀だともいえるだろう。このような時代だからこそ殉職という死が誰によってどのように意義づけられていくのかを深く考えていくことが求められるのである。

注

（1）JACAR（アジア歴史資料センター）Ref.C04015347600「霞ケ浦海軍航空隊殉職者招魂祠建立に関する敷地の件」（防衛省防衛研究所）

（2）JACAR（アジア歴史資料センター）Ref. C05023431200「霞ヶ浦神社合祀祭に関する件」（防衛省防衛研究所）

（3）JACAR（アジア歴史資料センター）Ref. A05020139300「殉職警察官吏消防官吏招魂碑等に関する調」（国立公文書館）

（4）『警視庁史　明治編』では八七人となっている［警視庁史編さん委員会編　一九七一：一九七］。ここでは国立国会図書館所蔵の三島通庸関係文書のなかにある「弥生神社祭典関係書類」に記載されている「職務上死亡人名」にもとづいた。

（5）福井県護国神社ホームページ（http://www.fukuigokoku.jp/contents/ishizue.html　二〇一三年九月一〇日閲覧）。

（6）鹿児島県護国神社ホームページ（http://www.k-gokoku.or.jp/about/index.html　二〇一三年九月一三日閲覧）。

（7）『朝日新聞』二〇〇四年八月一三日付、「『戦死』考七　追悼のかたち『靖国』のウチとソト」

参考文献

壱岐春記
　一九九七ａ「旧海軍航空殉職者慰霊塔奉賛会（上）」『東郷』三四四：三一―三三頁。
　一九九七ｂ「旧海軍航空殉職者慰霊塔奉賛会（下）」『東郷』三四五：二六―二八頁。
今井昭彦
　二〇〇五『近代日本と戦死者祭祀』東洋書林。
春日恒男

二〇〇八　「航空神社小史」『文化資源学』六：六三―七五頁。
ギデンズ、アンソニー
一九九九　『国民国家と暴力』而立書房。
久野　潤
二〇一四　『帝国海軍と艦内神社』祥伝社。
警視庁史編さん委員会編
一九五八　『警視庁史　明治編』警視庁史編さん委員会。
警視庁総務部企画課編
一九八〇　『警視庁年表（増補・改訂版）』警視庁総務部企画課。
航空界写真ニュース部広岡写真館編
一九三一　『霞空十年史』航空界写真ニュース部広岡写真館。
国立国会図書館調査及び立法考査局編
二〇〇七　『新編　靖国神社問題資料集』国立国会図書館。
護国神社鎮座百年祭事務局編
一九六八　『鹿児島県護国神社御鎮座百年略史』護国神社鎮座百年祭事務局。
五十年史編集委員会編
一九九二　『福井県護国神社五十年史』福井県護国神社社務所。
小松和彦
二〇〇六　『神になった人びと――日本人にとって「靖国の神」とは何か』光文社。
坂井久能
二〇〇八　「営内神社等の創建」『国立歴史民俗博物館研究報告』一四七：三一五―三七三頁。
全国護国神社会二十五年史編集委員会編
一九七二　『全国護国神社会二十五年史編集委員会』全国護国神社会。
薗川亀郎
一九七四　『旧海軍の常設航空隊と航空関連遺跡』海空会。
田中丸勝彦・重信幸彦

一九九八　「ある『殉職』の近代」『北九州大学文学部紀要』五七：一―六一頁。
西村　明
二〇一三　「殉職警官の慰霊と顕彰――『巡査大明神』増田敬太郎の場合」村上興匡・西村明編『慰霊の系譜―死者を記憶する共同体』森話社。
中牧弘允
二〇〇六　『会社のカミ・ホトケ――経営と宗教の人類学』講談社メチエ。
百拾年史編集委員会編
一九八九　『札幌護国神社創祀百拾年史』札幌護国神社社務所。
丸山泰明
二〇一〇　『凍える帝国――八甲田山雪中行軍遭難事件の民俗誌』青弓社。
本康宏史
二〇〇八　「営内神社と地域社会――『軍都』金沢の事例を中心に」『国立歴史民俗博物館研究報告』一四七：二六九―三一四頁。
靖国神社編
二〇〇七　『故郷の護国神社と靖国神社』展転社。
柳田国男
一九九〇　「人を神に祀る風習」『柳田国男全集』第一三巻、ちくま文庫。

第九章　日本の自衛隊に見る普通化、社会、政治

エヤル・ベン＝アリ（神谷万丈訳）

1　はじめに

日本の安全保障政策と軍事力に関する議論には、「普通化（normalization）」という語が頻繁に登場する。一九九〇年代の初め、かつては自民党に所属し、後にはさまざまな政党の指導者となった小沢一郎は、日本が「普通の」国になるべきことを主張した［Hughes 2004: 49］。以来、この主張は、政治家、行政官、シンクタンクのメンバー、マスコミの代表者、学者、および軍事部門の幹部の間で引き続いて起こった（日本の国内外における）論争の中核となってきた。全くのところ、現在進行中の議論についての大雑把な検討でさえも、この概念が——たとえば、「再軍事化（remilitarization）」と「普通化」の対比［Teslik 2006］の一部といった形で——過去二〇年の間にどれほど広まったかを明らかにしてくれる。たとえば、ドブソンは、自民党指導部は、日本を反軍事的「アレルギー」を乗り越えて軍事力を行使する「普通の」国家にするという目標に向けて一貫して進んできたと述べている［Dobson 2003: 106］。また、ヒューズは、われわれは「普通の」軍事的アクター（行動主体）としての日本の出現を目にしつつあるのか否かという問いに、自分の行った重要な分析の焦点を合わせている［Hughes 2004: 10］。一方、ヘギン

ボサムとサミュエルズは、日本の戦略政策の概観を、日本は「普通の」国――軍事力を、国土の防衛以外のより広い範囲の諸環境で用いる意思を持つ国――になりつつあるのか否かという問いから始めている［Heginbotham and Samuels 2002: 95］。だが、この普通化ということには、一体いかなる含意があるのであろうか。

歴史的な観点から、フックは、冷戦の開始がもたらした「普通化」は、憲法の再解釈と、国家の政策の道具としての軍隊の設立と使用を意味したと主張する［Hook 1996: 2-3］。日本という国家は、かくして、国際社会の一部としての「普通の」アイデンティティを身につけ始めることができ、冷戦構造への統合を開始することができたというのである。だが、フックは、ハードウェアと（私がつけ加えたいのであるが）ピープルウェアにのみに焦点を合わせることのないよう留意しており、自衛隊の「普通の」軍隊として活動するのに必要な法的・規範的な制約の弱化にも、適切な考慮を払っている［Hook 1996: 180］。これとは異なった方法をとりつつ、タンターは、日本が、「半世紀にわたり、世界で二番目に大きい経済的地位と、安全保障領域における限定的地位の間の乖離を生み出してきた、全ての外的ならびに自主的な抑制を振り捨てる」ことを含む、全面的な普通化へと進みつつあるのだと主張している［Tanter 2005］。タンターは言う。

> 現存する世界システムにおいては、この種の普通化は必然的に軍事化を意味するのであり、それは、まさに日本が着手してきたことである。それは、政府の後押しによって断続的に拡大する憲法第九条の意味の空洞化と、「専守防衛」[1]概念の放棄（を含む）、「平成の軍事化」と題することが可能なプロセスである。それはまた、軍事予算の拡大、軍事能力の総合的アップグレードと拡張、海外における軍事力使用の正当化と合法化、国際的問題の軍事的解決に依拠する意思、および国内における政府の強制力の膨張を伴う。

これらのさまざまな主張は、一つの根本的な点、すなわち、組織された暴力の正当な保持者・使用者という軍の特徴的性質［Boene 1990; Frühstück and Ben-Ari 2002: 1］に向けられていると、私は論じたい。この考え方に沿って、本章で私は、日本の自衛隊の普通化に関連する諸プロセスが、産業民主主義体制下の全ての軍部が直面する諸問題、および日本独特の歴史的文脈によってもたらされた諸々の困難の、双方に関わるものであると主張する。

2　日本の自衛隊

まず初めに、自衛隊の普通化は、どの軍隊の普通化もそうであるが、他のいかなる組織の普通化とも異なっている。なぜなら、それは、二個ないしそれ以上の対立し合う軍隊どうしが交戦する可能性、人間の生命を奪い構成員に生命を危険にさらすことを求めるという可能性、そして、破壊的な力を使用する可能性というものを伴っているからである。軍隊の特異性は、第一に、その内部組織――特に戦闘兵種の――が、他の組織のそれとは依然として異なることを意味する。その結果として、軍隊は、生得的に階層的であり、非民主的であり、構成員の側に、他の機構では稀にしかみられない感情的傾倒を必要とするのである。第二に、暴力の管理に専門的知識・技能を有することで、軍隊は、他者に対しても、また自国の人々に対しても用いられる可能性のある、巨大な破壊的潜在力を持つ。これが、軍隊に対する統制と説明責任のメカニズムが、他の公共機構に関して見出されるものよりも一層厳しく、異なっていることの理由である。

自衛隊の場合、その不安定な歴史的・政治的立場ゆえに、こうした問題が一段と厳しくなっている。第二次世界大戦の負の遺産は、依然として広くいきわたっている反軍事的なエートス（ethos）と、安全保障問題を利用して国を再軍事化しようとする反民主主義的な力への疑念とをもたらした。フックは、反軍事主義と反核主義を基盤にした国民的アイデンティティの基礎を、第二次世界大戦中の日本の軍国主義者の侵略的越権行為と原爆投下の恐怖に結びつけている〔Hook 1996: 159〕。ゆえに、フィーバーらは、戦後期のパラドクスについて次のように語ることになる。「〔自衛隊によって〕提供される防備がほとんど評価されない一方、自衛隊からの防備についての懸念は持続した」[2]〔Feaver et al. 2005: 245〕。

だが、公式の諸制限にもかかわらず、日本は、三つの軍種（陸・海・空）から成る一人前の軍と、先進的軍事技術の全ての構成要素と、必要な組織構造および組織トレーニングとを持ち〔Hickey 2001: 47-51; Hughes 2004: Chapter 3〕、世界で五本の指に入る大きさの軍事予算を手にしている〔Samuels 2006: 113〕。実際、タンターは、ほとんどの尺度からみて、日本は今や世界第二の海軍大国であり、疑いなく太平洋における第一位の海軍大国であると主張している〔Tanter 2006〕。加えて、航空自衛隊も、ジェット戦闘機の大編隊と洗練された高度な航空機搭載型ならびに地上型の早期警戒システムを持ち同様に見事なものである〔Heginbotham and Samuels 2002: 96〕。全くのところ、最近の出来事に焦点を合わせて、ヒューズは、次のように述べる。

> 日本の自衛隊の既に非常に強力なハイテク兵器の保有台帳は、新たな情報衛星、ミサイル防衛、指揮統制ネットワークの調達、および、空中給油、長距離航空輸送、精密誘導兵器、上陸作戦用船舶、空母型艦船によるヘリコプター輸送を含む、戦後期において初めて軍事力の遠隔地への投入能力（power-projection capabilities）をほのめかすようなシステムの調達により、拡張されつつある。……〔その上、自衛隊は〕自前の軍事革命（RMA：Revolution in Military Affairs）と、新たな情報技術および合理化された統合作戦指揮構造の採用を通じての戦力の変革に乗り出している〔Hughes 2004: 14〕。

加えて、沖縄やその他全国各地の基地には約五万人の米軍部隊が駐留しており、日本による五〇億ドルの現金寄贈の見返りに、日本の安全を担保すべく一層の活動を行っている［*Guardian*, April 19, 2005］。

日本の歴史的経験と、今日の強大な軍事部門の存在の結果として、多くの論者が、自衛隊に関する一番重要な問題として、シビリアン・コントロールに焦点を合せている。これらの分析においては、エリートおよび、コントロールのさまざまなメカニズムに、圧倒的な重点が置かれている。それゆえ、山口のみるところでは、軍が圧倒的な政治権力を保持した第二次世界大戦の一つの結果が、将校を政治的活動への関与の拒絶と文民の権威の完全な受容へと導くプロフェッショナリズム（ハンティントンのいう意味での）の、現在における強調なのである［Yamaguchi 2001: 35］。一方、サミュエルズは、分析の中心を意思決定者に置き、日本は、自身の戦後史の他のいかなる時点よりも、運用上最も活動的となっていると同時に、法的枠組みの観点からみても自衛のために行動する準備が整っていると結論する［Samuels 2006: 116］。そして実際のところ、このジャンルにおける最も典型的な論文は、フィーバーらによるものである。この論文は、エリート集団間の交渉に席を譲りつつある官僚の戦略的相互作用のゲームとしてのシビリアン・コントロールに焦点を合せているのであるが、エリートというより国会、内閣、および防衛省を含む諸メカニズムを通じてのシビリアン・コントロールに、依然として圧倒的な重点を置いているのである［Feaver et al. 2005］。

「普通化された」政軍関係の中核としての政治的統制、意思決定、および公式の諸メカニズムをきわめて強調するため、これらの研究は、私が後に目を向ける普通化の別の諸側面を見逃しがちである。次のいくつかの節において、私は、先行研究によって触れられてきた普通化の二つの様式ないしは側面について、引き続き詳しく述べていく。それは、政軍関係の合法化（legalization）あるいは公式化（formalization）と、自衛隊が国家安全保障上の理由から必要であるとのイメージの、より広い市民の間での創出である。しかしながら、その後に私は、自衛隊がどのようにして普通化されつつあるのかを理解するためには、さらに三つのプロセスを考慮に入れる必要があることを主張していく。それは、現在の自衛隊が、第二次世界大戦期の帝国陸海軍のイメージや遺産と距離を置こうとしていることであり、自衛隊が、自らの存在を、「自然」で当たり前であるような国の一部に変えようとしていることであり、自衛隊を、他の産業社会における類似した軍隊の世界地図の中に位置づけつつあることである。

3　合法化、普通化、そして論争

普通化の第一の型は、軍隊の行動の合法化と公式化のプロセスを含む。それは、意思決定と密接に関係したプロセスであり、通常、政治学者の分析の焦点となっているものである。この点において、最も重要な最近の出来事は、二〇〇七年一月の防衛庁（公式には内閣府に従属していた：訳者）が一人前の省のレベルに昇格したということになる［*Japan Times*, January 7, 2007］。これは、自衛隊を当局者に、政府の政策立案機関におけるより大きな役割と、予算要求を行う力を与えるために行われた。しかし、同様に重要なことは、過去一五年間に、われわれが、（自衛隊関連の）立法活動の大波（一九九二年以降、二一の大きな法案が国会を通過してきた：訳者）を目にしているという事実である［Tanter 2005］。これらの立法の中で重要なものとして、一九九二年の国際平和協力法、一九九九年の周辺事態法、二〇〇〇年の船舶検査法、二〇〇三年のイラク特別措置法などがある。これらの法的変更の根源は、日本の防衛計画者による安全保障計画の基盤としての「専守防衛」概念の事実上の放棄であり、海外における戦闘作戦能力は普通であり必須であるとの見解の採用であった［Tanter 2005］。イラクへの展開に始まり、自衛隊の海外任務は、今や、国境を越えたテロに対する国際協力への日本の貢献の一部として提示され得るものであり、それゆえに、国連と結びついた正当な活動との提携というきわめて重要な正当性を獲得しつつある［Tanter 2006］。

これらの立法上の措置は、一九九六年の日米安全保障共同宣言と自衛隊の海外派遣を認めた一九九七年の日米防衛協力の新指針にうたわれたような、世界の覇権大国である米国との公式の安全保障関係の再定義を伴ってきた［Maeda 2002］。これらの公式の理解に基づき、たとえば、二〇〇一年から二〇〇五年までの間に、『朝日新聞』によれば四七隻の海上自衛隊艦艇が一三回のローテーションで任務に着き、五五二隻の多国籍軍艦艇に給油を行ってきた［Tanter 2006］。しかし、日本の任務はガソリンの供給だけにとどまらない。『朝日新聞』の報道は、「海上自衛隊の参加部隊の職務の一つは不審であるとみなされた船舶の阻止である」［Tanter 2006］ことを明らかにしている。

『朝日新聞』は、一万一〇〇〇回の〔立ち入り〕検査と拘束された「多数の乗組員」に関する防衛庁のステートメントを引用した。だが、サマワへの展開とは対照的に、インド洋での行動ははるかに小さな批判しか受けてこなかった。インド洋への展開は、世間の関心からかなりの距離があり、それに関し、細部についてはほとんど知られていない。自衛隊部隊のイラクへの派遣をめぐる大いに政治化した論争とは対照的に、海上自衛隊の派遣については社会における議論はほとんどなく、より少ない批判しか向けられなかった。そして、海上自衛隊の同地域への継続的な関与は、今や五年目に入っている［Tanter 2006］。

そして、こうした年月の間に、公式な変化は、着々と具体的な任務と方策へと転化されてきた。たとえば、一九九九年に、日本は、二隻の北朝鮮のスパイ船の侵入に対し、発砲および追跡のための護衛艦の使用により、攻撃的な対応をとった［*Washington Post*, March 25, 1999］。もう一つの展開においては、与党である自由民主党が、日本の宇宙事業は民生用の役割しか持たないという現行姿勢から転換し、自衛の範囲内での軍事目的のために日本が宇宙を利用することを認める法案を作成した［*Japan Times*, June 3, 2006］。また、より最近、自らが武器と定義するものを政府開発援助（ＯＤＡ）の下で他国に提供する日本にとっての初めての動きの中で、内閣は「テロリズムと海賊」との戦いを支援するためにインドネシアに巡視艇三隻を供与する計画を承認した［*Japan Times*, June 14, 2006］。だが、繰り返すが、おそらくこの点に関する最もあけすけな動きは、二〇〇四年に、日本が六〇〇人の非戦闘部隊をイラクに送った際に生じた。

それでもなお、ヘギンボサムとサミュエルズは、軍事化に向かう変化は不正確に伝えられ、誇張されていると警告し、平和主義は、時として政治家により政策を正当化するために手段的に用いられてきたとはいえ、日本政治の言説における重要な要素であり続けていると主張している［Heginbotham and Samuels 2002: 95］。また、ドブソンは、反軍事主義のエートスがきわめて強いものであり続けているため、日本政府は、自衛隊の役割拡大と安全保障政策の変化に向かって動きをとる際には、「ステルス（人目を忍んだ方法）と漸進主義」の組み合わせを用いなければならないのだと論じている［Dobson 2003: 160］。軍事化への動きがどのような形で論争を引き起こしたのかについて、二、三の例を挙げてみよう。まず、最終的には失敗に終わった七件の一連の事例において、地方レベルで関連諸集団が、裁判所に対し自衛隊部隊のイラクへの派遣を違憲と判断するよう訴えた［*Japan Times*, August 7, 2006］。さらに、二〇〇六年には、全国のさまざまな市民グループの代表が、戦争を放棄した憲法第九条を改定しようとする取り組みを阻止すべく、東京に結集した［*Japan Times*, June 11, 2006］。それらのグループは、二〇〇四年に知識人により発足され、今や全国で五〇〇〇以上の団体を包含している「九条の会」の下に組織されていた[3]。二〇〇七年一月には、弁護士たちが、日本に陸海空軍その他の戦力の保持を禁じた憲法第九条の文言を改定しようとする自民党の提案に反発し、憲法第九条を継続し守るために、著名な音楽家の演奏するコンサートを開催した[4]［*Japan Times*,

January 23, 2007]。

加えて、日本に原子力空母を配備することへの持続的抵抗や［*Japan Times*, January 18, 2007］、国内における米軍のプレゼンスに関して行われた三件の住民投票——日米地位協定の改定と米軍基地強化をめぐり、一九九六年に沖縄で行われたもの、沖合への米軍ヘリポート建設をめぐり、一九九七年にやはり沖縄で実施されたもの、および、空母艦載機の米海兵隊岩国航空基地への移駐をめぐり、二〇〇六年に山口県で実施されたもの——に留意しなければならない。米軍のプレゼンスに反対する勢力が、それぞれの住民投票に勝利した［*Japan Times*, January 15, 2007］。これらの住民投票に関わる政治について立ち入ることはせずとも——沖縄県知事と名護市長は、それぞれの住民投票の結果を尊重しなかった——はっきりしていることは、これらの問題が論争されているということである。

自衛隊に関連した法的変更をめぐる日本国内での論争は、しばしば、近隣諸国による外部からの批判を伴ってきた。これら諸国の幾人かの指導者は、この種のいかなる動きをも水面下に潜む日本軍国主義の表出とみなす［Samuels 2006: 112］。中国と韓国の多くの国民は、一九三〇年代と四〇年代における日本の戦時の残虐行為について今なお憎しみを抱いており、東京の軍事的地位を高めようとする動き——平和主義的憲法の変更といった動き——は、温かく迎えられないのである［*Japan Times*, February 21, 2007; *Guardian*, April 19, 2005］。一方政治的には、東アジア諸国と東南アジア諸国の多くの指導者は、民衆の日本への不満をあおるか、あるいはその不満を政治的支持獲得のために用いてきた。

徐々に変化しつつあるようにみえるのは、態度である。自衛隊がイラクへ向けて出発する前には、派遣への国内での反対は強いものであったが、以後、世論は変化している。『朝日新聞』の調査によれば、イラクへの展開に関する小泉首相の決定に賛成したのは三四％のみであり、五五％は反対であった（二〇〇三年一二月）。二〇〇四年二月の調査結果は、決定に同意する者の比率が四四％に上昇したが、四八％が依然反対であったことを明らかにしている。そして、イラクからの撤退が発表された後（二〇〇六年六月）には、世論は、派遣を認めるに至っていた。自衛隊をイラクに送ったことが日本にとってよかったかどうかを質問されて、四九％の回答者が「はい」と答えたのに対し、「いいえ」と答えたのは三五％のみだったのである[5] [*Japan Echo*, January 25, 2007]。一方、最近の共同通信の世論調査では、六二％の回答者が、日本が「集団的自衛」の権利を行使することを禁じた政府の現在の憲法解釈は「今のままでよい」としていることが明らかになった（前月よりも七・四％の増加）[*Japan Times*, May 14, 2007]。

しかしながら、重要な変化は、一般市民に憲法改正や集団的自衛に関する解釈変更の動きに対する警戒の強まりがみられるのと同時に、多くの人々は、その事柄を議論することに対しては肯定的な態度をとっているということである。この変容は、明らかに、日本を取り巻く安全保障環境――とりわけ北朝鮮の脅威――に起因するものである。アリントンが述べるように、憲法改正が議論され得るようになったというまさにその事実そのものが、新たな時代を示すものである [Arrington 2002: 545]。本節の結論としては、自衛隊は、法的および公式的な意味で着々と普通化しているが、この動きそのものが、依然として大いに議論されているということである。

4　普通化――「われわれは必要とされている」

私は、フリューシュトゥックとともに、自衛隊が――政治家および高級官僚と連携して――国の防衛に自らが必要であるとの幅広い感情を作り出すための戦略を推進していると論じた [Frühstück and Ben-Ari 2002]。言い換えれば、自衛隊は、国家安全保障の「後見人」の役割に伴う戦争遂行に関する特殊専門技術の保持者としての、自らの不可欠性を強調することで、その普通性を創出しようと試みているのである。このアプローチは、中曽根元首相によって着手されたいくつかの試みの根底に存在した。より最近では、それは、小泉、安倍両首相によって追求されてきた。確かに、これらは、大いに政治化された手法である。なぜなら、冷戦終結後には、中国が依然としてソ連よりもはるかに弱体であるため、日本にとって最も深刻な脅威は消滅したからである。結果として、サミュエルズが言及しているように、日本の意思決定者は、国内的な制度と論争を通じて、日本に対する脅威――中国、北朝鮮、米国による放棄、および経済の相対的低下――が、捏造されるというわけではないが増幅されて語られるような、新たな安全保障の言説を生み出してきている［Samuels 2006: 113-114］。おびただしい報告書、議論、討論が、今や全て、「日本にとっての実際の敵および潜在的な敵とは誰なのか」という問いに集中している。

北朝鮮は、むろん、専門家および一般市民にとっての大きな懸念の源である。この不安は、一九九八年にピョンヤン政府が発射した弾道ミサイルが、日本上空を飛行して太平洋に落下したことによってもたらされたものである。先頃、日本の外務大臣は、北朝鮮が、長距離弾道ミサイルを発射台の近くに発射準備とみられる形で移動させていることを示唆する情報を政府が得ていることを確認した［*Japan Times*, May 20, 2006］。北朝鮮による最近のミサイル発射の直後、八〇％以上の回答者が日本は北への経済制裁を強化すべしと考えている世論調査結果［*Japan Times*, July 10, 2006］の根底には、こうした事態が存在しているのである。議論を自衛隊への法的制約の問題に結びつけて、内閣官房長官であった安倍晋三は、日本には、国が攻撃を受ける差し迫った脅威の下にあるならば、外国のミサイル基地を攻撃する権利があると言明した［*Japan Times*, July 11, 2006］。こうした海外への攻撃は、「もし日本へのミサイル攻撃を防ぐ他の方法が存在しないのであれば」自衛の法的制限範囲の中におさまる、と安倍は強調したのであった。最後に、こうした憂慮の念は、日本の全市町村に弾道ミサイル攻撃や自然災害を警告する衛星信号の受信機を供与することを計画した総務省消防庁による施策［*Japan Times*, July 14, 2006］をはじめとするより広い諸措置によって高められている。

北朝鮮の脅威はまた、米国との同盟の観点からもきわめて重要である。ゆえに、たとえば、米太平洋艦隊司令官は最近、日米が共同で開発しつつあるミサイル防衛システムが地域における脅威に対抗し得るとの自信を明言している［*Japan Times*, May 1, 2007］。日米両国は、主に北朝鮮および中国の脅威に対処するためのミサイル防衛システムの配備を開始しており、それは軍事支出を押し上げている。意思決定者と防衛担当者のものの見方の中では、一般市民の心中においてもそうなのであるが、北朝鮮が、徐々に中国と結びついてきている。係争中の海域への北朝鮮ないし中国の船舶の侵入に対する防御における日本の海上戦力の役割についての日本のマスコミ報道の根底にほぼ確実に存在するのは、まさにこの種の見方である。一つの例を挙げるならば、二〇〇六年に、日本の統合幕僚会議議長は、日本が、同年三月に終了した年度において、日本の領空に接近しつつある中国のスパイ機とみられる航空機に対する要撃のために、過去最多の一〇七回にわたり戦闘機をスクランブル発進させたことを公表した［*Japan Times*, April 21, 2006］。この数値は、不審な中国機に対してジェット戦闘機が一三回しかスクランブルをかけていない前年度からの、劇的な増加であった。日本の軍事力に関連した第三の不安の源は、海賊、特に東南アジアにおける船の乗っ取りと窃盗行為である。日本の石油総輸入量の約九〇％を運搬するタンカーがマラッカ海峡を通過するため、日本は、この地域における海賊の防止に非常に大きな関心を寄せているのである［*Japan Times*, January 5, 2007］。

自衛隊が不可欠であるというイメージを創造する戦略は、ゆっくりと絶え間なく追求されてきたが、国内の反軍事主義のエートス、日本の再軍事化に反対する外的圧力、日本は近隣諸国にとってなお存在を脅かす国家であるとされる事実、および、日本がその利益を守るためにはいつでも米国に依存できるという一般市民の感情のために、依然問題をはらんでいる。よって、私は、軍事化の法的・政治的側面のみ、あるいは、自衛隊の不可欠性の感覚の創出のみに集中することは、十分ではないと主張したい。普通化は、⑴日本の第二次世界大戦史、⑵軍隊としての自衛隊に当然視されている性質、および⑶諸国家によるグローバルなシステムにおける日本という国の位置についての、三組の基本的仮定に関連した、より広い理解に関わるものである。理論的には、私は、政治学および政治社会学によって提示されている概念を超えて進み、自衛隊の変革を解釈するための広い意味での文化的枠組み（frames）――図式（schema）あるいはモデルはその同義語である――を検討することを提案する。

5　普通化――病理からの距離、あるいは病理からの帰還

次の、第三の意味での普通化には、病理の不在という状態、ないしは何らかの異常状態からの帰還のプロセスが包含される。この点において、日本の独特の文脈には、帝国軍のイメージおよび遺産との関係を絶とうとする自衛隊の側における積極的な試みが伴っている。フリューシュトゥックとの共著論文の中で、われわれは多くの日本の指導者と並んで、自衛隊は、日本の軍国主義を常軌を逸した状態、政軍関係および政治による軍事のコントロールの通常のありようからは外れている状態であると規定している、と論じた［Frühstück and Ben-Ari 2002］。より具体的なレベルにおいて、自衛隊は、大日本帝国の過去からの距離を創出するために、さまざまな他の方法を用いている。

そうした方法の一つが、戦後、自衛隊の階級を呼称するのに、戦中の陸海軍で用いられていたものとは異なった図式を作り出したということである。この動きは、兵器について語るための独特の言葉づかいによって強化されてきた。たとえば、軍用機を指す「特別飛行機」のような言葉[6]、組織された暴力が公の議論の中で婉曲語法で表現されることについて、われわれに警告を発するものである（［Hook 1996: Chapter 6］も参照）。確かに、私が話し

たことのある多くの自衛官は、そのような言葉が使われることに対して憤慨し、あるいは懐疑の念を表明していた。だが、私の印象は、こうした用語慣習は、社会の非軍事セクター、特にマスメディアの間で、より広く受け入れられてきているというものである。興味深いことに、自衛隊は、この点においては、他の諸国の軍隊と比べて類がないというわけではない――帝国軍の遺産から距離をとるという点については類がないが――のである。多くの産業民主主義国の軍部において、爆撃出撃や市民の犠牲者を指して用いられる「ピンポイント爆撃」、「副次的被害」といった用語は、軍事作戦の説明を、その実際の暴力的効果から遠ざける働きをしているのである。

次に、帝国軍の「ハードな」イメージとまさに対照的な、自衛隊の「ソフトな」表現の過剰さの創出ということをとり上げてみよう。ジェンダーの表象は、そのよい例である。なぜなら、女性は、新自衛官募集の資料類においては、自衛隊における数的なプレゼンスをはるかに上回る形で、中心的存在となっているからである。自衛隊のポスターとコマーシャルで女性を目立たせることについての公式の説明は、自衛隊が、男女に均等な機会を与える雇用者であり、女性が興味を持てる仕事につくことができ、男性と同様のキャリアを追求することさえ可能な職場であるということを伝えるという点を中心に置くかもしれない。だが同時に、それは、自衛隊のイメージを、ソフトな、あるいは甘美なものとすることに貢献する。かくして、女性は自衛隊の中では最小限の役割しか果たしていないものの、女性が人目に立つ場所に存在するということが、帝国陸海軍のきわめて男性化された型と自衛隊との相違を示すものとなっているのである。

実際、このソフト化は、自衛隊による、三つの軍種のそれぞれに別個の人物を用いた一連のかわいらしいマンガのキャラクターの（数年前の）採用とも関連している。今や、新たな魅力攻勢（charm offensive）の中で、われわれは、そのマンガのキャラクターたちが、イラク攻撃への支援を獲得するために採用されたと聞かされるのである。さまざまな画像の中で、主人公のピクルス王子は、戦車の前でポーズをとり、ヘリコプターから懸垂下降して、微笑みを浮かべたイラク人たちと握手している［*Japan Times*, February 21, 2007］。これらのカワイイ偶像たちは、二〇世紀前半に、アジアを縦断して略奪・制圧した日本軍から完全に切り離されているだけではない。日本が戦後平和主義を脱ぎ捨て、世界の中でより人目につく軍事的態度をとる準備を整える時に、これらの愛らしいマスコットたちは、自衛隊の海外展開に、穏やかで無害という光沢を与える役目を果たすのである。

多くの部隊により作業帽として着用されている色鮮やかな野球帽は、われわれの分析を、もう一つの補完的な方向へと導く。この慣習は、米軍の模倣の一つのあらわれかもしれないが、同時に、自衛官により着用されている帽子と民間人によって着用されている帽子を識別することを難しくするのである。このような、民衆の「中にある」というイメージの投射は、矮小化して理解されるべきではない。何十年にもわたり、自衛隊は、一般市民のための一般公開日を設けており、その日には、兵器や訓練を展示し、部隊が来場者と交流することを奨励している。加えて、日本の基地は、長く、外部からの訪問者に開放された、基礎訓練に類似した催しが行われる場所となってきた。ごく最近、あるバス会社は、軍事をテーマにした新たな複数のツアーを開始した。一つは、参加者を、陸上自衛隊の朝霞駐屯地と東京の広報センターに案内する。二つ目のツアーは、修復されて現在は神奈川県横須賀市の陸上に鎮座している戦艦三笠の艦内へと、観光客を導く［*Japan Times*, August 31, 2006］。こうした動きは、旅行会社の金銭的利益への関心と、自らの開放性を外部の目に示してみせることへの自衛隊の関心を結びつけるものである。より一般的に言えば、普通化のプロセスとして、民間人との類似性（意図されたものであると意図せざるものであるとにかかわらず）は、現代の自衛隊が、戦前のような「隔離された閉鎖的軍人社会」とは全く違うのだということを、示し伝えるものなのである。

6　儀礼密度と普通化

第四の意味での普通化は、自衛隊の「儀礼サイクル（ritual cycle）」または「儀礼密度（ritual density）」[Bell 1997] と呼び得るものと――すなわち、特定の儀式や典礼の、より広い儀礼構造への関わり方に――関連している。ここで、私は、普通化という語を、行動および考え方が自然かつ当然に見えるようにされていく過程を指して用いている。まず、自衛隊の行事のサイクルには、内部行事が含まれる。それはたとえば、新任の各級指揮官の就任式や、昇任の行事である。これらの行事は、しばしば、低いレベルの部隊（たとえば連隊）によって実施されるもの、より大きな編隊（師団のような）が実際するもの、そしてついには全国自衛隊式典に至るまでのものが、入れ子のように重なっている。これらの儀式は、自衛官が在日米軍の部隊とともに参加する行事や、ゴラン高原などの国際的任務の中で時折行われるパレードといった、より広義の機会の中にさらに埋め込まれているように見えるかもしれない。

しかし、さらに重要なのは、より広範な公開行事である。これには、自衛隊の陸海空各軍種により持ち回りで準備される三年に一回の観閲式、観艦式、航空観閲式を含む。また、防衛大学校の卒業式や、自衛隊音楽隊の出演なども含まれる。このような、繰り返し実施される行事に加え、その他の不定期的な式典も開催される。たとえば、国際的任務に出発・帰還する部隊のための式典や、自然災害直後（たとえば阪神・淡路大震災や東日本大震災の後）の救援活動への自衛隊の参加の終結を示すために行われる式である。そうしたセレモニーの一つは、防衛庁が省の地位に昇格するに際し、安倍首相の主導で行われた [*Japan Times*, January 7, 2007]。別の式典には、明仁天皇と美智子皇后によるインド洋での任務への参加を終えた自衛隊員に対する接見が含まれた [*Japan Times*, December

15, 2006］。天皇皇后両陛下がこの特定の任務に参加した要員に接見するのはこれが初めてであったが、過去にも国際緊急援助活動や平和維持活動に参加した部隊の拝謁を受けている。そうした接見や拝謁が、自衛隊の任務に国の最大の象徴である天皇の正当性を与えるものであり、これらの行事が、全体として、国の公的なカレンダーの中に当然存在することを期待される部分となっているということを主張するのに、高度な能力を持つ社会学者である必要はなかろう。

自衛隊が関わる別の一連の年中行事は、異なった重要性を帯びている。これには、毎年実施され、何万人もの見学参加者を集め、全国的なメディアで報道される、富士山近傍で実施される富士総合火力演習［Ben-Ari and Fruhstuck 2003］、入間のような航空自衛隊基地における地上展示や飛行展示、あるいは、松島基地にある自衛隊のアクロバット飛行チーム「ブルーインパルス」による展示飛行などが含まれる。こうした全ての行事は、日本の防衛省のホームページで宣伝される。これらの行事の中には、私とフリューシュトゥックが自衛隊の任務の「スペクタクル化（spectacularization）」と名づけたものがある［Ben-Ari and Fruhstuck 2003］。実際、これらの大規模ショーには、観客の目を引きつけて訴え、それによって組織的暴力を実行する自衛隊の潜在力を美化するような、動きと音と色彩によるみごとな視覚的展示が伴っている［Handelman 1997: 394］。さらに、そうした展示は、軍を「ソフトに」し、人間的にするのみならず、一般市民が軍事力にあまり違和感を覚えなくするように（あるいは少なくとも軍事力を受け入れるように）働くような、マンが「大観衆型軍事主義（mass-spectator militarism）」と呼んでいるものの一部であるとみることもできる［Mann 1987］。言い換えれば、「単に」娯楽としての役割を果たすだけではなく、これらの実演により送り出されるメッセージは、披露されているあらゆることが、無数のレベル（知覚のレベル、理性のレベル、本能・直感のレベル、国全体のレベルといった）において称賛されるにふさわしいというものなのである。

自衛隊により催される濃密に並んだ公開セレモニー群は、日本の武力を、受け入れ可能で存在が当然視される機構へと変えるように作用する。その上、こうした行事は、全体として、自衛隊にとっての過去ないしは伝統というものを作り出す方向に働く。年月が経過し、日本の戦力がより多くの任務に参加していくにつれ、この課題ははるかに容易なものとなる。これが、自衛隊のさまざまな一般公開日や展示館に見出されるイラクでの任務についての展示の、一つの理解法である。そうした展示は、自衛隊の「善意の（do-good）」諸任務の正当性を示し説明するだけではなく、参加した部隊にとっての重要で社会的に受け入れられた過去を創造するのである。この種の効果は、ある特定の催しが何回目であるのかに欠かさず言及することにより、さらに高められる。「第一七回浜松航空ショー」、「第二三回自衛隊音楽隊の出演」、「第一四次ゴラン高原派遣隊」といった名称は、特定の行事や派遣を、より広い、出来事の歴史的連鎖の中に位置づけるものである。よって、自衛隊の活動の儀礼密度は、過去に向かって（そして、暗に未来に対しても）垂直に伸びると同時に、自衛隊という軍事機構を一体となって伝統化させるような数多くの定期的な行事や臨時行事と、水平方向に共振しているのである。

7　普通化と、標準への順応

普通化の第五の、そして最後の側面は、社会的に構成された標準への順応を伴う。そのような標準とは、われわれの場合には、軍の国際的に受け入れられたモデルとなってきたものに相当する。自衛隊にとって、このプロセスは、あらゆる「後期近代国家（late-modern state）」（ここでは、西ヨーロッパをまさにモデルとして）の軍隊と同じようになるという意味を含む。ヒューズが明らかにしているように、「政策についての異なったさまざまな意見も、西洋の先進国を、日本が目指すべき安全保障政策における（しばしば明確に定義されていなかったりよく理解されていなかったりするが）『普通性（normalcy）』の基準とみなすという点では一致している」のである［Hughes 2004: 49］。軍事的な同盟と連合の形成は、日本ではまさにこの観点から理解されているのかもしれない。在日米軍の再編――それは、部隊のある場所から別の場所への移転にとどまるものではない――に関する、二〇〇六年に成立した日米二カ国合意をとってみよう［*Japan Times*, May 3, 2006］。再編は、米国の軍事作戦への自衛隊の一層の統合――専門用語では、計画、情報共有、および作戦における相互運用性という――を伴うため、「モデルとしての」米軍との類似性が自衛隊で高まることを前提としている。次に、二〇〇七年初めに日本とオーストラリアの間で調印された、共同訓練と情報共有の正式なメカニズムを含む安全保障取り決め（「安全保障協力に関する日豪共同宣言」）に注目してみよう（*Economist*, March 17, 2007）。最後に、七カ国からの軍艦、潜水艦、航空機が、一カ月にわたる訓練と演習のために米国の軍艦、潜水艦、航空機と合流した、ハワイ諸島周辺海域での大規模海軍演習をとってみよう［*Japan Times*, August 7, 2006］。この第二〇回リムパックは、一九七一年にさかのぼるものであり、カナダ、日本、韓国、オーストラリア、チリ、ペルー、および英国の乗組員・搭乗員が、同一の情報ネットワークを用いてデータを共有し、共通作戦状況図（common operating picture）によって作業を行った。

ただし、自衛隊が欧米の軍隊を見本にするということは、組織の問題をはるかに越えている。なぜなら、そうした軍に似たものになるという場合、まさに「普通の」将校と兵士としての日本の部隊の職業的アイデンティティが中心になるからである。この点において、しかしながら、自衛隊と他国の軍隊との相違は複雑である。第一に、自衛隊は、あらゆる産業民主主義国の軍隊と同様、地震、台風、洪水およびその他の自然災害発生時における支援といった「民生分野の」ミッションを長く実施してきている。おそらく、この点に関する映像的表象が、阪神・淡路大震災直後の自衛隊である。だが、このイメージは、より最近の任務にも見出される。二〇〇七年の夏に、激しい地震が新潟県を襲った際、私は、「陸自隊員が月曜の地震の負傷者をヘリコプターへと搬送」というキャプションのついた写真が添えられた、新聞記事を見つけた［*Japan Times*, July 17, 2007］。同じような形で、第二次世界大戦の残存爆弾が民間居住地で発見された際には、それを除去するために、自衛隊が直ちに登場する［*Japan Times*, March 5, 2007］。これらの事例で興味深いのは、日本の都会の中心部で制服姿の自衛隊部隊を見ることは日常的にはほとんどないのに、こうした場合には、彼らが作業用完全装備で直ちに登場するということである。

第二に、他国の軍隊との類似性は、国外での任務期間中において特に顕著である。一九九二年以来、自衛隊は、カンボジア、モザンビーク、ザイール（ルワンダ難民支援）、ゴラン高原、東ティモール（避難民支援のための西ティモールへの自衛隊機派遣を含む）、ネパールなどにおいて、国連平和維持活動への参加や難民救援活動を行ってきた。さらに、自衛隊は、イラン、トルコ、ホンジュラスなどで、自然災害後の輸送、医療支援、伝染病予防対策等を提供してきた。二〇〇四年には、スマトラ沖地震と津波の直後に、自衛隊は（警察庁、総務省消防庁、海上保安庁の職員と並行する形で）、タイ救援のために艦艇を派遣した［*Kyodo News*, December 28, 2004］。多くの観察者の述べるところ［Arrington　2002: 541; Kawano 2002; Kurashina 2005; Yamaguchi 2001: 38］、および私自身が行ったインタビューに基づけば、平和維持ならびにその他の国際任務、および国際緊急援助活動への参加は、日本の部隊が自らの能力を示し、社会的地位を向上させることを可能にしてきた。私の分析の観点からすれば、そうした任務への参加は、冷戦終結後の西ヨーロッパの軍隊と同様に、自衛隊も、「正しい」平和維持と国づくり（nation-building）への参加によって、自らの存在を常に正当化し続けなければならないということを示唆している。

このような理由によって、イラクに対して提供された支援は、米国に主導された二〇〇三年の侵攻に続く国家再建を手助けするための非戦闘人道任務として位置づけられている。派遣は、国内での激しい論争を引き起こしたが、医療設備、給水システム、学校、道路、およびその他の公共事業の改善に専念するものとして立案されていた。この、基本的に人道的という位置づけは、二〇〇四年から二〇〇六年までのイラクでの自衛隊の活動を回答者の七〇％以上が「高く」あるいは「多少は」評価するとし、約二〇％のみが否定的な見方であったという世論調査結果に、[7]疑いなく反映されている［*Japan Times*, November 4, 2006］。イラク人にとって自衛隊のどのような種類の活動が最も役に立ったと思うかとの質問に対しては、六八・四％が給水活動と答え、六二・三％は医療支援を挙げた。まさにこのことに基づき、後に日本政府は、地方復興努力のためのＮＡＴＯとの協力を強化することでＮＡＴＯのアフガン支援を後押しすることを決意し［*Japan Times*, March 4, 2007］、紛争に引き裂かれたネパールにおいて計画された国連の軍事監視任務に参加するための自衛官の派遣を決定した［*Japan Times*, March 6, 2007］。

理論的には、私の議論は、ドブソンのきわめて洞察力に優れた研究の後に続くものである［Dobson 2003］。彼の分析は、日本の外交政策を――そしてそれを通じて自衛隊の国外への展開を――位置づけ、導く上での国際機構の影響を中心にしている。ドブソンは、国際的な規範が、政府主体（アクター）、官僚主体、および市民社会的主体が信じ、安全保障分野における国際社会への貢献への彼らの支持につながるような、「『せねばならぬ』感覚（the idea of "ought-to-ness"）」に特に影響すると主張する［Dobson 2003: 156］。パワーと富を最大化するという点からみた国益は、確かに多くのエイジェントにとっての動機づけとなっているが、同様に、「その背後にほとんど具体的、あるいは当面の利益が存在しないような、義務の観念と国際社会に貢献したいとの願望」もまたそうした動機づけとなっているのだと、ドブソンはつけ加えている。重要なことは、ポスト冷戦期における平和維持の実践のグローバル化に伴い、それが、国家が応じる義務を感じるような、国際的行動の基準――すなわち規範――になったのだということである［Dobson 2003: 161］。こうした線に沿って行動することが、日本が「普通の国」になりつつあること、すなわち、世界の平和と安定に、財政的貢献とともに人的貢献を行うことにより国際社会の責任ある一員となりつつあることを、示唆するのである［Dobson 2003: 166］。ヒューズは、こうした形でものごとを理論化してはいないが、ほぼ同様の議論を行っている。

日本は、安全保障上の役割を拡大し、国際安全保障により大きな「人的貢献」を行い、米国と安全保障上の責務を平等化し、東アジア安全保障により直接的な役割を演じ、同盟国である米国および国際社会を支援するために日本の領域外に軍事力を投射することへの、増大し続ける圧力にさらされている［Hughes 2004: 49］。

かくしてドブソンは、平和維持の実践を正当化・合法化し、それゆえに日本が経験しつつあるのは普通化の過程であって再軍事化のそれではないということを示すために、国連の有用性が政権与党によって利用されてきたと主張している［Frühstück and Ben-Ari 2002］。

8　おわりに

本章において、私は、自衛隊のいかなる理解にも、組織された正当な国家的暴力の管理と運用に関するその専門的知識・技能を考慮に入れることが必須であると主張することから始めた。この軍特有の性格ゆえに、自衛隊は、日本社会における他の組織のように「普通」になることは、決してないのである。言い換えれば、私が示したように、自衛隊は、あらゆる産業民主主義国の軍隊と同様に、自らの軍としての性質そのものに焦点を当てるような諸問題と、日本に独特の歴史の遺産の双方と取り組まなければならないのである。実際、現代日本においては軍隊に関する論争が途切れずに続いているため、普通化に関するさまざまなプロセスは、政治家、自衛隊の上級指導者、および学者の関心を引き続き占めることになろう。

［追記］本章は『国家安全保障』（第三五巻、三号、二〇〇七年）に掲載された同名の論文を一部加筆・修正して収録している。ここに転載を許可していただいた『国家安全保障』編集委員会に感謝したい。

注（訳者注）

（1）原文では"defensive defense"。「防衛的防衛」の語が用いられているが、日本における通常の呼称に合わせ、「専守防衛」と訳出する。

（2）〔 〕内は、訳者による補記である。以下同じ。

（3）九条の会については、同会の公式ウェブサイト（http://www.9-jo.jp/）を参照。

（4）このコンサートが何を指すのかは不明である。

（5）自衛隊のイラク派遣に対する日本の世論は、二〇〇四年春頃までには、既に賛成が反対を上回る状況になっていた。たとえば、ＮＨＫの調査では、賛成が反対を初めて上回ったのは二〇〇四年三月であった（賛成五一％、反対四三％）。同年四月にイラク人武装集団による日本人人質事件の発生直後に行われた新聞各社の世論調査でも、派遣継続に賛成する回答が反対を上回った。

（6）軍用機の「特別飛行機」への言い換えは、訳者は初見であり、ある航空自衛隊高級幹部も、そのような自衛隊用語はないと述べている。しかし、ベン＝アリ教授は、そのような言い方を、確かに耳にしたことがあるという。

（7）内閣府政府広報室「自衛隊のイラク復興支援活動に関する特別世論調査」二〇〇六年一一月。

参考文献

Arrington, Aminta
2002 Cautious Reconciliation: The Change in Societal-Military Relations in Germany and Japan since the End of the Cold War. *Armed Forces and Society* 28 (4): 531-554.

Bell, Catherine
1997 *Ritual: Perspectives and Dimensions.* Oxford: Oxford University Press.

Ben-Ari, Eyal and Sabine Frühstück

2003　The Celebration of Violence: A Live-Fire Demonstration Carried out by Japan's Contemporary Military. *American Ethnologist* 30 (4): 540-555.

Boene, Bernard
1990　How Unique Should the Military Be? A Review of Representative Literature and Outline of Synthetic Formulation. *European Journal of Sociology* 31 (1): 3-59.

Dobson, Hugo
2003　*Japan and United Nations Peacekeeping: New Pressures, New Responses.* London: Routledge.

Feaver, Michael D., Takako Hikotani and Shaun Narine
2005　Civilian Control and Civil-Military Gaps in the United States, Japan, and China. *Asian Perspective* 29 (1): 233-271.

Frühstück, Sabine and Eyal Ben-Ari
2002　"Now We Show It All!" Normalization and the Management of Violence in Japan's Armed Forces. *Journal of Japanese Studies,* 28(1): 1-39.

Handelman, Don
1997　Rituals/Spectacles. *International Social Science Journal.* 153: 387-399.

Heginbotham, Eric and Richard J. Samuels
2002　Japan. In Richard J. Ellings and Aaron L. Friedberg with Michael Wills, Strategic *Asia 2002–03: Asian Aftershocks.* Seattle: The National Bureau of Asian Research, pp. 95-130.

Hickey, Dennis Van Vranken
2001　*The Armies of East Asia: China, Taiwan, Japan and the Koreas.* Boulder: Lynne Rienner Publishers.

Hook, Glenn D.
1996　*Militarization and Demilitarization in Contemporary Japan.* London: Routledge.

Hughes, Christopher W.
2004　*Japan's Re-emergence as a 'Normal' Military Power, Adelphi Paper.* Oxford: Oxford University Press.

Junkerman, John
2006　Japan's Neonationalist Offensive and the Military, *The Asia-Pacific Journal: Japan Focus,* December 27（http://www.japanfocus.org/products/details/2302　二〇〇七年一〇月五日閲覧）。

Kawano, Hitoshi

2002 The Positive Impact of Peacekeeping on the Japan Self-Defense Forces. In Leena Parmar ed. *Armed Forces and International Diversities.* Jaipur, India: Pointer Publishers, pp. 254-283.

Kurashina, Yuko

2005 *Peacekeeping and Identity Changes in the Japanese Self-Defense Forces: Military Service as 'Dirty Work.* Ph.D. Thesis. University of Maryland, Department of Sociology.

Lutz, Catherine

2002 *Homefront: A Military City and the American Twentieth Century.* Boston: Beacon Press.

Maeda, Tetsuo

2002 Japan's War Readiness: Desecration of the Constitution in the Wake of 9-11. *The Asia-Pacific Journal: Japan Focus.*（http://www.japanfocus.org/products/details/1899 二〇〇七年一〇月五日閲覧）。

Mann, Michael

1987 War and Social Theory: Into Battle with Classes, Nations, and States. In Colin Creighton and Martin Shaw eds. *The Sociology of War and Peace.* London: Macmillan, pp. 54-72.

McCormack, Gavan

2007 *Client State: Japan in the American Embrace.* New York: Verso Books.

Samuels, Richard J.

2006 Japan's Goldilocks Strategy. *The Washington Quarterly,* 29 (4): 111-127.

Tanter, Richard

2005 Japanese Militarization and the Bush Doctrine. *Japan Focus: An Asia-Pacific Journal: Japan Focus,* 221, February 15（http://www.japanfocus.org/products/details/1989 二〇〇七年一〇月五日閲覧）。

2006 Japan's Indian Ocean Naval Deployment: Blue Water Militarization in a 'Normal Country. *The Asia-Pacific Journal: Japan Focus,* 549, March 21（http://www. nfocus.org/products/details/1700 二〇〇七年一〇月五日閲覧）。

Teslik, Lee Hudson

2006 Japan and its Military. *Council on Foreign Relations,* April 13（http://www.cfr.org/publication/10439/ 二〇〇七年一〇月五日閲覧）。

Yamaguchi, Noboru

2001　Japan: Completing Military Professionalism. In Muthiah Alagappa ed. *Military Professionalism in Asia: Conceptual and Empirical Perspectives.* Honolulu: East-West Center, pp. 35-46.

第一〇章　軍隊と社会のはざまで
――日本・朝鮮・中国・フィリピンの学校における軍事訓練

高嶋　航

1　はじめに

現在、台湾の中・高等教育機関には、軍訓教官と呼ばれる現役将校が配置されている。彼(女)らはもともと学生の軍事訓練を担当する教官であったが、一九八七年の戒厳令解除、二〇〇〇年の民進党政権誕生を経て、その主たる任務が生活指導や学校の安全確保に変化してきた[洪文華　二〇〇三、李泰翰　二〇一二]。今後台湾が徴兵制から募兵制へと転換を図るのにともない、軍訓教官は二〇二一年までに学校から撤退することになっている。この転換は台湾における男らしさ、ひいては社会そのもののあり方に大きな影響を及ぼすことであろう。

学校での軍事訓練は、台湾だけでなく中国や韓国でもおこなわれている(近年、内容は大きく変化した)。その歴史を遡ると、一九世紀末に日本で採用された兵式体操に行き着く。ルーツは同じであっても、日本、朝鮮、中国のその後の展開は大きく異なる。軍事訓練は軍隊と社会の接点に位置し、その軍隊や社会のもつ性格や軍民関係の様態によって、そのあり方が規定されるからである。逆に言えば、軍事訓練の比較を通して、東アジアの近代における軍隊、社会、そして軍民関係の特徴をあぶり出すことが可能になろう。

日本や中国で学校の軍事訓練を導入する根拠となったのは、国民皆兵や徴兵制の理念であった。国民はみな軍人であるとの前提から、軍事的な教育の必要性が導き出される。学校の軍事訓練はえてして軍事的にあまり役立つものではなかったが、その目的は軍事的な技術を身につけることではなく、国民＝軍人にふさわしい精神と体力を養成することにあった。いわば、それは教育の問題であり、男らしい人間を養成することで、男らしい民族・国家を構築し、弱肉強食の世界における厳しい競争に打ち克つことをめざしたのである。このようにナショナリズムと軍事主義と男性性のあいだには密接な関係がある［Nagel 1998］。国民国家の建設と軍事化が同時に進行する近代のあり方を「軍事化されたモダニティ」と呼ぶとすれば［Moon 2005］、国民の軍事教育はそれを支える根幹のひとつに位置づけることができよう。国民＝軍人を男らしい存在と規定するいっぽう、軍事訓練はそこから排除される女性や外国人を劣位に置いた。こうして軍事訓練はジェンダーを国家との関係で軍事的に規定した（ジェンダーの民族・国家化、軍事化）[1]。これに対して、アメリカの植民地であったフィリピンでは、国民皆兵や徴兵制の理念をともなうことなく、まったく異なる文脈のなかで軍事訓練が実施されていた。フィリピンを考察対象に加えることで、日本や中国の経験を相対化することが可能となる。

日本、朝鮮、中国の学校軍事訓練に関する先行研究は少なくないが、その多くは教育史、なかんずく体育史の文脈でなされ（軍隊との関係が深かった日本では軍事史からのアプローチも存在する）、制度的関心が中心で、ジェンダーへの視点は欠落している。いずれの場合も、通時的な研究はきわめて少なく、日本では一八八〇年代の兵式体操導入と一九二〇年代の学校教練導入に関心が集中している[2]。朝鮮については、一九世紀末から一九四五年までを扱った西尾達雄の大著が体育史的関心から軍事訓練にも言及し、日本との比較もおこなっており、非常に参考になる［西尾　二〇〇三］。中国ではこのテーマを直接扱う研究はさして多くない。一九九〇年代の兵操の導入、一九二〇年代の兵操の廃止と軍訓の導入、さらに一九四〇年代まで見通すものは、概説のレベルでしか存在しない[3]。フィリピンに関しては、アルフレッド・マコイの一連の研究がジェンダーの視点も交えて論じており、本章の問題関心にも近いが、第一次世界大戦以前の状況には触れていない［McCoy 1999, 2000］。以上の研究状況をふまえ、本章では各国・地域における軍事訓練の制度的沿革を制度設計者の系譜にも配慮しつつ簡明に記述し、比較の土台となる事実を提示したうえで、ジェンダーやナショナリティに着目しながら、それぞれの国・地域の軍隊と社会の特徴を探ることにする。まず東アジアの軍事訓練のモデルとなった日本のケースをやや詳細に検討し、朝鮮、中国、フィリピンの順に論じていく。中国に関しては、ほんらい共産党や満洲国、汪兆銘政権などにも目を配る必要があるが、紙幅の関係もあり、本章では国民党支配地域のみを対象とした。また、軍事訓練の実態や学生たちの受けとめ方についても十分に論及できなかった。いずれも今後の課題としたい。

2　日本

1　兵式体操の導入

日本では、一八七二年九月の学制により近代的学校制度が導入され、翌年一月の徴兵令により徴兵制が導入された。国民皆学と国民皆兵の原則のもと、（男子）国民は学校で学び、軍隊で兵役を果たすことが義務づけられた。「平穏な」民衆の世界に強引に割りこんできた徴兵制という国家の論理［佐々木　二〇〇六］は、すんなりと受け容れられたわけではない。菊池邦作によれば、徴兵制導入初期の合法的な忌避が徐々に非合法化され、徴兵忌避＝非国民となる過程は、徴兵免除規定が縮小される一八八五年ないし一八八九年からようやくはじまるのであり［菊池　一九七七］、そのときはじめて徴兵制がジェンダーを規定する有力な要因となった。

学校への軍事訓練導入は、はやくも一八七三年に提起される。奥野武志の整理によれば、山田顕義や西周など軍と関係の深い人物が軍事訓練を導入することで兵役年限を短縮し兵役負担を軽減することをめざすいっぽう、福沢諭吉、阪谷素、尾崎行雄らは軍事訓練に尚武の気質や身体の鍛錬など教育的効果を求めた［奥野　二〇一三：三六―六七］。しかし、いずれも実現にはいたらなかった。

一八八〇年から翌年にかけて、体操伝習所と東京師範学校は歩兵操練を実験的に実施したが、正式に課目として採用したのは、一八八二年の大阪中学校（のちの第三高等学校）が嚆矢である。アメリカ留学や体操伝習所勤務の経歴を持ち、後述する森有礼とも関係が深かった折田彦市校長は、身体の発達と健康の保全を目的としていちはやく体操を取り入れ、その一環として「歩兵操練」を実施したのである［厳平　二〇〇八：一一一―一二〇］。

一八八三年一二月、徴兵令が改正され、その第一一条で、いわゆる一年志願兵制度が定められた。これにより府県立中学校の卒業生は、費用を自弁すれば、三年の兵役を一年で済ますことができることになった。さらに第一二条では、小学校を除く官公立学校の歩兵操練科卒業証書を持参するものに在営年限満了前の帰休が認められた。この措置を受けて文部省は一八八四年二月に中等教育での歩兵操練の「程度施行ノ方法」と「小学校ニ於テ該科施行ノ適否」の調査を体操伝習所に命じた［木下　一九八二：四三―四七］。

当時、文部省で兵式体操導入を推し進めたのが森有礼であった。森ははやくも一八七九年に「教育論：身体の能力」で兵式の「強迫体操」の必要性を説いていた[4]。その後も森は兵式操練の必要性を主張し続けたが、一八八四年九月頃に東京師範学校を視察したさい、その「不規律千万」に驚き、「軍隊組織をモデルとした規律と秩序を諸学校に確立して教育の気風を一新す」べく、兵式体操の導入を図ることになる。一八八五年八月に森は東京師範学校監督に就任し、陸軍歩兵少尉松石安治を招いて兵式体操を担当させた。同年一二月に文部大臣となった森は、翌年三月に陸軍省総務局制規課長の山川浩大佐を東京師範学校校長に据える。東京師範学校（一八八六年四月より「高等師範学校」）はたんに兵式体操を課しただけでなく、日常生活全般を軍事化した。森は他の学校でも、兵式体操の指導を現役将校に任せようとしたが、陸軍側から断られ、やむなく退役下士官を体操教師として養成する方針に転じた。

森が学校に軍隊的な訓練を持ち込むことに矛盾を感じなかった理由について、奥野武志は、森には「軍隊社会と学校のような平常社会とは別の原理で動いているという認識が欠けていた」ことを挙げる［奥野　二〇一三：二七九］。これはおそらく森個人の問題ではなかろう。たとえば福沢諭吉は「会議弁」という文章で、会議と軍隊を重ねあわせた。会議は個人の利害を調整する場であり、民主主義の制度的表現というべきものだが、そこには個人が利害を異にするという前提がある。しかし、調和が社会秩序の理想として語られる日本や中国の場合、会議は利害調整機関としての意義を失い、上意下達の場と化してしまう。宮村治雄の言うように、「「兵制」こそ「文明」的社会行動の原理を象徴的に示すものとして捉えられている」のであり「福沢は、軍隊における規律が、政府や会社における集団的行動原理の範型としての意味を有することを、こうして鮮やかに指摘した」のだ［宮村　二〇〇一］。学校が富国強兵を支える人材を育成する場であったとすれば、そこに軍事的原理を持ち込んでもなんら不思議はない。先述のとおり、福沢諭吉も学校での「練兵」を主張していた。

たしかに、埼玉師範学校、茨城師範学校、千葉師範学校などで兵式体操をめぐって学校騒動が起きたが、その原因は教養の低い予備役下士官を採用したことにあり、兵式体操自体が問題になったわけではない。もっとも、教育の軍事化に対する反対がまったくなかったわけではない。日露戦争の最中、徳島中学校に通っていた賀川豊彦は、トルストイを読んで反戦思想を抱いていた。軍事教育に堪えられなくなった賀川は、「演習に行くのは、いやだ」と銃を投げ出し、教官から撲られた［雨宮　二〇〇三：一五六―一六三］。賀川のような事例はほかにもあったかもしれないが［今村　一九八九：九四五―九四八］、一九二〇年代の軍事教育反対運動と比較すると、兵式体操は不気味なほど静かに受け入れられたのである。また、兵式体操の採用を主導したのは文部省であり、陸軍側はき

写真1　操練をする日本の小学生〈出典：文部省編輯局『読書入門』〉

わめて消極的だったことを確認しておきたい。

山崎比呂志によれば、学制発布頃の教科書は危険な遊びをいさめ、ことさら男にたくましさを要求することもなかった。教科書に軍隊関係の記述が登場するのは原亮策纂述『小学読本』（金港堂、一八八三年）が最初で、若林虎三郎編『小学読本』（集英堂、一八八四年）の「操練」では、「操練ヲ学ビテ好キ軍人ト為リ　他日事アルトキハ死ヲ決シ勇ヲ奮ヒテ敵ト戦ヒテ我ガ天皇陛下ノ厚恩ニ報イ奉ラズバアルベカラズ」と、天皇制国家主義的な観点から男らしさを刷り込もうとした。森有礼が非常に好意を示したという文部省編輯局『読書入門』（著者刊、一八八六年）では小学校一年の教材に操練があり、「コドモ　ハ　ガクカウ　ノ　ニハ　ニテ、イマ　サウレン　ヲ　ナス。ガクモン　ト　ウンドウ　トハ、ダイジナ　モノナリ。コレ　ヲ　オコタル　トキ　ハ、ヨイ　ヒト　ニ　ナラレヌ　モノナリ」と、軍人らしさが男性性の不可欠な要素であることを強調している［山崎　二〇〇一］。明治政府は、たびたび徴兵令を改正して兵役の公平性を高めただけでなく、学校教育を通じて兵役を当然のこと、名誉のことと思わせるように仕向けていった。一八九〇年に発布された教育勅語が「一旦緩急アレハ義勇公ニ奉」じよと求めたように、国家的軍事的な男性性を植えつけようとする教育のなかで、兵式体操は導入されたのである。

2　兵式体操から教練へ

兵式体操の重点は小学校と師範学校に置かれた。兵式体操の目的が国民皆兵と徴兵制を支える男性性の構築であったとすれば、義務教育である小学校と、小学校の教師を養成する師範学校に重点が置かれるのは当然のことであった。中学校では尋常中学校の四年と五年で週五時間、高等中学校（二年制）で二年間、週三時間の兵式体操が課されたが、師範学校に比べて水準は低く、「帰休制という徴兵免除のための形式」にすぎなかった。一八八九年一月の徴兵令改正により、歩兵操練科卒業証書所持者に対する帰休制が廃止され、中学校修了者が一年志願兵制度の対象者となると、中学校の兵式体操は師範学校なみに強化されていく［木下　一九八二：一一〇―一三二］。

日露戦争では一〇〇万人以上が動員された。陸軍にはこれだけの人数を平時から教育する余裕はなかった。そこで陸軍が着目したのが学校教育である。陸軍省は文部省に対して、軍の要求に適応した兵式体操を要求し、これを受けて体操調査委員会が一九〇六年に設置された。一九〇九年、陸軍は在営教育期間を二年に短縮して、予備兵力の拡大を図った。教育期間の短縮により、学校教育に対する陸軍の要求は高まった。一九一三年の学校体操教授要目は、「学校に於ける教練と、軍隊に於ける教練との、精神的調和統一」を図ったものであった。内容的には、徒手体操は文部省が導入していたスウェーデン式を採用、器械体操と号令は陸軍式を採用した。こうして兵式体操は「教練」に改められ、尋常小学校一年から男女ともに課されることになった。一見、軍事化が進んだようであるが、木下はそれを否定し、中学校教練などはむしろ弱体化されたと主張する［木下　一九八二：一三三―一四七、一六三］。

一九〇九年四月、福岡県の明治専門学校（現九州工業大学）が開校した。初代総裁は山川健次郎、元東京帝国大学総長である。山川は軍事教育を重視し、仮開校式の訓示でも、兵式体操の現況を「今は単に集散離合の形式ばかりを教へるに止つて、射的をする学校などは暁天の星の如しと云ふ有様であるから、其の教育は国防上何の役にも立たないので、之が設置せられた精神を失つて居る」と批判し、兵式体操を「最も大切な学科の一つ」と位置づけ、全学生に課した〔山川　一九三七：二六三―二七九〕。山川は会津藩の出身で、白虎隊に属し、亡国の非運を身を以て体験した人物である。山川の兄は森有礼に招かれて東京師範学校長となった、あの山川浩であった。

一九一三年、ふたたび東京帝国大学の総長となった山川は、馬術と射撃を奨励した。その結果、翌年になって東京帝国大学に小銃射撃部が誕生した。山川は一九一四年から翌年にかけて京都帝国大学の総長も兼任するが、同大学でもやはり射撃を奨励し、一九一五年に狭窄射撃部が誕生した。[5] 山川自身も射撃を実践し、中学校に現役将校を派遣し陸軍の監督で兵式体操を実施すべきだと主張した（『東京朝日新聞』一九一六年三月一三日、八月一〇日）。東京帝国大学では、ほかにも軍事教育に熱心な教授がいた。たとえば、一九一六年一月に上杉慎吉、松岡均平、吉野作造、建部遯吾は学生たちと近衛歩兵第二連隊で射撃練習を実施している（『東京朝日新聞』一九一六年一月一八日）。上杉と吉野はのちに森戸事件で対立するが、国民に軍事思想を注入し、軍事的訓練を施すべきだという点では一致していた。両者は普通選挙を熱心に主張した点でも一致していた。吉野は「本当に兵式体操の実績をあげんとするには、現役の軍人を学校に借りて来るの外はない」として、とくに中等教員養成学校での現役軍人による兵式体操実施を支持したが、兵式体操を高等教育機関で実施することには賛成ではなかった〔吉野　一九二二：一八七、二一一―二一二〕。また吉野は、国民に軍事思想を注入するだけでなく、軍人にも国民的常識を注入しなければならないと考え、徴兵制度の改革、軍隊生活の内面的改革を主張していた〔吉野　一九二二〕。

一九一七年九月二〇日に臨時教育会議が発足した。議論の過程で「国民教育と軍事教育の連絡を密接ならしむること」（『東京朝日新聞』一九一七年一〇月五日）が問題となり、一九一七年一二月五日の第八回総会で「兵式体操振興ニ関スル建議」が提出された。同建議は「学校ニ於ケル兵式教練ヲ振作シ、以テ大ニ其ノ徳育ヲ裨補シ、併セテ体育ニ資スルハ、帝国教育ノ現状ニ鑑ミ誠ニ緊急ノ要務ナリト信ズ。速ニ適当ノ措置ヲ取ラレムコト」を政府に求めた。山川は兵式体操振興の件を担当したメンバーの一人であった。森有礼文相のもとで兵式体操導入に深く関わった江木千之（貴族院議員）もメンバーだった。江木は一九一七年の状況について「今日の中学生其他一般学生の真相を見ると、士気振はずと言つてゐか、意気地無いと言つてゐか、薄志弱行と言つてゐか、兎に角、意志教育の欠如、精神教育の不振甚だしきものあるを看取せざるを得ぬ。而して其状恰も明治十七八年頃の学生の状況と同じである」と語っている［江木　一九一六：三］。当時の学生は男らしくない、と江木の目には映ったのだ。徳富蘇峰が青年を模範青年、成功青年、煩悶青年、耽溺青年、無色青年に分類して、帝国の前途を危ぶんだのもちょうど同じころであった［徳富　一九一六］。この本を読んだ吉野作造は、「今日の青年の遠大の志望なく、意気の振はざるを慨するの誠意に向つては、全然同感の意を表せざるを得ない」としつつも、「今日の時代は明治初年の時代ではない」のだから、「時代の変遷に応ずる各般の施設を怠つて昔通りの激励鞭撻を加ふるのみでは、更に最新の教育によつて自我の意識の段々に発達して居る今日の青年は承知しない」と批判する。吉野はここでも兵役制度の改革に言及している［古川　一九一七］。

山川も同じような危機感を抱いていた。山川は一九一七年一〇月一三日の演説で、ケンブリッジ大学では夥しい数の学生・卒業生が従軍し多数が戦死したことを挙げ、「我が国民たるものは、猶一層愛国心を鼓舞作興し、諸外国のそれより遙に上に超越せしめ」なければならないが、なかでも「我が大学生は全国青年の羨望し嘱目するところであつて、其の一挙一動が日本全国に影響を及ぼすものである」と叱咤激励した［山川　一九三七：二一二―二一四］。国家のために死をも辞さないイギリスの学生と比較したとき、日本の学生はあまりに腑甲斐なく映った。兵式体操の振興は、腑甲斐ない日本の学生の男性性を高めるための手段と考えられたのである。「兵式体操振興ニ関スル建議」は結局実行に移されずにおわる。陸軍代表で議論に加わった山梨半造も、今ひとつ乗り気ではなかったし、なによりも議論を主導した岡田良平が翌年に文部大臣の座を追われたことが響いた。

3　学校教練の導入

一九二五年の陸軍現役将校学校配属令公布にいたる過程がこれまでと大きく違うのは、陸軍が積極的姿勢に転じたことである。その主たる要因は軍民関係の変化に求められる。

日露戦争ではこれまでにない大量の兵力動員を余儀なくされた。このような動員を成功させるためには国民の支持が不可欠であることを強く認識した陸軍は、軍隊と国民を緊密に結びつけようと試みる。陸軍の田中義一は「軍隊の家庭化」「良兵良民主義」を訴え、この理念に基づいて、一九〇七年に軍隊内務書が改定された。一九一〇年には田中の主導で在郷軍人会が設立され、在郷軍人は軍隊（良兵）と社会（良民）を結びつける重要な役割を担うことになった。さらに田中は青年団の改革にも乗りだし、精神教育（共同、服従、規律の観念の涵養）と体育を重視し、壮丁準備教育的な役割を持たせた。田中が青少年に求めたのは、軍事訓練というよりは国民訓練と呼ぶべきものであった［三原　一九七八］。

良兵により良民をつくるという考え方は、一九二〇年代になると修正を迫られる。たとえば、元軍人で軍事評論家の佐藤鋼次郎は「善良なる軍隊が、所謂良兵は良民の主義よりして、幾分社会に好感化を与ふべきは無論であるとしても、軍隊は何処までも国民の縮写景である。国民に比し格段に善良なる軍隊を養成せんとするのは、元来要求が高過ると云ふべきである」［佐藤　一九二二：一四七―一四八］と述べ、軍隊教育の限界を指摘する。むしろ、学校、在郷軍人会、青年団、少年義勇団など軍隊外の組織が「質実剛健の国民」を養成すべきなのである。こうして、良兵良民主義は「将来は先づ良民を作れ、夫れが良兵を得る所以であるといふ所謂良民良兵主義」に変化し、軍は入営前の青少年教育に強い関心を寄せるようになる［三原　一九七八］。

この変化の原因として、第一次世界大戦後の欧米列強がこぞって軍事予備教育を重視し、とりわけ予備役将校の確保に力を入れていたことが挙げられる。これに加えて、軍人の権威が低下し、軍人が国民の儀表たり得なくなっていたことも考慮すべきであろう。世界大戦の終結、平和主義の台頭、軍隊による労働争議の鎮圧、「無名の師」と呼ばれたシベリア出兵、デモクラシーや社会主義思想の広がり、さらには軍縮への圧力により、軍は存在意義を問われ、軍事関係の学校への志願者は減り、軍人は世間から軽蔑される存在になっていた。もはや軍人は男性の理想像ではなくなっていた。時を前後して、左翼学生やモダン・ボーイなど、軍人とは対照的な男性性が出現し、いっぽうで新しい女性が台頭し、ジェンダーに揺らぎが生じていた。「男子は女子化し女子は男子化して結局は中性のものたらんとするの傾向は現代式なり。之れでは個人も社会も国家も偉大なる進歩は求め得られぬ」という宇垣一成の危機感はこうした状況を背景にしている〔宇垣　一九六八：三六三〕。宇垣は軍隊を社会化し、社会を軍隊化することで、軍民間の溝を埋め、軍の権威を再確立しようとした。前者の一例がスポーツの導入であり〔高嶋　二〇一三b〕、配属将校による学校教練は後者に属する。

学校教練導入の直接の契機は一九二二年の山梨軍縮であった。同年二月、犬養毅は「軍備縮小に関する決議案」を第四五議会に提出、そのなかで青年や学校生徒に軍事教練を課すべきだと主張した。犬養にとって、軍縮とは総力戦への対応策であり、常備軍を削減し、浮いた費用を産業や教育に回し、国防を強化するのがねらいであった〔竹中　一九七八〕。いっぽう陸軍も同じころ軍縮の対応策として青少年訓練の検討をはじめた。一九二三年四月には文部省の主導で陸軍省、海軍省、内務省、農商務省による連合委員会が軍事教育方案の検討をはじめたが、関東大震災で中断した。この問題がふたたび取り上げられるのは、岡田良平が文部大臣に就任して後の一九二四年八月である。陸軍側は宇垣軍縮にともなう大量の将校の失業問題を抱えており、軍事教育問題は岡田文相・宇垣陸相コンビのもと急ピッチで進められた。一九二五年四月に陸軍現役将校学校配属令と学校教練教授要目が公布され、学校教練が正式に導入された。これにより、中学校以上の学校に陸軍現役将校が配属され、教練の内容も、従来の各個教練、部隊教練中心から、射撃、指揮法、陣中勤務、旗信号、距離測量、測図、軍事講話、戦史などを含む総合的な軍事教育に様変わりした。とはいえ、主たる目的は「学生生徒ノ心身ヲ鍛練シ、団体的観念ヲ涵養シ、以テ国民ノ中堅タルヘキ者ノ資質ヲ向上」することにあり、国防能力の増進は副次的な目的とされた。それでも、従来の教練が体操の一部であったことを考えれば、学校教練が独立したことの意味は大きい。いっぽう大学の教練は希望校のみ実施し、しかも参加は任意で、内容も講話にとどめられた。陸軍は一九二五年三月に配属予定の将校を集めて二週間の講習をおこない、将校の選抜にも気をつかうなど、慎重な姿勢で臨んだ。というのも、兵式体操導入時と違って、激しい反対運動が起きていたからである。

たとえば、教育擁護連盟は「学校教育本来の目的を破壊し、その能率を低下するのみでなく、明かに軍部の教育干渉である」との決議をおこない、朝日新聞は「岡田文相の時勢遅れの国民皆兵主義や武装平和論は、国際心の養成、国際知識普及の現代教育精神への反逆である。徳育と体育とを現役将校の兵式教練に俟たんとするは教育者に対して不信任の爆弾である」と論じた。[6] 尾崎行雄などは、軍事教育に強硬に反対したために暗殺されかけたほどだったが、その彼にしても教育界の独立を求めただけで、軍事教育それ自体の必要性を否定したわけではなかった。そもそも国民皆兵という原則がゆるがない限り、軍事教育そのものを否定することは難しい。

学生たちも軍事教育に激しく反対した。一九二四年一一月には全国学生軍事教育反対同盟が結成され、面会を求めて岡田文相を部屋に閉じ込めたり、街頭でデモ行進をしたりした。学生の反対運動は、マスコミや教育者の多くと異なり、思想的な対立を背景にしていた。岡田文相は学校教練を利用して思想善導を図ろうとしており、軍事教育は左翼学生から強い反対を受けることになった。しかし、軍事教育が思想問題に変化するにつれ、マスコミや教育界は沈黙していった［竹中　一九七八］。

一九二六年四月、青年訓練所令が公布され、中高等教育機関に在籍しない男子にも軍事訓練が実施されることになった。これにより日本人男子は兵役に就かない場合でも、なんらかの形で軍事的訓練を受けることになり、女子とのあいだにはっきりとした区別がつけられた。前年五月に成立した普通選挙法で日本国籍を持ち内地に居住する満二五歳以上の男子に選挙権が与えられていたから、ここに軍事的義務と政治的権利が緊密に結びついたことになる。軍事的義務を果たさない（果たせない）ものは、国民としての権利を与えられなかったのである。もちろん、学校教練と普通選挙が一九二五年に導入されたのはたんなる偶然かもしれない。しかし軍事訓練の支持者だった吉野作造が熱心な普通選挙推進論者だったことを考えれば、両者の関係を偶然として片づけるわけにはいかない。国民の権利と兵役の義務は理念上密接に結びついていたからである。それゆえ、次節で見るように、朝鮮では教練が「日本人」の境界をこえる手段として意識されたのだ。

兵式体操の導入がスムーズにおこなわれたのに対して、学校教練に大きな反対運動が生じたのはなぜか。一九世紀末、社会進化論の影響のもとで、競争は進化を導くものであり、それゆえ善であると信じられていた。この時期はまた帝国主義の全盛期にあたり、民族・国家は激しい競争にさらされ、実際に分割されたり消滅したりした。日本は富国強兵により、この厳しい生存競争を勝ちぬこうとした。それゆえ教育に軍事的要素を取り込むことに大きな矛盾は感じられなかった。言い換えるなら、軍事化と近代化のあいだに大きな違いはなかったのだ。

第一次世界大戦後の世界では、競争や進化に対する素朴な信仰は消えた。露骨な生存競争を抑止するための努力が払われ（国際連盟の設立、ワシントン会議など）、民族自決が唱えられてポーランドのように国家の再生が実現しさえした。日本はすでに大国の一員となり、軍事化は死活的な問題ではなくなっていた。そのうえ大正の教育界の思潮は、脱軍事化の方向に進んでいた（体育教師は相変わらず軍人出身者が多かったが）。学校教練が導入されたのはまさにこのような時期であり、教育の再軍事化として非難されるのも当然であった。ただ軍の側からすれば、軍隊と社会のあいだに大きな距離が存在したからこそ、総力戦遂行のためにも社会の軍事化が不可欠だった。兵式体操と学校教練は、内容ばかりでなく、社会的な意義においても、大きな違いがあった。

4　学校教練の変容

配属将校による学校教練は無難なスタートを切ったが、大学ではあまり歓迎されなかった。たとえば、東京帝国大学では一九二五年度の受講者は全学生の一六％、九州帝国大学では一九二七年度で六・七％にすぎなかった。そこで、より多くの学生に教練を受講させるべく、一連の制度改革が実施された。一九二六年七月に「一年志願兵及一年現役兵服務特例」が公布され、高等学校以上の教練合格者は、在営年限一年のところを一〇か月で帰休を与えられることになった。一九二七年の兵役法では一年志願兵制が廃止され、幹部候補生制が採用されて、学校教練の合格者は、幹部候補生への志願資格と在営年限の短縮という特典が与えられた。一九三三年には陸軍補充令が改正され、幹部候補生の採用は選抜制に改められた。選抜の基準が最終学校の学校教練の成績によると規定されたため、高等教育機関での学校教練の重要性が高まった。九州帝国大学では、一九三一年度に受講者が全学生の三六％に達し、幹部候補生制度が改められた一九三三年度には七九％に急増した。松浦鎮次郎総長は学校教練導入時の文部次官で、「大学は軍事講話のみで実科教練を課さない」と陸軍に約束させた人物であったが、このころには全学生が教練を受講することを望むようになっていた［九州大学創立五十周年記念会編　一九六七：三三八―三三九］。

満洲事変によって軍隊に対する世論は大きく変わり、国防に対する関心が高まった。そんななか、上智大学で靖国神社参拝拒否事件がおこる。配属将校北原一視大佐が学生を連れて靖国神社に参拝したところ、カトリック信者の学生が参拝をしなかったため、陸軍は配属将校の引き上げを示唆した。大学側は陸軍の圧力に屈し、靖国参拝を許容した。これは信教の自由の問題であるばかりか、学校や教育に対する軍の干渉の問題であり、まさに学校教練導入時に教育者が恐れていた事態であった。とはいうものの、日中戦争までの大学の教練は、一般におおらかであった。

一九三九年三月三〇日、「大学教練振作ニ関スル件」が大学長に通牒され、大学で軍事教練が必修となった。術科の実施も要求され、東京帝国大学では、一九三九年度から、週二時間の学科に加えて、四泊五日の野営が加わった。同年五月二二日には陸軍現役将校学校配属令公布一五周年を記念して親閲式が挙行された。天皇、文部大臣荒木貞夫、陸軍大臣板垣征四郎、海軍大臣米内光政らが見守るなか、内外地一八〇〇校の学生三万二〇〇〇名が宮城前広場を分列行進した。同日、天皇は「文を修め、武を練り、質実剛健の気風を振励し、以て負荷の大任を全くせむことを期せよ」と青少年学徒に勅語を与えた。

この時期、荒木文相は、小学校から大学までの生徒学生を学徒隊のもとに組織化するという壮大な計画を進めていた。すでに青年学校は義務化されていたから、学徒隊は二〇歳以下のすべての青少年を対象にするものであった。六月二三日の第一回幹事打合会で荒木文相は「右手に本、左手に鍬」という言葉でその趣旨を説明し、学徒隊としては「勤労や教練その他で訓練し、非常の場合には公共作業を立派に果す様にしたい」と抱負を述べた（『東京朝日新聞』一九三九年六月二四日）。学徒隊構想は青年団の強い反発などもあって実現しなかったが、戦争が長引くなかで青少年訓練はますます重視されるようになる〔上平ほか　一九九六〕。

東京帝国大学では、一九四一年度に教練の学科をすべて術科に切り換え、野営も六泊七日に延長した。一九三八年一二月から同校総長をつとめていた平賀譲は海軍の退役軍人であり、教練について「非常に熱心であつて仲々やる気」だった（「学校教練を語る配属将校座談会」『新武道』一巻六号、一九四一年九月）。一九四一年一一月には学校教練教授要目が改正され、「教練ハ学徒ニ軍事的基礎訓練ヲ施シ、至誠尽忠ノ精神培養ヲ根本トシテ心身一体ノ実践鍛錬ヲ行ヒ、以テ其ノ資質ヲ向上シ、国防能力ノ増進ニ資スルヲ以テ目的トス」ることになった。国防能力の増進は「併セテ」という副次的な目的から、主目的の一つに格上げされた。

このように、軍の教練に対する要求は高まるいっぽうだったが、指導者の質は逆に低下していった。現役将校が次々と出征したため、予後備役の将校が学校に配属されるようになったからである［秦　二〇〇五］。軍は従来のように入隊後に十分な教育を施す余裕がなく、基礎的な軍事教育実施の役割を学校に求めた。軍関係者は「各学校は今や予備士官学校であり、軍の予備校である」と主張し、学校の軍事化を促した（『東京朝日新聞』一九四三年一〇月二八日）。さらに一九四四年二月に出された学徒軍事教育強化要綱は、「国民学校から大学に至るまでの一貫した軍事教練の教育体系を整へ、特に中等学校以上の軍教を実戦即応の訓練とすると共に、学校教練を単なる入営前に於ける軍事的予備教育として実施するといふ考へ方を一歩飛躍せしめて、軍教育の一部を学校がその責任に於て分担すること丶した」と文部省の北沢清が説明するように、学校を完全に軍の下部組織とするものであった。北沢はこれを「兵労学一如の戦時教学」と呼んだが、そこに「学」の実態はなかった［北沢　一九四四、高嶋　二〇一四］。同年七月八日の「学徒勤労動員ニ伴フ軍事教育ノ実施ニ関スル件」は教練より勤労を優先した。学生の徴兵猶予が取り消され、年齢の高い学生が戦場に送られるいっぽう、残った学生たちは工場で労働に従事した。戦況が逼迫するなかで、教練は実質的にその役割を終えたのである。

5　軍事訓練と女性

日本では男子のみに兵役を課す徴兵制が先行していたこともあって、兵式体操を男子に限定することに疑義が呈されることはなかった。女子高等師範学校教授井口あぐりは、アメリカの女学校では「普通体操、兵式体操、器械体操等、男子と同じ種類のもの」をおこなわせていると紹介したが［井口　一九〇三］、自分の学生に兵式体操を課すことはなかった。兵式体操の推進者であった森有礼は、いっぽうで「妻妾論」を著し、性別分業による夫婦同等の一夫一婦の確立を唱えた人物であった。森は兵式体操導入後に、女子教育について、その「挙否ハ国家ノ安危ニ関係ス」るものであり、教室に「母カ孩児ヲ養育スル図、子ヲ教ル図、丁年ニ達シテ軍隊ニ入ルノ前母ニ別ル、図、国難ニ際シテ子ノ勇戦スル図、子ノ戦死ノ報告母ニ達スル図」などを掲げるべきだと論じていた。つまり森は、男女の教育をともに軍事化し、女性については軍国の母として男性を支える役割を割り振ろうとしたのだ。この時期、女性は政治から排除され（一八九〇年の集会及政社法）、「家」に閉じ込められ（一八九八年の民法親族編・相続編）、教育界のジェンダー秩序が強化され（一八九五年の高等女学校規程、一八九九年の高等女学校令）、良妻賢母が女子教育の目標となった［早川　二〇〇七］。女子にも兵役を課し、兵式体操をさせるべきだという意見がなかったわけではないが［木村　一九〇九］、社会的反響を呼ぶことはなかった。兵式体操は、戦前の日本のジェンダー秩序が確立しつつあったその時期に導入され、ジェンダーを軍事化、民族・国家化する作用を果したといってよかろう。

一九一三年の学校体操教授要目は女子にも教練を課した。ただそれは、「児童も後には、男子ならば、軍人となり、女の子ならば、其の男と共に進み而かも軍人を生むものであるから、其なす所の仕事の同じやうなことは、成可く同じやうにする」ためで、教練の内容も秩序や規律が重視され、男子と同じものでも女子らしくすることが求められた［永井　一九一四：一五三］。実際には「気ヲ着ケ」「休メ」「行進」「方向ヲ換ヘ」などの動作を、体操の合間に実施する程度であった。女子に求められたのは、あくまで軍人の妻、母としての資質であり、教練によって女子に軍人らしさを養成しようとしたのではない。むしろ同じ教練を課しながら、女性らしさを要求することで、ジェンダーを強化する方向に働いた。

戦時中には一部の高等女学校で男子顔負けの教練がおこなわれることがあった。佐々木陽子によれば、それは軍や文部省の意図ではなく、高等女学校自身が軍隊への接近を図った結果であり、軍や文部省が男子学生に期待した男性性を内面化してしまった結果であった［佐々木　二〇〇六］。実際、文部省は女子の教練が男子と同じではないことをたびたび指摘していた。一九四一年に学校報国隊が結成されたとき、文部省は男子に劣らぬ活発な訓練をする女子専門学校、女学校に対して「女は女らしい訓練と錬成を目標とせよ」と指示しているし（『東京朝日新聞』一九四一年一〇月一四日）、一九四三年一月の中等学校令公布にあわせて制定された中等学校の体錬科教授要目で女子に徒手各個教練、徒手部隊密集教練、礼式、教育法・指揮法、行軍、連絡・捜索・警戒、防毒・救急法、軍事講話の実施を要求したさいも、その目的は男子と同様の軍事教育を施すことにあるのではなく、「将来軍国の母となり、強い子を育てる重い責任」があり、戦時には防空や救急看護という任務がある女学生に軍人精神を体得させ、規律生活、団体訓練の経験を家庭生活、社会生活の指針とさせることにあると述べていた（『読売新聞』一九四四年三月一四日）。たしかに、一九四五年六月に公布された義勇兵役法は、一七歳から四〇歳の女性にも義勇兵役の義務を課した。陸軍兵務局長那須義雄によれば、義勇兵は後方勤務に従事し、戦闘隊は「伝家の宝刀、竹槍等なんでも用ひ」て戦うことが想定されていた（『東京朝日新聞』一九四五年六月一〇日）。国民義勇隊の結成は、戦況の悪化、人的資源の枯渇などにより、国家が女性を戦闘員として動員せざるをえなくなったことを意味する。女性と同じく二流の国民であった植民地の男性もすでに徴兵の対象となっていた。軍事化され、民族・国家化されたジェンダー秩序は、国家滅亡の危機にさいしてもろくも崩れ去ろうとしていた［佐々木　二〇〇一：一二一―一四七］。

一八六八年の会津戦争では、女性や少年もともに明治政府軍と戦った。山川二葉、山川操の姉妹も籠城戦に加わり、炊事や看護だけでなく、弾丸を作り、銃や薙刀を手にとった。山川健次郎にとって二人は姉であり、山川浩にとって二葉は姉、操は妹だった。二葉はのち女子高等師範学校の教員となり、良妻賢母教育の一端を担う。山川兄弟が兵式体操を推進したのは、亡国の悲劇を二度と経験したくないとの思いからであろう。[7] 女性を戦場に立たせないためにも、男性は進んで軍事的な義務を引き受ける必要があったのだ。

3　朝鮮

1　抵抗の道具としての兵式体操

高麗や李氏朝鮮の支配階級である両班が、文官である東班と武官である西班から構成されていたことが示すように、文と武はもともと支配階級の男性性を体現するものであった。二〇世紀初に朴殷植が論じたところによれば、一五世紀後半を境に文武のバランスが崩れ、朝鮮は尚武から文弱に傾き、ついには満洲の属藩となった。朝鮮の知識人たちは、自らこそ中華文明の正統な後継者であることを自負し、ますます文の男性性を重んじた。一九世紀の経済的、政治的、社会的危機は、朝鮮の男性性に疑問を突きつけた。朴殷植の文弱に対する危機感はそのあらわれであった［Tikhonov 2007、月脚　二〇一二］。

一八六三年の高宗即位にともない政治の実権を握った大院君は、武臣を登用して軍備の拡張を図る。おりしも開国を求めてフランスやアメリカの艦隊が朝鮮に来航するが、朝鮮はこれらを撃退して鎖国を維持した。しかし、大院君政権期の上からの改革は財政負担の増大をまねき、庶民や特権を削減された両班層の反発をまねいた。一八七三年に大院君が失脚し、高宗の王妃閔氏の一族が政権を掌握すると、軍備の拡張をやめ、鎖国を断念して開国するにいたった。そもそも、朝鮮王朝の正統性は軍事力に依拠するのではなく、中国への臣従に由来した。木村幹によれば、近代に朝鮮が対外的危機に直面したとき、その「小国」意識から、軍事力を強化することによってではなく、大国間の勢力均衡を図ることで危機を打開しようとした。一八八〇年代に展開した開化政策のなかで、朝鮮の貧弱な財政をもってして軍事の近代化を実現することは難しいとの認識がいよいよ強まり、非軍事的な近代化が進められていった［木村　二〇〇〇、二〇〇九］。

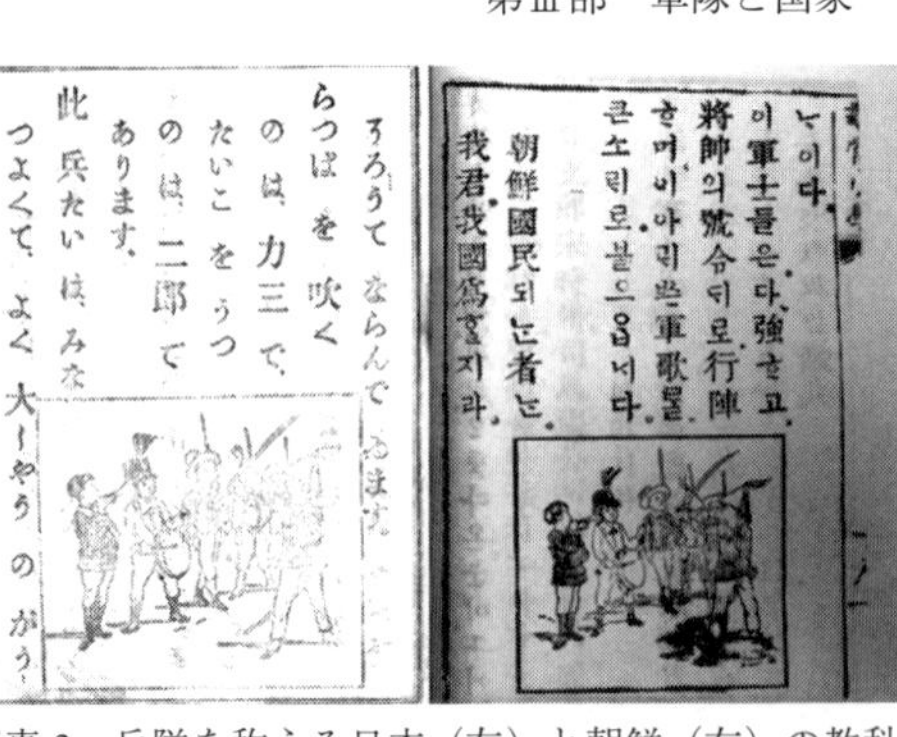

写真2　兵隊を称える日本（左）と朝鮮（右）の教科書〈出典：文部省編輯局『尋常小学読本』（左）、学部『新訂尋常小学読本』（右）〉

朝鮮で近代的な学制が導入されたのは、一八九五年二月二日の教育に関する詔勅を契機とする。日清戦争で北洋艦隊が降伏する直前に出されたこの詔勅は、金弘集を主席とする親日政権のもとで進められた甲午改革の一環であった。四月の漢城師範学校官制を手はじめに、諸学校に関する官制・規則が整備されたが、それらがほとんど日本の学制の引き写しであったことは不思議ではない。たとえば小学校教則大綱は体操について「最初適宜遊戯をなさしめ、漸次普通体操を加え、便宜兵式体操の一部を授くべし。高等科においては、兵式体操を主として授け、女学生に授ける体操は適宜折衷すべし」と規定していたが、これは一八九一年に公布された日本の小学校教則大綱とほぼ同文である。もちろん朝鮮の事情に合わせて手を加えた部分も少なくない。一八九六年に学部が編纂した教科書『新訂尋常小学』は、日本の文部省編輯局『尋常小学読本』（一八八七年）に依拠したものだが、巻二の第一七課（『尋常小学読本』巻一、第五課）で子供たちが兵隊のまねをしている様子が描かれている。日本語版とほぼ同じだが、最後に「軍歌を大きな声で歌います」という文章と、「朝鮮国民たる者は・・」ではじまる軍歌がつけ加えられている［韓国学文献研究所編　一九七七：三二五―三二八］。

学制が整備され、兵式体操の実施が定められたとはいえ、実際に兵式体操を実施していたのは、ほんの一部の学校にすぎなかった。たとえば、英語学校の学生は一八九六年五月二五日に高宗のまえで操練を披露し、金時計を授かっている（『独立新聞』二三号、一八九六年五月二六日）。羅絢成は、日本の侵略的政策を退けようとしてロシア公使館にいた高宗の御前で、イギリスの海軍将校の指導のもと英語・仏語・ロシア語学校の学生が軍服を着て兵式体操訓練をしたことは、国運の危機に瀕した時代的な要求に応じる措置であったと述べる［羅絢成　一九八七］。イザベラ・バードは、これら外国語学校だけでなく、培材学堂でも軍事訓練がおこなわれており、「一八九七年の初めに見られた軍事的熱狂のさなかに小綺麗なヨーロッパ式軍服が採用された」と書きとめている［バード　一九九四：二七〇―二七一］。軍服に身を包み、銃をかついで行進する生徒たちの姿は、未来の力強い国家を連想させたであろう。独立協会の機関誌である『独立新聞』は、軍事訓練によって、能率、正確さ、規律、さらには忠誠心や愛国心が養われると主張した。しかし、軍事的近代化を求める独立協会の主張は朝鮮社会に広まることはなく、独立協会自身も一八九九年に解散を余儀なくされる。規律の欠如した朝鮮の兵士たちの存在も、軍事的男性性の社会的承認を阻んだ［Tikhonov 2007］。

日本では兵式体操の実施が徴兵制と密接な関係にあったが、朝鮮ではどうだったか。一八九五年一月に公布された洪範一四条はすでに徴兵制の実施を明言しており、兵式体操の実施は徴兵制の導入をふまえたものと考えてもよい(8)。ただ高宗自身は、甲午農民戦争の経験から民衆への不信感が強く、少数精鋭の忠実な志願兵を支持し、徴兵制の導入に乗り気ではなかった。義和団事件を契機に軍事力増強を図る過程で、高宗はようやく徴兵制の検討を指示し、一九〇一年八月に元帥府が徴兵制施行案を作成するが、国民軍の創設により身分制が崩れることを恐れた議政府大臣らの反対にあった。高宗は兵農一致を掲げ、農民だけを徴兵の対象に据える制度を模索したが、行政機構の不備、財政不足、国民教育の遅延、両班層の反対により、実施にはいたらなかった［玄光浩　一九九九］。

日露戦争に勝利した日本は、一九〇五年一一月の乙巳保護条約で韓国を保護国化し、翌年二月に統監府を設置した。この統監府学部に書記官として配属され、のち次官となる俵孫一によって、学制の改革が進められた。一九〇六年八月に公布された諸学校令により、普通学校（小学校）の体操から兵式体操がなくなり、兵式体操は高等学校（中学校）と師範学校で実施されるだけになった。その理由は、西尾達雄によれば、親日的人材の養成をめざす師範学校や高等学校は親日的教育を受け入れやすく、また日本人教師も数多く配置されていたが、普通学校では指導者や施設の問題のほか、「将来日本の兵隊として召集されるのではないかという民衆の不安と誤解」を排除する必要があり、また生徒の年齢が高く日本への不信感も強い普通学校で兵式体操を実施すれば、反日運動を促進する危険性があったからである［西尾　二〇〇三：七六―七九］。

これはけっして杞憂ではなかった。日露戦争に前後して、近代的軍事的男性性は儒教的解釈を施され、より広範な人びとに訴えかけることが可能になった。父母への孝は国家への奉仕に、節制は規律に読み替えられた。こうした変化は、愛国啓蒙運動や反日義兵運動とも連動していた。[9]前者の影響のもと、各地に私立学校が設立され、愛国教育の一環として兵式体操が盛んに実施された（一九〇八年時点で、私立学校は約五〇〇〇校、学生数は二〇万人に達した）。また、一九〇七年八月に統監府が韓国軍隊を解散させると、元軍人たちは義兵運動に加わっただけでなく、体操教師となって兵式体操を教えた。俵孫一は、そんな私立学校での教育を「唯ダ徒ラニ悲憤激越ナル政治論ヲ弄ビ、偏狭固陋ノ愛国心ヲ挑発シ、喇叭ヲ吹キ、太鼓ヲ叩キ、兵式体操ヲ是レ事トスルヲ以テ教養ノ本義ト心得、短慮無謀ノ行動ヲ以テ忠勇義烈ノ所為ナリト為スノ謬見ヲ抱カシムルガ如キ」まさに「似而非ナル教育」だと批判した。一九〇六年には義州で兵式体操をしていた学生と日本の軍隊が衝突する事件さえ起きていた［羅絢成　一九八七］。

兵式体操と民族運動を結んだ人物として、李弼柱の履歴を紹介しておこう。李は一八六九年に生まれ、一八九〇年に軍隊に入った。一九〇二年にキリスト教に入信し、翌年に軍人稼業から足を洗う。一九〇四年春より尚洞教会が運営する攻玉学校の体育教師をつとめ、一九〇四年に尚洞教会が尚洞青年学院を設立すると、李は同校でも体操を担当して、徒手体操、球技、軍事訓練を教えた。同校では一九〇七年から体操が強化され、学生たちは木銃を持ち、軍歌を歌い、太鼓の音に合わせて行進するようになった。李はいっぽうで乙巳保護条約反対上訴運動に参加し、新民会の会員となるなど、救国に奔走した。韓国併合後、李は協成神学校に入学して、聖職者への道を進んだ。この時期、李はＹＭＣＡに深く関与し、李夏鍾とともに体操を指導した。李夏鍾は警察出身で「ＹＭＣＡの上士」と呼ばれ、八〇名ほどの軍事班を組織していた［張錫興　二〇〇二］。皇城ＹＭＣＡでは少なくとも一九一四年まで軍事訓練がおこなわれていたという［閔庚培　二〇〇四：一五六］。李弼柱のなかでは、民族運動、兵式体操、キリスト教が分ちがたく結びついていた。外国人宣教師が運営するキリスト教会は、しばしば民族運動の指導者が日本側の弾圧から逃れる避難所となった。なかでもＹＭＣＡはスポーツを重視していたことから、本来西洋の帝国主義の道具であったスポーツとキリスト教は、「東洋」の帝国主義に抵抗するシンボルとなる［Ha and Mangan 1994］。いっぽう兵式体操は軍事との結びつきがあまりにも強すぎ、朝鮮人の手から排除されていく。

2　統合の道具としての学校教練

統監府は一九〇八年に私立学校令を公布して、私立学校への指導監督を強化するいっぽう、一九〇九年七月に学校令を改正し、中等教育機関の体育を「普通体操と兵式体操」から「学校体操」に変えた。西尾達雄が指摘するように、これは一見、体育の科学化であり、日本の学校体育と歩調を合わせるようでありながら、実際には兵式体操を排除しようとしたものにほかならなかった［西尾　二〇〇三：八九―九二］。韓国併合後の一九一一年八月、総督府は朝鮮教育令を制定し、普通学校と実業学校で体操を随意科目とし、高等普通学校と女子高等普通学校ではその内容を普通体操と器械体操とし、兵式体操を排除した。また日本人と朝鮮人それぞれに異なる教育方針が定められ、日本人には積極的に国家を支える身体と精神を要求し、朝鮮人には普通の健康な身体と摂生を重んじる従順な精神を要求した。日本の学校体操教授要目にならって、一九一四年六月に制定された朝鮮の学校体操教授要目は、体操の内容を「体操、遊戯、教練」とした。朝鮮人にも教練を課したが、日本人とはちがって徒手小隊教練や執銃教練は課さず、秩序運動のみに止めた。これに対して朝鮮在住の日本人については、「優秀民族の資格」を保持するために、本国以上に多くの教練教材が配当されることになった［西尾　二〇〇三：九九―一四二］。男らしい日本人に対して、朝鮮人は明確に従属的な位置づけを与えられた。これは民族・国家が日本に従属したことにともなう当然の結果でもあった。ムリナリニ・シンハのいうコロニアル・マスキュリニティである［Sinha 1995］。以後、朝鮮（人）は、個人と民族の男性性を回復するまで、ながい戦いを強いられることになる。

一九一五年三月、私立学校規則が改正され、修身、国語、歴史、地理、体操の教員は日本語に通じ、指定の学校を卒業するか、教員試験に合格するか、教員免許状を持つものでなければならないことになった。その意図は、体操の民族主義的傾向をおさえ、体操教師の日本人化を推進することにあった。結果として、旧軍出身の体操教師が排除され、日本人教師におきかわっていった［西尾　二〇〇三：一八六―一八八］。

一九一九年の三・一独立運動は総督府に大きな衝撃を与え、総督府は武断政治から文化政治への転換を余儀なくされる。教育面でも、総督府は第二次朝鮮教育令（一九二二年二月）において、教育期間の延長や大学進学の機会を与えるなど朝鮮人の教育要求をある程度受け入れた。学生たちはさまざまな要求を提出し、同盟休校に発展することもあった。一九二〇年七月に培材高等普通学校で学生が掲げた五つの要求の最初のものは兵式体操を教授することであった。他の要求が、朝鮮語や朝鮮史の教授であったことを見ると、兵式体操は彼らの民族的尊厳、あるいは男性性を回復するために必須だと認識されていたことがわかる。一九二三年七月、朝鮮人中学生に兵式体操を実施するという報道がなされる。朝鮮人はこれを積極的に支持したが、結局総督府は日本人に通知すべき兵式体操用の銃の請求の通知を誤って朝鮮人中学校に発送したと弁明、朝鮮人には一年志願兵の制度がないので兵式体操を実施する必要がないとして、彼らの要求を退けた〔西尾　二〇〇三：二三九―二四九、三一八―三三二〕。

一九二五年度より日本で配属将校による学校教練が実施されることになり、朝鮮での学校教練が現実味を帯びてくると、学校当局者の意見は分れた。文弱の克服や差別待遇解消の見地から賛成する校長もいれば、培材高等普通学校校長ヘンリー・アペンゼラーのように軍事教育そのものに対する疑念から反対する校長もいた。一九二五年七月に朝鮮、台湾、関東州、樺太の諸学校で軍事教育を施行することが決まり、朝鮮では一九二六年四月から日本人学校で学校教練が実施された。日本人に限定した理由は、朝鮮人には兵役がないからである。また共学の精神を損なわないために、共学校の日本人には教練を実施しないことになった。朝鮮人への教練が実施されるのは一九二八年九月からで、総督府訓令第二四号で教練教授要目を改正し、大学予科、専門学校、大学にも教練を配当した。朝鮮人から明確な反対はなかったが、実際には反対意見は総督府に没収されていたという。かつて兵式体操の実施を拒んだ総督府が、一転して学校教練の実施にふみ切ったのは、一九二七年に朝鮮総督に就任した山梨半造が文化政治を修正して自由主義思想や社会主義思想、民族主義運動をおさえようとしたこと、抑圧と懐柔策のなかで抵抗運動が表面化しない状況が生れていたことが背景にあると、西尾達雄は指摘している〔西尾　二〇〇三：三三三―三六三〕。一九三一年九月より、高等普通学校、師範学校、実業学校でも教練が実施できるようになり、一九三六年には私立の高等普通学校へと拡大された。これは志願兵制度実施（一九三八年）への動きと連動しており、皇民化の一環であった。そして一九四四年にいよいよ朝鮮でも徴兵が実施され、翌年四月の選挙法改正で朝鮮人に制限付きながら参政権が付与された（未実施に終わる）。

戦争により、朝鮮人男性が軍事的義務を果たすことで日本「国民」として認められる可能性が出てきたとき、朝鮮でもジェンダーの軍事化がはじまった。朝鮮人女性は「軍国の母」の役割を果たすことで、戦争に協力することが求められた[10]。先述のとおり、「軍国の母」は日本でジェンダーを軍事化、民族・国家化するのに大きな役割を果たしたが、朝鮮では、朝鮮在住日本人女性と親日女性にしか訴えることができなかった［日韓「女性」共同歴史教材編纂委員会編　二〇〇五：一五八―一五九］。

同じく日本の植民地であった台湾についてもすこしだけ触れておこう。台湾人の初等教育機関である公学校では、その設置にあたって兵式体操が除外された。ひとつは総督府の台湾人に対する警戒感が理由であったが、いまひとつは台湾人が兵式体操を将来的な兵役の準備ではないかと疑ったためであった。その結果、公学校の体操科は遊戯と体操だけで構成され、規律の習慣を養成し、姿勢を矯正することが目的とされた。朝鮮と同様に、台湾の教育の使命は、勇敢進取に富む植民者と従順な被植民者を養成することであった。台湾では日本人が通う小学校では修身科で兵役、納税、選挙が日本国民の三大義務であると教えられていたが、台湾人が通う公学校では納税の義務だけが強調された。兵式体操の有無は、日本人と台湾人の権利と義務の差異を反映するものであった。さらには兵式体操除外の真の目的を糊塗するために、スウェーデン体操は兵式体操であるという偽りの主張さえなされた。一九一三年に文部省が制定した学校体操教授要目で教練が導入されるが、台湾の公学校に教練が正式に導入されるまでに長い時間を必要としたのも、それがやはり台湾人のナショナリティに関係する微妙な問題だからであった［謝仕淵　二〇〇二］。

4　中国

1　軍国民主義の成立と兵式体操の導入

江戸時代に藩校で文武両道の教育を実施していた日本とちがって、中国では「よい男は兵士にはならぬ」という諺が示唆するように、武は軽視され、文が重視されてきた。科挙を通じて権力と地位を確保した文人たちは、まさに中国の男性性を象徴する存在だった［Louie 2002, Song 2004, Huang 2006］。もともと、清朝下の中国では、支配者である満洲族が軍事的男性性を体現していた。被支配者である漢族の男性は、ことさら文の優位を強調することで、自らの男性性を維持していた。しかし、清末までに満洲族はすっかり漢化し、軍事的な男性性は満洲族の内部でも覇権的地位を失っていた。それゆえ、徴兵制や学校教練の導入を図ろうとすれば、まず伝統的な男性性を変革する必要があった。その役割を果たしたのが、軍国民主義であった[11]。

一九〇二年、日本の陸軍士官学校の予備校である成城学校に入学した蔡鍔は、一九〇二年に梁啓超が横浜で創刊した『新民叢報』の創刊号に「軍国民篇」を寄稿する。蔡鍔によれば、軍国民主義はギリシアのスパルタに濫觴し、近世の諸列強で盛んになり、国家は軍国民主義を国民の普通教育とし、国民は軍国民主義を奉じることを生涯で最大の義務としている。国力が孱弱で生気が消沈し、滅亡の瀬戸際にある中国を救うには、軍国民主義を四億人の国民に普及するほかない、と。「軍国民」という耳慣れない言葉は、『武備教育』（民友社、一八九五年）という日本人の著作をふまえたもので、同書は森有礼の路線を継承し、兵式体操を中心とした学校体育の拡充によって、「国中あらゆる学校を以て一大予備兵学校たらし」むことを主張するものであった［土屋　二〇〇八］。つづいて、やはり成城学校に在学していた蔣百里（蔣方震）が『武備教育』を抄訳し、「軍国民之教育」というタイトルで『新民叢報』に載せた。『新民叢報』を主宰した梁啓超は、はやくから尚武を唱えており、同誌の創刊号に掲載した「論教育当定宗旨」という文章では、「軍国民」という言葉を用いつつ、スパルタの教育制度を紹介した。文明社会の人びとのふるまいを「機械の律動」や「軍隊の行進」にたとえた梁啓超であってみれば、軍人を養成するのと同じ方法で国民を養成することに、さして違和感はなかったはずである［梁啓超　二〇一四：五〇五―五〇八］。軍隊は、バラバラの砂と形容された中国の伝統社会を近代的な国民国家へ鋳造するモデルとなった。このように中国の新しい男性性は国外である日本で形成され、中国に持ち込まれたものである［吉澤　二〇一四］。

「軍国民」はまたたく間に日本の中国人留学生に支持された。一九〇三年に留学生たちが東京で結成した拒俄義勇隊は射撃や体操（普通体操と兵式体操）の実践、軍事に関する知識の習得に励んだが、のちに会名を「軍国民教育会」と改めた。その中心人物であった黄興は、帰国後に故郷である湖南の明徳学堂で歴史と体操の教師をしながら、革命運動に従事した。東京の学生たちの要請を受けて上海でも軍国民教育会が組織された。同会会長の蔡元培が校長をつとめる愛国学社では軍事訓練が実施されていた。革命派はしばしば体操の看板のもとに武装蜂起にむけた軍事訓練をおこなった。なかでも有名なのが秋瑾の大通師範学堂であろう。同校には体育専修しかなく、毎日兵操を実施した［末次　二〇〇九：七二］。

黄興が兵式体操に接したのは、じつは日本留学前のことである。黄興が学んだ湖北の両湖書院は、一八九〇年に張之洞が設立した学校で、一八九六年に体操課を設置し、その後まもなく兵操をはじめた。当初、年上の学生は文人の体面を汚すことを嫌って兵操に参加しなかった。しかし、黄興の働きかけで多くの学生が参加するようになった。兵操は毎日午後一時半から午後五時まで、軍人の指導のもとにおこなわれた。校長の梁鼎芬は兵操を重視し、いつも現場に足を運んだ。一九〇〇年には陸軍の演習に参加し、射撃の成績もたいへん良かったという［陳英才　一九八四、毛注青編　一九九一］。両湖書院だけでなく、張之洞は湖広総督時代に設立した自強学堂、武備学堂、将弁学堂、農務学堂、工芸学堂などの学校でも兵操を課していた。

張之洞は軍の改革にも積極的であった。両江総督であった一八九五年には南京でドイツ式の自強軍を創設している。「都市のずるがしこく、兵士の経験があるもの」はすべて受けつけず、江蘇、安徽の一六―二〇歳の土着郷民を募集した。これは従来の募兵方法を根本的に改める措置であった。さらに張はすべての兵士に読み書き能力を要求しさえした。張は「よい男は兵士にはならぬ」と言われてきた中国の伝統的な軍人像を打ち砕こうとしたのである。一八九七年に梁啓超は自強軍について、そのたくましい身体、清潔な軍服、新しく手入れの行き届いた武器、敏捷な手足、軽快で整った歩調、厳粛な規律に、観覧していた西洋人の士官や婦人が驚き賛嘆したことを記している［梁啓超　一八九七］。張は湖広総督として武漢にもどると、湖北護軍を創設し、将校養成機関である武備学堂を設立した。武備学堂の定員は一二〇名で、科挙、武挙の有資格者や官紳世家の子弟を募集したところ、約四〇〇〇名が応募した。授業料や生活費は公費でまかなわれ、さらに学生には毎月銀四両が支給された［Fung 1980、熊志勇　一九九八］。厚遇もさることながら、軍人のイメージが向上し、良家の子弟にとって軍人となることがもはや忌避すべきものではなくなっていたことを示していよう。

一九〇二年八月に公布された、中国で最初の近代的学制である欽定学堂章程は、中学堂の四年以上の男子に兵式体操を課した（未施行）。張之洞はこれに不満で、新しい学堂章程案を練るなかで、「日本では森有礼がドイツにならって全国の大小学堂で兵操を習わせたことが、今日の日本の兵力の強さをもたらした」と述べ、兵操重視の方針を打ち出した［趙徳馨ほか編　二〇〇八：九九］。その結果、一九〇四年一月に公布された奏定学堂章程は高等小学堂以上の男子に兵操を課した。同時に出された奏定学務綱要では、民間の私立学校については許可なくして兵式体操を教授することを禁じ、許可がある場合でも木銃を使用することとし、本物の銃の使用は禁止された。日本とちがって中国では政府による軍事力の独占が徹底しておらず、実際に革命派は兵式体操を隠れ蓑にして武装蜂起を準備していた。兵式体操は両刃の剣であり、それは支配を強化する手段ともなり、支配に抵抗する手段にもなった。中国では実際問題として、国民皆兵というわけにはいかなかったのだ。

近代的教育制度の確立と並行して、軍制の近代化も進んでいた。一九〇一年に武挙が廃止され、一九〇三年に新式軍隊を統轄する練兵処が設立された。一九〇四年には日本の兵役法をモデルにした新軍制方案が完成し、国民皆兵の原則が示された。一九〇五年には江蘇省で徴兵が実施されている。一九〇八年に日本の帝国憲法をモデルにした憲法大綱が制定され、臣民に兵役の義務が課された［Fung 1980、熊志勇　一九九八、趙治国　二〇〇八］。こ

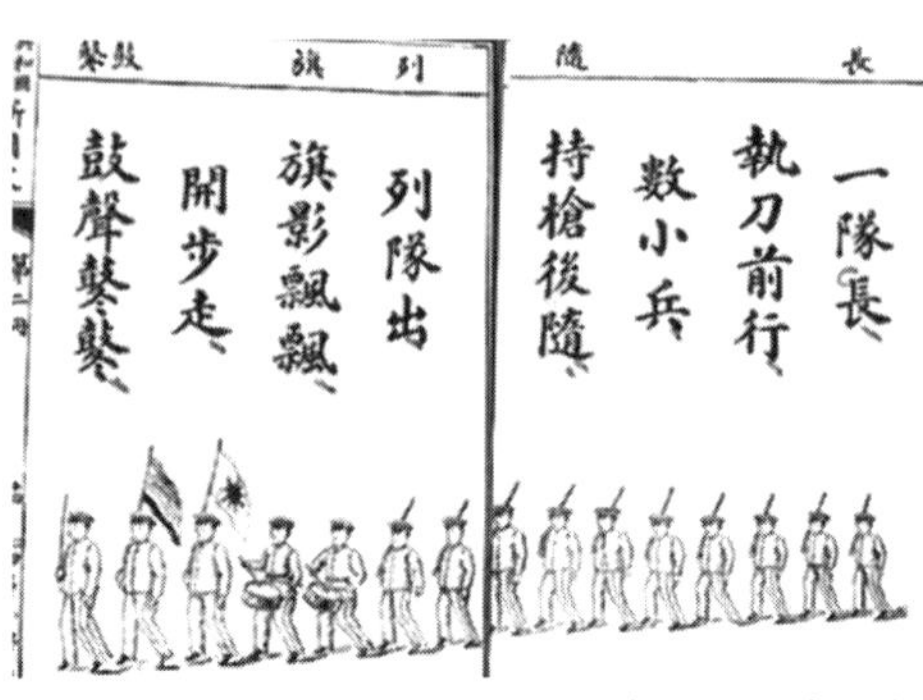

写真3　兵操をする中国の小学生〈出典：荘兪・沈頤『共和国教科書　新国文』（初等小学校用）、商務印書館、1912 年〉

写真4　上海セント・ジョンズ大学の軍事訓練（出典：*St. John's Echo*, 19 (1), February, 1908）

うして、中国でも国民皆学、国民皆兵をめざして学制、軍制が整備され、兵式体操には学校と軍隊を結ぶ役割が期待されたのである。

辛亥革命を経て成立した中華民国も軍国民主義を推進した。初代教育総長に就任した蔡元培は新しい教育方針の一つに軍国民教育を挙げたし、帝制復活を図る袁世凱も尚武教育を重視し、尚武は一九一五年一月に制定された教育要旨の七項目の一つに挙げられた。清末の軍国民主義が政治的立場を異にする人たちから広く支持されたことを考えれば、これは不思議なことではない。内憂外患にさいなまれた中国にとって、民族・国家の強化が緊急の課題と認識されていたからである。それゆえ日本が二十一か条要求を提出すると、危機感を募らせた全国教育会連合会は軍国民教育施行方案を可決し、軍事教育のいっそうの充実を訴えたのだ。湖南省立第一師範学校で学生課外志願軍が発足したのも、こうした危機意識のあらわれであった。孔昭綬校長は志願軍を設立する理由として、軍事教育を重視する世界の潮流に応じ、国民教育と軍制を改良して徴兵制を実施するための準備とすることを挙げた。志願軍は二つの中隊で構成され、全部で二六九人が参加した。第一中隊の曹長は毛沢東であった〔湖南第一師範校史編写組編 一九八三：六四、七五―七六〕。

2　軍国民主義の凋落と兵式体操の廃止

もちろん、すべての教育関係者が兵式体操を支持したわけではなかった。日本で体育を学び、帰国後に中国体操学校の創設者の一人となった徐一冰は一九一四年に、体育と軍事教育を混同してはならないとして、兵式体操を批判した［徐元民　一九九九：一〇九―一一〇］。

兵式体操への批判が大きな潮流となるのは、第一次世界大戦が終わってからのことである。蒋夢麟は「強国の道は兵を強くすることにあるのではなく、民を強くすることにある。民を強くする道は、ただ健全な個人を養成して進化した社会を創造することにある」と述べ、軍国民教育の破産を宣告した［蒋夢麟　一九一九］。蒋夢麟は一九一二年から一九一七年までコロンビア大学でジョン・デューイに師事していた。

そのデューイが一九一九年四月末に中国を訪問した。その後二年間にわたって中国に滞在したデューイは、教育界に甚大な影響を及ぼす。デューイはアメリカで青少年への軍事訓練に強く反対していたが、中国でも軍事教育を批判した［杜威　一九一九］。その影響もあって、南京高等師範学校は一九二〇年秋に兵式体操を中止した。同校で体育主任をつとめていたチャールズ・マクロイは、ＹＭＣＡ体育主事時代から兵式体操に反対していた。マクロイによれば、兵式体操はあまりに機械的で、自由を含まず、完全に専制的な教材であり、デモクラシーの精神に反していた［麦克楽　一九二四］。ほかにも湖南の雅礼学校（一九一九年春）や上海のセント・ジョンズ大学（一九二〇年秋）などミッション系の学校で兵式体操が廃止された［直荀　一九一九、高嶋　二〇一三c］。

これと前後して、一九一九年一〇月に開かれた全国教育連合会の第五回大会で改進学校体育案が議決された。同案は、世界の大勢に鑑み、軍国民主義はもはや新しい教育の潮流に合わなくなっていることから、学校体育の改革の必要性を提起したものである。兵操に関しては、心身の発達を妨げ、得られる軍事知識もわずかであり、本来廃止すべきであるが、各省でそれぞれの事情があるゆえ、時間を減らすべきだとしていた（「第五届全国教育会

連合会議決案」『教育雑誌』一一巻一一号、一九一九年一二月二〇日）。

一九二二年七月に中華教育改進社の第一回年次総会が開かれた。同会は教育の改善を目的として設立され、名誉理事にはデューイ、理事には蔡元培や范源濂が名を連ねていた。総会では、兵式体操の廃止が議決されるいっぽう、高等専門学校と大学に関しては、体育を必修科とすること、軍事学科と兵事教練を設置することが議決された（「中華教育改進社議決案（甲）」『同済雑誌』一四期、一九二二年一二月一日）。この提案はアメリカの中高等教育機関のＲＯＴＣ（予備役将校訓練課程）を念頭においたものであった。ＲＯＴＣは第一次世界大戦で深刻な問題となった将校の不足を解決すべく、予備役将校を養成するため導入された制度である［Long 2003, Neiberg 2000］。ただ、中国の場合、軍制との接続はほとんど考慮されておらず、その意図はきわめて曖昧であった。

じつはこの提案には背景がある。一九二二年四月末、呉佩孚と張作霖のあいだで軍事衝突が勃発し（第一次直奉戦争）、戦火が北京近郊にまで及んだことから、北京大学では自衛のために婦孺保衛団が組織された。蔡元培校長は、欧米の大学は軍事訓練を実施しており、大戦後は民軍を組織して自衛していることをふまえ、保衛団を学生軍に改編して恒久的な自衛組織とし、のち蔣百里と黄郛（妻の沈警音は辛亥革命時の女子北伐隊隊長）を招いて指導にあたらせた。当時、蔣百里は軍国主義を批判し、兵員削減を訴えると同時に、スイス式の義務民兵制を支持し、各界が連合して自治を実現し、軍閥による武力統一に対抗することを主張していた［蔣百里　一九二二］。蔡元培も兵員削減と連省自治を唱えていた。学生軍は単なる自衛団ではなく、新しい国家制度や新しい国民の想像と結びついた実践であった。学生軍の影響は北京の各大学に及び、一九二五年までに清華以外のほとんどの大学で学生軍が組織されるにいたった［張栄福　一九二五］。

一九二二年から一九二三年にかけて、新しい学制が制定された（正式に頒布されなかったが多くの学校で採用された）。新学制はアメリカをモデルとし、とりわけデューイの影響が色濃く見られた。生徒本位で個性を重視し、民主主義精神を育成するための教育が、従来の国家本位の教育にとってかわった。修身科が廃止され、公民と衛生が加わった。体操科は体育科と改められ、兵式体操が廃止されて遊戯やスポーツが中心となった。国家の論理が後景に退いたことは、教育宗旨をあえて決めなかったことによく現れている。教育宗旨を通じて国家が教育を規定することをおそれたからである。新学制では小中学校について教科内容を定めた課程綱要が制定されたが、高等教育機関の教育内容については詳細な規定がなかった。その結果、初等中等教育での体育と、高等教育での体育（必修）・軍事教育（任意）という当初の枠組みの前者だけが実現され、カリキュラムから軍事教育が消えた。

第一次世界大戦後、世界的には予備兵力の充実を図り、学校の軍事教育を強化する傾向にあったなかで、中国は結果的にまったく逆の方向に動いた。欧米列強や日本では、軍はつねに国民を外敵から守る存在であり、軍事的な男性性は深く浸透していた。これに対して、対外的には列強に圧迫され、対内的には軍閥が乱立し混乱が続く中国では、軍は国民を守ることができないばかりか、国民に危害を与えかねない存在だった。清末には存在した軍人へのあこがれは、その後の混乱のなかで消えてしまった。一九二二年に北京高等師範学校附属中学の四年生男子五五名に対する職業希望調査で、軍人を志望した学生は一名だけであった［湯茂如　一九二二］。少なからぬ生徒が陸軍士官学校や海軍兵学校を受験していた日本の中学校と比較すれば、その差は歴然としている。軍事教育が完全に廃止されたのは、あるいは偶然の成り行きだったかもしれないが、しかしそれが可能であったのは、軍事的な男性性が確立していなかったからにほかならない。

3　軍事訓練の導入

五四新文化運動をきっかけに、中国でも煩悶する青年たちが誕生した。しかし、たえず続く内外の危機は、煩悶青年が煩悶し続けることを許さなかった。青年たちは煩悶から逃れるために、さまざまな主義へと傾倒していった〔王汎森　二〇一三〕。こうしたなか、軍事教育の必要性がふたたび声高に唱えられ、教育界内部にもそれに同調する動きが広がった。一九二五年四月に江蘇省教育会は江蘇学校軍事研究会を設置し、翌月には同省教育庁が学校実施軍事教育案を提出した。また同月二日に醒獅派の雑誌『醒獅』は「学校軍事教育問題号」という特集を組んだ。共産主義に反対し国家主義を標榜した醒獅派は、教育面では国家主義教育を唱え、兵式体操を主とする軍事教育の復活を訴えた。特集号に寄稿した林騤が黄埔軍官学校の「学生軍」を挙げ、陳啓天が北京大学の「学生軍」を挙げたように、この時期には従来の軍人に代わる新しいタイプの軍人が現れつつあった。林はそれを「有学問有主義的軍隊」と呼び、学問もなく主義もない軍閥の軍隊と対比させた〔霊光　一九二五、陳啓天　一九二五〕。北京の青年が黄埔軍官学校教官をしていた惲代英に語ったところによれば、一九二六年の三・一八事件ののち、北方の青年には三つの道しかないと認識されていた。その三つとは、「死書（役に立たない本）」を読むか、無意義の遊びに興じるか、黄埔軍官学校へ行くか、であった〔惲代英　一九八四：八八四〕。学生軍の登場は、軍人像を塗り替え、煩悶する青年たちは、その力強さに引きつけられていった。

黄埔軍官学校は、中国国民党が革命軍の将校養成を目的として一九二四年六月に設立した学校で、初代校長は蔣介石であった。開校式のさいに校門に掲げられた文句「出世や金儲けならどうぞ他所へ。命を惜しみ死を恐れるものはこの門を入るべからず」「革命者来たれ」は、軍隊が「飯の種」ではなく、軍人が革命という崇高な理想に命を捧げる存在であることを示唆し、軍閥の軍隊とはまったく違う新しい軍事的男性性を提示するものであった。一九二五年一月、孫文率いる広州の大元帥府は陳炯明を鎮圧すべく、東征連軍を派遣することになり、校長蔣介石、政治部主任周恩来、第一団長何応欽、第二団長王柏齢が率いる黄埔軍校もこれに加わった。世間では書生の軍隊を一人前の軍隊とは見ていなかったが、予想をうわまわる活躍を見せ、学生軍は名実ともに革命軍の象徴となった。東征に参加した劉子晴は、当時の状況について「一部の学生は当時の広東大学の女学生や、その他の中学校の女子学生と友達になった。いっぽうでわれわれが東征で示した功績が、彼女たち若い女性の心を傾倒させた。英雄が美人を愛し、美人が英雄を愛するのは、昔からそうである。ましてや今日の世界ではなおさらである」と回想した〔王詩穎　二〇一一：一二二〕。新しい男性性は女性の心をとらえ、そして女性たちをも変えていくことになる。

一九二五年五月末に上海で起こった五・三〇事件は、反帝国主義運動を高揚させ、人びとに軍事教育の必要性を痛感させた。同年八月に開かれた中華教育改進社の年次総会は、国家主義に依拠して教育宗旨を定めるよう教育部に要請した。同会の提案した教育宗旨には「軍事教育を実施して強健な身体を養成する」ことが含まれていた。また「中等以上各学校設施軍事訓練案」により、具体的な方法を提示した（「中華教育改進社第四届年会之議決案」『教育雑誌』一七巻一〇号、一九二五年一〇月二〇日）。

北京政府と対立していた広州の大元帥府でも同様の展開が見られた。一九二四年七月、国立高等師範学校校長の鄒魯は、大学本科の学生に兵式体操を課し、学生軍を組織するという提案をおこなった。この提案は、鄒魯が責任者として設立準備を進めていた広東大学を念頭に置いたものだった。一九二五年六月二三日に広州で沙基事件が起こると、鄒魯は広東大学救国会学生軍を組織し、男子学生には武装させ、女子学生には看護の訓練をさせた[12]。二〇〇名近い学生が参加し、黄埔軍官学校の何応欽が副団長として軍事訓練の指導にあたった（何は日本の陸軍士官学校卒）。広東大学には体育部のほかに軍事教育部が設置され、中山大学に改編後は軍事訓練部の下に兵操股と体育股が設置された〔黄福慶　一九八八：七三、一七六、王李金　二〇〇七：七三〕。

じつは鄒魯は辛亥革命のとき、広東女子北伐隊（女子炸弾隊）を組織したことがある。同隊の隊員は二〇名あまりで、出発前に短期集中訓練をして、兵操、馬術、射撃などを練習した。鄒魯は隊員のひとり許剣魂と結婚し、許の死後に、やはり広東女子北伐隊の隊員であった梁定慧と再婚する〔馮漢編　二〇一〇：三九、四四〕。広東大学で学生軍が組織され、女子学生が動員されたのは、まさに辛亥革命時の経験をふまえたものだった。また鄒魯は童子軍の熱心な支持者であり、広東大学でも童子軍の組織がつくられた〔栄子菡　二〇〇五〕。のちに国民政府が軍事訓練を制度化するさい、制度設計者たちの念頭にあったのは、広東大学の経験であったと推測される。

国民党の教育方針が明確に示されたのは、一九二六年八月の許崇清（広東省教育庁長兼国民政府教育行政委員会委員）による「党化教育之方針：教育方針草案」であった。許は山川健次郎総長時代の東京帝国大学文学部に留学しており、研究テーマは「修身教授」だった。帰国後は国立高等師範学校で教鞭をとり、鄒魯とともに広東大学の設立に携わり、のち三回にわたって中山大学の校長をつとめる。新しい教育思潮に批判的で、政治と分離した教育はありえないと考えていた許は、今後の教育政策は革命と連動すべきで、緊急の問題は産業教育、政治教育、軍事訓練であると主張した〔東京帝国大学編　一九二〇、許崇清　二〇〇四：八九—一〇三〕。

一九二七年一月、国民政府教育行政委員会委員の韋慤が「国民政府教育方針草案」を起草し、「わが国の民衆は、外に帝国主義の圧迫を受け、内に軍閥とその走狗の虐待を受けており、かならず尚武精神を提唱し、軍事教育の実現につとめるべきで、そうしてはじめて外侮を防ぎ内乱を治めることができる。以後、各小学では一律に童子軍を設け、中学と大学には一律に軍事訓練を追加する」と軍事教育の具体的なプランを提示した（『漢口民国日報』一九二七年三月一日）。当時、国民政府があった武漢は革命的な雰囲気に包まれていた。二月には武漢中央軍事政治学校女生隊が創設され、女性兵士の養成がおこなわれていた。女生隊の隊員は実弾射撃や執銃訓練など、男子と同じような軍事訓練を受けたが、実際の戦争においては看護や通信など後方での業務にまわされた〔高嶋　二〇〇四、二〇一〇〕。女子にも軍事訓練を課すが、補助的役割を与えることで男子と区別するという考え方は、のちに制度化された軍事訓練と共通していた。ただし、韋慤の起草した草案には、男女の区別が示されておらず、この点がどのように想定されていたのかは知るよしもない。

一九二八年五月三日の済南事件を受け、上海では学生連合会が軍事教育訓練委員会を組織し、全国各学校に軍事訓練の実行を指示するよう、大学院（のちに教育部。当時の院長は蔡元培）に求めた［中国第二歴史檔案館編　一九九四：一二三九―一二四〇］。また軍事委員会（国民政府の最高軍事機関）は高級中学以上学校軍事教育方案を政府に提出し、高級中学以上の男子学生の軍事教育必修化を要求した。おりしも、五月一五日から南京で全国教育会議が開催され、初級中学以上で体育と童子軍を厳格に実施すること、高級中学以上で学生軍を組織すること、それが無理な場合は兵式体操を実施すること、女子は看護訓練を受けること、詳細は大学院と軍事委員会の話し合いで決定することが決められた。六月一五日、大学院の会議に軍事委員会から何応欽が出席してこの問題が検討され、軍事委員会の高級中学以上学校軍事教育方案が承認され、七月二八日に公布された（「大学院大学委員会会議録」『大学院公報』七期、一九二八年七月）。こうして中国の学校で軍事訓練がはじまり、一九二九年時点で、一四〇校二万人の学生が軍事訓練を受け、一〇三人の軍人が配属されていた［蘇瑞陽　一九九六、教育部編　一九三四：五四六］。一九三二年一月には満洲事変を受けて、高級中学以上の学校で軍事訓練が強化された［中国第二歴史檔案館編　一九九四：一二七二―一二七三］。軍事訓練の受講者は年々増加し、日中戦争の前年には約四万人（資料によっては五万人）に達した（表1）。

　軍事訓練と兵式体操の違いについて、北京大学のある学生は「軍事訓練は軍隊のようでなくてはならず、兵式体操は学校の科目である。……兵式体操は光緒皇帝が洋学堂を開いたときすでにあったもので、

表1　学校軍事訓練の実施状況（1929–1936）

年度	学校数		学校数	
	専科以上	中等学校	専科以上	中等学校
1929	22	91	6,752	11,733
1930	32	100	8,878	12,220
1931	47	149	21,254	23,746
1932	39	165	13,105	17,767
1933	91	284	11,355	30,256
1934	92	354	13,275	29,382
1935	94	491	9,264	33,654
1936	97	522	9,294	32,532

出典：［中国第二歴史檔案館編 1994：1286］。［教育年鑑編纂委員会編 1986：1332–1333］にも 1929 年から 1945 年までの軍事訓練受講者数に関する統計が掲載されるが、両者の数字には若干の違いがある。

我々は中学校で最も嫌だった科目である。軍事訓練は革命成功以後の新政であるが、北京大学には古くからあり、民国一一年（一九二二）にははじまっていた。すなわち、中国で歴史が最も長く、成績が最も良い『北京大学学生軍』である」と誇らしげに語っている［何兆熊　一九二九］。前者が軍事的、自主的なもの、後者が教育的、強制的なもの、というわけである。しかし、軍事訓練に熱を入れた学生が一部にすぎなかったであろうことは、一九三三年の高級中学の学生に対する調査で、興味が乏しい教科の第四位に軍事訓練が挙げられていることからうかがえよう［陳選善・鄭文漢　一九三三］。

一九三三年六月、兵役法が公布され、一八歳から四五歳の男子は兵役の義務が課され、平時には軍事教育を受けることが求められた。兵役法の公布にともない、一九三四年九月に高級中学以上学校軍事教育方案が修正され、学校軍事教育は国防教育の一部であり、兵役法第七条の国民兵役の範囲に属することが示された。国民政府はもともと一九三〇年を徴兵準備の第一年度としており、内憂外患が相次いだために兵役法の公布が一九三三年までずれこんでしまったが、学校の軍事訓練は当初から兵役法との連係を念頭にしていた。兵役法の規定により、一八歳から四五歳の男子のうち、在学者は学校訓練、学校に在籍しないものは社会訓練（壮丁訓練）が課されることになった［汪正晟　二〇〇七、宋艷麗・趙朝峰　二〇〇四］。

一九三四年にはじまった新生活運動は、国民全体の軍事化をめざすものであった。運動の主旨は、礼儀廉恥によって国家・民族を救済・復興することで、具体的にはボタンをとめることなど、日常生活に規律や清潔を求めるものだった。深町英夫によれば、蒋介石は日本の振武学校や陸軍士官学校で「国家による動員に備えるべく人民の身体を『躾ける』方法として、軍隊式の規律と清潔を社会に普及させる必要性」を学び、まず自らが校長を務める陸軍軍官学校でそれを試み、ついで新生活運動を通して全国民の生活を軍事化しようとした［深町二〇一三］。この新生活運動において、青年訓練はとりわけ重要な意義を附与され、「新生活運動は青年訓練出発の起点であり、青年訓練は新生活運動推進の中枢」であるとみなされた〔沈介人　一九三五〕。訓練により軍事化された青年は、社会全体を軍事化していくことが期待されていた。いわば彼らこそ新しい中国の男性性の核となるべき存在であった。

一九三四年に共産党討伐が一段落すると、徴兵制の準備が本格的に進められ、一九三六年一二月に約五万人が最初の兵役に就いた。しかし翌年に日中戦争が勃発したことから、徴兵制を通した国民国家形成は実現しなかった〔汪正晟　二〇〇七〕。中国は軍事的男性性が不在のまま、戦争を戦わねばならなかった。赤紙一枚で戦力を調達できた日本と違い、中国では拉致や買収など強制的な手段によって兵士を集めねばならず、士気低下や逃亡が深刻な問題となった〔笹川・奥村　二〇〇七〕。国民政府は高級中学以上の男子学生を徴兵することはほとんどなく、戦時下の軍事訓練は事実上、免役の補償措置であった。一九四三年に兵役法が修訂され、免役範囲が縮小したことで、多くの学生が徴兵の対象となった。同年から翌年にかけて二度にわたって実施された知識青年従軍運動で、一〇万人近い知識青年が従軍した。女子学生も多数参加を要求し、おもに後方勤務に配属された〔藍雪花　二〇一三〕。

4　軍事訓練と女性

男子に兵式体操を求めた一九〇四年の奏定学堂章程は、女子の教育については家庭にゆだね、女子を公教育から排除していた。いっぽう、この時期には私立の女学校が次々と設立され、その数は一九〇七年には四〇〇校を超えた。これらの女学校のなかには兵式体操を課す学校も存在した。一九〇二年、蔡元培が会長をつとめる中国教育会が設立した愛国女学では、女学生を暗殺者に仕立て上げるべく、革命史や爆弾製造法が教授されていた。一九〇五年春の運動会のプログラムから、同校で兵式体操が教授されていたことが判明する〔「内国記事」『女子世界』一九〇五年六期〕。一九〇三年に陳婉衍らが設立した宗孟女学堂は、学生たちに国民意識と尚武精神を植えつけることをめざしていた。一九〇四年四月の殷条姐記念大会や一九〇五年一月の新校舎落成慶祝会で、女学生たちは兵式体操を披露した［李益彬・李瑾　二〇〇七］。もちろん、女子の兵式体操に対しては、反対も少なからずあった。秋瑾が大通師範学堂で女学生に兵式体操を習わせ、女国民軍を組織しようとしたとき、地元の紳士や教育関係者が反対し、女学生はだれひとり集まらなかった［王雲　二〇一一：六二―六五］。

一九〇七年に頒布された奏定女学堂章程は、女子教育に関するはじめての規定であった。このなかで、女子の体操は遊戯と普通体操を内容とすることが定められた。ただ、当時の政府は、この章程を通して民間の女学校を統制する力を持っていなかった。一九〇八年に設立された中国女子体操学校は、日本体操学校女子部をモデルとしていたが、日本の女学校にはない兵式体操を教えていた。しかも最初の卒業式で、卒業生は清朝の官吏のまえで兵式体操を演じさえしている［王雲　二〇一一：六五］。一九一〇年には同校で女子軍事研究会が組織された。徐一冰によれば、その内容は看護であった［徐一冰　一九一〇］。

一般に、女子の兵式体操や軍事訓練は、軍人の母や妻として子や夫を戦場に送り出し、あるいは自身が看護婦として戦地に赴くことを目的としていた。しかし、女性のなかには、そのような役割に満足せず、自ら武器をとって戦うことを望むものもいた。実際、辛亥革命のおりに、陳婉衍は女子北伐光復軍を組織し、宗孟女学堂や愛国女学の学生がこれに参加したし、中国女子体操学校の学生もこぞって革命軍に参加している［王雲　二〇一一：六七―六八］。

女性たちが軍事的な義務をすすんで担ったのは、自分たちも国民の一員であることを示すためであった。新政府樹立後、彼女たちが国民としての権利、すなわち参政権を要求するのは自然の成り行きだった。一九一二年二月に結成された女子参政同盟会の中心メンバーには、唐群英、張漢英、沈佩貞ら女子軍関係者が含まれていた。新政府は一九一二年三月に中華民国臨時約法を公布・施行するが、女性の参政権を認めなかった。唐群英らは武装して参議院に乗り込み、女性参政権を要求したが、結局「男女平権」は彼女たちが所属する国民党の綱領からも外されてしまった［小野　一九七八］。袁世凱政権のもとでは、伝統的な儒教思想にもとづくジェンダーが再強化された。一九一二年秋に教育部が制定した新学制は女子の兵式体操を免除したが、これは男子の兵式体操が強化を求められていたことと対照的である。とはいうものの、運動会ではなお女子の兵式体操を目にすることができた。「女子が軍人になる証だ」「亡国の教育だ」という批判があったものの、地方当局は女子の尚武を奨励した。しかし、第一次世界大戦後に軍国民教育が勢いを失うと、尚武教育は女学校から消えていった［游鑑明　二〇〇九：三五五―三五八］。

一九二五年、五・三〇事件を契機とするナショナリズムの高まりを受けて、女子の軍事教育の必要性が叫ばれるようになる。同年八月、中華教育改進社は年会で「女子教育宜添設軍事常識案」を議決した。同案は、国民の強健のためにも、女子の自衛のためにも、軍事訓練で身体を鍛錬することが必要であると認めていた。また、同年末、国民党中央執行委員会婦女部が刊行していた雑誌『婦女之声』で、呉芭蘭は「わが女性の同胞は、中国の国民の一員ではないのか、国家の興亡は我々とは関係がないのか、生まれつき我々は戦闘の本能が備わっていないのか、我々の身体と精神は男子に劣っているのか、どうして軍事訓練を受けることができないのか」と問いかけた［杜学元　一九九五：四二二］。軍事教育を実施する女学校もあらわれた。一九二六年に上海の両江女子体育師範学校で教授された科目には軍事知識、童子軍、国技、兵式操が含まれていた［游鑑明　二〇〇九：一二六―一二七］。

一九二九年に高級中学以上学校軍事教育方案が制定されるさい、女子の扱いは二転三転した。五月に軍事委員会が提出した高級中学以上軍事教育方案では、軍事訓練の対象者から女子学生は除外されていた。六月一五日に軍事委員会の何応欽も出席して大学院で開催された会議で「除女生外」という文言が削除されるが、七月二八日に大学院が公布した高級中学以上学校軍事教育方案では、ふたたび「除女生外」の文言が復活した。詳しい経緯は定かではないが、軍事訓練の対象に女子を含めるかどうかについて、賛否両論があったのだろう。しかし、女子は軍事訓練から完全に排除されたわけではない。一九三二年一〇月の高級中学軍事看護課程標準は、「女子学生が軍事訓練を受けない時、この科目をその代わりとする」と規定しているからである。また、修正高中以上学校軍事教育方案（一九三四年九月）の第二三条「高中以上の学校の女子学生は軍事訓練を受けることを免ず」もやはり女子の軍事訓練を否定していない。だからこそ、一九三六年に広西省で女子学生が男子学生と同等の軍事訓練を要求したさい、政府はその要求を認めたのであろう［斐因　一九三六］。のち彼女たちは広西女学生軍を組織し、抗日闘争に参加した。もっとも、一般的には、女学生は看護訓練を受けたのであって、受講者数は一九三四年に一五省市一九〇校の七五六七人、一九三六年に一三省市二六六校の八五三一人にのぼった［中国第二歴史檔案館編　一九九四：一二八七］。

初級中学では軍事訓練のかわりに童子軍（ガールスカウト）が実施された。ここでは『中国の一日』に収められたある女子学生の日記を紹介しておこう。一九三六年五月二一日、彼女は童子軍の制服を着て校外にでかけた。友達は自分の姿を恥ずかしいと感じたが、先生によれば童子軍の制服を着られるのは光栄なことであった。まちの人たちはその姿を見て「これでは男でもないし、女でもないし、なんだかわからない」と言った。これで社会がなお男尊女卑であることがわかった。今学期から童子軍の訓練は厳しくなり、友達は「まさかわたしたち女子まで戦争にいくんじゃないでしょうね」と尋ねた。わたしは「女子だからといってどうして戦争に行ってはだめなの？　木蘭はお父さんにかわって出征したじゃない」と答えた［茅盾ほか編　一九三六：五―四九］。日記の主は女子の軍事化を支持し、それが男女平等の指標であると考えていたが、彼女の友人や、まちの人びとは自らのジェンダー観と相容れないものとみていた。童子軍の活動は男女とも大差はなく、女子は男子とともに国家に奉仕するという新しいジェンダー秩序を体現するものであった。ロバート・カルプは、童子軍が女子の公民訓練としての役割を果たしたのに対して、軍事訓練は国家に対する男女の軍事的な義務を明確に区別することで、女性を二流の国民にしたと論じる［Culp 2007: 189-190, 202-204］。しかし、このような上からのジェンダーの軍事化が日本と比べて不徹底に終わったことは、数多くの女性兵士の存在から理解されよう。

国民革命にさいして女性たちは革命の側にたち、ふたたび武器を手に執った。しかし、今回は軍事的義務と参政権が結びつくことはなかった。女性たちは国民党、共産党のなかですでに確固とした足場を築いていたし、軍国民主義にもはや彼女たちを魅了する力はなかった。一九三一年六月に公布された中華民国訓政時期約法は、中華民国の人民は「種族、階級、宗教の区別なく」平等であると規定した臨時約法に、「男女」を挿入することで、男女の法律的平等を明示した。また、国民政府には、宋美齢、鄭毓秀ら複数の女性の立法委員もいた。共産党に比べると見劣りするものの、日本やフィリピンと比べると、女性の政界進出は顕著であった。一九三七年一一月に開幕が予定されていた国民大会の選挙では、多くの女性が立候補した（日中戦争の勃発で未実施）。いっぽうで新生活運動や「女は家に帰れ」論争は、こうした女性の社会進出に対する根強い抵抗があったことを示している。徴兵制を通じて軍事的男性性が確立していた日本とは対照的に、いまだ国民国家形成途上にあり、たび重なる内憂外患にさいなまれた中国では、ジェンダーの軍事化だけが進んだ。国家は男女の役割分担を固定することができず、その境界はゆれつづけた。

5　フィリピン

1　アメリカ植民地期

スペインの植民地フィリピンの陸軍は、一八六〇年時点で一〇歩兵連隊と、騎兵連隊、砲兵連隊、工兵部隊で構成されていた。将校はスペイン人か他のヨーロッパ人で、兵士には多数のフィリピン人が含まれていた。砲兵連隊はヨーロッパ人だけで構成されたが、これはスペイン軍当局がフィリピン人の技術的能力を疑っていたからである。このほか小さな海軍と治安警察があった。後者は一八六八年に設立されたが、その残虐さで悪名を馳せていた。いずれにおいても、フィリピン人は従属的な地位に置かれ、しかも団結することがないように部族ごとの対立を利用して巧みに支配されていた。スペインからの独立をめざす一連の戦争でフィリピン側はスペインの正規軍にならって軍隊を運営したが、それはフィリピン軍を率いた支配階級の地主たちにとって、スペインの支配下で抑圧されてきた男性性を回復する機会となった [Pobre 2000: 12-14, McCoy 1999: 14-15]。

アメリカ軍は当初、現地人の活用に消極的だった。陸軍大臣エリフ・ルートは、フィリピン人はまず「服従の習慣、権威の尊重、自制、文明化された戦争の作法に対する敬意」を学ぶ必要があると主張していた。一八九九年から現地人の活用がはじまり、一九〇一年にはアメリカ議会で陸軍に五〇〇〇名のフィリピン人を入隊させることが認められた（フィリピン・スカウト）。反乱軍の主体であり、かつフィリピン社会で支配的な地位にあったタガログ族はほとんど採用されなかった。フィリピン人部隊は部族別に構成され、アメリカ人将校がこれを率いた [Pobre 2000: 75-80]。アメリカ軍は、たんにフィリピン人を従属的地位に置くことで、彼らの男性性を貶めただけでなく、タガログ族を軍隊から排除することで、二重にフィリピン人の男性性を抑圧したといえる。

アメリカの植民地となりながらも、なおフィリピン人が希望を捨てずに戦っていたとき、マニラでは民族主義者によるタガログ語劇が流行していた。これらの演劇は、フィリピン人の抵抗を、フィリピンという女性をめぐるフィリピン人民族主義者とアメリカ人（とフィリピン人協力者）という二人の男性の対抗として表象した。たとえば、フアン・アバドの『金の鎖』は、「光」（自由を指す）という名の女性をめぐる「母国」の息子「守護者」（フィリピン人民族主義者）と「強欲」（アメリカ）の対抗を主軸に展開する。そして、「守護者」の弟「捨てられしもの」

は、家族を裏切って、「強欲」に協力する。ここで注意したいのは、父の不在（それは現実にフィリピン人国家が存在しなかったことを反映する）である。強い父の不在はジェンダーを不安定化させ、女性をただ保護されるだけの存在でなく、国民を防衛するために発言し行動する存在にした。『金の鎖』は一九〇三年五月に上演禁止となった。アメリカ植民地政府はこうしたジェンダー観を受け入れることはとうていできなかった。アメリカにとって、『金の鎖』が称揚したフィリピン人民族主義者ではなく、『金の鎖』が人間以下の存在として描いた裏切り者、すなわち現地人協力者こそ、植民地体制にふさわしい男性性を体現する存在でなければならなかった。アメリカがフィリピン人に求めたのは、父である白い肌のアメリカ人に導かれる従順な茶色い息子であった。アメリカは男性性を人種化することで、フィリピン人を永遠に従属的な地位に追いやったのである［Rafael 2000: 39-51］。

アメリカの軍政当局は、フィリピン占領後すぐに公教育制度を立ち上げた。新しい公教育制度は初等教育を重視したが、それはアメリカに従順な臣民を養成するためであった。一九〇一年に設立されたフィリピン師範学校は初等教育普及の鍵を握る存在であった。遅くとも一九〇六年までに、同師範学校ではアメリカ人教師プレスコット・ヤーニガンによる軍事訓練がおこなわれていた。コンラド・ベニテスによれば、ヤーニガン自身が最高司令官となり、四つの組に分れて、午後に訓練を実施した。特別の日には白い制服、白い帽子、金のボタン、青い肩ひもをまとった。少年たちはお金を集めて太鼓やトランペットなどを購入し、少女たちは旗をつくった［Torres 2010: 161］。

フィリピンで最初の議会選挙が実施されたのは一九〇七年のことで、即時独立を綱領に掲げたナショナリスタ党が圧勝した。この年、『フィリピン教育』に軍事訓練を論じる文章が掲載された。その著者、パンガシナン州の省立学校教師ロイ・ブラックマンが軍事訓練を提唱した最大の理由は、学校の秩序を維持するためであった。軍事訓練によって、教師はより少ない負担でよりよい規律が得られるばかりか、より多くの活気と学校精神、少

写真５　タルラック州立ハイスクールの軍事訓練〈出典：*Philippine Education*, 3 (2), July, 1906〉

年たちのよりよい身体的発達がもたらされ、歩く姿勢、座る姿勢、立つ姿勢を正し、服装により注意を払い、旗〔アメリカの国旗〕への敬意を増し、服従と指揮権に対する考えを発展させるはずであった。軍事訓練は少年たちをよりたくましくする（twice the man）のだ。ブラックマンの議論で注意すべきは、兵士が他のなににもまして少年たちの魅力を引くとか、どの少年も他者を指揮したがるとか、子供であればこうしたことは当然だという前提に立っていることである。タガログ族の少年たちにとって、軍人はけっしてあこがれの対象ではなかった。将校に選ばれた生徒たちは、服従のモデルとなり、学校の秩序を維持する役割を与えられた。そして卒業後には、率先して植民地政府に服従し、秩序の維持を担うことが期待された［Blackman 1908］。ブラックマンは軍事訓練の「普遍」的価値を強調することで、民族・国家の問題を意識的に回避した。これは国民意識を育成するより「市民的理念」を植えつけることを優先したフィリピン植民地教育の特徴をよく示している［岡田　二〇一四］。

一九〇八年一〇月、パンガシナン省立ハイスクールでは、アメリカ人教師が一人の生徒を生意気だといって教室から追い出したことを契機として、一〇〇名あまりの生徒がストライキをおこした（*The Manila Times*. October 3. 1908）。翌年の『フィリピン教育』には、ストライキのあと軍事訓練が廃止されたこと、軍事的な観念をフィリピン人生徒に教えるべきではないこと、それでも規律は維持されていることが報告されている。詳細は不明だが、軍事訓練が学校の規律を維持することに失敗したのは明白である。こうした失敗にもかかわらず、この時期、カガヤン州、ソルソゴン州、サンバレス州などの学校で軍事訓練が導入されていった（*Philippine Education*. 6 (2). p. 22;

6 (5) pp. 17-19)。一九一二年のマニラ・カーニバルではフィリピン人が運営する私立学校リセオ・デ・マニラのカデットがパレードに参加している(*The Manila Times*. January 27. 1912, *Renacimiento Filipino*. 2 (78))。軍事訓練への反発があったことは事実である。しかし、軍事訓練は希望者だけが参加するものであり、一般に、アメリカに対する抵抗ではなく、アメリカに対する忠誠を示す手立てとなっていた。

アメリカでウッドロウ・ウィルソンが大統領となり、民主党が政権の座につくと、フィリピン支配の方針が変化した。一九一三年秋に着任したフランシス・ハリソン総督は、政府のフィリピン人化を推進した。第一次世界大戦がはじまると、フィリピンでも軍事的備えの必要性が感じられ、フィリピン議会は公学校やフィリピン大学で軍事教育を実施し、マニラに軍事学院を設立することを提案したが、さしものハリソン総督もこの提案は認めることができなかった[Pobre 2000: 124]。風向きが変わるのは、一九一六年五月にアメリカで国防法が成立し、八月にジョーンズ法がアメリカ議会を通過してからである。同法はフィリピンの独立を約束し、安定した政府の樹立をその条件とした。フィリピンが一人前(の男)になったかどうかを判断するのは、もちろん保護者としてのアメリカである。これにより、アメリカに男性性をアピールすることが、独立(＝民族・国家の男性性の回復)の最も手早い手段となった。

さっそくフィリピン上院議長のマヌエル・ケソンは民兵の創設を提案した。一九一七年三月、民兵法は議会を通過し、ハリソン総督によって認可された。民兵の設置により、植民地の地位を高め、アメリカに忠誠を示し、さらに独立の要件である自治能力をアピールすることが期待された。しかしアメリカの反応は鈍かった。一つはそれが市民権の問題と関係するからであり、もう一つはフィリピン人将校が白人兵士を指揮する可能性を排除できなかったからである。翌月、アメリカが第一次世界大戦に参加すると、ハリソン総督は民兵法を施行した。一九一七年末までに、三〇四名の将校と四六九三名の兵士が集ったが、これは当局が定めた二万五〇〇〇名をはるかに下回る数字だった。ケソンのねばり強い説得でアメリカ議会は一九一八年一月にフィリピン民兵法を承認し、本格的に民兵募集がはじまった。独立をアピールするまたとない機会であったにもかかわらず、一万五〇〇〇名を集めるのがやっとだった。一九一八年一一月一一日、ちょうどヨーロッパで休戦協定が結ばれた日に訓練がはじまり、翌年二月に終了した［Pobre 2000: 124-156, Capozzola 2009］。民兵は将来の国軍設立をめざした措置というよりは、政治的なパフォーマンスであった。

一九〇〇年に七万を超えていた在比アメリカ軍の規模は、一九〇三年までに約一・八万にまで減少した。一九一二年の総数は一万二四六二名だったが、うちフィリピン・スカウトが五四八五名を占めた。アメリカ軍は質的にも低下していた。一九一二年の検閲では、フィリピン・スカウトのほうが優秀な成績を示した。一九二二年、歩兵二旅団、砲兵一旅団からなるフィリピン師団が組織され、在比アメリカ軍は拡大するが、まもなく財政削減の影響で、歩兵一旅団、騎兵一連隊の規模に縮小された。純粋のアメリカ軍は歩兵三一連隊のみとなったが、彼らが「Thirsty First（酒が先だ）」と呼ばれたことに、その士気の低下を見て取れよう［Pobre 2000: 74-96］。それでも、いやそれゆえに、アメリカ軍はフィリピン人に対する優位を確保することに神経をとがらせた。航空隊はフィリピン人を受け入れなかったし、競技会は別々に開催された。差別的待遇に対して、一九二四年にフィリピン・スカウトでささやかな反乱を起こしたが、それはフィリピン人の自信の表れともいえた［Meixsel 2002］。

一九二一年、元陸軍参謀総長で共和党のレオナード・ウッドがフィリピン総督に就任する。ハリソン前総督のフィリピン人化政策を転換したウッドのもとでフィリピンの独立は遠のき、フィリピン議会はウッドと激しく対立するにいたる。大戦前からアメリカで全民的軍事訓練運動を主導してきたウッドは、フィリピンでもＲＯＴＣを推進する。これはウッドとフィリピン議会が一致した数少ない事案であった。フィリピン大学のガイ・ベントン学長は本格的な軍事訓練課程を設置することを提案し、一九二二年七月にチェスター・デイヴィス大尉が軍事教練科の教官として派遣された。じつはフィリピン大学は一九一二年に軍事訓練を導入しており、第一次大戦中には同校初のフィリピン人校長イグナシオ・ヴィジャモル学長が民兵を熱心に支持し、男子学生全員に軍事訓練を課していた。新たに設立されたＲＯＴＣの目標は「愛国的で、身体的に健全で、公正で、規律ある市民を養成すること。訓練将校団を養成すること」であった［Pobre 2000: 158-164, Bocobo-Olivar 1972: 124］。一九二七年までにフィリピン大学ＲＯＴＣは一五〇〇名の士官候補生からなる連隊を組織した。ＲＯＴＣは他の大学や高校にも広がった。アテネオ・デ・マニラ大学では、一九二一年にスペイン人聖職者にかわって校長となったアメリカ人聖職者がＲＯＴＣを推進した。四五〇名の学生が木銃を手に訓練を重ね、マニラ・カーニバルで銀杯を獲得した。翌年にはアメリカ軍から銃が支給された。アテネオ・デ・マニラ大学はウェスト・ポイントのユニフォームを採用し、毎年夏にバギオで訓練キャンプを実施するなど、フィリピンで最良のＲＯＴＣであった。ただ、フィリピンのＲＯＴＣは、アメリカと違って、修了後に予備役将校の地位が与えられるわけでもなく、その位置づけはきわめて曖昧であった。多くの学生たちがめざしたのは、カーニバルでの見栄えであった。軍事訓練はまたたくまにカーニバル最大の見せ場の一つとなった。エリート学生の勇ましい姿は多くのフィリピン人に自信を植えつけたであろう［McCoy 1999: 22-23, Suva 1924］。しかしそれはフィリピン・スカウトの地位を向上させはしなかったし、国軍創設への世論を導きもしなかった。フィリピン人政治家たちは、国防にほとんど関心がなく、独立のキャンペーンのなかで軍事問題は無視され続けた［Pobre 2000: 176］。彼らはフィリピンが政治、経済、軍事など様々な面でアメリカに依存していることを熟知していた。即時の完全な独立は無理であることを承知のうえで独立の要求を過激化させたが、それはそうすることでしか自らの男性性を維持できないからであった。アメリカ軍の存在なしには国防を維持できないという現実の問題は動かしがたく、国防問題は彼らの男性性を傷つけこそすれ、強化することはなかった。

2　コモンウェルス期

フィリピン人（政治家）が国防の問題に真剣に取り組みはじめるのは、一九三四年三月にタイディングズ・マクダフィー法が成立し、フィリピンの独立が現実味を帯びてきて以降のことである。同年七月に憲法制定会議が開催され、国防の方針を議論した国防委員会は、国家政策の道具としての戦争（自衛のための戦争を除く）を放棄すること、非常時には全市民が国家に貢献することを確認した。同年一一月に国防局設置に関する法案がフィリピン議会で成立したが、フランク・マーフィー総督は不十分として承認しなかった。ケソンはダグラス・マッカーサーを軍事顧問に迎え、国防計画の立案を依頼した。一九三五年一一月、フィリピン・コモンウェルスが成立し、ケソンが初代大統領に就任した。国防法がコモンウェルス最初の法律であったという事実は、いかに国防の問題が重視されたかを物語っている［Pobre 2000: 178-189］。

国防法により、フィリピン人の男子は小学校から予備軍事訓練を受け、二〇歳になると兵役の義務を果たすことが求められた。兵役はくじ引きで決められた。期間は五か月半で、一年に二回実施された。初年度は三〇〇〇〇人を二度に分けて徴兵することになっていた。当局は兵役適齢者が一〇・九万人いると推計していたが、一九三六年四月の登録者は一五万人以上にのぼった。ケソンとマッカーサーは徴兵制に対する国民の支持に喜び、次年度の徴兵数を一挙に四万人に増やした。計画変更によって多数の幹部が必要となり、バギオに予備将校養成の学校を設置し、大学卒業生や若手専門家を対象に、三か月の課程で准尉の資格を与えることにした。注目すべきは、この学校にマヌエル・ロハス（独立後最初の大統領）、フェリペ・ブエンカミーノ、ペドロ・ベラ、ホセ・オサミスら四名の議員が参加したことである。こうした努力の結果、一九三七年には約四万人を徴兵し、予備兵力を大幅に増やすことができた。徴兵制の導入にあたりフィリピンでは、大衆宣伝と軍事訓練によって新しい男性性を植えつけることで、徴兵制への理解と支持を求めた。予備将校となった議員はまさに新しい男性性を象徴する存在であった。この新しい男性性をケソンは必死で守ろうとした。彼はハリウッド映画のフィリピン人兵士の演技に抗議しさえした［Pobre 2000: 217-223, McCoy 1999: 43-49］。

二〇歳以下の男子は予備軍事訓練を受けた。ハイスクールでは本物の銃を使用して小隊レベルの訓練をおこない、陸軍の訓練キャンプで二か月を過ごすことになっていたが、指導者や設備の不足で十分には実施されなかった。大学ではアメリカのＲＯＴＣに準拠したＲＯＴＣが実施され、二年間の課程を修了すると兵役が免除されることになっていた。まずフィリピン大学のＲＯＴＣが公式に承認され、レトラン、サント・トマス、デ・ラ・サールの各大学が続き、一九三七年には一七単位のＲＯＴＣに九〇三六名が登録されていた。訓練は週末におこなわれ、一部の学生はさらに二年間の上級コースを経て、准尉の資格を与えられた［Pobre 2000: 229-233］。

一九三六年、将来の国軍幹部を養成するため、フィリピン陸軍士官学校が設立された。同校は四年制で、ウェスト・ポイントをモデルとしていた（マッカーサーはかつてウェスト・ポイントの校長をつとめた）。同年四月と五月におこなわれた入学試験には六〇〇〇名が応募し、一二〇名が合格した。フィリピンの上流階級は子弟を軍人にすることに熱心ではなかったため、学生の多くは社会の中下層の出身であった。陸軍士官学校は、マコイによれば「新しい型のフィリピン人男性性を鋳造するるつぼ」であり、西洋的な軍事的男性性を身につけ、血縁や宗教ではなく、国家にアイデンティティを求める軍人を養成した。彼らはまちを行進したり、映画に出演したりして、軍人へのあこがれを広めていった。しかし彼らとて従属的な地位から脱することはできなかった。彼らは出願のさいにフィリピンにおいてアメリカが最高権力機関であることを承認させられ、太平洋戦争がはじまってアメリカ軍に編入されると、アメリカへの忠誠を誓わされている［McCoy 1999］。

軍事面での対立がもとで、ケソンとマッカーサーの関係は悪化の一途をたどっていた。ケソンはフィリピンの中立化を模索していた。軍事面ではどうしてもアメリカに従属することは避けられず、また、いくら軍備を充実させても、日本の侵略を防ぐには十分ではないからである。議会は議会で、一九三九年五月に国防省を設置し、一九四〇年以降は国防予算を削減する。こうした動きはマッカーサーの防衛計画の意義を大いに低下させた。ケソンはフィリピンの防衛はアメリカの責任であると考えていた。自国の防衛をアメリカに頼ることで、ケソンは軍事的男性性の構築を放棄してしまったといえる。一九四一年七月、フィリピン軍はアメリカ軍と統合し、極東アメリカ軍(USAFFE)が成立した。フィリピン防衛の責任は司令官マッカーサーの手に委ねられた［コンスタンティーノ・コンスタンティーノ　一九七九］。

3　軍事訓練と女性

一九〇八年にブラックマンが軍事訓練の価値を論じたさい、彼は女性にもなすべきことがあると主張していた。女性教師は早々に帰宅するのではなく、軍事訓練を見守って生徒たちを励ますべきであり、女子生徒は制服や旗の製作を手伝うべきであった［Blackman 1908］。はやくから軍事訓練に取り組んできたフィリピン大学では、女子学生は軍事訓練から排除されていた。彼女たちはドレスを着て賛助者の役割を演じることが期待されていた。一部の女子学生は看護部隊を編成して模擬戦争に参加した［McCoy 2000］。

女性性を宗教的で家庭的なものとみなしたスペインの植民者の影響を受けたフィリピン人男性にとって、ホセ・リサールの小説で描かれたマリア・クララ――慎みぶかく、慈愛に満ち、純潔で、献身的で、禁欲的な女性――こそ理想の女性であった。こうした女性観はアメリカの植民者たちの女性観とそれほど大きく異なっていたわけではない。植民地政府は友愛的同化を掲げ、アメリカとフィリピンの関係を父子のそれになぞらえた。そこに女性は不在だった。女性は教師や看護婦を除いて、公的な機関からほとんど排除されていた［Roces 2004, Rafael

2000: 39-51]。

一九一八年一月、ウィルソン大統領は女性参政権を承認する憲法修正第一九条への支持を表明し、同修正案は一九二〇年八月に批准された。フィリピン議会でも一九一八年に女性参政権に関する公聴会がはじめて開かれた。アメリカの植民者たちは「白人の愛」をフィリピン人女性へ広げようとした。彼らが求めた新しい女性とは、英語を話し、教育を受け、参政権を主張する女性であった。しかし、フィリピン人男性は、マリア・クララ的理想をなかなか捨てることができず、女性の参政権をめぐって対立が生じた。彼らにとって女性参政権論者は、アメリカが意図的につくった植民地的構築物であり、フィリピン人男性の多くが女性参政権に反対している以上、それは反民族的であった。これに対して、女性参政権論者は、男女がより平等であった（と彼女たちが考えた）スペインによる植民地化以前の「フィリピン」に理想を見いだし、女性参政権は近代的植民地的なものではなく、伝統的民族的なものだと主張した。彼女たちは、つねに伝統的な衣裳を身にまとい、妻や母としての役割に挑戦しないことを示すという戦略によって、男性たちを説得しようとした。女性参政権をめぐる議論は、ミーナ・ロセスが言うように、フィリピンの女性性構築のプロセスそのものであった［Rafael 2000: 39-51, Roces 2004］。

ハリソン、ウッド、マーフィーと歴代総督はみな女性参政権を支持したが、フィリピン議会は反対し続けた。それは彼らの男性性に関わる重大な脅威だったからである。アメリカは女性参政権を認めはしたが、国家防衛の責務は依然として男性の手にあった。これに対してフィリピンは自前の軍隊を持たず、軍事的にアメリカに従属していた。フィリピン人男性は女性と同じく「守られる」存在だった。政治的権利はフィリピン人男性が女性に対して優位を示すことのできる数少ない資産であった。アメリカへの軍事的従属という状況のもとでこの優位を失えば、どうやって男らしさを示すことができようか。

議会で女性参政権が認められたのは、フィリピンの将来的な独立が現実化した一九三三年のことである。しかし、一九三五年のコモンウェルスの憲法に女性の参政権は明記されなかった。一九三五年のカーニバルで、ケソンは婦人クラブ連盟の大会に出席し、憲法制定会議で兵役の義務が決定されたことを報告し、女性に対して、家にとどまって強健で勇気ある愛国的な子供を育てることを要求した。ケソンは徴兵制を通じて、男は外、女は内、男は守り、女は守られるというジェンダー役割を構築しようとしていた。これに対して、婦人クラブ連盟のピラール・リム会長は、憲法制定会議が女性の参政権を認めなかったことについて、その是正をケソンに要求した［Alzona 1934; McCoy 1999, 2000］。ピラール・リムの夫ヴィセンテ・リムはフィリピン人最初のウェスト・ポイント卒業生で、フィリピン軍創設の立役者の一人であり、日本との戦争ではフィリピン人最高位の将校として活躍、バターン死の行進を生きのびたが、一九四四年末に処刑された人物である。また息子のロベルトは一九三八年にフィリピン陸軍士官学校の第三期生となった。ピラール・リムは軍人の妻、軍人の母のよき見本であった。そんな彼女が女性参政権運動のリーダーの一人となり、一九三七年に参政権を勝ち取ったのだ。男女の役割分担を引きうけつつも、民族・国家と結びついたことで、マリア・クララ的なジェンダー観は後景に退いた。一九四〇年にピラール・リムが中心となってガールスカウトが設立される。それは、軍人の妻、軍人の母になる前の少女たちに、新しい女性性のロールモデルを提示することになった。

6　おわりに

江戸時代の日本では武士が軍事力を独占していたため、武士以外の男性に軍事的資質をもつことは求められなかった。軍事性は男らしさというよりも支配階級の指標として機能していた。明治政府が身分制を解体し、理念上ではあるが、すべての男性に軍事的義務を課したことで、軍事性が日本人男性にとって男性性の不可欠の要素となった。近代的学制と徴兵制が成立したあとに導入された兵式体操は、初等教育における高い就学率のもと、国民皆兵の理念を現実化し、国民であることが軍事的に定義される状況を作りだした。そこから排除された女性は、軍事的男性性を補完・強化する役割を与えられた。兵式体操が兵卒の予備教育であったとすれば、中高等教育機関の兵式体操、とりわけ一九二五年以降の学校教練は、将校の予備教育の性格をもつものであった。軍事訓練には、従順で規律ある臣民＝兵士を養成する側面と、そうした臣民＝兵士を統率する将校を養成する側面がある。学校教練は後者に属し、社会のエリートを軍事化することで、（当時揺らぎつつあった）軍事的男性性をより強化することに寄与した。学校や青年訓練所の軍事訓練は、普通選挙の導入とあいまって、ジェンダーの民族・国家化、軍事化を完成させたといえよう。

朝鮮は開国当初、非軍事的な近代化をめざしたが、高宗が皇帝に即位し、国号を大韓帝国、年号を光武（軍事的象徴性をもつ名称である）と改め、独立国家への動きを見せるに及んで、軍事的近代化に転換した。兵式体操は、個人のレベルでも民族・国家のレベルでも男性性を獲得するための手段とみなされた。それゆえ大韓帝国が日本の「保護」国となり、民族・国家のレベルで男性性を喪失した時期に、兵式体操は最も盛んになったのである。日本に併合後、朝鮮人は兵式体操を禁止され、兵役を免除された。日本が徴兵制を通じて強固な軍事的男性性を確立していたことを考えれば、朝鮮（人男性）の脱軍事化（脱国民化）が彼らの男性性を奪い、彼らを従属的地位に貶める措置であったことが理解されよう。このような状況で、失われた男性性を回復するには、独立を達成するか、日本人と同様の男性性を身につけるかのいずれかしかない。学校教練の要求は、少なくとも表向きは後者をめざすものであった。国民皆兵という理念のもとで、兵式体操・学校教練は「国民」であることの証であったからである。しかし日本は義務を課しながら、日本人と同様の権利を与えようとしなかったから、この道は実際には袋小路であった。

中国も国民皆兵にもとづく近代化の過程で、近代的学制と徴兵制を導入し、高等小学堂以上の男子に兵式体操を課した。しかし中国では徴兵制の導入に失敗し、学制の普及も進まなかった。また中国では徴兵に頼らずとも簡単に兵力を補充することができたから、軍事的男性性を確立する必要性は小さく、伝統的な軍人蔑視が存続した。ところが、一九二〇年代半ばよりナショナリズムが昂揚すると、軍事的男性性を確立する努力が再開される。辛亥革命でもそうだったが、国民革命のさいも、革命側は動員可能であれば女性も積極的に活用し、女性たちはときに軍事的な役割を果たすこともあった。辛亥革命では満と漢、国民革命では革命と反革命の対立が前景に出たことで、ジェンダーの壁が低くなった。革命が達成され、満漢、あるいは革命反革命の対立が解消されると、ジェンダーの壁はふたたび高まった。日本では国家が強力にジェンダーに介入したが、中国では国家にそのような力はなかった。そもそも中国全体を一元的に支配する権力は存在せず、国民党にとってさえ国家は建設の過程にあった。国家や国民の理想像は一様ではなく、その覇権をめぐって、国民党と共産党を主とする多様なアクターがせめぎ合う状況にあった。女性たちは国家よりも、むしろ家に縛られていた。それゆえ、家庭の束縛を脱するか、家庭の理解を得られれば、女性が政治の領域で活躍することも不可能ではなかったのである。満洲事変の勃発は、軍事的男性性確立の必要性を高めたが、結局のところ南京政府は軍事的男性性の確立に失敗した。それは、日中戦争で兵員を拉致などの強制的手段によって集めなければならなかったこと、その兵員も簡単に逃亡してしまったことに明らかである。奥村哲が指摘するように、中国では「非国民」という概念が社会的に形成されておらず［笹川・奥村 二〇〇七：一一四―一一五］、国民であること、軍事的資質を持つことは、男らしさの必須条件とはならなかった。

フィリピンでは国民国家を形成する契機がほとんどないまま、スペインの植民地からアメリカの植民地となった。フィリピン革命の一時期を除いて、フィリピン人は独自の軍事力を保有できず、男性性が軍隊と結びつけられることはなかった。その結果、国民皆兵や軍国民のような考え方は影響力を持たなかった。植民地化により喪失した個人・民族の男性性は、民主主義化（文明化）によって達成されることになった。こうしたなか、軍事訓練はアメリカに忠誠を尽し植民地体制を支える人材を養成するために実施される。一九三〇年代に独立が現実化するると、状況は一変する。フィリピン人はようやく国防の問題に真剣に取り組むことになり、軍事訓練が導入され、ジェンダーの民族・国家化、軍事化が進められる。その際、フィリピン的な男性性を構築するのではなく、アメリカ的男性性を模倣しようとした点に、フィリピンの特殊性を見いだすことができよう[13]。結局、フィリピンはアメリカへの依存を断ち切ることができず、軍事化も中途半端に終わってしまった。

日本、朝鮮、中国はそれぞれ「軍事化されたモダニティ」の実現をめざしたが、成功したのは日本だけだった。朝鮮は日本に植民地化された時点でその試みは挫折した。中国では、「軍事化されたモダニティ」はエリートにしか受け入れられなかった。フィリピンは非軍事的なモダニティをめざしたが、独立をまえに「軍事化されたモダニティ」への移行を試みた。戦後の冷戦体制のもとで、日本社会が脱軍事化するのに対して、戦前に「軍事化されたモダニティ」を実現できなかった北朝鮮・韓国、中国・台湾、フィリピンの社会で軍事化が強まるのは興味深い[14]。

注

(1) 本章は、ジェンダーの視点から軍隊を考える一連の研究(たとえば[阿部ほか編 二〇〇六、エンロー 二〇〇六、内田 二〇一〇]など)から多くの示唆を受けている。

(2) [竹中 一九七八、木下 一九八二、平原 一九九三、遠藤 一九九四、熊谷 二〇〇〇、秦 二〇〇五、奥野 二〇一三]など。また、[長谷川 二〇〇七]など、森有礼研究でも兵式体操が議論されている。

(3) 専論としては、[許義雄 一九九六、蘇瑞陽 一九九六、陳建新 二〇〇三]などが挙げられる。[笹島 一九六八]は一九一二年から一九四八年までを対象とするが、概説的で創見に乏しい。なお、一九五〇年代以降の軍事訓練を扱った研究に、[洪文華 二〇〇三、李泰翰 二〇一二]などがある。

(4) 森は一八七二年にマサチューセッツ州立農科大学を訪れたさい、軍事教練を見学し、「ひどく感じ入った面持ちで、『これこそ日本が持つべき学校の姿です。日本にはこの種の学校が必要なのです。日本の若者が自分で食料を作り、自分で国を守ることを教えるような教育機関が必要なのです』と訴えるように言った」という[遠藤 一九九四:六〇七]。

(5)『東京朝日新聞』一九一五年六月一五日、「臨時狭窄射撃委員会決議ノ件（大正四年度）」京都大学文書館所蔵（学友会、四—四〇）。当時の学生射撃に対する世間の反応については、［師尾　一九九四］が参考になる。

(6)「軍事予備教育と国防」『大阪朝日新聞』一九二四年一一月二九日、「軍事教育案を抛棄せよ」『東京朝日新聞』一九二四年一二月四日、「日本運動界の新紀元：所謂軍事教育論者反省せよ」『東京朝日新聞』一九二四年一〇月三〇日など。

(7)明治政府軍の側で戦った板垣退助は、「天下の雄藩」と称された会津藩に殉じたものがわずか五千人の士族だけだったことに驚き、富国強兵のためには「須らく上下一和、衆庶と苦楽を同ふし、闔国一致、以て経綸の事に従はざる可からず」と考え、のちに自由民権運動に立ち上がった［宇田・和田編　一九一〇：六—七］。会津戦争の経験から想像された国家のあり方はひとつではなかった。

(8)このときの徴兵制導入は朝鮮政府が主導したと考えられるが、日本の影響を考える論者もいる［玄光浩　一九九九］。

(9)女子義兵軍を組織した尹熙順のように、ごく少数ではあるが義兵運動に参加する女性もいた。

(10)もちろん、この点は日本人女性も同じである。ここで興味深いのは、婦人参政権運動のリーダーたちが積極的に国策に応じ、戦争への貢献によって男性と同等の国民になろうとしたことである。

(11)軍国民主義に関しては、政治史や革命史だけでなく、体育史［許義雄　一九九六］、身体史［黄金麟　二〇一一］、教育史［桑兵　一九九五］などさまざまな視点から数多くの研究がなされている。

(12)広東大学の前身である広東高等師範学校は一九二〇年に男女共学となる。この年、蔡元培校長の北京大学や南京高等師範学校でも女子学生を受け入れている。ただし、女子の比率はきわめて低く、北京大学では一九二二年の統計で、二二四六名中一一名にすぎない［杜学元　一九九五：四〇七］。

(13)本章で言及することができなかったが、日本や中国は、武道や武術を通して軍事的男性性に伝統的民族的要素をくみこもうとした。

(14)日本については、脱軍事化社会における自衛隊のあり方を問うた［フリューシュトゥック　二〇〇八］、韓国については［Moon 2005、権仁淑　二〇〇六］、フィリピンについては［McCoy 1999］を参照。

参考文献

〈日本語〉

阿部恒久・大日方純夫・天野正子編

二〇〇六　『男性史一　男たちの近代』日本経済評論社。
雨宮栄一
二〇〇三　『青春の賀川豊彦』新教出版社。
井口あぐり
一九〇三　「米国婦人の体育と体育所感」『体育』一一四：一—六頁。
今村嘉雄
一九八九　『十九世紀に於ける日本体育の研究』修訂版、第一書房。
宇田友猪・和田三郎編
一九一〇　『自由党史』上、五車楼。
上平泰博・田中治彦・中島　純
一九九六　『少年団の歴史——戦前のボーイスカウト・学校少年団』萌文社。
内田雅克
二〇一〇　『大日本帝国の「少年」と「男性性」——少年少女雑誌に見る「ウィークネス・フォビア」』明石書店。
宇垣一成
一九六八　『宇垣一成日記』一、みすず書房。
江木千之
一九一六　「兵式体操を復興せよ」『教育時論』一一三八：三—五頁。
遠藤芳信
一九九四　『近代日本軍隊教育史研究』青木書店。
エンロー、シンシア
二〇〇六　上野千鶴子監訳・佐藤文香訳『策略——女性を軍事化する国際政治』岩波書店。
岡田泰平
二〇一四　『「恩恵の論理」と植民地——アメリカ植民地期フィリピンの教育とその遺制』法政大学出版局。
奥野武志
二〇一三　『兵式体操成立史の研究』早稲田大学出版部。
小野和子

一九七八「辛亥革命時期の婦人運動――女子軍と婦人参政権」小野川秀美・島田虔次編『辛亥革命の研究』筑摩書房、二八三―三二六頁。
北沢　清
一九四四「兵・労・学一如」『学徒体育』四（五）：二―四頁。
木村　幹
二〇〇〇『朝鮮／韓国ナショナリズムと「小国」意識――朝貢国から国民国家へ』ミネルヴァ書房。
二〇〇九『近代韓国のナショナリズム』ナカニシヤ出版。
木下秀明
一九八二『兵式体操からみた軍と教育』杏林書院。
木村鷹太郎
一九〇九『東西古今娘子軍――一名・女子兵役論』日吉丸書房。
菊池邦作
一九七七『徴兵忌避の研究』立風書房。
九州大学創立五十周年記念会編
一九六七『九州大学五十年史』編者刊。
権仁淑
二〇〇六　山下英愛訳『韓国の軍事文化とジェンダー』御茶の水書房。
熊谷光久
二〇〇〇「兵式体操から学校教練へ」『政治経済史学』四〇五：一―二九頁。
厳　平
二〇〇八『三高の見果てぬ夢――中等・高等教育成立過程と折田彦市』思文閣出版。
コンスタンティーノ、レナト／コンスタンティーノ、レティシア・R
一九七九『フィリピン民衆の歴史Ⅲ』鶴見良行訳、勁草書房。
笹川裕史・奥村　哲
二〇〇七『銃後の中国社会――日中戦争下の総動員と農村』岩波書店。
佐々木陽子

二〇〇一　『総力戦と女性兵士』青弓社。
二〇〇六　「一五年戦争下の高等女学校における教練」『歴史評論』六七九：三六―五一頁。
笹島恒輔
一九六八　「軍国民教育思想・国家主義教育思想・軍事教育思想の中華民国の学校体育に及ぼした影響」『体育研究所紀要』八（一）：四五―六一頁。
佐藤鋼次郎
一九二二　『軍隊と社会問題』成武堂。
末次玲子
二〇〇九　『二〇世紀中国女性史』青木書店。
高嶋　航
二〇〇四　「近代中国における女性兵士の創出――武漢中央軍事政治学校女生隊」『人文学報』九〇：七九―一一一頁。
二〇一〇　「一九二〇年代の中国における女性の断髪――議論・ファッション・革命」石川禎浩編『中国社会主義文化の研究』京都大学人文科学研究所、二一七―六〇頁。
二〇一二　『帝国日本とスポーツ』塙書房。
二〇一三a　「『東亜病夫』とスポーツ――コロニアル・マスキュリニティの視点から」石川禎浩・狭間直樹編『近代東アジアにおける翻訳概念の展開』京都大学人文科学研究所、三〇九―三四二頁。
二〇一三b　「菊と星と五輪――一九二〇年代における日本陸海軍のスポーツ熱」『京都大学文学部研究紀要』五二：一九五―二八六頁。
二〇一三c　「上海セント・ジョンズ大学スポーツ小史（一八九〇―一九二五）」森時彦編『長江流域社会の歴史景観』京都大学人文科学研究所、三〇三―三四五頁。
二〇一四　「戦時下の日本陸海軍とスポーツ」『京都大学文学部研究紀要』五三：四五―一三九頁。
竹中暉雄
一九七八　「学生軍事教練の開始」池田進・本山幸彦編『大正の教育』第一法規出版、七一八―七九一頁。
月脚達彦
二〇一一　「近代朝鮮の儒教的知識人と『武』――朴殷植と『尚武の精神』」『韓国朝鮮の文化と社会』一〇：六一―九四頁。
土屋　洋

二〇〇八「清末の体育思想――『知育・徳育・体育』の系譜」『史学雑誌』一一七（八）：五六―八〇頁。
東京帝国大学編
一九二〇『東京帝国大学一覧（従大正八年至大正九年）』編者刊。
徳富蘇峰
一九一六『大正の青年と帝国の前途』民友社。
永井道明
一九一四『学校体操教授要目の精神及其実施上の注意』教育新潮研究会。
西尾達雄
二〇〇三『日本植民地下朝鮮における学校体育政策』明石書店。
日韓「女性」共同歴史教材編纂委員会編
二〇〇五『ジェンダーの視点からみる日韓近現代史』梨の木舎。
長谷川清一
二〇〇七『森有礼における国民的主体の創出』思文閣出版。
秦　郁彦
二〇〇五「第二次大戦期の配属将校制度」『軍事史学』四〇（四）：四―二五頁。
バード、イザベラ
一九九四　朴尚得訳『朝鮮奥地紀行』二、平凡社。
早川紀代
二〇〇七「日本の近代化と女性像、男性像、家族像の模索」早川紀代・李熒娘・江上幸子・加藤千香子編『東アジアにおける国民国家の形成とジェンダー――女性像をめぐって』青木書店、一五―三六頁。
平原春好
一九九三『配属将校制度成立史の研究』、野間教育研究所（『野間教育研究所紀要』三六集）。
深町英夫
二〇一三『身体を躾ける政治――中国国民党の新生活運動』岩波書店。
フリューシュトゥック、サビーネ
二〇〇八　花田知恵訳『不安な兵士たち――ニッポン自衛隊研究』原書房。

フリューシュトゥック、サビーネ／ウォルソール、アン編
　二〇一三　『日本人の「男らしさ」――サムライからオタクまで「男性性」の変遷を追う』明石書店。
古川学人（吉野作造）
　一九一七　「蘇峰先生の『大正の青年と帝国の前途』を読む」『中央公論』三二：一五八―一六五頁。
三原芳一
　一九七八　「陸軍と教育」池田進・本山幸彦編『大正の教育』第一法規出版、六五九―七一七頁。
宮村治雄
　二〇〇一　「『会議弁』を読む――『士民の集会』と『兵士の調練』序論」『福沢諭吉年鑑』二八：五七―八六頁。
モッセ、ジョージ・L
　二〇〇五　細谷実ほか訳『男のイメージ――男性性の創造と近代社会』作品社。
師尾源蔵
　一九九四　「学生射撃のそのころ」日本ライフル射撃協会編『社団法人日本ライフル射撃協会史』大正・昭和編、編者刊。
山川健次郎
　一九三七　『男爵山川先生遺稿』故男爵山川先生記念会。
山崎比呂志
　二〇〇一　「近代男性の誕生」浅井春夫・伊藤悟・村瀬幸浩編『日本の男はどこから来て、どこへ行くのか』十月舎、三二―五三頁。
吉澤誠一郎
　二〇一四　「清末中国における男性性の構築と日本」『中国――社会と文化』二九：四二―六五頁。
吉野作造
　一九二二　『二重政府と帷幄上奏』文化生活研究会。
羅絢成
　一九八七　「韓国近代学校体育の発展過程についての考察」『韓』一〇八：三九―七四頁。
梁啓超
　二〇一四　高嶋航訳注『新民説』平凡社。

〈ハングル〉

한왕택
二〇〇二　「開化期における兵式体操の成立過程に関する研究」『韓国体育学会誌』四一（二）：二二―四一頁。
韓国学文献研究所編
一九七七　『韓国開化期教科書叢書』第五巻、亜細亜文化社。
玄光浩
一九九九　「大韓帝国期徴兵制論議とその性格」『韓国史研究』一〇五：一五一―一八七頁。
張錫興
二〇〇二　「李弼柱の生涯と民族運動」『韓国学論叢』二五：一一三―一三二頁。
閔庚培
二〇〇四　『ソウルＹＭＣＡ運動一〇〇年史――一九〇三―二〇〇三』ソウルＹＭＣＡ。
李学来
一九九〇　『韓国近代体育史研究』知識産業社。

〈中国語〉
惲代英
一九八四　『惲代英文集』下巻、人民出版社。
栄子菡
二〇〇五　『広東童子軍研究――一九一五―一九三八」修士論文、曁南大学。
王　雲
二〇一一　『社会性別視域中的近代中国女子体育（一八四三―一九三七）』博士論文、南京大学。
王詩穎
二〇一一　『国民革命軍与近代中国男性気概的形塑――一九二四―一九四五』国史館。
汪正晟
二〇〇七　『以軍令興内政――徴兵制与国府建国的策略与実際（一九二八―一九四五）』国立台湾大学出版委員会。
王汎森
二〇一三　「『煩悶』的本質是什麼――『主義』与近代中国私人領域的政治化」『思想史』一：八六―一三七頁。

王李金
　二〇〇七『中国近代大学創立和発展的路径――従山西大学堂到山西大学（一九〇二―一九三七）的考察』人民出版社。
何兆熊
　一九二九「軍事訓練与兵式体操」『北京大学日刊』二二七三：二頁。
教育部編
　一九三四『中国教育年鑑』丙編、開明書店。
教育年鑑編纂委員会編
　一九八六『第二次中国教育年鑑』文海出版社。
許義雄
　一九九六「軍国民教育之体育思想（一八八〇―一九一八）」、〔許編　一九九六〕所収、三七―一二一頁。
許義雄編
　一九九六『中国近代体育思想』啓英文化事業有限公司。
許崇清
　二〇〇四『許崇清文集』中山大学出版社。
黄福慶
　一九八八『近代中国高等教育研究――国立中山大学（一九二四―一九三七）』中央研究院近代史研究所。
洪文華
　二〇〇三「我国軍訓教育之研究――兼論改革開放以来中国大陸軍訓教育制度」修士論文、世新大学。
黄金麟
　二〇〇一『歴史、身体、国家――近代中国的身体形成：一八九五―一九三七』聯経出版事業公司。
湖南第一師範校史編写組編
　一九八三『湖南第一師範校史――一九〇三―一九四九』上海教育出版社。
謝仕淵
　二〇〇二「殖民主義与体育――日治前期（一八九五―一九二二）台湾公学校体操科之研究」修士論文、国立中央大学。
徐一冰
　一九一〇「組織女子軍事研究会縁起」『婦女時報』二：二―四頁。

徐元民
　一九九九　『中国近代知識分子対体育思想之伝播』師大書苑有限公司。
蔣百里
　一九二二　『裁兵計画書』商務印書館。
蔣夢麟
　一九一九　「和平与教育」『教育雑誌』一一（一）：一―一二頁。
　一九三五　『各国青年訓練与新生活運動』正中書局。
沈介人
　一九三五　『各国青年訓練与新生活運動』正中書局。
蘇瑞陽
　一九九六　「学校体育軍事化思想（一九二五―一九三七）」、［許編　一九九六］所収、四二五―四九八頁。
宋艶麗・趙朝峰
　二〇〇四　「抗戦前国民政府的学校軍事教育政策」『歴史檔案』四：一一〇―一一六頁。
桑　兵
　一九九五　『晩清学堂学生与社会変遷』学林出版社。
中国第二歴史檔案館編
　一九九四　『中華民国史檔案資料彙編』五輯一編・教育、江蘇古籍出版社。
張栄福
　一九二五　「北大学生軍」『京報副刊』二一五：一六一―一六三頁。
趙治国
　二〇〇八　「晩清兵制変革思想及実践――従〝民兵〟到〝徴兵〟」博士論文、復旦大学。
趙徳馨ほか編
　二〇〇八　『張之洞全集』第一二冊、武漢出版社。
直　荀
　一九一九　「雅礼学校運動会紀事」『体育週報』四五：六―一〇頁。
陳英才

陳啓天
　一九八四「両湖書院憶聞」『文史資料選輯』九九：八〇―八八頁。
陳建新
　一九二五「学校軍事教育復興運動」『醒獅』三〇：三―四頁。
陳選善・鄭文漢
　二〇〇三「民国時期学校軍訓史略」『民国檔案』二：八〇―八三頁。
杜威（John Dewey）
　一九三三「中学生職業興趣調査報告」『教育与職業』一四九：六〇五―六一二頁。
杜学元
　一九一九　鄭宗海訳、黄観芸・陳燮勳筆記「杜威博士対于軍国民主義教育之見」『体育週報』二七：六―七頁。
湯茂如
　一九九五『中国女子教育通史』貴州教育出版社。
麦克楽（McCloy, Charles H.）
　一九二二「中学四年級生職業選択之調査」『心理』四：一―四頁。
斐　因
　一九二四「体育与徳謨克拉西」『体育与衛生』三（一）：一―六頁。
馮漢編
　一九三六「広西女生的軍訓」『綢繆月刊』三（四）：四五―四七頁。
茅盾ほか編
　二〇一〇『鄒魯年譜』上巻、中山大学出版社。
毛注青編
　一九三六『中国的一日』生活書店。
游鑑明
　一九九一『黄興年譜長編』中華書局。
熊志勇
　二〇〇九『運動場内外――近代華東地区的女子体育（一八九五―一九三七）』中央研究院近代史研究所。

一九九八　『従辺縁走向中心——晩清社会変遷中的軍人集団』天津人民出版社。

雷祥麟
二〇一一　「習慣成四維——新生活運動与肺結核防治中的倫理、家庭与身体」『中央研究院近代史研究所集刊』七四：一三三—一七七頁。

藍雪花
二〇一三　「一九二八—一九四五年福建学校軍訓述評」『東南学術』二：二〇四—二〇九頁。

李益彬・李瑾
二〇〇七　「女子学堂与辛亥革命——以上海宗孟女学堂為例」『史林』一二：一一一—一一五頁。

李泰翰
二〇一一　『一九五〇年代台湾学生軍訓之研究』国史館。

梁啓超
一八九七　「記自強軍」『時務報』二九冊、四頁。

霊光（林騤）
一九二五　「武育救国論」『醒獅』三〇：二—三頁。

〈英語〉

Alzona, Encarnación
1934　*The Filipino Woman: Her Social, Economic and Political Status, 1565-1937*. Revised ed. Benipayo Press.（＊奥付には一九三四年とあるが、改訂版の刊行は一九三七年秋以降と思われる）

Blackman, R. B.
1908　The Value of Military Drill in the Schools. *Philippine Education* 4 (8): 8-10.

Bocobo-Olivar, Celia
1972　*History of Physical Education in the Philippines*. University of the Philippines Press.

Capozzola, Christopher
2009　Minutemen for the World: Empire, Citizenship, and the National Guard, 1903-1924. In Alfred W. McCoy and Francisco A. Scarano eds. *Colonial Crucible: Empire in the Making of the Modern American State*. The University of Wisconsin Press, pp.

421-430.

Culp, Robert

2007 *Articulating Citizenship: Civic Education and Student Politics in Southeastern China, 1912-1940.* Harvard University Press.

Fung, Edmund S. K.

1980 *The Military Dimension of the Chinese Revolution: The New Army and Its Role in the Revolution of 1911,* Australian National University Press.

Ha Nam-gil and J. A. Mangan

1994 A Curious Conjunction: Sport, Religion and Nationalism. *International Journal of the History of Sport* 11 (3): 329-354.

Huang, Martin W.

2006 *Negotiating Masculinities in Late Imperial China.* University of Hawai'i Press.

Louie, Kam

2002 *Theorising Chinese Masculinity: Society and Gender in China.* Cambridge University Press.

Long, Nathan Andrew

2003 *The Origins, Early Developments and Present-day Impact of the Junior Reserve Officers' Training Corps on the American Public Schools*. Ph.D. *Dissertation.* University of Cincinnati.

McCoy, Alfred W.

1999 *Closer Than Brothers: Manhood and the Philippine Military Academy.* Yale University Press.

2000 Philippine Commonwealth and Cult of Masculinity. *Philippine Studies* 48 (3): 315-346.

Meixsel, Richard

2002 The Philippine Scout Munity of 1924. *South East Asia Research* 10 (3): 333-359.

Moon, Seungsook

2005 *Militarized Modernity and Gendered Citizenship in South Korea (Politics, History, and Culture).* Duke University Press.

Nagel, Joane

1998 Masculinity and Nationalism: Gender and Sexuality in the Making of Nations. *Ethnic and Racial Studies* 21 (2): 242-269.

Neiberg, Michael S.

2000 *Making Citizen Soldiers: ROTC and the Ideology of American Military Service.* Harvard University Press.

Pobre, Cesar P.

2000 *History of the Armed Forces of the Filipino People*. New Day Publishers.

Rafael, Vicente L.

2000 *White Love and Other Events in Filipino History*. Duke University Press.

Roces, Mina

2004 Is the Suffragist an American Colonial Construct?: Defining 'the Filipino Woman' in Colonial Philippines. In Louise Edward and Mina Roces eds. *Women's Suffrage in Asia: Gender, Nationalism and Democracy*. Routledge, pp. 24-58.

Sinha, Mrinalini

1995 *Colonial Masculinity: The 'Manly Englishman' and the 'Effeminate Bengali' in the Late Nineteenth Century*. Manchester University Press.

Song Geng

2004 *The Fragile Scholar: Power and Masculinity in Chinese Culture*. Hong Kong University Press.

Suva, Geronimo

1924 Physical Education in the Philippine Islands. *Philippine Information Pamphlets* 1 (1): 49-69.

Tikhonov, Vladimir

2007 Masculinizing the Nation: Gender Ideologies in Traditional Korea and in the 1890s–1900s Korean Enlightenment Discourse. *Journal of Asian Studies*. 66 (4): 1029-1065.

Torres, Cristina Evangelista

2010 *The Americanization of Manila, 1898-1921*. University of the Philippine Press.

第一一章　韓国社会の徴兵拒否運動からみる平和運動の現状

朴　眞煥

1　はじめに

本章の目的は、まず韓国社会における徴兵拒否運動の歴史と理念を述べることである。次に活動の事例を分析し、徴兵拒否運動が韓国社会における反戦平和運動にどのような影響を及ぼしたのかについて述べる。韓国社会における徴兵拒否運動は、欧米諸国に比べ遅れて始まった。その理由として、南北分断のため、「平和」よりは「軍事」が優先されたことと、徴兵制による軍事文化が挙げられる。民主化運動以降、若い世代の活動家を中心に反戦意識や平和についての関心が高まり、新たな市民運動として平和運動が登場、成長した。本章では、一九九〇年代後半から二〇一〇年頃までの市民社会における変化に注目する。

管見の及ぶ限り韓国社会の徴兵拒否運動と平和運動に関する文化人類学的研究は見当たらない。法学や社会学的な観点から徴兵拒否者の人権保護について論じるものが見られ、「良心の自由」を認め代替服務制度の導入の必要性を強調する。これらは主に、「徴兵を拒否することは良心の自由に当たる権利であり、徴兵拒否権を認めるべきである」と述べている［Cho 2001; Han 2002］。ドイツや台湾など、外国の事例や徴兵拒否の歴史について論じることで代替服務制度の導入の必要性を訴える研究もある［Choi 2002; Chang 2002,2005; Han 2002; Lim 2006］。これらの研究は、国連人権委員会の徴兵拒否権に関する人権勧告や、海外における徴兵拒否について考察することにより、人権問題に関わる問題として徴兵拒否について論じている。韓国社会においては、現在も徴兵拒否は認められず、徴兵を拒否する者は実刑に処されているのが現状である。彼らの人権を保護するために、徴兵拒否を認める制度を作ることは重要である。しかし、徴兵拒否が個人の行為を超え、徴兵拒否運動として成長し実践されている現実については言及しない弱点が伺える。

徴兵拒否運動を市民運動として扱う研究もあるが、これらの研究は徴兵拒否運動を韓国社会における軍事文化に抵抗する運動として分析している傾向が見られる。カン・インファは、徴兵拒否者と徴兵拒否運動の活動家とのインタビュー調査により徴兵役拒否運動における戦略や言説ついて分析した［Kang 2007］。しかし、徴兵拒否運動が、民主化運動以降、市民社会の変化とどのように関係しているのかについて言及していない。本章は、徴兵拒否運動が韓国社会における市民社会の変化と反戦平和運動の成長に大きな影響を与えたという点に注目したい。

韓国は、民主主義の実現のために活発な民主化運動が起きた国である。韓国では、一九八〇年頃に民主主義の実現のための民主化運動が始まった。民主主義は、国民国家や政教分離とならんで、政治の分野における近代化のひとつの指標である。そして、民主主義は人権問題、伝統的な支配構造、社会主義国家や軍国主義に基づく専制国家における圧政に対する抵抗や改革の根拠となった。ただし、韓国社会における民主化運動は、人権、個人の平等や自由のような民主主義の基本理念の実現というより、軍事独裁政権に抵抗し、大統領選挙の実施など政治システムの変化を求める運動であった。

文民政権が続いている今日の韓国の政治環境をみると、民主化運動はある程度の成果を成し遂げたと言えるだろう。韓国社会の民主化以後、人権問題、環境問題、軍事基地問題、労働問題、貧困の格差問題など、これまで潜在していた様々な問題が表面に現れ始めた。市民社会は、民主化により市民運動の統一的な目標を失った。市民運動陣営は拡散し、ばらばらになり、多様な市民団体を生む土壌となった。市民社会は、これまでの民主化運動が無視してきた様々な社会問題に市民社会が真剣に向き合うべきだという時代的な要求に直面した。民主化運動の後の市民社会が直面している現状を「ポスト民主化運動」の社会だと規定できる。市民運動が再構築される過程で現れた市民運動の中には、米軍の犯罪や基地拡張に反対する反基地運動や徴兵を拒否する運動など、軍隊に反対する運動がある。その中でも韓国社会において盛んに議論が行なわれている市民運動が徴兵拒否運動である。徴兵拒否運動は軍隊を否定し、国家権力に抵抗する運動であり、徴兵制のため軍事文化の影響が強い韓国社会において多くの議論をもたらしている。

徴兵拒否運動は二〇〇〇年から始まった「新しい」市民運動である。活動家の多くは二〇代の若い世代である。徴兵拒否運動は一九八〇年代から一九九〇年代において主流の市民運動であった民主化運動の後に現れた運動として市民社会に反響を起こした。良心と思想の自由に基づいた徴兵拒否権の獲得をめざして始まった徴兵拒否運動は、徴兵制が生み出す軍事文化と衝突、挫折を経験しながら、非暴力・反戦平和運動として成長した。徴兵拒否運動の思想である非暴力・反戦平和という思想は既存の民主化運動世代がこれまで回避してきた問題であり、徴兵拒否運動は既存の民主化運動と一線を画す。

本章は徴兵拒否運動を「ポスト民主化運動社会」に現れる市民運動のひとつとして捉え、徴兵拒否運動がどのように生まれたのか、また、どのような変化を経て反戦平和運動として成長し、市民社会にどのような変化をもたらしたかについて論じることで、韓国社会における反戦・平和運動の現状について考察する。

本章の事例は、韓国ソウルにある徴兵拒否運動団体「戦争のない世の中」で行った調査を元にしている。「戦争のない世の中」は二〇〇三年から活動を始めた、韓国で唯一の徴兵拒否運動団体である。現在、同団体は、徴兵拒否運動だけでなく、非暴力・反戦争・平和運動という方法論を市民社会に提案することで、非暴力平和運動に影響力を持っている。筆者は二〇〇八年からこの団体の非常勤活動家として運動に参加しながら調査を行ってきた。

２　韓国会社における徴兵制と軍事文化

１　韓国社会における徴兵制の歴史

韓国ではじめて「徴兵制」が実施されたのは一九四四年である。朝鮮が日本の植民支配から独立した際、徴兵制は一度廃止されたが、その後の一九四九年に徴兵制が復活し、一九五〇年一月に、全国的に徴兵検査が実施される。しかし、米軍が韓国軍の数を一〇万人以下に抑えようとしたため、一九五〇年三月、再び徴兵制が廃止された［Han 2003: 266］。

廃止、復活が繰り返される中、本格的に徴兵制が実施されるきっかけになったのは、朝鮮戦争であり、一九五一年五月に徴兵制が再度実施となった。さらに、「韓国軍の数を一〇万に抑える」という米軍の政策も廃止され、これらが契機となり一九五二年には韓国軍の数が急激に増加し、二五万人に至った。以降、朝鮮戦争が休戦になるまで韓国軍の数は増えつづけ六五万人にまで至った。ところが朝鮮戦争が終わると、米軍は韓国政府に再び韓国軍の兵力縮減を要求した。しかし、一九六一年、朴正煕の軍事クーデターにより軍事政権が生じた。その際軍事政権は軍事力に基づいた「軍国主義」を政治的な理念とし、高校や大学で軍事訓練を実施するなど、軍事文化が支配する軍事独裁国家を築き、軍事政権はベトナム戦争への海外派兵に応じることによって兵力を維持した。この軍事政権が築き上げた「兵営国家」の理念や制度により「軍事文化」が社会的に広がったとされている。また、軍事政権は徴兵制を整備することに力を注ぎ、軍事政権のもとで作られた兵役法は現在に至るまでその基本的な骨格が維持されている。

ただ、一九六〇年代以前の徴兵制は現在の徴兵制よりゆるやかな制度であったと言われる。政治家や官僚、実業家など特権階級の息子は徴兵から簡単に逃げられるということは、世間で噂となり、「徴兵制は不平等だ」という反発が社会に広がった。軍事政権は徴兵制に対する社会的な不満や雰囲気を変えるため徴兵から逃れる人に対する取り締まりを強化した[1]。

この時代、徴兵から逃れる人として扱われた存在が「エホバの証人」による宗教的理由で徴兵を拒否する者であった。社会的に「徴兵拒否」という概念がなく、徴兵忌避者として扱われた。韓国社会における徴兵拒否の歴史において、「エホバの証人」は欠かせない存在である。軍事政権は「兵役忌避〇％」という目標を定め、徴兵忌避者に対する抑圧を強めた。しかし、実際抑圧の対象になったのは不当な方法で徴兵を逃れる人ではなく、「エホバの証人」や「セブンスデー・アドベンチスト」といった宗教実践として徴兵を拒否する宗教の信者であった。結局軍事政権の抑圧に耐えられず、「セブンスデー・アドベンチスト」は宗教的な徴兵拒否を諦める。これにより「エホバの証人」だけが宗教実践として徴兵拒否をする宗教となる。このため、「エホバの証人」に対する軍事政権の弾圧はより強くなっていった。

長らく反共産主義を国是としてきた韓国社会において、銃を手にすること、国歌を歌うこと、国旗に敬礼をすることを拒否する「エホバの証人」の信者らは共産主義者なしに反国家団体とみなされ、厳しく抑圧された。つまり宗教実践が反国家的な行為として認識されたのである。民主化運動後の一九九〇年代にも、こうした傾向は強くなり、徴兵拒否に対する抑圧や社会的排除は続いた。

二〇一〇年代の現在も、「徴兵制は不平等だ」という韓国人の意見は変わりなく、韓国国民の頭に刻まれている。

「権力層」の兵役忌避の例が相次いで明らかになり、「神の息子、将軍の息子、ヒトの息子、闇の息子」[2]といった言葉ができるほど、「徴兵制」は社会的不平等の象徴となる。このようなイメージをなくすため、兵役法がより厳しく設定されるに従って徴兵を逃れる人々への社会的な認識もますます厳しくなり、「軍隊に行かない人」についてては、その理由を問わず、激しい攻撃が行われている。二〇〇九年にも、政治家の息子や芸能人による徴兵忌避の事例が明らかになり、兵役を忌避した人は兵役の期間の二倍である四年間の服務に処する「兵役忌避者処罰法」が国会に提出された。以上のように、徴兵制が不平等な制度であるという認識から、より厳格な徴兵制を設けるべきだという認識が社会的に形成された。

二〇一三年現在の徴兵服務期間は、二一ヶ月（兵士の場合）である。兵士としての服務の以外に、大卒以上の男性を対象に選抜試験を通して採用する士官候補生制度がある。また、病気などにより軍隊で服務することが困難な人のための代替服務制度も設けられている。しかし、政治思想や宗教が理由で軍隊での服務を拒否する人のための代替服務制度[3]はなく、徴兵自体を拒否する権利は認められていない。

2　徴兵制が生み出す軍事文化

韓国社会において兵役というのは「真の国民」になるための重要な義務であると認識されてきた。このような意味で徴兵制がある社会において徴兵制は「通過儀礼」のひとつであると言える。特に、長い間軍事政権による兵営国家が築かれてきた韓国社会において徴兵制は制度としての意味を越え、人々の日常に入り込み、徴兵制を巡る様々な言説を生み出し、社会の隅々に行き渡っている。つまり、韓国社会における徴兵制は「真の国民」、「真の男」になる通過儀礼としていかに機能しているかが伺える。

徴兵制が通過儀礼として機能するということは何を意味するだろうか。通過儀礼には成人式、結婚式などが挙げられるが、それらの儀礼により、それぞれ成人、夫／妻、母親／父親などといった社会的な主体が生まれる。このようにして生み出される主体は文化や社会によって異なると言える。すなわち、通過儀礼とはある文化や地域に属する人々を何らかの社会的な主体として生産する過程である。韓国の場合、徴兵制が通過儀礼として機能しているということは徴兵によって、ある主体が生まれることを意味する。その主体には様々な社会的な意味が与えられる。

> わが民族は五〇〇〇年の歴史を通し、大小様々な規模の外国の勢力に侵略されてきた。しかし、一度も他国を先制攻撃したことはない。大韓民国の憲法第五条は「大韓民国は国際平和維持に貢献し、侵略戦争を否認する」と定める。大韓民国の軍隊は戦争のために存在するのではなく外国の侵略から国民の生命と財産を守り、国際平和を維持するために存在する。大韓民国で生まれ大韓民国の国民として生きて行こうとするなら、我々は「われわれ自身」と「われわれの家族」の「財産と生命」を守るための聖なる義務である国防の義務を成し遂げるべきである［「国防アンテーナ」『国防ジャーナル』二〇〇二年一一月号：七九頁］。

この引用は、韓国社会における徴兵と国民との関係をあらわしている。こうした「国民の義務」としての徴兵という意見は国家権力側が徴兵制度を維持するために国民に訴える論理であり、この論理は韓国国民に広く受け入れられている。これはなぜなのだろうか。その理由として挙げられるのが北朝鮮という存在である。ムン・ソンスックは、韓国近代史おける日本による植民支配と朝鮮戦争の経験により韓国の人々が「国家を奪われた国民」の悲惨さを体験するきっかけになったと述べる［Moon 2005］。その結果、韓国では「個人」よりは「国家」が優先する国家主義の傾向が強くなり、国民は国家に従う存在とみなされたと分析する。韓国の国家安保を脅かす北朝鮮の存在は韓国の人々に「国家を奪われた記憶」を繰り返し思い出させる。いまだに目の前でしばしば起きる南北間の海上交戦や繰り返されてきた衝突を見ると、北朝鮮という敵は肌で感じられ、目に見える大きな脅威として存在する。このように、身近なところに存在する「敵」から国家を守るためには強い軍事力が必要であるという論理は、韓国の人々に容易に受け入れられて来た。その軍事力を支えてきたのが徴兵制である。徴兵制は敵から家族や国家を守る方法であり、徴兵に応じるのは家族や国家のために自分を犠牲する「聖なる行為」だとみなされてきた。徴兵に対する報奨は、就職活動における「軍服務加算点制度」という形で現れる。また、軍事独裁政権が「兵営国家」を目指したことにより、軍事文化が広がった。その結果、軍隊と一般社会の境界が崩れ、軍事主義の言説や行動が一般社会でも通用するようになった。徴兵制は一般社会に生きるための生活様式を学習する場となり、そこで学んだ礼儀や規律に従って振る舞うことによって、個人は社会的存在とみなされる。

このような状況の中で、徴兵制を巡る様々な言説が生まれた。まず、「真の男」という言説が挙げられる。この言説は、徴兵に応じることは当然なことであり、徴兵の経験により、ようやく社会的な存在、一人前の成人男性になるという認識を表す。「徴兵を終えた男性＝成熟した・頼もしい・社会性がある」という男らしさと関係する言説となる。「真の男」や「徴兵を終えた男性＝成熟した・頼もしい・社会性がある」という言説は具体的にどのようなものだろうか。以下、韓国の大学で行われた調査で得られた事例を引用する［朴眞煥　二〇〇六］。

韓国社会において大学入学はそれまでの教育の第一目標であり、大学生になることは成熟した存在になることを意味する。しかし、男子学生はもうひとつの通過儀礼を受けなければならない。これが兵役である。在学中に兵役を終えることは最も成熟した存在になることを意味する。

〈事例一：個別面談で〉

質問：男子は軍隊へ必ず行かなければならないんですか。兵役を終えた人は何か違いますか。
答え：もちろん男子は軍隊へ行くべきです。そうしてこそ何か、頼もしくなるし……。軍隊で苦労を経験すれば、両親に孝行すると思うし、軍隊で団体生活を経験すれば、社会生活もうまくやれるでしょう。
質問：何か変化がありますか。軍隊に行けば？
答え：大学で見ても、すぐわかりますよ。兵役を経験した人を見れば……。何でも一生懸命するから……。軍隊経験があるからと思いますけど……。うちのお兄さんも軍隊に行ってきてから変わったんですよ。お母さんに丁寧な言葉で話すし……。良い人になったようです。（女性、一九歳、一年生）

〈事例一〉から兵役を終えたことは成熟した存在になることを意味することがわかる。成熟した存在というのは社会的基準に順応し、道徳、礼節を守り、責任感がある存在ということである。一方、兵役を終えていない男子学生を不完全な存在として規定する。以下の事例から現役の男子大学生自身が、自分を未熟な存在と自己規定していることがわかる。

〈事例二：兵役を終えていない男子学生たちの酒の席で〉
ぼくは同じ学科の女の子と付き合っています。でも、すまない気がする時が多いんです。まだ軍隊も行ってないし。兵役はほんとに私たちには大変なことですよ。すまないです。それで、特に兵役を終えた男と付き合っている彼女の友達と会えばもっとそうです。ぼくはなんか幼く見えるような感じもするし。（男性、二〇歳、二年生）

〈事例二〉の男子学生は兵役を終えていないという事実と結びつけ、自己を不安定な存在として認識している。自分を不完全な存在と規定し、兵役を終えた人の接触を通じて彼らが安定していると思う。このような言説は軍隊経験の有無だけから生ずるわけではない。彼らを取り巻く現実も無視できない。多くは大学に入学し、一年が終わると休学、入隊、兵役を終え復学する。復学すると、就職や大学院進学などの問題が目前に迫る。

〈事例三：兵役を終えた男子学生の集まりで〉

軍隊に行く前までは講義に欠席することを軽く思ってたんですよ。飲み会などの学外の遊びを好む生活だったんです。その時は、軍隊に行くと、どうせバカになるから今勉強しても意味がないと思ってたんです。それで復学してから、熱心に勉強すれば大丈夫じゃないかなと思ってたんです。（男性、二五歳、四年生）

〈事例四：兵役を終えていない男子学生たちの酒の席で〉

大学生になったから、なんか、解放感を感じて……。（中略）遊びます。勉強は除隊した後からでも大丈夫だから。（男性、一九歳、一年生）

〈事例三〉、〈事例四〉のように、軍隊に行く前までは大学の講義に欠席することを軽く思い、友達と飲み会などの遊びを楽しむ。このような生活は、徴兵制についての言説を強化する結果になる。軍隊に行く前の男子学生が今の生活は意味がないことと認識する。それは「軍隊に行くこと＝バカになる」という言説の影響である。「バカになる」というのは、軍隊は大学の生活とまったく違うので、大学で学んだことを忘れてしまい、また、外の社会の変化に疎くなることを意味する。このような認識は現実に価値を付与せず、兵役を終えた後の生活に価値を付与することとなる。これによって「兵役を終えていない＝未熟だ・自分の統制ができない」という言説が維持される。しかし、兵役を終えた男子学生は社会に出る準備をしなければならないので、現実的な問題により関心を持つ。これは社会が求める生活である。このように異なる生活の結果、男子学生は徴兵制が埋め込まれた日常を営み、「徴兵を終えた男性＝成熟した・頼もしい・社会性がある」、「真の男」という徴兵制の言説を強化、維持することとなる。

以上のように韓国社会に軍事文化が広がっている現実から見ると、軍隊における厳しい序列関係、国家のための個人の犠牲の強要、男性中心性などは軍隊と一般社会とに共通する特徴である。軍隊で身につけたことを一般社会でも振る舞うことで社会的な存在になれる。大学という通過儀礼を経て、軍隊に入り徴兵制という通過儀礼を経験する。除隊すると「真の男」となり、軍事文化が広がっている社会に溶け込み「真の男」として生きていく。反面、徴兵を終えていない男性は未熟な、「真の男性ではない」存在とみなされる。ただし、ここで注目すべきは、徴兵の忌避ではなく、身体が弱いなどの理由で、軍隊に行けない人の存在である。彼らは「真の男」にはなれないが、「国民」という枠から除外されるようなこともない。彼らは劣等な存在とみなされ、差別され、あざけられる。このように、徴兵制の言説がうみだす「国民」のカテゴリーには多様な存在が含まれている。徴兵制は出生、成人式、結婚のように誰もが経験する通過儀礼とみなされ、この言説が生み出した「国民」のカテゴリーで人々は区別されている。

以上、韓国社会における徴兵制の歴史と韓国社会おいて徴兵制がどのような意味を持ち、機能しているのかについて論じた。徴兵制が支える軍事文化が広がっている韓国社会で、徴兵を拒否する行為は批判にさらされることが簡単に予想できる。それにも関わらず、なぜ、韓国社会に徴兵拒否運動があらわれたのか。次節からは韓国社会おける徴兵拒否運動の形成過程について論じることで、民主化運動以後の市民社会、特に学生運動内部の事情や徴兵拒否運動が反戦平和運動としてその運動の方向性をかえるようになったきっかけについて考察する。

3　徴兵拒否運動の形成過程

ここでは、徴兵拒否が市民運動として成長して行く過程について、市民運動、特に学生運動内部の事情と関連付けながら論じる。徴兵拒否運動の形成過程は三つの時期に区分できる。第一期は導入期、第二期は成長期、第三期は転換期である。第一期は海外の平和運動団体の影響を受け、韓国社会に導入された徴兵拒否運動が当時の学生運動内部の事情と絡み合いながら、市民運動として徴兵拒否運動へ成長可能な土壌を作り上げた時期である。第二期は徴兵拒否が運動として成長し、徴兵拒否者が増えた時期である。一方、徴兵拒否運動が活発な活動を展開することにより、徴兵拒否運動に対する反対も表面化し、徴兵拒否を巡る議論が活発に行われるようになった時期である。最後に第三期は、徴兵拒否運動が、非暴力平和運動として成長し、その運動方法が様々な市民運動に影響を与える時期である。本章では第一期と第二期を中心に論じる。

1　第一期――導入期

第一期は徴兵拒否運動の導入期として、海外の平和運動団体からの提案を受けてから初めての徴兵拒否者が誕生し、徴兵拒否運動へ発展する時期である。

2　海外の平和運動団体からの提案

二〇〇〇年、韓国社会における市民運動は初めて徴兵拒否運動と出会った。二〇〇〇年以前にも、エホバの証人信者による宗教的徴兵拒否は続いていたが、彼らの徴兵拒否を市民運動としてみなす人は存在しなかった。このような認識は市民運動の当事者も同じであり、エホバの証人信者による徴兵拒否が市民運動もしくは、平和運動活動だと認識する活動家はいなかった。それどころか、徴兵を拒否し、刑務所に入る彼らの人権について疑問を呈する活動家すら存在しなかった。このような状況に変化をもたらしたのが、国際的に活動する平和運動団体である「アメリカ・フレンズ奉仕団（American Friends Service Committee　以下、ＡＦＳＣ）[4]」との接触であった。当時女性問題の解決に取り組んでいた「平和人権連帯」という団体は、二〇〇〇年から韓国社会における徴兵制について団体内部で議論してきた。

〈事例五：「平和人権連帯」の女性活動家Ｏ・Ｒの発言、二〇〇八年平和キャンプにて〉
二〇〇〇年から平和人権連帯に「徴兵制について考える会」という小さな集まりがあった。これから徴兵に服しなければならない二〇代の男性一人と軍隊を免除され「非国民」扱いの男性一人、そして軍隊に行けない女性二人、以上四人が徴兵制について勉強した。当時は「徴兵拒否」という概念すらなかった。もちろん、「エホバの証人」の信者が徴兵を拒否する事実も知らなかった。（二〇〇八年八月二八日）

〈事例五〉の「徴兵制について考える会」の顔触れは興味深い。徴兵を経験した人が一人もいなかったのである。徴兵を終えていない男性は「未熟」な存在であり、軍隊に行けない女性は通過儀礼の資格さえ持たない存在である。また、軍隊を免除された男性は「韓国の平均男性の身体」以下の劣等な身体を持つ男性である。勉強会での議論を通じて彼らは、「徴兵制」が人々を規定する韓国社会の軍事文化に疑問を呈した。しかし、このような議論は徴兵制そのものについて批判するものではなかった。徴兵制が生み出す男女不平等な社会について疑問を呈すものであった。しかし、二〇〇〇年韓国で開かれた「ASEM People's Forum」という経済のグローバル化に反対する市民団体の国際的な連帯運動の場で、AFSCと接触し「徴兵制について考える会」の活動は転換期を迎える。

〈事例六：平和人権連帯の活動家O・Rからの聞き取り〉

二〇〇〇年、アジア欧州会合の会議に反対する「ASEM People's Forum」が韓国で開かれた。その時、AFSCという平和運動団体があったんだ。その会議の内容は、台湾では二〇〇〇年七月から徴兵拒否を認め、代替服務制度が実施された事例についてであった。台湾も軍事大国であり、男性中心的な国にも関わらず、徴兵制度に変化が見られているということであった。韓国はこんなに民主主義が進んでいるのに、軍隊はまだ「聖域」なのだと。AFSCの活動家は、韓国における人権問題の中、軍隊が起こす人権問題がもっとも深刻であって、一度、徴兵制に反対する運動をしてみるのはどうかとわれわれに提案した。AFSCの活動家がAFSCと「War Resister's International（以下、WRI[5]）」が共同で公刊した「徴兵拒否者が国連をいかに活用できるのか」という英語で書かれた本をくれた。私は衝撃を受けた。徴兵拒否ってできるもんだと思った。大学で学生運動をやっていた時、男性の先輩を含め、徴兵拒否について一度も話したことはなかった。

（二〇〇八年八月二九日）

AFSCの提案を受け、平和人権連帯の活動家は「人権」という枠の中で徴兵拒否について議論し始めた。平和人権連帯が徴兵拒否運動を「人権問題」として捉えようとしていた。O・Rたちは、韓国社会では、台湾やドイツのような代替服務制度がなく、徴兵拒否が犯罪とみなされる現状があり、それを変えたかったのである。

二〇〇一年三月にはAFSCの支援を受け、韓国で『韓国軍隊改革に関する国際会議』が開かれることになった。この会議では、市民運動が徴兵制や軍事主義にいかに抵抗すればいいのかについて議論された。この会議の内容は平和人権連帯の活動家の個人のブログに載せられた。しかし、二〇〇一年五月、このブログの内容が徴兵忌避を促す行為としてみなされ、警察の捜索が入り事件が起きる。平和人権連帯の活動家三人が警察の取り調べを受けた。この出来事は、二〇〇〇年以降、市民社会で徴兵拒否について議論する環境が整えつつあったとは言え、徴兵制そのものに対する韓国社会の認識には変化がないことを示す事件であった。

〈事例七：平和人権連帯の活動家O・Rからの聞き取り〉

二〇〇〇年、徴兵拒否者の存在が韓国社会に知らされてから、これまでの沈黙を破ってエホバの証人の徴兵拒否者らがその実態について語り始めた。国家権力により宗教の自由が弾圧されていると。人権活動家の何人かが徴兵拒否問題について活動をする連帯会議という団体を作ろうとしたけど、誰も積極的に協力してくれなかった。宗教的徴兵拒否を認めないことは深刻な人権侵害なんだけど、徴兵拒否にはエホバの証人という宗教の色が濃かったからだった。特にプロテスタントやカトリックなどの宗教はまったく動かなかったの。結局は徴兵拒否問題に携わったのは平和人権連帯だけだった。連帯会議の結成もダメだった。（二〇〇九年五月一二日）

ここで注目したいのは、当時の市民運動陣営のほとんどが徴兵拒否運動へ参加することをためらったことである。その大きな理由は共産主義者というレッテルである。市民運動陣営は、エホバの証人信者による徴兵拒否という印象が残っている徴兵拒否者の人権問題に取り組むことで、自から市民団体も反国家的な運動団体として扱われ、攻撃されることを恐れた。しかも、活動家自身が「徴兵制は必要だ」という認識を持ち、徴兵拒否に賛同できない場合もあった。これらが絡み合い、市民運動において徴兵拒否は敬遠されたのである。

ＡＦＳＣの提案により平和人権連帯は韓国社会で初めて徴兵拒否を課題とする運動の展開を試みた。しかし、韓国社会全体における徴兵拒否についての否定的な認識だけでなく、徴兵拒否を敬遠する市民社会内部の雰囲気のせいで徴兵拒否運動として成長できなかった。しかし、「徴兵拒否＝人権問題」という運動の目標を取り上げ新たな運動を展開した平和人権連帯の試みは後に、かつて平和人権連帯の活動家が参加した学生運動陣営を動かし徴兵拒否運動として成長するきっかけになる。

3　徴兵拒否運動の登場

二〇〇〇年から始まった平和人権連帯の徴兵拒否は、進展がない状況が続いていた。このような状況に変化をもたらしたのが、Ｊ学生運動団体の活動家達である。彼らは民主化運動が一段落した一九九〇年代頃大学で学生運動を経験した。民主化運動以後、Ｊ学生運動団体も組織の運動目標がなくなった。活動家たちは運動の立て直しを目指し、様々な議論を行っていた。その時、Ｊ学生運動団体の新た運動目標が「徴兵制」であった。

〈事例八：Ｊ学生運動団体の元幹部Ｙ・Ｃからの聞き取り〉

われわれはこれから何を目指して運動を展開していけばいいのか悩んだ。二〇〇一年前後は、学生運動の目的であった政治の民主化が達成された時期であった。そのため運動団体は当初の目的を失い、運動組織の団結が弱まり、立て直しのためには新たな運動目標を一日も早く見つける必要があった。何かほかの目標を探さないと学生運動がなくなってしまうのではないかという危機感が団体内部にあった。幹部会議でも目標がなかなか決まらなかった。ある日の幹部会議で、活動家の一人が、今年の運動目標を青少年の労働問題と徴

兵拒否にしたらどうかと言い出した。（二〇〇九年一〇月一日）

〈事例八〉のように、Ｊ学生運動団体の新たな運動目標として徴兵拒否が浮かび上がったことでＪ学生運動団体内部に思わぬ混乱を招いた。Ｊ学生運動団体はＰＤ（People's Democracy）と分類される運動系列であった。ＰＤ系に属する運動団体における運動論の基本理念は、暴力闘争であり、民主化運動のさなかは、軍隊のようなデモ訓練を行い、デモの現場では火炎瓶を投げるなど、暴力を伴う運動を展開した団体であった。〈事例八〉のＹ・Ｃによると、暴力闘争を行ってきたＪ学生運動団体の活動家は、暴力闘争から徴兵拒否へいかに運動の方向を転換すればいいかわからず、戸惑いを見せたと言う。Ｊ学生運動団体が議論を重ねる中、Ｊ学生運動団体に属するソウルにあるＩ女子大学の活動家が持ち出した「反軍事主義運動としての徴兵拒否」が、社会的な反響呼んだ。

〈事例九：Ｊ学生運動団体に属するＩ女子大学の活動家からの聞き取り〉

みな戸惑いを感じた。徴兵拒否はあまりにも突然のことだった、徴兵拒否が運動の目標になる理由さえわからなかった。特に私が通う大学は女子大学だから、男性もいないしね。結局思いついたのが軍事主義だった。韓国社会は軍事文化が根強く社会に広がっているから……。女性も軍事文化とは関係があるし、実際に多くの女性が軍事文化によって被害や差別を受けているのが現状だしね。女性の立場からすると徴兵拒否と結びつけられるのは反軍国主義しかないと思った。講演会を終えて出てきた彼と会い、立ち話で徴兵拒否についての彼の見解を聞いた。その場で、これからＩ女子大学は軍事主義に反対し徴兵拒否権を求める徴兵拒否運動を展開して行くことを公表した。この様子がニュースで流された。数日後、恐ろしいことが起きたんだよね。その時、現場にいた学生の写真がネット上に載せられ、根も葉もない悪口が書き込まれたり、「軍隊も行かない女子のくせに、徴兵拒否について論じるのはおかしい」とか、女性をあざける書き込みがすごかった。その事件で傷ついて学生運動をやめた仲間もいた。このことで、韓国人の頭に刻まれた強い軍事文化を感じたんだ。（二〇〇九年一〇月一日）

〈事例九〉の彼女らが徴兵拒否を通じて反対したかったのは戦争や暴力の主体としての軍隊、その軍隊を維持する徴兵制に反対することであった。戦争や暴力の問題については男女を問わず当事者になれる。しかし、〈事例九〉は、韓国社会で女性が徴兵制について論じることの難しさが窺える。同時に、この出来事は徴兵拒否を市民運動陣営だけでなく、一般市民をも巻き込む公の場での議論を触発するものであった。平和人権連帯の試みと同様に、I女子大学の活動家による徴兵拒否への取り組みも、韓国社会における徴兵制と軍事文化の壁にぶつかり進展が見られなかった。

ところが、二〇〇一年、J学生運動団体の男性活動家Dが徴兵拒否を宣言することで、徴兵拒否は徴兵拒否運動へ一歩踏み込んだ。大学在学中には入隊を延ばすことは可能である。しかし、活動家Dは卒業が迫り、これ以上入隊を延期することが出来ない状況に置かれていた。Dだけではなく、J学生運動団体の男性幹部は入隊を延ばし、大学で運動を続けてきたので、彼らにとって徴兵は最も身近な問題であった。学生運動に参加する男子学生は学生運動を続けるために、休学を繰り返し、入隊を遅らせるか大学院に進学することを選ぶ。以下〈事例一〇〉に登場するY・Cの場合も、大学院に進学し学生運動を続けた。Y・Cは六年間の大学生活の中どうすれば楽な方法で徴兵を終えるのができるのか、徴兵問題で悩み続けたと言う。一度も徴兵拒否については考えたことはなかったと言う。

〈事例一〇：Ｊ学生団体の元幹部Ｙ・Ｃからの聞き取り〉
徴兵拒否が自分の問題になるとはぜんぜん思ってなかった。誰がまず徴兵拒否を実行するのかについて話した。でも、誰にも徴兵拒否をする勇気はなかった。徴兵を拒否する理由さえなかったからね。徴兵拒否し、刑務所に入るのが怖くて、幹部の半分以上が運動から姿を消したよ。今どこで何をしているのかまったくわからない……僕も徴兵拒否をするということを考えたことはなかったから怖かった。徴兵拒否よくやったと思うよ。（二〇〇九年六月一八日）

以上のようにＪ学生運動団体の男性活動家はＪ学生運動団体から初めての徴兵拒否者を出す必要性を感じていたが、思い切って徴兵を拒否することを皆躊躇していた。二〇〇一年九月一一日に起きたアメリカの同時多発テロやアメリカによる戦争をきっかけに、徴兵拒否は一転して具体的な目標として浮び上がり、徴兵拒否「運動」として動き出した。

〈事例一一：Ｊ学生団体の元活動家Ｙ・Ｃからの聞き取り〉
九・一一事件が起き、アメリカが戦争を始めようとする動きがあった。韓国も派兵を決めたところだった。それで、幹部らが話し合い、戦争に反対する、派兵に反対することをこれからの運動の目標とすることに意見が一致した。それから、実際にイラクに入り、戦争に反対する運動をやろうと計画した。でも、徴兵を終えないと男性は、海外に自由に出られない現実に直面した。しかも、当局は民間人がイラクに入るのを反対した。活動家の間で、徴兵を終えないと海外すら自由に出入りできない今の徴兵制はやっぱりおかしいとい

う批判の声が噴き出した。こうして徴兵拒否運動が始まった。（二〇〇九年六月一八日）

このように、韓国社会における徴兵拒否は二つの異なる文脈で議論された。一つは平和人権連帯が展開していた人権概念に基づいた徴兵拒否であり、もうひとつは戦争に反対する行動としての徴兵拒否であった。しかし、いずれにせよ、徴兵拒否は市民社会にうまく受け入れられず組織的な運動へ発展することができなかった。

こうした状況の中、二〇〇一年一二月一七日、T・Yが宗教的な理由で徴兵を拒否した。彼の徴兵拒否はエホバの証人を除き、初めての宗教的な理由での徴兵拒否であった。彼の徴兵拒否により徴兵拒否運動として成長して行く。彼は平和人権連帯が取り組んでいた徴兵拒否に出会い、「平和人権連帯」の活動家を訪ね、徴兵拒否を実行した。彼の徴兵拒否は以後、J学生運動団体の活動家による徴兵拒否につながるものである。彼は仏教の精神が自分を徴兵拒否に導いたと言う。彼の徴兵拒否は徴兵拒否がエホバの証人のような特殊な宗教の宗教実践という認識に変化をもたらした。以下、彼の徴兵拒否声明文の一部を引用する。

私は宗教的信念と平和・奉仕の人生観に基づいて徴兵を拒否します。（中略）「平和を願うなら戦争を準備しろ」という有名な文章がありますが、私が選択したのは「平和を願うなら平和を準備しろ」という新たな観点やアプローチです。平和についての私の見解は、暴力的な状況から自分を守るため武力行為を練習、準備するより、自分は勿論、相手をも暴力から守れる非暴力を訓練することこそ究極の平和であり、暴力の悪循環を止められるという宗教的な信念、価値観です。これは私の人生の手本であるブッダの教えであり、（中略）平和は理論ではなく日常生活で行われる実践と教育で実現します。私にとって徴兵拒否は真理と平和を求めるための試みです。（二〇〇一年一二月一七日）

Ｔ・Ｙの徴兵拒否は、徴兵拒否の意味を探し続けたＪ学生運動団体に大きな衝撃を与えた。また、エホバの証人という宗教的な偏見の影響で徴兵拒否運動に関わることを敬遠してきた市民社会や活動家が徴兵拒否運動について再認識し、市民運動として動き出すきっかけとなった。Ｔ・Ｙの徴兵拒否により徴兵拒否が「平和」という言説の中で認識され始めたのである。しかし、宗教と平和を結びつける言説は、当時の韓国社会に平和運動というのがほとんど存在していなかったこともあり、活動家とって、平和という概念は抽象的であった。ただし、Ｔ・Ｙの徴兵拒否により、徴兵拒否や徴兵拒否運動の必要性を感じる活動家が増えたことは確かである。

それでは、Ｔ・Ｙの徴兵拒否はＪ学生団体にいかなる影響を及ぼしたのだろうか。

〈事例一二：Ｊ学生団体の元幹部Ｙ・Ｃからの聞き取り〉

「反戦」で徴兵拒否をやって行こうと思ったけど、あまり自信はなかったよ。でも、Ｔが戦争や平和という話で徴兵拒否をしてくれたから、われわれは勇気をもらったというか……。Ｔの徴兵拒否のお陰で「反戦」と「平和」という徴兵拒否の目標がはっきり見えてきた。これでいけばいいと思った。（二〇〇九年一〇月一日）

Ｔ・Ｙの徴兵拒否によりＪ学生団体の徴兵拒否運動はその方向性が明確になった。徴兵拒否の実行を巡って男性幹部らが運動をやめるなど、Ｊ学生運動団体内部に生じた葛藤にも関わらず徴兵拒否はＪ学生団体の運動目標として進められた。二〇〇二年には、Ｊ学生運動団体から初の徴兵拒否者がでた。Ｊ学生運動団体幹部Ｄ・Ｈである。彼の徴兵拒否の理由は戦争への反対であった。以下は彼が徴兵拒否を宣言し、兵役法違反の罪で警察の取り調べを受けた時に発表した徴兵拒否声明文の一部である。

私は二六歳の普通の青年です。大韓民国の国民であり、男性の義務である兵役について悩みました。自分に様々な問いを投げかけてみました。しかし、時間が経てば経つほど、今私がやるべきことが明確に見えてきました。（中略）今私は戦争ではなく平和を願っています。戦争する軍隊に反対します。私の良心に従い徴兵を拒否します。（二〇〇一年一二月一二日）

写真１　D・Yの徴兵拒否記者会見の様子

二〇〇一年にあったTの徴兵拒否をはじめ、D・YのようなJ学生運動団体の活動家による徴兵拒否が相次ぎ、二〇〇二年から二〇〇三年の間、一〇名の徴兵拒否者が現れた。彼らの徴兵拒否で徴兵拒否に賛同する活動家が動きました。平和人権連帯の活動家とJ学生運動団体のメンバーの中、徴兵拒否を決めた活動家を中心に徴兵拒否運動を目標とする運動団体の設立に向け動きだした。彼らは二〇〇三年五月、徴兵拒否運動団体「戦争のない世の中（전쟁 없는 세상）」を結成し、本格的に徴兵拒否運動を展開する。「戦争のない世の中」の結成により、徴兵拒否運動は韓国社会の新たな運動として活動を始めた。

ここまで、AFSCから提案を受け、「戦争のない世の中」が誕生するまでを第一期、導入期とし、人権概念から始まった徴兵拒否が、韓国社会の軍事文化や市民社会内部の事情と絡み合いながら「平和と反戦」運動へ成長する過程について論じた。徴兵拒否が「平和と反戦」運動になった理由は、韓国社会における軍国主義や通過儀礼として機能する徴兵制の立場に立っている人々からの批判を避けるための選択でもあったと言える。徴兵制について直接的に異議申し立てをするのではなく、より普遍的な概念を選んだ側面もあるだろう。次節からは、多様な徴兵拒否者が現れる第二期について述べる。

4　第二期——徴兵拒否運動の成長期

「戦争のない世の中」は、「平和と反戦」の運動として徴兵拒否運動を展開していくことになった。「戦争のない世の中」が活動を始めた二〇〇三年から二〇〇九年まで徴兵を拒否した人は、以前から市民運動に関わってきた活動家であった。彼らは学生運動の経験を共有し、「平和と反戦」という概念を取り上げ、徴兵拒否運動を展開した。彼らの活動により、韓国社会に徴兵拒否運動という新たな市民運動の潮流が生まれた。軍事文化が強い韓国社会で徴兵拒否運動は大きな反響を起こし、多くの人に徴兵拒否運動の存在が知られることとなった。このことにより、徴兵拒否は市民運動の活動家だけではなく、市民運動と無縁だった人が多様な理由で徴兵を拒否することができる環境を生み出した。徴兵拒否は様々な集団や人々によって解釈され、徴兵を拒否する理由に多様性が増えると、徴兵拒否運動の方法論を巡って葛藤も増えた。ここからは、二〇〇八年に開かれた平和キャンプの事例から、導入期を経て、運動が成長する中で、徴兵拒否が人々にいかに解釈され、実行されたのか、また、既存の徴兵拒否運動陣営がいかに反応したのかについて論じる。

1　多様な徴兵拒否運動者たち

二〇〇八年五月、KTという新しい徴兵拒否運動団体が現れた。この団体の代表を勤めるB・Bは市民運動の活動家出身ではなく、KTという団体も自分の徴兵拒否を期に作った団体であった。この団体の活動を巡り、既存の徴兵拒否運動陣営ではB・Bの徴兵拒否が運動か運動ではないかという議論が行われた。B・Bは「KT徴兵拒否運動団体」の代表でありながら、「戦争のない世の中」と活発に交流を行った。それにより二つの団体の間で徴兵拒否運動を巡り、葛藤や議論が生じた。

「戦争のない世の中」は、徴兵を拒否しようとする人にとっては欠かせない存在である。「戦争のない世の中」は、徴兵拒否運動の唯一の団体として徴兵拒否の手助けを行う。この徴兵拒否過程はパターン化されている。徴兵拒否者というのは、入隊令状に記されている入隊日に入隊せず、徴兵関連業務を担当する国家機関である兵務庁に拒否の旨を伝えた人を意味する。入隊令状が発行されていない人で、徴兵拒否をしようとする人は「予備徴兵拒否者」と呼ばれる。「予備徴兵拒否者」は「戦争のない世の中」を尋ね、相談し徴兵拒否をするのが一般的である。徴兵拒否者にとって「戦争のない世の中」は頼りになる団体である。「戦争のない世の中」は、「平和と反戦」運動として徴兵拒否を位置付ける。このことから、「戦争のない世の中」が介入すると、徴兵拒否の理由は「平和と反戦」としてみなされる傾向があった。

〈事例一三：二〇〇五年徴兵拒否をしたD・Jからの聞き取り〉

二〇代の男性ならみな軍隊に行きたがらないんじゃない。これはね、徴兵拒否の記者会見の時は言ってない事なんだけど、とりあえず軍隊には行きたくなかった。軍隊に行くのが怖かった。軍隊に行ってきた先輩たちに軍隊であったいやなことについて聞いた。そんな話で漠然たる不安があったよ。しかも、私は入隊を延期して、学生運動をやり続けたから、年もとったし、ますます軍隊に行きたくなってきた。（二〇〇八年八月一四日）

D・Jが言うように、二〇代の男性にとって徴兵は大きな悩みである。大学進学率が八〇％を超えるという現実と、兵役法上一八歳以上の男性は徴兵の対象になることから、大学は徴兵に関する様々な思惑が交錯する空間である。D・Jも、大学で普通の男子学生として徴兵について悩んだと告白した。しかし、徴兵拒否運動との出会いによって、軍隊には行きたくないという彼の単なる悩みが、「平和と反戦」運動としての「徴兵拒否」に生まれ変わった。

反面、「戦争のない世の中」は、平和運動の性格を持てない徴兵拒否を受け入れようとしない傾向もあった。徴兵拒否運動や平和運動が存在しなかった韓国の市民社会に平和運動団体として新たに現われた「戦争のない世の中」は、徴兵拒否が平和運動として表象されることを目指し、様々な徴兵拒否の理由を「平和」の中に閉じ込めようとした。D・Jの徴兵拒否も「戦争のない世の中」の協力のもとで行われ、この団体との接触により反戦と平和のための徴兵拒否に変化するに至ったのである。

従って、「KT徴兵拒否運動団体」の代表であるB・Bにとっても、「戦争のない世の中」の存在は重要であり、交流を続けた。しかし、二〇〇八年一〇月一日に開かれる予定であった「建軍六〇周年国軍の日、軍事パレード」に反対する行動のやり方を巡って二つの団体の差がはっきりとした。

すでに述べたように、「戦争のない世の中」は学生運動を引き継いだ団体である。反面、KTはネットを通して集まった、市民運動とは無縁の若い人々の集まりである。KT徴兵拒否運動団体の参加者は、これまでの学生運動とは関係がない人が多い。ネット上の呼びかけを見て参加した高校生など、ほとんどの人がB・Bの活動に憧れて参加したことである。

「KT徴兵拒否運動団体」が行う「軍事パレード」に反対する行動の中には、ファッション・モデルを呼び、モデルに抗議文を読ませるという計画があった。一方、「戦争のない世の中」は『非暴力トレーニング（Handbook for Nonviolent Campaigns）』[6]に拠り、「非暴力」で抵抗することを原則として決めていた。『非暴力トレーニング』は、W

RIが世界の各地で行うデモのやり方について書かれた本である。平和運動という伝統がなかった韓国社会で活動を始めた「戦争のない世の中」にとって、この本は運動における戦略を作る時の唯一の頼りであった。

写真２　「KT 徴兵拒否運動団体」の会議の様子。制服姿の高校生の姿も見える

〈事例一四：「戦争のない世の中」の会議から〉

O・R：私たちはどうすれば韓国社会の軍事文化を崩せるのかについて考えているので、「国軍の日、軍事パレード」がどのような意味があるのか、また、人々にこのパレードの問題を知らせるために……（中略）パレードは新型武器を紹介する場ですから、こんな武器なんて、つまらないものだということを伝えればいいと思う。

K・S：でも、このパレードがめちゃくちゃになるような無茶な行動はしないほうがいいです。武器を買わない代わりに図書館をどれぐらい建てられるかなど、身近なデータで人々を説得するほうがいいでしょう。（二〇〇九年九月一二日）

「戦争のない世の中」の活動家にとって、「KT徴兵拒否運動団体」が計画している行動は、学生運動の側がよくいう「戦略」も「戦術」もない遊びにしか見えない行動であった。以下の事柄により徴兵拒否運動の内部に危機感が広がった。

〈B・Bが新聞に投稿した「テファン！お前も軍隊に行け」という記事を巡って〉

北京オリンピックで、朴テファンという水泳選手が韓国人選手として初めて水泳で金メダルを取り、スポーツ英雄になった。韓国ではオリンピックでメダルを取ると徴兵が免除される制度があり、朴テファンの徴兵が免除されることになった。B・Bがこれについて「メダルを取った選手の徴兵を免除するのは不当だ」と、「韓国の男なら軍隊に行け」という内容の文章を新聞に載せた。この記事を巡って、韓国社会に騒動が起きた。反応のほとんどは国の名誉を高めた人の徴兵を免除するのは当然だということであった。また「お前（B・B）は軍隊を廃止すべきで、軍隊には行かないと徴兵を忌避するくせに、他の人には軍隊に行けというのはどういうことだ」という非難が寄せられた。B・Bの記事によって徴兵拒否運動全体が批判にさらされた。

徴兵拒否運動陣営に危機感が広がった。危機感を感じた「戦争のない世の中」を中心する徴兵拒否者らは、B・Bに対する非難を強めた。二〇〇八年一〇月一日「軍事パレード」に反対する行動で、二つの団体の間には葛藤が広がった。B・Bは、軍事パレード中の戦車に裸で突っ込み立ちはだかり「軍隊反対」を訴えた。彼の行動はこれまでの徴兵拒否運動の方式とは異なり、徴兵拒否運動側だけでなく、一般社会からも大きな批判をうけた。

「戦争のない世の中」の活動家はB・Bの行動について、公衆の面前で裸になるというのは韓国の文化では理解できない行動であり、戦車に生身で突っ込むのはあまりにも暴力的だと非難した。この出来事で、B・Bは二〇〇九年四月、自分のブログに徴兵拒否運動を中断すると書き込み、徴兵拒否運動から姿を消した。「戦争のない世の中」の人たちは、B・Bが途中で徴兵拒否運動をやめた理由について、彼が徴兵拒否運動の思想をよく理解していなかったからだと言う。この葛藤は何を意味するのか。海外の運動団体から人権概念として受け入れられた徴兵拒否は、「平和と反戦」を訴える徴兵拒否運動を作り上げた。「KT徴兵拒否運動団体」やB・Bの運動方式は、これまで徴兵拒否運動がやってきた方式とは異なり、徴兵拒否運動として認められないという認識を持つ運動家は多い。しかし、運動の方式さえ個人の自由であり、多様な運動の表れとして認めるべきだという認識を持つ人もいる。Ｂ・Ｂの行動は「平和と反戦」の徴兵拒否運動に論争を起こした。

〈事例一五：徴兵拒否についての講演会の後に行われた飲み会での会話から〉

Ｕ・Ｋ：僕の徴兵拒否理由を聞いた友達が、僕に「お前戦争に反対するのか。軍隊に反対するわけ」とすごく文句を言った。でも、実は僕そんなもんじゃないんだ。ただ、軍隊に行くのが面倒臭いから行きたくない。だから徴兵拒否をしようと思っただけ。「戦争のない世の中」の協力で記者会見をしたから、僕が考えた徴兵拒否の理由と異なってしまった気がする。Ｂ・Ｂの件もね。そのまま認めてくれないといけないと思う。どんな運動方式をとるのか、それも個人の自由だよ。Ｂ・Ｂも自分なりに徴兵拒否運動をしたと思う。認めるべきだ。

Ｙ・Ｏ（徴兵拒否運動活動家）：でも、われわれ（「戦争のない世の中」）がこれまでやってきた平和運動の方式があるの。われわれがすべての徴兵拒否運動をみとめるのは無理だよ。だからＢ・ＢにはＢ・Ｂの方式で運動させればいいの。われわれとは違う運動だからね。

Ｙ・Ｎ：Ｙ・Ｏがいうような意味での徴兵拒否なら、俺は徴兵拒否できないよ。平和とか、戦争反対とか、そんな大きい意味で徴兵拒否をしようと思ったことない。（二〇〇九年四月一一日）

事例一五のＹ・Ｏは、「戦争のない世の中」の常勤活動家である。二〇〇四年から常勤活動家になった彼女は、「戦争のない世の中」が行なってきた徴兵拒否運動の方式などを身につけ、実践している。徴兵拒否運動が存在しなかった韓国社会に、新たな市民運動としての徴兵拒否運動を作り出した彼女にとって、これまでの徴兵拒否運動の方式は守るべきものであり、それとは異なる方式の徴兵拒否運動は排除されるべきものである。つまり、彼女は、従来の方式から逸した徴兵拒否を行う者を他者化しているのである。反面、U・Kは以前から「戦争のない世の中」の人々と交流があったが、「戦争のない世の中」の運動には参加していない。彼は、他の手法をとる徴兵拒否運動を認めようとしない「戦争のない世の中」の考え方を批判的にみている。徴兵拒否とは何かについて議論され始めた。これは、民主化以後、市民社会の多様な要求が現れ始めた「ポスト民主化運動社会」と同じ観点から解釈できると思われる。「平和と反戦」としての徴兵拒否運動の成立以後、徴兵拒否を巡って多様な意見が現れたのである。B・Bの徴兵拒否以後、平和や反戦の思想に基づいた徴兵拒否運動ではなく、ジェンダーや環境問題など、様々な理由で徴兵を拒否する人が現れた。

写真3　「戦争のない世の中」が行った記者会見の様子、「武器の代わりに、平和を」と書かれている

　徴兵拒否運動の連帯における葛藤の事例から、ひとつにまとまったかのように見えた徴兵拒否運動に異なる背景や考え方を持つ個々人が存在していることが明らかになった。これまでの徴兵拒否と異なる徴兵拒否をする人々の出現を恐れ、自らの徴兵拒否運動を守ろうとしたのである。この時期は「戦争のない世の中」の活動家たちが多様な徴兵拒否者の出現に戸惑う時期でもあり、徴兵拒否運動が成長を成し遂げた時期でもある。

2　徴兵拒否運動論の模索

　第二期（成長期）では、多様な徴兵拒否者が登場し、徴兵拒否者の数が増え、量的な成長があった。同時に徴兵拒否運動論を模索する時期であった。

ここからは、徴兵拒否運動陣営がＷＲＩと連帯し「非暴力直接行動」という運動論を運動方式として取り入れる過程について論じる。徴兵拒否運動陣営が「非暴力直接行動」を実践することにより、韓国社会の平和運動に新たな運動論が提案される。以後徴兵拒否運動が平和運動へ移行する（第三期）基盤となる。

前述したように、多様な徴兵拒否者が登場し、徴兵拒否運動は持続可能な運動となった。しかし、これまで韓国の市民社会には平和運動の伝統がなく、徴兵拒否運動の方法論は確立していなかった。このような現状を打開しようと、徴兵拒否運動の活動家たちが取り入れたのが「非暴力トレーニング」であった。徴兵拒否運動の活動家の一部はＷＲＩなど海外運動団体との交流を通して「非暴力トレーニング」を経験し、「非暴力トレーニング」を運動方式として実践してきた。一部の活動家が共有してきた「非暴力トレーニング」が徴兵拒否運動陣営全体に広がるきっかけになったのが、二〇〇九年韓国で開かれた「世界徴兵拒否者の日（International Conscientious Objector's Day、五月一五日）」のイベントである。

二〇〇九年五月一〇日から二〇〇九年五月一六日まで、韓国ソウルで「世界徴兵拒否者の日」のイベントが開かれた。「世界徴兵拒否者の日」というのは戦争と軍隊に抵抗する人々を考える日であり、戦争や軍隊に抗議する行動を行う。このイベントの主催者であるＷＲＩは徴兵拒否を認めていない国や地域で抗議活動を行っている。韓国はＷＲＩが注目する国である。当時、韓国の政権が、良心的徴兵拒否を認めるという前政権の方針を廃止することを明らかにしたことをきっかけに、韓国で国際的なキャンペーンが開かれることとなった。二〇〇九年の「世界徴兵拒否者の日」イベントには、イスラエル、アメリカ、日本など九ヶ国[7]から、二〇名の徴兵拒否者や徴兵拒否運動家が訪韓するイベントになった。

「世界徴兵拒否者の日」イベントが韓国で開かれることが決まったのは、二〇〇八年一一月頃であった。活動家ＯがＷＲＩからの提案を受ける。Ｏはその提案を「戦争のない世の中」の会議に議題として持ちこんだ。Ｏは、このイベントを韓国で開くことを積極的に提案した。しかし、韓国で開催するためには韓国側が二〇〇〇万ウォンという費用のすべてを負担する必要があった。しかし、二〇〇人余りの会員から毎月振り込まれる寄付金で運営される「戦争のない世の中」にとって二〇〇〇万ウォンという費用は少なくない金額であった。徴兵拒否運動の活動家は開催費用問題の解決のために動きだした。

二〇〇九年一月、ＮＧＯの活動を支援する「美しい財団（아름다운 재단）」から助成金をもらうことができた。「美しい財団」は市民社会団体の活動を支援する団体であった。この財団による以外にも、「連帯会議」のメンバーたちの個人後援などで、開催費用の準備ができた。二〇〇九年三月からイベントの本格的な準備が始まった。イベントでは国際会議をはじめ、「非暴力トレーニング」という平和運動方法論についての教育プログラムが開かれる予定であった。会議場やホテルなどを探す中で、思わぬ事態が生じた。イベント開催の二日前、会場として予約しておいたある大学から突然の予約取り消しの連絡が入ったからである。その理由を尋ねたが、明確な答えは聞けなかったそうだ。当時は民主化以後急成長した市民社会団体に対する政権による弾圧の動きがある、という噂があった。実際、韓国最大規模の環境運動団体に警察による家宅調査が入るなど、政権による市民社会団体に対する弾圧があった。

こうした政治的な環境の中で「世界徴兵拒否者の日」のイベントが始まった。ＷＲＩの活動家Ａ・Ｄと「平和人権連帯」の活動家Ｏ・Ｒ、「戦争のない世の中」の活動家Ｒ・Ｍがイベントの共同コーディネーターを務めた。前述したようにＯ・Ｒは韓国の市民社会に始めて徴兵拒否を持ち込んだ活動家であり、彼女は海外で開かれた「世界徴兵拒否者の日」のイベントに韓国代表として参加した経験がある。Ｒ・ＭはＷＲＩで半年間インターンシップを経験したことがあり、彼らはＷＲＩが運動の方法論として用いる「非暴力トレーニング」を経験したことがある。「非暴力トレーニング」の方法論を使い、韓国国内で抵抗行動を行うことは、二〇〇九年が初めてである。

写真4　2009年5月23日「世界徴兵拒否者の日」に行われたパフォーマンスの様子

「非暴力トレーニング」とは特定の規律に従って「非暴力デモ」の内容と方法を皆で決めていく過程であった。まずは参加者がいくつかの組に分かれ話し合い、その結果を全体会議ですり合わせデモの方法や内容を決める。この過程で、様々な対立意見が生じたが、三日間の話し合いの末、デモの形式が決まった。繁華街で韓国の徴兵拒否の現状を知らせるパフォーマンスをすることだった。内容は以下の通りである。

一人の徴兵拒否者がいる。徴兵拒否運動家たちが、徴兵拒否者を捕まえに来た警察から彼を守ろうとする。結局は徴兵拒否者と活動家全員が警察に捕まる。この事件を知った国連事務総長が国連の人権勧告を韓国の大統領に渡すためにやってくる。事務総長から人権勧告を渡された韓国の大統領はその場で、受け取った人権勧告を事務総長の顔に投げる。その後、世界の各国から平和運動家たちが韓国に来て、国連の人権勧告を守ることを韓国の政府に要求し、刑務所にいる徴兵拒否者や活動家を助け、平和の祭りを開くという内容であった。

このパフォーマンスに参加する二〇人の活動家が必要だった。しかし、このパフォーマンスに外国の参加者は参加しないことにした。韓国の活動家の力だけでパフォーマンスを成功させることを目指した。だが、韓国の参加者は二〇人を超えなかった。韓国人だけではパフォーマンスを実行することすら不可能な状況であった。外国の参加者にとって韓国側の参加者が少ないことは理解できなかった。その理由は、外国の参加者には韓国の徴兵拒否運動が置かれている現実が理解できなかったからと思われる。外国の参加者の多くは徴兵拒否をしたにも関わらず、一般の企業で働いたり、生活するに充分な給料を貰いながら市民運動家として活動していた。外国の参加者の中には、有給を取りこのイベントに参加した人もいた。しかし、韓国の市民運動の現実は外国とは異なり状況は厳しい。徴兵拒否者は「前科者」であり、安定した職に就けない場合が多い。活動家の場合も、毎月五万ウォン程度の活動費を団体から貰うだけである。このような現状から、活動家は運動に専念することができない。そのため、六日間の「世界徴兵拒否者の日」に、全日程参加可能な韓国の活動家の数は少なかった。

以上のような韓国の状況を考慮し、WRIの活動家によって「非暴力トレーニング」のパフォーマンスの準備が進められた。WRIの活動家はパフォーマンスが行われた当日、韓国のさらなる現実に直面した。

韓国の法律は公共の場所で二人以上が集会やデモを行う場合、一週前まで警察署において事前許可を得ることを定めている。韓国の活動家O・RとWRIの活動家A・Dは事前に場所を探し、許可を得た。しかし、当日の朝、その現場で突然工事が始まるという事態が生じたのである。韓国の活動家たちは心配し始めた。他の場所でパフォーマンスを行う場合には法律違反になる。しかし、外国の参加者はこんな事態を深刻に受け止めなかった。パフォーマンスは本来の場所より南にある小さい広場で行うことにした。

写真5　2009年5月23日「世界徴兵拒否者の日」に行われたパフォーマンスの様子

四回のパフォーマンスを計画し、一回目が終わった。パフォーマンス内容を見た広場の管理人が区役所の担当者にパフォーマンスの内容について報告した。区役所の担当者人が現場に来た。彼はパフォーマンス中止を求めた。中止をしない場合、警察に通報すると言った。これを受け、WRIのA・Dが区役所の担当者と話し始め、パフォーマンスの正当性と、徴兵拒否を認めていない韓国政府の不当性について説明した。しかし、区役所の担当者の反応は、「韓国の男性なら軍隊に行くべきであり、国連なんか韓国の現実を無視しているから、そんなのはいらない」ということであった。結局、パフォーマンスは中止になった。

このような事態をうけ、パフォーマンスに関するすべてのことが韓国側に託された。パフォーマンスは予定された場所に移り、一回行われた。繁華街を行き来した人々はパフォーマンスに興味をみせた。足を止め、パフォーマンスを見物したり、パフォーマンスに参加したりする人もいた。市民運動側の主張を人々に訴えるため、パフォーマンスという形式をとるのは、韓国では珍しいことであった。

WRIのメンバーを中心とした海外の参加者が韓国で「非暴力トレーニング」のパフォーマンスを行ったのは、その時が初めてである。彼らは、韓国というローカル的状況に直面することで韓国の事情を理解する機会になったと言った。韓国の活動家は、西欧社会で作られた「非暴力トレーニング」という運動論を韓国の平和運動に用いる際に、韓国社会に適応可能な形で修正する必要があることを感じた。韓国の活動家たちは、今回の経験をこれからの運動の参考にしていきたいと述べている。韓国の徴兵拒否運動の連帯団体の一人は、「非暴力トレーニング」の方法を過信したのではないかと、状況に応じて批判的に見直す必要を感じたと語った。

「非暴力トレーニング」という運動方法を用いた平和運動は成功したとは言えない。しかし、この「世界兵役拒否者の日」に行われた「非暴力トレーニング」をきっかけに徴兵拒否運動は第三期に入ることとなる。第三期では、徴兵拒否運動が徴兵制や軍事文化に抵抗する運動だけではなく、あらゆる戦争や暴力、大量殺傷武器の生産などの問題に反対運動を展開しながら、韓国社会に適応可能な形で「非暴力トレーニング」の修正を重ねる。特に二〇〇七年から始まった「済州島江汀海軍基地建設反対運動」において徴兵拒否運動運動家が用いた「非暴力トレーニング」は活動家たちに広く実践されている。

5 おわりに

本章は韓国社会における徴兵拒否運動の歴史と理念を述べた上で、徴兵拒否運動が韓国社会に現れた過程について分析した。また、徴兵拒否運動が韓国社会における市民社会、とりわけ平和運動にどのような影響を及ぼしたのかについて論じた。

本章の議論をまとめる。第二節では韓国社会における徴兵制の歴史と韓国社会おいて徴兵制がどのような意味を持ち、機能しているのかについて論じた。韓国社会には徴兵制が支える軍事文化が広がっているため、徴兵を拒否する行為は批判にさらされる現状について論じた。続いて第三節では、アメリカの平和団体であるＡＦＳＣとの接触により、徴兵拒否が徴兵拒否運動へ変化する過程について論じた。「戦争のない世の中」が誕生するまでを徴兵拒否運動の第一期とし、人権概念から始まった徴兵拒否が、韓国社会の軍事文化や市民社会内部や学生運動内部との事情と絡み合い「平和と反戦」運動へ成長する過程について論じた。第四節では、「戦争のない世の中」の活動家達の活動により、韓国社会に徴兵拒否運動という新たな市民運動の潮流が生まれた徴兵拒否運動の第二期について論じた。徴兵拒否は市民運動の活動家だけではなく、市民運動と無縁だった人が様々な理由で徴兵を拒否することができる環境を生み出した。また、徴兵拒否運動論の側面からは、「戦争のない世の中」がＷＲＩと連帯し「非暴力直接行動」という運動論を運動方式として取り入れ、徴兵拒否運動が韓国社会の平和運動に新たな運動論を提示したことについて論じた。本章では、省略したが、第三期において、徴兵拒否運動は「非暴力直接行動」という運動論を用いた反戦平和運動を行い、韓国社会の市民運動に平和運動という新たな潮流を生み出している。

韓国社会の徴兵拒否運動は、海外の平和運動団体から触発され、初めて徴兵拒否者が誕生し、徴兵拒否運動へ成長した。人権概念として韓国社会に導入された徴兵拒否運動が当時の学生運動内部の事情と絡み合い、市民運動としての徴兵拒否運動へ成長可能な土壌を作り上げた。その後、徴兵拒否運動は、多様な徴兵拒否者が登場することで、徴兵拒否者の数が増え量的な側面でも成長した。徴兵拒否運動が活発に展開されることにより、徴兵拒否運動に対する反対も表面化し、徴兵拒否を巡る議論が活発に行われた。と同時に「非暴力トレーニング」という徴兵拒否運動論が確立されていった。運動論として「非暴力トレーニング」を用いることで、徴兵拒否運動が非暴力平和運動として成長し、今日、その運動方法は様々な市民運動に実践されている。しかし、市民運動での反戦や平和への関心の高まりと現実の韓国社会での関心は異なり社会全体に反戦や平和を希求する動きは広がっていない。南北分断と軍事的な緊張が解消されない状況の中で、反戦による平和構築より強い軍事力による平和維持を求める人が多いのが現状である。また、徴兵拒否運動については、徴兵拒否運動が広い意味での反戦平和運動へ方向を変えたことにより、徴兵を拒否する人々の主張が以前より韓国社会に伝えられなくなった。

本章では、徴兵拒否運動を市民運動として取り上げ、韓国社会における平和運動の現状について分析を試みたが、韓国社会における徴兵拒否運動は、市民社会に現れた単なる新しい市民運動のひとつではない。徴兵拒否運動は、韓国社会における徴兵制や軍事文化とも密接に関係している問題である。徴兵拒否運動について研究することで、現代社会のおける徴兵制と人々の日常との関係、徴兵制と市民社会との関係を明らかにすることができる。さらに、徴兵拒否運動について研究することで、軍隊という国家権力、人々の日常生活、市民社会といった三つの領域がいかに関係し合っているのかについて考察することが可能となった。

注

（1）一九六〇年代から一九七〇年代の間、徴兵忌避で逮捕された人の変化を見ると徴兵制が強化されて行くのが窺える。一九六〇年三五％だった忌避率が、一九六八年には一三％、一九七一年には七・八％まで落ちた。一九七四年以降は〇・一％だった［兵務庁　一九八五］。

（2）神の子とは、徴兵の義務が免除された人を意味し、一般的に不当な方法で徴兵を逃れた人を指す。将軍の子は、軍隊には行ったが楽な部隊に配置された人、ヒトの子は平凡な軍隊経験をした人、闇の子は大変な任務が任される部隊で徴兵に服した人を意味する。徴兵制が不平等であることを表している。

（3）代替服務制度とは、個人の権利としての「徴兵拒否権」を認めるためにドイツや台湾が実施している制度である。代替服務制度は徴兵拒否者が軍隊ではなく、病院や福祉施設などで働くことによって、徴兵義務を免除される制度である。

（4）ＡＦＳＣはクエーカー教が運営する世界的な民間救護団体である。

（5）ＷＲＩは、イギリスに本部をおく反戦平和団体である。徴兵拒否を通じて平和と反戦の思想を訴える国際的な徴兵拒否運動団体である。

（6）非暴力的な抗議行動を行うために、ＷＲＩが編集した本である。二〇〇九年、本としてまとめられたが、それ以前はＷＲＩのネット上でしかみることができなかった。この本は「戦争のない世の中」の活動家によって翻訳され、韓国語で出版された。

（7）二〇〇九年の「世界徴兵拒否者の日」イベントには、アメリカ、イスラエル、イギリス、韓国、台湾、日本、フィンランド、マケドニア、プエルトリコから二〇名の活動家が参加した。

参考文献

朴眞煥
　二〇〇八「韓国の大学における軍事文化と日常――徴兵制をめぐる言説と予備役、現役、女子学生の実践」『コンタクト・ゾーン』二：八九―一〇八頁。
　二〇一〇「徴兵拒否運動の文化人類学的研究――韓国『戦争のない世の中』の事例から」京都大学大学院人間環境学研究科修士論文。

Cho Kuk（조국）
　二〇〇一『양심과 사상의 자유를 위하여』、책세상（『良心と思想の自由のために』）。

Choi Jung-min（최정민）
二〇〇二「양심에 따른 병역거부、유엔 인권위원회에 가다――제五八차 유엔 인권위원회 참가기」『당대비평』一九：八九―一〇〇頁（『良心的な兵役拒否、UN人権委員会に行く』）。

Chang Bok-hee（장복희）
二〇〇二「양심적 병역거부에 관한 국제 사례와 양심의 자유 헌법학연구」『憲法学研究』一二（五）：三二九―三五七頁（「良心的兵役拒否に関する国際的な事例と良心の自由」）。

Han Hong-gu（한홍구）
二〇〇三『대한민국사Ⅰ』、한계레신문사（『大韓民国史Ⅰ』）。
二〇〇五『대한민국사Ⅲ』、한계레신문사（『大韓民国Ⅲ』）。

Han In-sup（한인섭）
二〇〇二「양심적 병역거부――헌법적、형사법적 검토」『人権と正義』、大韓弁護士会 三〇九：一三―三五頁（「良心的兵役拒否：憲法・刑事法の観点から」）。

兵務庁
一九八五『兵務行政史』上。

Lim Jong-in（임종인）
二〇〇六「양심에 병역거부자에게 대체복무를 인정하여 우리도 인권선진국으로 나아가자」『人物と思想』九五：一〇五―一一三頁（「良心的徴兵拒否を認め人権先進国へ」）。

Kang In-hwa（강인화）
二〇〇七「한국사회의 병역거부 운동을 통해 본 남성성 연구」、梨花女子大学大学院女性学修士論文（「韓国社会の徴兵拒否運動を通じてみる男性性研究」）。

韓国国防省
二〇〇二「국방 안테나」『국방저널』二〇〇二（一一）：七九（『国防アンテーナ』）。

Lim Jae-seoung（임재성）
二〇一一『삼켜야 했던 평화의 언어』、그린비（『平和の言語』）。

Moon Seung-sook
二〇〇五 *Militarized Modernity and Gendered Citizenship in South Korea.* Duke University Press.

Without War（전쟁없는 세상）
　二〇〇八『총을 들지 않는 사람들』철수와 영희（『銃を手にしない人』）。
Van Gennep, Arnold
　一九六九 *Les rites de passage : étude systématique des ceremonies*（ファン・ヘネップ一九九五『通過儀礼』、綾部恒雄・綾部裕子訳、弘文堂）。

HP
『戦争のない世の中（전쟁없는 세상）』（http://www.withoutwar.org/　二〇一四年九月一五日閲覧）
『War Resisters' International』（http://www.wri-irg/org　二〇一四年九月一五日閲覧）

第一二章　グルカ兵はどのようにして英国市民になったのか？
――移民退役軍人による多層的な自己包摂の試みと市民権の再構築

上杉妙子

1　はじめに

移民の増加や福祉国家の破綻、新自由主義的政策の主流化などの変動は、英米などの先進国で一九八〇年代以降、市民権（citizenship）を政治的な対立の一つの焦点に押し上げるに至っている［Rosaldo 1994: 60］。本章では、現代社会における軍務と市民権の動態を理解するために、移民退役軍人の包摂と市民権の再構築について考えたい。具体的には、英国陸軍を退役したグルカ兵（ネパール人兵士）の定住権をめぐる論争と退役グルカ兵の団体の実践を取り上げる。グルカ兵は一八一五年以来、英国の海外権益と国際的影響力の保持にかかわる軍務に従事してきた。近年ではフォークランド紛争や湾岸戦争、イラク戦争、アフガニスタン紛争などに派兵されている。

市民権は日本ではあまり聞かないことばであるが、何なのか。トマス・ハンフリー・マーシャルによると、市民権は「共同体の完全な成員である人々に与えられた地位」であり、市民権を「所有するすべての人々はその地位に伴って与えられる諸権利義務において平等である」［Marshall 1964 (1949): 92］。近代になり主権国家体制が成立すると、市民権を授与する政治組織体は主権国家にほぼ限定され、市民権は国籍と重合するに至った(1)［ヒーター二〇〇二：一七〇]。例えば、英国や米国、オーストラリア等の国家の市民権は、日本語の国籍とほぼ等しい内実を備えた資格である。一方で、市民権は国籍と異なり、公式的な地位・成員資格のみならず非公式的な成員資格として論じられることも多い。例えば、オング・アイホァは「法的な脈絡で表現される権利の慣用句のみならず、家族や健康、社会福祉、ジェンダー関係、仕事、起業についての一連の共通した価値が日常生活の中で念入りに作り上げられる方法の脈絡として市民権理念を研究する」ことを提唱する[Ong 2003: xvii]。

市民に与えられる権利として挙げられることが多いのは、①市民的権利（civil rights）と②政治的権利（political rights）、③社会的権利（social rights）の三つである(2)[Marshall 1964 (1949): 78, 86]。一方、市民の義務の中でもきわめて重要であると、古来より西欧で見なされてきたのは、軍務である。古代ギリシャ・ローマの都市国家では、軍務につくことが市民の義務であると考えられていた[Castles and Davidson 2000: 31-32]。その後、傭兵が軍務につくことが一般的な慣行となり、軍務と市民権のつながりは薄弱になった。しかし、近代に至りフランス革命等において市民ないし国民を主たる戦闘員とする常備軍体制が成立すると、古代ギリシャ・ローマ期以来の軍務と結びついた市民権概念が再興されることとなり[Janowitz 1976: 190]、軍務は国家の市民権の構築にあたりきわめて重要な役割を果たしてきた[Cowen 2008: 16]。軍務につくことは市民・国民の義務となり(3)、兵士やその家族には、他の市民を上回る特典が与えられた(4)。市民権とは、以上見てきたような権利義務が伴う地位ないし成員資格なのである。

しかしながら、市民権に伴う権利と義務のセットは、決して不変ではない。それは、社会変動や、完全な市民と完全な異邦人の間の連続体に位置する人々が平等な権利をもとめて行う実践により、変動してきた(5)。今日注目されているのは、文化的権利の出現や責任・義務の強調、市民権をめぐる交渉といった、市民権の動態である。

例えば、ベレナ・ストルケは、欧州統合と第三世界からの移民の流入という状況下で、排除の修辞法において文化原理主義がレイシズムにとって代わったと主張する[Stolcke 1995: 4]。また、オングは国家部門のみならず、民間組織や社会集団が文化的背景の異なる移民に対して統制を及ぼし「文化市民」を形成すると指摘した［Ong 1996: 738］。オングのこの指摘は市民権をめぐる交渉が重層的に展開し、それに生活様式や価値観が関わることを指摘したものであり、注目される。文化人類学者であると同時にチカーノ運動の活動家であるレナート・ロサルドは、所属する権利を損なうことなく、人種や民族、母語において、有力な民族コミュニティとは異なっていられることの権利を提唱した(6)［Rosaldo 1994: 57］。その後、社会学者のスティーブン・キャスルズとアラステア・デービッドソンが、「文化的権利」（cultural rights）としてより包括的に定義を行っている(7)［Castles and Davidson 2000: 126］。

一方で、先進国では福祉国家の破綻により権利、特にささやかな経済的幸福を享受する社会的権利（注2参照）を重視する市民権概念が衰退し、責任や義務を強調する市民権概念が優勢となった［Kivisto and Faist 2007: 67］。しかも、新しい義務が重視されるようになったという。オングは新自由主義的言説が市民権を経済的な用語で定義するようになっており、社会にかかる負担を減らし自分自身の人的資本（human capital）を増強することが市民の義務であるとみなされるようになったと指摘する［Ong 2003: 14］。このような風潮の中で、軍務に就くことを条件として、福祉の恩恵にあずかる権利を貧者に認めようとする兆しもある［Cowen 2008: 250-254］。

以上述べたような文化的権利の出現や責任・義務の強調、市民権をめぐる交渉といった市民権の動態をとらえるために、本章が注目するのが、移民退役軍人である(8)。具体的には、英国陸軍に二〇〇年にわたり雇用されてきたネパール人兵士、グルカ兵に焦点を定めて、社会の周辺部からの市民権の再構築について検討する。市民の最たる義務である軍務に服した外国人が平等な権利を要求する時、彼らはどのような論理や要因により排除・包摂され、それに対してどのような実践を展開しているのか。また、彼らの実践はどのような市民権概念を構築しているのであろうか。

本章はまず、香港返還（一九九七年七月）よりも前に退役したグルカ兵（以後、英国報道に合わせて「一九九七年以前グルカ兵 pre-1997 Gurkhas」と略述）を取り上げ、国家レベルにおける移民退役軍人の法的包摂について見る。次に、英国グルカ福祉協会（British Gurkha Welfare Society: BGWS）の活動を取り上げ、地域社会レベルにおける退役グルカ兵の排除と包摂について考える。最後に国家レベルと地域社会レベルの双方における退役グルカ兵団体の実践と市民権の構築について検討し、市民権の動態を明らかにする。

本章が取り上げる英国グルカ福祉協会は、いくつかある退役グルカ兵の団体の一つであり、全ての退役グルカ兵が加入しているわけではない。しかし、同協会は、退役グルカ兵の包括的な包摂に向けた取り組みを精力的かつ戦略的に実行している唯一の団体である。従って、その活動は、移民退役軍人の包摂と市民権の構築を考える上で有用な事例を提供していると考える。

なお、本章の報告と分析は、一九九七年と一九九八年、一九九九年、二〇〇三年、二〇〇五年、二〇〇八年、二〇一〇―二〇一三年に断続的に実施した参与観察とインタビュー、関連組織や担当官庁、新聞のウェブサイトから収集した文献資料に基づいている。

2　国家レベルにおける排除と包摂

まずは、一九九七年以前グルカ兵に定住権を与えるべきかどうかをめぐる論争を取り上げ、国家レベルでの退役グルカ兵の包摂と排除の論理と、退役グルカ兵らの実践についてみてみよう[9]。

1　一九九七年以前グルカ兵論争

インド大反乱（一八五七―一八五九）で勲功を上げて以来、グルカ兵は大英帝国を守護するマーシャル・レイス（軍務に適した種族）として英国のマスメディアに登場し、その忠誠心や実直な人柄、ユーモアのセンスなどが繰り返し称揚されてきた。グルカ兵の大半は、少なくとも二〇〇〇年代前半までは、グルカ兵のみの部隊に所属していた。部隊では、ネパール人アイデンティティに基づく人員管理が実施されてきた[10]。世界各国に展開する英軍の駐屯地の中にありながら、グルカ兵の部隊はネパールの「飛び地」のような社会空間であったのである。グルカ兵はネパールで除隊となり、英国市民権はおろか、在留して労働する権利すら得ることができなかった。そのため、グルカ兵と一般英国人の直接的な接触は限られたものであった。グルカ兵は英国人からもっとも愛されている外国人兵士でありながら、接触がもっとも少ない外国人兵士でもあったのである。

しかし、一九九〇年代になると、東西冷戦の終結と香港返還に伴い、人員削減と雇用条件の改定が進んだ[11]。二〇〇七年には、四年以上勤務し香港返還（一九九七年七月）以降に退役したすべてのグルカ兵が英国市民権を申請できることとなった。また、原則としてすべてのグルカ兵が家族とともに駐屯地もしくはその周辺に居住することができることとなった。それに伴い、駐屯地のあるイングランド南部のオルダショットやファーンバラなどの地方都市にグルカ兵とその家族が住みつくようになった。

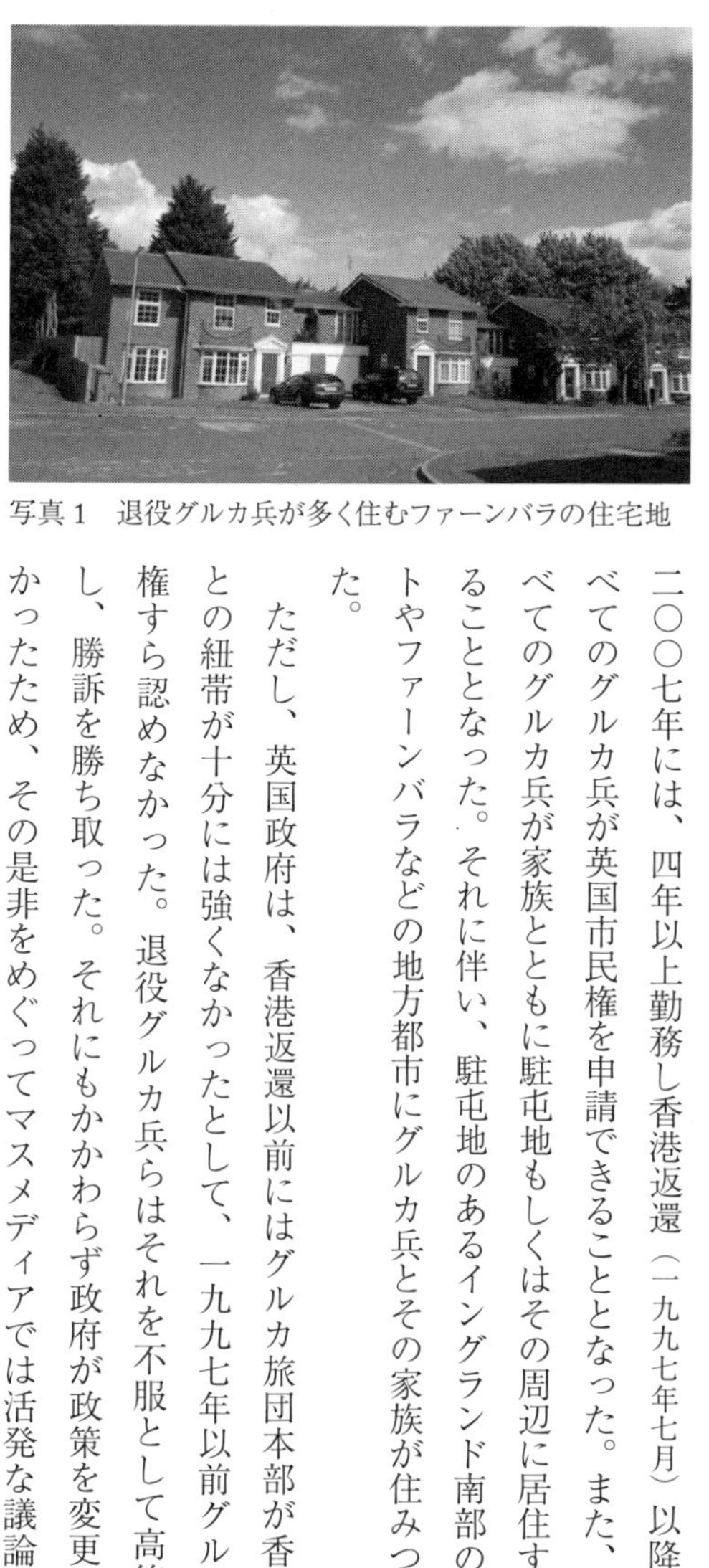
写真１　退役グルカ兵が多く住むファーンバラの住宅地

ただし、英国政府は、香港返還以前にはグルカ旅団本部が香港にあり英国との紐帯が十分には強くなかったとして、一九九七年以前グルカ兵には定住権すら認めなかった。退役グルカ兵らはそれを不服として高等法院に提訴し、勝訴を勝ち取った。それにもかかわらず政府が政策を変更しようとしなかったため、その是非をめぐってマスメディアでは活発な議論が展開した。

写真2　高等法院における退役グルカ兵の勝訴を喜ぶ女優ジョアナ・ラムリー［Allen and Hickley 2008］

野党や著名な女優（グルカ旅団の元・英国人士官の娘であるジョアナ・ラムリー）、王族、全国紙、タブロイド紙などがグルカ兵を支持し、公共圏では終始、一九九七年以前グルカ兵にとって有利な報道が展開した。さらに、四年以上勤務したグルカ兵の全てに定住権を与えるべきであるとする野党・自由民主党が提出した動議が、野党のみならず与党・労働党からも造反者を得て可決された。この動議に法的拘束力はないものの、ゴードン・ブラウン政権は譲歩を迫られ、二〇〇九年五月二一日に、ジャッキー・スミス内務相が、四年以上勤務した全ての退役グルカ兵に定住が認められると発表した[12]。英国に合法的に居住することは帰化のための条件の一つであり、四年以上勤務した全ての退役グルカ兵に英国市民権を取得する道が開けたことになる。グルカ兵は英国に法的に包摂されることとなったのである。

それにしても、なぜ、英国政府は一九九七年以前グルカ兵に定住権を与えることに頑強に抵抗していたのか。それは、英国の軍事的観点からみて、そうする必要性がなかったからだと思われる。英国は当時、軍事予算を圧縮しつつ多様化した脅威に対抗するために、①ミサイルのセンサーから意思決定者、武器システムにまでいたる情報システムの統合と、②多様な専門的業務をこなすことのできる人員を少数雇用する少数精鋭化を、進めようとしていた［Ministry of Defence 2004: 5, 8, 11-12］。つまり、グルカ兵の大半が伝統的に従事してきたような歩兵業務に対する需要は減りつつあった。また、専門的業務をこなすためには英語の高度な運用能力が必要であり、ネパール育ちのグルカ兵にとっては不利な状況となりつつあった。徴募の状況も、英軍にとって悪くはなかった。英国のアフガニスタンにおける軍事行動（二〇〇一年～二〇一四年）では、二〇〇九年五月九日までに一五七人が戦死していたが、二〇〇八年のリーマン・ブラザーズの破綻により深刻化した世界的不況のためなのか、軍の志願者はむしろ増加していた［BBC News 2009］。また、一九九七年以来、英軍はカリブ海諸国出身者やフィジー人をはじめとする非白人・英連邦諸国出身者にまで徴募対象を広げていた。[13] ネパールにおけるグルカ兵の徴募の状況はというと、英国陸軍は人気のある就職口であるため、募集倍率は八〇倍近くに達し、「買い手市場」の様相を呈していた。[14] 英国陸軍は必要な兵士をよりたやすく獲得できる状況下にあったのである。従って、一九九七年以前グルカ兵の定住を拒否したとしても、兵員の充足と士気の維持に支障を来す可能性は低かった。英国政府はむしろ、全ての退役グルカ兵の定住権を認めると英国人将兵と同額の恩給を支払わなくてはならなくなる可能性があり、国防省の財政に大きな負担がかかると主張した。

ジャーナリストのドミニク・ローソンも、所詮グルカ兵は傭兵であるにすぎないとするグルカ旅団の元・元帥ブラモル卿の発言を引用し、定住権を与える必要はないと主張した［Lawson 2009］。また、一九九七年以前グルカ兵への定住権授与が決着した同じ年に陸軍のリストラが論じられた際には、グルカ兵をいの一番に削減するべきだとする意見も新聞紙上に発表された。

しかし、主要メディアの電子版サイトを見る限り、グルカ兵を支持する意見が大勢を占めていることは明白であった。人々は、英国はグルカ兵に多大な恩義を負っているのであるから、全てのグルカ兵に定住権を与えるべきだと論じた。グルカ兵を支持する新聞は、政府が一九九七年以前グルカ兵を排除する一方で、英国に貢献していないソマリア難民や犯罪で訴追されている難民、かつて敵対していたロシアからの移民などに在留を認めているのは納得できないと批判した。ちょうどこのころ、政府支出が適切であるかどうかが問題となっていた。グルカ兵側の事務弁護士は国会議員の不適切な公金支出や、被援助国の高官の懐を潤す開発援助、銀行への公的資金の注入などをあげつらい、退役グルカ兵にかかるコストが高額ではなく不適切でもないことを印象づけようとした。その一方で、一九九七年以前グルカ兵への定住権の授与が社会的給付にもたらすかもしれない負担については、さほど問題視されなかった。グルカ兵の支援者である女優のラムリーは「どんなにお金がかかろうとも、どんなに恩給をはらわなければならないことになろうとも、どんなに国民保険制度のベッドが埋まることになろうとも、我々は彼らに対して名誉にかかわる負債を負っているのだから、ここにいてほしい」とする手紙を受け取ったことを明らかにした［上杉　二〇一四b：五八二］。英国では、一般人よりも退役軍人の方がホームレスになる確率が高いとされ［Homeless Link 2011］、退役軍人の再適応のむずかしさが社会問題となっている。しかし、退役グルカ兵の社会適応や社会的負担が問題視されることはほとんどなかった。

論じられたことは、定住権の授与の是非にとどまらなかった。論争では、「正義」や「名誉にかかわる負債（a debt of honour）」、「品位」、「公正」、「愛国心」などのことばが使われ、あるべき英国社会の自画像が描出されることとなった。グルカ兵は、信義に篤い英国社会とはどうあるべきかを論じるために要請された象徴的な存在と化したのである。

総選挙が近づいていたこともあり、論争はブラウン首相（当時）の指導力に対する批判へと発展していった。また、野党が提出した動議が与党議員の支持も得て可決されたことは異例の事態であったので、民主主義や官僚制についての議論もなされた。

2　退役グルカ兵らの実践

一九九七年以前グルカ兵の訴えを支援していたのが、英国グルカ福祉協会やグルカ陸軍退役軍人機構（Gurkha Army Ex-servicemen's Organization: GAESO）などの退役グルカ兵団体である。退役グルカ兵たちは公共圏における議論にどのような行動様式をとって参加していたのであろうか。

まず、退役グルカ兵たちは、軍歴を明示する可視的なシンボルを着用し、退役軍人としての集合的な自己表象をつくり上げた。彼らは、カーキ色のグルカ帽（鍔の付いた帽子）や勲章、従軍記章、英国グルカ福祉協会の徽章があしらわれたネクタイ、ブレザー、カーキ色のフロックコートなど、退役軍人であることが一目でわかるような出立ちで街頭に立ち、インタビューに答え、署名を官邸に届けた。

つぎに、退役グルカ兵たちは英国人支援者を獲得した。例えば、女優のラムリーは、退役グルカ兵を熱心に支持し、運動の先頭に立った。英国グルカ福祉協会は政治家との関係も積極的に開拓した。特に野党・自由民主党が退役グルカ兵を積極的に支援した。二〇〇四年の自由民主党大会で、退役グルカ兵に対する支援が打ち出されると、英国グルカ福祉協会はその大会の模様を記録したＤＶＤを大量に作成し、関係者に配った。記者会見などではラムリーや自由民主党の党首、グルカ兵側の英国人事務弁護士などが壇上に並び退役グルカ兵を擁護する発言をした[15]。実は、一九九七年以前グルカ兵についての論争でマスメディアに登場しグルカ兵の主張の正当性を主張する論陣を張ったのは主に、これらの英国人であった。

退役グルカ兵たちは、定住権を獲得した後も、英国人将兵とグルカ将兵の恩給の平等化を目指して運動を行い、公的な空間に姿を現している。グルカ兵は二〇〇七年以降の勤務期間について、グルカ兵独自の給与・恩給体系と英国人将兵のそれのどちらかを選ぶことができるようになった。英国グルカ福祉協会は、それ以前の期間についても英国人将兵と同じ恩給体系が適用されることを求めて運動を行っている。また、英国グルカ福祉協会は、グルカ兵の像が立つロンドンの官庁街で行われる英霊記念日曜日（Remembrance Sunday）のパレードに毎年参加している。英霊記念日曜日とは、第一次世界大戦以降の兵士の貢献をたたえるために、英国各地で毎年一一月の第二日曜日に行われる行事である。パレードに参加する英国グルカ福祉協会は、会員に対して、グルカ兵の軍歴を想起させる前述のシンボルを着用するよう指示を出している。

なお、私が一九九七年代後半から二〇〇〇年代前半にかけて、グルカ旅団で現役グルカ兵についての調査を行っていたころ、旅団の公式的なヒンドゥー祭礼で丸いネパール帽（topi）の着用が指定されることがあった。英霊記念日曜日においても、このネパール帽をかぶり政治活動に参加する退役グルカ兵がいる［British Gurkha Welfare Society 2011］。しかし、英国グルカ福祉協会は、ネパール帽の着用を禁止こそしないものの、着用を推奨することはなかった。ネパールとの文化的紐帯よりも、英国における軍歴を強調していたのである。

3　地域レベルでの排除と包摂

1　グルカ兵と地域住民の摩擦

退役グルカ兵は世論の熱狂的支持を獲得し英国に法的に包摂されることとなった。しかし、だからといって彼らがすんなりと地域社会に包摂されたというわけではない。ロンドンやバーミンガムといった大都市と異なり、駐屯地周辺の地方都市（ファーンバラやオルダショット）は、それまで、非白人移民が少なかった町である。そのため、住民はネパール系住民が増えることに困惑していた[16]。当該選挙区（オルダショット）選出の議員（保守党所属）で、日本で言うところの「防衛族」として知られるジェラルド・ハワース議員は首相宛てに書簡を送り、「ラシュモア自治都市の人口の一〇％、約九万人がネパール人となった」と指摘し、そのために国民保健サービスや市民相談局（Citizens Advice Bureau）、公立学校が圧迫を受けていると訴えた［Gurkha.com 2011］。「（グルカ兵の）妻たちが英語ができない」から、負担になるというのである。妻子には軍歴がなく、彼らはグルカ兵の被扶養者としての資格により定住が許されているにすぎない。そのため、多くの妻たちが仕事をもち税金も払っているにもかかわらず、社会的負担に対する警戒感の対象となりやすい。また、英国グルカ福祉協会本部の近隣に住む住民からは、屋外バーベキューに対する苦情も出た。公立学校に通うグルカ兵の子供とその他の子供たちとの間には、いじめや喧嘩などのトラブルも起きている。要するに、人口増加や言語能力に起因する社会的給付や学校教育、国民保健サービスにかかる負担や生活様式などの違いが、地域住民とグルカ兵の間の摩擦を引き起こす原因となっているのである。近年では退役グルカ兵の貧困や社会福祉制度への依存がタブロイド紙などで報じられている［Jones 2014］。筆者も二〇一一年にオルダショットで、勤務年数が少ないために恩給を受け取ることができない高齢の退役グルカ兵がヒンドゥー教宗教教師（グルカ兵の部隊に雇用されている司祭）に窮状を訴える場面に遭遇した。

地域住民はグルカ兵の英国に対する貢献を認めていないというわけではない。地域住民は苦情を申し立てつつも、グルカ兵のことを「尊敬はしている」と語る。

写真３　英国グルカ福祉協会の本部と会員のグルン氏

２　英国グルカ福祉協会の概要

こうした批判に対処しつつ、地域社会に退役グルカ兵を包摂させる取り組みを行ってきたのが、英国グルカ福祉協会である。

英国グルカ福祉協会は、グルカ兵の定住権取得を四年後に控えた二〇〇三年に退役グルカ兵の団体として設立された。協会の本部は、イングランド南部のファーンバラに協会が倉庫を購入して改装した建物にある。そのほかに、支部がフォークストン（Folkestone）やメードストン（Maidstone）、ロンドン等にあり、ネパールにも事務所がある。会員数は公称三〇〇〇人以上であり、最大の退役グルカ兵団体である。会員の家族も活動に参加したり、支援を受けたりしている。

写真４　英国福祉協会の会長夫妻

会長などの役員は選挙で選ばれる。創立以来、現在に至るまで会長職についているのは、女王グルカ士官としては最高の少佐の階級にまで上り詰めたティケンドラ・ダル・デワン氏である。(17) 重要事項に関する意思決定は、各地の代表が集まる会議において多数決をとってなされる。協会は、ヤフー！メールを使って、会員全員に会議の議事録や会計報告を流している。議事録はかつてインターネット上の英国グルカ福祉協会のホームページでも公開されていた。

英国グルカ福祉協会の関係官庁は現役及び退役軍人庁（Service Personnel and Veterans Agency: SPVA）である。しかし、英国グルカ福祉協会の活動の一切合財は会費（毎月五ポンド）と寄付、出資金等によってまかなわれており、同協会は完全に民営の退役軍人団体である。会長を含む役員は、無給で活動に従事している。

３　英国グルカ福祉協会の活動

英国グルカ福祉協会は、退役グルカ兵とその家族の地域社会への包摂へ向けて、以下の通り、多岐にわたる活動を行っている。

第一に、会員を対象とした移民相談の実施を挙げることができる。英国グルカ福祉協会の会長は、ＯＩＳＣにより認証された移民アドバイザーとして退役グルカ兵からの相談を受け付けている。ＯＩＳＣとは、内務省の外郭団体である移民サービス監督官事務所（The Office of Immigration Service Commissioner）の略である［Office of Immigration Services Commissioner 2013］。英国グルカ福祉協会会長は、ＯＩＳＣのマークが入った便箋を用いて、査証局や駐英ネパール大使館の措置や対応について抗議する手紙を首相や国会議員に送るなどしている。例えば、英国移民当局は、一八才以上の子や孫が退役グルカ兵の被扶養者ないし介護者として在留することを認めていない。それに対して英国グルカ福祉協会会長は、「我々の文化では一八才以上であっても子供は親と一緒に住む。子供が結婚したり自主的に別居を望んだりすれば状況は変わるが、合同家族として暮らすのは受容されかつ通常の実践である」［British Gurkha Welfare Society n.d.: 52］として、異議申し立てを行っている。

第二に、社会的給付や退役軍人向けの特典、移入などに関する情報の提供である。二〇一一年九月三〇日には、インターネットで番組を配信するラジオ局を開局した［British Gurkha Welfare Society 2012］。これはネパール語で放送を行うコミュニティ・ラジオ局である。開局に必要であった三万ポンドはすべて会員からの出資金からまかなわれた。

写真5　英国グルカ福祉協会のラジオ局

第三に、遺族の支援や親睦活動などの福利厚生事業がある。会員が死去すると、葬式の手配や弔慰金の徴収と授与、寡婦の世話などを行う。また、ダサイン祭礼（一〇月頃に行われるドゥルガー女神の祭礼）も開催する。

第四に、地域社会との関係改善のために、子供の教育問題への取り組みとネパール文化の啓蒙活動を行っている。

例えば、英国グルカ福祉協会は地方政府の諸機関と連絡をとり、子供の非行や教育問題などについて協議している。協会と協力関係をもっているのは、ラシュモア自治都市評議会（Rushmore Borough Council）と公立オクスファム学校（Oxfam School）、市民相談局（Citizen Advice Bureau）、ハンプシャー警察、青少年クラブ（Youth Club）、「社会的給付及び住宅、求職センター」（Social Benefits, Housing, Job Centre）、各種ボランティア組織などである。また、英国グルカ福祉協会は、会員が地域社会でボランティア活動に取り組むことを奨励している。例えば、会長は、公立オクスファム学校の運営委員会（governing body）の委員をつとめ、リンドリー教育信託（Lindley Educational Trust）の運営にかかわるなどして、近隣の子供たちの非行など多様な問題の解決にも取り組んでいる。

外部と交流するだけではない。英国グルカ福祉協会の役員はまた、会員を対象とした教育相談や説明会を実施し、子供の素行が起因となるような摩擦を防ぎ解決するよう尽力している。退役グルカ兵の中には学歴の低い人もおり、子供の訓育に苦労することがあるという。「子供が放課後何をしているのか知っておいてほしい」などと助言を与えている。

協会の以上の取り組みは地方政府からも評価されている。英国グルカ福祉協会の会長は二〇〇九年に、「ラシュモアのコミュニティ関係に貢献」したことにより、北部及び東部ハンプシャー警察管区の警視正から「作戦部隊警視長褒賞（Operational Command Unit Commander's Commendation）を受賞した［British Gurkha Welfare Society 2009］。会長は「国民（public）との関係は良好である」と語り、地域住民との良好な関係の構築に自信を見せている。

次に啓蒙活動について見ると、協会は「文化の違い」が認められるのかどうかが包摂の鍵を握っていると考え、地域住民を対象としたネパール文化の啓蒙活動に取り組んでいる。例えば、英国グルカ福祉協会は公立学校に住民を呼び、ネパール舞踊を見せるなどしている。また、会員が公立学校に出向き、ボランティアの講師として子供たちにネパール語を教えているという。協会は、ネパール語を一般中等教育終了試験（General Certificate of Secondary Education: GCSE）やAレベル試験（General Certificate of Education Advanced Level）の科目にして、ネパール語の学習者を増やすことを将来の目標としている。[18] こういったネパール文化の啓蒙活動について、「われわれの文化をみせて混ぜる」のだと英国グルカ福祉協会の会長は言っている。

そのほかにも多様な活動を行っている。協会は現役グルカ兵の相談も受け付け、必要とあれば英国グルカ福祉協会の役員がその兵士の部隊に出向いて上官と話をつけることもある。また、会員の営利活動である警備会社やタクシー会社の経営などに直接的ないし間接的にかかわっている。ネパール社会との関係を維持する活動も行っており、貧者を対象とするグルカ病院をネパールに設立するための募金活動や、在外ネパール人協会と連携した多重市民権法制化運動に参加している。

4 軍務に由来する資源の活用

以上の地域活動を行う際にも、軍務に由来する資源は活用されている。しかし、国家レベルで活動する時とは活用の仕方が異なる。地域活動では、グルカ帽や従軍記章など、軍歴を明示するようなシンボルを着用することは少ない。学校・警察など地方政府の関係者と接触する際も同様である。一方で、英国グルカ福祉協会の組織や活動内容、行動様式、空間形成には、グルカ旅団各部隊のそれとの連続性が見られる。協会は、軍隊生活の中で獲得した知識・技能を利用して活動したり空間形成を行ったりしているのである。

例えば、本部棟の地味な外見とよく整理整頓された室内は、駐屯地の兵舎を彷彿とさせるものである。内部には、大きな英国地図が掲示されている会長の執務室や談話室、ラジオ局などがある。また、建物の外にはバーベキューの竈などがある。本部はグルカ兵の駐屯地を縮小したかのような体裁をとっている。

前述した福利厚生事業も軍で行っていたものである。例えば、ダサイン祭礼は、グルカ旅団で最も重要な祭礼として大々的に実施されていた［上杉　二〇〇〇］。ネパール語ラジオ放送も、英軍放送サービシズ（British Forces Broadcasting Services: BFBS）が各地の駐屯地で実施している。協会のコミュニティ・ラジオ局の設立準備に携わっていたのは、現役時に英軍放送サービシズでネパール語放送を担当していた元少佐である。現役の時に英軍放送サービシズでアナウンサーを勤めていた退役グルカ兵や妻は、コミュニティ・ラジオ局でもアナウンサーを勤めている。遺族の支援も、現役時に各グルカ部隊の家族委員会が行っていたことである。協会は、退役することにより利用できなくなった軍の福利厚生サービスに類似したものを退役グルカ兵に提供しているといえる。ネパール文化を積極的に見せることにより、英国人との融和を図る啓蒙活動も、グルカ旅団で行われていた。グルカ旅団では、人員管理政策の一環として、ネパール文化を英国人士官が学習したり、グルカ旅団のヒンドゥー教祭礼に英国人士官その他の賓客を招いてネパール舞踊を披露したりするということが行われていたのである［上杉　二〇〇〇］。グルカ福祉協会は、庇護と統制を実施することにより、移民の包摂に伴う諸問題を解決しようとしているが、上位の人物による下位の人物の庇護と統制は（より強制的な形ではあるが）現役の時に見られたことである。グルカ旅団の女王グルカ士官は、英国人士官から統制される存在であったと同時に、入隊したてのネパール人の若者を訓練し規律正しいグルカ兵に仕立て上げる存在でもあった。協会では英語を流暢に話す役員が外部との交渉を担当する。グルカ旅団においても、英国人士官と交流・交渉したり、私のような外来の研究者の相手をしたりするのは、英語の高い運用能力を持った女王グルカ士官であった。

写真６　英国グルカ福祉協会本部の敷地にあるバーベキューの竈

しかも、英国グルカ福祉協会が働きかけるのは会員だけではない。協会は地方政府の諸機関と連携したり公的資格を用いたりして、地域の子供全体の教育監督を行っている。つまり、内務省や地方政府のエージェントとして、地域社会のコミュニティ関係を良好に保ち公共秩序を維持する役割を果たしている。このことは、現役グルカ兵が長年、英国植民地や英連邦諸国で治安維持活動に携わってきたことを思い起こさせるものである。

もっとも、現役の時の行動様式がそのまま持ち込まれているわけではない。上意下達の軍隊の階級組織は英国グルカ福祉協会にはない。役員は選挙によって選ばれるし、会員は会費を払って自発的に加入しているので、気に入らないことがあれば退会することもできる。

4　移民退役軍人の実践と市民権の再構築

1　移民退役軍人の実践の多層性

本章では、国家レベルと地域社会レベルという二つのレベルにおける、退役グルカ兵の排除と包摂、英国グルカ福祉協会の実践について述べてきた。

国家レベルにおいて、一九九七年以前グルカ兵を英国市民の候補として法的に包摂する切り札となったのは、二〇〇年におよぶグルカ兵の軍務の歴史とそれについての英国人の国民的記憶であった。この一件は、英国において、軍務が市民の義務であるという理念が依然として強いことを示すこととなった。

もっとも、グルカ兵の軍務は海外で展開しており、大方の人々にとってグルカ兵の貢献とは、マスメディアの媒介や退役軍人らしいグルカ兵の装いを目にすることにより間接的に認識することのできる抽象的な概念である。だからなのか、グルカ兵が現実に社会的負担となるかもしれないということは、さほど問題視されなかった。グルカ兵の国家レベルの包摂は抽象的かつ理念的なものであったといえよう。この点、グルカ兵と直接的に接触する機会のあった国防省の関係者が、一般の人々とは対照的に、一九九七年以前グルカ兵の法的包摂に強く反対していたことは注目される。

しかしながら、生活空間における移民退役軍人とその家族の存在とは、バーベキューの煙や肉の焼けるにおい、聞き慣れない言語を話す人々、町の景観の変化などによる五感の刺激により得られる経験である。そのため、国家レベルの包摂において有意ではなかった要因が、排除と包摂の鍵を握ることとなった。それは退役グルカ兵とその家族がもたらす人口構成の変化や社会的負担、異なる生活様式に対する違和感、子供たちの対立などである。結局、グルカ兵が法的包摂を達成したとしても、それは異なる文化的背景と扶養しなければならない家族をもつ生活者としての包摂まで約束するものではなかった。

しかも、地域社会における摩擦の一部は国会議員を通して官邸に伝えられたり、全国紙でも報道されたりもした。そのことは現役グルカ兵のリストラやグルカ兵の家族の呼び寄せの可否や恩給をめぐる要求に影響を与える可能性もあった。国家レベルの交渉と地域社会レベルのそれとは決して無関係なものではない。

そのため、グルカ兵の市民権をめぐる交渉は、国家レベルと地域社会レベルの双方で重層的に展開することとなった。退役グルカ兵は、国家レベルと地域社会レベルで手法を変えつつ、軍務に由来する資源を活用して包摂に向けた実践を展開している。オング［Ong 1996］の示唆した、市民権をめぐる交渉の重層性は本章の事例でも確認されたといえよう。

地域社会ないし生活圏で英国グルカ福祉協会が要求するのは、「人種や民族、母語において、有力な民族コミュニティとは異なっていられることの権利」［Rosaldo 1994: 57］もしくは「文化的権利」［Castles & Davidson 2000: 126］である。移民当局に対しても英国人とネパール人の文化と家族の違いを主張していたことを想起されたい。

しかし、退役グルカ兵の実践は権利の要求で終わるものではない。彼らが地域社会で担おうとしているのが、準軍事的役割である。警備員という準軍事的な職業に再就職しているグルカ兵は少なくない。英国世論の中にも、ソマリアやロシアからの移民・難民の流入に対する警戒感を背景として、グルカ兵が警備員の仕事につくことを歓迎する意見がある［上杉　二〇一四：五九二］。退役グルカ兵が果たす準軍事的役割は職業的なものに限らない。

同協会会長は、ＯＩＳＣやラシュモア自治都市評議会、警察、公立学校、その他の地方政府の機関と連携し、あるいは認証を受けて、公立学校や子供の非行、異なる民族的背景をもつ子供たちの関係一般を監督教育する立場にある。その活動は退役グルカ兵の子供たちの抱える問題の解決の域を超え、コミュニティ関係を良好に保ち公共的秩序を維持するものとなっている。そこにグルカ兵が海外の派兵先で行ってきた業務との連続性を見ることも可能ではないか。

興味深く思われるのは、グルカ兵の市民権獲得をめぐる交渉の重層性が、英国社会が抱える脅威に対する安全保障の重層化を反映していることである。現役グルカ兵の軍務は国際的な脅威に対処する国家安全保障にかかわるものである（退役グルカ兵の息子や娘たちの夫の中にも英軍に入隊するものがある）。一方、退役グルカ兵が警備員として、あるいはボランティアの公的エージェントとして担うのは、国内治安や生活空間の公共秩序の維持である。移民退役軍人による英国社会への自己包摂のための絶え間ない戦略的な努力は、退役グルカ兵とその家族に、英国を防衛し地域社会の公共秩序を維持するという準／軍事的な役割を担わせる結果となったのである。

オング［Ong 1996］は移民が国家や民間団体などから多層的に統制されるとした。しかし、グルカ兵はというと、警備員として、あるいは公的資格や認証にもとづいて、内務省や地方政府による公共秩序の維持に協力し、決して統制されるだけの存在ではない。このようなことは、オングが報告する中国系移民［Ong 1996］やカンボジア系難民［Ong 2003］にはみられなかったことである。移民退役軍人であるからこその役回りであるといえるのではないか。

２　市民権の構築

平等な権利をもとめる退役グルカ兵の実践は、市民権を再構築している。

第一に、グルカ兵が軍務に由来する資源を活用して、地域社会レベルと国家レベルの二つのレベルで準／軍事的な役割を果たすことは、一方で、グルカ兵とその家族を特殊な役割を果たす市民として英国社会に包摂していくことにつながっていくのではないか。そのことは、市民が民族的出自の分割線に沿って社会において異なる役割を果たすことが期待される市民権概念の構築につながる可能性を孕んでいる。

第二に、退役グルカ兵の実践は、福祉国家の衰退と社会的権利についての理念の弱体化、義務を重視する市民権概念の強化という近年の趨勢を反映すると同時に既成事実化を促進するものであるといえるのではないか。何となれば、グルカ兵は市民の最たる義務である軍歴を利用することにより自己包摂を実現しようとしている。また、同協会はすべての活動を手弁当のボランティア活動として行っている。また、警備会社など会員の営利活動の支援も行っている。つまり、英国グルカ福祉協会は地域社会にかかる社会的給付の負担を減じつつ退役グルカ兵とその家族の移入に伴う諸問題を解決しようとする。そのことは、一九八〇年代以降、新自由主義的社会経済政策が主流化する中で生じた市民権概念、すなわち、社会の負担とならないことを市民の義務とする市民権概念にもとづいているように思われる。

ここで退役グルカ兵らが「自立し社会のお荷物とならない」という場合の単位は個人ではない。退役グルカ兵は協会内部で庇護と自己統制を実施し、集団として「お荷物にならない」ことを目指す。社会的権利の弱体化という趨勢が移民に集団的な市民権の構築を促しているのかもしれない。

5　おわりに

本章では、軍務と市民権をめぐる動態について明らかにするために、移民退役軍人の自己包摂のための実践を取り上げた。

グルカ兵は軍務という市民の最たる義務を前払いで果たすことにより、定住権を得た。しかし、グルカ兵自身が法的に包摂されたからといって、文化的に異質な生活者として地域社会に存在することが直ちに受容されたわけではない。グルカ兵の英国包摂は現在も進行中の未完のプロジェクトなのである。

退役グルカ兵は地域社会における文化的権利をもとめ、移民省や地域政府のエージェントとして、地域社会の公共秩序を維持する役割を進んで担ってきた。彼らは現役の時には国家安全保障に貢献し、退役してからは生活空間の安全保障に貢献している。「テロとの戦い」以降の英国社会では、自国育ちのテロリスト（Homegrown terrorist）による非対称戦争が生活空間の安全保障を脅かし、二つのレベルの安全保障が直結したものとなりつつある。今後、退役グルカ兵の担う準軍事的役割は、彼らが他の移民よりも有利な立場を獲得し英国社会に包摂される上で重要な鍵となっていくかもしれない。つまるところ、移民退役軍人にとって、軍とは、受入社会への包摂を図るために利用できる資源を提供してくれる送出社会である。従って、退役グルカ兵は英国市民社会への包摂の鍵となる超世代的かつ集団的軍歴や退役後の準軍事的役割を今後も手放さないであろう。

移民退役軍人が軍務に由来する有形・無形の資源を活用しながら、重層的な安全保障に貢献し、非／公式的市民権を獲得するということは、民族的出自にもとづいて市民に固有の役割と義務、文化を割り当てる、非同質的な市民権概念を強化することにつながるかもしれない。

文化的権利の出現や社会的権利を重視する市民権概念の衰退、責任・義務の強調といった、すでに報告されている趨勢は、本章で取り上げた事例でも確認された。市民権をめぐる交渉とは、義務と権利の取引である。本章では移民退役軍人に固有の取引のパターンが見られた。市民権をめぐる権利と義務の取引は文脈により規定されるといえよう。

それにしても、平等な権利をもとめる移民の実践が、非同質的な市民権概念を強化する結果に結びつくとは、皮肉な結果ではある。

［謝辞］この論文のもととなる調査の実施にあたり、英国陸軍グルカ旅団及び英国グルカ福祉協会の関係者の皆様から多大なるご援助とご協力を賜った。特に、サー・サミュエル・コワン元将軍（General Sir Samuel Cowan KCB CBE）並びにバリー・ホーグッド元中佐（Lt. Col. Barry Hawgood）、ティケンドラ・ダル・デワン元少佐（Maj (QGO). Tikendra Dal Dewan）にはたいへんお世話になった。また、ラニーミード信託（Runnymede Trust）のジェシカ・マイ・シムズ氏（Ms. Jessica Mai Sims）からは地域社会における退役グルカ兵の現状について多くのご教示を賜った。しかしながら、この論文中で表明されている見解は、英国陸軍その他の団体のそれを反映したものではなく、筆者自身のものであることをお断りしておく。

また、調査の実施にあたり、以下の科学研究費の助成を受けた。「アジアの軍隊にみるトランスナショナルな性格に関する歴史・人類学的研究」（二〇〇八―二〇〇九年度、基盤研究B、代表者：田中雅一、課題番号：20320134）、「植民地における通婚と家族をめぐる法制・慣習の研究」（二〇〇八―一〇年度、基盤研究C、代表者：宮崎聖子、課題番号：22510293）、「在英ネパール人移民の多重市民権をめぐる社会運動と理念、生活実践についての研究」（二〇一一―一三年度、基盤研究C、代表者：上杉妙子、課題番号：23520998）。この場を借りて皆様に深く御礼申しあげます。

注

（1）古代ローマなどでは、市民権を授与する主体は都市国家などであった。現在、市民権を授与する主権国家以外の共同体としては欧州連合がある。

（2）市民的権利（civil right）とは、個人の自由のために必要な権利、すなわち人としての自由や言論・思想・信教の自由、財産を所有し多様な契約を締結し裁判を受ける権利である［Marshall 1964 (1949): 78］。市民的権利は、君主の圧政に対する闘争を背景として［Castles and Davidson 2000: 106］、一八世紀に形成された［Marshall 1964 (1949): 86］。なお、civil rights の訳語としては「公民権」が用いられることも多い。しかし、①市民的権利が政治的権利や社会的権利と並び立つものとして位置づけられていること、②公民権という訳語を用いると、市民社会の成員資格である市民権との意味の混同が生じやすくなるという、二つの理由により、本章では、「市民的権利」という訳語を用いることにする。

政治的権利とは、政治的権威を付与された組織体の一員として、あるいはこの組織体の成員を選ぶ選挙人として、政治的権力の行使に参加する権利である［Marshall 1964 (1949): 78］。政治的権利は一九世紀に形成された［Marshall 1964 (1949): 86］。最後に、社会的権利とは、第二次世界大戦後の西欧の福祉国家において育まれたものであり、ささやかな経済的幸福を享受する権利と保障から、社会的遺産を完全に分かち合い当該社会において一般的である基準に沿って文明人としての生活を営む権利まで至る、さまざまな権利を含む［Marshall 1964 (1949): 78］。社会的権利は二〇世紀に形成されたという［Marshall 1964 (1949): 86］。

（3）二〇世紀前半のアメリカでは、軍への入隊を拒否する者に市民権を与えなかった［Burk 2006: 124］。

（4）例えば、カナダでは一九一七年に兵士の女性親族に選挙権を与えたが、他の女性には与えなかった［Enloe 2000: 193］。

（5）ここでいう完全な市民と完全な異邦人の間の連続体に位置する人々とは、市民ではあっても平等な権利を行使することができない二級市民（少数民族や女性など）や経済的理由により権利を実質的には行使できない周辺市民(margizen)［Castles & Davidson 2000: 96］、市民権はなくとも合法的に居住し市民に近似した権利をもつデニズン（denizen）や国軍の軍務に従事する外国人兵士などである。

（6）市民権についての議論には混乱がある。その一つの原因は、市民権を地位や成員資格とする論者と、権利ないし権利の束とする論者が併存していることである。ロサルドも、所属する権利を損なうことなく、人種や民族、母語において、有力な民族コミュニティとは異なっていることの権利を文化的市民権（cultural citizenship）と命名している［Rosaldo 1994: 57］。しかし、**citizenship and rights** などとする用法もあることを考えると、市民権を権利として定義することは、意味をなさない。また、市民権を権利として定義すると、義務が伴うという市民権のもう一つの側面を見落としてしまうことになる。ロサルド自身の論文中にも、**citizenship** を権利として読み進めていくと辻褄の合わない箇所がいくつかある。従って、筆者は、マーシャルが定義するように、地位や成員権という意味で市民権ということばを用いた方が混乱を避けることができると考える。オングはロサルドの文化的市民権という用語を継承して、文化的実践や信仰として再定義している［Ong 1996: 738］。文化的実践や信念に焦点を当てるオングの功績は高く評価するが、上述の理由により、オングの定義も適切であるとはいえないと筆者は考える。なお、その後、発表されたオングの著作［Ong 2003］では、市民権を文化的実践や信念とする定義は見られない。

（7）キャスルズとデイビッドソンが文化的権利としているのは以下の五点である［Castles and Davidson 2000: 126］。①多数派の言語・文化に完全に接近することができること、②少数派の言語と文化を維持する権利、③文化的に偏向していない法律の一般的な枠組みの中で種々の習慣と生活様式をもつ権利、④教育における平等、⑤異なる文化や異なる国家の間でコミュニケーションをとる権利。

（8）　国軍の軍務についた人が完全な市民と同じ権利を得て市民社会に包摂されるとは限らない。例えば、英国の場合、常備軍（standing army）が整備されるのは一七世紀のことであったが、一九世紀まで、階級の低い兵卒は入隊前に都会の失業者であった人が多く、差別の対象であった［上杉　二〇一四ａ：二二三、二二〇］。英国は今日に至るまで継続して外国人兵士を雇用してきたが、非白人・外国人兵士が市民権の申請資格を得るのは二〇〇四年以降のことである。また、東西冷戦後に英軍はかつては正規兵が行っていたような業務を民間軍事会社に外注するようになったが、民間軍事会社の外国籍社員には市民権申請資格は与えられていない。

（9）　一九九七年以前グルカ兵の定住をめぐる論争の詳細については、拙稿［上杉　二〇一四ｂ］ですでに報告した。本章では行論の必要に応じて拙稿の一部を要約して用いている。内容に一部重複があることをお断りしておく。

（10）　グルカ旅団の人員整理については拙稿［上杉　二〇〇〇、二〇〇二］を参照されたい。外国人兵士を雇用する国軍は他にもある。現在、英軍の他にも、インド軍、ブルネイ軍、シンガポール警察などがグルカ兵を雇用している。また、米軍やフランス軍も移民兵士を雇用している。しかしながら、米軍とフランス軍の外国人兵士は、個人として入隊し、他の外国人兵士もしくは受入国出身の兵士と同じ部隊で勤務につく。その点、特定の外国の市民としてのアイデンティティが維持されているグルカ兵は、稀有な存在である。

（11）　一九九〇年代後半以降の雇用条件の改訂については拙稿［上杉二〇〇四ｂ、Uesugi 2007］を参照されたい。

（12）　この一件によりブラウン首相（当時）の権威は大きく失墜した。議論の影響の大きさがうかがえよう。

（13）　一七〇一年に提出された王位継承法（Act of Settlement）は、外国人兵士の雇用を禁止していた［Land Forces Secretariat 2006: 3-1］。その後、一九五五年の陸軍法は外国人兵士の雇用を人員の二パーセントまで認めたが、英連邦諸国出身兵士は外国人ではないという扱いになっており、上限が適用されない［Land Forces Secretariat 2006: 3-1］。そのため、英連邦諸国出身兵士の雇用が進み、当時、その人数はグルカ兵の二倍以上であった［Land Forces Secretariat 2006: 3-4］。

（14）　年間二三〇人の募集に対して一万八〇〇〇人の応募があったという［Quetteville 2009］。

（15）　グルカ陸軍退役軍人機構も一九九〇年代の後半に、ブレア首相（当時）夫人のシェリー・ブース勅選弁護士を顧問弁護士として迎え恩給の増額を訴えた［上杉　二〇〇四ａ：二〇二］。その後、グルカ退役軍人機構はネパール人の弁護士に切り替え、恩給に関する法廷闘争を行っていたが、敗訴したという。

（16）　ラニーミード・トラスト（Runnymede Trust）のジェシカ・マイ・シムズ（Jessica Mai Sims）氏からのご教示による。

（17）　グルカ兵には固有の階級体系があり、士官の大多数は女王グルカ士官（Queen's Gurkha Officer）である。

（18）　ＧＣＳＥは義務教育修了時に受ける試験である。Ａレベル試験は大学進学の可否を判断するのに用いられる試験である。

参考文献

上杉妙子

二〇〇〇　「英国陸軍グルカ兵のダサイン――外国人兵士の軍隊文化と集団的アイデンティティの自己表象」『アジア・アフリカ言語文化研究』六〇：一一三―一五八頁。

二〇〇二　「英国陸軍グルカ兵の宗教政策――現地人兵士と二つの国家」山路勝彦・田中雅一編『植民地主義と人類学』西宮：関西学院大学出版会、四四五―四六八頁。

二〇〇四　「越領土的国民国家と労働移民の生活戦略――英国陸軍における香港返還後のグルカ兵雇用政策の変更」田中雅一責任編集『人文学報　特集　アジアの軍隊の歴史・人類学的研究：社会・文化的文脈における軍隊』九〇：一六九―二一四頁。

二〇一四a　「独身／既婚兵士の男性性――一九世紀の植民地インドにおける英国人兵士を事例として」椎野若菜編『境界を生きるシングルたち』京都：人文書院、二〇七―二二四頁。

二〇一四b　「移民の軍務と市民権――一九九七年以前グルカ兵の英国定住権獲得をめぐる電子版新聞紙上の論争と対立」『国立民族学博物館研究報告』三八（四）：五五五―六〇五頁。

ヒーター、デレック

二〇〇二　『市民権とは何か』田中俊郎・関根政美訳、東京：岩波書店。

Allen, Vanessa and Matthew Hicley

2008　Joanna Lumley Celebrates Victory for Gurkhas as They Win Legal Battle to Stay in Britain. *MailOnline* 1 October 2008（www.dailymail.co.uk/news/article-1065117/Joanna-Lumley-celebrates-victory-Gurkhas-win-legal-battle-stay-Britain.html 二〇一〇年一月二七日閲覧）。

Burk, James

2006　Military Mobilization in Modern Western Societies. In Giuseppe Caforio ed. *Handbook of the Sociology of the Military*, New York: Springer, pp. 111-128.

BBC News

2009　Rise in Armed Forces Recruitment. 9 May 2009（news.bbc.co.uk/2/hi/uk_news/8041368.stm 二〇〇九年五月九日閲覧）。

British Gurkha Welfare Society
2009　News & Future Events.（http.//www.bgws.org/news_archive.html　二〇一一年二月一六日閲覧）。
2011　*Photo Gallery.*（http://www.bgws.org/photo-gallery/　二〇一一年二月一六日閲覧）。
2012　*Radio BGWS.*（http://www.bgws.org/radio-bgws/　二〇一一年二月一六日閲覧）。
n.d.　*The Current Gurkha Plight.*（二〇一三年四月二六日入手）。

Castles, Stephen and Alastair Davidson
2000　*Citizenship and Migration: Globalization and the Politics of Belonging.* Houndmills: MacMillan.

Cowen, Deborah
2008　*Military Workfare: The Soldier and Social Citizenship in Canada.* Toronto: University of Toronto Press.

Enloe, Cynthia
2000　*Maneuvers: The International Politics of Militarizing Women's Lives.* Berkeley: University of California Press.

Gurkha.com
2011　Hampshire MP Gerald Howarth's Letter Re: Nepalese Immigration to the PM in Full（Posted February 14, 2011, http://www.gurkhas.com/ShowArticle.aspx?ID=1518　二〇一一年二月一五日閲覧）。

Homeless Link
2011　Ex-service Personnel and Veterans. Take a Step: What's Your Step to Help End Rough Sleeping?（http://www.homeless.org.uk/veterans　二〇一一年三月二七日閲覧）。

Janowitz, Morris
1976　Military Institutions and Citizenship in Western Societies. *Armed Forces and Society* 2 (2): 185-204.

Jones, David
2014　Joanna Lumley's Legacy of Misery: She Fought to Allow Retired Gurkhas into Britain with Her Heart in the Right Place. Five Years on, Even They Say It's Backfired Terribly. *Mail Online* 14 November 2014（http://www.dailymail.co.uk/news/article-2835216/Joanna-Lumley-s-legacy-misery-fought-allow-retired-Gurkhas-Britain-heart-right-place-Five-years-say-s-backfired-terribly.html　二〇一四年一一月一八日閲覧）。

Kivisto, Peter and Thomas Faist
2007　*Citizenship: Discourse, Theory, and Transnational Prospects.* Malden, MA: Blackwell Publishing.

Land Forces Secretariat

2006 A Review of Gurkha Terms and Conditions of Service (D/LF SEC (GURKHAS) 140/7.

Lawson, Dominic

2009 Hush, Miss Lumley, the Gurkhas Knew the Deal. *Times Online,* 3 May 2009（http://www.timesonline.co.uk 二〇一〇年一月一六日閲覧）。

Marshall, Thomas Humphrey

1964 (1949) Citizenship and Social Class. In Thomas Hunphrey Marshall, *Class, Citizenship, and Social Develop-ment,* Chicago: The University of Chicago Press, pp. 71-134.

Ministry of Defence

2004 *Delivering Security in a Changing World: Future Capabilities.* Norwich: The Stationery Office.

Office of Immigration Services Commissioner

2013 About the OISC.（http://oisc.homeoffice.gov.uk/about_oisc 二〇一三年六月一九日閲覧）。

Ong, Aihwa

1996 Cultural Citizenship as Subject-Making, *Current Anthropology* 37 (5): 737-762.

2003 *Buddha is Hiding: Refugees, Citizenship, the New America.* Berkeley: University of California Press.

Quetteville, Harry de

2009 The Gurkhas Must Be Rewarded. *Telegraph*（Posted 30 April 2009, http://www.telegraph.co.uk/news/majornews/5245751/The-Gurkhas-must-be-rewarded.html 二〇〇九年一一月一九日閲覧）。

Rosaldo, Renato

1994 Cultural Citizenship in San Jose, California. *PoLAR: Political and Legal Anthropology Review* 17 (2): 57-63.

Stolcke, Verena

1995 Talking Culture: New Boundaries, New Rhetorics of Exclusion in Europe, *Current Anthropology* 36 (1): 1-24.

Uesugi, Taeko

2007 Re-examining Transnationalism from Below and Transnationalism from Above: British Gurkhas' Life Strategies and the Brigade of Gurkhas' Employment Policies. Hiroshi Ishii, David N. Gellner, and Katsuo Nawa eds. *Nepalis Inside and Outside Nepal,* New Delhi: Manohar, pp. 383-410.

●第Ⅳ部　軍隊の表象のポリティクス

第一三章　日本における軍隊、戦争展示の変遷

福西加代子

1　はじめに

毎年、八月が近づくと日本ではテレビや新聞、その他メディアで「戦争」がテーマとして取り上げられている。夏の風物詩のようになりつつある「戦争」であるが、原爆投下の日や敗戦の日が八月である、というだけで、実際には一年を通して「戦争」を意識する機会はたくさんある。東京大空襲や沖縄戦、真珠湾攻撃、これ以外にも空襲の被害を受けた各地で、「戦争」の傷跡は残っている。そして、それらを風化させないために、戦争や軍隊を展示する博物館が日本各地にはたくさん設立されている。それらは「平和博物館」と呼ばれる場合が多く、日本の平和観を象徴しているともいえる。日本に数多く設立されている「平和博物館」は世界的にみても特殊な状況である。本章では、平和博物館の事例として、立命館大学国際平和ミュージアムを取り上げる。その際、一九三〇年代に開催された日本の軍隊や戦争の博覧会と対比させて、戦争、軍隊、平和の表象やその普及の方法について考察を深めたい。

日本の博覧会研究についてみていくと、明治期の日本における博覧会の成立過程や、海外への博覧会出品に関

しての研究は数多くある［伊藤　二〇〇八、國　二〇一〇］、椎名［二〇〇五］は、国内勧業博覧会がどのような経緯をたどり、今日の博物館へと発展していったかについて考察している。博覧会から博物館という流れは海外においても日本においても当然の流れとして存在している。大阪万国博覧会と国立民族学博物館の関係のように、博覧会開催のために収集されたモノがその後の博物館の設立に大きな影響を与えるのは当然の流れのように思われる。しかし、この流れを博覧会における戦争展示と戦後の平和博物館における戦争展示を見ていく上ではあてはめるのは難しい。戦後各地で設立される平和博物館やそれに類似する平和関係の展示施設は、一九四五年以前に存在した軍事に関わる展示施設を否定する所から始まっているからである。しかし、仔細に見ていくと、一見当然のように見える平和と軍事という対比は、ことに日本の博物館展示の文脈ではそれほど簡単でないということもたしかである。本章では、このような点を念頭に、二つの博覧会と戦争を対象にした二つの博物館を対象に、議論を進めていきたい。

2　戦争・軍隊の博物館と平和博物館

1　歴史

日本は、江戸末期から国内外で戦争・戦闘を続けてきた。それらの記録や展示については靖国神社の遊就館が有名である。これは、西南戦争後に企画され、一八八二年に設置された「武器陳列場」であった。十五年戦争期中には戦争を主題とする博覧会が開催されている。

一九四五年の敗戦以降、日本では戦争に関するモノを展示することで、戦争の悲惨さ、平和の尊さを訴え続ける、いわゆる「平和博物館」が多く一〇〇以上設立されている。一九五五年に広島、長崎に開館した「広島平和記念資料館」、「長崎原爆資料館」が最初の例である。一九八〇年代までは戦争体験の語りが主流となり、戦後日本の平和観が形成された時代でもある。各地に体験の語りや戦争を忘れないために、資料館が開館していく。

山辺［二〇〇五］によると、十五年戦争（一九三一年の満州事変勃発から一九四五年のポツダム宣言受諾による太平洋戦争終結まで）を展示する平和博物館の戦後の流れとして、広島、長崎、沖縄の各資料館や一九七〇年代の空襲を展示する、「原爆・沖縄戦・空襲の博物館」があり、二つ目に一九八〇年代にはじまる市民の手による十五年戦争の展示運動である「戦争展運動」。三つ目に戦後四〇年の節目として一九八五年頃から広く展開され始める「地域の歴史博物館の実践」。そして四つ目が一九九〇年代以降の「総合的で本格的な平和博物館」の設立という四段階の流れがあるとしている。

九〇年代以降に平和博物館は多く設立され、この時期は平和博物館ブームとも言われている。八〇年代には全国で九館の開館であったが、九〇年代には全国各地に二二館が開館している。戦後に形成された平和観や戦争観をもとにした日本の平和博物館が数多く開館する中で、それらの平和博物館のネットワークの中心に「立命館大学国際平和ミュージアム」がある。

2　重層的な平和観

戦後の平和観を支える要素はさまざまなものが考えられ、戦後の平和に関する研究もたくさんある。戦後平和を考える上で最も重要なものが「憲法九条」である。憲法第九条に関しては、さまざまな分野からその成立過程、内容、現在の在り方まで多岐にわたって議論がなされている。中でも戦後思想を分析した小熊英二［二〇〇二］は、「憲法九条」が戦後の新しいナショナリズムの基盤として「歓迎」されたこと、そして「憲法九条」を新しい基盤として「文化国家」や「平和国家」という新しいナショナル・アイデンティティが形成されていったことを指摘している。田中伸尚も『憲法九条の戦後史』［二〇〇五］の冒頭で、文部省（現文部科学省）が社会科教科書として発行した『あたらしい憲法のはなし』に感動する人々について述べて、当時の状況を描いている。このように、戦後日本の「平和」を支える一つの柱として「憲法九条」が人々に広く受け入れられていったのは明らかであった。

一方、一九四五年八月六日広島に、九日に長崎に投下された「原爆」も戦後日本の「平和」に大きな影響を与えている。奥田博子は『原爆の記憶』［二〇一二］の中で、戦後日本の平和主義と経済至上主義が広島の「被害」と長崎の「受難」を礎に創られたものであるという戦後日本の「平和と経済成長」神話が、日本の戦争「被害者意識」を正当化する「唯一の被爆国・被爆国民」というナショナルなアイデンティティ・神話と表裏一体の関係にあるとし、その神話を解体していく過程で、このナショナルな語りが覆い隠してきた出来事を明らかにしていった。広島の記憶に関わる研究において米山リサ［二〇〇五］は、広島平和記念公園内の「嵐の中の母子像」の碑を事例として、戦後にたちあらわれてくる日本人女性の母性が戦後の平和や反核の言説を強化していくことを指摘している。このように、原爆の被害に対する平和、戦後の母性により強化されていく平和や反核というように、戦後日本の平和観はさまざまな要素が重なり合い、一つの国家イデオロギーとして形成されてきた。その平和観を広く浸透させる装置として、各地にある平和博物館が機能してきたと考えられる。

3　二つの博物館

村上登司文は、過去の戦争を扱った博物館を大きく、軍事博物館と平和博物館に分けている。軍事博物館とは、軍隊・兵備・戦争・軍務など、軍事に関する展示を行い、軍隊の発展に貢献する目的で開設され、武力による安全保障の広報活動に役立つ博物館である［二〇〇九：二三六］。これに対し平和博物館は、「収集物により平和について歴史的な視野を与え、平和教育の目的に役立つように一般の人々に展示物を公開する博物館である。その意味で平和博物館は平和社会の形成に教育的側面から貢献することを目的とする博物館」［二〇〇九：二三五］である。

日本においては遊就館、自衛隊駐屯地内などにある資料館や、特攻隊や陸海軍についての展示をおこなう博物館を軍事博物館ととらえることもできる。ここでの旧日本軍の展示は平和博物館の枠組みには入りきらない点があり、一見すると、戦争を讃えるように見えるかもしれず、戦争肯定という批判の対象になることもある。しかし、これらの展示を詳細に見ていくと、戦没兵士への慰霊や追悼という側面も見られ、戦争反対＝平和のメッセージとは異なるが、死者を悼むという平和への思いが伝えられている慰霊空間として機能しているとも考えられる。その点で、日本の軍事博物館はたんなる武器の展示や戦争の記録の展示で終わっていないといえる。この点については本章で取り上げる大和ミュージアムについて考察する。

兼清順子［二〇〇九］は、追悼の要素が切り離されている平和博物館の存在を指摘し、それが平和博物館の新たな潮流と見ている。その背後には、これまで戦争の悲惨さを指摘することでしか可能ではなかった平和概念との決別が示唆できるかもしれない。本章では、具体的な事例として、この「立命館大学国際平和ミュージアム」を取り上げる。

3　戦争をテーマにした二つの博覧会

1　概略

一九三一年から一九四五年の十五年戦争期に日本国内で開催された博覧会をみていく。満州や大連で開催されたものを除いて、国内のみの博覧会は合計六五回である。東京で一〇回、大阪で一〇回、兵庫で一〇回がその半分を占めている。博覧会の従来の働きとして技術や産業の展示という側面があるが、その「産業」という言葉がタイトルに使われている博覧会は一六回あり、戦時中ということから「国防」に関わるタイトルの博覧会は八回おこなわれている。

一九三〇年は日本海海戦二五周年記念の年ということで、東京で「日本海海戦二十五周年記念海と空の博覧会」のような海軍色の強い博覧会が催されていたが、一九三一年には、八月までに産業を中心とした博覧会が各地で六回も開催されている。しかし、九月一八日に満州事変が勃発すると秋以降、博覧会が開催されなくなる。

一九三二年一月一八日には日本軍の謀略とされる上海事件が起こり、四月二九日に停戦協定を結ぶが、中国との和平ムードの中で、五・一五事件がおこる。この五・一五事件以降、犬養毅の政友会が潰され、斎藤実の「挙国一致内閣」がはじまる。その一方で満州国建設の動きは着々と進み、三月一日には独立宣言をおこなう。その影響を受けてか、その年の四月以降に、京都で「日満大博覧会」、愛知で「満蒙軍事博覧会（新愛知新聞社主催）」、大阪で「満蒙大博覧会（夕刊大阪新聞社主催）」と満州関連の博覧会が増えていった。満州事変以後、関東軍は新聞を利用することで満州独立の構想を打ち出していった。そして、新聞社もこれにより部数を上げようと関東軍の思惑通りに進んでいった時代であり、博覧会も新聞社主催でおこなわれている。

一九三三年二月二〇日、満州国の承認問題で揉めていた国際関係の中で、日本は国際連盟を脱退する。この年の軍事的な博覧会は宮城で開催された「第二師団凱旋記念満蒙軍事博覧会」であり、その他は産業博覧会などであったが、一年間に八回も開催されている。満州事変以降、斎藤実の「挙国一致内閣」のもと日本は軍事的国家への道を歩み続ける。

一九三四年は皇太子誕生の年でもあり、誕生を記念した博覧会が全国で五回も開催されている。しかし、「非常時」ブームのためか、大阪では「皇太子殿下御生誕記念非常時国防博覧会」というものまで開催されていた。そして、この頃から「国防」という言葉が言われるようになり、一九三五年にかけても、「国防」と「産業」といった博覧会が多く開催されていく。一九三六年二月二六日に二・二六事件が起こり日本国内が大きく揺れ動いた。この年には、一二回と最も多くの博覧会が開催されているが、「躍進日本」や「輝く日本」と銘打たれた博覧会が開催されており、「国防」や「満州」といった対外的なテーマよりも、「日本」という国内へ意識を向けるような博覧会のテーマとなっている。

一九三七年には国内に、戦争待望論というか、昭和十二年になった段階で、日本には「中国を一撃すべし」という空気がかなり瀰漫していたんじゃないかと思うのです〔半藤　二〇〇九：一八三〕。

そのような国内の状況を反映しているのか、この時期に唯一「平和」を冠した博覧会「名古屋汎太平洋平和博覧会」が愛知で開催された。しかし、七月七日に盧溝橋で日本軍と中国国民革命軍との衝突が起こり、日中戦争（支那事変）が始まる。同日、七月七日に北海道で「北海道大博覧会」が開催されて以降、この年は博覧会が開催されなかった。そして、中国大陸では日本軍が南下し続け、一二月一三日に南京を陥落する。ちょうどこの一九三七年までが、博覧会が多く開催された年であった。この年以降は戦況の変化とともに博覧会の回数が減り、テーマや内容も変化していく。

一九三八年に第一次近衛内閣によって「国家総動員法」が制定された。その影響を受け、三月には東京で「国民精神総動員国防大博覧会」が開催されている。そして、前年の南京陥落の影響を受け、兵庫で「支那事変聖戦博覧会」が開催されるのである。この年には博覧会の数は大幅に減少し、前述の二つを含め三回しかおこなわれていない。一九三八年秋には武漢三鎮を攻略して、一二月に重慶爆撃がおこなわれた。それを受けて、一九三九年に再び兵庫で「大東亜建設博覧会」が開催された。その後も一九四一年四月まで「国防」をテーマにしたものや軍事色の強い博覧会が開催されるが、その数は一九四〇年、一九四一年の二年間で五回であった。一九四〇年には念願の東京万博である「紀元二千六百年記念日本万国博覧会」やオリンピックも開催される予定であったが、ヨーロッパでもアジアでも戦争をしている背景から中止となった。

それまではマスコミに対する統制がそれほど厳しくなかったことを考えると、この年までの軍事的色彩の強い、新聞社主催の博覧会は自主的におこなわれていたと考えられる。

一九四〇年に日独伊三国同盟が締結され、一九四一年には日ソ中立条約が締結される中、一九四一年四月には「国防科学大博覧会（兵庫）」や「関門トンネル建設記念・大政翼賛興亜聖業博覧会（山口）」、「高田市興亜国防大博覧会（新潟）」が開催される。この年に開催された博覧会は四月のこの三回だけであるが、いずれも軍事色の強いものであることがうかがえる。この「国防科学大博覧会」では軍需関係の会社が特別館を作り、戦争へ向けてのアピールがされたり、「傷病軍人館」が作られていた。この「傷病軍人館」は今までの博覧会では見られなかったものであり、「そこには、傷痍軍人に対する「福祉」の充実の必要性が、社会的に切迫していたことが浮き彫りにされていた」［福間　二〇〇九：二九〇］。そして、それは「傷痍軍人を尊ぶ意義を謳うパビリオンは、ときに、その表現の延長で、傷痍軍人を生産している「聖戦」への疑念を観衆にかきたてたのであった」［福間　二〇〇九：三〇四］。

このような博覧会が開催される中、一九四一年の一二月八日に真珠湾攻撃がおこり、日本は太平洋戦争へと突き進んでいく。一九四三年四月に「決戦防空博覧会（兵庫）」が開催された。しかし、六月のミッドウェー海戦での敗戦以降の戦局の悪化とともに、博覧会も開催されなくなる。そして、一九四五年のポツダム宣言受諾により、十五年戦争が終結する。

その後、敗戦後の混乱や占領期を経て、戦後最初に開催された博覧会は一九四七年五月の「福山産業振興博覧を経て開催されたアジアで初の万国博覧会として世界中から注目を浴びた。

後復興をのりこえて、一九七〇年に「日本万国博覧会」が開催となる。これは一九四〇年の万博から三〇年の時

会（広島）」であった。それに続いて、「復興」や「平和」という言葉を掲げた博覧会が続いていく。そして、戦

2　支那事変聖戦博覧会

ここからは、支那事変聖戦博覧会（以下、聖戦博覧会）の案内パンフレット（以下、『聖戦博案内パンフ』）及び、博覧会会期後に関係者に配られた『支那事変聖戦博覧会大観』（以下、『聖戦博大観』）を中心に聖戦博覧会の会場の様子や展示物の内容などを詳細にみていく（写真1）。

写真１　聖戦博覧会会場全体（『支那事変聖戦博覧会大観』より）

概要　聖戦博覧会は、一九三八年の四月一日から五月三〇日を会期として開催され、六月一四日まで延期され、約一五〇万人を動員した。入場料は五〇銭で、小人は一五銭、軍人・学生・生徒は三〇銭であった。場所は兵庫県の西宮球場及びその外周でおよそ三万五〇〇〇坪の広さであった。陸軍省、海軍省が後援する形で、大阪朝日新聞社が主催して、計画から開会までに二ヶ月という短期間の間に準備がおこなわれた。この準備期間の短さについて福間［二〇〇九］は、支那事変からの祝勝ムードから、終戦・停戦の見えない状況に対する不安の解消のためとしている。阪急西宮球場は、一九三七年五月一日に阪急電鉄西宮北口駅に「阪急ブレーブス」の本拠地として、日本初の二階建てスタンドを持つ野球場として開設された。

完成から約一年後に、聖戦博覧会が開催されることとなった。『聖戦博案内パンフ』には、「本博覧会はこの会場の特異性を最も有効に生かしあらゆる斬新かつ有機的方法を以て今回の事変の全貌を如実に描き出さんとするものである」とあり、最新の球場設備をもっていた西宮球場のスタンド、本館、外周を効果的に使用していることをアピールしている。『日本の博覧会』〔二〇〇五：一六二〕の説明では以下のようになっている。

会場は阪急西宮駅北口近傍の球場及び外園約十万平方メートルが充てられた。そのうちの球場全体二万平方メートルが戦場大パノラマとなった。会場入り口には実物大の北京の正陽門がつくられ、スタンドは人造の山とし、背景には北支の山々が描かれた。フィールドはスクリーンに見立てられ、観客は山と山の間を通りながら、さながら実戦を見るようにつくられた。外園は模擬の野戦陣地となった。各種のトーチカ、防空壕、塹壕などのほか近代機械化部隊の演習も公開された。これほど大きいパノラマは数ある博覧会の中でも類例がない。世界一の大パノラマであった。

また、『聖戦博案内パンフ』を見ると、阪急西宮北口駅から会場に到着し、南京市政府楼門を抜けてからの道順が矢印で記され、靖国神社遙拝所へと順路が描かれている。そして、会場地図の横には、「先づ靖国神社遙拝所へ御参拝下さい」と記され、入場前にそこで手を合わせることが促されている。四月一日の開会式には、靖国神社拝遥所で盛大な修祓式が執りおこなわれ、野外劇場にて名士数百名を招待して開会式を挙行している。また、開会式に次いで「野戦糧食をもって軍事色濃き（『聖戦博大観』）」招待宴も開かれていた。靖国神社遥拝所での修祓式や、軍事色の濃い招待宴は支那事変が「聖戦」であるということを強く印象付けている。そして、博覧会会期後に関係者に配られた『支那事変聖戦博覧会大観』の序文では、聖戦博覧会を振り返り、次のように述べられている。

日日多数の来観者に深き感銘を与へ、もつて、皇軍の勇戦奮闘のあとを偲び、護国の英霊に感謝すると共に、重大戦局の認識を一層深らしめ挙国一致、終局の大目的達成に邁進すべき銃後の精神作興にいささか貢献し得たることを確信するものである。

まさに、「支那事変」が「聖戦」であり、これから続く戦争の未来が素晴らしいものであるかのように展示されたのである。

展示内容　さらに細かく博覧会会場をみていく（写真2）。スタンドには「支那大陸パノラマ」展示が広がり、本館は二階から五階までが展示室となっていた。当時、世界一と言われるほど大規模なパノラマとして話題を呼んでいた。それは、通常は野球場として使用されるフィールド一面を戦場に見立てて、砲兵陣地を作り、そこに人形を配し、スタンドを山に見立て、その間を観客が見て歩くという形式であった。そのパノラマ体験は見る人にとっては、さながら戦場体験でもあった。

本館の窓からスタンドを見下ろすことも可能であり、また本館スタンドに造られた軍艦出雲の艦首の大模型に乗ることで、自らが戦場の中に入り込み、戦場を体験しているようにスタンドを見ることができる。球場に併設する本館の一階は、食堂や売店、事務所があり、そこから上へと上がりながら各展示室を見てまわる。二階に上がると、「戦況の全貌」という展示室がある。ここで展示されていたのは、「河南第四区保安司令部の看板」や「南京の抗日学生隊の旗」、「戦利品の一部（傘、ヘルメット、帽子、看板など）」、「屋根瓦」、「支那軍の軍服」、「皇軍兵器（機

写真2　武勲室遺品（『支那事変聖戦博覧会大観』より）

関銃や無線機）」、そして朝日新聞特派員撮影の写真や戦況進展の経過解説、特異なる作戦の図解といった戦地を彷彿とさせる展示品である。二階の展示室はスタンドを同じ目線で見ることが出来るため、「戦利品」として、一部スタンドも利用しながら、飛行機や戦車、大砲その他、各種の大型の戦利品を展示していた。スタンドでの戦場体験に加え、展示されている戦利品を見ることで、戦勝ムードを体感することが可能となる。

しかし、続く「輝く武勲室」では、「無敵皇軍将士の忠勇義烈の精神を宣揚する尊き資料と武勲を物語る遺品などが展示されていた」と『聖戦博案内パンフ』には記されており、「支那事変勃発より一三年三月までの間に西日本より出征し赫々たる武勲を樹てたる殊勲者並に戦死者百十名の写真、手持品、軍帽、軍服、軍刀、拳銃、双眼鏡、背嚢、水筒、勲章、陣中便りなど、殊勲を物語る品を展開し銃後に絶大なる感銘を与え赤誠の喚起に貢献した」品物が展示されている。ガラスケースの中に、遺影がならび、遺影の下に遺品が展示されている。展示品の中には「須藤少佐の遺書」というものも展示されており、これに対しては「事変勃発直後出征するに当り須藤久少佐が夫人及び愛兒に宛てた遺書、尽忠報国生還を期せざる武人の確固たる決意が窺はれて誰か感泣せないものがあらうか」と解説されている。ここでは、戦勝ムードから離れ、戦地での戦死という悲惨な事実を「忠勇義烈」、「武勲」といった美辞麗句で飾り立て、その死を賛美している。

三階へ行くと、喫茶室と売店があり、「空軍の活躍（飛行機の解説）」として、「陸海荒鷲隊の奮戦を物語る諸資料」と「航空界の現勢を示すあらゆる資料」、各種飛行機の陳列、部分品の解説、航空機の操縦法、各種飛行機の模型、「空中戦の戦闘其他を解説する諸資料」などが展示されている。「現代の兵器」の展示室では、「未来戦室」という展示で「人智の発達と科学の進歩は将来の戦争に如何なる変化を与えるか、これはその想像図の一部である。地下に設けられた司令部と堅固なる大トーチカ、装甲飛行機、タンク等のみで防弾具なき個々の兵隊の姿は見当たらない。総て機械化された兵器のみにての戦争である」と説明され、「怪力線」や「成層圏飛行」、「長距離砲」といった未来の兵器の展示パネルが並んでいる。その他、各種の軍艦や、戦艦、巡洋艦、駆逐艦、潜水艦などの模型や写真なども展示されている。

次に四階に上がると、「日本と列強」として、「わが国をめぐる国際関係や、各国軍備拡張の情勢、世界防共の現状、思想戦、宣伝戦など」の展示があり、各国の軍備に関するパネルや列国の国際関係を語る漫画などが展示されていた。また、「資源愛護」というテーマで、「新しき資源の開発と廃物利用による再生品の製造過程等を示す」展示がおこなわれ代用資源の一覧パネルや、長期戦に備える銃後の覚悟を促すポスターなどが展示されていた、そして、「日本精神宣揚」では、「建国以来の重大事に発揮せられたる盡忠報国の精神、敬神崇祖の美風、国民精神総動員、銃後の赤誠などに冠する資料が多数」が展示され、ここでは主に、「我国皇祖皇宗の御系譜」、「推古時代の対支自主的外交」、「神武天皇御東征と日本を中心とした年表」、「久米舞人形」、「聖徳太子御肖像と十七条憲法」、「日本古代の武具」、「明治時代に発行されたる御誓文、勅語、詔書」、「家庭報国の一部」などが展示されていた。

最上階の五階には、「支那の真相」として、蔣介石に関する展示品である「蔣介石の私室と所持品」、「蔣介石の胸像」をはじめ、蔣政権、北支新政権、支那の資源である「北支資源地理模型と大同炭の大塊」や「支那風俗ガラス絵と支那玩具」、「北支那資源の開発パノラマ」、「蒙古の包」、「支那の芝居に使用する衣装」、「西太后の使用した人力車」などの支那の風物や過去、現在を示すべき資料が展示されていた。

会場に入り、防共道路を抜けると、靖国神社遙拝所へつきあたる。そこを左に行くとスタジアムと本館となり、右へ行くと外周の「模型野戦陣地」である。ここには「公共防空壕」や「トーチカ」「塹壕」が作られ、実物大の模擬野戦陣地を構築している。そこに、朝日新聞野戦通信本部移動鳩舎などを設けて支那事変の最前線の様子を作りだしている。会場の隣には「大演習場」もあり、一五〇〇坪の広場で戦車やその他の近代機械化部隊の演練を公開していた。会場の中央あたりには「子供運動場」があり、パラシュート降下練習や潜望鏡、飛行塔などがある。また、演劇映画館や野外演芸場があり、さまざまな催し物がおこなわれていた。そのほか、約三〇メートルの皇軍万歳塔や、北京正陽門大模型も入り口付近に設置されていた。

スタジアムや展示室内だけでなく、外周においても戦場を体験することができるように工夫されている。そこに、和装の女性や子供たちがやってきてトーチカをくぐり抜けたり、展示をみている光景がある。聖戦博覧会は四月、五月という気候のよい時期に開催され、一五〇万人という来場者からもわかるように、一般の国民が娯楽を求めてやって来ていたことがうかがえる。戦場がその空間から切り離され、娯楽の場としての野球場に人為的に再現されることで、本来の戦場の危険性や悲惨さが切り捨てられ、非日常の空間への好奇心をかき立てる場となったのである。これは「支那事変聖戦博覧会」という戦勝ムードの中での「戦争」をテーマとした博覧会のみがなしえるものであった。

3　大東亜建設博覧会

次に大東亜建設博覧会（以下、大東亜博覧会）の内容を同じく、案内パンフレット（以下、『大東亜博案内パンフ』）及び、博覧会会期後に関係者に配られた『大東亜建設博覧会大観』（以下、『大東亜博大観』）、新聞記事から見ていく（写真3）。

概要　一九三八年の支那事変聖戦博覧会の大盛況を受けて、大東亜博覧会は、一九三九年四月一日から五月三一日までであったが、六月二〇日まで会期は延長して開催され、約一三〇万人を動員している。入場料は五五銭、小人二七銭、軍人・学生・生徒は三五銭であった。場所は聖戦博覧会と同じ西宮球場及びその外周。主催や後援も前回と同じく、大阪朝日新聞社主催で陸軍省と海軍省が後援であった。『日本の博覧会』［二〇〇五：一六六］には次のような説明がなされている。

写真3　大東亜博覧会会場全体（『大東亜建設博覧会大観』より）

正面入り口には、激戦地だった大場鎮の表忠塔が建てられ、その下に陸軍省出品の戦車がならべられた。興亜大通りと命名された道路には大砲類が並び、シンボルである東亜民族協和塔が建立された。フィールドと観客席は、武漢三鎮攻略の大パノラマである。漢口攻撃の戦場場面を再現した。スタンドの本館内には、聖戦館、蒙疆館、満州館、北支館、中支館、青島館、朝鮮館などがつくられ、各室には各地の文物や戦死者の遺品類が展示された。

また、球場周辺約五万平方メートルの外園では、戦利品であるフランス製の戦車や、撃墜された戦闘機、旅客機などと、銃刀などの兵器機具や魚雷、機雷も展示された。スタンド裏側には戦勝館と満州館がつくられた。外園の呼び物が「新東亜めぐり」である。山海関、八達嶺、撫順の露天掘など約二十場面のパノラマと大東亜建設塔がそびえていた。余興としては、珍しい蒙古の踊りや蒙古相撲などが実演された。

『大東亜博案内パンフ』を見ていくと、阪急西宮北口駅を降りて、博覧会正門まで歩き、正門から中へ向かうと真正面に興亜大通りと表忠塔があり、前年の聖戦博覧会よりも会場内がすっきりと整理されている印象を受ける。大東亜博覧会では靖国神社遙拝所はなかったが、四月一日は開場報告祭として表忠塔前で修祓式をおこなっている。また、『大東亜建設博覧会大観』の序文は以下のように述べる。

昨春の聖戦博覧会の経験に本づき更にその機構と内容とを一新整備して、何故に日満支三國が渾然一体となつて起たねばならぬかを解説強調、銃後全國民に愬へ、もつてわが國前古未曾有の重大時局に際し、國民大衆をして長期建設の國策を一層明瞭に認識せしむるため、その出陣及び企画に十分の留意を払うた。（中略）一日にして現今わが國民に課せられたる新東亜建設の大使命を認識せしめるに努力した結果、幸に日々数萬の来観者があり、会期八十日を通じて総観覧者実に昨春とほぼ同様百三十余萬に達し、興亜の理想現実に対する最善の指針與へ銃後國民の確固たる精神高揚に多大の貢献を齎らし得たることを確信し、主催者として感激且つ欣快に堪はないところである（『大東亜博大観』）。

大東亜博覧会は日満支三国が一体となることや、興亜の理想現実、といった大東亜を建設するために来場者の

精神を高揚させる場として、大東亜に関わるものが展示されていた。

展示内容（写真4）　主たる展示となっていたスタンドと本館展示から見ていく。まず、聖戦博覧会の時に「支那大陸パノラマ」が作り出されていたスタンドには、大東亜博覧会では「武漢攻略大パノラマ」が作り出された。「今事変最大の戦果として世界戦史に比類なき水陸空に亘る立体的大包囲戦たる武漢三鎮攻略の戦況」を再現したものであった。しかし、ここから見ていくように、本館や外周の展示内容は大東亜建設にむけられたものであり、前年の支那事変の戦場再現パノラマほどの存在が感じられない。序文では、「聖戦博覧会の経験に本づき更にその機構と内容を一新整備」しているとあるが、スタンドをパノラマ化する試みは、聖戦博覧会の時ほどの強烈なインパクトはもたらさなかったのかもしれない。

次に、本館の二階から見ていく。二階には「聖戦館」、「歴史館」、「蒙疆館」がある。まず、「聖戦館」と題された展示室では、「今事変に出征せる皇軍将士の殊勲を物語る諸品、護国の英霊となれる勇士の貴き遺品と江陰、呉淞、獅子淋などの砲○に在つた巨大なる要塞砲を初め昨春の聖戦博に展陳されざれし各種戦利兵器など最近の事変資料を豊富に出陳」している。そこには、傷痍軍人の療養状況の写真や、「出征から戦傷、更生まで」をモンタージュした大写真が展示されていた。また、聖戦博と同じくガラスケースに遺影がならび、その下に遺品がならんでいた。そして、「歴史館」では、「有史以来の日支の関係、帰化人、遣隋唐使、渤海国の入貢、僧侶の来往、蒙古襲来、御朱印船貿易、倭寇、秀吉と明国などの日鮮満支文化交流の主となる資料を展示（『大東亜博案

写真4　見学者（『大東亜建設博覧会大観』より）

内パンフ』)」しており、「道元導師の遺品及び長崎関係の諸文献」「伝教大師、弘法大師の入唐年表と遺物」「日独伊防共協定の議定書写真と署名印」などが展示されていた。

「蒙疆館」では、「蒙疆総合委員会出品の蒙疆民族の分布、行政、教育、物産、風俗、大同石佛等の紹介をはじめ外園蒙疆広場に蒙古角力、喇嘛踊り一行を招聘し駱駝、蒙古馬、騾馬、羊、山羊など数百頭を移入して蒙疆の全貌を如実に展開」しており、「蒙疆銀行の状況」「蒙疆の資源＝羊毛、駱駝毛、石炭」「蒙疆地方の農具」「ラマ踊の面と蒙古の武器」「蒙古人の手工芸品としての織物など」が展示されていた。

三階に上がると、三階の全フロアは「満州館」で占められている。「満州国宮内府御調度品」が展示されていたり、満州国政府や満州重工業会社、満州拓殖公社、満鉄、協和会からの出展によって、満州国の様子や、開拓村の様子、満州観光ルートなどが展示され理想国家としての満州国の姿が描き出されていた。

そして四階は、北支、中支、南支の展示をおこなう「支那館」と、「防共館」であった。「支那館」の中の、北支の展示は、北支臨時政府、新民会、北支宣撫班からの資料の他、満鉄北支事務局、中華航空会社、政府建設総局などより産業、風景、交通、文化に関する資料が出展されていた。中支の展示は、維新政府、中支振興会社、華中鉱業会社、華中水電会社、上海内河汽船会社、華中電気通信会社、上海恒産会社、華中都市自動車会社、華中水産会社、中支軍鉄道局第二野戦司令部、済南博物館から、物産資源の開発計画をはじめ風景、風俗、文化の紹介がおこなわれ、南支からは広東方面及び海南島の動植物、風景や物産などが展示されていた。また、「防共館」では、「ソ連の世界赤化政策対抗する日独伊満洪の防共協定をはじめ今次聖戦の目的が防共にあること」が強調されていた。

最後に五階には、「朝鮮館」がある。ここでは、「朝鮮軍、朝鮮総督府、朝鮮鉄道局等より出品の朝鮮の風景、風俗、産業、文化の全貌を示す資料と張鼓峰事件および蒙疆地方探検の諸資料（京城帝大）を展陳」していた。

博覧会の正門から入り、まっすぐに延びる興亜大通りの先に、表忠塔があり、興亜大通りの左がスタジアムで、右が外周である。この表忠塔は、「中支大場鎮に建設されたる表忠塔を模しわが皇軍の偉大なる武勲と盡忠の精神を偲び銃後国民のとしての感謝の赤誠を披瀝（『大東亜博案内パンフ』）」するものとして会場にそびえていた。そして、右の奥から、「新東亜めぐり」の入り口となる。ここは一五〇〇坪の場所に朝鮮、満州、蒙疆、北支の各都市を繋ぐ道を作りそれに沿って進んでいくと、その順序に各地域の物資資源、交通、文化、生活、景観などあらゆるものが実物を用いて展示され、「一巡すれば東亜将来の情勢を推知し得る規模（『大東亜博案内パンフ』）」であった。その他にも外周には「子供教育場」や「大公演場」があり、大公演場では事変映画や、武道、講演などをおこなっていた。大東亜博では、展示も東アジア地域を意識した展示であり、外周においても「新東亜」が意識されている。前年の聖戦博覧会で支那事変の戦勝状況が華やかに展示されるも、なかなか終結しない戦時状況への国民の不満を回避するかのように、展示には大陸の豊富な物資資源が取り上げられている。あたかもそれらは、戦争を支える銃後の国民にとって、戦争の勝利の先にある輝かしい未来とともにあるモノとして展示されているのである。

4　博覧会における展示

以上に見てきた二つの博覧会をまとめて考察する。十五年戦争期という時代の中での位置づけとしては、支那事変の直後に開催された聖戦博覧会では、戦勝ムードの中での支那事変に関するモノが多く、前年に起こった支那事変に対する理解を深めさせるような展示となっている。それは支那事変での戦利品や、戦死者の遺品が多く展示されていることや、靖国神社の遙拝所を設置していることからもうかがえる。しかし、膠着状態の中でおこなわれた大東亜博覧会は、同じ場所で開催され、同じような大パノラマが目を引くが、「大東亜」と名付けられ、満蒙や朝鮮や支那などの様子が詳細に展示され、それにより「大東亜」への理解を深め、膠着状態の戦局とこれからの戦争を支える銃後の国民の精神高揚が目的とされていた。それは各地域の資源や文化、産業が多く展示されていることや、「新東亜めぐり」からもうかがえる。両者の違いとして、聖戦博覧会が過去の戦争を賛美しているのに対し、大東亜は未来の戦争への強い志向が感じられた。

両者には同じような戦地からの戦利品としての武器や資源、戦死者の遺品や、戦争をリアルに再現したパノラマが展示されている。それらのモノが、聖戦博覧会は戦勝ムードの中で過去の戦争を賛美するという文脈において展示しているのに対し、大東亜は膠着状態の中で未来の戦争への強い志向という文脈の中で展示されている。しかし、支那事変の戦場を見せた聖戦博覧会と、一連の戦争の先にある豊富な資源を見せた大東亜博覧会の両博覧会に共通しているのは、「銃後」にいる国民に日本から離れた外地にある「戦場」を見せたということである。現在のようにテレビやインターネットが普及していない、存在していない時代に、博覧会は一つの娯楽であり、メディアであった。実際には見ることもできない「戦場」を見て、体験することができたのであった。この意味で、当時の展示物は人々に「戦場」を見せる働きを持っていた。しかも、戦勝の中での展示であり、戦争に勝った後に得られる豊かな資源のある未来へ向かった未来志向的枠組みの中での展示であった。

ここで、従来は博覧会開催に際して収集されたモノが博物館へと収蔵される過程が、ごく普通におこなわれてきたが、この二つの博物館に関して見てみると、話題を呼んだパノラマ展示は球場内に作られたものであり、恐らく閉会後には取り壊されていると予想される。また、戦利品や遺品などについては、多くが遺族や本人個人の所有物であったことや、これらの展示物が集められて博物館が特別に建てられたという記述もそのような博物館も実際にはないため、閉会後には個人のもとへと返却されたと考えられる。そう考えると、現在、日本各地で見られる平和資料館のような戦争を展示している資料館で目にする資料は、戦後各地で開催されていく戦争展の運動の中で再び収集されたモノといえる。

福間は、博覧会における戦利品や遺品といった展示物に関して戦時期の博覧会において「遺品のアウラは、見る者を国家的・公的な空間から引き剥がし、私的な追悼・追憶の空間に閉じ込める機能も有していた。アウラは博覧会を戦勝・進軍に高揚する祝祭空間から、私的な悲嘆にひっそりと浸る喪の空間へと転じさせたのである。」［二〇〇九：三〇一］と指摘している。そして「戦場で用いられた兵器や戦没者の遺品を展示することで、複製技術にはない戦場のアウラを放出し」［二〇〇九：三〇四］ていた。しかし、このような遺品のアウラは戦勝ムードの中で展示されている時にのみ有効なものであったのではないだろうか。なぜならば、聖戦博覧会で遺品として並んでいたモノと同様の戦死者の遺品は、形見としてそれぞれの家庭で戦後何十年も大事に保管されたり、または物置の中で忘れられていたモノとして再び発見される。その時に家族や近親者の戦争の遺品は時を越えて、「歴史的遺物」であり「歴史的資料」としてのアウラを放ちながら現代の人々の眼前に立ち現れるからである。しかしそれは当時の人々が感じた、『聖戦』の公的な華やかさから遮断され、近親者が失われる私的な悲しみの重さ」を感じさせはしない。そこには、敗戦という出来事を経験し、時を経て風化してしまった戦争の思い出だけが残っているのである。その時に、戦死者の遺品は戦場のアウラを失い、また異なる意味を持ち始めるのである。

敗戦を契機として、長い年月を経てあらわれる戦争に関わるモノは、「博物館行き」と言われるような貴重な「歴史的資料」となっている。それは、戦争体験者にとっては昔を思い出させる大切な「形見」ではあるが、彼らの手元を離れ、現代の資料館や博物館での戦争展示の文脈に置かれた時に、戦争の時代を物語る「資料」となりうる。つまり、複製技術により消滅させられるはずの「礼拝価値＝アウラ」は、ときに複製ではなく時間や出来事によっても消滅させられると考えることができるのである。そして、戦勝ムードの戦時中に博覧会で展示され、人々に「戦場」を感じさせていた展示物は、敗戦後の平和資料館などで戦争の展示という文脈において展示された時、そのモノの価値や意味が大きく変化し、新たな「平和の希求」というまなざしのもとにさらされるのである。

つぎに戦後の博物館の展示に足を運ぶことにしたい。

4 「平和」の展示と語り

戦後最初、一九五五年に開館した広島や長崎の資料館の設立から三五年ほど経ち、九〇年代に入ると、各地で平和博物館が数多く設立され、平和博物館ブームと呼ばれる時代がやってくる。これらは戦争に関するモノを展示することで、戦争の悲惨さ、平和の尊さを訴え続けている。この日本の「平和博物館」の特殊性について坪井主税は、次のように語っている。

一九九〇年代、平和博物館ブームがやってきて、「平和博物館」はちょうど、戦争を語ることを平和講演と言い、戦争の話を祖父母から聞かせるのを子供たちへの平和教育と言ってきたように、戦争を展示する博物館となってしまったのである。（中略）私達日本人の「平和博物館」は、「平和的手段による平和の啓蒙のための反戦博物館（ないしは反戦・平和博物館、ないしは戦争と平和博物館）」なのである［坪井　一九九八：四九］。

本節では、九〇年代以降に数多く設立されることとなった日本の平和博物館のネットワークの中心的役割を果たす立命館大学国際平和ミュージアム（以下、平和ミュージアム）の展示を取り上げて、「平和博物館」における「戦争」の展示をみていく。

1 「平和博物館」と「平和」の展示

村上や兼清の指摘にあるように、「平和博物館」は地域の集団的体験を継承するために設立されたものが多く、追悼の思いに支えられている、という形のものが多い。しかし、京都にある平和ミュージアムは、地域における集団的体験があまりなく、戦争の被害も比較的少ない京都という地域にあり、追悼施設を併設しないという点でも新たな「平和博物館」であると考えられる。平和ミュージアムの地下一階と二階の常設展示を見ると、村上は「平和博物館」を大きく、戦争題材を取り扱い、戦争の愚かしさや恐怖を伝えて「反戦」の態度を形成することがめざされている、狭義の平和をめざす「反戦平和タイプの博物館」と、平和社会の形成、国際平和活動などの「向平和タイプの博物館」に分けているが［村上　二〇〇九：二三五―二三六］、この定義に従うなら、平和ミュージアムはどちらも兼ねる博物館といえる。この点で、新しい形の「平和博物館」の在り方であると考えられる。

「反戦平和タイプの博物館」の展示では、兵士の装備品や手紙、遺品、爆弾といった戦地で戦う兵士の展示があり、戦時中の生活用品が展示されていることが多い。しかし、このような展示品は、軍隊博物館や戦争博物館においても展示されることが多い。例えば防衛省内ある市ヶ谷記念館の展示でも千人針や慰問袋などが展示されており、遊就館で兵士の展示が、昭和館では戦時中の国民生活の展示がされているが、これらは「平和博物館」として考えられてはいない。このような博物館の歴史資料について、兼清は、「博物館の場合、資料の由来を手がかりに、その資料がどのような歴史的背景をもつのか、資料と、資料に関する背景情報を記録する。この二つが結びついてはじめて、資料は歴史を具現化する力をもつ。（中略）しかし、資料そのものが無条件に平和についての歴史的な視野を与えるわけではない。平和博物館は、これを平和についての課題や価値を導き出す手がかりとなるよう提示する必要がある」［兼清　二〇〇九：一三六］と述べている。展示されているモノの提示の仕方により「平和博物館」か「戦争博物館」、「軍事博物館」といった枠組みが決定されていくのである。

そこで本節では、「平和博物館」の概念規定や、博物館の資料の展示について考えていく上で、展示室内におけるボランティアガイドに焦点をあてていく。この点で参照にしたいのは、菅靖子によるアメリカの全米日系人博物館のガイドによる体験語りである。そこで、かれは「彼らの人生における直接的な経験の介入が、ミュージアム展示に可変的な特徴を与えている」[菅　二〇一一：二〇二]と述べている。そして、「全米日系人博物館がガイドによって可変的な展示空間を実現し、日系アメリカ人のガイドが自分たちのアイデンティティをこのミュージアムの表象の一部として確立している」[菅　二〇一一：二〇三]と論じている。さらに、「展示空間は、展示物の表象を介して人々が相互に情報を与えあうコミュニケーションの場」[菅　二〇一一：二〇三]であると指摘する。このような博物館という展示空間において展示物を通してガイドと見学者の相互行為が認められるのである。このような相互行為としてのコミュニケーションという側面から、ボランティアガイドが展示室内でどのようなコミュニケーションを実践しているのかを見ていく。そのようなコミュニケーションを通して、展示物に託して語られ、提示される「平和」がどのようなものであり、どのように次世代のガイドや、来館者に伝えられていくのかを考察していくことにしたい。

2　ボランティアガイド

平和ミュージアムの展示スペースは二ヶ所に分かれている。まず、地下一階の展示テーマが「十五年戦争」と「現代の戦争」、そして二階が「平和をもとめて」というテーマである。これらのテーマをリニューアル前と比較してみると、リニューアル前は「十五年戦争の実態」、「第二次世界大戦と戦争責任」、「現代における戦争と平和」の三つのテーマに分かれていた。しかし、リニューアル後、「第二次世界大戦と戦争責任」展示の戦争責任の部分が「十五年戦争」に、第二次世界大戦が「現代の戦争」と分けられた。また「現代における戦争と平和」は、「現代の戦争」と「平和をもとめて」の二つに分けられ、「平和をもとめて」は二階に新設されることとなった。平和ミュージアムの展示物とボランティアガイドの語りをみていく上で中心となるのは、地下一階の展示である。

二階の展示は立命館の大学生スタッフがおこなっている。しかし、地下一階と二階の展示を合わせて平和ミュージアムであり、空間的に断絶していても、地下一階では二階に繋がるガイドをめざしている（写真5）。

「十五年戦争」のコーナーは順に、「軍隊と兵士」、そして町家の再現とならんで、「国民総動員」の展示がある。続いて、「植民地と占領地」という日本の加害の問題についての展示をおこない、「空襲・沖縄戦・原爆」と被害の展示をおこなう。対面には、「平和への努力」という反戦を中心とした国内の抵抗運動の展示、「戦争責任」という、戦後補償など残された問題についての展示がある。以上で、「十五年戦争」の展示のコーナーは終わり、次に「現代の戦争」の展示が始まる。「二つの世界大戦と戦争をふせぐ努力」では、戦争犯罪や憲法の問題が展示され、「植民地の独立と冷戦」で、朝鮮戦争とベトナム戦争、「冷戦後の戦争」では湾岸戦争からイラク戦争までを展示している。「兵器の開発」の部分では、ビキニ水爆実験や第五福竜丸に触れ、核兵器やさまざまな軍事技術を展示している。最後の「現代の地域紛争」は世界の各地域ごとに問題となっている紛争を展示している。ここで地下一階の展示は終わりとなる。その後、階段やエレベーターを利用して二階へ移動し、「平和をもとめて」の展示へとつながっていく。地下一階が戦争を中心とした直接的な暴力の展示であるのに対して、二階の「平和をもとめて」では、貧困や飢餓、差別などの構造的暴力と文化的暴力を展示している。それらの三つの暴力（直接的暴力、構造的暴力、文化的暴力）のない状態が「平和」であるとしている。その上で、平和ミュージアムでは地下一階の展示で事実を知り、二階の展示で平和創造の主体形成をめざすのである。

写真5　ボランティアガイド

ボランティアガイドは主に地下一階の展示と、一階のムッちゃん像や火の鳥の壁画、わだつみ像をガイドする。[1] ボランティアガイドは主に予約のあった団体に対しておこなわれるが、平和ミュージアムの来館者の多くが団体来館者であり、予約は平均して年に約三〇〇回ほどあるという。毎年一〇月、一一月の秋の観光シーズンに集中し、年明けの一～三月は閑散期であると言われている。二〇一〇年一〇月で四八名が登録をしており、うち男性が二二名、女性が二六名であった。一九九二年の平和ミュージアムの開館後、一九九三年におこなわれた第一回養成講座をきっかけに結成されたのが「平和友の会」（以下、友の会）であり、この友の会のメンバーを中心にガイド活動がおこなわれていく。しかし、第一回の養成講座以降は一〇年以上、養成講座は開催されず、その間は友の会に入会してガイドをする、という形でガイドに参加する人々が増えていった。そして、二〇〇五年に平和ミュージアムがリニューアルオープンをした後、二〇〇七年に第二回のボランティアガイド養成講座が開催される。それから現在まで養成講座は毎年おこなわれている。現在は約五〇名のボランティアガイドが登録をしている。常時活動しているのは二〇名ほどであるが、曜日毎に登録して固定して活動をおこなうメンバーに加え、人手の足らない時に補足的に活動するメンバーまで、関わり方はさまざまである。また、年間二〇〇回の活動をおこなう人から、一回の活動のみの方までと幅広く、あくまでボランティアとして活動している。

3　「平和」を展示する

展示室内でガイドの様子を見ていると、ボランティアガイドが「平和」という言葉を口にすることはあまりない。また、「戦争がいけない」と何度も繰り返すような語りもおこなわれていない。それでも帰り際の子供たちの挨拶や感想文の中で、「戦争がいけない」や、「平和の大切さ」という感想が出てくる。展示物の背景情報をガイドから聞く中で、そのような感想を抱くようになっていくのである。それは話を聞くことで、展示物の一つ一つをより身近に感じることができるようになる、ということが大きな要因であると考えられる。戦時中の兵士と同じカバンを持ってみる体験や、「同時代の外国の子供」についての話を聞くことが、単に見るだけの展示物から、ガイドとの会話を通じて身近に感じることのできるモノへと変化している。

平和博物館における展示物で「平和」を象徴する展示物はないといえる。例えば、平和ミュージアムの兵士の背嚢やファティーマのオルゴール時計は時に戦争の加害者・被害者の遺品である。その他の多くの「平和博物館」における展示をみても、広島や長崎の原爆資料館であれば、原爆の被害者の遺品であったり、被害の跡をとどめるモノである。それらの展示物は、戦争や暴力的な出来事の痕跡をとどめているモノであり、その痕跡が展示されることにより、見る側に「平和」を提示しようとしているのである。しかし、単に見ているだけでは感じ取ることができない展示物一つ一つの持つ背景がある。それらをどのように提示し、伝えていくかが博物館の展示にとって重要なことであり、展示室のガイドの重要な役割となってくる。博物館の役割として保存や収集はもちろん、展示物の背景をきちんと伝えるということも重要である。「モノに語らせる」ということも重要であるが、それ以上に「語る人」がいなければ展示物は活きてこない。その意味で、「平和を展示する」上で、ボランティアガイドの果たす役割は大きい。ボランティアガイドの持つ知識と経験が展示物と重なる時に、展示を見る者に「平和」を感じさせることができ、「平和」が展示されていると考えられる。平和ミュージアムの場合、ここに地域性が大きく関わってくる。大きな戦争被害のあまりない地域であるため、集団的体験の継承がなく、戦争の被害や加害について、体験者であっても、非体験者であっても、また京都にゆかりがあってもなくても、語りやすい展示となっている。また、従来の「平和博物館」のように追悼とは関わりを持たず、歴史としてとらえることができるため、子供たちにとっても受け入れやすい展示となっていると考えることができる。

前述したように、「平和」を象徴する展示物というのはないかもしれない。しかしある一つのモノに人が関わることで「平和」を生み出すことができる。それはそこに関わる人、展示をつくりだす博物館スタッフやボランティアガイド、来館者の在り方に大きく左右されうると考えられる。「平和」を展示する「平和博物館」は展示物のみでは成立しがたく、そこにどのように人が関わるのか、またどのような人が関わるのか、ということがこれからの「平和の展示」の在り方を変えていくのではないだろうか。そして、その変化を見ていく上においても、戦争の非体験世代のボランティアガイドの在り方を考えていくことが今後の重要な課題となっていく。

5 「戦争」の展示とローカル・アイデンティティ

次に、戦後の平和博物館における戦争展示の流れの中で、二〇〇〇年代に設立された、戦争で使用された武器や海軍の歴史を展示している広島県の呉市海事歴史科学館（愛称：大和ミュージアム、以下この呼称を用いる）を考察する。ここは「平和」の広島市に近い呉市に設立された「科学館」であり、呉市が誇る戦艦「大和」の造船技術や、造船工廠の歴史を中心に展示をおこなっている。

1 「技術」の展示

大和ミュージアムは広島県呉市の近代の海軍鎮守府以降の歴史や造船技術をメイン展示とした海事歴史科学館である。展示物の中で戦艦「大和」の一〇分の一模型が目玉のため、「大和ミュージアム」という愛称で呼ばれる。館内は、一階に数々の企画展や式典をおこなう「大和ホール」と「大和ひろば」があり、「大和ひろば」には一〇分の一戦艦「大和」の模型[2]が展示されている。展示室内は一階に「呉の歴史」、「大型資料展示室」。三階に「船をつくる技術」と実験工作室がある。四階は、一般利用のできる「市民ギャラリー」と「会議室」やライブラリーがある。四階テラスに出ると呉湾の景色を一望でき、「大和のふるさと」と言われる戦艦「大和」の建造ドックも見ることができる。

大和ミュージアムの建物に入ると、エントランスホール（大和ひろば）から一〇分の一の戦艦「大和」の模型が見える。ちょうど菊の御紋が正面で来館者を迎えるようになっている。戦艦「大和」の模型の後方は海に面し、一面のガラス張りから明るい日差しが差し込んでいる（写真６）。

展示室の壁面パネルの年表は上から順に、世界史、日本史、呉市史の順に並んでいる。当時の世界情勢と日本の近代化の歴史が、海軍とともに歩んだ呉の歴史と重なり合うことを強調している。また、壁面の年表の下には当時の重要人物の写真と解説が並ぶ。これは、歴史の中で活躍した人々の顔がよく見える展示を目指しているためである（図３）。

続く展示室「呉の歴史」は、「近代への夜明け『呉鎮守府の開庁』」から始まる。ここではペリー来航以降、日本が海軍を創設し、その拠点として鎮守府を設置していく様子が映像で解説される。呉の鎮守府設置調査の建議書や上申書がならび、呉鎮守府の標札や当時の呉鎮守府庁舎のレンガも並んでいる。次いで「技術習得の時代『呉海軍工廠の設立』」が続く。ここでは呉が市政を実施した時代を展示している。このコーナーの反対側には戦艦「金剛」に搭載された「ヤーロー式ボイラー」[3]の実物がマネキン人形とともに展示されている。これは高さ五メートル、重さ約三〇トンもあり、とても大きく臨場感あふれる展示なので多くの人が写真を撮影している[4]。

写真６　大和ミュージアム

展示室の角に「第六潜水艇[5]」のコーナーがあり、続いて「大戦景気と呉海軍工廠」、軍縮期の「生産と管理の合理化」で、海軍拡張に伴う職工黄金時代といわれた時代から、軍縮をきっかけとして質の高い造船技術の開発へと変化する過程が展示される。ここにあるのは、職工の生活を感じさせるアルミ製の弁当箱や職工手帳、健康表彰盾といったものである。そして、軍縮以降の技術開発に関わるものとして、ゲージや鋲打機、ノギスなどの道具が並べられる。同時に、当時の呉の様子や文化、スポーツなども展示されている。ここから順路が二手に分かれる。右手に戦艦「大和」に関する部屋がある。右に曲がらずに真っ直ぐいくと、右側に「広海軍工廠と第十一海軍航空廠」があり、広海軍工廠で生産された航空機の模型がずらりと並んでいる。大正一二（一九二三）年に呉海軍工廠の一部としておかれていた広支廠が広工廠・第一一工廠へと独立し、第一一海軍航空廠となった。左側には「呉と太平洋戦争」の映像があり、この映像の前にはいつもたくさんの人が立ち止まって見ている。内容は日本が太平洋戦争に突入するに至った過程であり、戦艦「大和」建造の背景を理解するのに最も重要な部分とされている。しかし、ここで多くの人が立ち止まり、そしてまたちょうど道が二手に分かれる場所であることから展示室内の動線が断ち切られてしまう。そのためその隣にある「呉と太平洋戦争」の展示コーナーは比較的空いている。もっともこのコーナーには、山本五十六[6]の書などの展示があり、足を止めてじっくり見ている人もみられる。その隣には、呉で建造された艦艇模型と潜水艦模型（縮尺一〇〇分の一）が並ぶ。

　さらに進んで次の展示室の角に進むと「回天」[7]コーナーがある。ここでは「回天」の開発と作戦について展示されている。自ら「回天」搭乗員に志願し、金剛隊の一員としてウルシー湾へ突入した塚本太郎の家族宛のメッセージが肉声でレコード盤に録音されており、「大型資料展示室」にある実物の「回天」の前で実際に聞くことができる。「回天」コーナーの隣からは「戦時下の市民生活」、「呉空襲」、「呉と原爆」の展示が続く。女子挺身隊[8]の宣誓血判書や、防空頭巾、空襲のパネル写真などがある。原爆に関しては、広島原爆投下直後にいち早く呉鎮守府から調査団が派遣されて、国内で初めて原子爆弾であることをつきとめた、という点が強調して語られる。反対側を見ると、壁一面に「呉海軍工廠で建造された全艦艇百三十三隻とその他特殊兵器」の写真が展示されている。その奥にはベンチが設置され、『呉の歴史』と題された証言者映像が流れている。休憩がてら座って見る参観者が多い。ここまでの一続きの部屋を抜けると、次は戦後の呉を扱った「平和産業港湾都市としての再生」と「呉の現在」である。ここでは戦後復興に貢献した人々や、企業の展示がおこなわれている。企業コーナーは各企業に展示スペースを貸し出すという形で設けられている。

途中、順路からそれると戦艦「大和」の部屋があることは前述した。この部屋は、右手側に「技術の結晶戦艦『大和』」、「『大和』の建造計画」、「『大和』の建造」、「『大和』の技術」のコーナーが続く。ここでは戦艦「大和」の概要を映像で、建造の様子を写真で見ることができる。また、戦艦「大和」にどのような技術が搭載されていたかを細かく見ることもできる。戦艦「大和」の部屋の真ん中には地形模型がある。これは、戦艦「大和」進水直後の一九四〇（昭和一五）年八月末頃を再現した呉・広地区の地形模型（縮尺三〇〇〇分の一）である。部屋の左手側には、昭和一六（一九四一）年一二月一六日竣工後の「『大和』の生涯」、そして山本五十六はじめ歴代艦長など「『大和』に乗っていた人々」の写真が展示されている。狭いスペースに「大和」の証言者映像もあり、乗組員の写真や遺書がならぶコーナーや、戦艦「大和」戦死者沖縄特攻作戦名簿の一覧があるため、いつも混雑している。ここには戦死者名簿と並んで、大きく壁に書かれた臼淵磐大尉の言葉がある。これは前述した吉田満の『戦艦大和の最後』でも引用されている有名な言葉であり、多くの人が足を止めて、口に出して読んでいる。なお、臼淵大尉のこの言葉は、乗組員たちの思いを伝えるものとして展示案内でもしばしば引用される。そして、「『大和』の現在」では一九八五（昭和六〇）年「海の墓標委員会」、一九九九（平成一一）年「大和プロジェクト'99」（全国朝日放送　現テレビ朝日）の二回にわたる潜水調査の引き揚げ品が展示され、潜水調査の映像が流れている。

この部屋を見学した後、多くの人が「呉と太平洋戦争」の順路に戻らずにエントランスホール（大和ひろば）に出てしまうことから、先に述べた動線分断の問題がおこっている。展示室「呉の歴史」を見終わると、再び大和ひろばにある十分の一戦艦「大和」の模型や、ガラス越しに呉湾の景色も眺めながら、続く「大型資料展示室」へと進んでいく。ここでは実物の大型資料がたくさん展示されている。目玉展示といわれているのが「零式艦上戦闘機六二型」や「特殊兵器『回天』一〇型試作型」、そして「特殊潜航艇『海龍』後期量産型」である。これらにはカメラを向ける人がとても多い。その周囲には零戦のエンジンや、潜望鏡、酸素魚雷、砲身などが並べられている。これらの大きな展示物は間近で眺めた後、スロープを上りながら上から眺めることもできる。スロープを上り二階へと続いていく。

二階には艦艇模型展示があり、艦艇模型一三隻がショーケースに入っている。そこから、エスカレーターで三階へ上がっていく。三階に上ると吹き抜けから、一〇分の一の戦艦「大和」の模型を見下ろすことができる。ちょうど三階からの眺めが実物の戦艦「大和」の上空一キロメートルの眺めとされている。そして、三階の「船をつくる技術」のコーナーがある。ここでは、船の技術を遊びながら学ぶことができるようになっている。子供が遊ぶ姿が見かけられる。屋外には戦艦「陸奥」のスクリューや主砲身、「テクノスーパーライナー」、「潜水調査船しんかい」「水中翼船金星」が展示されている。展示の設計・計画に際してのポイントは、次のように説明されている。

①戦艦「大和」の一〇分の一模型（全長二六・三メートル、幅三・八九メートル）を製作し、ミュージアム全体のシンボルとして展示する。

②戦艦「大和」の一〇分の一模型の配置は、艦首をエントランス側に向け、一階の床面をほぼ喫水線の高さに見立てて設置する。

③展示室は、戦艦「大和」の一〇分の一模型を回遊しながら観覧できるように配置する。
④零戦や戦艦「陸奥」の主砲身など大型の実物資料は、屋内外の適所において、資料がさまざまな角度から観覧できるように設置する［川嶋・石本　二〇〇六：一三四］。

大きな戦艦模型や武器が常に視覚に入るよう計算された建物の構造は、アメリカと同様に、単に海軍や海軍の持っていた技術力の威容を讃えているようにもみえる。むろんその点は否定できない。しかし、「呉の歴史」「船をつくる技術」「未来へ」という展示室の構成は、当初から、戦艦「大和」の技術を伝えるのみならず、その造船技術が、現在に活かされ未来へとつながるものとする意味が込められていたことを示す。ここにあるのは、過去の技術が現在に受け継がれ、未来へと向けられるという物語である。同時にそれは、「平和」という広島のメッセージに対し、「呉らしい」個性として押し出されていることでもある。「大和」をはじめとした戦争の技術が、海軍や海軍工廠との関わりで発展してきた呉市ならではのローカル・アイデンティティともなっているのである。

2　呉市民にとっての大和ミュージアム

呉には戦時中から、海軍の工廠があり多くの職人が生活していた。呉は海軍のおかげで栄えた地でもあった。その呉に、戦艦「大和」を主とした博物館を作るのには長い時間がかかった。大和ミュージアムが設立される以前は、県立の博物館が構想されていた。しかし平和教育を尊ぶ広島県主体の博物館構想の中で、呉の歴史でもある海軍の歴史や大和の技術は表に出すことが憚られた。「県側からできるだけ軍事色を出さないほうがいい、旧海軍のことが強く出て来ると、呉市としては正当化できても県として採り上げにくい」［小笠原　二〇〇七：一三八］からであった。

そんな中、平成七年に『呉市戦後五〇周年記念事業・第五回赤煉瓦ネットワーク総会呉大会シンポジウム「大和」に思う――レンガのある風景・呉から』が開催された［大和を語る会編　二〇〇三］。呉は旧海軍のレンガ造りの建物が多く、その影響から、民家の塀をレンガで造ったものや、酒やしょうゆの醸造関係のレンガ造りの煙突がたくさんある。それらの建物を見て歩こうという会がレンガ建造物研究会である。こうした運動は横浜などで始まり、全国的に少しずつレンガ研究やレンガ保存の団体ができ始めていた。そのレンガ建造物研究会が戦後五〇年である平成七年に呉で全国大会をおこなうこととなり、呉で活動を始めていたレンガ建造物研究会が主体となって開催された。呉らしいテーマとして、本来ならばレンガと関わりのあるテーマとするところだが、呉の歴史を象徴するものとしての戦艦「大和」を中心にシンポジウムをおこなうことで、海軍やレンガも盛り込めるのでは、ということになったという。

平成七年のシンポジウムから平成一六年までの間、九回にわたるシンポジウムがおこなわれた。それについて当時の市長小笠原臣也は以下のように記している。

　第一回から毎回のシンポジウムによって戦艦「大和」を大和ミュージアムの大きなテーマにする意味が裏付けられたことと、この一〇年間このシンポジウムを続けてきたことにより、戦艦「大和」の意味するもの、問いかけるものを呉市民がじっくり考え、偏見や先入観なしに率直に「大和」を受けとめる気運が出て来たことが、大和ミュージアム建設への幅広い理解と協力につながった［小笠原　二〇〇七：一三五］。

だからこそ、大和ミュージアムの展示の目玉としての一〇分の一戦艦「大和」が受け入れられた、というのである。そしてまた平成七年には戦後五〇周年記念事業として、旧海軍墓地やその他の歴史施設の整備や、パンフレットや写真集の記念出版をおこなった。これらの動きが重なり合う中で、呉市での戦艦「大和」をメインとした博物館が設立されることとなった。

現在、大和ミュージアム内では主に呉市の市民によって、展示の案内ボランティアがおこなわれている。ここには、行政の思惑とも微妙に異なる、「大和」への視線が読み取れる。

彼らがボランティア活動をおこなう動機は大きく二つに分けることができる。一つは呉市の観光ボランティアとの兼務の人が多く、観光案内の一環として大和ミュージアムも自分たちで案内することができれば、というものである。彼らは大和ミュージアムが平和学習の場、あるいは軍事博物館であるといった政治的なとらえ方はせずに、わが町呉の観光名所、といった感覚でとらえている。観光ボランティアの活動でもベテランとされている人は「いかにお客様に楽しんでもらえるか」に重点をおいて案内をおこなっている。観光ボランティアとしての活動を充実させるために大和ミュージアムでのボランティアに参加しているのである。このようなボランティア・スタッフの案内は、呉の歴史を中心としたものになる。もう一つの動機は定年後に家にいてもすることがないから、というものである。これは女性に多い。つまり、定年後の夫と毎日家にいるのを避けるためなど、気晴らしでやってくるのである。そのようなケースでは、おのずから活動は限られてくる。平日午前中に活動をおこない、午後は家事をするといって帰っていくのである。

ボランティア・スタッフは戦後世代の年配者が多いためか、「平和の尊さ」を重視した語りが多く見られる。そして多くのスタッフが口にするのが、「これほどの技術を日本はもっていたのに、負けてしまったのです」という言葉である。日本という国や呉が素晴らしい技術を持っていた、ということを誇らしげに語り技術を礼賛する一方で、それなのに負けてしまったと言う。素晴らしい技術を持ちながら、多くの犠牲を出してしまった、これは一見技術そのものへの批判ともとれる。ここでは、戦争の悲惨さへの認識と、自分たちのローカル・アイデンティティとしての技術力への誇りとをなんとか同居させようとする無意識の「調整」を見出すことができよう。

また、大和ミュージアムの初代館長であり、一〇分の一戦艦「大和」の製作にも携わった戸高一成は、巨大模型を造る上でのさまざまな調査について次のように語っている。

戦艦大和を多くの角度から調べることによって、当時の技術や社会のレベル、大和を造らなくてはならなかった国際状況まで知ることができる。大和を造っていた工員の生活といったことまでわかる。大和を通してわかる世界が大きいからこそ、大和はすばらしいのだ。ミュージアムではこういった姿勢を伝えていきたい。大和は昭和十年代当時の、日本と世界を見ることのできる望遠鏡なのだ［戸高　二〇〇五：七七―七八］。

ここでは、単なる兵器ではなく、時代を見る「望遠鏡」として、戦艦「大和」をとらえようとする語りが採用されている。そして、大和は「日本の産業技術史上のシンボル」として後世に伝えられていく、と記している。事実、戦後日本の産業技術の多くが戦艦「大和」で使用されていたものであった。このような点からも、一〇分の一の巨大模型が技術という面から戦艦「大和」を語る上で大きな役割を果たしていた。

6　おわりに

以上、一九三〇年代に開催された博覧会と一九九〇年代に設立された平和ミュージアムと二〇〇〇年代に設立された大和ミュージアムを取りあげて日本における戦争や軍隊の展示の移り変わりを展示されているモノや展示に関わる人々の語りを中心にみてきた。同じ戦争に関わるモノでも、時代や展示される場、そしてそれらを語る人々などの他の要因によりさまざまな価値が与えられていくのである。軍事博物館（本章で扱ったのは、正確にはその博覧会バージョンである）と平和博物館（本章で扱ったのは、一般に典型とされている広島や長崎、沖縄の関連施設ではない）との区別はそれほど簡単ではない。そこに科学技術としての「軍事技術」の展示を加えていくとますます複雑になっていく。日本の場合、一九四五年に多くの犠牲者をもたらして敗戦を受け入れたという経験を避けて通ることができないため、展示している兵器の性能などを称揚する軍事博物館においても、死者への追悼や平和の大切さを無視してはいない。また、敵国への憎悪が語られることもない。本章では、この点を念頭に、平和博物館については、展示品よりも展示品をどのように語るのかという点に注目して、考察をすることにした。その結果、すくなくとも立命館大学国際平和ミュージアムでは、平和、反戦という考え方が具体的な形で継承されていると言えよう。そして、大和ミュージアムでは市民のミュージアムとして造船技術のまち、呉市のローカル・アイデンティティの形成の一端を担っていると言える。

注

（1）ボランティアガイドの歴史や志望動機については［福西　二〇一二］を参照。

（2）「戦艦大和」は全長二六三メートルで、最大幅三八・九メートルあるので、一〇分の一でも全長二六・三メートル、最大幅三・八九メートルである。小中学生には二五メートルのプールよりも少し長い、と説明することもしばしばである。

（3）ヤーロー式ボイラーは、イギリスのヤーロー社が開発したもので、二〇世紀初頭の世界の代表的な艦艇用ボイラーだった。大和ミュージアムで展示されているボイラーは、戦艦「金剛」に使用され、戦後は科学技術庁の金属材料研究所の建物の暖房用ボイラーとして平成五（一九九三）年まで使用されていた。

（4）展示室内では一部撮影禁止の展示物もあるが、基本的にはフラッシュ撮影や三脚使用の撮影、ビデオ撮影以外は許可されている。

（5）「第六潜水艇」は、一九一〇（明治四三）年四月一五日に、岩国市新湊沖で潜行訓練中の潜水艇が沈没し、佐久間勉艇長をはじめとする乗組員一四名の全員が殉職した。佐久間艇長の記した遺書には、沈没状況、事故原因、今後の潜水艦技術への提言、乗組員遺族への救済依頼が書き遺されてあった。通常、潜水艦が事故などで沈没した時には出入り口に折り重なるように亡くなると言われるが、「第六潜水艇」は乗組員全員が持ち場を離れることなく死亡していたことから、佐久間は潜水艦乗りの鏡であるとして世界中の海軍に語り継がれている。実際、佐久間艇長はじめ一四名の殉職者のために、呉市内の鯛乃宮神社に第六潜水艇殉難之碑が建てられており、毎年四月一五日には慰霊祭がおこなわれている。

（6）一八八四（明治一七）年～一九四三（昭和一八）年。元帥、海軍大将。開戦時の連合艦隊司令長官で、真珠湾攻撃を発案・指揮。

（7）「回天」は、人間が魚雷を操縦しながら、目標とする艦艇に体当たりする特攻兵器で、「人間魚雷」とも呼ばれる。

（8）女子挺身隊は女子挺身勤労令（昭和一九年八月二三日）施行にもとづき、一四歳以上二五歳以下の女性が市町村長・町内会・部落会・婦人団体等の協力により構成していた勤労奉仕団体のことである。太平洋戦争末期には、国家総動員法のもと多くの人々が徴用工員として動員され、さらに学生や生徒なども動員学徒や女子挺身隊として呉工廠で働いた。

参考文献

伊藤真実子
　二〇〇八　『明治日本と万国博覧会』吉川弘文館。
小笠原臣也
　二〇〇七　『戦艦「大和」の博物館――大和ミュージアム誕生の全記録』芙蓉書房。
奥田博子
　二〇一一　『原爆の記憶――ヒロシマ／ナガサキの思想』慶応義塾大学出版会。
小熊英二
　二〇〇二　『〈民主〉と〈愛国〉――戦後日本のナショナリズムと公共性』新曜社。
兼清順子
　二〇〇九　「平和博物館の役割」君島東彦編『平和学を学ぶ人のために』世界思想社、一二九―一四八頁。
川嶋博之・石本博巳
　二〇〇六　「展示計画」『近代建築』六〇：一三一―一三五頁。
國　雄行
　二〇一〇　『博覧会と明治の日本』吉川弘文館。

椎名仙卓
　二〇〇五　『日本博物館成立史――博覧会から博物館へ』雄山閣。
菅　靖子
　二〇一一　「ミュージアムと展示」高橋雄一郎・鈴木健編『パフォーマンス研究のキーワード――批判的カルチュラル・スタディーズ入門』世界思想社、一七四―二〇五頁。
田中伸尚
　二〇〇五　『憲法九条の戦後史』岩波新書。
坪井主税
　一九九八　「平和博物館――その定義と類別化に関する若干の考察」『札幌学院大学人文学会紀要』六四：四一―五二頁。
戸高一成
　二〇〇五　『戦艦大和復元プロジェクト』角川書店。
半藤一利
　二〇〇九　『昭和史　一九二六―一九四五』平凡社。
福西加代子
　二〇一二　「戦争と平和を語り継ぐ立命館大学国際平和ミュージアムのボランティアガイドの実践を事例に」『立命館平和研究――立命館大学国際平和ミュージアム紀要』一三：二九―四一頁。
福間良明
　二〇〇九　『「戦後体験」の戦後史――世代・教養・イデオロギー』中公新書。
村上登司文
　二〇〇九　『戦後日本の平和教育の社会学的研究』学術出版会。
山辺昌彦
　二〇〇五　「平和博物館における戦争展示について――立命館大学国際平和ミュージアムを中心に」『歴史科学』一七九（一八〇）：一二〇―一三〇頁。
米山リサ
　二〇〇五　『広島・記憶のポリティクス』岩波書店。

資料

『支那事変聖戦博覧会大観』一九三九、朝日新聞社。

『大東亜建設博覧会大観』一九四〇、朝日新聞社。

『日本の博覧会――寺下勍コレクション』二〇〇五、平凡社。

立命館大学国際平和ミュージアム　二〇〇五『立命館大学国際平和ミュージアム常設展図録』岩波書店。

呉市海事歴史科学館（大和ミュージアム）案内パンフレット。

第一四章　豪従軍カメラマンの描いた日本兵像とその変化

――デミアン・ペアラーのニューギニア戦線ニュース映画をとおして

田村恵子

1　はじめに

近年のオーストラリア国内での太平洋戦争への関心の高まりと共に、第二次世界大戦中に従軍カメラマンとして数多くのニュース映画を撮影したデミアン・ペアラー（Damien Parer）の名も、広く知られるようになってきた。彼が一九四二年から一九四三年に撮影した写真や映像はその時代を象徴するものであると考えられ、出版された三冊の伝記は、彼の生涯と業績の歴史的重要性を証言している［Brennan 1994; Legg 1963; McDonald 1994］。二〇〇七年に筆者は豪国立映像音響アーカイブにおいて日本に関する映像資料の研究調査を行い、二〇世紀の映像資料にはオーストラリア人が日本や日本人に魅了されると同時に日本人に対しての警戒心が表現されていると結論付けた(1)［Tamura 2007］。この魅了と警戒という相反するイメージを抱きながら、オーストラリア人は映像をとおして「真の」日本人とはなにかという問いを常に追及してきたと考えられる。日本政府制作のプロパガンダ映画に登場する日本人であろうと、オーストラリア人カメラマンが撮影した日本人の映像であろうと、そこに描かれた日本人像が真の姿なのか、あるいは偽りの姿なのかが議論となってきた。この点は、太平洋戦争中のオーストラリアのニュース映画やプロパガンダ映画でも、繰り返し争点となった。というのも、太平洋の島々の戦場でオーストラリアが対峙している敵の正体を見定めることが非常に重要だったからである。この傾向は、戦争終了後も続いた。占領がもたらした民主主義を日本人が十分に受容するかどうかをオーストラリア当局が心配したからである。さらにこの時期の映像では、占領軍に対する日本人の従順さと根本的政治体制の大変化の受容が、本物なのか、あるいは偽物なのかが再び問われた。占領終了後も、一九八〇年代後半まで同じような疑問が何度も日本人を描いた映像で問われた。

ペアラーが撮影した太平洋戦争中のドキュメンタリー映画の映像は、敵としての日本人のイメージをオーストラリアの大衆に植え付けるのに重要な役割を果たした。日豪の戦争は東南アジアと太平洋の島々を中心に広範囲にわたって繰り広げられたが、一九四二年中期以降は、ニューギニアを中心としたメラネシアの島々が主戦場となった。太平洋の島々での戦闘は、それまでのオーストラリア軍の中東での戦闘や、日本軍の中国でのそれとは大きく違い、主に密林で繰り広げられるジャングル戦だった。そこでは敵兵がどこで待ち伏せしているかわからず、自分たちも所在を隠すためにカモフラージュをした。双方とも、敵に見つからないように姿を隠すことが生死にかかわったのだ。中東での従軍経験があったペアラーであるが、新しいタイプの戦闘であるジャングル戦での自軍の戦いを、本国の観客が映像をとおして目に見えるように伝えることが課題となった。はたして、ペアラーは何とかして姿を隠そうとしている敵をどのようにカメラにとらえたのだろうか。ニューギニアでの戦闘の報道にはどのような画像（静止画像と動画像）が使われたのだろうか。さらに、これらの映画の日本人像はどのようなものだったのだろうか。以上のような疑問が、ペアラーのニュース映画に現れる日本人の表象を掘り下げる本章の出発点となった。

ペアラーが撮影したニュース映画や写真は、理想的な資料である。彼が太平洋戦線で仕事をした期間は二年間余りと比較的短いが、その間に豊富な量の映像と写真を制作し、その多くは敵と味方が至近距離で戦うジャングル戦を扱った。さらに、彼の名前は一九四二年にココダ道で繰り広げられた対日戦闘の取材に派遣された時点ですでに知名度があり、ニューギニアで彼が撮影したニュース映画を、大勢の観客がオーストラリア国内で戦争中も戦後も観たのだった。本章では太平洋で撮影された一連のニュース映画を対象とし、従軍カメラマンとして数多くの戦闘を取材した経験が、彼の日本人に対する見方にどのような影響を与えたかについて考察したい。

太平洋戦争中の敵のイメージに関しては、優れた研究が発表されている。たとえば、ジョン・W・ダワーは『容赦なき戦争』で、アメリカでは人種差別的な偏見に基づいて、敵である日本人を蔑んだイメージをプロパガンダとして使い、日本人は「ヒトよりも下等、非人間、劣等人間、超人間」として自分たちとは違う存在であるとされたと指摘している［ダワー　二〇〇一：四三］。同様にポール・フッセル（Paul Fussell）もアメリカ人は日本人を最も忌み嫌い、「獣」や「動物」とみなし、それは日本兵の頭蓋骨や骨を戦闘記念の戦利品として珍重した行動に現れたと論じている［Fussell 1989: 116-7］。マーク・ジョンストン（Mark Jonston）も、オーストラリア兵は日本兵を「動物」や「害虫」とみなし、駆除し抹殺するべき存在と考えられていたと論じている［Johnston 2000: 85-87］。これらの研究は人種差別意識や敵への軽蔑感が多様な形で表現され行動に現される現象を論じる一方、そのような見方は固定的で不変であったのか、それとも状況が展開するに応じて変化をしたのかに関しては議論されていない。本章ではペアラーのニュース映画を研究題材とし、従軍カメラマンとして前線での戦闘を経験した一人のオーストラリア人がどのように敵への姿勢を変

写真1　デミアン・ペアラー（1943年）、（AWM044860）

化させたかをたどりたい。

この論考では、ペアラーがカメラマンとして、最初は「見えない敵」だった日本兵の姿を、戦争が展開するにしたがってどのようにカメラでとらえたかについて考察する。時間が経つにつれて、彼は敵に次第に近づけるようになってきた。そして、ジャングル戦が壮絶になり、その暴力性が高まることで、日本人に対する見方がどのように変化したかを考えてみたい。この要素が、彼の後期の作品に見られる日本兵に対する厳しく容赦ない撮影姿勢に影響したと結論付けたい。従軍カメラマンとして部隊と行動を共にして取材したペアラーは、前線で戦う兵士たちの敵への姿勢と同じような視点で日本軍と対峙しようとしたと考えられ、彼の撮影映像は、敵への姿勢の変化を表していると考える。いうまでもなく、ペアラーの作品の主目的は、ニューギニアでオーストラリア兵が日本軍を相手に戦う経験をカメラに収め、オーストラリア国内の観客に伝達するというものである。しかし、動画には豊富な情報が含まれているため、その映像を研究の資料として別の問題意識を持って分析することができる。本章は映像資料を制作者の当初の目的とは違う主題を考察するために利用する一例である。

2　従軍カメラマンとしてのデミアン・ペアラー

デミアン・ペアラーは一九一二年メルボルン郊外で、八人兄弟の末っ子として生まれた[2]。父親のジョン・アーサー・ペアラー（John Arthur Parer）はスペインからの移民でホテルを経営し、母親のテレーサ（Teresa）は、ビクトリア州出身のオーストラリア人だった。ペアラーは子供のころから写真に興味を持っていた。学業終了後、メルボルンの写真スタジオで見習いとして働き、その後フリーで仕事をしていた。彼の父がメルボルン行の電車で当時有名な映画監督だったチャールズ・ショーヴェル（Charles Chauvel）と偶然乗り合わせたのが幸運をもたらした。

息子の映画への情熱を話す父親に、気のいいショーヴェルはちょうど撮影中だった映画『ヘリテージ *Heritage*』（一九三五年）のカメラ助手として無給で仕事をさせてもいいと申し出た。その後、いくつかの映画製作にかかわった後、ペアラーはショーヴェルが監督した第一次大戦中の中東でのオーストラリア軍騎兵隊を描いた『四万人の騎兵 *Forty Thousand Horsemen*』（一九四〇年）の撮影現場でも仕事をした。その合間に、ペアラーはマックス・デュパン（Max Dupain）とオリーブ・コットン（Olive Cotton）の経営する写真館で仕事をし、スタジオ写真撮影の技術も身につけた。デュパンとコットンはペアラーの親しい友人としてだけでなく、仕事の指導役もした(3)。

ヨーロッパで第二次大戦が始まると、ペアラーはオーストラリア連邦政府情報省（後に連邦映像部門を経てフィルム・オーストラリアとなった）のカメラマンとして、一九四〇年一月に中東に派遣された。その後一九四三年後半に米パラマウント映画に移籍するまで、ペアラーは情報省に所属した。情報省は撮影映像をシネサウンドとムービートーンの二つの映画配給会社に提供し、それぞれの会社が独自のニュース映画を制作してオーストラリア国内の映画館で上映した。ペアラーはカメラマンとして編集や制作作業にある程度意見を出すことはできたが、編集と制作に関する最終的決定権はニュース映画会社のプロデューサーが持っていた。ペアラーはシネサウンドの責任者として情報省のために数多くの重要なニュース映画を制作したプロデューサーであるケン・G・ホール（Ken G. Hall）と緊密な関係をとりながら仕事をした。

中東でペアラーはフランク・ハーレー（Frank Hurley）と共同作業をした。ハーレーは、オーストラリア人探検家ダグラス・モーソン（Douglas Mawson）と英国人探検家アーネスト・シャックルトン（Ernest Shackleton）の南極探検随行カメラマンとして知られ、第一次大戦ではオーストラリア軍公式カメラマンとして活躍した(4)［McGregor 2004, Hurley 1986］。リビアでの撮影後、ペアラーとハーレーはオーストラリア軍によるトブルク（Tobruk）攻撃をカメラに収めた。その共同作業をとおして、ペアラーはハーレーが得意とした静止画的な技法と再現シーンを使う撮影方法に飽き足らなくなったことを実感した。彼は戦場の臨場感と緊張感を反映するリアルな映像をカメラに収めるために、従来より軽量のカメラを使用した。この時期にペアラーが撮影した映像には抜き出た才能が見られ高い評価を受けた。彼の撮影した映像がオーストラリア国内でニュース映画として上映されると、彼の名前も知られるようになった。

一九四一年一二月の日本の参戦後、ペアラーはオーストラリアに戻り、一九四二年七月に情報省からニューギニアへ派遣された。そこでの最初の仕事はワウ（Wau）とサラモア（Salamaua）での取材で、その次がココダ（Kokoda）作戦だった（その間に短期間のティモール島取材が入った）。一九四三年の初めにポートモレスビー（Port Moresby）に駐在していた彼は、ビスマルク海の戦いを撮影するために連合軍艦隊へ飛行機で移動し、現地に派遣された。一年余の期間に、ペアラーの映像は、いくつものニュース映画に編集されて発表された。それらは『ポートモレスビー空襲 *Moresby under the Bliiz*』（一九四二年）、『ココダ前線 *Kokoda Front Line*』（一九四二年）、『ティモールの戦士たち *Men in Timor*』（一九四二年）、『ビスマルク船団撃破 *The Bismarck Convoy Smashed*』（一九四三年）、『サラモア急襲 *Assault on Salamaua*』（一九四三年）などである。

非常に精力的な仕事を続けていたペアラーではあるが、オーストラリア政府情報省が彼自身や優秀な写真家で同僚のジョージ・シルク（George Silke）にいろいろな制限を課すのが息苦しくなり不満がつのってきた。一九四三年八月、ペアラーは情報省を辞してアメリカのパラマウント映画に移籍し、太平洋戦線でアメリカ軍の戦闘を撮影する仕事に就いた。まずグアムに派遣された後、アメリカ軍のペリリュー島上陸を撮影するために移動した。そして、一九四四年九月一七日に戦車を背に後退しながら撮影している最中に、銃撃を受けて死亡するという悲劇が起こった。彼は戦車に続いて前進している歩兵たちの目と表情を撮影している最中だった。新婚六か月で身重の妻があとに残され、彼の死後の一九四五年二月に息子のデミアン・ロバート（Damien Robert）が誕生した。

3　ペアラーとニューギニア

一九四二年七月にペアラーはニューギニアに到着したが、そこは全く未知で見慣れない場所とは思えなかった。次のような第一印象を彼はオリーブ・コットンに書き送っている。「僕はこの土地がとっても気に入ったのです。上陸してから、こんなに素敵な場所だとわかりびっくりしました。車が動き出して手を伸ばすと、茂った木の枝が窓にあたるんです。とってもわくわくしました。オーストラリアよりもここのほうがずっといいような気がします」[McDonald 1994: 123]。ペアラーの開放的で気楽な態度は、ニューギニアの自然環境にだけでなく、現地住民たちに対しても見られた。これは、ニューギニアで長年働いてきた白人たちが人種的区別を堅苦しく意識していたのと大きく違っていた(5)[Nelson 2006: 324-325]。彼の土地や住民との相性の良さは、ニューギニア取材での映像にはっきりと表れている。ペアラーはポーターとして使役された現地住民たちの驚き、喜び、恐怖、そして緊張感を、生き生きとした表情と共に記録している。現地の人々を異郷の奇妙な住民としてではなく、それぞれの感情や考えを持った人々して描いているのだ。

ペアラーにはニューギニアと親戚や家族をとおして二〇年にわたる繋がりがあった。彼の両親は一九三〇年代にニューギニアに渡ってワウでホテルを営み、数人の親戚がニューギニア各地で働いていたが、それぞれ戦争によって大きな打撃を受けた。日本軍の侵攻が迫った時、両親はホテルを放棄してワウから避難しなくてはならなかった。さらに悲劇的な事件は、ニューギニアで有名な飛行家だった彼の従兄のキース・ペアラー（Keith Parer）が一九四二年一月にサラモア飛行場で日本軍機の機銃掃射によって死亡したことである。ペアラーは彼の死を深

ニューギニア関連地図（地図作成：鎌田真弓）

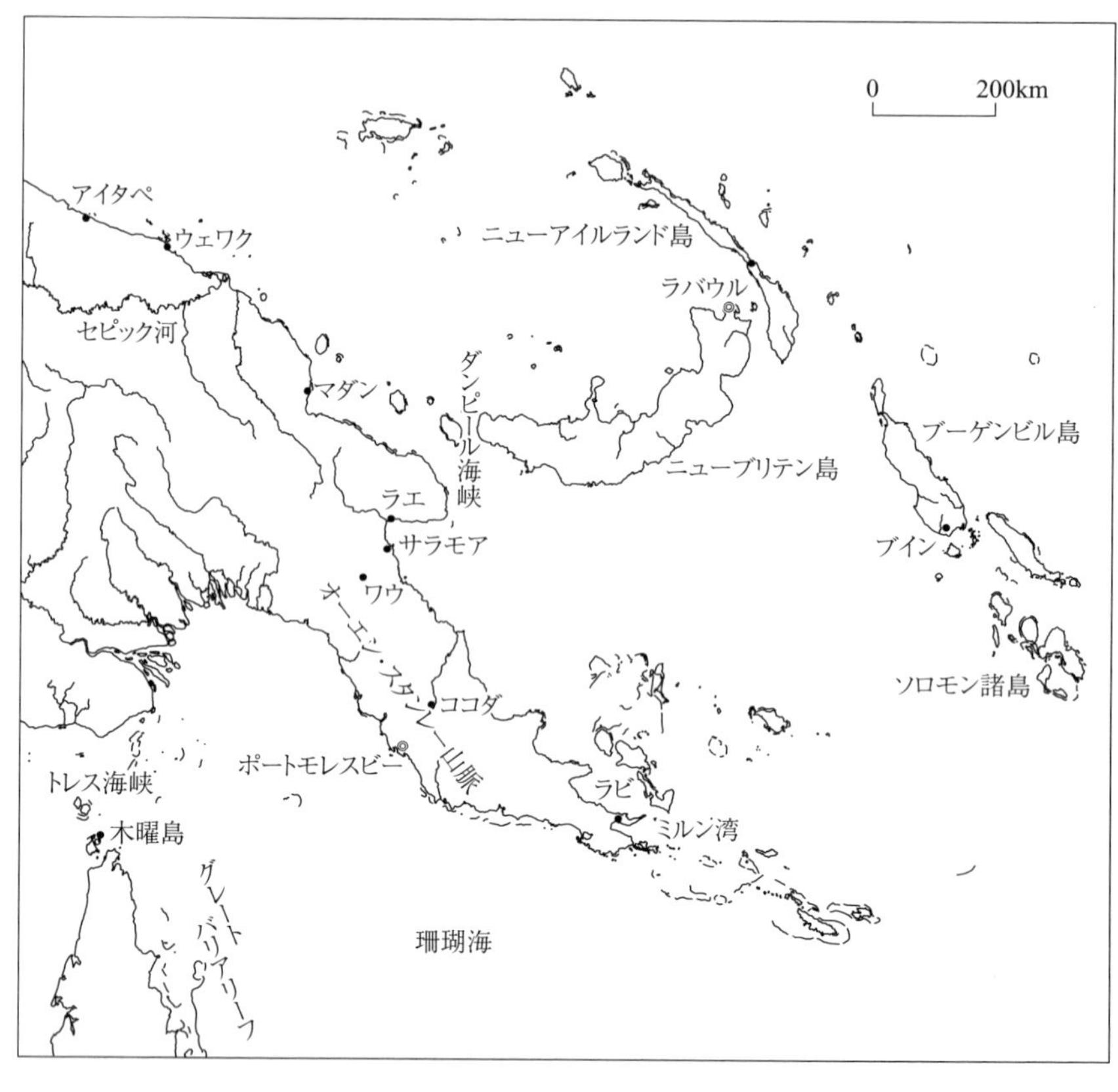

く悲しんだ。このように、ニューギニアでの戦争は、現地到着以前にペアラーにとって重要性があったのである。

ペアラーは一九四二年七月にオーストラリア人ジャーナリストのオスマー・ホワイト（Osmar White）と共に物資供給状況の取材のためにワウに派遣された［White 1945］。彼の両親が経営していたホテルはすでに放棄されており、訪れた彼を動揺させた。そこで見つけたのは、急な退避で後に残された家族の写真アルバムや自分が中東から両親に送った土産物だった。戦争が普通の人々の生活を惨く踏みにじるのだと次のように彼は書いている。

なんて奇妙な戦争なのだろう。はるか遠くのエジプトの砂漠から戻ってみると、実家が敵に攻撃されていたんだ［McDonald 1994: 136］。

しかしこの時点では、日本人に対しての苦い感情を彼は表現していない。

ペアラーとホワイトは、その後サラモア周辺の前線偵察兵たちを訪問した。そこで、戦争特派員たちは日本人と初めて至近距離の遭遇をしたのだった。その遭遇はホワイトにとって、ニューギニアで日本兵に最も近づいた経験だったが、ペアラーも同じであったろう。二人は偵察中に、日本軍の斥候隊と出くわしたのだった。一九九〇年のインタビューで、ホワイトは「日本の斥候隊が向こうからやってくるのがわかると、デミアンと私はすぐに木に登りました。その木はとっても大きな熱帯雨林の樹木でした。私たちが木の上に隠れていると、その下でなんと日本兵たちが弁当を食べ始めたのです」と述べている。何を食べていたのかという質問をされると、ホワイトは「葉っぱのようなもので包んだ米飯を食べていました。まるでサルがコメを食べるような感じでしゃべりながら食べていたんですが、上から眺めながらどんな味がするのだろうと考えたのを覚えています」と答えている[6]［White 1990: 16］。その時ペアラーがカメラを持っていなかったのは幸運だった。もしカメラがあったら、おそらくペアラーは撮影しただろうとホワイトは確信していた［McDonald 1994: 137］。敵とのこの遭遇についてのペアラーの感想が残っていないのは残念だが、もし記録されていたら、この時期の彼の日本人への見方がよくわかったであろう。

ココダ道でオーストラリア軍に従軍することが決まった時点で、ペアラーは太平洋での戦闘は、地形や気候や敵の特質がそれまでの中東での経験と全く違うことに気がついていた。中東での戦闘は、広大な乾燥した空間で行われ、対峙する両軍はかなりの距離をおいて陣取った。一方、太平洋戦線の戦闘のほとんどは、地形の険しい密林で展開され、雨が絶え間なく降り続き地面は深いぬかるみとなった。ジャングルでは、敵兵の話し声が聞こえても、その姿ははっきり見えなかった。オーストラリア兵が中東作戦以来着用していたカーキ色の軍服がジャングルでは目立ち危険なことに気がついたペアラーは、それを白黒映画で証明した。同時期に従軍記者だったチェスター・ウィルモット（Chester Wilmot）によると、アメリカ軍総司令官のアイケルバーガー将軍（General Eichelberger）はペアラーが撮影した映像を見た後、間もなく軍服を緑色に変えることにしたという［McDonald 1994: 152］。

さらに、ニューギニア戦での敵は日本軍だった。オーストラリアはそれまで日本人相手に戦ったことがない上、ヨーロッパや中東で対戦したドイツ軍やイタリア軍とは大きな違いがあると考えられていた。つまり日本人や他のアジア人に対する人種的偏見を、戦争開始前からオーストラリア人は持っていたのだ。日本人は、「黄渦」、つまりアジアからオーストラリアに押し寄せて白人住民を圧倒しようとする黄色人種の脅威の一部としてみなされていた上に、二〇世紀初頭より日本の軍事力増強によって、オーストラリアの敵となる可能性があると考えられていた。当然、この当時のオーストラリア兵たちも同じような考えを持っていた(7)［Johnston 2000: 84-89］。

4　『ココダ前線』（一九四二年八月―九月）

ペアラーのドキュメンタリー作品のうち、なんといっても一番有名なのは、『ココダ前線』である。このニュース映画は、四部構成で、まず最初にペアラーが映画紹介者として登場し、次に前線の状況描写がある。そして、オーエン・スタンレー山脈でのオーストラリア兵の苦闘が映し出され、最後は後方へ移送される負傷兵の姿である。九分間のニュース映画をシネサウンド配給会社が一九四二年九月に公開すると、すぐに大ヒットとなった。

この映画を見るために、シドニーの劇場で観客が長い行列を作ったと言われている（McDonald 1994: 167）。『ココダ前線』は海外でも評判となり、一九四三年にはアカデミー賞を短編ドキュメンタリー部門で受賞し、オーストラリア初のオスカー受賞となった。

このニュース映画では、最初にペアラーを紹介する文が映し出され、「オーストラリア従軍記者のエース」で、「リビアやギリシャやシリアでの作戦で経験を積み、戦争報道の名作とも呼べる映像を撮影した本人である」と説明される。そして、本来カメラマンはレンズ後方に陣取るという伝統を破ってペアラーが銀幕に登場し、カメラに向かって自作のニュース映画を紹介し始めると、観客はカメラを回すペアラーの視点を意識し、彼の目をとおして画面を見るという効果を出している。カメラに向かっての語りは、彼が目撃してきたことを観客に実感させる効果がある。

八日前、僕はココダでジャップと戦うわが軍の前線部隊と共にジャングルにいました。それは薄気味悪い戦いで、二〇ヤード先にいるジャップの姿さえも見えないのです。彼らはカモフラージュと欺きの達人です。僕が思うに、交戦で負傷したわが軍の兵隊の約四〇％は、日本兵を実際に見ていません。もちろんまだ息のある日本人に限っての話ですが。日本人を甘く見てはいけません。彼らは、訓練を積み勇敢な兵士たちです。今までは、彼らは優勢だったかもしれませんが、今は世界一優秀で強い兵隊たちと向き合っています。オーストラリア人として大変誇りに思う精神的に頑強な兵士たちです。

ナレーションの最後に、「日本人は装備も整い、危険な敵です」とペアラーは警告を再度繰り返している。凛々しい軍服姿で「カメラマンのエース」として紹介されたペアラーの語りは説得力を持つ。中東での従軍経験に加えて、ニューギニアから戻ってまだ八日しかたっていないと語るペアラーは、フィルムだけでなく、新鮮で強烈な戦闘の記憶を持ち帰り、ニューギニアで見たり経験したことをオーストラリアの人々に発表しようとしているのだ。

このナレーションの台本は、シネサウンドのディレクター兼プロデューサーだったケン・G・ホールが、ペアラーが語った内容をもとに書いた。ホールとペアラーは、中東や北アフリカ従軍時から緊密に連絡を取り合い、強いきずなで結ばれていた。深い友情をペアラーに抱いていたホールは、彼の人格と才能を高く評価して、「別格の人物だ。訓練はほとんど受けていないが、天性の写真家だ。激しく、想像力豊かで、興奮しやすく口は悪いが非常に信仰深い。びっくりするようなコントラストがあり、感受性豊かで、そのくせ危険に対しては向こう見ずで、とっても人に好かれる」と語っている［McGregor 2004: 358］。二人の共同作業はオーストラリア政府情報省による戦争支援のための宣伝活動であった。ホールはこの若いカメラマンに敬意と好意を抱いていただけでなく、ココダから戻って間もないペアラーの気持ちの奥深い部分も理解しており、台本はペアラー自身の感情が反映されたものだったと考えられる。ペアラーはニューギニアでオーストラリア兵が直面している厳しい状況を、多くの人々に知らせたかった。日本兵を「大変訓練された」とか「規律がとれた」とか「勇敢」と称賛することで、ともすれば敵を侮る傾向があるオーストラリア人にあえて警告を発したのだった。

ペアラーの語りに続いて、映画は大規模な物資の空中投下を見て驚き仰天する現地住民の表情のシーンで始まる。このオープニングは、戦闘が繰り広げられている地域の地勢を観客に理解させ、現地住民を紹介する役割をはたす。そこでは、ニューギニア人は名もない未開の住民の一群としてではなく、オーストラリア兵や本国の一般人と同じような経験と感情を分かち合う存在として描かれている(8)。

政府管轄の映画制作部が作る戦争ドキュメンタリー映画には、本質的に四つの目的があると考えられる。まず第一に、自軍の兵士がいかに勇敢に戦っているかを見せること、第二に、どのような自然や地形の場所で戦闘が行われているのかを見せること、第三に、どのように敵が敗北しているか（しようとしているか）を見せること、そして最後には観客が戦争目的を支持するように気持ちを高揚させることである。

ココダ道でのペアラーの映像は、この目的達成に効果があった。この映画は、自然環境や地勢や現地住民を記録するだけでなく、オーストラリア軍兵士たちが、食糧や物資の補給不足に直面し傷の手当てを受けながらぬかるみを苦労して前進する一方、負傷兵が担架で後方へ移送される様子も映している。この映像は、個々の兵士の表情をクロースアップでとらえ、感情が生々しく伝わり記憶に残る。観客を戦争支援に協力しようと奮い起こすための、終盤のナレーションが効果的である。ニューギニアで苦戦するオーストラリア兵の状況に一般市民が無関心であると嘆いた後で、ペアラーはあらためて戦争目的の支持を要請する。しかしながら、前述の三番目の点である「いかに敵が打ち負かされるか（打ち負かされようとしているか）」を観客に映像で見せるのはココダでは難しい作業であった。なぜならば、彼自身が語ったように「敵はカモフラージュと欺きの優れた達人」だったからである。

第一次大戦や第二次大戦中のニュース映画でしばしば再現シーンが使われたが、ペアラーは本物を撮影したいという熱意を持っていた。しかしジャングル戦の撮影で、画面上に敵の姿を的確にとらえるのは難しかった。加えて、ともすればデジタル時代に暮らす我々は忘れがちであるが、当時のカメラにはいろいろな技術的な制限があった。ペアラーは二台のカメラを携行し、一台は一分間の撮影が可能な一〇〇フィートのマガジンが内蔵されていた。もう一台は三〇〇フィートのマガジン内蔵で、三分間の撮影ができた。このように撮影時間が限られていたため、カメラマンは撮影対象をはっきり定め、良い光線のもとで被写体をとらえなければいけなかった。さらに、使用フィルムは運搬し、光や水などの外的要素から守り、フィルム交換をして、現像のために送る必要があった。この工程に少しでも失敗があると、フィルムは全く使い物にならなくなるのだった。ココダ作戦の後退時に、ペアラーは疲労困憊しカメラと三脚と撮影済みフィルムを入れた金属製容器を一人で運ぶ体力がなくなっていた。兵士たちも疲れ果て運搬の手伝いを頼むこともできなかった。ペアラーはカメラを一台捨て、撮影済みのフィルムも放棄しようとしていた。ちょうどその時ある将校の助けで、撮影済みフィルムが入った缶は負傷兵を移送する担架に載せられてベースキャンプまで運ばれたのだった［McDonald 1994: 155］。このような技術面と状況面の制限は、細心なカメラ操作を必至とした。

シネサウンドのケン・G・ホールは、ペアラーがココダで撮影してきた映像を高く評価したものの、ニュース映画にはアクションシーンが必要であると感じた。ペアラーが現地で対日本軍の実戦の模様を撮影することができなかったので、以前ペアラーがサラモアで撮影した現地住民の小屋が手りゅう弾で破壊されるという再現シーンを挿入することに決めた。このシーンは、オーストラリア陸軍第五独立中隊がペアラーの依頼で演じたもので、一人の日本兵が爆破される小屋から逃げ出す姿も一瞬写っている。この役を演じたのはオーストラリア陸軍のレイチ（Leitch）中尉で、軍服と陸軍帽で日本兵に変装したのだった［McDonald 1994: 140］。ペアラーはこのシーンはココダで撮ったものではないので、最初は編集方法に不満だったが、プロデューサーが戦争時のニュース映画にはアクションシーンが不可欠であると主張したため譲歩した。かくして、ペアラーのニュース映画に初めて登場した「日本兵」は、オーストラリア人が敵である日本兵役を演じた再現映像となった。ペアラーが本物の日本人をカメラにとらえるのは、オーストラリア空軍第三〇飛行中隊に一九四三年一月に合流して、オーストラリア人パイロットと飛行するまで待たなければならなかった。

5　『ビスマルク船団撃破』（一九四三年三月）

シネサウンド制作の『ビスマルク船団撃破』は、一九四三年三月二日から四日まで戦われたビスマルク海海戦の模様を記録している。ペアラーがこの戦闘状況を撮影した映像は、同月に約九分のニュース映画として公開された。この戦いは、ラバウルからニューギニア東部のラエへ向けて第一八軍兵士を輸送する日本軍の船団を、連合軍がダンピール海峡で待ち伏せして攻撃し、日本では「ダンピール海峡の悲劇」として知られている。第五一師団の主力兵力と第二三対空守備隊の約六〇〇〇名が八隻の駆逐艦に分乗して、船団はラバウルを二月二八日に出発した［Gillison 1962: 696］。三月一日の午後遅く、この船団を連合軍機が発見し、最初の攻撃が翌朝に始まった。

三月三日に、ペアラーはカメラを携えて、オーストラリア軍ボーファイター機でポートモレスビーを離陸した。パイロットは、シドニー出身で二二歳の「トーチー」・ユレン（'Torchy' Uren）で、ペアラーは彼の飛行機に何度か同乗したことがあった。ボーファイター機の任務は、アメリカ空軍B-25ミッチェル爆撃機が日本軍輸送船を爆撃するのを、日本軍護衛船に対して機銃攻撃をして対空反撃を抑えることだった。戦闘は連合軍の圧倒的勝利に終わり、日本軍は惨敗だった。輸送船全部と駆逐艦三隻が沈没し、残った駆逐艦五隻も大きな被害を受け、乗船していた六〇〇〇名の日本兵の半分以上が死亡するか溺死したのだった。

操縦席の後方に陣取ったペアラーは、攻撃の模様を空中撮影したが、その映像は実戦の様子を生々しくスリルたっぷりに記録していた。観衆はスピーディーに切り替わる映像をとおして、立ち往生する敵の軍艦を目がけて、パイロットと共にコックピットに座って急降下をするような感覚を経験した。この撮影にユレン操縦士は全面的な協力をした。フィルム交換中に炎上する二隻の船を撮影するチャンスを逃したペアラーのために、ユレンは船上を再度飛行して彼が望む映像が記録できるようにしたのだ。

この飛行経験は、ペアラーにとって特に刺激的だった。書き残された記録は彼の非常に高ぶった気分をとらえている。

とっても素晴らしく、力強く、なめらかで、高ぶった歓喜と興奮感があった。深く息を吸って、胃のあたりに力を入れる。汗ばんだ手で（操縦席と後部座席を区切る）格子を握りなおす。しっかりとつかまってなくてはいけない。鼻につく火薬の臭いがした［McDonald 1994: 184］。

ペアラーはアドレナリンの塊のようになっていたであろうが、完全に感情に支配されていたわけではなかった。プロのカメラマンとして鍛えられた観察眼は冷静で鋭かった。ペアラーは日本人乗組員が爆撃された船から海に飛び込むのを見た。「みじめな日本人野郎たちは、運が悪かった。彼らの船も同じだった」とも、「死体や折れた船柱や壊れて黒こげになった船体に加えて、人が乗ったボートや転覆して空になったボートが見えた。黒く広る油の中に、あてもなく散らばっていた。」と書き記した［McDonald 1994: 185］。オーストラリアの慣用的表現である「みじめな日本人野郎たち」が、果たしてペアラーの同情心を表現したには疑問の余地があるものの、海に投げ出された無力な日本兵に対しての明らかな憎しみは表現されていない。ペアラーは悲惨な状況の真っただ中海中でもがく日本人兵たちを落ち着いて観察しその情景を記録したのだった。

ペアラーは三月五日に同じ地点にユレン操縦士と共に戻った。攻撃目標は、沈没した駆逐艦や輸送船の生き残りの兵士を満載して海上を漂っている日本軍の救命ボートや船だった。日本側の記録によると、約一〇〇〇人の生存者を乗せた二〇から三〇艘の救命ボートが広い海域を漂っていた［Gillison 1962: 697］。ニュース映画の映像には、漂流する日本のボートを海面近くまで急降下した飛行機が繰り返し機銃掃射する様子が映っている。ナレーターは、興奮した声で勝利を宣言し、「もっとたくさんの日本人がご先祖様の姿を拝むのだ」と叫んでいる。ペアラーは一人でカメラを操作していたので、撮影中に音声を録音することはできなかった。そのため、もちろんナレーションを含むすべてのサウンドは、シドニーでの編集作業で挿入されたものである。

しかしこの時、ペアラーの気持ちは興奮したナレーターとは違っていた。一九四三年三月五日撮影のフィルムデータシートに、次のように書いている。

このフィルム全部はボーファイター機上で撮影したもので、（攻撃を受けた船団から離れた）はしけが機銃掃射を受けている様子を記録した。その光景はひどいもので、死体と血がいっぱいだ。この映像に対して反発がでる可能性もあるので、一般公開には向かないかもしれない。ボーファイター機が攻撃したはしけは、ワード・ハント岬（Cape Ward Hunt）の北西約五〇マイルの位置で発見された。四〇〇人から五〇〇人のジャップが殺されたと思う。詳しく説明すると、共に飛行した友軍機四機が五隻のはしけと一艘のボートを見つけた。四隻のはしけにはそれぞれ二五名くらいのジャップが乗り込み、一隻には物資が積まれていた。はしけに乗っていた日本人は緑の軍服を着用して、肩紐をかけて完全武装で鉄兜をかぶっていた。一隻のはしけから一機に向けて、半自動軽機関銃か軽機関銃による反撃があった。我々の攻撃目標は破壊されたと思われる。私の同乗機は、四隻のはしけに機銃掃射を行った。(9)

彼が最初に撮影した映像には日本兵が海中でもがいている様子が記録されていたが、このフィルムは現存していない。おそらく軍の検閲担当者がその映像を廃棄したと考えられる［McDonald 1994: 186］。

この任務を困難だと感じその内容を「ひどい」と形容したのは、ペアラーだけではなかった。任務遂行にあたったパイロットたちも、日本人生存者への攻撃を楽しんだわけではなかった。飛行中隊司令官だったブライアン・ウォーカー（Brian Walker）空軍中佐は、任務終了後に帰還したパイロットたちが滑走路の横に嘔吐するのを目撃した［McDonald 1994: 186］。この出来事はダグラス・ギリソン（Douglas Gillison）執筆のオーストラリア公式戦史に次のように記録されている。

五日とその後の数日間、残酷だが必然的なフィナーレが訪れた。ボーファイター機とボストン機やミッチェル機がヒューオン湾（Huon Gulf）を行き来しながら、沈没した敵の船舶から脱出した生存者を満載したはしけや小型船舶を破壊したのだった。搭乗員にとっては生理的に耐えられないほどの惨たらしい役目だった。ボーファイター機の搭乗員たちは、ひどい吐き気をもよおしたと告白した［Gillison 1962: 694］(10)。

公式戦史の執筆者が、守るすべもない敵の戦闘員をオーストラリア軍が殺害したことを記録するのは非常に稀なことである。ギリソンはこの行動を「残酷だが必然的」と書き記してはいるものの、ペアラーのデータシートを見ると彼は攻撃に対して搭乗員たちと同じように感じていたのは確かである。と同時に、それがどれほど恐ろしい光景であったとしても、彼がしっかりと詳細その情景を観察したことは特筆に価する。

直接関与した人々の動揺にもかかわらず、ビスマルク海海戦のニュース映画はボーファイター機による救命艇やはしけへの機銃掃射シーンを含めて公開され、それ以降いろいろな論議をかもす原因となっている。一九八八年にオーストラリアのあるテレビ報道番組が、当時オーストラリア国内で審議されていた戦争犯罪法案が成立すると、この攻撃に参加し当時まだ生存していた一一名の元飛行隊員は法廷で裁かれることになるかもしれないと報じ論議となった。このニュース映画を編集したケン・G・ホールは連合軍の元飛行隊員を弁護して、『シドニー・モーニング・ヘラルド』紙のインタビューで、「私たちは罪のない人々を殺したのではない。私たちが殺したのは、オーストラリア人の首を刎ねたり、銃剣で刺し殺したりした相手なのだ。人が乗った船を爆撃するのと、人が乗った救命艇を攻撃することの違いを知りたいものだ。この〔編集〕作業の目的は、一般の人たちになにが起っているかを意識させることだった」と語った。ホールは公開当時の反応についても次のように語っている。「デミアン・ペアラーが撮影した映像は世界中の連合国にも送られたが、日本人が撃たれているることに抗議する声は一度も出なかった」［Brown 1988: 4］と。結局、戦争犯罪問題が追及されることはなかったが、この映像はその後現在まで、日本とオーストラリアの間に、論議と気まずさを引き起こしているといえる［吉田二〇〇七：一三四―一三五］。

6　『サラモア急襲』（一九四三年六月―八月）

ペアラーの伝記を書いたニール・マクドナルド（Neil McDonald）は、『サラモア急襲』が、「なんといっても彼の最高作だ」と記している［McDonald 2000］。この映画は、一九四三年の中ごろにサラモアの険しい山岳地域で繰り広げられた壮絶な戦闘を描いている。ペアラーはサラモア作戦を取材するため、カリスマ的な司令官として名を知られたジョージ・ワーフ（George Warfe）少佐が指揮する第三独立中隊に同行した。ワーフに中東で初めて出会ったペアラーは、彼の危険を顧みずに大胆不敵な戦いをするという評判を知っていた。二人は気があったものの、ワーフが日本人を容赦なく扱うのをペアラーはよく承知していた。この時期のニューギニアでの戦闘では、互いが相手に同情心を抱く余裕はすでになかったのだ。

緊迫している時も休息している時も兵士たち個々にレンズを向けて、彼らの戦争体験全体をカメラに収めたいとペアラーは考え、意図的に兵士に仲間として受け入れてもらえるようにした。ワウ近くのアンブッシュ・ノール（Ambush Knoll）で、第三独立中隊と行動した際には、弾薬や食料の運搬を手伝い、兵士たちが絶え間なく続く戦闘で疲労困憊していた時には、負傷者を担架で移送するのも手伝った。このような彼の努力は中隊員に喜ばれた。ティンバード・ノール（Timbered Knoll）の攻撃では、撮影のあいまに、兵士を労うために焼きあがったばかりのパンと紅茶を運び大変感謝され、その返礼として兵士たちはティンバード・ノールから二五〇ヤードほど離れた地点を、「ペアラーの椀」（Parer's Bowl）と名付けたのだった［Dexter 1961: 172］。

ジャングルを舞台とした壮烈な戦闘が長引くと、日本人に対するオーストラリア兵の態度が硬化し始めた。一九四三年の初め頃から、日本軍による残虐行為がオーストラリア国内で報道され始めた。オーストラリア政府は日本軍によるオーストラリア人戦争捕虜への報復を恐れて詳細を公表しなかったが、ラバウル近くのトル・プランテーション（Tol Plantation）で起きたオーストラリア兵一五〇名の虐殺はニュースとなった。ミルン湾で一九四二年の七月から八月にかけて起こった出来事など、ニューギニアでのオーストラリア兵への残虐行為の情報は、戦闘現場の兵士たちに瞬く間に伝わり衝撃を与えた［Johnston 2000: 97］。敵への憎悪が高まるにつれて、兵士たちと共通の体験をしていたペアラーは、同様の嫌悪感を抱くようになった。第三独立中隊隊員の一人が宙づりにされて銃剣の的にされた上、まだ息をしているのに脛の肉がそぎ取られて野良犬にえさとして投げられたという日本軍の残虐行為を彼が知った時、日本人に対しての憎しみはさらに増した［McDonald 1994: 204］。オーストラリア兵は、日本人を軽蔑して人間以下の生き物とみなした場合も多かったが、ペアラーも同じような見方をするようになった。彼が一年前に『ココダ前線』の映画の出だしで語ったように、敵を「訓練が行き届き勇敢だ」ともはやみなさなかった。この変化は、一九四三年に書かれたエッセーに現れている。そこでは、日本兵の擬装の巧妙さを指摘する一方、語調はより感情的で苦々しい。エッセーは次のように始まる。「石を投げれば当たるくらいの距離にジャップがいる闇夜に、見張りをする気持ちがわかるだろうか?木の葉の擦れる音は日本人かもしれない。そんな音が、悪魔のような叫び声と一緒に襲ってくるかもしれない」と書き始める［McDonald and Brune 2004: vii］さらに、敵を「狂信的」と形容し［McDonald and Brune, 2004: ix］、日記には、日本人を「害虫」と形容したり、その防御能力は「動物的なずる賢さだ」とも書いている［McDonald 1994: 204］。彼はもはや、日本人を「カモフラージュの完璧な達人」とは形容しなくなった。

中隊に与えられた任務は、ティンバード・ノールに陣取る日本軍への奇襲攻撃だった。日本軍陣地を殲滅するためには、オーストラリア兵は日本兵が潜むたこつぼ壕に手榴弾を投げ入れることができる距離まで近づく必要があった。この戦闘中、双方は至近距離にいた。オーストラリア兵は日本人の話し声や放屁の音だけでなく、空腹で腹が鳴る音まで聞こえたという。このような至近距離での接近があったものの、第一次大戦中のガリポリ塹壕戦でのオーストラリア兵とトルコ兵や、ヨーロッパ西部戦線での連合軍とドイツ軍の兵士の間にみられたという連帯感を生みだすことはなかった。かえって太平洋戦争では、敵に対しての憎しみが高まったのだった。

『サラモア急襲』は、一九四三年七月に豪陸軍第三独立中隊がティンバード・ノールで日本軍相手に繰り広げた戦いの詳細を記録しており、『ココダ前線』と同様の構成で、ペアラーによる紹介で始まる。登場した彼は青ざめて疲れているよう見え、口調は前よりも沈痛で、日本軍について直接言及はしないが、サラモアの戦闘が自軍兵士にとってどれほど厳しかったかを繰り返して強調した。両軍とも非常に激しい戦いを展開し、多くの戦死傷者をだした。ペアラーは銃撃によって負傷し治療を受ける兵士と、致命傷を負って地元住民によって後方へ移送されるもう一人の兵士の様子も撮影している。戦闘が激化する様子をテンポの速い映像でとらえ、観客はニューギニア山中で緊迫し危険な戦闘を体験しているような気持ちになる。山岳部の低い場所から日本軍陣地に接近したオーストラリア軍は、首尾よく手榴弾攻撃で陣地を破壊した。戦闘終了時に、日本人兵一五名の死体とともに、機関銃二丁、二インチ迫撃砲二機、ライフル一丁が書類と共に発見され、翌日には、塹壕にまだ潜んでいた日本兵三名が殺された［Dexter 1961: 172］

ペアラーは攻撃の結果を記録するために、翌日戦闘現場に戻った。そこで彼が撮影したのは圧倒的な破壊と死の光景だった。死亡した日本兵をゆっくりと大写しに撮影した映像は直視に耐えがたい。たこつぼ壕の周りには死体が散乱し、死んだ日本兵の顔をカメラがクロースアップでとらえる。そこには苦痛の表情はないものの、投げ出された四肢や開いた傷口は、激しかった戦闘を物語っている。このシーンのナレーションは「ビスマルク船団撃破」のような勝ち誇った口調ではない。「陣地を確保できた。それを勝ち取るために男たちが死に、それを守るために男たちが死んだ。双方がそれぞれの目的のために死闘したのだ。〔日本兵は〕天子である天皇のために」と語っている。

カメラを固定して日本兵の死体をクローズアップで写した映像は、そこまでの速いテンポで動的な戦闘シーンとは対照的で、ペアラーの持つ許しがたい敵兵への感情を表現しているように思える。さらにたこつぼ壕の周りで死亡した日本兵の映像と、最後のオーストラリア兵の葬儀シーンには大きなコントラストが見られる。三名のオーストラリア人戦死者は、尾根付近に埋葬され、中隊員によって厳粛な葬儀が執り行われた。戦争は暴力的で容赦ない死を両軍の兵にもたらすが、敵兵の死体は破壊の証拠として冷やかに記録される一方、自軍の戦死者は尊厳と敬意をもって葬られたのだった。公開された作品の展開は、日本兵の暴力的な死の有り様は自業自得であるというメッセージを送るために、意図的に構成されたと考えられる。

たこつぼ壕の周辺に横たわる日本兵の死体を撮影した時の気持ちを、ペアラーは記録していない。データシートには、「穴の中への攻撃で死んだジャップたち」そして「ティンバード・ノールの死んだジャップたちの映像フィルム三本」とだけ記されている。対照的に、葬儀の様子を撮影した彼の感動は明らかである。長い期間、部隊と行動を共にした彼は、戦死者たちを個人的に知っておりその死に心を痛めた。「彼らの死は打撃だった。礼拝は雨の中行われた。神秘的な霧が遠くの山にかかり、それがゆっくりと流れていた。私が今まで撮影したもののうち、この映像は一番すばらしいものだった」と彼は書いている［Parer 1943］。このような対比的な感想は、十分理解できるものである。三人のオーストラリア人は彼の友人だったが、日本人は抹殺されるべき敵なのだから。

対峙して戦った日豪兵双方のペアラーによる扱いは、同じ源から発していると考えられる。つまり、ペアラーは被写体に主観的な思い入れを投射して撮影したのだ。ペアラーと情報省で一緒に働いたマスリン・ウィリアムズ（Maslyn Williams）は、自分もペアラーも映像をメッセージとして使いたかったのだと述べている［Williams 2008: 123］。やはり情報省の同僚だったアラン・アンダーソン（Alan Anderson）は、ペアラーはカメラを「ちょうど自分の目のように」そして「自分の体の延長のように使った」と書いている［McGregor 2004: 376］。ペアラーは戦闘とその結果を公式従軍カメラマンとして映像を使って記録しただけでなく、その場で彼がどう感じたかを表現して観客に伝えようとし、効果的にうまくそれを達成したのだった。検閲担当官はオーストラリア兵の死体が映像に登場するのを差し止めていたが、ペアラーは兵士が体験した倦怠感、恐怖感、疲労困憊感、そして苦痛などを映像で記録している。その意味では、日本兵の暴力的な死も、オーストラリア兵の厳粛な葬儀も、被写体に対する彼の感情を表現している。前者は敵への激しい憎しみであり、後者は戦死したオーストラリア兵への憐れみの気持ちである。それぞれへ気持ちは純粋で、映像は彼の感情を表現豊かに伝えている。

7　おわりに

本章では、ペアラーが撮影し、シネサウンドによって配給された三本のニュース映画『ココダ前線』『ビスマルク船団撃破』『サラモア急襲』に現れた日本兵の表象を比較検討した。この三本のニュース映画は、一九四二年八月からの一年間で制作されたものだが、そこに現れた日本兵の映像は、明らかに敵に対してのペアラーの姿勢が変化していったことを示している。『ココダ前線』では、ペアラーはカモフラージュ技術の達人である日本人の姿を見つけることができず、「よく訓練され、規律が大変よく、勇敢な」と日本兵を称賛している。次の作品である『ビスマルク船団撃破』では、彼は敵を空中からとらえ、その直後に「ひどい光景だった」と形容しながらも、その海中での死を冷めた目で観察している。サラモアでの激しい戦闘を取材した時期には、ペアラーと敵の実質的距離は大きく縮まった。反面、距離が近くなるにつれて、敵に対する態度は硬化した。ティンバード・ノールで無残な死に方をした日本兵を撮影する彼の眼は、まるでそのような最後が当然であると知らしめたいかのように冷ややかである。戦争の展開につれて、ペアラーは日本人をより近距離でレンズ上にとらえることができるようになった反面、敵への態度は心情的に距離をおいたものになった。ペアラーにみられる変化は、ジャングル戦の厳しい現実や、日本軍のオーストラリア兵捕虜の残虐な扱いに起因する彼や彼の仲間が抱いた憎悪感によるものであると考えられる。

身体的および感情的な距離が大きくなるにしたがって人は相手を殺すことへの抵抗が少なくなるため、銃剣よりも爆撃のほうが、そして相手を非人間とみなしたほうが殺す抵抗が少ないとの研究がある［Grossman 1995: 97-106; 156-170］。しかしペアラーの日本兵に対する見方の変化は、このように簡略化された図式で説明できるものではない。ニュース映画に現れた敵の表象の変化は、本章の最初に紹介した人種差別感に基づいたプロパガンダのような固定的な敵への見方とは異なり、戦争の展開によってしだいに変化した。戦争での兵士たちの役割は敵を打ち負かす、つまり殺すことである。わが身の安全を守りながらその目的を達成するためには、プロパガンダが形作る抽象的な固定概念に縛られて敵と対峙するのではなく、目の前の現実と状況の変化に応じて敵への見方も変えていく必要がある［Johnston 2000: 88］。なぜなら殺すか殺されるかの戦場では、この柔軟性に自分自身の生命がかかっているからである。

前線の兵士の敵への態度は固定的でなく変化し多様な感情が複雑に存在するものであることは、イスラエル軍の狙撃手を対象とした研究が明らかにした。狙撃手は狙いを定めて銃弾を発射する際、狙撃相手を単に非人間化するのではなく、血の通った人間としてもみなしている。狙撃の瞬間は危害を加えるテロリストの抹殺に集中するが、狙撃後その死を嘆く家族の泣き声を聞くと、たった今殺した相手が生きた（生きていた）人間だとも認識する。このように敵に対して相反し時には矛盾する認識や感情を連続的に経験するのが、生きた人間としての実体験である［Bar and Ben-Ari 2008: 138］。オーストラリア兵の日本兵へ態度にも侮蔑や憎悪だけではなく、同情感や哀れみと同時に不可解さが存在していた［Johnston 2000: 119-128］。ペアラーのニュース映画の事例をとおして明らかにしたように、敵への見方は変化し、尊敬、哀れみ、そして冷徹な憎しみが個人の感情に複雑に存在するのである。オーストラリアで制作された映像を検証すると、日本と日本人に対して魅惑されると同時に恐れを抱き続けてきたことがわかる。オーストラリアの人々は「真の」日本人と、取り繕られてきたとみなされる表面的な日本人像とを区別しようと試みてきたのである。おそらくペアラーは、ニューギニア戦での従軍取材をとおして、レンズ上に本当の日本人をとらえることができたと確信したことであろう。彼の仕事の後期では、もはや日本人の戦闘能力に賞賛の声を上げることはなく、激しい戦闘に起因する嫌悪感を抱いていた。ニューギニアで対戦経験を積めば積むほど、ジャングル戦のおぞましい現実、つまり殺すか殺されるかという状況や、捕らえた敵兵を生かしておくことはほとんどないという事実を受け入れるようになった。もし、ペアラーが戦争を生き延びて戦後の日本を見る機会があったなら、彼が確信していたと考えていた内容を再び見直そうとしたかもしれないが、残念ながら彼にはその機会がなかった。オーストラリアは、偉大なカメラマンを失っただけではなく、個人の戦争体験を見つめる鋭い視点も失ったのだった。

本章で取り上げた戦争中のニュース映画は、オーストラリア国内や連合国の観客のために、特定のプロパガンダ目的を持って専門家チームが作り上げたものである。映画は、一般公開前に多くの決定や判断がそれぞれの制作段階でなされるため、それを検討し分析する際には注意深く考察する必要がある。しかし同時に、ドキュメンタリー映画やニュース映画や娯楽映画などの動画像は非常に豊富な情報を含んでおり、別の視点から改めて研究資料として考察することができる。この論考では、ペアラーのニュース映像の中の今まで見逃されてきた日本人に関する映像を取り上げて、彼の前線戦闘体験と重ね合わせ、ペアラーの敵への視点や姿勢の変化が映像に現れていると論じた。この変化は彼個人に見られるだけではなく、ニュース映画をとおして何万人ものオーストラリア人観客も分かち合ったものである。戦争中に撮影された動画像には、豊かな研究資料が存在する。オーストラリア国立映像音響アーカイブやオーストラリア戦争記念館などのオーストラリア国内の研究資料施設に収蔵されている映像資料の調査がよりしやすくなるにつれて、ますます新しい研究と分析の可能性が開かれていくと考えられる。

［追記］本章は *The Journal of Pacific History* 第四五巻第一号（二〇一〇年）に"Shooting an Invisible Enemy"として掲載された論文に加筆修正をしたものである。筆者は、オーストラリア国立映像音響アーカイブ（National Film and Sound Archive）内学術・アーカイブス研究センターの二〇〇七年度リサーチフェローとして研究をする機会を得た。映像音響アーカイブスと研究をサポートしていただいた職員の方々に感謝の辞を表したい。

注

（1）筆者が二〇〇七年一二月一二日にキャンベラの国立映像音響アーカイブ内学術・アーカイブ研究センターで行った口頭発表 "Perceptions of Japan and Japanese People in Australian Moving Images" による。
（2）ペアラーの経歴および生涯についての情報は、Neil McDonald 著 *War Cameraman* と筆者自身による資料調査から得た。
（3）デュパンとコットンは二〇世紀を代表するオーストラリア人写真家である。
（4）フランク・ハーレーが公式従軍カメラマンとして撮影した一〇〇〇枚以上の写真は、オーストラリア戦争記念館のサイト（www.awm.gov.au）で公開されている。
（5）故ハンク・ネルソンオーストラリア国立大学教授は、ニューギニア人とヨーロッパ人と間には人種的な偏見に根ざす不信感が存在していたことを指摘した。
（6）本インタビューの存在を教示していただいたオーストラリア戦争記念館戦史部門のカール・ジェームス博士に感謝する。
（7）マーク・ジョンストンは著書 *Fighting the Enemy* の中で、第二次大戦中のオーストラリア兵の敵への態度を論じ、ヨーロッパ戦線でのドイツ兵やイタリア兵に対する態度と太平洋戦線での日本兵に対してのそれには違いがあり、日本兵に対しては人種差別感から発する激しい敵意をオーストラリア兵が持っていた指摘している。
（8）第二次大戦中、ニューギニア島のパプア領とニューギニア領はオーストラリア連邦政府行政機関によって管理されていた。ココダはパプア領内に位置し、現地住民はパプア人であるが、本章では戦争中にオーストラリアで一般的に使われた用語である「ニューギニア」を使う。
（9）McDonald はこのデータシートを *War Cameraman* の一八六頁で引用しているが、現存データシートと本の記述には相違がある。McDonald は機銃掃射されたのは一隻の小型船だと記述したが、データシートには四隻の小型船を機銃掃射したと記述されている。
（10）この記述を指摘してくいただいた故ネルソン教授に感謝する。

参考文献

ダワー、ジョン・W
　二〇〇一　『容赦なき戦争――太平洋戦争における人種差別』平凡社。

吉田　裕
二〇〇七　『アジア太平洋戦争』岩波書店。

Bar, Neta and Eyal Ben-Ari
2005　Israeli Snipers in the Al-Aqsa Intifada: Killing, Humanity and Lived Experience in *Third World Quarterly,* 26(1): 133-152.

Brennan, Niall
1994　*Damien Parer: Cameraman.* Carlton, Victoria: Melbourne University Press.

Brown, Malcolm
1988　Film-Maker Defends Men in War Crimes Controversy, *The Sydney Morning Herald,* 15 November, p.4.

Dexter, David
1961　*The New Guinea Offensives.* Canberra: Australian War Memorial.

Fussell, Paul
1989　*Wartime: Understanding and Behaviour in the Second World War.* New York: Oxford University Press.

Gillison, Douglas
1962　*Royal Australian Air Force, 1939-1941.* Canberra: Australian War Memorial.

Grossman, Dave
1995　*On Killing: The Psychological Cost of Learning to Kill in War and Society.* Boston: Little Brown.

Hurley, Frank
1986　*Hurley at War: the Photography and Diaries of Frank Hurley in Two World Wars. Broadway,* NSW: Fairfax Library in association with Daniel O'Keefe.

Johnston, Mark
2000　*Fighting the Enemy: Australian Soldiers and their Adversaries in World War II.* Cambridge: Cambridge University Press.

Legg, Frank
1963　*The Eyes of Damien Parer.* Adelaide: Rigby.

McDonald, Neil
1994　*War Cameraman.* Melbourne: Lothian Books.

2000　Parer, Damien Peter (1912-1944), Australian Dictionary of Biography, Canberra: Australian National University（http://adb.anu.edu.au/biography/parer-damien-peter-11339　二〇一四年七月二〇日閲覧）

McDonald, Neil and Peter Brune

2004　*200 Shots: Damien Parer and George Silk with the Australians at War in New Guinea.* Crows Nest, NSW: Allen & Unwin.

McGregor, Alasdair

2004　*Frank Hurley: a Photographer's Life.* Camberwell, Victoria: Viking.

Nelson, Hank

2006　Payback: Australian Compensation to Wartime Papua New Guinea, in Yukio Toyoda and Hank Nelson eds., *The Pacific War in Papua New Guinea:* Memories and Realities, Tokyo: Rikkyo University Centre for Asian Area Studies, pp.320-348.

Parer, Damien

1943　"Bismarck Sea Battle" (Film Data Sheet), Australian War Memorial Collection, F01851.

1943　"Assault on Salamaua" (Film Data Sheet), Australian War Memorial Collection, F01866.

Tamura, Keiko

2007　Perceptions of Japan and Japanese People in Australian Moving Images, An Oral Presentation Given by the Author at the Centre for Scholarly and Archival Research, the National Film and Sound Archive in Canberra on 12 December.

2010　Shooting an Invisible Enemy. *The Journal of Pacific History* 45 (1): 117-133.

White, Osmar

1945　*Green Armour.* Sydney: Angus and Robertson.

1990　Transcript of oral history recording with Osmar White. Australian War Memorial Sound Collection, S00981（http://static.awm.gov.au/images/Transcripts/S00981_TRAN.pdf　二〇一四年九月一五日閲覧）

Williams, Dean

2008　*Australian Post-war Documentary Film: An Arc of Mirrors.* Bristol: Intellect.

第一五章 「トモダチ作戦」のオモテとウラ
——在日米軍による東日本大震災の災害救助をめぐるポリティクス

クリストファー・エイムズ

1 はじめに——トモダチ作戦成立の背景

東日本大震災（二〇一一年三月一一日）の災害救援活動は、日本の地域社会と在日米軍の社会的な関係性の文脈において展開された。この両者をめぐる民軍関係についての学術研究では、沖縄本島の膨大な面積を占有する在日米軍に対する敵対的な態度に焦点が当てられる傾向がこれまでは強かった〔Hein and Selden 2003; Inoue 2004; Lutz 2009; McCormick and Norimatsu 2012 他〕。「トモダチ作戦（Operation Tomodachi）」として知られるところとなった救援活動は、本土に住む日本人はもとより、沖縄で生活する住民の間においても、在日米軍に対する否定的なイメージを和らげる効果をもたらした。本章では、放射能汚染への対応を含む困難な復興支援活動、そして日米の安全保障をめぐる軍事外交の経緯を背景として、在日米軍と日本の自衛隊が合同で行った「トモダチ作戦」がどのように両者の関係を変化させたのかについて論じる。

日本では、一九世紀に始まった近代化以降、諸外国の間で一流の地位を獲得するためには、日本国民が自国に対して高い信頼感を持つことが重要だと考えられてきた。このため、第二次世界大戦以降、日本は国際的な災害

写真１「トモダチ作戦」のバッジ（OT）

救助を受け入れるより、派遣する側に立つのが常だった。一九九五年の阪神・淡路大震災で日本政府が外国政府からの支援の申し出を断ったのは、国家の自尊心や官僚主義の弊害、悪名高い日本的な排外主義が背景にあったという分析もある［Fukushima 1995］。日本に米軍基地が設置された一九四五年以降、いくつもの自然災害が起きたが、四万人の人員を抱え、日本国内に何十億ドルの資産を有している在日米軍が国内の災害の救助活動に活用された前例はなかった。[1] しかし、二〇一一年の東日本大震災の際には、日本の指導者たちは一八〇度方向転換し、在日米軍を含めたアメリカ、オーストラリア、ニュージーランド、韓国に対して直ちに救援を要請した。東日本大震災は、国内で起きた災害について、他者の助けを借りずに自分たちだけで処理できることに誇りを持っていた日本が、その自己イメージを大きく転換させたという意味で、先鞭をつけたといえるかもしれない。東日本大震災後の米軍の災害救助に対しては、痛烈な批判の大合唱も予想されたが、蓋を開けてみれば最も辛辣な批判でも、被災者からの「支援はないほうがよかった」とする苦情程度だった。

米軍に支援を要請したのは、福島の原子力発電所での放射能漏れ事故がチェルノブイリ級の大惨事で、国内の専門家の手には負えないことが明白だったからだとみられる。ただし、日本の指導者らが海外に支援を求めた理由は原発事故だけではなかった。経済学者のエリック・ワーカーが指摘しているように、国際的な災害救助は、災害が起こった当事国の国内政治の動向に大きく左右される［Werker 2010］。津波災害の規模や自衛隊の役割の変化、国内政治の不安定さや沖縄の米軍基地の再編成をめぐる二国間の緊張感といったもの全てが、米軍に支援を要請する上で影響力を持った。

2　トモダチ作戦の「成功」

「トモダチ作戦」の名付け親は、退役米軍軍人のポール・ウィルコックスだったらしい（『読売新聞』二〇一一年五月二〇日付）。彼は、ハワイにある米国太平洋軍司令部の北東アジア政策課日本担当の職員として勤務していた。

アメリカ海兵隊が、救援物資を搭載し、沖縄の普天間にある海兵隊航空基地を出発して東北に向かったのは、大震災発生の九日後の二〇一一年三月二〇日であった。救助活動は、最大時には米兵約二万人、航空機一四〇機、船舶一五隻が参加する大規模なものとなった。主な任務は、食糧一八九トン、飲料水七七二九トン、大量の燃料といった物資の提供と補給支援であり、アメリカの航空機に艦載されたヘリコプターや小型機も被災地への輸送を行った。物資の輸送と提供に加えて、自衛隊と海上保安庁に協力し、行方不明者の捜索も行っている。

特に被害が甚大で、接近すること自体が困難な地域については、米軍の上陸用舟艇を用いて、自衛隊員や自衛隊の輸送機を送り届けるという任務も果たしている。自衛隊がその人的・物質的資源を活用するためには、米軍の支援が必要だったのである。その他いくつか例を挙げるとすれば、陸海空軍のアメリカ人兵士たちは、震源地に最も近く壊滅的被害を受けた、地域のハブ空港である仙台空港を使える状態に戻すため、その復興に尽力した。アメリカ海軍のクレーン船は、港湾部に堆積した瓦礫を除去するため、沿岸部沿いに配備された。海兵隊は宮城県の中学生と一緒に学校の瓦礫の除去を行っている。

在日米軍とアメリカの民間の専門家チームに課せられた最大の役割は、福島の原発危機への対処だった。アメリカは、東京電力（以下東電）に対し、真水を搭載した二隻の船だけでなく、放射能防護スーツ一〇〇着と消防車二台を寄贈した。アメリカの偵察機は、不安定な原発の様子を空から撮影し、放射能レベルの情報とその分析結果を日本側に提供した。また、化学生物事態対処部隊のメンバーとして、放射能関係の事故に特化した一五〇人の海兵隊を送り込んでいる（『朝日新聞』二〇一一年四月三〇日付）。

米軍の専門家への支援要請は、事態が最も切迫し、日本政府と東電では福島の原発危機を制御できないことが明らかになった時点で決定されたとみられる。事態の成り行きが全く見通せず、人々がただならぬ不安の中でこの暗黒の時間を過ごしていたことは、インターネットのブログの様子からも見てとれる。大震災発生からしばらくの間、ネット上では米軍による新型核爆弾の実験によって大震災が引き起こされたという極端なデマから、大震災発生が三月一一日で、アメリカがテロ攻撃を受けたのが九月一一日であることに基づくオカルト的な解釈、右翼の石原慎太郎東京都知事による津波を「天罰」とした三月一四日の発言［McLaughlin 2011］（読売新聞オンライン版、二〇一一年三月一五日付）に対する反論や嫌悪感まで、さまざまな意見や説が飛び交った。沖縄総領事だったケヴィン・メアは、二〇一〇年一二月三日にワシントンDCで開かれたスタディー・ツアーの場で、アメリカの大学生グループに対し、沖縄人は「怠け者」で「ごまかしとゆすりの名人だ」と発言したことが大震災の前日に明らかとなり、米国国務省によって直ちに解任された（*Japan Times* 2011.3.11）。トモダチ作戦の誕生の前夜、アメリカ、日本、沖縄間の緊張関係が著しく高まっていたことは間違いない。

トモダチ作戦が絶望的で混沌とした状況の中で、日本にいくばくかの希望を与えたことは事実だろう。その希望の一つの根拠となったのは、第二次世界大戦後に、日本が奇跡的な復興を成し遂げたことである。当時の首相、菅直人は大震災とその後の状況を「戦後六五年間で最大の危機だった」と発言している（『産経ニュース』二〇一一年三月一三日付）。ジョン・ダワーは、日本人がいかに敗戦とアメリカの占領に対処したかという歴史研究の中で、父的なアメリカというイメージが顕著であることを指摘している［一九九九］。無敵であったはずの日本を打ち負かしたことと、戦争の最終局面で超自然的に見えた原爆を使用したことにより、とりわけ高齢の日本人には、米軍がある特殊な力を持つと信じられていた。アジア開発銀行の常務理事で、政治学者のロバート・M・オーアは、一九九五年の阪神・淡路大震災時に救援ボランティアとして働いた。そこで彼はこの神話の効力を体験したとして、このように語っている。「ある避難所に行ったとき、アメリカ占領期の兵士のように扱われたんだ。バックパックを背負っていくと、ある高齢の女性が私を見上げて、目に涙を浮かべて、親戚の人たちに、『もう心配せんで大丈夫やで。アメリカさんが来てくれはったし』と言ったんだ！」[Orr 1995]。この父なるアメリカのイメージは、トモダチ作戦が展開された東北地方でも残像として残っていた可能性がある。

トモダチ作戦を理解するには、ここ数十年の米軍基地をめぐる論争とともに、戦争や占領に関する日本人の歴史的記憶に留意しなくてはならない。日本における米軍のイメージは多義的で象徴性が強く、一見矛盾している。歴史学者のハルコ・タヤ・クックとセオドア・F・クックは、日本人のインフォーマントが、戦時中の体験をある決まったパターンで思い返すことを見出した。クックらによれば、「インタビュー対象者にもっともよくみられた感情は、戦争は、いかなる意味でも、自分たちによって『なされた』のではなく、自然の大変動のように自分たちに『起こった』という感覚である」[Cook and Cook 1992: 3]。これは、日本が「神風」に代表される多神教の文化を持ち、日本人が自然災害（天災）に対して独特の受け止め方をする傾向を持つこととも関係しているだろう。前沖縄県知事で歴史学者の大田昌秀も、沖縄戦での米軍の侵略を「鉄の暴風」と呼んで、自然災害としての戦争のイメージを描き出している。

ダワーは、戦争をこのように受け身的に解釈する傾向は、「A級」戦犯に戦争の責任を押しつけたことの後ろ盾になったと指摘している[Dower 1999]。責めの矛先をA級戦犯に向けたことによって、アメリカが敵国であったという事実は曖昧になり、戦後に米軍を友人として認識させる端緒を開いた。これは、敵としての役割を過去に葬り去って、戦争を過去のものとして位置づけようとする米国占領軍の目的に叶っていた。このような一種のすり替え現象についての議論はいまだ十分になされておらず、トモダチ作戦の展開中も論議を呼び続けることとなった。日本は、未曾有の大震災という危機にあって、戦争、米軍、自然災害（地震、津波）、放射能といったことがらについての多義的な解釈を持て余したまま、かつての敵であった友人との関係の遺産に対峙しなければならなかった。

3　トモダチの「友情」

トモダチ作戦は、当初はほとんど注目されなかったが、活動の様子が報道されるにつれて、全国から称賛を浴びた。ピュー研究所（Pew Research Institute）の調査によると、アンケート調査に応じた日本国民のうち、五七パーセントが震災後にアメリカは日本を助けるために「かなりのこと（a great deal）」をしてくれたと述べ、三二パーセントはアメリカの支援を「まあまあ（fair amount）」と評価し、七パーセントは「十分には」やっていない（not very much）とし、「何もしていない」と返答したのは一パーセントであった［Pew Research Institute 2011］。

ニューズウィークのレポーターである山田敏弘は、広報活動の成果によるプラスのイメージが在日米軍に利したことを認めつつも、海兵隊員が被災者に示した誠実さや「真の友情」に感銘を受けたと述べている。日米関係の研究者で、米軍海兵隊司令部のロバート・エルドリッジは、トモダチ作戦に対し沖縄の海兵隊員たちが熱狂的ともいえる反応を見せたことについて、「誰もが（救援に）行きたがるから、まったく海兵隊員たちを縛り付けておかなくてはならなかったほどだ。（米軍の）ＰＲとは関係なく、ただ、人々を助けたいという思いだけだった」（エルドリッジに対する二〇一一年六月二四日のインタビュー）と述べているが、山田が海兵隊員に見てとった誠意や友情といった感情を裏付けている。

インタビューの中で、何人もの米軍の関係者が、日本人と同じように、自分たちも被災者と日本の当時の危機的な状況に対して、まぎれもなく貢献できたという実感を持っていることを打ち明けてくれた。陸軍の下士官ティム・スミス三等曹長（仮名）は、東北地方の学校で泥や瓦礫を除去する作業に加わった。以前、彼はイラクやアフガニスタンでの戦闘に参加していた。彼は自分の軍隊でのキャリアの中にトモダチ作戦を位置づけて、こう述懐した。「砂漠にいたとき、僕たちはみんな、これが誰かの助けになっているのか、そもそも自分たちはなぜそこにいるのか、そんなことを自問していた。けれど、トモダチ作戦では、何か良いことをしているって、はっきりわかっていた。」

写真2 「トモダチ作戦」で働く米海兵隊（OT1）

同様のコメントは、複数のインフォーマントから聞かれた。「（東北に）行ってみて、はっきりわかったんだ。自分が軍に入ったのはこれ（災害救助）をするためだったんだって」、「日本に駐在していた数年間、日本人は僕の家族にとても親切だった。彼らに必要とされたとき、何か恩返しができるっていうのは、嬉しかったよ」といった声である。トモダチ作戦が終了して、一定の時間が経ってからインタビューをした下士官の中には、現場の命令系統が混乱していたことや、自衛隊が米軍部隊やその物資の取り扱い方に無知であった様子を指摘する者もいた。しかしながら、二人の下士官は「たしかに言葉の障害とか、だれの命令を聞けばいいのかわからないとか、いろいろあったのは事実だけど、あんな大きな災害の現場での（自衛隊との）合同派遣が混乱するのも無理はないよ」と結論づけた。さまざまな不備はあっただろうが、米軍の兵士たちはおおむね、自分たちが被災地に派遣されたことに対して価値を認め、家族や友人、自宅、町を失った人々に直接手を差し伸べることができたと感じていた。

文化や習慣の違いを越えて、自衛隊と在日米軍が合同で救援活動を行う上では、いくつかの懸念事項が存在したが、特に発見した遺体を米軍がどのように扱うかはデリケートな問題であり、日本側が神経を尖らせていた点であった。日本の役人は、外国人が日本流の弔い方を知らないのではないかと心配していたのである。米軍兵士が瓦礫の除去作業をしていると、そこからは当然のことながら遺体が見つかってしまう。このような場合には、自衛隊と日本の警察が呼ばれた。結果的には、米軍による日本人の遺体の扱いについて、問題は一件も報告されなかった（エルドリッジに対する二〇一一年六月二四日のインタビュー）。

日米双方にとってストレスの高い災害救援活動であったが、派遣終了後も救助活動を継続するために戻ってきてほしいと米軍に要請する自治体が出てきて、いくつかの地域では七月半ば頃まで作戦が延長されるなど（*Stars and Stripes* 2011.7.16）、トモダチ作戦はかなりの成功をおさめた。そしてそこでは、「トモダチ（友達）」という言葉の真意をほうふつとさせる場面も少なくなかったのである。実際の被災地の現場では、米軍の部隊が単独で、あるいは自衛隊とだけ活動するといった場面は少なく、米軍兵士たちは各地で日本の市民ボランティアとともに働いた。在日米軍の人々と日本の一般市民の人的交流は、ふつう米軍基地周辺の地域で起こる傾向にあるが、トモダチ作戦では各地からやってきた日本人とアメリカ軍人が出会い、ともに働くという状況が生まれた。このことも手伝って、在日米軍とその救援活動は、日本中に広く知られることになった。

米軍の活動が、表向きは災害救助と国内の治安維持に当たるとされている自衛隊の指揮下に置かれたことは、トモダチ作戦に対するバッシングを和らげ、米国への信頼感を高める結果を生んだ。ピュー研究所の調査によれば、アメリカ合衆国に対する日本人の評価は、同研究所が二〇〇二年に調査を開始してから最高の八五パーセントに及び、前回調査の六六パーセントからも二〇ポイント以上上昇した〔Pew Research Institute 2011〕。山田は、アメリカ海兵隊の宮城県への派遣に同行したが、米軍部隊を自衛隊支援の役割にまわした決断は、国民にもメディアにも好意的に受け止められたと評価している〔山田　二〇一一〕。自衛隊と在日米軍が協力関係を結んで救援活動に携わり、成果を挙げたことは、自衛隊のイメージをさらに向上させた。すでに一九九五年の阪神・淡路大震災の際、自衛隊が救助活動に携わったことは、国民のイメージの上昇につながり、新規隊員を募集しやすくなっていたが、トモダチ作戦はこの傾向をより明確なものとした。

4　トモダチ作戦をめぐるポリティクス

数々の脚光や注目を浴びたトモダチ作戦であるが、賞賛の陰で、その政治性に対する批判や疑念がわき起こっていたことも見ておかなければならない。ワーカーは、「災害救助の多くは、地道な被災者救助である一方、国際的な評価を高めるてっとり早い手段の一つでもある」と述べている〔Werker 2010〕。おおまかなパターンとして、トモダチ作戦を支持する人々は、現場で救助活動にあたっている米軍兵士がどれほど役に立っているかという点に注目するが、反対する人々は救助活動の結果、政府や軍が高い評価を得て、それを政治利用する点を疑問視する傾向がある。アメリカ政府、日本政府、在日米軍がトモダチ作戦に対する好意的な報道に異議を唱えなかったのは事実である。両国の政府は、在日米軍に対する日本国民のイメージを向上させることができれば、米軍が日本に駐留する利点を明確に示すことができ、それがひいては日米同盟の強化につながることを期待していた（*Stars and Stripes* 2011.4.10）。

トモダチ作戦への批判の最大の根拠は、在日米軍による災害支援がＰＲ活動のみならず、米軍にとって経済的な恩恵につながる点にあるといえる。反対派はトモダチ作戦にかかるとみられる八〇〇〇万ドルもの費用は、最終的には「思いやり予算」の名のもとに、日本の納税者の財布から捻出されることになると告発している。当時の与党であった民主党の議員らは、トモダチ作戦の実施以前には、米軍への思いやり予算の拡大に慎重であった。復興予算案が通過したのは三月三一日の国会だった。トモダチ作戦は「無償の友情」として実施されたわけではない（『週刊ポスト』二〇一一年四月二九日）。

二〇一一年五月一五日に『朝日新聞』に掲載された全面広告では、「命どぅ宝（ぬちどぅたから）」と題して、反対派による同様の告発が行われている（『朝日新聞』二〇一一年五月一五日付）。「命どぅ宝」とは、沖縄のガンジー（ガーンディー）と称される反基地の平和活動家、故阿波根昌鴻（あはごんしょうこう）によって知られるようになった沖縄のことわざである。この広告では、四二一四人の個人名を掲載して、最終的には日本の納税者が経費を支払うことになるトモダチ作戦は、「真の善き隣人のやり方」なのかと疑問を投げかけ、「トモダチ作戦はいらない」し、思いやり予算は復興に使うべきだったと結論づけている（『朝日新聞』二〇一一年五月一五日付）。この全面広告が掲載された五月一五日は、アメリカによる沖縄占領が一九七二年に終わった復帰記念日である。この時点でトモダチ作戦は事実上終了していたので、「いらない」という現在形の書き方は、呼びかけの意図や趣旨を曖昧なものにしている。「いらなかった」という表現であれば、呼びかけ人や賛同者が東北の被災地や福島の原発事故処理の現場で、米軍の支援が不必要だったと主張していることになる。現在形にしたのは、被災者に対する配慮のつもりであったのかもしれない。

この広告が掲載された背景には、在日米軍が東北地方で救援活動を展開するために最も重要な基地となったのが沖縄の普天間基地であったことが関係している。トモダチ作戦が終了し、米軍が被災地から引き上げると、もともと米軍に対する反感の強い沖縄が「トモダチ作戦」に対し否定的な反応を示し始めた。同広告においても、トモダチ作戦に対する文言に並んで、普天間の海兵隊航空基地と海兵隊に対して日本を去るようにとの要求が記されている。すでによく知られているように、沖縄に米軍基地が集中していることへの地元民の反発のため、日米関係は一〇年以上にわたって緊張状態にある。在日米軍部隊のおよそ半数と関連施設の七五パーセントは、日本の国土の〇・六パーセントに満たない島におかれている。沖縄の島々の土地の約二〇パーセントが、米軍基地として使用され、沖縄の地元民の手には届かないフェンスの向こう側に広がっている。「トモダチ作戦」が日本本土、沖縄、アメリカという、歴史的な三角関係の文脈で理解されるべきであるのは間違いない。

写真3 「トモダチ作戦」に参加する米空軍（USAF OT）

「基地・軍隊を許さない行動する女達の会」というグループのリーダーで、那覇市の市議会議員でもある高里鈴代は、米軍との関係において、「トモダチ」と「作戦」という二つの語を使う際、沖縄では歴史的に本土とは異なる用法で、文脈化される傾向があると主張する（高里に対する二〇一一年五月二四日のインタビュー）。沖縄は日本で唯一、太平洋戦争中に地上戦を経験した人々が住む島である。「アイスバーグ作戦」の名の下、一九四五年四月一日、米軍は沖縄本島に侵攻し、一〇万人以上の住人、同数の日本兵、一万二五〇〇人のアメリカの戦闘員その他、甚大な数の人命が失われた。沖縄の人々にとって「作戦」とは、筆舌に尽くしがたいほどの、屈辱、やりきれなさ、悲しみや怒りを想起させる言葉なのである。この歴史的経験を通じて、沖縄の人々の多くは、本土の軍隊に対する「アレルギー」より遥かに強く、戦争や軍隊に関連する事柄への反感を抱き、拒否反応を示すようになった。トモダチ作戦もまた、例外ではなかったのである。

現実にはトモダチ作戦をめぐる議論の大部分は沖縄の外で進行し、在日米軍に対する日本本土と沖縄の間の認識の溝は広がることとなった。沖縄での在日米軍に対する反対運動の歴史は長いが、最もピークに達したのは、一九九五年に沖縄配属の米軍の軍人三人が、一二歳の沖縄在住の少女を誘拐し、強姦するという事件が発生したときのことであった。言うまでもなく、この事件は日米安全保障条約の根幹を揺るがし、その年の暮れには、およそ八万人の沖縄県民が集まって、この犯罪だけでなく、日米双方による歴史的な虐待への抗議を行った。沖縄県民の多くは、東京は第二次世界大戦末期に沖縄を捨て駒として利用し、その後もこの島に在日米軍の重荷の大部分を背負わせているとして憤っている。一九九五年の事件後に沖縄で生じた抗議の波は、沖縄の基地面積の縮小を日米間で合意する帰結となった。この合意の最も重要な点は、普天間の海兵隊航空基地の移設であった。普天間基地は、人口が密集する市街地に囲まれて滑走路が敷設されている。当初の計画案では、二〇〇一年から二〇〇三年の間の移転が求められていたが、東日本大震災が起こった時点で、移設計画はすでに一〇年以上も先延ばしにされていた。

普天間基地の移設問題をはじめとする在沖米軍についての本土と沖縄の認識の溝は、これまでにも度々露呈している。その一例が、二〇〇四年に米軍のヘリコプターが沖縄国際大学のキャンパスに墜落した事故であった。基地の戦闘機が周囲の市街地に墜落するかもしれないという恐怖は、反基地活動家が繰り返し主張してきた懸念事項であったが、それが現実のものとなったのである。社会学者のコージー・アメミヤ(2)は、沖縄の米軍基地を自然災害に喩えた。「沖縄のハリケーンは米軍基地だ。そして沖縄は、数え切れないほどのカトリーナをもっている。そのうち一番最近のものは、二〇〇四年八月に沖縄国際大学のキャンパスで起こった米軍のヘリコプターの墜落事故である」[Amemiya 2005: 1]。彼女は続けて言う。

その日は夏休みだったので、キャンパスにいつもより人がずっと少なかったことは、不幸中の幸いだった。

それにもかかわらず、この墜落事故は島に米軍基地があるゆえに、生活の中で常に命が脅かされているという生身の恐怖を沖縄の人々に再度引き起こした。この事故により、沖縄人と日本人の間での重荷の共有のバランスが欠如していることも露呈された。しかし、日本のメディアは無視を決め込んでいる。沖縄の主要二紙は墜落の報告から間もなく号外を発行した。同じ日、日本の主要紙も号外を出したが、墜落事故についてではなく、プロ野球のあるチームのオーナーの引退についてだった。日本のメディアは、沖縄の墜落事故を些細なニュースとして扱ったのだった［Amemiya 2005: 1］。

日米の政府間で合意がなされて以来、環境への影響が甚大とみられる沖縄本島北部へ基地機能を移設するという案に対しては、政治的な議論が長年にわたって紛糾していたが、大震災発生から三年余を経た二〇一四年八月、防衛省によって地質調査のための辺野古沖での海底ボーリングが実施され、埋め立て本体工事の開始へ向けて一定の進展をみている。朝日新聞の報道によれば、同地での海底ボーリング調査は二〇〇四年に反対派により阻止された経緯があることから、辺野古沖への移設案の浮上（一九九六年）以来初めての海底掘削として注目されており、防衛省は二〇一四年一一月には同調査を終え、年度内には埋め立て工事の開始を計画している。大震災当時、多くの沖縄県民やその代表が、基地は日本本土や海外に移設すべきだと主張していることに対し、アメリカ上院議会の軍担当委員会は、新しい施設を建設するのではなく、アメリカ空軍嘉手納空軍基地の近くに、海兵隊普天間航空基地を統合するという案を提出した（*Stars and Stripes* 2011.5.12）。しかし、この政治的決断には、具体的な進展が伴わず、当時の首相だった鳩山由紀夫の辞任を招く結果となった。二〇一一年の大震災発生時、民主党の党首で首相だった菅直人は、鳩山の路線を引き継いでいたが、海兵隊普天間航空基地の行き詰まりを打開することはできなかった。

その後、政権交代を経て安倍首相のもとで海兵隊普天間基地を辺野古沖へ移設する計画が著しい進展をみたことには様々な政治的状況が関係している。しかし、海兵隊普天間航空基地がトモダチ作戦の展開に中心的な役割を果たしたことを考慮すれば、新基地計画の進展がトモダチ作戦による在日米軍のイメージの向上と無関係だとは言い切れない。震災直後の三月二四日には、アメリカの司令官らが在日米軍が日本でその任務を果たすためには、沖縄の普天間基地が重要であることを指摘している（*Asahi Shimbun* 2011.3.24）。

さらにトモダチ作戦に関しては、沖縄と日本本土のメディアの間で政治的な応酬がみられた。沖縄の地元紙二紙は、本土のメディアに対し、沖縄に米軍基地が過剰に集中しているという問題についての報道が不十分だとして、長年にわたる批判を繰り広げていた経緯がある。その一紙である『沖縄タイムズ』の社説では、たとえば前述のような普天間基地の重要性についての米軍の主張は災害を政治的な目的に利用するものだとし、このような発言をする軍の指導者は、軍隊の文民統制の原則を踏みにじっていると糾弾した。この社説では、人道支援を政治利用することは、被災地に安寧をもたらす米軍関係者を結果的に「火事場泥棒」のような立場におくことになるため、失礼であると述べている（『沖縄タイムズ』二〇一一年三月二二日付）。このような沖縄の言説に対し、保守的な論調で知られる『産経新聞』は、被災地救援に功績のあったトモダチ作戦にあたかもケチをつけるような態度であるとして、『沖縄タイムズ』や『琉球新報』などの沖縄の地元紙を非難している（『産経ニュース』二〇一一年四月七日付）。日本の保守によるこのような批判は、沖縄の新聞に矛先が向けられやすい傾向がある。最近の例では、二〇一三年八月五日に米軍のヘリコプターが、沖縄県宜野座市にあるキャンプハンセン米軍基地内で墜落する事故が発生し、宜野座市長をはじめとする首長や市民団体による抗議がなされたが、元小泉純一郎首相の子息である小泉進次郎（発言当時、自民党青年局長）がこの事故に関連し、墜落したヘリはトモダチ作戦で使用された「功労者」であると述べ、このことを報道機関が無視するべきでないと注文をつけている（『産経ニュース』二〇一三年八月一〇日付)[3]。

沖縄のリーダーたちは、一九九五年の少女レイプ事件以降、本土の日本人と東京の中央政府に対し、戦争ゆえに自分たちの県が経済的、歴史的、心理的な難題に直面してきたことを理解してもらおうと努力を重ねてきた。皮肉なことに、二〇一一年の大震災を境として、共感を求めるベクトルが一八〇度転換する結果をもたらしたようにもみえる。つまり大震災の後では、本土の日本人が、沖縄の人々の理解を求め始めたのである。トモダチ作戦に対しても、同様のパターンがみられる。

もちろん、本土の日本人にしても沖縄の人々にしても、在日米軍や自衛隊、トモダチ作戦の意義に対する見方を容易に一般化することはできない。沖縄の人々の多くは、大震災の被災者に募金等を通じて支援を寄せ、基地の大半が沖縄にあるアメリカ海兵隊が加わったトモダチ作戦を介して在日米軍が果たした貢献を高く評価した。その一方で、沖縄の行政関係者や地元メディア、反基地を主張する活動家らは、長きにわたる沖縄の苦しみを全国民に思いださせる機会として、大震災に関する国民的関心を利用し、トモダチ作戦をはっきりと批判した。

いずれにしても、東日本大震災という全国民的な災害の救援に、在日米軍が動員されたことは、様々な「民族主義者(ナショナリスト)」の神経を逆なでした。混乱を極めた異常な状況の中で展開されたトモダチ作戦は、大震災に乗じてアメリカが日本に対して陰謀を仕掛けるといった巷の言説に油を注いだ。二〇一三年に入り、トモダチ作戦に参加した一〇〇名を超える米海軍兵士が、福島第一原子力発電所からの放射性降下物による健康被害を訴え、米国当局に虚偽の情報を提供したとして東電に損害賠償を求めたが(『日刊ゲンダイ』二〇一三年三月一三日付)、このことも民族主義者たちにとっては、アメリカの「友情」を疑うに十分であった[4]。

5　トモダチ作戦の中・長期的影響

トモダチ作戦は政治的色彩が濃く、流動的な国際状況と密接に関係しているため、今後も当分の間、評価が確定することはないだろう。国内的には、自衛隊が国民の支持を広げたことによるイメージの向上や、戦力の増強・勢力の拡大という形で影響が残ると推測される。その一端は二〇一一年七月に自衛隊がアフリカ東海岸のジブチに海賊対策の前線を配備したことにもかいま見ることができるだろう。ジブチ国際空港での前線配備は、東日本大震災の二年前から国会で議論されていたが、自衛隊がそれまで米軍基地を借用する形でソマリア沖の海賊対策にあたってきたことを考えると、大震災の四ヶ月後に自衛隊単独では初めての海外基地が設けられたことの意味は大きい。ジブチでの前線配備は、アメリカの対テロ作戦と将来の自衛隊の海外での活動を下支えする目的があるものとみられている。トモダチ作戦で在日米軍に対して立場上は陣頭指揮を取り、復興に尽力した自衛隊が、国際社会で新たな役割を担うことになったことは間違いない。

このことに関連して、トモダチ作戦は在日米軍と自衛隊の関係を変化させる契機になるという予測もできる。在日米軍と自衛隊は長年にわたって合同訓練をしてきたが、合同で「作戦を実施」したのは、トモダチ作戦が初めてだった［Nishimura 2011］。トモダチ作戦にはいくつもの「史上初」があったが、その一つに在日米軍が「合同任務部隊」という同等の立場ではなく、「合同支援部隊」の一部として自衛隊の指揮下で活動したことが含まれる［前掲］。歴史学者のサビーネ・フリューシュトゥックは、陸上自衛隊に関する民族誌の中で、自衛隊員を「不安な兵士たち（uneasy warriors）」と表現している［Frühstück 2007: 80］。しかし近年、自衛隊の役割は質的変化を遂げており、長期的には日本における米軍基地の構造に変化をもたらす可能性がある。

従来は、象徴的な意味でも実際面においても、作戦の指揮を執るのは常に在日米軍であった。フリューシュトゥックは、自衛隊員たちが二つの「軍隊」の力関係を比較すれば、在日米軍の重みが高いと認識し、「(陸上自衛)隊員たちは、自分たちの組織やプロ意識のレベルを測る対象として、米軍の男らしさの概念を用いている」と結論づけた[Frühstück 2007: 80]。もし彼女の指摘が的を得ているとするならば、自衛隊がトモダチ作戦を通じて、在日米軍をうまく活用しながら成熟した軍隊としての自信を深め、自衛隊への国民の信頼を勝ち得るに至ったと言えるかもしれない。

設立された当初から、日本では自衛隊の合憲性が重要な政治的議論となってきた。米国占領下にあった一九四七年に米国の指導下で制定された日本の平和憲法は、常備軍の維持を明白に禁じているからである。在日米軍の傘の下で、戦後日本は、いくつもの政治的目的を成し遂げた。資源に乏しく輸出に頼る日本が、最小限の支出で防衛能力を「保持」することによって東アジアでの共産主義圏拡大を阻み、海路を確保して短期間の間に先進国の座を獲得する一方、他のアジア諸国に対し、二度と日本が軍事的に他国を侵略することはないと安心させるという一石数鳥を可能にしたのである。国内では依然、日本が常備軍を持つ「ふつう」の国になるべきかどうかについての議論が続いている。

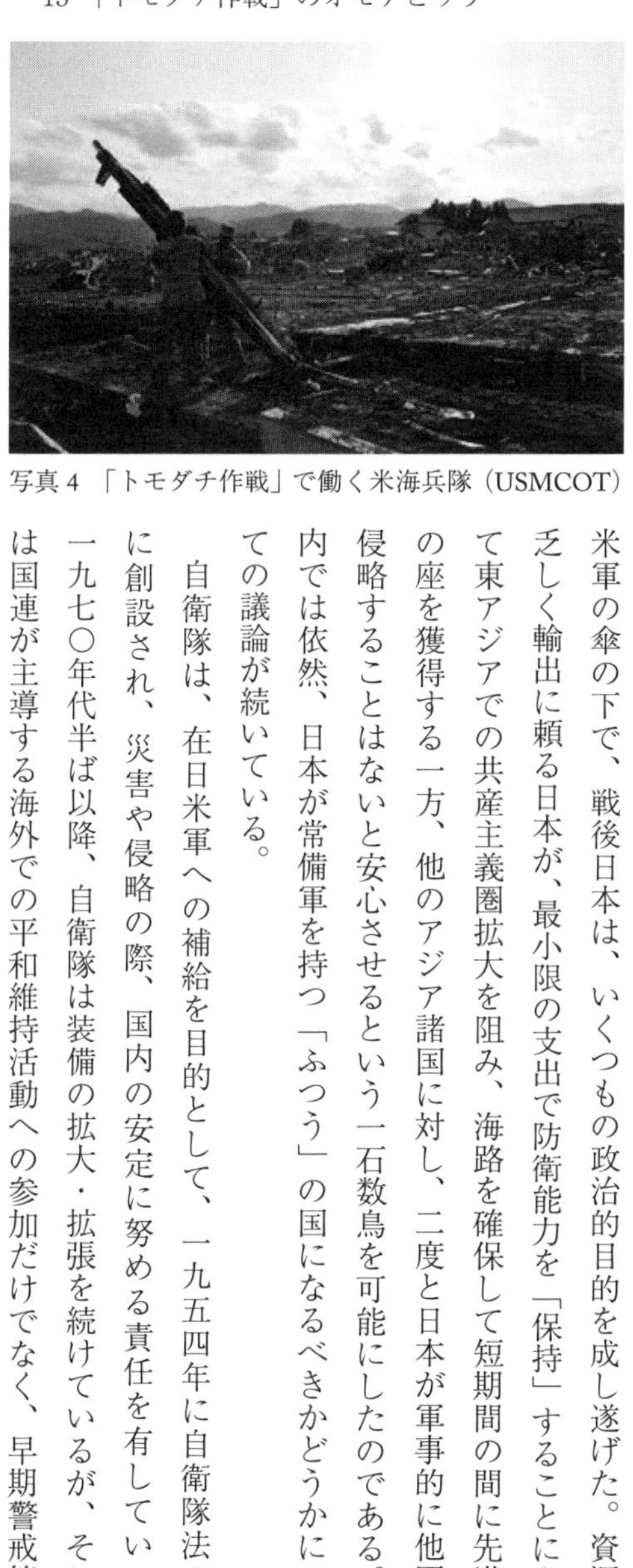
写真4 「トモダチ作戦」で働く米海兵隊(USMCOT)

自衛隊は、在日米軍への補給を目的として、一九五四年に自衛隊法の下に創設され、災害や侵略の際、国内の安定に努める責任を有している。一九七〇年代半ば以降、自衛隊は装備の拡大・拡張を続けているが、そこには国連が主導する海外での平和維持活動への参加だけでなく、早期警戒管制機（Airborne Warning and Control System :AWACS）といった戦力投射能力の購入も含まれている。周知の通り二〇〇四年には防衛大綱が改定され、自衛隊は軍隊としての機能と装備を備えてさらに拡大を続けている。自衛隊の年間予算は、すでに英国の軍事予算を上回り、派遣業務と災害救助訓練は拡張し続けている。国内の災害だけでなく、二〇〇四年の東南アジアでの津波や二〇一〇年のハイチ大地震など海外での災害救援にも貢献している。

東日本大震災で全国民が目の当たりにした自衛隊の救助活動は、自衛隊の五六年の歴史の中で最大の任務となり、最終的には全体の半数にあたる自衛隊員が携わった［Nishihara 2011］。世論の変化もみられ、救援活動が活発に行われていた期間中、自衛隊に対する国民からの信頼は、日本政府や東電に対するそれを遥かに凌駕していた。実に、九五パーセントの回答者が自衛隊の被災地への貢献を評価したのに対し、日本政府の働きを評価したのは二割、菅首相は一九パーセント、東電は一一パーセントにとどまった［Pew Research Institute 2011］。トモダチ作戦は、在日米軍と自衛隊の協力関係を高める機会となり、日本や他のアジア諸国で、自衛隊が必要に応じて、同様の災害救助のシナリオを描けるだけの実力を持つことも期待できるようになった。

このことが大きな意味を持つのは、次の巨大地震に備え、災害救助とその計画作りが急務だからである。地震学者らは、日本やその周辺地域で、東日本大震災のマグニチュード9規模の巨大地震が発生することは避けられないと警告している。現実に東海地震が発生すれば、数百万人以上の死傷者が出て、被害総額は一兆ドルを超える［Popham 1985］という概算も出されている。巨大地震は、アメリカの西海岸からアラスカ、シベリアを経て、日本そして東南アジアへと抜ける「環太平洋火山帯」に沿ったアジアの至る所で発生する可能性がある。

エルドリッジは、筆者とのインタビューの中で、在日米軍と自衛隊は日本だけでなく他のアジア諸国に大きな自然災害が起きた際、その救援活動において重要な役割を担うことが可能であり、そのための十分な力量を備えていると述べている。しかしながら、実際には国際災害救助は政治化されており、自衛隊にしても在日米軍にしても、国内と国外の両面においてイメージの問題を抱えている。この問題についてエルドリッジは、アメリカ太平洋海兵隊司令官ウォレス・グレッグソンや第三海兵遠征軍アメリカ海軍分析センター前代表のジェームス・ノースと共著で、日本の雑誌に日英両語で寄稿している［Gregson, North, and Eldridge 2008］。海上基地を拠点とする在日米軍と自衛隊の合同救助チームならば、他国からの軍事的な挑発や政治的反応に左右されることなく、「人道支援に特化した派遣」を受け入れることができ、被災国の負担を最少限にとどめることができるというのが論文の骨子であった。トモダチ作戦が成功したことで、在日米軍と自衛隊が人道支援と災害救助の際に協力することの必要性を予見した画期的提案である。トモダチ作戦が成功したことで、在日米軍と自衛隊の結びつきが強化され、このような災害救助での日米協力が実現する道が開けたといえる。

エルドリッジは、沖縄のアメリカ海兵隊の上級地域関係リーダーとして、沖縄での自然災害の発生に備えた、地域社会と米軍基地間の合意形成に尽力してきた人物である。沖縄が大規模な災害に見舞われる可能性は、関東周辺よりはずっと低いものの、日本の歴史上最大級の津波の一つ、明和の大津波（一七七一年）を含めて、過去四〇〇年の間に九回の巨大津波に見舞われている［Tsuchiya and Shuto 1995］。彼は、沖縄での将来的な災害救助計画の中で、沖縄の地域社会の人々も、米軍基地の資源と人員を利用できるようにしたいと考えた。しかし、残念ながらというべきか、当然のことながらというべきか、沖縄を取り巻く政治的状況のため、沖縄の行政と米軍基地が協力することは困難であり、この計画も頓挫している。

6　おわりに

「トモダチ作戦」といういささか皮肉なネーミングとともに広く知れ渡った在日米軍による災害救助活動は、

政治化されつつも、絶望的な状況にあった人々や地域社会の一助となった。トモダチ作戦は、日本が東日本大震災に関連して、海外から受け入れた国際援助の一つにすぎないが、世間ではおおむね好意的に受け取られ、在日米軍と自衛隊の協力が成功したことで在日米軍が日本で災害救助の役割を広げていく見通しが立った。今回の災害で日本政府が海外からの援助に対して開放的であったことは、一九九五年の阪神・淡路大震災後に海外政府からの支援を拒んだことを考えると、日本が異文化に対する寛容性を養う上では好ましい兆候と言えるかもしれない。もっとも、愛国者たちは、全く異なる結論を導きだすかもしれない。実際に、漫画家・評論家の小林よしのりは東日本大震災の教訓とは、日本が自国にもっと自信をもち、自衛隊をただのレスキュー隊ではなく、自立した武装軍隊とみなして、米国をはじめとする他国に頼らないことであると結論づけている。(5)

自然災害や人為的な災害、地球温暖化やグローバル化、人口爆発や天然資源の枯渇など、現在人類が直面している共通の問題は枚挙にいとまがない。東日本大震災のトモダチ作戦は、既存の政治的不協和音を増幅させながらも、かつての敵国同士がさまざまな現実的困難を克服し、相互に協力しあえることの証となった。次なる災害に備えた相互支援の仕組みづくりの必要性も明白である。国際間で共同の解決方法を検討するなど、相互支援の仕組みを発達させる努力は、特に安全性のリスクが高い国や地域において、今後ますます急務となるであろうし、優先的課題とみなされるべきだろう。

［謝辞］本稿の執筆は、二〇一一年四月から八月にかけて行い、その後二〇一五年二月にかけて情報を更新しました。執筆にあたり、京都大学人文研究所の田中雅一教授、ならびに民軍関係の研究グループのメンバーのみなさんから頂きましたご意見やコメントに感謝申し上げます。また、高里鈴代氏とロバート・エルドリッジ氏には、お忙しい中インタビューにご協力頂きました。この場を借りて、御礼申し上げます。なお本章の英語版は以下の形で、二〇一三年に刊行されています。Ames, C. and Y. Koguchi-Ames 2013 Friends in Need: 'Operation Tomodachi' and the Politics of US Military Disaster relief in Japan. In Kingston, J. (ed.),

Natural Disaster and Nuclear Crisis in Japan: Response and Recovery after Japan's 3/11. Routledge, New York.

注

（1）占領期（本土は一九四五年～一九五二年、沖縄は一九四五年～一九七二年）には日本本土および沖縄において、グロリア台風（一九四九年）や福井地震（一九四八年）など、いくつかの大規模な自然災害が発生した。米占領軍は三七六九名の死者を出した福井地震に偵察隊を送っているが、ほとんどの救済活動は日本側の努力に委ねたとされている［Nishimura, 2008］。ダワーは、戦後期に多くの日本人が沖縄戦を含む太平洋戦争そのものを自然災害になぞらえたと指摘しており［二〇〇四］、このような認識の範疇では米占領軍が戦後日本の「復興」を全面的に「支援」したという見方も成り立つだろう。

（2）アメミヤは「基地・軍隊を許さない行動する女達の会」の創設メンバーで、大学等の研究機関やメディア、政治的手腕を用いて沖縄の米軍基地への反対運動を起こし、沖縄の人々による基地への異議申し立てが国際的に認識されるべきだと考えて活動している。

（3）「また、同時に、これはマスコミのみなさんからも報じていただきたい部分は、今回事故を起こしたヘリというのは、捜索救難のヘリでね。東日本大震災のときには発災直後に横田から南三陸に行って、南三陸の約二〇〇人が避難していた介護施設に上空でホバリングして、そして米軍のハーフの女性の兵士さんがいて、その方が今までヘリに乗って訓練とかもされてない方がね、日本語も話せるということで、ロープで降下して、介護施設の屋上でSOSという文字が書いてあったから上空から毛布とか食料とか水分とか、そういったものを提供して当時の被災地のみなさんにほんとに献身的にやってくれた」。

（4）朝日新聞オンライン版（二〇一四年一月一八日付）によれば、「トモダチ作戦」に参加した後に健康状態が悪化したとして東京電力を訴える訴訟に加わる空母ロナルド・レーガンの乗組員が増加していることを受け、国防総省が健康調査を実施し、米議会に報告するという内容が、一六日に可決した歳出法案の付帯文書に盛り込まれた。『ハフィントンポスト』紙（*Huffington Post* 2014.10.31）によれば、空母ロナルド・レーガンの乗組員八名が二〇一二年一二月に総額一億一〇〇〇万ドル（約九四億円）の損害賠償を求めて起こした訴訟は、二〇一三年一一月にいったん連邦政府によって退けられたものの、前述の米議会による健康調査の実施要請等を経て、二〇一四年二月に提訴内容を変更して新たな訴訟に発展した。原告の数は約二〇〇名まで増加し、損害賠償の金額を未特定額に変更した他、健康診断や治療を行うための一〇億ドル（約一〇九〇億円）規模の基金の設立などが追加された。原発メーカーの東芝やGEなどを被告の対象に含めることも追加で求めている。大震災発生直後にロナルド・レーガンの甲板部にて長時間勤務した米軍兵士らから甲状腺、肝臓、乳房等の悪性腫瘍が見つかっていることについては、シュピーゲル紙オンライン版（*Spiegel* 2015.2.5）が詳細な取材記事を掲載した。

（5）小林は、第二次世界大戦中の大日本帝国軍の行いが正当化できると度々発言しており、今後日本が戦争の当事国となることもやぶさかでないという持論で知られる［小林一九九八］（『週刊ポスト』二〇一一年四月二二日号）。

参考文献

小林よしのり

一九九八『戦争論』小学館。

山田敏弘

二〇一一「被災地で見た『トモダチ作戦』」『ニューズウィーク日本版』二〇一一年三月三〇日、三六―三九頁。

Amemiya, Kozy

2005 Japan's 'New Orleans'. *Japan Policy Research Institute Critique*, 12 (6): 1（www.jpri.org/publications/critiques/critique_XII_6.html 二〇一三年一〇月二六日閲覧）。

Cook, Haruko T. and Theodore F. Cook

1992 *Japan at War: An Oral History*, New York: The New Press.

Dower, John W.

1999 *Embracing Defeat: Japan in the Wake of World War II*, New York: Norton（ジョン・ダワー 二〇〇四『敗北を抱きしめて――第二次大戦後の日本人 増補版』（上）三浦陽一他訳、岩波書店）。

Frühstück, Sabine

2007 *Uneasy Warriors: Gender, Memory and Popular Culture in the Japanese Army*, Berkeley, CA: University of California Press（サビーネ・フリューシュトゥック 二〇〇八『不安な兵士たち――ニッポン自衛隊研究』花田知恵訳、原書房）。

Fukushima, Glen S.

1995 "The Great Hanshin Earthquake", *Japan Policy Research Institute Occasional Papers* No.2, March, p.1.（www.jpri.org/publications/occasionalpapers/op2.html. 二〇一三年一〇月二六日閲覧）。

Gregson, Wallace C., James North and Robert Eldridge

2008 Responses to Humanitarian Assistance and Disaster Relief: A Future Vision for U.S.-Japan Combined Sea-base Deployments 『国際公共政策研究』一二（二）：三七―四七頁。

Hein, Laura and Mark Selden eds.

2003 Islands of Discontent: Okinawan Responses to Japanese and American Power. London. Rowman & Littlefield.

Inoue, Masamichi S.

2004 We Are Okinawans but of a Different Kind: 'New/Old Social Movements and the U.S. Military in Okinawa. *Current Anthropology.* 45 (1): 85-104.

Lutz, Catherine ed.

2009 *The Bases of Empire: The Global Struggle against U.S. Military Posts.* New York: New York University Press.

McCormick, Gavin and Satoko Oka Norimatsu

2012 *Resistant Islands: Okinawa Confronts Japan and the United States.* New York: Rowan and Littlefield Publishers.

McLaughlin, Levi

2011 Tokyo Governor Says Tsunami is Divine Punishment: Religious Groups Ignore Him. *Religion Dispatches,* March 17.（二〇一四年九月二三日閲覧）。

Nishihara, Masashi

2011 How the Earthquake Strengthened the Japan-US Alliance. *East Asia Forum,* 29 June（www.eastasiaforum.org/2011/06/29/how-the-earthquake-strengthened-the-japan-us-alliance/　二〇一三年一〇月二六日閲覧）。

Nishimura, Sey

2008 Promoting Health during the American Occupation of Japan: The Public Health Section, Kyoto Military Government Team, 1945-1949. *American Journal of Public Health* 98 (3): 424-434.

Orr, Robert M.

1995 The Relief Effort Seen by a Participant. *Japan Policy Research Institute Occasional Papers* No. 2, March, p.1（www.jpri.org/publications/occasionalpapers/op2.html.　二〇一三年一〇月二二日閲覧）。

Popham, Peter

1985 *Tokyo: The City at the End of the World,* Tokyo: Kodansha.

Tsuchiya, Yoshito and Nobuo Shuto

1995　*Tsunami: Progress in Prediction, Disaster Prevention, and Warning*, New York: Springer.（http://hir.harvard.edu/disaster-politics?page=0,1　二〇一三年一〇月二三日閲覧）。

Werker, Eric
2010　Disaster Politics: International Politics and Relief Efforts. *Harvard International Review*, 23 August（http://hir.harvard.edu/disaster-politics?page=0,1　二〇一三年一〇月二三日閲覧）。

新聞紙・週刊誌

『朝日新聞』

「米軍による主な協力」二〇一一年四月三〇日付。

「命どぅ宝」（意見広告）二〇一一年五月一五日付。

「辺野古沖でボーリング調査はじまる　海保反対派阻止」二〇一四年八月一八日付。


『沖縄タイムズ』

「社説『震災で普天間ＰＲ』政治利用に見識を疑う」二〇一一年三月二二日付。


『週刊ポスト』

「小林よしのり氏　自衛隊は災害レスキュー隊ではないと認識を」二〇一一年四月二二日。

「トモダチ作戦の見返りはおもいやり予算一八八〇億円×五年」二〇一一年四月二九日。

資料

『朝日新聞オンライン版』

「震災救援の米空母乗組員、健康調査へ『被爆』訴訟受け」（http://www.asahi.com/articles/ASG1K439FG1KUHBI11Y.html　二〇一四年一月一八日閲覧）。


『産経ニュース』

「菅首相『戦後最も厳しい危機』計画停電了承」二〇一一年三月一三日（www.sankei.jp.msn.com/affairs/news/110313/dst11031322220121-n1.htm　二〇一一年七月二九日閲覧）。

「沖縄、米軍への共感じわり、地元紙は『普天間問題に利用』主張」二〇一一年四月七日（www.sankei.jp.msn.com/affairs/news/110407/dst11040700390001-n1.htm　二〇一一年一一月一六日閲覧）。

「米軍ヘリ墜落事故でチクリ『トモダチ作戦の功労者だったことも報じてほしい』」二〇一三年八月一〇日（http://www.sankei.com/politics/news/130810/plt1308100016-n2.html 二〇一四年九月二三日閲覧）。

『日刊ゲンダイ』

「どんどん広がる『トモダチ作戦訴訟の輪』」二〇一三年三月一三日（http://gendai.net/articles/view/news/141420 二〇一三年一〇月二六日閲覧）。

『読売新聞オンライン版』

「石原知事　津波は天罰　我欲を洗い落とす必要」（http://www.yomiuri.co.jp/politics/news/20110314-OYT1T00740.htm 二〇一一年九月三〇日閲覧）。

「まさかの友こそ真の友――トモダチ作戦命名秘話」二〇一一年五月二〇日（www.yomiuri.co.jp/feature/ 20110316-866918/news/20110520-OYT1T00187.htm 二〇一三年一〇月二六日閲覧）。

Asahi Shimbun

U.S. Military Providing Huge Disaster Relief Effort. 24 March, 2011（www.asahi.com/english/TKY201103230212.html 二〇一一年七月二九日閲覧）。

Huffington Post, The

「『トモダチ作戦で被ばく』米兵による東電訴訟の継続、連邦地裁が認める【東日本大震災】」（http://www.huffingtonpost.jp/2014/10/31/sailors-suit-fukushima_n_6080078.html 二〇一四年一〇月三一日閲覧）。

Japan Times, The

U.S. Military Crime: SOFA so Good? 26 February, 2008（www.japantimes.co.jp/cgi-bin/fl20080226zg.html 二〇一一年七月二九日閲覧）。

Pew Research Institute

Japanese Resilient, but Economic Challenges Ahead: U.S. Applauded for Relief Efforts. 1 June, 2011（www.pewglobal.org/2011/06/01/japanese-resilient-but-see-economic-challenges-ahead/ 二〇一三年一〇月二六日閲覧）。

Reuters

Japan Requests Foreign Rescue Teams, U.N. Says. 11 March, 2011 (www.reuters.com/article/2011/03/11/us-japan-quake-aid-refile-idUSTRE72A71320110311 二〇一三年一〇月二六日閲覧）。

Spiegel, Der

'Uncertain Radiological Threat': *US Navy Sailors Search for Justice after Fukushima Mission*（http://www.spiegel.de/international/world/navy-sailors-possibly-exposed-to-fukushima-radiation-fight-for-justice-a-1016482.html　二〇一五年二月五日閲覧）。

Stars and Stripes

Japanese PM Thanks U.S. Troops during Visit to Devastated Region. 10 April（www.stripes.com/news/japanese-pm-thanks-u-s-troops-during-visit-to-devastated-region-140688　二〇一一年七月二九日閲覧）。

Top Senators Call U.S. Military Plans in Japan Unworkable, Unaffordable. 12 May, 2011（www.stripes.com/news/top-senators-call-u-s-military-plans-in-japan-unworkable-unaffordable-1.143371　二〇一三年一〇月二六日閲覧）。

Seabees still Working in Tsunami-ravaged Northern Japan. 16 July（www.stripes.com/news/seabees-still-working-in-tsunami-ravaged-northern-japan-1.149403　二〇一三年一〇月二六日閲覧）。

あとがき

本論文集は、「アジアの軍隊プロジェクト」と称し、二〇〇三年度から始まる三つの共同研究の成果の一部である。それらは、京都大学教育研究振興財団平成一五年度助成事業「アジアの軍隊の文化人類学的研究——ジェンダー規範、地域社会、表象を中心に」、科学研究費補助金基盤研究(B)プロジェクト「東アジアと東南アジアの軍隊に関する歴史人類学的研究」（平成一六年度—一八年度）、科学研究費補助金基盤研究(B)プロジェクト「アジアの軍隊にみるトランスナショナルな性格に関する歴史・人類学的研究」（平成二〇年度—二三年度）で、すべて田中が代表として企画・組織した。現在海外を拠点に研究活動を行っている、サビーネ・フリューシュトゥック（二〇〇三年二月—八月）、エヤル・ベン＝アリ（二〇〇五年九月—二〇〇六年三月）、田村恵子（二〇〇九年二月—五月）の三氏は人文科学研究所の招聘外国人学者として三ヶ月から六ヶ月の間京都で研究に携わっていた。またアーロン・スキャブランド氏は北海道大学大学院文学研究科の客員研究員（二〇一〇年三月—一〇月）であった。執筆者以外のメンバーには、江田憲治・京都大学大学院人間・環境学研究科教授、金柄徹・亜細亜大学国際関係学部准教授、徐玉子・京都大学大学院人間・環境学研究科博士後期課程、田辺明生・京都大学人文科学研究所准教授、宮西香穂里・京都大学大学院人間・環境学研究科博士後期課程（肩書きは当時）がいた。

プロジェクト期間中、沖縄（二〇〇四年一〇月）と韓国（二〇〇九年九月）では共同で調査を実施した。個々人の調査とは別に、研究会をかねて日本各地の軍事施設や戦争遺跡、戦争に関する展示施設などを共同で訪ねることができた。それらは、札幌の陸上自衛隊基地、市ヶ谷の防衛省施設、三沢米空軍基地、防衛大学校、横須賀米海軍基地、浜松航空自衛隊基地、舞鶴海上自衛隊基地、朝霞陸上自衛隊基地、国立歴史民俗博物館・佐倉連隊跡、長野松代大本営跡などである。突然の申し出にも関わらず私たちを快く迎えてくれた関係者には感謝したい。

また、本プロジェクトに関わる国際シンポジウムを三沢（二〇〇六年二月一八日―一九日）と京都（二〇〇七年四月六日―七日）で開催した。三沢では、ふたつの公開講演を含む Military Studies in an Anthropological Perspective と題し、京都では、War, Peace and Military in Asia と題して内外から多数の研究者を迎えた。セミナーとして War, Experience and Narrative — What does the Case of Israel Teach us?（二〇〇五年一二月）を開催した。これらの企画については、エヤル・ベン＝アリ教授にお世話になった。ここでは全員の名前を列挙することは避けるが、とくにアンナ・シモンズ教授（米海軍大学院）とクリストファー・ダンデカー教授（ロンドン大学）に感謝したい。

さらに、日本文化人類学会第三九回研究大会で「戦争と軍隊の研究〈が／を〉変える文化人類学」（北海道大学、二〇〇五年五月二一日）と第四五回研究大会「軍隊がつくる社会、社会がつくる軍隊――トランスナショナル、ローカルの接合と再定義」（法政大学、二〇一一年六月一一日）と題し、分科会を組織した。

「アジアの軍隊プロジェクト」に関する出版物としては、以下の四点をあげておきたい。それらは、田中雅一編『人文学報九〇号　特集　アジアの軍隊の歴史・人類学的研究――社会・文化的文脈における軍隊』（京都大学人文科学研究所、二〇〇四年）、Masakazu Tanaka ed. *Armed Forces in East and South-East Asia; Studies in Anthropology and History.*（京都大学人文科学研究所、上記三沢でのシンポの記録を含む、二〇〇八年）、田中雅一・上杉妙子編『軍隊がつくる社会／社会がつくる軍隊〈1〉』（京都大学人文科学研究所、上記法政大での分科会の記録を含む、二〇一二年）、田中雅一・福浦厚子編『軍隊がつくる社会／社会がつくる軍隊〈2〉 韓国レポート』（京都大学人文科学研究所、上記韓国での調査記録、二〇一二年）である。これらの報告書では、朝日美佳さんと福西加代子さんにお世話になった。

プロジェクトとしてはまだまだやり残したことは多いが、ひとまず今回の論文集発刊をもっておよそ一〇年にわたる研究の区切りとしたい。

本書の刊行に際しては、独立行政法人日本学術振興会による平成二六年度科学研究補助金（研究成果公開促進費）の交付を得た。

出版状況の厳しいおり、本書の出版を快く引受けてくださった風響社の石井雅氏には心から感謝したい。

最後になったが、「アジアの軍隊プロジェクト」の事務を担当し、さまざまな企画を提案し、各種報告書の体裁を整えてくれた福西加代子さんと、本書を含む出版物の編集作業を支えてくれた朝日美佳さんに感謝したい。

二〇一四年一二月

編者

ヤ

ラ・ワ

マ

ナ

ハ

サ

カ

索　引

執筆者紹介（掲載順）

サビーネ・フリューシュトゥック
(Sabine Frühstück)

1965年オーストリア生まれ。

1996年ウイーン大学博士号取得。専門は日本の文化人類学、近代文化史。

現在、カリフォルニア州大学・サンターバーバラ校東アジア研究学科教授。

翻訳された単著に『不安な兵士たち：ニッポン自衛隊研究』（原書房、2008）、共著に『日本人の「男らしさ」：サムライからオタクまで「男性性」の変遷を追う』（明石書店、2013）がある。ほかに、単著 *Colonizing Sex: Sexology and Social Control in Modern Japan* (University of California Press, 2003), 最近の論文に "Sexuality and Nation States." In *Global History of Sexuality,* ed. Robert Marshall Buffington, Eithne Luibheid, and Donna Guy (Blackwell, 2014), "Sexuality and Sexual Violence." In *The Cambridge History of World War II* - Vol. III: Total War: Economy, Society, Culture at War, ed. Michael Geyer and Adam Tooze（Cambridge UP, 2015）がある。

福浦厚子（ふくうら　あつこ）

1963年京都府生まれ。

1994年京都大学大学院教育学研究科博士課程研究指導認定退学。専攻は文化人類学。

現在、滋賀大学経済学部准教授。

主著書として、『植民地主義と人類学』（関西学院大学出版会、2002年、共著）、『ミクロ人類学の実践：エイジェンシー／ネットワーク／身体』（世界思想社、2006年、共著）、論文として、「配偶者の語り：暴力をめぐる想像と記憶」（『国際安全保障』35巻3号、2007年）、「コンバット・ストレスの視点から考える軍隊：トランスナショナルな視点とローカルな視点からみた自衛隊」（『滋賀大学経済学部研究年報』19巻、2012年）、「シンガポールの寺廟祭祀における主席・道士・童乩」（『文化人類学』79巻3号、2014年）など。

河野仁（かわの　ひとし）

1961年山口県生まれ。

1996年米国ノースウェスタン大学大学院博士課程修了。Ph.D（社会学）。専攻は軍事社会学。

現在、防衛大学校教授、総合安全保障研究科教務主事。

主な著書に、『〈玉砕〉の軍隊、〈生還〉の軍隊』（講談社学術文庫、2013年）、『近代日本のリーダーシップ』（千倉書房、2014年、共著）、『戦争社会学の構想』（勉誠出版、2013年、共著）、『失敗の本質：戦場のリーダーシップ篇』（ダイヤモンド社、2012年、共著）、『戦後日本の中の〈戦争〉』（世界思想社、2004年、共著）、など。

森田真也（もりた　しんや）

1967年大分県生まれ。

1999年神奈川大学大学院歴史民俗資料学研究科博士後期課程修了。博士（歴史民俗資料学）。専攻は、民俗学、文化人類学。

現在、筑紫女学園大学文学部准教授。

主著書として、『境域の人類学』（風響社、2015年、共著）、『はじめて学ぶ民俗学』（ミネルヴァ書房、2015年刊行予定、共著）、『民俗文化の探求』（岩田書院、2010年、共著）、『ふるさと資源化と民俗学』（吉川弘文館、2007年、共著）。論文として、「異郷に神を祀る：沖縄石垣島の台湾系華僑・華人の越境経験と宗教的実践」（『沖縄民俗研究』第32号、2013年）、「沖縄の笑いにみる文化の相対化と戦略的異化」（『筑紫女学園大学・短期大学部人間文化研究所年報』第25号、2014年）、など。


アーロン・スキャブランド（Aaron Skabelund）

1970年アメリカ合衆国アイダホ州生まれ。

2004年コロンビア大学博士号取得。専攻は歴史学（日本近現代史）。

現在、ブリガムヤング大学歴史学部准教授。

翻訳された著書に『犬の帝国：幕末ニッポンから現代まで』（岩波書店、2009年、英語の拡大判は2011年にコーネル大学出版局から出版）。最近の論文に "Public Service/Public Relations: The Mobilization of the Self-Defense Force for the Tokyo Olympic Games," In *The East Asian Olympiads, 1934-2008: Building Bodies and Nations in Japan, Korea, and China*, eds. Michael Baskett and William M. Tsutsui (Global Oriental, 2011), 共著論文に "Japan," In *Religion in the Military Worldwide*, ed. Ron Hassner (Cambridge University Press, 2013) がある。

小池 郁子（こいけ　いくこ）
1977年生まれ。
2005年、京都大学大学院人間・環境学研究科博士後期課程単位取得退学。2008年博士（人間・環境学）。専攻は文化人類学、アメリカ研究、アフリカン・ディアスポラ研究。

現在、京都大学人文科学研究所助教。

主著書として、*Orisa: Yoruba Gods and Spiritual Identity in Africa and the Diaspora*（Africa World Press、2005年、共著）、『時間の人類学：情動・自然・社会空間 』（世界思想社、2011年、共著）、『20世紀〈アフリカ〉の個体形成：南北アメリカ・カリブ・アフリカからの問い』（平凡社、2011年、共著）、『コンタクト・ゾーンの人文学3：*Religious Practices*/宗教実践』（晃洋書房、2012年、共編著）、『シングルのつなぐ縁：シングルの人類学』（人文書院、2014年、共著）、など。

丸山泰明（まるやま　やすあき）
1975年新潟県生まれ
2008年大阪大学大学院文学研究科博士後期課程修了。博士（文学）。専攻は民俗学。
2010年7月から2013年3月まで国立歴史民俗博物館特任助教をつとめる。
主著書として、『凍える帝国：八甲田山雪中行軍遭難事件の民俗誌』（青弓社、2010年）、『渋沢敬三と今和次郎：博物館的想像力の近代』（青弓社、2013年）、共著として『都市の暮らしの民俗学2：都市の光と闇』（吉川弘文館、2006年）、論文として「モニュメントと記憶：八甲田山雪中行軍遭難事件をめぐる記憶の編成」（『日本民俗学』238号（2004年）など。

エヤル・ベン＝アリ（Eyal Ben-Ari）

1953年イスラエル生まれ。

1985年ケンブリッジ大学博士号取得。専門は日本の文化人類学、軍事研究。

ヘブライ大学教授を経て、現在はイスラエルのキネレット大学（Kinneret College on the Sea of Galilee）社会・安全保障・平和研究所所長の所長。

主要著作に、*Body Projects in Japanese Childcare: Culture, Organization and Emotions in a Preschool* (Curzon, 1997), *Mastering Soldiers: Conflict, Emotions and the Enemy in an Israeli Military Unit* (Berghahn Books, 1998), *Rethinking Contemporary Warfare: A Sociological View of the Al-Aqsa Intifada* (Albany: State University of New York Press, 2010) がある。

高嶋　航（たかしま　こう）

1970年大阪府生まれ。

1997年京都大学大学院文学研究科博士後期課程単位取得退学、2001年博士（文学）。専攻は近代中国史。

現在、京都大学大学院文学研究科准教授。

著書として、『帝国日本とスポーツ』（塙書房、2012年）、訳著として、梁啓超『新民説』（平凡社、2014年）、論文として、「近代中国における女性兵士の創出：武漢中央軍事政治学校女生隊」（『人文学報』第90号、2004年）、「菊と星と五輪：1920年代における日本陸海軍のスポーツ熱」（『京都大学文学部研究紀要』第52号、2013年）、「戦時下の日本陸海軍とスポーツ」（『京都大学文学部研究紀要』第53号、2014年）など。

朴　眞煥（ぱく　じんふぁん）
1975年韓国ソウル生まれ。
2010年京都大学大学院人間環境学研究科修士課程修了（文化人類学）。専攻は文化人類学、映像人類学
現在、民放の報道番組ディレクター。
論文として、「韓国の大学における軍事文化と日常：徴兵制をめぐる言説と予備役、現役、女子学生の実践」（『コンタクト・ゾーン』2号、2008年）、映像作品として、『筑波日本語Eラーニング』（筑波大学留学生センター制作、2013年）、ドキュメンタリー映画『それぞれの平和』（総合地球環境学研究所制作、2014年）など。

上杉 妙子（うえすぎ　たえこ）

1960年東京都生まれ。

1992年、お茶の水女子大学大学院人間文化研究科博士課程単位取得退学。1997年博士（学術）。専攻は文化人類学。

現在、専修大学兼任講師。

主著書として、『位牌分け：長野県佐久地方における祖先祭祀の変動』（第一書房、2001年）、論文として、「英国陸軍グルカ兵のダサイン：外国人兵士の軍隊文化と集団的アイデンティティの自己表象」（『アジア・アフリカ言語文化研究』60号、2000年）、「越領土的国民国家と労働移民の生活戦略―：英国陸軍における香港返還後のグルカ兵雇用政策の変更」（『人文学報 』90号、2004年）、「移民の軍務と市民権：1997年以前グルカ兵の英国定住権獲得をめぐる電子版新聞紙上の論争と対立」（『国立民族学博物館研究報告』38巻2号、2014年）など。

福西加代子（ふくにし　かよこ）
1981年大阪生まれ。
2013年京都大学大学院・人間・環境学研究科博士

課程単位取得退学。専攻は文化人類学・博物館研究。

論文に「ミュージアム展示をめぐる人びと：広島県呉市・大和ミュージアムを事例に」（田中雅一・稲葉穣共編『コンタクト・ゾーンの人文学 1 *Problematique/* 問題系』晃洋書房、2012）がある。

田村恵子（たむら　けいこ）

1955 年大阪府生まれ。

2000 年、オーストラリア国立大学考古・文化人類学部で博士号を取得。専攻は歴史文化人類学・日豪交流史・太平洋戦争とその記憶。

現在、オーストラリア国立大学アジア太平洋学部客員研究員。

主業績として、『日本とオーストラリアの太平洋戦争』（御茶ノ水書房、2012 年、共著）、*Forever Foreign: Expatriates Lives in Historical Kobe* (National Library of Australia Press, 2007, 単著)、*Breaking Japanese Diplomatic Codes*, (ANU Press, 2012 年、共編著)、"Being an Enemy Alien in Kobe" (*History Australia* Vol. 10, No. 2, 2013) など多数。


クリストファー・エイムズ（Chiristopher Ames）

1967 年米国ペンシルバニア州生まれ。

2007 年ミシガン大学人類学専攻科にて博士号取得。

現在、非常勤講師として埼玉大学、国際基督教大学にて教鞭をとる。

主著書として、"Crossfire Couples: Marginality and Agency among Okinawan Women in Relationships with American Military Men," In *Over There: Living with the U.S. Military Empire from World War Two to the Present*, ed. Seungsook Moon and Maria Höhn, (Duke University Press, 2010),「『軍人』から『外人』へ：沖縄における沖縄県民と米軍の相互関係についての民族誌学的一考察」(『コンタクトゾーン』3 号、2010 年)、「コンタクト・ゾーンとしての『アメラジアンスクール・イン・オキナワ』：多文化共生社会への課題」（エイムズ唯子との共著、田中雅一・奥山直司編『コンタクト・ゾーンの人文学 4 *Postcolonial/* ポストコロニアル』晃洋書房、2012）、"Friends in Need: Operation Tomodachi and the Politics of Disaster Relief in the Developed World," with Yuiko Koguchi-Ames, In *Tsunami: Aftershocks and Fallout from Japan's 3/11*, ed. Jeff Kingston, (Nissan Institute/Routledge, 2012), "The Himeyuri Cycle: Remakes of an Okinawan Tragedy," In *Chinese and Japanese Films on the Second World War*, ed. King-fai Tam, Timothy Y. Tsu and Sandra Wilson (Routledge, 2015) など。

訳者紹介

神谷万丈（かみや・またけ）
1961 年京都府生まれ。
国際政治学・安全保障論・日米同盟論を専攻。
現在防衛大学校総合安全保障研究科・国際関係学科教授。

康陽球（かん　やんぐ）
1983 年京都府京都市生まれ。
文化人類学専攻。在日コリアン社会、ベトナムの枯れ葉剤被害の研究に従事。
京都大学大学院、人間・環境学研究科博士課程在籍。

萩原卓也（はぎわら　たくや）
1985 年群馬県生まれ。
文化人類学・スポーツ社会学専攻。日本の女子プロレス、ケニアの自転車競技の研究に従事。
京都大学大学院、人間・環境学研究科博士課程在籍。

編者紹介

田中雅一（たなかまさかず）

1955年和歌山県生まれ。

1986年ロンドン大学博士号取得。専門は文化人類学、日本と南アジア研究。

現在、京都大学人文科学研究所教授。

主要著書に『供犠世界の変貌：南アジアの歴史人類学』（法藏館、2002年)、『癒しとイヤラシ：エロスの文化人類学』(筑摩書房、2010年)、編著に『暴力の文化人類学』（京都大学学術出版会、1998年)、1998『女神：聖と性の人類学』（平凡社、1998年)、共編著に『植民地主義と人類学』（関西学院大学出版会、2002年)、『文化人類学文献事典』（弘文堂、2004年)、『ジェンダーで学ぶ文化人類学』（世界思想社、2005年)、『ミクロ人類学の実践：エイジェンシー/ネットワーク/身体』（世界思想社、2006年)、『ジェンダーで学ぶ宗教学』(世界思想社、2007年)『コンタクト・ゾーンの人文学』（全4巻、晃洋書房、2011-2012）などがある。

軍隊の文化人類学

2015年2月10日　印刷
2015年2月20日　発行

編　者　田中雅一
発行者　石井　雅
発行所　株式会社　風響社

東京都北区田端4-14-9（〒114-0014）
TEL 03(3828)9249　振替 00110-0-553554
印刷　モリモト印刷

ISBN978-4-89489-207-1 C3039